ニュージャージー・スタンダード石油会社の史的研究

1920年代初頭から60年代末まで

伊藤 孝 ※著

北海道大学図書刊行会

まえがき

　本書が考察対象とするニュージャージー・スタンダード石油会社(Standard Oil Company〔New Jersey〕)は，今日エクソンモービル社(Exxon Mobil Corporation)と称する企業である。同社は，1972年に社名をニュージャージー・スタンダード石油会社からエクソン社(Exxon Corporation)へ改め，ついで1999年末にモービル社(Mobil Corporation)の買収(合同)を経て現在の社名となった。ニュージャージー・スタンダード石油(以下ジャージー社と略称)の歴史は古く，同社の創業者達あるいは前身企業が石油事業に着手したのは19世紀の半ば過ぎ，アメリカにおいて石油産業が発祥して間もなくのことであった。ジャージー社の前身企業あるいは後に同社の子会社となる企業群は比較的短期間のうちにアメリカ石油産業界を支配し，その石油製品はアメリカおよび諸外国において供給される製品の大半を占めたのである。エクソンモービルの社名に転じた今日まで，ジャージー社はほぼ一貫してアメリカと世界の石油産業界の最大企業，あるいは業界を主導する企業であった。同社の企業史は，誕生から今日までのほぼ1世紀半に及ぶ世界の石油産業の発展と変貌を最もよく体現するものといえよう。本書は，1920年代初頭以降60年代末までの半世紀に対象時期を設定してジャージー社のアメリカおよび世界各国での事業活動を分析する。

　ところで，1998年以降，世界の石油産業界において大規模な企業合同が進行したことは周知の通りである。かつてセヴン・シスターズ(Seven Sisters)，あるいはメジャーズ(Majors)として知られた石油業界の支配的企業群は，今日スーパー・メジャーズ(Super Majors)と称されるより少数の巨大企業群へ

再編されつつある。第2次大戦後間もなく,アメリカと社会主義諸国を除く世界の石油産業界における大企業支配の体制は,それ以前のビッグ・スリー(ニュージャージー・スタンダード石油,ロイアル・ダッチ＝シェル〔The Royal Dutch/Shell Group of Companies〕,ブリティッシュ・ペトロリアム〔The British Petroleum Company Ltd., BP〕,現在名はBP p.l.c.)から7社の国際石油資本の体制に移行した。このたびの大合同は,これら企業群相互の合体をその主要な構成部分としており,これまでの半世紀ほどの期間に生起した石油大企業群の合同・買収とは,石油産業界に与える衝撃力において隔絶していると考えられる。エクソン社によるモービル社の買収(エクソンモービル社の形成)はかかる大合同における一つの頂点をなす。大合同を促した要因,これが世紀転換期に惹起された理由,および世界の石油供給に与える影響等の解明は,今日の石油産業研究に提起された重要な課題といえよう。

　本書において考察するエクソンモービル社の活動は,その対象時期が,同社がいまだニュージャージー・スタンダード石油と称した1920年代初頭から60年代末までであり,如上の課題を本書において直ちに検討することはできない。本書は,モービル社の買収を一つの帰結とするに至った今日までの同社の活動全体を解明するための基礎作業をなす。

　本書は,個別企業の事業活動についての歴史研究であるが,私自身は現代資本主義分析,第2次大戦後における世界経済の解明を目的とする研究の一つとしてこれを位置づけた。

　石油が,動力源・熱源として,石炭を凌いで世界経済,各国経済の主要エネルギー源となったことは第2次大戦後の顕著な特徴の一つである。日本など主要資本主義国における戦後の高度経済成長は,経済発展がエネルギー供給の制約を実質的に免れたこと,あるいは安価で大量のエネルギーが不断に供給されたこと,これらを一つの要因として可能になったと考えられるのである。世界全体では1960年代後半に,石油は最大のエネルギー源となったのであった。

　だが,石油が主要なエネルギー源になってさほど多くの年数を経過しない1970年代前半に日本をはじめとする世界の石油消費国は「第1次石油危機」に直面することになった。中東などの産油国政府による原油生産支配,原油価

格の大幅な引き上げなどにより，各国が従来通り低廉な石油を入手することは事実上困難となったのである。戦後高度成長の終焉を促す一つの重要な要因がかかる「石油危機」によって与えられたこと，戦後資本主義経済が一つの転機を迎えたことは否定しえないであろう。

石油の主要なエネルギー源への転換，戦後「エネルギー革命」を主導した企業群がジャージー社を筆頭とする国際石油資本であったことは周知のところである。だが，同時に1970年代の世界経済に対する石油供給の激変，中東などでの原油と油田に対する国際石油資本の支配権の喪失については，これを招来せしめた要因の一つが1960年代末までの国際石油資本の活動それ自体に胚胎されたことも合わせて留意される必要があろう。第2次大戦後の世界経済，現代資本主義の特質をエネルギー供給の面，これを主として担った石油産業とその役割を検討対象として解明することが本書を貫く研究関心である。ジャージー社の事業活動の解明は，こうした基本目標に対する作業の一部として位置づけられる。

他方，ニュージャージー・スタンダード石油の活動とその分析は，こうした現代資本主義に占める石油産業の位置と役割のみならず，現代の企業とその活動の特質を解明する上でも多くの素材と知見を提供する。

第2次大戦後，鉱工業分野における世界の大企業の規模別序列（売上高など）において国際石油資本を構成した企業群が長く上位に位置し，ジャージー社がしばしば自動車業界のGM社（ジェネラル・モーターズ〔General Motors Corporation〕）などと首位を争ったことも周知のところである。モービル社と合体する以前においても，同社（エクソン社）の世界全体での売上高は際立っており，例えば1998年では二十数社から構成される日本の石油企業全社のそれを十数％凌いだ（同年の円／ドル交換比率〔平均値〕で計算）。かかる巨大性をもって語られるジャージー社は，同時に，19世紀末段階ですでに世界企業としての性格を色濃く示す活動を開始したことでも知られている。本書が対象とする1920年代初頭以降，特に30年代半ば頃までには原油生産量，製品販売量などいくつかの指標において同社はアメリカ国内よりも海外に大きな比重を擁する企業となったのであり，そうした特徴は第2次大戦後に一層深化する。現代

の大企業，とりわけ世界的な規模で活動する企業(世界企業，多国籍企業)の特質を明らかにし，これを通じて現代資本主義経済の全体像に接近する上で，ニュージャージー・スタンダード石油は恰好の検討対象をなしたのである。

　本書は，既発表の論文(末尾の〔Ⅰ〕典拠史資料・文献に掲載した拙稿を参照)を新たに入手した資料を踏まえて改稿し，これに序章の第1節，第2節の〔Ⅱ〕，終章を加えたものである。本書はみられるように，注記が相当の紙幅を占めており，本文を凌ぐ節もある。本文は，基本的要点，重要な史実と統計の記述にできるだけ限定し，論理展開やストーリーを追う上での読みやすさを図った。本文に記した要点と事実のより立ち入った開示，論点の詳述，敷衍などについてはその多くを注に委ねたのである。

　本書は個別企業分析としては比較的大部であるが，特定時期(1920年代から60年代まで)に限定したとはいえ，ニュージャージー・スタンダード石油の活動の全体像を提示する上ではなお多くの未解明の領域を残している。今後一層の研鑽を期したい。

　本書の出版にあたり，北海道大学図書刊行会の前田次郎・今中智佳子両氏にご尽力頂いた。厚く謝意を表したい。

　本書の刊行に際して，日本学術振興会の平成15年度科学研究費補助金(研究成果公開促進費／課題番号155260)の交付を得た。また，本書には，平成14〜17年度科学研究費補助金・基盤研究(C)(2)(課題名：世界石油産業の現段階—「スーパー・メジャーズ」の形成とその歴史的意義について／課題番号14530085)による研究成果が組み込まれている。

　2003年12月

伊　藤　　　孝

目　次

まえがき

序　章　問題の所在と予備的考察 …………………………………………1

　第1節　本書の主題と構成　1
　　〔Ｉ〕本書の主題　1
　　〔II〕本書の構成　7
　第2節　「解体」以前の原油獲得と製品販売　13
　　〔Ｉ〕アメリカにおける原油獲得　13
　　〔II〕世界市場における製品販売　21
　第3節　「解体」とその意味　30

第Ｉ部　1920年代初頭から第2次大戦終了まで

第1章　1920年代の活動と業界支配力の低下 ……………………………39
　第1節　はじめに　39
　第2節　原油生産体制の強化と到達点　44
　　〔Ｉ〕アメリカ　45
　　〔II〕諸外国　50
　第3節　輸送体制の構築と精製事業　61
　　〔Ｉ〕パイプライン輸送事業の再構築とタンカー輸送　61
　　〔II〕精製事業における動向　67
　第4節　世界市場での製品販売活動　72
　　〔Ｉ〕アメリカ　73
　　〔II〕カナダ，ラテン・アメリカ　82
　　〔III〕ヨーロッパ　86

第5節　小　　括　105
　　　〔Ⅰ〕財務についての若干の考察　105
　　　〔Ⅱ〕小　　括　108

第2章　1930年代の活動と戦後構造の原型形成 ……………………113
　　第1節　はじめに　113
　　第2節　アメリカにおける原油生産事業と生産割当制度　114
　　　〔Ⅰ〕ハンブルによる原油生産事業の急展開　117
　　　〔Ⅱ〕過剰生産の抑制と生産割当制度の成立　119
　　　〔Ⅲ〕パイプライン輸送事業と原油生産事業　124
　　第3節　外国における原油生産事業と過剰生産への対応　140
　　　〔Ⅰ〕ヴェネズエラでの躍進　140
　　　〔Ⅱ〕アジアでの活動　143
　　　〔Ⅲ〕世界全体での原油生産事業の到達点　149
　　第4節　アメリカにおける製品販売と市場支配　156
　　　〔Ⅰ〕石油消費の動向　156
　　　〔Ⅱ〕1930年代前半における販売力の強化　158
　　　〔Ⅲ〕1930年代半ばにおける販売地域拡大の試みと挫折　159
　　　〔Ⅳ〕販売活動の到達点と市場支配　161
　　第5節　外国における製品販売と市場支配　169
　　　〔Ⅰ〕在外精製能力とタンカー輸送船団の拡充　169
　　　〔Ⅱ〕カナダ，ラテン・アメリカ　172
　　　〔Ⅲ〕ヨーロッパ　177
　　　〔Ⅳ〕ア ジ ア　184
　　　〔Ⅴ〕若干のまとめ　186
　　第6節　小　　括　200
　　　〔Ⅰ〕財務についての若干の考察　200
　　　〔Ⅱ〕小　　括　202

第3章　第2次大戦期の活動とその特質 ……………………………205
　　第1節　はじめに　205
　　第2節　戦略物資の生産事業　206
　　第3節　輸送問題とその打開　214

第4節　原油生産における問題とその打開　221
第5節　製品販売の特質と市場支配　227
第6節　小　括　237

第II部　第2次大戦終了以降1960年代末まで

第4章　原油生産活動の新展開 ……………………………243

第1節　はじめに　243
第2節　ア メ リ カ　245
第3節　ヴェネズエラ　255
第4節　中東・北アフリカ地域　262

第5章　世界市場における製品販売活動 ……………………273

第1節　はじめに　273
第2節　ア メ リ カ　275
　〔I〕販売地域の拡張と全国的販売企業への転成　275
　〔II〕燃料油販売，組織改革　279
第3節　カナダ，ラテン・アメリカ　285
　〔I〕カ ナ ダ　285
　〔II〕ラテン・アメリカ（ブラジル）　289
第4節　西ヨーロッパ　297
　〔I〕精 製 事 業　298
　〔II〕石油製品の販売活動　300
第5節　アジア，その他　318
　〔I〕スタンヴァックの解体　319
　〔II〕スタンヴァックの解体前・後の製品販売活動　320
第6節　小　括　335
　〔I〕財務についての若干の考察　335
　〔II〕小　括　339

第6章　イギリスにおける製品生産と販売活動 ……………343

第1節　はじめに　343

第2節　石油製品の生産体制の形成と展開　345
　〔Ⅰ〕　フォーリー製油所の新設　346
　〔Ⅱ〕　精製事業の進展　349
第3節　中東原油の確保とタンカー船団の拡充　355
第4節　製品流通機構の再編成・刷新　361
　〔Ⅰ〕　石油の製品別消費構成と戦後初期のエネルギー事情　362
　〔Ⅱ〕　製品流通機構の再編成・刷新　364
第5節　製品販売と市場支配　372
　〔Ⅰ〕　大戦終了以降1950年代末まで　373
　〔Ⅱ〕　1960年代　382
第6節　財務についての若干の考察　398
　〔Ⅰ〕　大戦終了以降1950年代末まで　399
　〔Ⅱ〕　1960年代　401
第7節　小　括　406

第7章　石油化学事業の進展と問題点　409

第1節　大戦終了以降1950年代半ばまでの活動　409
第2節　1960年代半ばまでの事業拡張　412
第3節　活動の問題点と1960年代後半における事業の再編成　416

終　章　総括，残された課題，展望　421

　〔Ⅰ〕　総　括　421
　〔Ⅱ〕　残された課題　424
　〔Ⅲ〕　1970年代以降への展望　425

文　献　一　覧　429
　〔Ⅰ〕　典拠史資料・文献　429
　〔Ⅱ〕　参照史資料・文献　448

企業名・人名索引　453
事　項　索　引　459

図表目次

付表

表序-1	アメリカ国内の地域・州別原油生産量，1889〜1911年	14
表序-2	スタンダード石油の地域・州別原油生産量，1889〜1911年	17
表序-3	スタンダード石油の純利益額と事業部門別の内訳，1900〜11年	20
表Ⅰ-1	世界の原油生産量の主要国別内訳，1919〜29年	46
表Ⅰ-2	ジャージー社の国別原油生産量，国内原油買い付け量，1919〜29年	46
表Ⅰ-3	アメリカ大企業の原油生産事例	56
表Ⅰ-4	パイプライン輸送会社の投下資本利益率の事例	64
表Ⅰ-5	ジャージー社による国・地域別の原油精製量，1919〜29年	66
表Ⅰ-6	ジャージー社による世界市場への石油製品の供給量，1919〜27年	73
表Ⅰ-7	アメリカにおける石油の製品別の消費量・卸売販売額，1923〜29年	74
表Ⅰ-8	アメリカにおける石油大企業20社の資産額	78
表Ⅰ-9	ジャージー社の外国主要子会社による製品販売量，1927年	83
表Ⅰ-10	主要企業による各国市場での占有率	85
表Ⅰ-11	ジャージー社と他社の総資産額，純利益額，純利益率，1919〜27年	106
表Ⅰ-12	ジャージー社の純利益額の事業部門別内訳，1919〜27年	106
表Ⅱ-1	世界原油生産量の主要国別内訳，1929〜39年	114
表Ⅱ-2	ジャージー社の国別原油生産量および原油買い付け量，1930〜39年	120
表Ⅱ-3	ハンブル石油・精製会社の純固定資産額，1930〜39年	128
表Ⅱ-4	アメリカにおける石油の製品別の消費量・卸売販売額，1929〜38年	157
表Ⅱ-5	ジャージー社の国・地域別の原油精製量，1929〜39年	170
表Ⅱ-6	ジャージー社の在外子会社による製品販売量	173
表Ⅱ-7	主要企業による各国市場での占有率	175
表Ⅱ-8	ジャージー社の総資産額，売上高，純利益額，利益率，1929〜39年	201
表Ⅲ-1	世界全体の石油消費量（年間合計），1929, 1936〜42年	216
表Ⅲ-2	連合国と中立国における主要石油製品の消費量（1日平均），1942〜45年	216
表Ⅲ-3	ジャージー社の原油生産量，1938〜45年	222
表Ⅲ-4	ジャージー社の製品販売量，1940〜45年	228
表Ⅲ-5	ジャージー社による有形固定資産への各年の投資額	238
表Ⅲ-6	ジャージー社の純利益額，自己資本額，自己資本純利益率，1940〜45年	238
表Ⅳ-1	ジャージー社の国別原油生産量，1938, 1945〜1970年	246
表Ⅳ-2	世界の原油生産量の主要国別内訳，1938, 1945〜70年	264
表Ⅴ-1	ジャージー社の主要国・地域別石油製品販売量，1938, 1945〜70年	274
表Ⅴ-2	アメリカにおける製品別石油需要量，1938, 1945〜70年	276
表Ⅴ-3	世界の主要国・地域別石油消費量，1938, 1950〜70年	290
表Ⅴ-4	ジャージー社の総資産額と有形固定資産額，1938, 1945〜70年	336
表Ⅴ-5	ジャージー社の売上高，純利益額，利益率，1938, 1945〜70年	337
表Ⅵ-1	イギリスにおける1次エネルギー源の消費構成，1938, 1946〜72, 80, 90, 2000年	

344
表Ⅵ-2 イギリスにおける企業別原油精製能力，1938, 1950～71 年　350
表Ⅵ-3 イギリスにおける石油の製品別消費構成，1938, 1947～71 年　363
表Ⅵ-4 主要企業の系列小売店数，1964 年末　376
表Ⅵ-5 ガソリン小売市場に対する各社の供給シェア，1953～59 年　376
表Ⅵ-6 イギリスにおける重油，軽油・ディーゼル油の用途別消費構成，1938, 1946～71 年　378
表Ⅵ-7 ガソリン小売市場に対する各社の供給シェア，1960～64, 1970 年　386
表Ⅵ-8 エッソ石油の若干の財務統計，1938, 1945～70 年　400

付図

図序-1 アパラチア，ライマ・インディアナ，イリノイ，ミッド・コンチネントの各油田地帯，およびスタンダードの幹線パイプラインと製油所，1907 年初頭頃　16
図Ⅱ-1 アメリカ主要原油生産州の生産動向　116
図Ⅱ-2 テキサスおよび周辺諸州におけるジャージー子会社の原油輸送パイプライン網　127
図Ⅱ-3 ハンブル・パイプライン会社の純利益，幹線パイプラインによる原油輸送量　129
図Ⅱ-4 スタンダード・ヴァキューム石油の活動地域，1934 年時点　145

序　章　問題の所在と予備的考察

第1節　本書の主題と構成

〔Ⅰ〕　本書の主題

主力エネルギー産業としての石油産業　19世紀中葉を起点とする近代石油産業の誕生以降，21世紀初頭の今日に至る百数十年において，石油が各国の経済活動，国民消費生活を支える主要なエネルギー源の地位を獲得し，石油産業がエネルギー供給産業として各国経済における重要産業の一つに定位したのは，世界全体でいえば1960年代のことであった。第2次大戦後の「エネルギー革命」を経て石油は石炭と並び，やがてこれを凌いで最大のエネルギー源としての地位を獲得したのである。1970年代初頭ないし前半頃までの資本主義世界経済のいわゆる戦後高度成長が，相対的に安価なエネルギー源たる石油の供給によって支えられたことはしばしば指摘されたところである。石油の主要エネルギー源への転位と大量供給は戦後の急速な経済発展を促したいくつかの重要な要因の一つとされたのである。石油産業は，戦後経済の成長を一方で促進しつつ，他方でこれに支えられて主要工業国を中心に有力基幹産業の一角を占めるに至ったといえよう。

　もっとも，1970年代初頭以降，中東その他での油田支配体制の激変，原油価格の高騰など世界石油産業はその内部において歴史的ともいうべき変貌をみた。これ以降今日まで，我が国を含む各石油消費国は，エネルギー確保の点で石油に対する依存を相対的に，時には絶対的に低下させ，他の代替エネルギー源の積極的な活用を図ったのである。だが，国や地域によって少なからぬ差違

があることを軽視しえないとしても，日本および世界全体において，石油産業が主要なエネルギー産業である事実に基本的な変化があったとはいえない。今日もなお，石油は世界経済の最重要のエネルギー源たる地位を失ってはいないのである。石油産業が各国の経済活動に対するエネルギー供給の主力を担う産業として自己を確立せしめた事実こそは，世界の石油産業の歴史において第2次大戦後とそれ以前とを画する最大の指標をなす。

だが，私見によれば，19世紀以来の歴史を持つ石油産業が第2次大戦後の比較的短期間のうちに石油を各国経済あるいは世界経済の主要エネルギー源ならしめた諸要因，石炭あるいは石炭産業との各国のエネルギー市場における確執の実態，石油産業が主導した戦後「エネルギー革命」の過程とその特質，などについてはいまだ不明の部分が少なくない。第2次大戦後の世界石油産業が固有の歴史段階性を有するとしても，その意味を同産業の実態や構造の周到な分析を踏まえ，かつ大戦前，大戦期との対比において確定することはなお未解決の課題と考えられる。また，資本主義の戦後高度成長に果たした石油産業の役割と位置づけ，各国の経済成長と石油産業の発展との相互規定の関連などについても，当の石油産業の実態解明が依然として大きな課題として残されている現状からして，今後の研究領域に属するといえよう。

第2次大戦後に石油産業が世界の主要なエネルギー産業として確立し，各国経済に占める重要性を飛躍的に高めたにもかかわらず，その実態や特徴についていまだ不明の部分が少なくない理由の一つは，世界の石油産業の構造と蓄積を規定づけ，かつその展開を主導した大企業群の活動実態について，なお多くの部分が未解明の領域に属することに求められるであろう。石油産業は，さしあたりアメリカと社会主義諸国を除く世界において，戦前はもとより戦後も1960年代末頃までは相対的に少数の大企業による業界支配がとりわけ顕著な産業の一つとして知られた。産業全体の分析に際して，業界の主導的大企業群の活動を考察することは，この産業においては特に重要な意義を有するのであった。にもかかわらず，世界の主要な石油大企業各社による第2次大戦後の企業活動についての史的分析は，我が国はもとよりアメリカなど諸外国においてもなお端緒的域を出ていないと考えられるのである[1]。現代資本主義研究の一

分野として石油産業を位置づけ，石油産業の戦後構造を考察する上で，実態解明はもとより，それを導く分析方法，問題や論点の設定など研究促進の諸前提・諸要件の開拓もまた，その多くが今後の模索に委ねられていると思うのである。

研究の対象と目的　戦後世界石油産業の解明を目的とするそうした模索の一つとして，私はこれまで，業界の主導的企業の活動に焦点を当て，これを追跡するという方向で検討を進めた。それは，上述の如く，少数大企業の持つ産業全体に対する支配力，構造や動態への規定性が石油産業においてとりわけ顕著である事実に注目したからである。本書は，研究の現段階として，特定の一大企業，ニュージャージー・スタンダード石油会社(Standard Oil Company〔New Jersey〕，現在名エクソンモービル社〔Exxon Mobil Corporation〕，1999年11月末まではエクソン社〔Exxon Corporation〕)[2]をそうした検討対象として設定したのである。本書は，ニュージャージー・スタンダード石油のアメリカ本国を含む世界各地での事業活動を分析対象として，その実態と特質の解明を目的とし，同社の分析を通じて，およびその限りにおいて世界石油産業の構造と史的展開を探りたいと考える。

ニュージャージー・スタンダード石油会社とは，名称や組織の点でこれまでに改定や変遷があるが，かつて19世紀の石油産業の草創期，大企業の形成・確立期にはスタンダード石油(Standard Oil Company)，あるいはスタンダード石油トラスト(Standard Oil Trust)として知られた企業であり(正確な記述については次節の注〔1〕を参照)，その後今日まで長く業界を主導する存在であった。同社は，世界に今日存在する主要な諸産業，およびそこに聳立する大企業群の中で，1世紀を優に超える期間，業界最大あるいは主導的な企業であり続けた類稀な1社である。同社の企業史は世界石油産業の構造，発展と変貌を我々に知らしめる好個の研究対象をなす。

本書は，以上の如く個別企業ニュージャージー・スタンダード石油(以下しばしばジャージーと略称する)の活動を考察するが，対象とする時期を第2次大戦後に限定せず1920年代初頭にまでさかのぼり，また終わりの時期を1960年代末までとする。

まず，後者の1960年代末までを対象とする，あるいはそこで打ち切る理由は，石油産業が各国において主要なエネルギー供給産業に転成し，ジャージー社が各国で有力なエネルギー供給企業の1社として定位・確立する時期までを本書の対象としたいと考えたことによる。1970年代初頭以降に訪れる新時代，石油産業の構造の転換期，および今日に至る同社の分析は，本書を踏まえて今後明らかにされるべき課題としたのである。但し，後に明らかとなるように，1970年代初頭以降にみられる世界石油産業の激変やジャージー社の事業の変貌については，これを招来せしめるいくつかの要因が1960年代末までの現実過程に胚胎されていたことが重要であろう。1970年代以降の世界の石油産業，あるいはジャージー社(エクソンモービル社)による事業活動の分析にとって，本書はその前史を扱う歴史研究として位置づけられる。

　次に，対象時期として両大戦間期を含めた主たる理由は，この時期，特に1920年代の活動を継承した30年代において，第2次大戦後のジャージー社の活動にみられた重要な特質のいくつかの原型が形成されたと考えられるからである。さらに，少なくとも我が国では，両大戦間期における，ジャージーを含む石油大企業のアメリカ以外の地域での活動については，原油獲得を除けば研究と呼びうるものは皆無に近く，アメリカ国内を対象とした分析についても多くの不十分性を残している。それゆえ，この時期の考察を欠いて直ちに第2次大戦後の分析に入ることは現実には困難であり，研究の進め方としても適切を欠くと私は考えるのである。さらに，両大戦間期に続く戦時期(第2次大戦期，本書では1939年9月以降45年8月までを指す)の分析もまた落とせない重要性を有する。戦時における活動がジャージー社の戦後活動に如何なる規定性をなしたか，あるいはそこにみられた連続と不連続の両面を明らかにすることもまた戦後分析への不可欠の前提をなす。とりわけ，かかる戦時期についてはアメリカなどでも研究は乏しく不明の部分が少なくない。この時期については，基本となる事実の発掘とその意味の確定に多くの努力と独自の見解の定立が求められるのである。

　かように，本書は世界の石油産業の構造と史的展開に接近するための作業の一部として，ニュージャージー・スタンダード石油会社の1920年代初頭以降

60年代末までの半世紀に及ぶ活動を対象とする。石油業界における最大企業として，支配力の維持と拡大を目指すジャージー社は，この期間に，一方で第1次大戦終了以降の石油市場の拡大と変貌，恐慌と長期不況，世界大戦，大戦終了時の混乱とその後の石油市場の急成長，といった同社をとりまく多様な企業環境へ対応し，他方で同社に挑戦する企業群，とりわけアメリカ国内外の有力大企業とせめぎあう。本書では，ジャージー社が新たな企業環境と他社との角逐に如何なる戦略と活動によって対応したかを分析する。事業戦略とその発動は，原油生産などジャージー社の諸部門の拡充と再編成，あるいは新規事業分野の開拓などを促し，同社の事業構造全体の変貌を惹起せしめる基本要因となる。1920年代初頭以降のジャージー社による業界支配活動を分析することで，各歴史段階における同社の事業構造の特質を解明し，これを通じて世界石油産業の構造と史的展開の一端を探ることにしたい。

史資料・文献　もっとも，ここで予め述べておくべきことは，以上の如き課題の設定と今後の研究に占める位置づけにもかかわらず，現時点において1960年代末までのジャージー社による活動の全体像を，その重要な構成部分をほぼ漏らさず分析し描き出すことには大きな困難を伴うことである。いうまでもなくそれはジャージーの活動の全容を知らしめる資料の入手が難しいことに由来している。同社の研究を進める上で，内部資料(inside documents, Exxon Mobil Archive)の利用が外部の研究者に原則として認められていないことは，その最も大きな制約要因であった[3]。本書は，文書館等に保管された1次資料として，アメリカの国立公文書館(National Archives)，イギリスの公文書館(Public Record Office)，アメリカのロックフェラー大学付属ロックフェラー文書センター(The Rockefeller Archive Center of the Rockefeller University)のそれぞれの所蔵文書，およびエクソンモービル社の本社およびイギリス子会社のそれぞれの資料室(Library)においてのみ閲覧可能な文書(但しこれらは必ずしも内部資料とはいえない)を用い，またイギリス企業BP社(BP p.l.c.)の文書館(BP Archive)所蔵の文書についてもごくわずかではあるが利用した。刊行資料では，ジャージー社を含む各社の営業報告書，社内報，アメリカ，イギリス両国の議会と政府の公表資料(公聴会記録，

報告書など），各種の業界誌紙，その他を用いた（本書末尾の〔Ⅰ〕典拠史資料・文献，〔Ⅱ〕参照史資料・文献，を参照）。但し，これら史資料を本書が駆使しえたかどうかは疑問であり，また収集可能にもかかわらず私がいまだ手にしていない史資料が少なからず残されていることも事実である。それにしてもジャージー社（エクソンモービル社）が保有する内部資料を利用できないことが本研究を制約づけたことは否定することができない。

　他方，資料面でのこうした限界を打開する上で重要な役割を果たすことになったのは，内部資料に基づいて書かれた数巻にわたる大部の社史の存在であった[4]。本書の作成においてかかる社史が史実や統計の重要な典拠となったことはいうまでもなく，これらを踏まえずして本書の主題に沿った研究を行うことは不可能である。但し，社史としての目的や性格によるところが大きいと考えられるが，こうした著作によってジャージー社の事業活動と業界支配の特質が直ちに明らかにされたとはいえない。同社の社史は，企業活動の全体を各分野にわたって個別かつ網羅的に整理・記述することを主要な目的の一つとしているようであり，研究書に求められる問題の設定や分析視角の提示などは概して禁欲された。他社との対抗，業界支配力の強化を軸に分析，叙述するといった方向が目指されているわけでもない。さらに，記述の対象・範囲が広い分だけ，本研究の主題や目的からは重要と考えられる事実や事柄の説明・分析が浅いことは否めない。基本となる史実についても，第2次大戦後の時期については本書において利用できる範囲は限定された。特に1960年代にジャージー社の最大市場となる西ヨーロッパ諸国，およびいま一つの成長市場であった日本における活動の実態などは，現行社史の分析が最も手薄な部分である。本書において考察するこれら諸国，特にイギリスにおける第2次大戦後のジャージー社の活動については，他の諸文献を含め，これまでアメリカ，イギリスなど諸外国でもほとんど解明されることがなかったのである[5]。

　ともあれ，本書はこれまで利用しえた史資料と文献の範囲において既述の課題に接近することにしたい。

〔II〕 本書の構成

　本書は，1920年代初頭以降60年代末までのジャージー社の活動を大きく2つの時期に区分して検討する。第I部は1920年代初頭から第2次大戦終了までで3つの章において考察される。第II部は第2次大戦終了以降1960年代末までを対象として4つの章をこれに当てる。
　目次を一瞥して知りうるように，第I部は，1920年代，30年代，戦時期とそれぞれ時代を追い，各章において当該時期になされたジャージー社の事業活動全体を扱った。これは，本論において明らかとなることであるが，これら3つの時期においてはジャージー社の活動にそれぞれ固有の時代特徴を検出できること，その結果こうした時期区分に基づく分析が同社の活動をつかむ上で有益かつ有効な研究の進め方であると考えたことによる。これに対して，第II部は，大戦終了以降1960年代末までの四半世紀を，原油生産，製品販売の2つの事業分野に大きく区分し，ついで特定国イギリスでの戦後活動，および石油化学事業を扱うという，第I部とはかなり異なる構成となった。こうした構成は，戦後には時期区分の方式によって事業活動の特徴を明確にできる現実や実態がなかったことを意味するわけではない。1950年代後半ないし末頃までとそれ以降の1960年代には区別すべき時代状況があったというべきであろう。だが，本書ではそれを明示するだけの論拠を示すこと，およびそれを裏づける資料を得ることはできず，第I部の構成を踏襲することができなかったのである。但し，第2次大戦後の場合，大恐慌，戦争で区分できる時代転換は1960年代末までは事実上なかったのであり，第I部と同様の章別構成が第II部でも妥当するかどうかは疑問であろう。
　もっとも，第I部と第II部では確かに章別構成に大きな相違があるが，第I部の場合，時期区分の叙述形式，章別構成をとってはいても，各章の節毎では，原油生産，製品販売，の2つを主たる考察対象としていることが窺えるであろう。原油の生産ないし獲得，および製品販売を基本的な検討対象とすることでは第I部もII部もほぼ共通である。本書は，基本的にはこれら2つの分野を主たる対象としてジャージー社による事業活動全体の解明を目指したのである。

前者の原油生産事業については，第2次大戦終了以降，今日においても資産構成などの点でジャージー社の最重要の部門であることが，これを主たる検討対象とする所以であり，戦後との対比において戦前・戦時期における同事業の分析も不可欠であった。後者の製品の販売活動については，石油企業に限らず一般にどの産業企業にとっても製品販売あるいは製品市場での活動は，業界支配を論ずる上で主要な検討対象の一つをなすであろう。但し，個々の石油大企業が製油所から最終消費者あるいは需要家までの流通・販売のどの段階までを自ら担うかは多様であり，また時代によっても異なる。ジャージー社の歴史において，本書が対象とする1920年代初頭前後から，製品販売事業ではアメリカをはじめいくつかの主要国でそれ以前からの重要な変化，転換がみられた。製品販売，製品市場での活動は同社の事業活動全体，業界支配にとって新たな重要性を獲得したと考えられるのである。なお，第II部においてイギリスでの活動，石油化学事業に独自の章を当てたことについてはすぐ次に述べる通りである[6]。

　ところで，本書では，第1章の本論に入る前に，この序章の第2,3節で1920年代に先立つ時代になされたジャージー社の活動について，本書の主題と対象を論ずるに必要な範囲に限定して予め確認すべき事実と要点を記した。同社が，如何なる事業の構造や特徴，あるいは課題を過去から継承したかを示すことが必要と考えたのである。また，本書では，本論を終えた後の終章において，総括，残された課題，今後の展望を述べる。

　以下，本論を構成する各章についてそれぞれの課題，あるいは若干の要点を記すことにしたい。

　第1章は，アメリカと諸外国における石油市場の急成長期であり，ジャージー社にとって事業活動の大きな転換期となった1920年代の活動を考察する。かつて世界市場の多くを事実上独占支配したジャージー(旧スタンダード石油)は，先立つ「解体」(1911年)で有力子会社を手放したことにもよるが，アメリカ国内外での競争において業界支配力の大きな低下を余儀なくされた。そうした支配力の低下の実態とそれを招来せしめた諸要因を解明すること，とりわけ後者の要因分析を従来の同社の事業活動に内在した特質を踏まえて明らかにす

ることが本章の主たる課題である。

　第2章は，そうした支配力の低下を惹起せしめた事業活動の弱体性や問題点の克服を図った1930年代における活動を対象とする。大恐慌後の深刻な不況の時代に，ジャージー社は他の多くの大企業とは対照的に，アメリカと諸外国で一大投資活動，事業拡張を展開し，これによってそれまでの支配力の顕著な低下をある程度食い止め，部分的には新たな優位を創出する。かかる活動の帰結として同社は，この時代に第2次大戦後の事業活動にみられる重要な特質のいくつかを形成したのである。1930年代におけるジャージーの事業戦略の特徴，およびこれに基づく活動の実態，戦後構造の原型とは何か，これらを解明する。

　第3章では，第2次大戦期におけるジャージー社の活動を，戦時期に新たな事業分野として加わった戦略物資の生産，および従来からの原油生産，製品販売などの石油事業の2つに区分して，それぞれの活動を分析する。戦時統制下の特殊な時代環境における事業活動の特質，この時代における他社との競争の固有の特徴，業界支配力の強化を目指す同社の活動の到達点，これらの解明が課題である。本章の分析は，本書が対象とした半世紀のジャージー社の事業史全体に占める戦時期の位置づけを明らかにすること，これを展望してなされる。

　第II部の最初の章である第4章では，第2次大戦後のジャージー社において主要な原油の生産拠点を構成したアメリカ，ヴェネズエラ，中東（ペルシャ湾岸地域）と北アフリカ，の3地域を対象として，同社による原油生産活動を大戦終了以降1960年代末まで分析する。それぞれの地域での活動は，基本的にはジャージー社の戦後世界市場への原油の供給戦略によって規定されたが，各地域，特に前2者のアメリカとヴェネズエラでは両国政府の政策が同社の生産を促進ないし制約する重要な要因となった。3つの地域それぞれにおけるジャージー社の原油と油田の支配戦略とこれに基づく事業の展開過程を解明することが本章の課題である。

　第5章は，アメリカおよび諸外国での石油製品の販売，および西ヨーロッパなどでの石油製品の生産活動（精製事業）を各国・地域別に1960年代末まで考察する。戦前すでに石油が経済活動の有力なエネルギー源の地位を占めたアメ

リカと戦後新たにそうした地位を獲得した諸外国の多くでは，ジャージー社の販売活動，市場支配の戦略には重要な差違がみられた。また，外国においては，国や地域によっては現地政府の政策が同社の活動を強く制約づける要因となったことも重要である。各国市場の固有の特性を踏まえながらジャージー社による活動の実態，および市場支配の特徴と支配力を解明することが本章の課題である。

第6章は，アメリカと旧ソ連邦を除く世界で長らく最大の石油消費国であり，諸外国におけるジャージー社の最も重要な製品市場の一つであったイギリスを対象として，大戦終了以降1960年代末までの同社の活動を分析する。戦後「エネルギー革命」期における外国市場での活動の実態とそこにみられた特徴，石油大企業としての支配力とこれを可能にした要因を深く探るためには，一旦特定の主要国での活動を対象にした個別の研究が不可欠である。戦後初期の大規模製油所の新設とこれに基づく石油製品の生産，戦前来の製品流通・販売体制の再編成と刷新，およびこれらを基礎としたジャージーのイギリスにおける業界支配の特徴を探ることが課題である。

第7章は，第2次大戦後にジャージー社の新たな事業部門を構成した石油化学事業を考察する。本書では，石油化学品の生産・販売が，ガソリン，重油など従来からの石油製品の場合とは異なる事業特性を持つことから，これについては他の諸活動と区別して独自の章を与えた。いわゆる経営の多角化の最重要部門として事業規模の顕著な拡大が図られた石油化学は，1960年代末までにジャージー社において如何なる事業分野として定位したのであろうか。戦後の急進展とそこに含まれた問題点，経営上の誤り，1960年代後半における同事業の再編成，これらについて解明する。

1) 世界の主要石油大企業の企業史について，人物史中心などではなく事業活動の実証的分析を含み，かつある程度体系性を有して第2次大戦後までカヴァーした著作としては，BP(The British Petroleum Company Ltd. 同社は数年前からの他社との大合同によってその都度名称が変更された。現在の正式名称は BP p.l.c. である)について，1975年までを扱った社史が近年公刊された(Bamberg〔133〕，2000年刊行)。これは，以前に刊行された第1巻(Ferrier〔137〕)，第2巻(Bamberg〔132〕)の続編である。同

書は，これまでの2つの巻と同様に比較的大部の著作であるが，いくつかの重要な分野において未解明の部分を残している。また，これに先立ってロイアル・ダッチ=シェル(The Royal Dutch/Shell Group of Companies)についても一書が公刊された(Howarth〔141〕，1997年刊行)。もっとも，こちらについては，創業期(19世紀末)から1997年までの長期間を1冊にまとめたこともあって，事業活動についての記述や統計は具体的かつ体系的とはいえず，特に第2次大戦後について本書から知りうることはかなり限定されているように思われる(なお，Shell International Petroleum Company Ltd.〔152〕もあるが，これは小冊子である)。

　これら以外に，アメリカ国内を主要な活動領域とする大企業について，ある程度実証的な分析を含む著作としては1970年代頃までを取り扱った企業史が一部公刊されている。例えばJohnson〔143〕など。なお，本書の主題との関連では後述を参照せよ。

2) Exxon Mobil Corporationの日本語表記についてであるが，「Exxon Mobil」のように2つの単語が分離している場合は「エクソン・モービル」とするのが通例と考えられるが，日本に所在する100％所有子会社「エクソンモービル有限会社」(但し，本社の直属ではない。本書第5章第5節注〔28〕を参照)は「エクソンモービル」と表記している。本書ではこれに従い「エクソンモービル」と記すこととした。

3) 私がジャージー社(旧エクソン社)の企業史の研究を始めた1970年代後半以降についていえば，同社(子会社を含む)は，社史(後述参照)の執筆を委託した研究者を除き外部者に対して内部資料を利用させないことを基本原則としていた。私は，本社がまだニューヨーク市(New York)にあった1980年代末まで数度にわたり資料についての問い合わせを行い，またテキサス州アーヴィング市(Irving, Texas)に本社が移転して以降は1997年，2000年，2003年に，またイギリス子会社(本部は長らくロンドン〔London〕市内に所在，現在は郊外のサリー州レザーヘッド市〔Leatherhead, Surrey〕に所在)については1990年，2000年に，それぞれ訪問し資料の収集に努めた。しかし，いずれも内部資料については利用が認められなかった。

4) 周知のように，20世紀初頭以降，ジャージー社(旧スタンダード石油)については，あのアイダ・ターベル(Ida Tarbell)による *The History of the Standard Oil Company* (1904年)をはじめいくつかの歴史研究がいち早く公刊された。だが，企業の内部資料の利用を許され，関係する多数の人々への聞き取りなどを踏まえて書かれた社史としては，R.ハイディとM.ハイディ(Ralph Hidy and Muriel Hidy)の著作，およびそれ以降の合計4部の大作(Hidy and Hidy〔140〕; Gibb and Knowlton〔138〕; Larson, Knowlton, and Popple〔145〕; Wall〔154〕)を挙げなくてはならない(なお，第2次大戦期のみを扱ったPopple〔149〕もある。但し，その基本的内容はLarson, Knowlton, and Popple〔145〕の当該時期の分析に生かされている)。さらに子会社レベルでも，アメリカのハンブル石油・精製(Humble Oil & Refining Company，後のExxon Company, USA，但し，1999年末以降に改組された)その他を対象とした社史(Larson and Porter〔144〕; Loos〔147〕など)が公刊された(ジャージー社の一連の社史が第2次大戦後に作成・公表されるに至った経緯については，Larson, Knowlton,

and Popple〔145〕, pp. 649-650 をみよ）。
5） ここでは，ジャージー社の一連の社史についてより立ち入った論評を加え，その成果と問題点などを詳述することはできない。これについては，他日，同社のみならず他の主要な石油大企業についての研究史（社史を含む）を整理，検討する際に試みるつもりである。

　ただ，2点のみ記すと，第1に，ジャージー社による事業活動の記述の仕方，章別構成についてであるが，最初から第3巻まで（Hidy and Hidy〔140〕；Gibb and Knowlton〔138〕；Larson, Knowlton, and Popple〔145〕），特に本書と時期が重なる後2巻（Gibb and Knowlton〔138〕の対象時期は1911～27年；Larson, Knowlton, and Popple〔145〕は1927～50年）は，基本的には，事業活動全体を原油生産，原油輸送，原油精製，製品販売，という石油大企業の事業部門を構成した4つの主要な事業に区分すること，およびそれぞれを5年ないし10年程度の期間に区切って個別に検討する点でおおむね共通している（なお，これら社史の検討対象と範囲は事業活動のみではなく，財務，労務・労使関係，管理組織〔トップマネジメントの機能と構成など〕，その他に及び，それぞれにも個別の章が当てられている）。各社史が対象とした時期の違いによって4つの事業部門のそれぞれに割いた紙幅や記述の掘り下げにある程度の変化がみられることは事実であるが，かかる区分・構成は踏襲されている。これは確かに，本文で記したように「企業活動の全体を各分野にわたって個別かつ網羅的に整理・記述する」方法に沿うものであろう。こうした議論の展開，あるいは編・章別の構成は，これら社史に留まらず，アメリカ国内で刊行された石油産業の研究（例えば，アメリカ石油産業全体についての包括的かつ体系的な歴史研究として知られるWilliamson and Daum〔279〕；Williamson and others〔280〕など），およびこれらに多く依拠して書かれた我が国でのアメリカ石油産業研究にも基本的に採用された。こうした構成は，後に本書において示されるように，1920年代についてはなお一定の有効性を持つが，ジャージー社の事業活動と業界支配の特質，他社との競争構造，利益獲得などを明らかにする上では必ずしも適切とはいえないと考えられる。本書は，すぐ次に述べるように，第Ⅰ部と第Ⅱ部とでは章別構成に違いがあるが，議論全体を，原油生産（原油獲得）と製品販売を2つの主要な柱として記述したのである。なお，現行社史の最後の巻（Wall〔154〕）は，それまでと異なり，事業部門別に章を区分するのではなく，国・地域別，あるいは国・地域担当子会社別にジャージー社の事業活動を分析，解説した。本書でも第Ⅱ部でイギリスについて独自の章を当てたが，その理由，および本書の議論全体の構成は同書とは異なる（ここではこれ以上触れない）。

　第2に，第2次大戦後のジャージー社の活動について，特に1950年以降は，社史では最後の巻（Wall〔154〕）がこれを扱っているが（1975年まで），全体として実証の密度や深さがそれ以前の巻に比べ見劣りすることは否めないように思われる。その理由の一斑は，資料面の制約にあったようである。筆者のベネット・ウォール氏（Bennett H. Wall）は，同社史を刊行する1年前に私の質問に答えて，エクソン社における資料の所蔵状態は，経済・歴史の観点からの研究にとって極めて不適切であること，第2次大戦

後の西ヨーロッパでの製品販売(本書の第5章,6章で考察する)についていえば資料は特に乏しく,販売量で最重要の製品となる重油,ディーゼル油に関する文書(records)はみたことがない,と述べている(February 10, 1987付の私宛書簡による。なお,1997年9月にウォール氏の自宅〔ジョージア州,Georgia〕において行った面会・討論においても確認)。
6) もっとも,こうした本書の構成,叙述の仕方がジャージー社の事業活動を解明する上で最も適切であるかどうかはなお確言できない。本書の構成も私の研究の現段階における一つの模索の結果である。

第2節 「解体」以前の原油獲得と製品販売

　本節は,アメリカ連邦最高裁の判決に基づく「解体」(1911年)までのニュージャージー・スタンダード石油会社によるアメリカ国内での原油獲得,アメリカおよび諸外国の市場における同社の製品販売の要点を,本論の検討にとって必要と判断する限りで略述する。なお本節においては,同社の名称については,スタンダード石油,あるいは単にスタンダードと記すことにしたい[1]。

〔I〕 アメリカにおける原油獲得

原油生産事業への進出と主要獲得拠点の転位　「解体」以前におけるスタンダード石油の原油獲得はそのほとんどがアメリカ本国においてなされた。国外での原油の買い付け,生産が同社の原油獲得全体に占める比重は小さく,わずかにルーマニアなどで若干の成果をみたにすぎない[2]。外国での活発な原油の獲得は,ラテン・アメリカなどを舞台として「解体」以降,1910年代の前半頃から着手されるのである。
　周知のように,スタンダードが精製に用いる原油は,1880年代後半頃まではほとんどすべて外部からの買い付けによって獲得され,それらは長らくアパラチア油田(Appalachian oil field, 表序-1の注〔1〕および図序-1参照)から得られた。買い付けによる原油の獲得方式は,多数の小規模な原油生産業者が探鉱(油田の探索),開発と生産を担い,生産量が急速あるいは着実に増大する限り

表序-1　アメリカ国内の地域

	アパラチア 1)					ライマ・インディアナ 3)		テキサス	
	ペンシルヴェニア		W. ヴァージニア		小　計 2)					
1889	19,591	55.7	544	1.5	22,355	63.6	12,186	34.7	※	
1890	26,800	58.5	493	1.1	30,066	65.6	15,078	32.9	※	
1891	31,424	57.9	2,406	4.4	35,849	66.0	17,453	32.1	※	
1892	27,149	53.7	3,810	7.5	33,432	66.2	15,868	31.4	※	
1893	19,284	39.8	8,445	17.4	31,366	64.8	15,982	33.0	※	
1894	18,078	36.6	8,578	17.4	30,783	62.4	17,297	35.1	※	
1895	18,231	34.5	8,120	15.4	30,961	58.5	20,237	38.3	※	
1896	19,379	31.8	10,020	16.4	33,972	55.7	25,256	41.4	1	0.0
1897	17,983	29.7	13,090	21.6	35,230	58.3	22,805	37.7	66	0.1
1898	14,743	26.6	13,615	24.6	31,717	57.3	20,321	36.7	546	1.0
1899	13,054	22.9	13,911	24.4	33,068	57.9	20,225	35.4	669	1.2
1900	13,258	20.8	16,196	25.5	36,295	57.0	21,759	34.2	836	1.3
1901	12,625	18.2	14,177	20.4	33,618	48.4	21,933	31.6	4,394	6.3
1902	12,064	13.6	13,513	15.2	32,019	36.1	23,359	26.3	18,084	20.4
1903	11,355	11.3	12,899	12.8	31,558	31.4	24,080	24.0	17,956	17.9
1904	11,126	9.5	12,645	10.8	31,409	26.8	24,689	21.1	22,241	19.0
1905	10,437	7.7	11,578	8.6	29,367	21.8	22,294	16.5	28,136	20.9
1906	10,257	8.1	10,121	8.0	27,741	21.9	17,555	13.9	12,568	9.9
1907	10,000	6.0	9,095	5.5	25,342	15.3	13,121	7.9	12,323	7.4
1908	9,424	5.3	9,523	5.3	24,946	14.0	10,032	5.6	11,206	6.3
1909	9,299	5.1	10,745	5.9	26,536	14.5	8,211	4.5	9,534	5.2
1910	8,795	4.2	11,753	5.6	26,893	12.8	7,254	3.5	8,899	4.2
1911	8,248	3.7	9,796	4.4	23,750	10.8	6,231	2.8	9,526	4.3

1 バレル(barrel) = 42 U.S. ガロン(gallon) = 158.99 リットル(liter)
(注)　1)　ニューヨーク州、ペンシルヴェニア州、ウエスト・ヴァージニア州、オハイオ州南東
　　　2)　その他の州・地域を含む。
　　　3)　オハイオ州北西部とインディアナ州北東部よりなる。
　　　4)　カンザス州南東部、オクラホマ州北東部(先住民「特別保護区」〔Indian Territory〕を含
　　　　 む。
　　　※　年間500バレル以下。便宜上、それらの生産量をその他に加えた。
(出典)　U.S. Department of the Interior〔128〕, Pt. II, 1913, pp. 938-939, 973, 1004；Arnold

は、スタンダードにとって有効な方法として機能した。同社は、パイプライン(油井と接続した集油パイプライン〔gathering pipeline〕、および油田地帯から製油所などに向かう長距離用の幹線パイプライン〔trunk pipeline〕)と貯蔵施設を用いることで(1870年代には鉄道の活用も重要)、みずから油田の所有と生産に踏み込むことなく必要とする原油を入手できたのである。
　しかし、1880年代末に同社は、アパラチア、および油田地帯として登場して間もないライマ・インディアナ(Lima-Indiana oil field, 表序-1の注〔3〕およ

・州別原油生産量，1889～1911年　　　　　　　　　　　　　　（単位：1,000 バレル／年，％）

| ミッド・コンチネント[4] ||||| カリフォルニア || イリノイ || その他 || 総　計 ||
オクラホマ		カンザス										
−		1	0.0	303	0.9	1	0.0	318	0.9	35,164	100.0
−		1	0.0	307	0.7	1	0.0	371	0.8	45,824	100.0
※		1	0.0	324	0.6	1	0.0	665	1.2	54,293	100.0
※		5	0.0	385	0.8	1	0.0	824	1.6	50,515	100.0
※		18	0.0	470	1.0	※		595	1.2	48,431	100.0
※		40	0.1	706	1.4	※		519	1.1	49,345	100.0
※		44	0.1	1,208	2.3	※		442	0.8	52,892	100.0
※		114	0.2	1,253	2.1	※		364	0.6	60,960	100.0
1	0.0	81	0.1	1,903	3.1	1	0.0	389	0.6	60,476	100.0
−		72	0.1	2,257	4.1	※		451	0.8	55,364	100.0
−		70	0.1	2,642	4.6	※		397	0.7	57,071	100.0
6	0.0	75	0.1	4,324	6.8	※		326	0.5	63,621	100.0
10	0.0	179	0.3	8,786	12.7	※		469	0.7	69,389	100.0
37	0.0	332	0.4	13,984	15.8	※		952	1.1	88,767	100.0
139	0.1	932	0.9	24,382	24.3	−		1,414	1.4	100,461	100.0
1,367	1.2	4,251	3.6	29,649	25.3			3,475	3.0	117,081	100.0
8,264	6.1	3,750	2.8	33,427	24.8	181	0.1	9,299	6.9	134,718	100.0
18,091	14.3	3,627	2.9	33,099	26.2	4,397	3.5	9,416	7.4	126,494	100.0
43,524	26.2	2,410	1.5	39,748	23.9	24,282	14.6	5,345	3.2	166,095	100.0
45,799	25.7	1,802	1.0	44,855	25.1	33,686	18.9	6,201	3.5	178,527	100.0
47,859	26.1	1,264	0.7	55,472	30.3	30,898	16.9	3,397	1.9	183,171	100.0
52,029	24.8	1,129	0.5	73,011	34.8	33,143	15.8	7,199	3.4	209,557	100.0
56,069	25.4	1,279	0.6	81,134	36.8	31,317	14.2	11,143	5.1	220,449	100.0

部，ケンタッキー州，テネシー州のそれぞれ一部地域よりなる。

む）よりなる。但し，ここに掲げたカンザス州，オクラホマ州の統計はそれぞれの州全体の生産量を示

and Kemnitzer [91], pp. 69, 340 より作成。

　　　び図序-1 参照)の両地域でほぼ同時に油田の獲得，原油の生産に着手する。こう
　　した行動は，基本的には，将来における原油獲得への不安，特にアパラチア地
　　域における生産の伸び悩みから発したものといってよいであろう。専ら買い付
　　けに依存する方法は，しだいにその限界を露呈したのである。買い付け量の維
　　持・拡大を図る一方，自ら生産企業として原油の獲得に向かうことがスタンダ
　　ードに求められたのであった。同社による活発な生産展開により，19世紀末
　　時点でその生産量(純生産)はアメリカ国内全生産量の1/3を超えるところにま

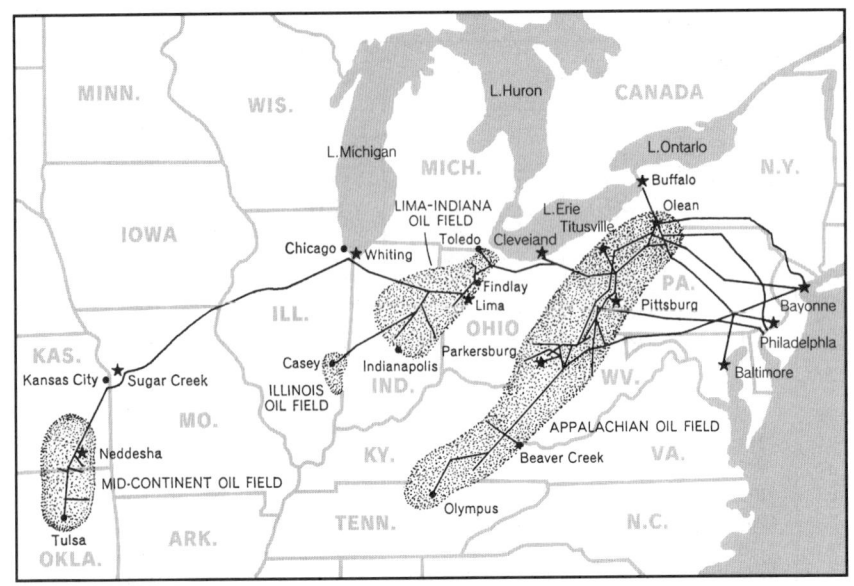

図序-1 アパラチア,ライマ・インディアナ,イリノイ,ミッド・コンチネントの各油田地帯,およびスタンダードの幹線パイプラインと製油所,1907年初頭頃

(注) 1) アパラチア地域から東部大西洋岸に向かうパイプラインの一部には非スタンダード系が含まれる。
2) ★印はスタンダード石油の製油所を指す。なお,ミッド・コンチネント油田(MID-CONTINENT OIL FIELD)の北部に所在する製油所名(Neddesha)はNeodeshaの誤記。
(出典) Williamson and others〔280〕, p. 91から。U.S. v. SONJ〔47〕, Vol. 7, p. 150とp. 151の間に挿入された図(Petitioner's Exhibit 50)も参照。

で至ったのである(表序-2参照)。

20世紀初頭以降アメリカ国内では,主要な油田地帯の大規模な転位,交代が進展し,かつ原油生産量は急速な増大を辿る。アパラチア地域などこれまでスタンダードが拠点とした油田地帯は,19世紀末段階ですでに生産のピークに到達しており,20世紀に入り相次いで開発ないし生産の急増をみた新興の地域に主要な原油生産拠点としての地位を漸次譲ったのである(表序-1参照)。アメリカ国内外での市場の成長と企業間競争に応える上で原油の確保,原油不足の打開はスタンダードにとって解決を求められた主要な課題の一つであったから,同社もまた他社と競ってこれらの新たな油田地帯で原油の獲得を追求し

序　章　問題の所在と予備的考察　17

表序-2　スタンダード石油の地域・州別原油生産量、1889〜1911年[1]（単位：1,000バレル/年、％）

	アパラチア	ライマ・インディアナ	テキサス	ミッド・コンチネント オクラホマ	ミッド・コンチネント カンザス[2]	カリフォルニア	イリノイ	総　　計	アメリカ全生産に対する比率
1889	390　7.0	5,058　90.5	—	—	—	—	—	5,590[3]　100.0	15.9
1890	2,619　23.8	8,400　76.2	—	—	—	—	—	11,019　100.0	24.0
1891	4,914　34.5	9,319　65.5	—	—	—	—	—	14,233　100.0	26.2
1892	4,339　35.6	7,843　64.4	—	—	—	—	—	12,182　100.0	24.1
1893	6,705　48.0	7,261　52.0	—	—	—	—	—	13,966　100.0	28.8
1894	7,210　51.9	6,691　48.1	—	—	—	—	—	13,901　100.0	28.2
1895	9,077　57.0	6,852　43.0	—	—	—	—	—	15,929　100.0	30.1
1896	9,468　54.0	8,065　46.0	—	—	—	—	—	17,533　100.0	28.8
1897	9,845　56.7	7,520　43.3	—	—	—	—	—	17,365　100.0	28.7
1898	11,288　60.9	7,235　39.0	—	—	—	—	—	18,549[3]　100.0	33.5
1899	10,386　57.4	7,669　42.4	—	—	—	—	—	18,080[3]　100.0	31.7
1900	11,985　60.2	7,716　38.8	—	—	64　0.3	130　0.7	—	19,895　100.0	31.3
1901	10,475　55.6	8,098　43.0	—	—	107　0.6	149　0.8	—	18,829　100.0	27.1
1902	9,797　54.9	7,855　44.0	—	—	93　0.5	95　0.5	—	17,840　100.0	20.1
1903	9,306　53.7	7,798　45.0	46　0.3	—	76　0.4	108　0.6	—	17,334　100.0	17.3
1904	9,217　54.2	7,519　44.3	37　0.2	—	116　0.7	102　0.6	—	16,991　100.0	14.5
1905	8,232　54.1	6,627　43.6	29　0.2	101　0.7	112　0.7	81　0.5	28　0.2	15,210　100.0	11.3
1906	7,251　50.9	5,583　39.2	38　0.3	121　0.9	70　0.5	51　0.4	1,118　7.9	14,232　100.0	11.3
1907	6,412　34.4	4,300　23.1	—	1,242　6.7	50　0.3	664　3.6	5,964　32.0	18,632　100.0	11.2
1908	5,767　28.5	3,360　16.6	—	1,206　6.0	40　0.2	941　4.6	8,935　44.1	20,249　100.0	11.3
1909	6,046　28.4	2,839　13.3	—	1,901　8.9	35　0.2	1,184　5.6	9,309　43.7	21,314　100.0	11.6
1910	6,153　22.0	2,452　8.8	—	4,295　15.4	30　0.1	2,173　7.8	12,526　44.8	27,952[4]　100.0	13.3
1911	5,693　18.7	2,000　6.6	—	5,230　17.2	—	2,640　8.7	13,254　43.6	30,370[4]　100.0	13.8

（注）1）純生産量（net production）を示す。実際に生産した量（総生産量（gross production）から利権料（royalty、鉱区使用料）相当分を差し引いた量。利権料はおおむね生産量全体の1/6ないし1/8を占める。
2）1896年に生産開始（同年の生産量は10万バレル）。1896〜99年の生産量はアパラチアに含まれる。
3）州や地域毎に分類できない生産量を含む。1889年は142(千)バレル、1898年は26(千)バレル、1899年は25(千)バレル。
4）ルイジアナ州での生産量を含む。1910年は323(千)バレル、1911年は1,525(千)バレル。

（出典）Hidy and Hidy [140], pp. 271, 374-375；U.S. Department of the Interior [128], Pt. II, 1913, p. 939 より。

た。スタンダードによる原油獲得活動の新たな試みは，事業活動上これと内的に連繫した同社の原油輸送，精製などの諸活動にも照応する変化を招来せしめた。スタンダードによるアメリカ国内での活動全体は，短期間に急速な規模の拡大と構造の変化をみたのである。20世紀初頭以降の同社の原油獲得活動は，アメリカ国内での事業構造全体の再編を推進する部門の一つだったのである。

原油獲得の進展と特徴 ニュージャージー・スタンダード石油による原油獲得を通観すると，原油生産量では1900年に年間1990万バレルに達して以降漸減を辿り1907年に増勢に転ずる(表序-2参照)。同社によるアメリカ国内での原油の精製量は年々増大しており，精製用原油のうちみずから生産した原油の比率は1900～06年には半減する[3]。この間，不足する原油がますます多く買い付けによって得られたことはいうまでもない。スタンダードの原油獲得に占める買い付けへの依存の割合は，20世紀に入って一転して再び高まったのである。「解体」時点でも精製に必要な原油のなお7割を外部からの買い付けに依存したのであった[4]。

1900年以降のスタンダードにとって，なおしばらくの期間は引き続き旧来のアパラチア，ライマ・インディアナの両地域が主力油田地帯を構成したが，やがて4つの新興油田地帯がこれらにとって代わる。後者の新興油田地帯の中で，獲得した原油の量からすれば，ミッド・コンチネント地域(Mid-Continent，表序-1の注〔4〕および図序-1参照)がスタンダードにとって最重要の生産拠点となったと考えてよいであろう。1904～11年についてであるが，ここでスタンダードが買い付けおよび生産した原油は総計で約2億300万バレルと推定される。これについで，中西部(Middle West)のイリノイ州(Illinois)を挙げるべきであろう。同州で，スタンダードは推定で約1億4000万バレル(但し1907～11年のみ)を獲得したのであった。さらに，1903年頃から一時期(1907, 08年)を除きアメリカ最大の原油生産州となる太平洋岸のカリフォルニア州(California)での成果も逸することができない。ここでは1902～11年で約1億700万バレルの原油を得た[5]。これらに対し，テキサス州(Texas)は，スタンダードが獲得した原油の総量は不明であるが，おそらく他の3つの地域に比べ同社の原油獲得に占める位置づけ，あるいは重要性は低かったといえよ

う。

　スタンダード社によるこれら新興油田地帯での原油獲得の大部分は買い付けによってなされ，1907年まで同社が自社生産量の拡大に積極的に取り組むことは少なかった。これは基本的には，買い付けによって必要とする原油が獲得可能である限り，投資に大きな危険性が伴う原油生産事業への進出，事業の拡大については極力これを控える，という同社の従来からの志向，考え方によるものであろう。だが，スタンダードが原油生産業者との取引・協調関係の維持を重視し，これを踏まえて買い付けを行ったことも軽視することはできない。例えば，同社にとって最大の原油獲得拠点をなしたミッド・コンチネントでの買い付け規模は，新たな油田の発見と開発に伴い1906年頃ではスタンダードが必要とする量をはるかに超えたと推定される。同社は，これらの原油を買い付けるために，パイプライン網と原油の貯蔵施設の新設・増強に一層の努力を求められたのであった。スタンダードのこうした行動は，原油の過剰を理由に買い付けの拒絶，あるいは価格の大幅な引き下げによる買い付けを行った場合，原油生産業者の反発を招き，将来における同社の買い付けを困難ならしめること，および買い手を失った原油生産業者が共同で同社に対抗する企業を設立する可能性があること，これらの懸念に基づくものと考えられるのである。

　だが，買い付け主体のかかる原油獲得活動は，1907年以降，特に「解体」に近づく1910年頃に転換期を迎える。スタンダードは自社生産の増強，新たな油田の獲得に向かったのである。そうした転換が明瞭にみられたのはミッド・コンチネントとカリフォルニアであり，その理由は，基本的には，現地および周辺地域での市場の拡大に伴い原油入手の必要性が高まったこと，および油田獲得競争の激化への対応であった。また，スタンダードの有力な原油獲得拠点となるイリノイ州でも，ほぼ等しく1907年頃から同社の生産は顕著な増加をみる。旧来の油田地帯，特に1905年以降に減産が急速に進んだライマ・インディアナ油田に代替する主要な役割を近隣のイリノイ油田に果たさせるためには，スタンダードにとって同州での自社生産の飛躍的増強が不可欠だったのである[6]。なお，次章でみるように1920年代以降スタンダードの主力生産拠点となるテキサスでは，自ら原油の生産に踏み込むことは事実上なかった。

表序-3　スタンダード石油の純利益額[1]と

	天然ガス		原油生産		輸　送[2]		原油買い付け[3]	
1900	※		7,211	13.0	24,286	43.7	(11,779)	(21.2)
1901	※		959	1.8	26,814	51.3	(7,873)	(15.1)
1902	※		4,782	7.4	27,219	42.1	(6,895)	(10.7)
1903	※		7,698	9.5	24,967	30.7	(1,437)	(1.8)
1904	250	0.4	3,284	5.3	25,806	41.9	(8,118)	(13.2)
1905	335	0.6	2,867	5.0	23,372	40.7	(5,120)	(8.9)
1906	2,282	2.7	4,029	4.8	26,848	32.3	1,621	1.9
1907	3,022	2.3	9,974	7.6	52,301	39.8	263	0.2
1908	11,564	9.9	31,909	27.4	24,003	20.6	(492)	(0.4)
1909	5,886	7.6	17,104	22.1	21,598	27.9	(2,325)	(3.0)
1910	6,475	7.4	23,781	27.1	20,128	22.9	(1,124)	(1.3)
1911	5,193	5.4	28,329	29.7	37,006	38.8	(302)	(0.3)
合計	35,007	3.6	141,927	14.7	334,348	34.7	(43,581)	(4.5)

(注)　1)　カッコは欠損を示す。
　　　2)　パイプライン輸送事業，鉄道タンク車(tank cars)による輸送，およびアメリカ国内で
　　　3)　Crude Oil Purchasing & Carrying．短距離の原油輸送を含むと考えられる。
　　　※　原油生産部門に含まれる。
(出典)　Hidy and Hidy〔140〕, pp. 627-632 より。

　かように，「解体」の前夜においてスタンダードの原油獲得活動は全体として，それまでの買い付け中心から自社生産の比重を高める方向へ新たな展開をみせたのである。

パイプライン輸送事業との関連　スタンダード社における原油獲得活動と他の事業部門との関連について，ここでは，アメリカ国内で同社の業界支配力を支える基幹的事業部門を構成し同時に最大の利益獲得部門であったパイプライン輸送事業との関係を付記する(表序-3参照)[7]。

　その要点は，新興油田地帯への進出と原油の獲得が，国内パイプライン輸送網の飛躍的な拡大とパイプライン輸送事業における地帯構造の変貌を促したことである。1899～1908年の10年間に，スタンダードが国内で保有するパイプライン網は，幹線パイプラインの総マイル数では3905(集油線は1万749マイル)から9389(同4万5228マイル)へ著しい増大を遂げ，かつその後も「解体」までの数年間にさらに一段の拡充をみた[8]。とりわけミッド・コンチネント地域における集油線網の形成と同油田地帯から遠隔地への幹線パイプラインの敷設が特筆される。スタンダードが拠点とする主力油田地帯の転位に照応し，20

事業部門別の内訳，1900〜11 年

(単位：1,000 ドル，%)

精	製	製品販売		その他		総	計
19,601	35.3	13,154	23.7	3,041	5.5	55,514	100.0
16,376	31.3	16,397	31.3	(368)	(0.7)	52,305	100.0
20,274	31.4	19,216	29.7	34	0.1	64,630	100.0
27,552	33.9	21,714	26.7	862	1.1	81,356	100.0
22,721	36.9	16,524	26.8	1,118	1.8	61,585	100.0
17,017	29.6	16,804	29.2	2,198	3.8	57,473	100.0
22,697	27.3	21,349	25.7	4,312	5.2	83,138	100.0
28,286	21.5	24,575	18.7	12,870	9.8	131,291	100.0
20,761	17.8	23,200	19.9	5,515	4.7	116,460	100.0
7,455	9.6	21,864	28.2	5,843	7.5	77,425	100.0
9,188	10.5	21,305	24.3	7,967	9.1	87,720	100.0
(2,661)	(2.8)	20,216	21.2	7,645	8.0	95,426	100.0
209,267	21.7	236,318	24.5	51,037	5.3	964,323	100.0

のタンカーによる輸送事業からの利益。

世紀初頭以降「解体」までにパイプライン輸送事業は 19 世紀末段階と大きく異なる様相を呈したのである。

　スタンダードによる原油獲得の急増は，精製事業においても新規製油所の設立，既存製油所の能力の拡張などを促しており，この面での事業拡張や変化を軽視することはできない。但し，20 世紀に入って以降，アメリカ北東部と中西部を 2 大拠点とする立地構造に重要な変化があったわけではなかった。同社が拠点とする油田地帯の変貌はパイプライン輸送事業においてより大きな構造転換を促したといってよいであろう。

〔II〕　世界市場における製品販売

　周知のように，近代石油産業は灯油を最大の石油製品としてアメリカにおいて発祥した。灯油は，それまで照明に用いられた鯨油，獣油，石炭油などに対し使用価値(有用性)と価格面で格段の優位性を保持したのであり，かかる優位性は，灯油を初発から世界市場商品ならしめたのである。1870 年代末ないし 80 年代初頭頃までにスタンダード石油グループ(スタンダード石油同盟〔Standard Oil Alliance]），あるいは同グループの企業群を構成主体として創立されたスタンダード石油トラストは，アメリカ国内市場に対する石油製品（潤滑油などを含む）供給の大半を担った。スタンダードは，むろん輸出向け製品についてもほぼ独占的な供給企業であり，また当時アメリカが世界の原油生産の8割以上を占め諸外国での石油製品需要の大半がアメリカからの輸出で賄われたことからして，アメリカ国内のみならず諸外国市場への製品供給においても他を圧倒する地位を確保したのである。

　もっとも，そうしたスタンダードによる市場への支配ないし影響力の行使は，アメリカ国内および海外で解決を求められる諸問題や困難に遭遇する。とりわけ，同社の支配的な地位に対する重大な挑戦はまず海外において突きつけられた。ヨーロッパ，アジアにおいてスタンダードは困難な競争を強いられたのである。同社は，海外においては競争企業への対抗，市場支配力の回復・強化を図って1880年代末頃から順次主要国に販売子会社，あるいは流通・販売網を設けた。19世紀末時点でスタンダード石油は世界企業としての歩みを開始したのであった[9]。

(1) アメリカ

製品販売事業への進出と流通機構の革新　スタンダード石油は，トラスト形成時点（1882年）において主力製品たる灯油，その他の販売を自ら行うことは少なく，消費者への製品供給を主として販売代理業者，卸売業者，小売業者など外部の流通業者に委ねた。だが，こうした方式はしだいにその限界をみせはじめる。一つは，トラスト形成以前にも一部みられたが，同社から特定地域における排他的販売権を与えられた代理業者の市場に同じくスタンダードの製品を扱う他の業者が進出して競合する，卸売業者がスタンダードの製品に他社の製品を混入して売りに出す，同社の価格政策が市場で守られない，などの事態が生じたのであり，他方で，既存の流通業者が資金の不足などによって製品流通・販売の効率化の要請に直ちに応えることができない，など販売促進にとっての制約や難点もまた明らかになってきたのであった。こうした状況を踏まえ，同社は1880年代半ば頃には自ら積極的に製品販売（卸売）に乗り出すことになったのであった[10]。

スタンダードによる販売事業について，ここでは特に重要な意味を持った製品流通機構の革新について述べる。その内容は，一つに，各地の都市や交通の要衝(鉄道駅・ターミナルなど)に油槽所(bulk station)を設置し，これに製油所から鉄道タンク車(tank car，円筒形のタンクを乗せた車両)によって製品を輸送することであった。タンク車による製品の長距離輸送は，アメリカではすでに1870年代半ば頃に試みられており，樽や缶を用い容器代金などの費用が割高で非効率な従来の方式をタンクによる中身輸送で置き換えることで輸送量の大量化と費用の削減を可能とした。こうした方式を広く導入するためには，タンク車両と貯蔵施設(油槽所)をそれぞれ多数確保することが不可欠だったのである。

ついで，タンク・ワゴン車(tank wagon car，タンクを荷台などに乗せた車，しばしば馬，犬によって牽引される)の採用が試みられた。同社は，油槽所に貯蔵された灯油などをタンク・ワゴン車によって小売業者(金物店〔hardware store〕，食料雑貨店〔grocery〕，薬剤店〔drug store〕)などへ供給(卸売)し，ここでも缶などを用いた従来の方式に比べて輸送費用の大きな削減を実現したのである[11]。

スタンダードは，鉄道タンク車についていえば，1898年に全国に存在したタンク車両(1万3271)の44％をみずから所有し，さらに，統計は不明であるが残余についてもかなりの程度賃借その他の方式で活用したと推定される[12]。油槽所については，同社は1886年には全国に313ヵ所，正確な統計は得られないが1899年には3000近く，そして1906年には3573ヵ所を確保したのである[13]。タンク・ワゴン車については，鉄道タンク車の場合に比べその普及の度合いは漸進的であったと考えられるが，1897年にはスタンダードが販売する灯油の52％はこれによって供給されたのである[14]。

「解体」までスタンダードは，19世紀以来の主要製品であった灯油については，一部を既存の卸売業者などに委ねつつ，多くを自社の製品流通網で小売店へ供給したのであり，この方式は1920年代以降も基本的に変わることなく継承される[15]。他方，1910年頃までにガソリンが主要な販売品目の一つとなるが，これについては独自の販売施設の創設と既存の油槽所，配送手段の拡充

などの対応が不可欠となった。ガソリン販売に伴う流通機構の整備(給油所〔service station〕の設置，確保など)は，石油大企業間の市場競争の主要な対決点として浮上しはじめるのである[16]。

他方，20世紀の初頭頃から急速に消費量・販売量が増大した重油，およびこれよりはかなり少ないが軽油については，その販売対象は一般に鉄道，製造企業，海運企業，ガス会社などのいわゆる大口の需要家であり，スタンダードは主として製油所，油槽所などから中間の流通業者を介さず直接需要家に鉄道その他の輸送手段を用いて供給を行った。いわゆる直売方式が基本をなしたのである。この点は，機械油として販売された潤滑油についてもおおむね妥当したといってよいであろう。

アメリカ市場における地位 1910年時点において，アメリカ灯油市場におけるスタンダードの占有率は75％強であり，19世紀後半ないし末期における市場支配の全盛期と比べてもその数値はさほど見劣りするものではなかった[17]。また，輸出の面でも「解体」時点でアメリカから輸出される全石油製品の3/4は依然として灯油であり，その大部分はスタンダードによって供給されたのである[18]。19世紀以来の主要製品たる灯油の販売と輸出において同社が引き続き他を圧倒する力を維持したことは明らかである。

もっとも，周知のように灯油消費量の拡大は20世紀の最初の数年までで一旦終息し，それ以降は伸び悩む。スタンダードのアメリカでの製品販売量全体に占める比重は「解体」まで漸次低下した。他方，アメリカ市場において，「解体」年にはスタンダードによる販売量で前者の灯油を凌いだのがガソリンであった。1910年時点で同社のガソリン市場での占有率は70％以上，ほぼ3/4に達しており，旧来から強みとする灯油に対し遜色のない水準にあった。アメリカ市場で新たに主要品目に加わったガソリン市場の成長はスタンダード石油によって主導されたといってよいであろう[19]。

他方，いま一つの主要製品となる重油については，市場におけるスタンダードの市場占有率などを具体的な統計で示すことはできないが，燃料油(この当時は燃料油として用いられた原油の比重も大きい)の販売全体においてスタンダードは，灯油とガソリンに比べかなり見劣りする地位に留まったと考えられ

(2) 外国市場

　1899～1911年の10年余の期間，北アメリカ(本国アメリカとカナダを指すと考えられる)を除く地域でスタンダードが獲得した利益全体の53.3％はヨーロッパで得られ，ついでアジア(主としてインドとそれ以東の地域を指す)が35.3％を占めた[21]。この時期のスタンダードによる海外事業(北アメリカ以外)はそのほとんどが製品販売であったから，これらの利益の大半が販売事業から得られたことは明らかであり，利益獲得の面でヨーロッパ，ついでアジアが同社の主要外国市場であったことを示すであろう[22]。

　ヨーロッパ地域　1880年代にイギリスをはじめヨーロッパ各国においてロシア産の灯油が急速に浸透しスタンダードの市場独占は打破された。ロシア産の灯油は，1884年ではイギリスが輸入した灯油全体の2％未満でしかなかったが，短期間に急速な伸びをみせ1888年には30％まで伸長した[23]。同年イギリスに設立されたスタンダードの完全所有子会社アングロ・アメリカン石油(Anglo-American Oil Company, Ltd.)は，蒸気力を用いたタンカー(steam tanker)，はしけ(barge)，鉄道タンク車，タンク・ワゴン車など革新的な輸送手段の導入，港湾など各地への油槽所の設置を次々に実行し，製品流通機構の革新でロシア産石油の競争に応えたのである[24]。

　こうした対応は，ドイツなど大陸ヨーロッパのいくつかの国でも試みられたが，イギリスに比べ流通改革の進捗は緩慢であった。その理由の一つは，ドイツ，オランダ，イタリアなどでは，スタンダードは現地の石油商などと共同出資で子会社(あるいは関連会社)を設置し，しかもそれらの所有権の半分強，あるいは少数の獲得によって活動を開始したことに由来するようである(ドイツの関連会社〔ドイツ・アメリカ石油会社，Deutsch-Amerikanische Petroleum-Gesellschaft：DAPG〕の場合，進出最初の年次である1890年のスタンダードの所有権は38％に留まった)。かかる進出方式をスタンダードが採用した背景には，大陸ヨーロッパ市場はイギリスに比べ言語の相違など未知の度合いが大きく，ロシア産石油などへの対抗においては現地の事情に精通した企業(石油商)との共同がよりすばやい対応を可能にするとの判断があった[25]。

だが，初発においてそうした方式が有効であったとしても，その後の販売活動，流通機構の改革にとってはこれを制約する面があったことは否定できない。これら諸国に設けられた子会社等の経営は実質的には現地の共同出資者側に委ねられており，これら経営陣は全般的にはスタンダードからみて流通革新の意欲に乏しく，新規の投資を必要とする流通機構の整備などに対ししばしば消極的姿勢を示したようである。ドイツの関連会社（DAPG）の場合，タンク・ワゴン車の急速な導入などの流通面での大きな改革は，スタンダードによる株式保有比率の顕著な拡大（1904年に90％へ），初期の主要な経営陣の引退とほぼ踵を接する形で実現されたのであった[26]。

他方，同じ大陸ヨーロッパでもフランスでは，他のヨーロッパ諸国とは異なり19世紀の後半ないし末段階で，政府の関税政策（輸入製品に高関税を設定する）などにより現地精製業，つまり輸入原油を用いた製品生産が開始された。だが，スタンダードは，直ちにフランス現地での精製事業には踏み出さず，それまでの製品に代えて原油を輸出し，現地フランスの精製企業への原油販売によってフランスを自己の市場圏に維持したのであった。同社はその後一時期製油所を擁することはあったが，同社自身による製品販売は「解体」まで事実上行われることはなかった。その結果，フランスでの流通機構の整備や革新は，現地販売施設の確保と合わせて，全く後の課題として残されたのである[27]。

1910年頃，ロシアとオーストリアを除くヨーロッパ市場全体での石油（原油と製品）供給全体に占めるスタンダードの比率はほぼ60％強と推定される[28]。1880年代初頭頃のトラスト形成の時期に比べ同社の地位が相対的に低下したことは明らかであるが，「解体」以前において同社は引き続き最大企業としての支配力を維持したのであった。なお，スタンダードが他社との競争過程において，しばしば価格や市場の分割に関するカルテル協定を有効な支配の手段として追求したことは周知のところであり，以下のアジアにおいてもみられた[29]。

アジア地域　アジアにおいてもスタンダードの灯油販売，市場支配は，1880年代にロシア産の灯油の進出により大きな困難に直面した。主要市場の一つたるインドにおいて同社の灯油は，同年代の後半と推定されるが一

時期ロシア灯油によって一掃される事態にさえ追い込まれたといわれている[30]。ロシア産石油の市場進出はヨーロッパに比べアジアに向けてより攻勢的であったように思われる。この当時ロシアの石油は，黒海(Black Sea)沿岸の海港バツーム(Batum)から，例えばインドまでは約30日で到達したが，スタンダードの石油はアメリカの東海岸のニューヨーク港などから大西洋を超え，スエズ運河(Suez Canal)を経由してインドまでの5500マイルの旅程を実に4カ月半を要して輸送されたのであった[31]。輸送日数・費用の面で同社は，対ヨーロッパ輸出の場合にそうであった以上にさらに不利な状況におかれたのである。

　スタンダードがロシア産灯油の攻勢にさらされている状況のもと，オランダ領東インド(現インドネシア)の油田を基礎に台頭したロイアル・ダッチ(Royal Dutch Company)が新たな対抗企業として出現し，かつロシア産石油をアジアに持ち込んだシェル・トランスポート・トレイディング(the "Shell" Transport and Trading Company, Ltd.)が今度はオランダ領東インドに原油生産拠点を確保するに及んで[32]，スタンダードの市場支配はさらに重大な事態へと追い込まれた。アジア地域へ輸出されたアメリカ産の灯油(スタンダード以外の企業による輸出量を若干含むと考えられる)が，1892年の302万バレルから1894年に465万バレルまで増大した一方，1899年に297万バレルへ低落した事実は，主として，かかる競争過程におけるスタンダードの市場支配力の減退によるものと考えられる[33]。1900年頃の同社の市場占有率は34％ほどであり，19世紀末頃までにスタンダードは販売量の点で最大企業の地位を失ったといえよう。その後，現地市場に適合する灯油(低級品)の開発・投入などにより競争力を一時向上させる。しかし，かつての地位を回復することは困難であった[34]。

　ヨーロッパにおけるジャージーの競争戦略が，主として流通機構の革新，製品販売体制の強化によって構成され，これで市場支配力をともかくも維持できたのに対し，アジアにおけるロイアル・ダッチ＝シェル(The Royal Dutch/Shell Group of Companies, 1907年にロイアル・ダッチとシェルが合体)のスタンダードに対する優位は，主として，輸送費用，および現地の安価な原油

を用いた生産費用の2つから構成されたと考えられる。これは，スタンダードにアジア地域での原油と石油製品の生産への着手を促すものとなった。だが，「解体」まで同社によって試みられたビルマ（現ミャンマー連邦），日本，オランダ領東インドなどでの油田の獲得活動，現地での生産などはみるべき成果を上げることができなかったのである[35]。

1) 周知のように，1882年創立のスタンダード石油トラスト(Standard Oil Trust)は1892年に解散しており，旧トラストを構成した企業群は統廃合などの後，一種の利益共同体(Community of Interests)として存続した。トラストの形成とほぼ同時に設立されたニュージャージー・スタンダード石油会社（通称ジャージー社）は主として原油の精製を担当する事業会社として，トラストおよび利益共同体の1社を構成したにすぎなかった。しかし，同社は，1899年に事業活動に加えて持株会社としての機能をも与えられ，他の企業群を子会社として自己の傘下に編入することとなったのである。持株会社（事業持株会社）であるニュージャージー・スタンダード石油は，1911年5月の連邦最高裁の判決に基づき，少なからぬ子会社を手放すことになるのである（次節も参照せよ）。

なお，本節でのニュージャージー・スタンダード石油会社の社名の略記についてであるが，以下では持株会社方式を採用する以前の1880年代などについても言及することから，これらの時期の記述に際しても前節と同様にジャージーの略称を用いると，トラスト構成企業の1つを指すと誤解される可能性もある。そこで，やや曖昧であるが全体（トラスト構成企業全体，あるいはスタンダード石油グループ各社）を指す包括的な表現である「スタンダード石油」，あるいは「スタンダード」とした次第である。

2) U.S. Bureau of Corporations [46], pt. III, pp. 272-275. 本項の原油獲得に関する詳細な分析については，伊藤[204]を参照せよ。

3) Hidy and Hidy [140], pp. 374-375, 416.

4) Hidy and Hidy [140], pp. 374-375, 416.

5) 以上の統計は，U.S. Senate [48], pp. 38-40, 56-58; White [155], p. 575によるが，PR [120], January 28, 1911, pp. 37-38; Williamson and others [280], pp. 92-93 も参照。典拠とした資料の制約により，地域によって対象期間（年次）のとり方に違いがあるが，それぞれの最初の年は当該地域における実質的な，あるいは急速な原油獲得の開始年を指すと考えてよいであろう。

6) イリノイ州での原油獲得は，ミッド・コンチネント地域，カリフォルニア州とは異なり，買い付け主体からやがて自社生産のウエートを高める，といった段階を必ずしも辿らなかった。スタンダードはイリノイでは進出後間もなく自社生産への着手，拡大に向かったのである。その理由は本文に記した通りであるが，詳細は伊藤[204]，17-18頁を参照。

序　章　問題の所在と予備的考察　29

7）　同表によれば，1900～11年に輸送部門(主としてパイプライン輸送部門を指す)が獲得利益額全体の1/3以上を占め最大であるが，1908年以降には原油生産部門の獲得利益の躍進が著しい。しかし，後者の原油部門の利益額は，会計操作が加えられた誇大な数値であり，実態からかけ離れた表示であると考えられる。おそらくその理由は，独占支配度が高くスタンダードの利益獲得の主要な部門として，中小企業などから批判が強かった輸送部門(パイプライン輸送事業)の利益を低く表示するために，他の事業部門との対比では業界内での支配力が弱体で，かつ輸送事業とのつながりが強い原油生産事業に輸送部門の利益の相当部分を計上(転記)したものと推定される。以上については，伊藤〔204〕，25-26頁を参照。
8）　U.S. v. SONJ〔47〕, Vol. 19, p. 621；Loos〔147〕, pp. 3-5, 59-65；Johnson〔211〕, pp. 40-42.
9）　「解体」以前におけるスタンダードの製品販売，市場支配について，アメリカ国内での活動に関しては，我が国でもすでにある程度は明らかにされた。だが，諸外国での販売活動の実態と特徴については，本国アメリカなどでも今後本格的な分析を必要とする領域に属していると考えられ，現時点では不明の部分が少なくないのが実状である。
10）　Hidy and Hidy〔140〕, pp. 193-200；Williamson and Daum〔279〕, pp. 687-690；谷口〔265〕，180頁。
11）　以上について，およびアメリカにおける石油製品の大量流通体制の形成については，Williamson and Daum〔279〕, pp. 528-537, 687-693が有益である。U.S. Bureau of Corporations〔46〕, pt. I, pp. 305-311も参照。
12）　Hidy and Hidy〔140〕, p. 294；U.S. House〔45〕, p. 789.
13）　Nevins〔238〕, Vol. II, p. 45；Williamson and Daum〔279〕, p. 690.
14）　Williamson and Daum〔279〕, pp. 690-692.
15）　U.S. Bureau of Corporations〔46〕, pt. I, p. 291；U.S. Senate〔51〕, pp. 43, 52.
16）　もっとも，1910年頃では，いまだ自動車用の燃料としての用途はアメリカでのガソリン消費全体の過半には届かず，従来の用途であった化学産業などでの溶媒(solvent)，ガス機関(gas engine)の燃料，料理用燃料(stove gasoline)，さらにクリーニング用などの比重が軽視できない(U.S. Bureau of Corporations〔46〕, pt. II, pp. 237-238；Pogue〔255〕, pp. 121, 125-127を参照)。
17）　Hidy and Hidy〔140〕, p. 475.
18）　U.S. Bureau of Corporations〔46〕, pt. III, pp. 113, 117；U.S. Department of the Interior〔128〕, pt. II, 1912, pp. 458-459；PR〔120〕, March 9, 1912, p. 154；Hidy and Hidy〔140〕, p. 528；伊藤〔204〕，27頁参照。
19）　以上については，伊藤〔204〕，27-30頁を参照せよ。
20）　この点について詳細は，伊藤〔204〕，10-12, 14-17, 29頁を参照せよ。
21）　Hidy and Hidy〔140〕, p. 553.
22）　1903年についてであるが，ラテン・アメリカ(中南米)に対するスタンダードの灯油

輸出量は，総計で72万9000バレル(但し，ここでの1バレルは50ガロン)であり，それは同社の全外国輸出の6%程度であり，中国1国に対する輸出量(74万7000バレル，同じく50ガロン)に及ばない(U.S. Bureau of Corporations〔46〕, pt. III, p. 649による)。

23) Williamson and Daum〔279〕, pp. 647-648.
24) 以上については，Great Britain, House of Commons〔76〕, pp. 90-95；Williamson and Daum〔279〕, pp. 648, 655-657を参照せよ。なお，イギリスにおけるアングロ・アメリカン石油による製品流通体制のその後の進展については第1章以下で検討するが，特に第6章の第4節〔II〕の本文および注(9)を参照せよ。
25) Hidy and Hidy〔140〕, pp. 147-151, 535-536.
26) RAC〔3〕, Our Business with Germany, 6/2/41；F887：B118：BIS：RG2：RFA；Hidy and Hidy〔140〕, pp. 147-151, 247-254, 533-544, 553-563による。
27) Hidy and Hidy〔140〕, pp. 238-244, 523-527；Williamson and Daum〔279〕, pp. 333-334. フランス石油業界全体の20世紀初頭における流通機構の実態，非効率性については，堀田〔190〕, 45-46頁も参照。
28) Hidy and Hidy〔140〕, pp. 578-579.
29) さしあたり，井上〔206〕, 29-30頁を参照せよ。
30) U.S. Bureau of Corporations〔46〕, pt. III, pp. 297-298；Hidy and Hidy〔140〕, p. 138.
31) Hidy and Hidy〔140〕, pp. 259, 532.
32) U.S. Bureau of Corporations〔46〕, pt. III, pp. 291, 451-456.
33) Hidy and Hidy〔140〕, p. 267.
34) Hidy and Hidy〔140〕, pp. 268, 553.
35) 特にオランダ領東インドでの利権の獲得，現地で活動したロイアル・ダッチを含む複数のオランダ系原油生産会社の買収の試みは，企業それ自身によって拒否される，あるいは受諾された場合でもオランダ政府によって否認される，といった事態に遭遇した。スタンダードは「解体」以前に，アジア地域最大の油田地帯であったオランダ領東インドに生産拠点を持つことはできなかった(U.S. Bureau of Corporations〔46〕, pt. III, p. 292；Hidy and Hidy〔140〕, pp. 263-268, 497-503を参照せよ)。

第3節 「解体」とその意味

周知のように，1906年11月のアメリカ連邦政府によるニュージャージー・スタンダード石油とその子会社などへの反トラスト法違反の告発，1909年11月のミズーリ州(Missouri)の連邦地方裁での判決，およびこれを支持した

1911年5月の連邦最高裁での判決によってスタンダード・グループは「解体」することになった。持株会社ニュージャージー・スタンダード石油は，七十余の子会社のうち33社について持ち株の放出を命じられ，同年末ないし翌年1月までにこれらとの資本関係(株式所有関係)を失うことになったのである[1]。

　これにより，ニュージャージー・スタンダード(以下ジャージーと略称)は，原油生産部門，アメリカ国内での製品販売部門，パイプライン，タンカーなどの輸送部門，のそれぞれの大部分，および他の若干の事業を喪失した。ジャージーが株式を放出することになった子会社は，主にこれらの事業部門の一つあるいは複数に従事し，本社のジャージーとともに，1909年の判決で不公正な取引や独占行為を行ったとして有罪とされたのであった[2]。

主要原油生産子会社の分離　その結果，原油獲得事業については，同社のアメリカ国内の主要な原油生産子会社たる，サウス・ペン石油(South Penn Oil Company，アパラチア地域)，オハイオ石油(Ohio Oil Company，ライマ・インディアナ地域とイリノイ州)，プレーリー石油・ガス(Prairie Oil & Gas Company，ミッド・コンチネント地域)，およびカリフォルニア・スタンダード石油(Standard Oil Company〔California〕，カリフォルニア州)の4社が，いずれも「解体」によってジャージー社から分離された。同社の手に残された原油生産子会社は，事実上，アパラチア地域でサウス・ペン石油とともに原油生産を担当した，しかし規模はサウス・ペンよりかなり小さいカーター石油(Carter Oil Company)，およびルイジアナ州に所在したルイジアナ・スタンダード石油(Standard Oil Company〔Louisiana〕)のみとなったのであった[3]。

　とはいえ，「解体」によって，オハイオ石油など旧子会社からの原油供給が直ちに途絶えることはなかった。ジャージー社は，引き続き自社の製油所で必要とする原油の多くをこれらの旧子会社群から買い付けで入手することができた。だが，1907～08年頃から進捗をみせたジャージー(旧スタンダード石油)による原油生産体制の強化は，担い手の原油生産子会社のほとんどと資本関係を切断されたことで，事実上挫折を余儀なくされた。原油生産部門は再び弱体な事業部門へ転じたのであり，同社の原油獲得に占める買い付け依存の比重は顕著に高まらざるをえなかった[4]。石油市場の拡大とともに，テキサス社

(The Texas Corporation)，ガルフ石油(Gulf Oil Corporation)などの新興有力企業がしだいに全国企業へ成長し，さらにかつて子会社であった旧スタンダード系の企業群が親会社であった同社と対抗する動きをみせるに至って，原油生産事業の脆弱性はジャージーにとって重要な弱点として露呈するのである。

主要国内販売子会社の分離 次に，ジャージー社の製品販売についてであるが，アメリカ国内での主要な販売子会社の大半も，株式放出によって分離された。「解体」後のジャージーの市場は，アメリカ国内では，本社である同社自身がそれまで製品販売を行ったニュージャージー州(New Jersey)とそれ以南に所在する大西洋岸諸州の総計6州と1特別区(首都ワシントン〔Washington, D.C.〕)，および原油生産子会社であり同時に製品販売なども担当したルイジアナ・スタンダード石油の販売地域たるルイジアナ州の東部地域とテネシー州(Tennessee)に限定されたのである[5]。周知のように，「解体」以前にスタンダード石油は，灯油などの主要製品についてはアメリカ市場全体を11の区域に分割し，それぞれに個別の地域担当会社を設けて製品販売を行った。基本的には，それぞれが当該市場で唯一のスタンダード系販売会社として活動したのであるから，「解体」によってこれらの市場は子会社とともに失われ，ジャージー社は全国市場の大半を自己の市場圏から喪失することになったのである。

もっとも，旧来のいくつかの子会社との事業面の結合関係や取引は，ここでも直ちに失われたわけではない。持株会社のニュージャージー・スタンダードそれ自体は，「解体」以前においてスタンダード・グループ内最大の精製事業を担っており，ニュージャージー州に所在した世界最大の製油所ベイヨーン(Bayonne refinery)などいくつかの大規模製油所を保持した[6]。そこで生産された灯油，ガソリンなどの一部は「解体」後も，それまでの取引関係に基づきいくつかの旧子会社に販売されるのである。これにより，ジャージーは，自ら直接販売するわけではないとしても，旧子会社への販売を通じて上記の特定市場(大西洋岸の6州，その他)を超えた諸地域を間接的に自己の販路として維持したといえよう。だが，こうした結合関係もやがて弛緩し，崩れる。同社は国内での市場支配をめぐって，新興企業のみならず旧子会社群とも角逐を演ずるのである。

他方，海外に存在した子会社の多くはそのままジャージー社の傘下に残った。前世紀以来,「解体」時点においても灯油については，スタンダード石油が国内で生産する量の過半は外国に輸出されたのであり，歴史的に同社は顕著な対外市場依存を特徴とした[7]。ジャージー社は国内市場の相当部分を失った一方，外国販売子会社の多くを引き続き確保したのである。

　19世紀後半ないし末以降，一方で，ロシア，その他における石油産業の勃興により海外での石油供給能力が高まったこと，他方で，アメリカ市場が着実，あるいは急速に拡大したことによりアメリカ石油産業にとって外国市場の重要性は相対的に低下を辿った。世紀交代期以降スタンダード以外のアメリカ企業は主として国内市場に向けて石油製品，原油を販売したのであった。「解体」は，こうしたアメリカの他社とは逆にジャージー社にとって外国市場の比重を一層高める契機として作用したのである。

　但し，イギリスに所在した海外での最大販売子会社の一つたるアングロ・アメリカンとの資本関係が「解体」で切断されたこと，アジア市場も同社の活動範囲から失われたことに留意が必要である。特に，後者のアジア市場については，長らく灯油などの製品輸出，現地販売は主として旧子会社ニューヨーク・スタンダード（Standard Oil Company of New York，後のモービル社〔Mobil Corporation〕，但し1999年末以降はジャージー社〔エクソン社〕と合体）によって担当され,「解体」以降は後者がそのまま自己の市場として製品販売を継続したのである。

　以上の原油生産と製品販売に加え，アメリカ国内のパイプライン輸送子会社の大半も「解体」でジャージーから失われたこと，他方，同社が引き続きアメリカ最大の石油精製企業として存在したことがあらためて確認されるべきであろう。ジャージー社は，アメリカ国内での精製事業，外国での製品販売，これらを2大事業部門とし，これに若干の原油生産（ルーマニアなどでの外国事業を一部含む）と国内販売，その他の事業（天然ガスなど）を擁した企業として「解体」後のアメリカと諸外国での市場成長と企業間競争に対応するのである。

　　1)　以上について詳細は，Hidy and Hidy〔140〕，Chapter 23（特に pp. 684-698, 708-

712 ; Gibb and Knowlton〔138〕, Chapter 1(特に, pp. 5-10)をみよ。なお, 伊藤〔198〕, (1), 184-185頁注(11)も参照せよ。

　本書においては, これまでもそうであったが, 1911年の最高裁の判決に基づく子会社株式の放出, およびこれによるニュージャージー・スタンダードと放出子会社との資本関係の切断を「解体」としてカッコを付けて表現する。周知のように, ニュージャージー・スタンダードが放出した株式は, 従来同社とは全く関連を持たない企業や投資家などに売却・保有されたのではなく, 持株会社である同社の株主に対して, 同株主のニュージャージー・スタンダードに対する所有権(株式保有割合, 1911年9月1日時点の保有比率)に応じて提供されたのである。その結果, ニュージャージー・スタンダードの最大株主であるジョンD. ロックフェラー(John D. Rockefeller, 全発行済み株式の24.8%〔24万4345株〕を所有)は, 例えば放出されるニューヨーク・スタンダード石油(Standard Oil Company of New York)の株式の24.8%を受け取ることになったのであった。つまり, この「株式放出」は, ニューヨーク・スタンダード石油についてみれば, 従来の株主(親会社)であったニュージャージー・スタンダードにかわって, 後者(ニュージャージー・スタンダード)の株主が直接同社の株主となったにすぎない。ジョンD. ロックフェラーは, ニュージャージー社, ニューヨーク社の両方の筆頭株主になったのである(以上については, Hidy and Hidy〔140〕, pp. 322, 632, 711を参照)。独占企業の解体とはいえ, その内実は従来の石油業界の支配体制に直ちに影響を与えるものではないという意味で, 最高裁判決に基づいてなされた如上の措置は, しばしば「紙上解体」などと称されたのであった。本書もまた, こうした不徹底な反独占措置であるという意味で, カッコを付けて「解体」と呼ぶことにした所以である。だが, 後に明らかとなるように, 石油市場の急成長とそれを基礎にした競争戦が強まる中で, ニュージャージー・スタンダードと旧子会社, 旧子会社間の対立・競合が惹起され, 「解体」は実質的な意味を持ちはじめるのである。

2) 同時に告発された他の三十余の子会社は有罪判決を免れ, 引き続きニュージャージー・スタンダード石油の子会社として残された。

3) 本書では, 「解体」についての分析それ自体を意図しておらず, 判決における個々の子会社の有罪・無罪の根拠や理由についてもここで検討することはできない。但し, このうちパイプライン輸送が, 製品販売事業とともに独占ないし不公正な行為が特に顕著であるとして原告の連邦政府などから批判が集中したことは周知のところであろう。これに対し, 原油生産事業に対する批判や告発はさほど激しいものとはいえなかったように思われる。だが, 本文に記した4つの原油生産子会社のうちオハイオ, プレーリー, カリフォルニア・スタンダードの3つはパイプライン輸送事業を兼ねており(カリフォルニア・スタンダードは製品販売も行う), 原油生産それ自体において指摘された問題・告発事項だけでなく, おそらくこの点からも有罪(ニュージャージー・スタンダード社からの分離)を免れなかったと考えられる。

4) もっとも, 原油買い付けへの依存を高めることで, 同社が必要とする量がほぼ充足されたわけでもない。例えば, 1913年8月時点であるが, ジャージーはペンシルヴェ

ニア(Pennsylvania), イリノイ両州での減産傾向に伴う原油確保の困難により, 大西洋岸諸州の製油所では1日あたり1万5000バレルの原油不足を余儀なくされたという(1913年に大西洋岸諸州においてジャージー社が行った原油精製量は1日あたりの平均で7万8300バレルである)。以上は, RAC〔3〕, Letter to John D. Archbold from Walter C. Teagle, August 27th, 1913: F866: B115: BIS: RG2: RFA; Gibb and Knowlton〔138〕, p. 678による。

5) 合計8州と1特別区であるが, 大西洋岸の6州とは, ニュージャージー, メリーランド(Maryland), ヴァージニア(Virginia), ウエスト・ヴァージニア(West Virginia), 南北カロライナ両州(North Carolina, South Carolina), である。伊藤〔204〕, 30頁の第8表の注(3)をみよ。

6) 1900年時点でベイヨーン製油所はすでに世界最大規模を有したようである(Jersey〔26〕, Fall 1964, p. 15による)。

7) 伊藤〔204〕, 27, 32頁注(9), (10)参照。

第Ⅰ部　1920年代初頭から第2次大戦終了まで

第1章　1920年代の活動と業界支配力の低下

第1節　はじめに

　1920年代におけるニュージャージー・スタンダード石油会社の活動を具体的に検討するに先立ち、この時代の石油産業の概括的状況、および同社をとりまく競争環境についてごく手短に述べておきたい。

　まず、世界的な石油産業の急成長である。アメリカでは、原油生産量は1920～29年に2.3倍、精製量も同時期にほぼ同じ伸長を遂げた[1]（後掲表Ⅰ-1も参照）。これは本書が対象とする1960年代末までの半世紀においては、10年間の伸びとしては最も大きな部類に属す。アメリカにおいて石油精製事業に従事した企業の資本総額を製造業全体の数値と対比するとその割合は1919年の2.9％から29年の9.7％まで上昇し、大きく15に分類された業種内で13位から5位へその順位を躍進させた[2]。同様に、原油生産事業（天然ガスを含む）に従事した企業の資本総額を鉱山業全体と対比すると、同期間にその比率は、34.0％から48.0％へ伸張した[3]。大企業の順位では、1917年にアメリカ最大産業企業20社（資産額）の中に石油企業は2社登場しただけであったが、1930年にその数は9社となったのである[4]。こうした成長が、アメリカ全体でのエネルギー需要の増大と石油産業のエネルギー産業としての地位の向上と結びついたことはいうまでもない。アメリカの1次エネルギー源（自然エネルギー源）の消費構成に占める石油の比率は、1920～29年に13.3％から22.3％へ上昇し、また石油企業が有力な生産・販売企業でもあった天然ガスを加えると1929年には両者で全体の3割強（31.5％）を占めるに至った[5]。

外国(旧ソ連邦を含む)での石油産業の成長については，さしあたり原油の生産量が1920〜29年に1.9倍，石油消費量(製品だけでなく燃料油として用いられた原油の消費を含むと考えられる)が2.4倍に達したことを指摘するに留める[6]。

次に，他社との競争について。アメリカでのジャージーに対する挑戦は，第1に，19世紀にすでに同社の競争企業であった若干の有力企業，および世紀交代期以降に新興油田地帯での原油生産を主力事業として台頭した企業群[7]によって，ついで「解体」以前にジャージーの子会社だった旧スタンダード系の諸企業によって，それぞれ突きつけられた。これらに加え，中小の精製企業，原油生産企業などのジャージーへの対抗も無視することはできない。諸外国では，ロイアル・ダッチ＝シェル(The Royal Dutch/Shell Group of Companies, 以下RD＝シェルと略記)がアジアに続きヨーロッパでもその勢力を拡張し，第1次大戦中はイギリス軍へのガソリン，重油，火薬(TNT)等の供給者として巨額の利益を手にした[8]。同社は，ニュージャージー・スタンダード石油が「解体」された翌年の1912年後半にアメリカに進出して，短期間のうちにアメリカ国内における有力石油企業の地歩を固めた。1920年代初頭以降の世界石油産業界において，RD＝シェルはジャージーに対する最大の競争企業となったのである[9]。ついで，ペルシャ(現イラン)の油田を独占しイギリス政府を最大株主としたアングロ・パーシャン石油(Anglo-Persian Oil Company, Ltd. 後のブリティッシュ・ペトロリアム〔The British Petroleum Company Ltd., BP〕，現在名はBP p.l.c.)が，やはり大戦中にイギリス軍への船舶用燃料の供給企業として急成長を遂げた[10]。戦後，同社はヨーロッパ市場での製品販売を強化し，RD＝シェルとともに各国でジャージーを挟撃したのである。

かような石油産業，石油市場の急成長と有力競争企業の挑戦に応えてジャージーの活動はなされる。その際，第1次大戦終了ないし1920年代初頭以降のアメリカ国内外での石油需要の急増は，ジャージーに原油生産体制の強化および既存の販売・流通機構の整備と革新を強く求めた。これら2つはこの時代に同社にとっての最も重要な課題となるのである。ついで，「解体」によってアメリカ国内のパイプライン輸送子会社のほとんどを失ったことから生じた原油

輸送の他社(旧子会社)依存を脱却すること,ガソリン需要の増加に伴う精製技術の革新,などもジャージーにとっての落とせない課題を構成した[11]。

1) U.S. Bureau of the Census [129], pp. 593, 596.
2) ここでいう資本総額は,固定資本(fixed capital)と運転資本(working capital)の合計を指す。1929年の1位は食品,2位繊維,3位鉄鋼,4位機械(但し,輸送用機械を除く),などである(詳細は,U.S. Bureau of the Census [129], pp. 659, 684; Creamer, Dobrovolsky and Borenstein [173], pp. 241-247 を参照せよ)。
3) ここでの資本総額は,建物・設備などの資産(plant),土地資産(鉱物資源を含む,借地を除く),運転資本(working capital)からなる(Creamer, Dobrovolsky and Borenstein [173], pp. 31, 307, 317 による)。
4) Chandler [168], pp. 640, 646, 邦訳,553,559 頁。原資料は,*Moody's Manual* に掲載された 1917,1930 年についての貸借対照表である。
5) 1929 年に最大は石炭で全体比 64.9%を占め,水力は 3.6%であった(API [89], 1959, p. 367 による)。
6) 外国で不足する原油あるいは石油製品は,アメリカからの輸出で賄われた。以上については,DeGolyer and MacNaughton [96], 1993, pp. 4-5; U.S. Senate [63], pp. 214, 418 による。
7) 1910 年代における新興有力企業の成長・高蓄積は顕著であった。1912~19 年にジャージーが総資産を 3 億 6927 万ドル(1912 年 12 月末)から 8 億 5337 万ドル(1919 年 12 月末)へ 2.3 倍化させたのに対し,例えば,テキサス社(The Texas Corporation)は同期間に 5195 万ドル(1912 年 6 月末)から 2 億 6133 万ドル(1919 年 6 月末)へ 5.0 倍,ガルフ石油(Gulf Oil Corporation)の場合は,3206 万ドル(1912 年 12 月末)から 2 億 1848 万ドル(1919 年 12 月末)へ 6.8 倍の伸長を実現させたのである。絶対額ではなおジャージーとの較差は大きいが,その伸びは急速であった。以上は Moody's [108], pt. II, 1914, p. 781, 1915, p. 1139, 1920, pp. 1386, 1474; Thompson [153], p. 96; Jersey [24], 1918, 頁なし, 1919, 頁なし; Gibb and Knowlton [138], pp. 668-669 による。なお,Poor's [122],各号も参照。
8) 1916 年半ば時点でイギリス陸海軍に対するガソリンの主たる供給企業は RD = シェルの子会社アジア石油(Asiatic Petroleum Company)であり,さらに RD = シェルは 1917 年半ばまで英空軍への航空機用ガソリンの唯一の供給企業であった。TNT については,1915 年以降であるが英・仏など連合国の需要全体の 80%を 1 社で供給したのである。

なお,軍用ガソリンの販売において RD = シェルが最大販売企業であったとしても,民用を含むイギリスのガソリン市場全体では依然としてジャージーの旧子会社アングロ・アメリカン(Anglo-American Oil Company, Ltd.)が最大企業であり,ついで RD = シェル(アジア石油)であった。1915 年についての統計であるが,両社でガソリン販売

全体の90%を担った。

　以上は，PRO〔2〕, Preliminary Report of Petrol Control Committee, Board of Trade, 12th May, 1916: POWE 33/1/2 ; PRO〔2〕, Memorandum for Mr. Marwood, 日付は不明：POWE 33/100; Deterding〔174〕, p. 90; Howarth〔141〕, pp. 103-104による。

9） RD＝シェルが対アメリカ進出を決断する上で，1910年にジャージー（旧スタンダード石油）が前者のスマトラ産ガソリンの買い付けを打ち切ったことが一つの背景要因だったようである。旧スタンダード石油は，カリフォルニアなどアメリカ極西部市場への販売において不足するガソリンを1906年以降10年までRD＝シェルから購入していたのであるが（1年間で500万から800万ガロン），これを自社によるガソリン生産能力の強化などを理由として打ち切ったのである。RD＝シェルは失われた販路を自らの現地販売（アメリカ国内販売）で埋め合わせることにしたのであった（以上については，PR〔120〕, July 29, 1911, p. 77, November 16, 1912, p. 332 ; Howarth〔141〕, pp. 91-92；伊藤〔204〕, 23頁注(59)を参照）。

10） 1920年代初頭においてイギリス海軍の用いる燃料の90%以上は石油（バンカー油〔bunker oil〕）であり，戦前の45%から比率は倍増した。周知のように，イギリス政府によるアングロ・パーシャンへの資本投入（株式所有）は，イギリス海軍の燃料確保を主たる目的としたのであり，1915～19年についていえば，アングロ・パーシャンが同社の製油所で生産した燃料油（fuel oil）のうち常時60%台の後半はイギリス海軍に対して販売されたのである。戦時期における石炭から石油への上述の如き燃料転換の急速な進展が，アングロ・パーシャンの販売額，獲得利益の増加をもたらしたことはいうまでもない（以上について詳細は，NACP〔1〕, Memorandum on Petroleum Situation — Communicated by Petroleum Department, February 10, 1921 : Oils, Mineral — United Kingdom, 1918-1925 : General Records, 1914-1958 : RG151 ; Ferrier〔137〕, pp. 226-227, 231, 285-294をみよ）。

　なお，アングロ・パーシャンは，1914年まで販売組織と呼べるものを事実上持ってはいなかった。同年，イギリスと諸外国（オーストラリアなど）に販売網を設立したのである。1917年に，イギリスにおいて敵国資産として同政府に没収されたドイツ系企業，ブリティッシュ・ペトロリアム社（The British Petroleum Company）を獲得し，大戦終了後はBPのブランド名で製品販売を行うに至った（以上は，Ferrier〔137〕, p. 291 ; Longhurst〔146〕, p. 178による）。

11） 1920年代および30年代のアメリカ石油産業についての我が国における最初の体系的な研究は，1960年代後半に公表された森恒夫氏の一連の論文〔230〕，〔231〕，〔232〕である。ついで，1920年代についてであるが，同年代のアメリカにおける「独占資本の再編と蓄積の展開」の一部として石油産業をとりあげた森呆氏の分析（鎌田・森・中村〔214〕, 176-196頁，なお84-88頁も参照，1970年代前半に公刊）がある。両氏の研究が明らかにされて以降今日まで相当の年数を経たが，私見によれば，ごく最近まで我が国において1920年代についてアメリカ石油産業の総体分析を試みた研究は，事実上これ

ら両氏の著作のみであった。1930年代については，森恒夫氏の上記諸論文（〔230〕，〔232〕）がいまなお最も詳細な研究をなす。

本書（本章と次章）の課題は，個別企業ニュージャージー・スタンダード石油のアメリカと諸外国・地域での活動を明らかにすることにあり，アメリカ石油産業の全体像の解明を直ちに目指すものではなく，また考察範囲をアメリカ国内に限定しているわけでもない。こうした意味で，本書の目的や分析対象は，森恒夫，森杲両氏の研究と同一ではない。だが，アメリカに限定したとしても，本書において特定大企業，しかも19世紀以来の最大企業ジャージー社を分析対象としたことは，両氏の研究ではフォローしえなかったアメリカ石油産業の構造，大企業の行動，競争と支配についてのいくつかの新たな事実や知見をもたらしたように思われる。

ここでは，1点を指摘するに留めるが，両氏の研究においてともに検討されていない問題・論点の一つは，アメリカ石油市場（製品市場）にみられた大企業支配の顕著な地域的差違の存在とその意味である。後述するように（本章の第4節〔Ⅰ〕参照），1920年代半ば頃までにアメリカ石油市場における大企業の支配体制は，特定地域毎に最大企業が異なり，上位を構成する企業あるいはその順位が多様であるという顕著な地域的差違，地域毎の寡占体制を特徴とした。また，1920年代半ばにアメリカ全体のガソリン市場における販売量で，最大企業であってもたかだか10％程度の占有率に留まるという，鉄鋼，自動車，電気機械，化学などアメリカの他の主要な諸産業に類の少ない市場支配の特徴が石油産業には現出したのである。こうしたアメリカ石油市場の支配体制にみられた特質，およびこれと結びついた大企業間競争の特徴について，両氏の研究はほとんど問題とされることがなかった。

1930年代にも研究対象を広げた森恒夫氏の場合，1926年以降35年までの期間，特定地域毎に最大企業であった旧スタンダード系企業の市場占有率が，販売活動の拠点とする各州で傾向的に，あるいは顕著に低下した表をアメリカの研究書から引用・提示する（森〔230〕，(2)，48-49頁の第32表）が，そうした事実（市場支配力の低下）を大企業間競争から説明する観点はない。同氏はアメリカにおける「主要大会社二〇社の地位は二〇年代半ば頃に確定しつつあった」（森〔230〕，(1)，73頁。なお92-93，97頁も参照）とされ，これ以降，石油大企業同士の競争や対抗は，アメリカ石油産業界，石油市場における企業間競争の主要な部分を構成しないと考えておられるようである。特に1930年代について，精製・販売部門において「主要大会社間にも当然競争関係はあったが，連繋も強く，……，ここでの独占および競争の問題は，主要大会社グループ〔本章第4節の後掲表Ⅰ-8の大企業20社を指す—引用者〕と独立企業との競争」（森〔230〕，(2)，64頁。なお36-37，78頁も参照）である，と述べるのである。1920年代半ば頃までにアメリカにおける業界支配体制が再編成されて主要な石油企業がほぼ出揃い，それ以降に大規模な編成替がみられなかったことが事実としても，そのことは石油大企業同士の競争や対抗が，市場裡において後景に退き，石油企業間競争が，森氏の如く，主として「主要大会社グループと独立企業との競争」によって特徴づけられたことを意味するわけではない。本章の第4節および次章の第4節で考察するように，同氏が挙げた1926年以

降30年代の特定地域(州)における各最大企業の市場占有率の低下は，主として，如上のアメリカにおける市場支配の特性と石油大企業間の競争から説明する必要があろう。

　なお，以上の森恒夫，森杲両氏の研究に含まれた問題点，および特にここでは触れる紙幅がなかった後者の森杲氏の研究にみられた上記とは異なる他の問題点，難点などについては旧稿の参照を求めたい（伊藤〔198〕，(1)，187-189頁）。

　ところで，近年，1920年代を対象時期の一部としてアメリカ石油産業の構造，石油企業の国内および外国(主としてメキシコ，ヴェネズエラ)での活動を分析した一書が公刊された(土井〔176〕，2000年)。この著作は，従来知られることの比較的少なかった投資銀行による証券引き受け活動の実態など，石油企業と金融機関の結合関係を詳細に検討した点に特徴を有する。土井氏の研究目的や分析の対象も上記の両氏と同様に本書と同一ではなく，ここで立ち入って論評することはできない。だが，「米国石油産業の再編成過程」，「再編成を通した寡占体制の成立過程」の「分析」(土井〔176〕，「まえがき」，ⅰ，ⅱ)を主要目的の一つとされているとはいえ，先に記したアメリカ石油大企業による1920年代の市場支配の特質については，森恒夫，森杲両氏の研究と同様にほとんど問題あるいは論点として検討されることがなかった。

　最後に，1920年代におけるアメリカ石油企業の諸外国での活動について我が国では，1959年に公刊された楊井克巳氏の分析〔282〕(第三編第一章)をはじめ，いくつかの研究が存在する。しかし，本書の序章の第1節で記したように，それらはほとんどがラテン・アメリカ，中東などでの原油と油田の獲得を対象としたものである。製品販売を含めた海外事業の総体の分析を試みた研究は皆無といってよいであろう。1930年代については原油獲得についても断片的な考察しかない。本書は，ジャージー社のアメリカと諸外国での諸活動を，それぞれ個別に検討し，同社による事業活動の全体像の構築を目指した。

第2節　原油生産体制の強化と到達点

　表Ⅰ-1によれば，アメリカの原油生産国としての地位は他に比類のないものであり，1920年代半ば頃では全世界生産の7割以上を占めた。ついで1920年代半ば頃までは，ラテン・アメリカのメキシコが，アメリカとはかなり大きな懸隔はあるがこれに続き，同年代末では，ヴェネズエラがメキシコおよび旧ソ連邦をも凌駕して世界第2位の産油国となる。ニュージャージー・スタンダード石油の原油生産活動を，以下，本国アメリカと諸外国に分けて考察する。

〔I〕 アメリカ

1920年代半ば頃までの活動 第1次大戦終了以降，アメリカ国内での石油需要の増大と，折から流布された国内油田の枯渇という不安から原油価格は高騰し，油田の獲得は石油企業間対抗の焦点の一つとなった[1]。1918年のジャージーによるアメリカでの原油生産量(純生産)は1日あたりの平均で1万8800バレルであり(全国比1.9%)，カリフォルニア・スタンダード石油(Standard Oil Company〔California〕)，テキサス(The Texas Corporation)，シェル石油(Shell Oil Company)，ガルフ石油(Gulf Oil Corporation)より少なく，精製に必要な原油の自給率ではガルフの90%，他の3社の平均約50%に対してわずか17%でしかなかった[2]。むろん残余は買い付けによって充足されなくてはならず，同社は精製用原油の確保のために高騰する原油の大量買い付けに奔走したのであった[3]。

翌1919年の初頭，ジャージーはテキサス州(Texas)で原油生産量第5位のハンブル石油・精製(Humble Oil & Refining Company)なる企業の所有権50%を獲得し，同年末までにその比率を56%にまで高めてこれを子会社とした[4]。同子会社は1921年までにはテキサス州最大の原油生産企業となり，1920年の生産量2万1000バレル(1日あたり)は23年には4万7000バレル(同)へ倍増したのであった[5]。同23年のハンブルの生産量はアメリカ国内でのジャージーによる生産量全体の5割を超えた(表I-2参照)。ハンブルは，「解体」以前から子会社だったカーター石油(Carter Oil Company)，ルイジアナ・スタンダード石油(Standard Oil Company〔Louisiana〕)を凌いで主力子会社となったのである[6]。

ここで，表I-2によってアメリカにおけるジャージー社全体の原油生産動向をみると，同社の生産規模は1923年頃までは急速ないし着実に増大を辿る。もっとも，1925年についての統計であるが，ジャージーの生産量(年間で4043万バレル)は，全国最大のカリフォルニア・スタンダード(同5502万バレル)，シェル(同4825万バレル)について第3位に留まった[7]。さらに，1923年以後は増減を繰り返し，全体としての増勢は明らかとしても必ずしも一貫した伸長

表 I -1　世界の原油生産量の

	1919		1920		1921		1922		1923	
		%		%		%		%		%
ア メ リ カ	378	68.0	443	64.3	472	61.6	558	65.0	732	72.0
メ キ シ コ	87	15.6	157	22.8	193	25.2	182	21.2	150	14.8
ヴェネズエラ	−	−	−	−	1	0.1	2	0.2	4	0.4
コロンビア	−	−	−	−	−	−	−	−	−	−
ペ ル ー	3	0.5	3	0.4	4	0.5	5	0.6	6	0.6
蘭領東インド	16	2.9	18	2.6	17	2.2	17	2.0	20	2.0
イ ラ ン	10	1.8	12	1.7	17	2.2	22	2.6	25	2.5
ルーマニア	7	1.3	7	1.0	8	1.0	10	1.2	11	1.1
旧ソ連邦	32	5.8	25	3.6	29	3.8	36	4.2	39	3.8
合　計[1]	556	100.0	689	100.0	766	100.0	859	100.0	1,016	100.0

(注)　1)　その他を含む。
(出典)　DeGolyer and MacNaughton [96], 1993, pp. 4-11.

表 I -2　ジャージー社の国別原油生産量[1],

	1919		1920		1921		1922		1923	
		%		%		%		%		%
ア メ リ カ	33,014	53.5	48,851	50.6	67,154	57.8	65,986	68.7	82,725	52.2
カ ナ ダ	−	−	−	−	−	−	26	−	22	−
ラテン・アメリカ	26,336	42.6	44,084	45.7	44,392	38.2	26,015	27.1	72,358	45.7
コロンビア	−	−	−	−	152	0.1	735	0.8	828	0.5
ペ ル ー	5,100	8.3	5,447	5.6	7,741	6.7	12,025	12.5	12,704	8.0
メ キ シ コ	21,236	34.4	38,640	40.1	36,499	31.4	13,236	13.8	58,713	37.1
ヴェネズエラ	−	−	−	−	−	−	19	−	113	0.1
そ の 他[2]	−	−	−	−	−	−	−	−	−	−
ヨーロッパ	2,272	3.7	3,407	3.5	4,645	4.0	3,895	4.1	2,979	1.9
ルーマニア	2,272	3.7	3,362	3.5	4,523	3.9	3,825	4.0	2,879	1.8
蘭領東インド	111	0.2	106	0.1	91	0.1	132	0.2	266	0.2
全外国生産	28,719	46.5	47,600	49.4	49,128	42.2	30,068	31.3	75,625	47.8
全世界生産	61,733	100.0	96,451	100.0	116,282	100.0	96,054	100.0	158,350	100.0
国内買い付け[3]	30,666		62,939		82,050		99,370		118,459	

(注)　1)　純生産量。表序-2 の注(1)を参照。
　　　2)　アルゼンチン、ボリビア、トリニダード。
　　　3)　但し、主要原油生産子会社(ハンブル、カーター、ルイジアナ・スタンダード)による買
　　　　　1919〜26 年の買い付け全体量は不明。27 年は 24 万 9500,28 年 27 万 5000,29 年 32 万
　　　4)　全外国生産、全世界生産ともに各国生産合計とわずかの差があるが出典通り。
(出典)　Gibb and Knowlton [138], pp. 445, 676-677; Larson, Knowlton and Popple [145], pp.

第 1 章　1920 年代の活動と業界支配力の低下　47

主要国別内訳, 1919〜29 年　　　　　　　　　　　　　　　　　　（単位：100 万バレル／年, %）

1924		1925		1926		1927		1928		1929	
	%		%		%		%		%		%
714	70.4	764	71.5	771	70.3	901	71.3	901	68.0	1,007	67.8
140	13.8	116	10.9	90	8.2	64	5.1	50	3.8	45	3.0
9	0.9	20	1.9	37	3.4	63	5.0	106	8.0	137	9.2
—	—	1	0.1	6	0.5	15	1.2	20	1.5	20	1.3
8	0.8	9	0.8	11	1.0	10	0.8	12	0.9	13	0.9
20	2.0	21	2.0	21	1.9	27	2.1	32	2.4	39	2.6
32	3.2	35	3.3	36	3.3	40	3.2	43	3.2	42	2.8
13	1.3	17	1.6	23	2.1	26	2.1	31	2.3	35	2.4
45	4.4	53	5.0	64	5.8	77	6.1	85	6.4	101	6.8
1,014	100.0	1,069	100.0	1,097	100.0	1,263	100.0	1,325	100.0	1,486	100.0

国内原油買い付け量, 1919〜29 年　　　　　　　　　　　　　　　　（単位：バレル／日, %）

1924		1925		1926		1927		1928		1929	
	%		%		%		%		%		%
76,892	51.6	90,173	55.4	74,750	53.7	112,380	59.2	95,700	46.6	114,900	48.4
40	—	441	0.3	514	0.4	596	0.3	900	0.4	1,900	0.8
68,518	46.0	67,581	41.5	58,432	42.0	68,630	36.1	96,300	46.9	105,500	44.4
538	0.4	1,879	1.1	15,599	11.2	36,671	19.3	48,200	23.5	49,300	20.7
17,696	11.9	20,130	12.4	23,650	17.0	21,283	11.2	26,000	12.7	29,600	12.5
50,234	33.7	45,570	28.0	19,079	13.7	9,784	5.2	6,400	3.1	5,000	2.1
50	—	2	—	27	—	56	—	14,200	6.9	18,600	7.8
—	—	—	—	77	—	836	0.4	1,500	0.7	3,000	1.3
3,088	2.1	4,365	2.7	4,621	3.3	4,908	2.6	7,900	3.8	8,100	3.4
2,826	1.9	3,915	2.4	3,848	2.7	4,175	2.2	7,100	3.5	7,400	3.1
451	0.3	192	0.1	901	0.6	3,397	1.8	4,500	2.2	7,000	2.9
72,097	48.4	72,579	44.6	64,468	46.3	77,531	40.8	109,600	53.4	122,600[4]	51.6
148,989	100.0	162,752	100.0	139,218	100.0	189,911	100.0	205,400	100.0	237,600[4]	100.0
166,951		191,791		190,802		225,903		263,300		300,600	

い付けのみ。
5300 バレル／日。

96, 115, 148 より。

を示したわけではない。他方，原油の買い付けについては，この間ほぼ例外なくその規模を拡大し，1919〜29年に10倍以上となる(同表注〔3〕も参照)。この事実は，ジャージーが当初，生産体制の強化，油田の支配を重要な課題としたにもかかわらず，全体としては外部からの買い付けによって必要原油を獲得する方式をこの時代も基本的には変更することなく維持したことを示すであろう。

ジャージーによるかかる行動は，一つに，1923年頃までにアメリカ石油業界全体として原油不足が解消に向かったこと，買い付け費用もまた相対的に低下したことを反映するものであろう。原油生産体制の強化は同社においてその緊急性を低下させ，アメリカにおける活動の重要課題から外れたように思われる[8]。ついで，これに劣らぬいま一つの要因として，戦後初期から取り組まれた新規のパイプライン輸送体系の創設とその操業が指摘されるべきであろう(次節を参照)。

1920年代後半期の活動と到達点 かようなジャージーによる原油生産事業への取り組みの結果として，1920年代半ば頃から同社の保有する埋蔵原油の量は停滞ないし減退を辿り，特に最大子会社ハンブルの場合，1926年末時点で同年の年間生産量1371万バレルに対してその4年分(確認埋蔵量〔proved reserves〕で5500万バレル，以下，本書での埋蔵量は特に断らない限りすべて確認埋蔵量)を保有したにすぎなかった[9]。買い付けによって必要とする原油を満たすことは可能であるが，埋蔵原油の不足を放置することがやがてジャージーにとって弱点として露呈することは明らかであった。同社にとって，原油生産基盤の強化を図ることがあらためて当面する課題として浮上することになったのである。

だが，ジャージーによるこの課題への取り組みは，1920年代初頭とは基本的に異なる状況の下で遂行されなくてはならなかった。第1次大戦終了以降におけるアメリカ国内での大企業を主力とした原油と油田の獲得競争は，その帰結として1920年代後半には原油の過剰をもたらしており，その処理をアメリカ石油業界の課題として提起したのであった。国内に存在する貯蔵原油(在庫)は1923年以降26年まで緩やかに減少したが，1927年の景気後退を機に同年末時点でそれまでで最高の3億8000万まで一挙に増大し，以後増勢を辿っ

た[10]。後にみるように，この時期はアメリカのみならず世界全体で原油と石油製品は過剰を呈し，価格は低落して企業間競争は激化を辿った。業界の主導企業としてのジャージーは，まず何よりも最大生産国アメリカでの過剰生産の抑制を自己の課題として取り組まざるをえなかったのである。

　1927～30年に子会社ハンブルによってなされた試掘の数はその前の4年間(1923～26年)になされた規模の約2倍(153本の試掘井〔wildcats〕，成功が9本)であり，これにより埋蔵量を1926年末から29年末までに4倍以上へと増加させることに成功した[11]。ハンブルによる油田の探索と開発，およびその前段階の鉱区の入手において注目すべきは，一部地域において他社との共同での広域鉱区(広域借地権〔block lease〕)の獲得，あるいは既存の鉱区での共同での操業(ユニット操業〔unit operation〕方式と呼ばれた)が追求されたことであった。これは大まかにいえば，各社が，獲得した鉱区あるいはプール(合体)された鉱区に対する自社の持ち分(借地面積など)に応じて生産された原油を受け取る方式である。ハンブルはこれによって，一つに，共同の鉱区内における油井数を必要最低限におさえることで，掘削費用の削減，および地下の油層圧(reservoir pressure, reservoir energy)の有効な活用による原油回収率の向上を目指した。ついで，いま一つとして，各社の合意に基づき計画的に生産することで，競争的な油田の探索，開発，および原油の汲み出しが惹起する需要の規模を超えた生産(過剰生産)の回避を図ったのである[12]。ハンブルは，1928年にテキサス州の西部地域でこの方式を他社との間で導入し，翌29年にも同州の北東部で同社を含む5つの大企業とこれを試みた[13]。さらに，過剰生産の抑制の点では，1927年にハンブルは西部テキサスにおいて，前年発見され一時期世界最大といわれた大油田(Yates field)に蝟集した中小の原油生産業者に対し，パイプライン輸送の便を提供するかわりに割り当て以上の生産を行わないことを求め，これを約束させる，などの諸方策も実行したのであった[14]。

　もっとも，この当時かかる試みはなお部分的な取り組みの域を出るものではなかった。これがハンブルによる埋蔵量拡大の一つの有力な手段になったとはいえず，また，この方式での過剰生産の抑制が現実にみるべき成果を上げたと

評することもできないであろう[15]。1920年代末までアメリカでは引き続き大小多数の企業が入り乱れて原油と油田の争奪戦を演じたのである。

原油生産基盤の強化の点で，ハンブルによる如上の成果も他社との対比においては顕著な達成とみることはできない[16]。アメリカ石油業界における最大企業としてのジャージー社は，原油生産部門においてなお他社に対する劣位を克服することはできなかったのであり，同社および子会社ハンブルによる原油生産体制の強化は過剰生産の抑制とともに，1930年代へ課題として継承されるのである。

なお，ジャージーの1929年のアメリカ国内での原油生産量は，1920年代としては最高の1日あたり11万4900バレルに達する（前掲表Ⅰ-2）。これは一つにハンブルなどによる原油埋蔵量の拡大を反映するが，1927年の景気後退以降再びアメリカ全体が好況局面を迎えたことにもよっていた。1929年には原油価格も上昇に転じたのである[17]。この年，アメリカ石油業界全体による生産規模もはじめて年間10億バレルを超えた（前掲表Ⅰ-1）[18]。こうした好況は累積する過剰生産能力を潜在化させる一方，過剰抑制のためのハンブルなどの共同行動をごく限定された範囲に押し留めた要因でもあった。

〔II〕 諸 外 国

ジャージーによる諸外国での原油と油田の獲得が活発化するのは，「解体」(1911年)を経た後の1910年代前半頃からである。外国市場でのヨーロッパ企業などとの競争がジャージーにできるだけ市場に近い地点での生産拠点の設営を求めたこと，「解体」に伴い同社の製品販売において外国市場の比重が増大したこと，これらが海外での原油と油田の獲得を促す要因だったといえよう。また，アメリカ国内とは異なり多数の小規模な原油生産業者からの買い付けによって必要原油を入手する条件が乏しいことも，外国での原油獲得に際して，油田の所有と生産に積極的にならざるをえない理由であった。もっとも，第1次大戦終了前後あるいは1920年代初頭時点での同社による外国での原油獲得が，アメリカ国内での原油不足，需要の増大への対応としてなされた面も軽視できない。

以下，諸外国での活動を国・地域毎に考察する。但し，1920年代におけるジャージーの海外原油獲得，油田の支配については我が国においても知られていることは少なくない[19]。ここでは，重要であっても周知の事実や要点についてはできるだけ省略し，ごく限定して記載する。

(1) ラテン・アメリカ

先の表Ⅰ-1でみたように，1920年代におけるラテン・アメリカの主要な原油生産国は当初メキシコであり，ジャージーにとっても1925年頃までメキシコが最大の原油獲得拠点であった。しかし，その後の主要拠点は，1920年代末までにラテン・アメリカ最大の原油生産国になるヴェネズエラではなく，産油国としてはかなり小規模な部類に属するコロンビアとペルーであった。同社によるほぼ独占的な油田支配の達成により，1927年以降はジャージー社による世界全体での生産の30%以上が両国でなされたのである(前掲表Ⅰ-2)。

メキシコへのジャージーの進出と原油の生産は，実質的には1917年に，トランスコンチネンタル石油(Compañía Transcontinental de Petróleo, S.A.)なる企業(アメリカ，イギリス，およびメキシコ資本の共同所有会社と考えられる)の買収によって始まると考えてよいであろう[20]。1920年ではメキシコでのジャージーの生産は，世界全体で同社が生産した量の40%を超え(前掲表Ⅰ-2参照)，アメリカ本国での生産量に比べても大きく見劣りしない規模を有した。メキシコで獲得された原油は，その多くがアメリカの東部大西洋岸に所在したジャージーの製油所へ輸送され，本国での石油製品の需要増に応えたのである。さらに，メキシコ産原油の輸送のためにタンカー船団の拡充がなされ，メキシコ湾岸から大西洋沿岸を経て北東部に至る一大輸送ルートが開拓されたことも注目される(次節も参照)。

こうしたジャージーの進出と原油生産の進展にもかかわらず，メキシコ最大の原油生産企業の地位はRD=シェルのものであり，同社は1921年にメキシコ全生産量の40%以上を担ったのである[21]。同年ジャージーの生産規模(純生産で年間1330万バレル)は，メキシコ全体の7%程度に留まった(前掲の表Ⅰ-1，表Ⅰ-2から)。ジャージーの生産規模は1923年に最大となるが，その後は漸減し，1926年以降には急落する。その主要な要因は，周知のようにメキシコ政

府による地下資源の国有化方針の決定，税の引き上げなど外国企業の活動への規制の強化であった。ジャージーはペルー，コロンビアにおいて，現地政府との対立に由来した困難が1920年代の前半までにともかくも解決され，両国での活動がほぼ順調な進展をみせはじめたこともあって，メキシコでの活動を収益性の低いものと判断し漸次生産事業の整理に向かったのである[22]。

ヴェネズエラでのジャージーの活動は，1921年に子会社ヴェネズエラ・スタンダード石油(Standard Oil Company of Venezuela)の設立をもって開始された。ヴェネズエラは後にジャージーにとって海外最大の原油生産拠点となるのみならず，生産量においても長くアメリカ本国をも凌ぎ，同社にとって最重要の生産拠点となる[23]。しかし，1920年代においては，他社による主要な油田地帯(マラカイボ湖〔Lago de Maracaibo〕地域)の先行的支配，有望油田の発見の困難などによって，同年代末近くまで，子会社ヴェネズエラ・スタンダードはほとんどみるべき成果を生まなかった(前掲表Ⅰ-2参照)。1928年半ばに採算の見通しを有する油田の発見に辿り着き，同時にこの年にクリオール・シンジケート(The Creole Syndicate)なる土地利権保有会社を買収することでようやく現地生産拡大の端緒をつかんだのである。1927年末頃までにジャージーが投資した額は2700万ドルと推定される[24]。

(2) ア ジ ア

ここではオランダ領東インド(現インドネシア)および中東の2つの地域における活動が対象となる。アジアの油田がRD=シェルなどヨーロッパ系企業の強固な支配下におかれたことは既述の内容から明らかであろう。両地域においてジャージーはこれら先発の有力企業との間で原油と油田の獲得競争を演ずるが，ここで留意すべきは，ヨーロッパ系企業の本国政府であり現地を実質的に支配したオランダ，イギリスなどの諸政府が，自国企業の権益と企業活動を擁護してアメリカ企業ジャージーによる活動をしばしば阻害する行動をとったことである。ジャージーによる利権獲得，原油生産の拡大にとってこれら諸政府の政策や規制が大きな制約要因となったのである。

オランダ領東インド ジャージーが油田の獲得を目指し，現地で活動するオランダ系企業(シェル〔the "Shell" Transport and Trading Company, Ltd.〕と合同する前のロイアル・ダッチ〔Royal Dutch Company〕を含む）の買収などを試みたのは19世紀末にさかのぼる[25]。しかし，同社がオランダ政府から実際に鉱区，油田探索利権を入手しえたのは1912年の4月であった。ジャージーはオランダに擁した製品販売子会社アメリカ石油（American Petroleum Company）の子会社としてオランダ植民地石油会社（N. V. Nederlandsche Koloniale Petroleum Maatschappij, 以下NKPMと略記）を設立し，主要油田地帯スマトラ（Sumatra）島での原油の探索を開始した。それは，RD＝シェルがはじめてアメリカに進出する数カ月前のことであった。

しかし，1910年代はもとより20年代に入っても前掲表Ⅰ-2から明らかなように子会社NKPMの生産は低迷し，RD＝シェルとの懸隔は著しかった[26]。この間，1922年にある程度将来性を有する油田を発見し，ジャージーはパイプラインの敷設と製油所の建設に着手する（製油所は1926年完成，1日あたり3000バレルの精製能力）[27]。輸送手段と精製施設の確保によってNKPMの生産量は徐々に伸長するが，それもRD＝シェルになお遠く及ばなかった（前注〔26〕参照）。両者の較差を規定した最も重要な要因は利権供与に関するオランダ政府の差別政策であり，1927年にRD＝シェルが500万エーカーの鉱区を擁したのに対しNKPMが原油を探索しうる鉱区は全体で7万エーカー弱にすぎなかった[28]。ジャージーは，この間アメリカ政府の支援を得ながら，オランダ政府に利権拡大の要求を続け，1928年にようやく63万エーカーの鉱区を追加獲得することに成功した[29]。

これ以降，同社は既存の油田および獲得した新利権を生かして現地での生産体制の強化を目指し，「解体」で失ったアジア市場への再進出を試みるのである（次章参照）。なお，1928年頃までに同社の投資総額は約2000万ドルであった[30]。

中　東　ジャージーによる中東地域での原油と油田の獲得活動が，その帰結として同社に対するトルコ石油（Turkish Petroleum Company, 1931年にイラク石油〔Iraq Petroleum Company〕へ改称）の少数持ち分（所有権）をもたらしたこと（1928年7月末のレッド・ライン協定〔Red Line

Agreement〕の成立)はすでに周知のところである。本書では，アングロ・パーシャン，RD＝シェルなどのヨーロッパ企業とイギリス政府を相手に展開されたジャージーによる利権獲得行動の具体的記述を省略し[31]，以下の要点を指摘するに留める。

　ジャージーを含む石油大企業によるイラク石油(トルコ石油)の共同所有は，この地域での個々の企業による油田の開発競争などを未然におさえて所有持ち分に応じた原油の受け取りを可能とし，過剰生産の抑制と最小限の費用での効率的な生産を可能にする方式だったことである。同時期にテキサス州などアメリカで追求された油田あるいは鉱区の共同所有，経営の共同化(ユニット操業)と本質的に共通した性格を有した。アメリカにおいてかかる方式は，すでにみたように部分的に採用されたに留まった。だが，海外においてはイラク石油を事実上の嚆矢とする石油大企業による原油生産会社の共同所有が，その後の中東と他の諸地域でのジャージーと他社による原油と油田の支配様式の一つとなるのである。

(3)　ヨーロッパ，その他，および外国での活動の到達点

　ジャージーによる外国での原油生産活動の最後としてヨーロッパでの動きに触れると，大市場であるヨーロッパとその周辺における油田の探索は1920年代よりもかなり以前から試みられた。ジャージーは大戦終結後，1922年にパリ(Paris)に本部を設けてヨーロッパ各地，北アフリカなどを執拗に調査した。しかし，成果は乏しく，20世紀初頭に鉱区を入手し，原油生産を実現しえたルーマニアでの油田が実際上唯一の生産拠点のままであった。そのルーマニアでの生産は，1920年代末近くになってやや伸長するが，全体としては低迷した(前掲表Ⅰ-2)。ジャージーなど外国企業に対する現地ルーマニア政府の規制は強く，油井の掘削や操業に伴う費用も割高であった[32]。

　　ジャージーは在ヨーロッパの販売子会社のために，本国アメリカにつぐ「第2の供給基地」としてロシア油田を有望視し，社会主義革命の早期崩壊を予測してロシア進出を決断した。まず，1919年1月に革命政府の支配力のいまだ及んでいないカスピ海(Caspian Sea)沿岸のバクー地方(Baku oil region)に利権を獲得し，ついで前世紀以来ロシア石油業界の支配的勢力を構成したノーベル一族(Nobel family)の所有利権の半分を，すでに

革命政府によって掌握されているにもかかわらず買い取ったのである。

　新政府が容易に倒壊しないために，その後のジャージーはノーベルとともに接収資産の返還ないし賠償を求める活動を始めた。1922年7月，ロシアにおいてノーベルにつぐ位置にあったRD＝シェルを加え，ついで同年秋にはフランス，ベルギーなどの諸企業の参加を得て対ソヴィエト・ロシア連合戦線(Front Uni)を結成したのである。戦線に参加したRD＝シェルは，それまで対ソヴィエトの点ではジャージーらと共通した利害を持ちつつも，ソヴィエト政府との独自交渉によってロシアの原油に対する実質的な支配力の確保を図ったといわれている。しかし，そうした行動が行き詰まる中で，ジャージーなどとの共同へ態度を転じたのであった。連合戦線は，ロシア産石油の不買運動(ボイコット[boycott])を続ける一方，没収資産の返還ないし補償を求める共同行動を展開した。

　だが，戦線結成後間もない1922年末から23年初頭，および23年4月にRD＝シェルが大量のロシア産石油を買ったことが報じられ，戦線は早くも解体の危機に瀕したのである。その後，若干の彌縫策を講じて戦線は再建された。しかし，旧ソ連邦は成長しつつあるヨーロッパ市場に向けて世界市場価格より安価な石油を供給することで，自ら一大石油企業の如く行動したのである。そのため，ロシア産石油に対するジャージーらのボイコットは有効なものとはなりえなかった。やがて，それまでジャージーと行動をともにしたニューヨーク・スタンダードとヴァキューム石油(Vacuum Oil Company)は無力かつ長期化する交渉に耐えられず，1926年ないし27年にそれぞれインド市場等に向けてロシア産の石油製品を買いはじめた。このことは，旧ソ連邦にとっては有力販路の確保を意味し，他方，それまでこれら旧子会社に石油製品を販売したジャージーにとっては販路の一部喪失の可能性を与えるものであった。この時代に世界市場に登場したロシア産石油の絶対量は必ずしも大規模とはいえなかったが，石油市況が過剰に転じた1920年代後半期の状況下では，安価なロシア産石油を買い取り各地で販売攻勢をかけた企業群の台頭により，ヨーロッパ，アジアにおいて競争は一層の激化を辿ったのである。

　有力販売企業の旧ソ連邦からの引き離しを含むロシア産石油の封じ込め，あるいは同石油による市場攪乱の抑制は，後述するようにジャージーを主たる構成企業の1社とする国際石油カルテルの結成を促す目標の一つとなる。同社は旧ソ連邦の攻勢と戦線内部の対立によって解体を余儀なくされた連合戦線をかかる形態において不十分ながら再建するのである。なお，ジャージーによる対ロシア投資の損失額は約900万ドルであった[33]。

　ジャージー社による諸外国での原油生産量は1920〜29年に2.6倍に達し，同期間のアメリカ国内での生産の伸び(2.4倍)を若干上回った。1928年には外国生産がはじめて全体の5割を超えたのである(前掲表I-2)。これ以降今日に至るまで同社は全生産量の常時5割以上，本書の最後の対象時期である1960年代では一時8割以上を外国で生産するのである(第4章の表IV-1参照)。1920年代，特に後半期にジャージーが，海外での生産体制を拡充し，製品販売面に留

表 I-3　アメリカ大

		1919	1920	1921	1922
ガ ル フ	国内	16,602	19,507	17,740	24,017
	外国	4,281	11,021	17,201	24,771
テ キ サ ス	国内	14,318	18,586	17,347	17,817
	外国	4,615	9,817	5,389	3,174
シ ン ク レ ア	国内	5,599	6,607	5,743	7,396
	外国	4,566	9,445	7,469	2,519
アトランティック	国内	84	300	972	1,944
	外国	977	1,256	1,093	1,200

(注)　上記4社については，後掲表 I-8 を参照せよ．数値は純生産量を示す
(出典)　McLean and Haigh〔226〕, pp. 682-686 より．

まらず生産面の内実をも備えた世界企業として確立しつつあったことが窺えるのである。同社による海外での活動が，他の多くのアメリカ石油企業との対比で顕著な積極性を有したこともここで指摘されるべきであろう。1920年代後半以降アメリカ国内での原油過剰の深刻化に伴い，それまでラテン・アメリカなどで活発な行動を試みた企業群の中から海外での生産規模の縮小，あるいは撤退を志向するものが出る（表 I-3 にその一端がみえる）一方，ジャージーの場合は逆にこの時期にラテン・アメリカその他で従来の活動の成果を汲み取りはじめるのであった。アメリカ国内市場を主体とした企業群との行動様式の違いが現れたというべきであろう[34]。

　もっとも，ジャージーにとって外国での生産量が本国での事業規模を超えたとしても，それはいまだ外国市場，特にヨーロッパ市場での石油需要を賄うには遠く，海外での製品生産，製品供給を可能ならしめる原油生産面での条件を充たすものではなかった。世界の他の主要企業との対比でも，ジャージーはなお業界最大企業に相応しい成果を得たとはいえない。1927年の統計であるが，アメリカ以外の諸国において，RD=シェルは20万1000バレル（1日あたり，以下同じ），アングロ・パーシャンはほとんどイランのみであるが11万2000バレルを獲得し，いずれもジャージー（7万8000バレル）を凌いだ。アメリカ石油企業に対してもジャージーは，ヴェネズエラとメキシコで計11万2000バレルを生産したインディアナ・スタンダード (Standard Oil Company 〔In-

企業の原油生産事例　　　　　　　　　　　　（単位：1,000 バレル／年）

1923	1924	1925	1926	1927	1928	1929
32,807	28,194	31,301	33,582	42,252	45,139	50,059
7,192	10,118	6,587	10,616	12,520	17,927	28,186
17,195	15,780	18,210	18,091	22,569	38,595	43,604
2,017	1,203	543	461	352	245	217
6,993	6,175	9,059	11,241	14,704	13,629	16,182
6,445	9,842	4,475	2,686	2,765	2,394	2,442
2,517	3,290	2,047	2,200	5,947	8,851	5,021
865	779	595	371	255	194	111

diana]）の後塵を拝したのである[35]。

1) 油田の枯渇説については，U.S. Senate [67], pp. 38-39, 邦訳，55-57 頁を参照せよ。
2) 但し，ここでいう自給率は各社のアメリカとメキシコでの原油生産量を国内での精製能力で除した数値である(Gibb and Knowlton [138], p. 74)。
3) 1919 年にジャージーの原油買い付け量（アメリカ国内以外にメキシコ，カナダでの買い付けを含む）は，1 日あたり 4 万 3101 バレルであったが，翌 20 年には一挙に 10 万 8545 バレルに急増し，21 年にはさらにそれを上回った。かかる活発な買い付けにより，ジャージーが在庫として抱えた原油は 1922 年初頭に 5219 万バレルに達し，それはアメリカ全体の 1/4 に相当する規模であった。だが，1920 年から 21 年にかけての戦後恐慌の影響もあって，高騰を続けたアメリカ国内での原油価格はこの間に反転し，例えば 1920 年に 1 バレルあたり 3.5 ドル（年間平均と推定される）のミッド・コンチネント原油は 21 年 5 月半ばには 1.5 ドルへ急落したのである。その結果，ジャージーは価格の高騰期に買い付けた原油について多大な損失（評価損）を被ったのであった。以上については，Jersey [24], 1920, 1921（ともに頁なし）；Gibb and Knowlton [138], pp. 413, 431, 436, 445, 456 による。
4) ハンブル社は，1917 年にテキサス州の 25 の小規模な原油生産企業，精製企業の合体で成立した (OGJ [116], September 7, 1959, p. 97)。
5) Gibb and Knowlton [138], p. 414.
6) カーター石油などの原油生産活動については伊藤[198]，(1)，190 頁を参照せよ。
7) これらの生産量は純生産(net production)ではなく総生産(gross production)を指すと考えられる（これらの用語については，序章の表序-2 の注[1]を参照せよ）。以上の統計は，U.S. Senate [51], p. 76 から。なお，Jersey [24], 1925, pp. 4-5；James

〔142〕, p. 109; Beaton 〔134〕, p. 784; McLean and Haigh 〔226〕, pp. 682-683 も参照。

8) 第1次大戦終了前後から数年の間，油田の確保，自社生産の強化が当面する重要課題であることについてジャージーの経営陣に異論はなかった。だが，獲得原油に占める自社生産原油の比率をどの程度高めるか，生産と買い付けの比率をそれぞれどの割合に設定するかなどについては，1920年代半ば頃においても社内には確たる考えや判断は存在しなかったようである（詳細は Gibb and Knowlton 〔138〕, p. 453 を参照）。

9) Larson and Porter 〔144〕, pp. 695-696; Gibb and Knowlton 〔138〕, p. 421; Larson, Knowlton, and Popple 〔145〕, p. 78, なお，API〔89〕, 1959, p. 63 も参照。

10) API〔89〕, 1959, p. 52.

11) Larson and Porter 〔144〕, pp. 278, 695.

12) 以上については，NACP〔1〕, Letter to Honorable Hubert Work from W. C. Teagle and W. S. Farish, May 2, 1927: Administrative Files No. 4: Federal Oil Conservation Board, 1924-1934: RG232; Jersey〔24〕, 1928, p. 10; Larson and Porter 〔144〕, pp. 253, 310; Larson, Knowlton, and Popple 〔145〕, pp. 63-64 による。

13) 1929年の秋にテキサスの北東部の油田でハンブル，ピュア石油（Pure Oil Company），サン石油（Sun Oil Company），テキサス，シェル石油の5社協定が成立した（Larson, Knowlton, and Popple 〔145〕, p. 88; Larson and Porter 〔144〕, pp. 315-316）。

14) Jersey〔26〕, February 1934, p. 6, Summer 1959, pp. 20-21; Larson, Knowlton, and Popple 〔145〕, pp. 88-89; Larson and Porter 〔144〕, pp. 316-318.

15) ユニット化，ユニット操業方式が普及しなかった主要因として，中小の生産業者のみならず大企業においても生産の抑制それ自体に反対する勢力が広範囲に存在したことを挙げるべきであろう。これに加えて，競争企業間の合意によって生産の調整を目指すこの方式が反トラスト法に抵触し，州政府などによる告発を招く可能性が強かったこともいま一つの要因だった（Larson, Knowlton, and Popple 〔145〕, p. 88; Larson and Porter 〔144〕, p. 310）。なお，第2章第2節〔II〕も参照。

16) ハンブルによる1929年までの埋蔵量の大きな拡大にもかかわらず，この間同社が活動する地域全体での埋蔵量に占める割合はごくわずか伸長したにすぎない。同期間に他社もまた活発な鉱区の獲得，油田支配を行ったと推定されるのである（Larson and Porter 〔144〕, p. 278. すぐ後の注〔18〕も参照）。

17) API〔89〕, 1959, p. 374 参照。

18) それに先立つ大企業を中心とした原油獲得活動の成果としてアメリカ全体の埋蔵原油量も1929年に，1年間としては過去最大の22億バレルの増加をみたのである（1929年初の110億バレルから年末の132億バレルへ）。API〔89〕, 1959, p. 62.

19) さしあたり楊井〔282〕，松村〔223〕，井上〔207〕，〔208〕，鎌田・森・中村〔214〕，阿部〔156〕を挙げておく。

20) 買収金額は247万5000ドルであった(Gibb and Knowlton [138], p. 87)。
21) 楊井[282], 156-157頁；阿部[156], (上), 55頁。
22) ペルーとコロンビアでの活動, および両国でのジャージーによる独占的な油田支配については, 伊藤[198], (1), 198-200頁を参照せよ。
23) ヴェネズエラでの原油獲得, 生産事業の有利性は, アメリカ石油企業, 特にジャージーのようにアメリカの東部大西洋岸地域を主要な国内市場とし, ここに有力製油所を擁した企業にとってはかなり大きかったようである。後の1927～30年の平均数値であるが, 大西洋岸の製油所(Atlantic coast refineries)に対するアメリカ国内原油の引き渡し費用(delivered cost, 各種原油の平均費用)は, 1バレルあたり約1.90ドルであった。内訳は, 原油の井戸元価格(price at the well)が1.09ドル, 原油の輸送費などが0.795ドルである。これに対して, ヴェネズエラの主要油田(マラカイボ湖[Lago de Maracaibo]地域―湖底油田)産原油の大西洋岸の製油所への引き渡し費用は, 1バレルあたり0.87ドルであった。ヴェネズエラ国内での生産費用, パイプライン輸送費用などの一切が平均0.62ドル, アメリカ大西洋岸へのタンカー輸送費が平均0.25ドルであった。もっとも, 後に触れるようにヴェネズエラ原油は重質で, 収益性の高いガソリンの生産ではアメリカのミッド・コンチネント原油などに比べかなり劣った。

こうしたヴェネズエラ油田の有利性は先述のメキシコ油田などに対しても明らかであった。同じ1927～30年の平均であるが, すでに現地政府による税の引き上げなどがなされたこともあって, メキシコ原油(この場合はアメリカ向けのほとんどを構成した重質原油を指す)のアメリカ大西洋岸製油所への原油引き渡し費用は, 1バレルあたり1.41ドルであった。

ヴェネズエラ油田の優位性を支えた要因は多々存在するが, ここでは主要油田地帯をなしたマラカイボ湖が, 最も深い地点でせいぜい120フィート(36,7メートル), 油層は湖底から50フィート(15,6メートル)以内に存在した事実を指摘するに留める。

以上についての詳細は, U.S. House [52], pp. 2, 39, 44, 49による。なお, Lieuwen [222], p. 58も有益である。
24) Jersey [24], 1928, p. 5 ; Larson, Knowlton, and Popple [145], pp. 41-42. もっとも, ジャージーはこれらの活動の延長上でヴェネズエラを同社の一大生産拠点ならしめたわけではない。1929年にヴェネズエラの原油生産(年間生産量)は, RD＝シェル(6000万バレル, 45％), ガルフ(3700万バレル, 27％), インディアナ・スタンダード石油(Standard Oil Company [Indiana], 3700万バレル, 27％)によって事実上完全に支配されていた(Lieuwen [222], pp. 40, 43-44；阿部[156], (中), 63-64頁)。ジャージーにとってかかる支配体制の打破が不可欠であり, それは1930年代に持ち越されたのである。
25) Lewis [220], p. 229, note 29. 序章第2節注(35)も参照。
26) 1917年のRD＝シェルの生産量は年間1250万バレル(但し総生産か純生産かは不明)であり, NKPMの2万7000バレル(純生産)を全く問題としていなかった。1929年でも前者の3300万バレル(総生産か純生産かは不明)に対してNKPMは, 17年時点に比

べ急増しているが，250万バレル(純生産)にすぎなかった。以上は，Gibb and Knowlton〔138〕, pp. 93, 676；Larson, Knowlton, and Popple〔145〕, p. 115；The Royal Dutch Petroleum Company〔151〕, p. 65；上野〔268〕, 67頁(原資料は Royal Dutch Company, *Annual Report*, 1928-1938 より。但しメートル・トンをバレルに換算した)。

27) Jersey〔26〕, February 1934, pp. 34-35.
28) Gibb and Knowlton〔138〕, p. 393.
29) アメリカ政府は，アメリカ企業(ジャージー)に対するオランダ領東インドの門戸を拡大させるために，1922年にアメリカにおいてシェルに公有地の借地権を与えず，オランダ政府の差別政策の撤廃を求めた(以上は，Lewis〔220〕, p. 229；U.S. Senate〔63〕, p. 341；U.S. Senate〔74〕, pp. 33-34, 邦訳，51-52頁をみよ)。
30) Gibb and Knowlton〔138〕, p. 394.
31) 詳細は，伊藤〔198〕, (1), 201-202頁を参照せよ。なお，レッド・ライン協定については，第2章第3節の注(19)を参照せよ。
32) 1922年の秋頃の報告によれば，ルーマニアにおける石油生産全体(原油と考えられる)のほぼ65％はジャージーを含む3つの外国企業によって担われたと推定される。資本規模(Capitalization)でみると，最大はスター・ルーマニア(Sec. "Steaua-Romano"，第1次大戦終了以前はドイツ系であったがこの時点では連合国の支配下にある)で3億3000万レイ(Lei, 現地通貨単位)，ついでジャージーの子会社ルーマニア・アメリカ(Sec. "Romano-Americana")の3億レイ，第3位のRD=シェルの子会社アストラ・ルーマニア(Sec. "Astra-Romano")は2億2500万レイであった(なお，これら以外に有力企業としては，ルーマニア，ベルギー，フランスの各資本の共同出資会社として資本規模3億5000万レイの Sec. "Sespiro" なる企業が存在する)。以上については NACP〔1〕, Letter to Mr. Lawrence Dennis from Louis E. Van Norman, October 28, 1923：Oils, Mineral—Rumania, 1919-1929：General Records, 1914-1958：RG151 を参照。

もっとも，第1次大戦後のルーマニアでは石油産業の国家独占への志向が強まっており，1924年の鉱山法(Mining Law of 1924)では，国家が所有する土地で原油などの鉱物資源を探索する企業については，所有権の少なくとも60％がルーマニア人の下にあり，かつ役員の2/3がルーマニア人であることが求められた。しかし，その後1929年にルーマニア政府は新たな鉱山法を実施して，ジャージーなどの外国企業に対する規制政策を緩和ないし改めた。例えば，ルーマニア人が保有する所有比率についてはこれを引き下げたのである(51％ないし52％以上と推定される)。それまで産業の国有化に動いていたルーマニア政府は同国の石油産業の発展に外国資本を活用する方向に転じたように思われる。これ以降1930年代半ば頃までのジャージーの子会社による生産増(後掲表II-2参照)はかかる政策転換によって促されたと考えられる(以上は，NACP〔1〕, Memorandum, by J. F. Lucey and L. R. McCollum, Sept. 24, 1919：Oils, Mineral—Rumania, 1919-1929：General Records, 1914-1958：RG151；NACP〔1〕,

Letter to John S. Nelson from Theo. R. Goldsmith, June 2, 1928 : Oils, Mineral—Rumania, 1919-1929 : General Records, 1914-1958 : RG151 ; NACP〔1〕, Letter to W. A. Harriman & Co. from John H. Nelson, June 7, 1928 : Oils, Mineral—Rumania, 1919-1929 : General Records, 1914-1958 : RG151 ; Jersey〔24〕, 1928, p. 9 による)。

33) 以上については，主として，Gibb and Knowlton〔138〕, pp. 328-358 によるが, NACP〔1〕, Letter to Dr. Julius Klein from John H. Nelson, January 17, 1928 : Oils, Mineral — General, 1928 : General Records, 1914-1958 ; RG151 ; NACP〔1〕, Letter to Mr. E. S. Rochester from E. B. Swanson, January 9, 1931 : Russia : Federal Oil Conservation Board, 1924-1934 ; RG232 も参照。

34) 既述のように外国ではアメリカ国内に比べ，買い付けによる原油の獲得の機会は少なく，自社による積極的な油田の所有，原油の生産が不可欠であった。それゆえ，ジャージーは通常，国内よりも外国での原油生産により大きな比重をおいたといわれている。その例として，1920 年代初頭ないし前半に，ジャージー本社の取締役会において複数の取締役から，オランダ領東インドの子会社 NKPM をニューヨーク・スタンダードに売却し，カリフォルニア州で新規投資を行うべきだとする見解が出されたとき，取締役会全体(特に社長のティーグル〔Walter C. Teagle〕)は，アメリカ国内よりも外国での生産を重視するとの立場をとり，こうした主張を退けたのであった(以上は，NACP〔1〕, Letter to Mr. F. R. Eldridge, Jr. from Assistant of Foreign Trade Advisor, January 19, 1921 : Oils, Mineral—Dutch East Indies, 1920-1921 : General Records, 1914-1958 : RG151 ; Jersey〔24〕, 1925, p. 4 ; Gibb and Knowlton〔138〕, p. 393 による)。

35) 以上の統計は，Larson, Knowlton, and Popple〔145〕, pp. 38-39 より。

第 3 節　輸送体制の構築と精製事業

〔Ⅰ〕　パイプライン輸送事業の再構築とタンカー輸送

パイプライン輸送　アメリカ国内に所在したジャージーの製油所に対する原油輸送は「解体」以前の関係を引き継いでその多くが旧子会社，あるいはジャージーに残された若干のパイプライン部門(子会社)によってなされた。例えば，旧子会社プレーリー石油・ガス(Prairie Oil & Gas Company, 序章参照)のパイプライン部門(1915 年にプレーリー・パイプライン会社〔Prairie Pipe Line Company〕として分離・子会社化)は 1919 年に，ジ

ャージーが東部大西洋岸に擁した2つの主力製油所(ベイヨーン〔Bayonne refinery〕, ベイウェイ〔Bayway refinery〕, いずれもニュージャージー州に所在)に7万5000バレル(1日平均)の原油を輸送したが, それは同年これら製油所によって精製された原油の86％を占めたのである[1]。周知のように, パイプライン輸送会社は, 長距離の幹線パイプラインについては実際の輸送費用を大きく上回る運賃を設定して原油を輸送したから,「解体」によってプレーリーなどを失ったジャージーにとってその運賃負担はかなりの重圧であった。しかし, 同社の競争企業がパイプラインを利用できず, より運賃の割高な鉄道などに依存せざるをえない限りは, ジャージーの競争上の優位はなお維持されたのである[2]。

だが, 20世紀の初頭頃からテキサス州など新興の油田地帯を拠点として台頭した有力企業群は早期に自社のパイプラインを確保し, その後も着々とパイプライン網を敷設・整備した。州際商業委員会(Interstate Commerce Commission)の報告に掲載されたパイプライン輸送会社(複数州にまたがる輸送事業を行う企業)の数は, 1920年において総計30社程度であり, パイプライン事業の寡占的性格を反映し, 原油生産はもとより精製, 販売に比べはるかに企業数は少ない。このうち, 資産額(net investment)でみて上位5社の中に2位のテキサス社をはじめ旧スタンダード系に属さぬ企業が3社進出する躍進ぶりをみせた[3]。

こうした事態に直面したジャージーは, 一方でプレーリーなどに対する料金の引き下げを繰り返し要求し, 他方で自らパイプラインの新設・拡張に向かったのである。1919～27年についてであるが, この間にアメリカ国内全体での幹線パイプラインのマイル数は73％増大したが, ジャージーの場合は112％とその伸びは大きく, しかもその大半は1923年までに敷設された[4]。州際商業委員会の報告によれば, やはり資産額での順位であるが, 1930年において最大パイプライン会社にはジャージー(9265万ドル)が位置し, プレーリーは2位(6862万ドル)へ後退, 以下テキサス(4398万ドル), ガルフ(3918万ドル), ソコニー・ヴァキューム石油(Socony-Vacuum Oil Company, Inc., ニューヨーク・スタンダード石油とヴァキューム石油の合同企業〔但し, 実際の合同

は 1931 年〕，3815 万ドル)などであった。これら 5 社で全パイプライン資産の63.7％，上位 10 社では 91.9％を占めたのである5)。なお，ジャージーによるパイプラインの新設と拡張について留意すべきは，同社がプレーリーなどの既存の輸送ルートに代替する形で，ミッド・コンチネントなどから中西部を経由し，ついで東部大西洋岸に至るラインを整備したのではないことである。後のタンカー輸送，製油所の立地などの検討からその理由がしだいに明らかとなるであろうが，主としてミッド・コンチネント地域，テキサス州内陸部からガルフ・コースト地域(Gulf Coast〔メキシコ湾岸地域〕)に向けて敷設・拡張したことが注目されるのである(後掲図II-2 参照)6)。

ここでジャージーのパイプライン輸送事業の特徴について手短に述べておきたい。同社は，一旦パイプラインを敷設すると，完全操業の追求，つまり輸送能力の上限，ないしそれに近い輸送量を常に確保しようとした。それは，輸送手段としての本来的な性格からして実際に輸送する原油の多寡が利益額，収益性を決定づける要件であったこと，油田の寿命を考慮してできるだけ早く投資を回収する必要があったこと，によるものであった7)。さらに，パイプラインは，同社の油田から得られる原油のみならず，買い付けによって得られた原油をも輸送したのであり，原油の自給率が低く主として買い付けで必要原油を入手したジャージーの場合，大油田地帯に対しては，同社自身の生産規模がわずかであってもパイプラインを敷設したのであった。これらの諸要因によって，同社のパイプラインの操業は，輸送量の維持を第一義的に追求し，自社の生産量，あるいは石油市場の需給の動向からもしばしば相対的に自立した動きをみせたのである8)。

一方，パイプライン輸送部門あるいはパイプライン輸送子会社を持つジャージー傘下の原油生産企業には，危険性の高い原油生産事業よりはむしろパイプライン事業から大きな利益を獲得しようとする傾向がみられた。特に深刻な原油不足が解消に向かった 1923, 24 年頃になるとそうした動きを強めたように思われる。前節で述べたこの時期以降の原油生産の増減と，買い付け規模の一層の拡大は，その理由の一斑をかかる行動によって説明することができるであろう。パイプライン輸送事業における利益獲得にとっては，輸送原油がジャージ

表 I-4 パイプライン輸送会社の投下資本利益率[1]の事例

(a) ジャージーの子会社 (%)

	1921	1922	1923	1924	1925	1926
Humble Pipe Line Co.	n.a.	31.8	37.3	53.9	48.7	30.7
Oklahoma Pipe Line Co.	7.3	12.5	31.5	33.3	33.6	34.7
Standard Pipe Line Co.	n.a.	n.a.	21.0	37.7	39.6	59.1
Tuscarora Oil Co.	18.7	22.5	6.5	(2.9)	0.7	(8.8)

(b) 主要大企業の子会社 (%)

	1921	1922	1923	1924	1925	1926
Magnolia Pipe Line Co.	6.1	7.6	11.5	15.5	17.5	32.3
Gulf Pipe Line Co. (Texas)	4.2	12.4	5.6	14.7	17.3	20.0
Gulf Pipe Line Co. (Oklahoma)	(1.3)	47.8	41.1	37.9	38.5	52.1
Texas Pipe Line Co. (Texas)	19.2	28.5	17.3	22.2	26.7	28.3
Texas Pipe Line Co. (Oklahoma)	22.6	15.2	8.4	8.3	15.3	17.4

(c) パイプライン輸送専門会社 (%)

	1921	1922	1923	1924	1925	1926
Prairie Pipe Line Co.	42.3	33.8	26.5	19.3	24.4	22.1
Illinois Pipe Line Co.	22.8	16.8	11.9	11.4	15.0	14.8
New York Transit Co.	6.9	5.6	5.1	3.9	3.9	(0.1)

(注) 1) rate of return on investment. ここでの投下資本額(investment)は，自己資本(資本金と剰余金)に負債(社債，銀行からの借り入れ)を加えた額から社外への投資額を差し引いた額である。利益額は，銀行などへの利息を支払う前で，社外への投資から得られた利益を含まない。上記の比率は，各年末の利益額を各年の期首と期末の investment の平均額で除した数値。カッコは欠損を示す。

(出典) U.S. Senate [51], pp. 266-267, 284, 352-353. なお, U.S. House [53], pt. 1, 2, 各頁を参照。

一社内で生産された原油かどうかは基本的には主要な問題ではなかったからである。

　ここで原油生産子会社の利益全体に占める輸送部門利益の比重の大きさを，ジャージー社の国内最大の原油生産子会社でありパイプライン輸送事業も行ったハンブルを例にみると，1919〜30 年に同社が獲得した純利益の総額は 1 億 4000 万ドルであったが，そのうちパイプライン子会社(Humble Pipe Line Company)からの配当金が 1 億 2400 万ドル，全体の 88.6% に達したのであった[9]。

　ジャージーのアメリカ国内でのパイプライン輸送事業の利益率について，表

Ⅰ-4によって一瞥する。大規模投資が一段落した1923, 24年頃から，すぐ次に述べるタンカー利用の進展に影響されて輸送量を減退させたタスカローラ石油(Tuscarora Oil Company, ペンシルヴェニア州〔Pennsylvania〕の西部から東部大西洋岸製油所へ原油を輸送)を除く各子会社は投下資本に対する利益率で軒並み30％を超える高水準を維持した。原油生産から製品販売までの一連の事業を行う他の主要大企業群のパイプライン子会社もまた，おおむねジャージー同様の高収益を実現した。他方，パイプライン輸送専業，あるいは主として獲得原油の他社への輸送・販売に従事したプレーリーなどは，ジャージーをはじめ各大企業によるパイプライン事業の拡張，あるいは同事業の内部化(パイプライン事業の創設)によって取引先を喪失ないし減少させ，全体として利益率の低下を余儀なくされたのであった[10]。

タンカー輸送　1920年代にジャージーによるアメリカ国内での原油輸送において急速にその役割を高めたのがタンカーであった。一つは，原油の輸送手段としてパイプラインに比べてもなお輸送費用が割安だったことによるが[11]，国内製油所への原油輸送にタンカーが導入される大きな契機となったのが先述のメキシコからの輸送であった[12]。だが，1920年代半ば頃からより一層重要になったのは，テキサス州などのメキシコ湾岸から東部大西洋岸への原油の沿岸輸送であった[13]。オクラホマ州(Oklahoma)などのミッド・コンチネント地域，あるいはテキサス州の内陸部からメキシコ湾岸まで，新設ないし拡充されたパイプラインによって原油を輸送し，それをタンカーで東部地域へ輸送する方式がこの時代に大きく進展したのである。パイプラインとタンカーとの連繋による輸送体系は，ジャージーによる国内原油輸送の基幹部分を構成したといえよう。その結果，ミッド・コンチネントなどから東部大西洋岸へのパイプラインによる従来の長距離内陸輸送ルートは同社にとって，漸次その比重を低下させた。タンカー利用の拡大を背景にジャージーは，かかるルートを主として担ったプレーリーに対する原油輸送料金の一層の引き下げを要求し，1922年7月に12.5％，翌23年10月には最大50％(テキサス原油に対して)までの引き下げをプレーリーに受け入れさせたのであった[14]。

ところで，ジャージーにとって，タンカーが外国への製品輸送などにおいて

表 I-5 ジャージー社による国・地域

	1919		1920		1921		1922		1923	
		%		%		%		%		%
ア　メ　リ　カ	157.0	80.2	182.6	85.1	186.5	81.2	211.8	81.9	245.8	83.4
カ　ナ　ダ	21.2	10.8	20.8	9.7	26.7	11.6	28.8	11.1	28.7	9.7
ラテン・アメリカ[1]	17.6	9.0	10.1	4.7	12.4	5.4	14.2	5.5	17.1	5.8
ペ　ル　ー	4.7	2.4	5.1	2.4	7.1	3.1	8.5	3.3	9.9	3.4
ヨーロッパ[2]	n.a.	n.a.	1.0	0.5	4.2	1.8	3.9	1.5	2.9	1.0
ル　ー　マ　ニ　ア	n.a.	n.a.	1.0	0.5	4.2	1.8	3.9	1.5	2.8	1.0
蘭領東インド	—	—	—	—	—	—	—	—	0.2	0.1
全　　外　　国	38.8	19.8	31.9	14.9	43.3	18.8	46.9	18.1	48.9	16.6
全　　世　　界	195.8	100.0	214.5	100.0	229.8	100.0	258.7	100.0	294.7	100.0
ジャージーの国内精製量／全アメリカ精製量	15.9	%	15.9	%	15.4	%	15.4	%	15.4	%

(注) 1) ペルー, キューバ, コロンビア, アルゼンチン, メキシコ。
　　 2) ルーマニア, ポーランド, イタリア, ノルウェー, ベルギー, イギリス。
(出典) Gibb and Knowlton [138], pp. 678-679; Larson, Knowlton and Popple [145], pp. 200-201

より重要かつ基本的な手段であったことはあらためて指摘するまでもない。1920年代の外国での市場成長と販売拡大はこれに対応するタンカー船団の充実を同社に求めたのである。その際，ジャージーが外国籍タンカーの操業費の安さに注目して，従来は本社所有のタンカーによって担わせた大西洋航路を漸次ヨーロッパに所在した子会社のタンカーに委ねたことがこの時代の特徴となった。1919年にジャージーが所有したタンカーの総数71隻は27年に92隻(96万重量トン)へ増強された。このうち1919年に本社所有は過半の44隻を占めたが，27年には38隻(48万重量トン)に減少し，他が在外子会社の所有となったのである[15]。

　ジャージーが，かように大戦終了後1927年までに20隻ほどタンカー数を純増させたのに対し，RD=シェルは同期間に100隻から145隻(105万重量トン)への船団拡充を果たして引き続き世界最大のタンカー所有企業として存在した。アングロ・パーシャンは24隻を一挙に83隻(74万重量トン)へ飛躍させ，ジャージーに迫る世界第3位のタンカー輸送企業として台頭したのである[16]。これら2社による海洋輸送能力の増強が，世界市場におけるジャージーへの対抗を可能ならしめる一因だったことはいうまでもない[17]。

別の原油精製量，1919〜29 年　　　　　　　　　　　　　　（単位：1,000 バレル／日，%）

1924		1925		1926		1927		1928		1929	
	%		%		%		%		%		%
315.6	84.0	317.8	83.3	305.9	80.0	349.3	80.4	394.9	79.4	409.1	75.9
32.7	8.7	30.5	8.0	38.9	10.2	48.5	11.2	56.4	11.3	70.5	13.0
24.0	6.4	27.1	7.1	29.0	7.6	23.0	5.3	26.9	5.4	32.9	6.1
8.9	2.4	11.5	3.0	12.0	3.1	13.0	3.0	14.9	3.0	15.6	2.9
3.2	0.9	6.1	1.6	8.2	2.1	10.1	2.3	14.2	2.9	19.8	3.7
2.8	0.7	4.5	1.2	6.4	1.7	6.2	1.4	9.1	1.8	10.8	2.0
0.2	—	0.2	—	0.6	0.1	3.4	0.8	4.6	1.0	6.9	1.3
60.1	16.0	63.9	16.7	76.7	20.0	85.0	19.6	112.2	20.6	130.1	24.1
375.7	100.0	381.7	100.0	382.6	100.0	434.3	100.0	497.1	100.0	539.2	100.0
	%		%		%		%				
17.9		15.7		14.3		15.4		n.a.		n.a.	

より。

なお，タンカー輸送事業もまたパイプライン部門とともにジャージーに安定利益をもたらしたと考えることができる。1919〜27 年では，投資に対する純利益率では最低でも 10%（1925 年）であり，輸送需要が急増した 1919, 20 年については，それぞれ 40%，67% という異例の高さを記録したのであった[18]。

〔II〕 精製事業における動向

1920 年代初頭においてジャージーの精製部門は，原油生産，輸送事業との対比において，能力増強を緊急の課題としたとはいえない。もちろんこの時代にも，製油所の効率を高めるためのプラントの大型化など全体として精製能力の拡大が追求されたことはいうまでもない。1919〜29 年にアメリカでのジャージーの精製規模は 2.6 倍（161%）の伸びをみせたのである（表 I-5 参照）。だが，同時期にアメリカ全体での精製量の伸びはこれをやや上回る 173% であったから[19]，同社はわずかながら相対的にその比重を下げたといえる。もっとも，それでも同社の精製量は，1925 年についての統計であるが，全国第 2 位のカリフォルニア・スタンダードのほぼ 1.8 倍であり，テキサス，ガルフ，シェルの 3 社の合計量よりさらに 1000 万バレル以上（年間）多かったのである[20]。

アメリカ国内での精製能力全体の増強では目立った事実を見出せないとしても，ジャージー社内において製油所操業の中心が従来の北東部（東部大西洋岸地域）からメキシコ湾岸地域（ガルフ・コースト地域）へ移動したことはこの時代の特徴の一つであった。1919年に，原油精製量でみて同社によるアメリカ国内での精製事業の7割(69.6％)はニュージャージー州の製油所を主力とする北東部でなされたが，1929年までにその比率は4割強(41.1％)まで低下し，かわってメキシコ湾岸地域の製油所群が残余のほとんどに当たる57.1％を占めたのである[21]。こうした製油所立地の重点移動を促した要因としては，労賃が北東部より安価であること，油田に近いメキシコ湾岸で天然ガスが製油所燃料として安く豊富に利用可能であったこと，ヨーロッパ市場への製品輸出にとって，一旦北東部に原油を輸送し，そこで製品に仕上げて再びタンカーに乗せて供給するよりも輸送費，諸経費を節約できたこと，そして租税の面でも北東部に比べ有利であったこと，などを挙げることができる[22]。1930年代末までにメキシコ湾岸地域はアメリカ国内最大の精製地帯に変貌し，第2次大戦後には同地域において石油大企業を有力な構成企業の一部とする石油化学工業が急成長を遂げ，いわゆるガルフ・コースト・コンプレックス(Gulf Coast Complex)なる工業地帯の出現をみるのである[23]。ジャージーによるメキシコ湾岸地域への製油所操業の重点移動は，アメリカ最大の精製企業としての存在からして，こうした地帯構造の変化を主導する役割を担ったといってよいであろう。

一方，外国におけるジャージーの製油所の操業や立地面にはどのような進展がみられたであろうか。まず，表Ⅰ-5によれば，1920年代を通じ国外での精製量は同社全体量の2割程度であり，29年に1/4弱に到達したにすぎない。しかも在外製油所による精製量の過半は，1925年を除き常時カナダでなされた。1920〜29年にカナダ子会社インペリアル石油(Imperial Oil Ltd.)の精製規模は3倍以上の伸びをみせ，27年に1社で全カナダ精製量の90％を占めた[24]。同子会社は，長らくアメリカから，1920年代にはラテン・アメリカからも原油を輸入し，これを現地で精製することで市場における優位を形成したのであった（後述参照）[25]。

カナダ以外ではペルーなどのラテン・アメリカ，ルーマニアなどヨーロッパ，

アジアではオランダ領東インドでの現地精製を指摘すべきであろう。これらは，多くは現地での原油生産の進展を踏まえ，主として現地市場，あるいは近隣諸国向けの製品生産を目指したものといえよう。しかし，原油の生産規模と当該国・地域での市場と販路の規模に制約され，いずれも極めて小規模であった。ヨーロッパなどの外国市場でジャージーが行う製品販売が，本国アメリカからの製品供給に依存する構図はこの時代に大きく変化することはなかった。

次に，1920年代の精製事業については，ガソリンの生産得率を高めるための技術開発と特許が企業間対抗の焦点の一つとなり，ジャージーがそうした確執の重要な当事者の1社であったことを挙げるべきであろう。1913年のインディアナ・スタンダードによるバートン法(Burton process)の実用化によってガソリン生産へ分解製法(cracking process)が導入されたこと，同法の持つ操業の非連続性を克服することがその後の課題となり，ジャージーが開発したチューブ・アンド・タンク法(tube and tank process)なる連続製法が他をおさえて最も有力な地位を占めたこと，これらがその主たる要点をなす。しかし，ここではその詳細，ジャージーによる他社への対抗戦略，特許闘争における優位性，などについては旧稿に譲り[26]，かかる製法(チューブ・アンド・タンク法)の開発を契機に，ジャージーが1920年代末までに世界の石油産業界において最大級の研究開発組織(子会社のスタンダード石油開発会社〔Standard Oil Development Company〕)を擁したことを指摘するに留める[27]。同社は，1940年代初頭頃までに石油精製技術史におけるいま一つの重要技術(流動接触分解法〔fluid catalytic cracking process〕)の開発に成功する(第3章第2節を参照)。「解体」以降，同社の精製分野における技術開発力は1920年代に飛躍し，この時代にその後の発展の基礎が築かれたと考えられるのである[28]。

最後に，精製事業における大企業の序列，ジャージーと他社との勢力対比をみると，まずアメリカでは1930年についてであるが，全国の精製量(年間9億2745万バレル)に占める各社のシェアで，第1位はむろんジャージーであり14.3％，以下ソコニー・ヴァキューム(8.1％)，ガルフ(7.3％)，シェル(7.2％)，インディアナ・スタンダード(6.4％)，などの順であった[29]。次に，アメリカ以外についてであるが，1929年にジャージーの精製量は旧ソ連邦を含む全外

国(年間3億8850万バレル)の12.0%であり，アメリカ企業全体による海外精製量(8015万バレル)の59.2%を占めた[30]。アメリカ企業の中での優位は明らかである。だが，RD＝シェル，アングロ・パーシャンに対しては，海外でのそれらの精製量の確定数値を知ることはできないが，ジャージーは劣位であったと思われる[31]。

1） Gibb and Knowlton [138], pp. 460, 678.
2） 周知のように，複数の州にまたがって操業する州際パイプラインは，1906年のヘップバーン法(Hepburn Act of 1906)およびこれを支持した1914年の連邦最高裁判決によって公共の輸送機関(common carrier)としての性格を与えられた。しかし，旧スタンダード系企業などによる強固な支配下にあった全国のパイプラインのほとんどは，種々の手段を弄して競争企業の原油を事実上輸送しなかったのである。それゆえ，自己のパイプラインを持たない中小の原油生産企業はパイプライン会社に原油を売却するか，鉄道などに輸送を委ねなくてはならなかった。中小の精製企業も，油田地帯から遠隔地にある大市場などでは，パイプラインに比べ割高な運賃を鉄道に払って原油を輸送し，精製せざるをえなかったのである。以上については，RAC [3], Some Matters of Interest regarding the Standard Oil Company (N.J.): As Summarized by its President for the Information of the United States Senate and the Public, January 1, 1923: F991: B133: BIS: RG2: RFA; U.S. FTC [49], pp. 3-4, 25-26; U.S. Senate [51], pp. 33-42; Johnson [211], Chapter 2, 4；鎌田[213], 53-54頁；森[230], (1), 81頁を参照せよ。なお，鉄道に対するパイプラインの輸送上の有利性(費用の安さ)については，本節の注(11)をみよ。
3） 1位プレーリー(4917万ドル)，2位テキサス(3235万ドル)，3位シェル(2794万ドル)，4位シンクレア(Sinclair Consolidated Oil Corporation, 但し，一部インディアナ・スタンダードとの共同所有部分を含む，2525万ドル)，5位ジャージー(但し，ルイジアナ・スタンダードのパイプライン部門を含まず，2416万ドル)，以上については，主としてWilliamson and others [280], pp. 350-352によるが，U.S. House [53], pt. 1, 2の各頁を参照。
4） Gibb and Knowlton [138], pp. 465, 468.
5） Williamson and others [280], p. 590; U.S. House [53], pt. 1, 2の各頁を参照。なお，アメリカ国内の16の大企業(但し，プレーリー，ニューヨーク・スタンダード，カリフォルニア・スタンダードを含まず)について，1930年の幹線パイプラインによる原油の輸送量をみると，第1位はジャージーで1億6200万バレル，第2位がシンクレア(6787万バレル)，第3位ガルフ(5057万バレル)，第4位インディアナ・スタンダード(4994万バレル)，第5位ユニオン石油(Union Oil Company of California, 4849万バレル)，などであった(TNEC [55], pt. 14-A, p. 7794)。

6) U.S. House〔53〕, pt 1, pp. 216-217 の綴じ込み地図を参照せよ。
7) Larson, Knowlton, and Popple〔145〕, p. 229.
8) Larson, Knowlton, and Popple〔145〕, p. 229 ; Larson and Porter〔144〕, p. 288.
9) Larson and Porter〔144〕, p. 169. 1922年に467万ドルであったパイプライン子会社の利益はほぼ一貫して増加し，1929年には2726万ドルに達したのである(U.S. House〔53〕, pt 1, p. 228)。
10) 1920年代における外国でのパイプライン輸送事業については，アメリカ国内に比べ全体として小規模だったこともあり，本書では検討を省略する。伊藤〔198〕, (1), 215頁を参照せよ。
11) かなり後のことであるが，サン石油の社長による臨時全国経済委員会(Temporary National Economic Committee, TNEC)での1939年の証言によれば，1937年時点で石油のトン・マイルあたりの輸送費用は，トラックが4.873セントで最も高く，ついで鉄道が1.64セント，パイプラインは原油が0.477セント，ガソリンは0.527セントであり，最も安価なのがタンカーで0.063セントであった(TNEC〔55〕, pt. 14, p. 7178)。
12) これ以外にもカリフォルニアで買い付けた原油の輸送(パナマ運河〔Panama Canal〕経由)にも用いられた。例えば，1923年のカリフォルニア原油の輸送量は2100万バレルであり，同年ジャージーの国内での精製量全体の1/4に相当するほどの規模であった(Gibb and Knowlton〔138〕, pp. 465-466, 474-476)。
13) Gibb and Knowlton〔138〕, p. 475.
14) Gibb and Knowlton〔138〕, pp. 437, 467-468.
15) 以上については，Jersey〔24〕, 1927, p. 5 ; Gibb and Knowlton〔138〕, pp. 472, 480による。
16) 以上の統計は，Gibb and Knowlton〔138〕, p. 472 ; Larson, Knowlton, and Popple〔145〕, p. 205による。
17) みられるようにRD＝シェルは，1919年，27年ともに隻数でジャージーを凌いでいる(重量でも1927年については優位)。こうした較差をもたらした要因，RD＝シェルの優位性の根拠についてここでは検討できないが，ジャージーがアジア地域での製品販売に従事していない，などは考慮されるべき一因であろう。なお，若干のアメリカ石油大企業について，1919～27年のタンカー船団の増強をみると，ニューヨーク・スタンダードが33から42へ，ガルフが22から27へ，テキサスが15から23，カリフォルニア・スタンダードは10から22へ，などそれぞれ隻数を増加させた。1919年についてはGibb and Knowlton〔138〕, p. 472より，27年については上野〔268〕, 69頁注(7)より。
18) ここでいう「投資に対する純利益率」は，タンカー部門への純投資額(net investment)に対する純利益(net earnings)の比率であるが，純投資額が何を指すかは必ずしも明らかではない。それゆえ，先のパイプライン事業の利益率と直ちに比較することはできないであろう(パイプライン部門の「投下資本」については表 I-4 の注を参照)。

以上は、Gibb and Knowlton〔138〕, pp. 471, 475 による。なお、本章第5節〔I〕を参照せよ。
19) API〔89〕, 1959, p. 106.
20) U.S. Senate〔51〕, p. 76.
21) Gibb and Knowlton〔138〕, p. 678 ; Larson, Knowlton, and Popple〔145〕, p. 200. なお、メキシコ湾岸の比率にはテキサス州内陸部に所在する若干の小規模製油所での精製量を含む。
22) Larson, Knowlton, and Popple〔145〕, p. 177 を参照せよ。なお、アメリカにおける地域別の1バレルあたりの精製費用を、1929年についてみると、大西洋岸(但し、アメリカ国内原油と外国原油を併用の場合)は 70.00 セントであり、メキシコ湾岸は 52.43 セントであった。なお、最も低費用なのはカリフォルニアで 30.49 セント(但しジャージーはここで活動せず)、逆に費用が最も高かったのはアパラチア地域で 107.93 セントであった。もっとも、いうまでもないが、規模の違いなどによって製油所毎の費用は相違しており、これらの統計はあくまでも各地に所在した製油所の費用の平均を指すものと考えるべきである。以上について詳細は、U.S. House〔52〕, p. 203 をみよ。
23) 以上については伊藤〔198〕,(2), 118頁注(5)を参照せよ。ガルフ・コースト・コンプレックスについては、内田〔269〕,(4), 69-72頁を参照。
24) Larson, Knowlton, and Popple〔145〕, p. 178.
25) Larson, Knowlton, and Popple〔145〕, p. 178.
26) 伊藤〔198〕,(2), 114-119頁を参照せよ。
27) Jersey〔24〕, 1929, pp. 8-9.
28) この点については、Enos〔177〕, Chapter 3 の記述が有益である。
29) TNEC〔55〕, pt. 14-A, p. 7800 より算出。
30) Jersey〔24〕, 1929, p. 6 ; U.S. Senate〔63〕, p. 201 による。
31) Larson, Knowlton, and Popple〔145〕, pp. 176-177 による。

第4節　世界市場での製品販売活動

　世界の石油消費量をアメリカとそれ以外に区分すると、アメリカ国内での消費割合は 1912〜17 年に 54.3％から 59.2％へほぼ一貫して増大し、1918〜29 年には 63.6％から 69.2％の間にあった[1]。1920 年代に石油市場としてのアメリカの比重は一層高まったのである。初発から世界市場を自己の蓄積圏とし、また「解体」を契機に外国市場への依存が高まったニュージャージー・スタンダード石油も、かかる消費動向を踏まえ、1920 年代にはアメリカ国内市場によ

表Ⅰ-6 ジャージー社による世界市場への石油製品の供給量，1919～27年
(単位：1,000バレル，％)

	①	②	③	②+③	①+②+③	ジャージー輸出量の全アメリカ輸出に占める比率	②+③/①+②+③	③/②+③
	国内供給量	輸出量	在外精油所による外国供給量	全外国供給量	全世界供給量		全ジャージー供給量に占める外国の比率	全外国供給量に占める在外精油所による比率
1919	38,029	20,448	14,690	35,138	73,167	36%	48.0%	41.8%
1920	49,194	17,428	16,095	33,523	82,717	25	40.5	48.0
1921	46,728	16,010	19,364	35,374	82,102	26	43.1	54.7
1922	48,651	22,807	17,018	39,825	88,476	36	45.0	42.7
1923	68,476	27,984	17,839	45,823	114,299	33	40.1	38.9
1924	85,503	37,406	22,028	59,434	144,937	38	41.0	37.1
1925	78,373	40,861	23,315	64,176	142,549	40	45.0	36.3
1926	81,138	48,307	27,838	76,145	157,283	41	48.4	36.6
1927	89,562	51,492	31,034	82,526	172,088	41	48.0	37.6

(出典) Gibb and Knowlton [138], p. 681より。

り重心をおいた石油製品の生産と販売を行ったと考えられる。1919～27年についての統計であるが，表Ⅰ-6によれば製品供給量の点で外国の比重は5割を割っており，1920, 23年にその比率は40％程度に低下したのであった。もっとも，1920年代の後半には再び外国市場の位置づけは高まる。輸出では1925～27年にジャージーは1社でアメリカ全体量の4割を供給した(同表)。これに加えて，外国で生産された製品もほぼ傾向的に増大し現地市場などで販売されたのである。

以下，ジャージー社による各国・地域での製品販売活動の実態，市場支配の特徴などを本国アメリカから順に検討する。

〔Ⅰ〕 ア メ リ カ

(1) ガソリン市場の成長と市場支配力の低下

表Ⅰ-7によれば，消費量の点で1920年代のアメリカ国内市場の成長を主導したのは燃料油(重油と軽油)，ついでガソリンであった。前者の燃料油，特に重油は船舶，鉄道，鉱山業，製造業などの燃料として販路を拡大し，石油を産業用のエネルギー源として石炭につぐ位置に押し上げる主要な役割を演じた。

表 I-7 アメリカにおける石油の製品別の消費量・卸売販売額，1923〜29年

消費量　　　　　　　　　　　　　　　（単位：100万バレル／年，％）

	消費総量	ガソリン	灯　油	燃料油	潤滑油
1923	634	27.6	5.6	41.2	2.8
1924	668	29.4	5.5	43.5	2.7
1925	704	33.1	5.7	43.6	2.9
1926	756	35.5	5.0	44.9	3.0
1927	774	39.4	4.8	43.8	2.7
1928	832	40.7	4.4	46.2	2.8
1929	905	42.3	4.0	45.9	2.6

販売額(卸売価額)　　　　　　　　　　（単位：100万ドル／年，％）

	販売総額	ガソリン	灯　油	燃料油	潤滑油
1923	1,845	46.4	5.3	17.9	7.3
1924	1,991	43.9	5.2	21.4	7.4
1925	2,168	52.2	4.8	20.6	7.3
1926	2,343	55.1	5.9	19.8	7.1
1927	1,880	54.5	5.1	22.6	8.3
1928	2,072	61.3	4.6	19.8	7.8
1929	2,207	63.0	4.5	18.6	8.2

(注)　消費総量，販売総額ともに右の主要品目以外を含む。
(出典)　TNEC〔55〕, pt. 14, pp. 7677-7678 より。

序章で述べたように，アメリカにおける燃料油の消費が急増するのは20世紀初頭頃からであり，当時は原油そのものを燃料油とする場合も多く，極西部，南西部が主要市場であった。やがて北東部，中西部など国内の主要炭田が所在する地域においても重油はその消費量を伸ばした。もっとも，周知のように，産業用のエネルギー源としての重要性，および消費量の伸びにもかかわらず石油製品の中での重油の価格と販売面における収益性は最低の部類であり（表 I-7 の販売額も参照），燃料油（特に大部分を占めた重油）がジャージーなど石油企業による販売利益の獲得，資本蓄積を主導する品目としての位置を得たわけではない。但し，それ自体の収益性が低いとしても，販売量の点では1920年代における最大品目であり，ジャージーなどの大企業にとって，重油の販売が，販売活動に先立って存在する原油の精製，輸送，および原油の生産・買い付けのそれぞれの事業活動と利益を支える役割を演じた面を軽視することはできない。

重油あるいは燃料油と異なり1920年代における石油企業の販売活動，販売

利益の獲得を強く規定づけ，かつ促進した製品はガソリンであり，販売金額（卸売価額）では1925年以降過半を占めた（表I-7）。1919年にアメリカ国内におけるガソリン消費量の74%は自動車用の燃料であり，29年にその比率は94%に達する[2]。ガソリン販売とは自動車への給油とほとんど同義であり，石油大企業にとって，小売店にあたる給油所（サービス・ステーション〔service station〕）の確保，これへガソリンを配給するための油槽所（貯油所〔bulk plant, bulk storage, bulk station〕）と配送手段（タンク・ワゴン車，油槽自動車〔motor tank truck〕など）の整備が不可欠であり，さらに製油所から油槽所などへの鉄道タンク車両の増強もまた求められた。こうした製油所から末端の給油所に至る製品流通機構の形成において[3]，主要幹線道路をはじめとして各地にできるだけ多くのガソリンの販売店（給油所）を確保することはガソリン需要に応えて販路を広げる上で最重要の課題であった。給油所の確保と普及こそは石油企業間競争の焦点となったのであった。

かような状況を踏まえ石油企業各社は，第1に，1910年前後から各地に個人業者などが設置した給油所を対象に特約店方式を導入し，これを自社専属のガソリン販売店として確保すること，第2に，自動車の急速な普及に対応して自ら給油所（直営店など）を設置して特約店をいまだ確保できない地域にも販売拠点を配置すること，などを追求した[4]。この中にあって，ジャージーはかなりの立ち後れをみせた。特約店の数は不明であり，同社所有の給油所だけであるが，1919年に本社が担当した販売地域（ニュージャージー州など大西洋岸の6州と首都ワシントン，序章第3節参照）に擁したのは総計わずか11にすぎなかった。市場での劣勢は著しく，例えばメリーランド州の主要都市ボルチモア（Baltimore, Maryland）での自動車用ガソリン販売（motor fuel business）における同社の占有率は，1918年の75%から20年にはわずか20%へ激減したのであった[5]。

ジャージー社に対する挑戦は，まずガルフ，テキサスなどの新興の大企業群によって突きつけられた。ガソリン市場の急速な拡大は新たな流通機構，販売施設を求めたのであるから，ジャージーが灯油時代に築いた市場支配の体制や方式が，これら企業への反撃においてそのまま有効だったわけではなかった。

ついで，大戦終了後にはかつての子会社によるジャージー市場への侵食が始まった。例えば，アトランティック精製(The Atlantic Refining Company)は南部大西洋岸の諸州(メリーランド，ヴァージニア〔Virginia〕，ウエスト・ヴァージニア〔West Virginia〕，ノース・カロライナ〔North Carolina〕)でジャージーの市場に進出し，ニューヨーク・スタンダードも子会社マグノーリャ石油(Magnolia Petroleum Company)を用いて，アーカンソー(Arkansas)州でジャージーの子会社ルイジアナ・スタンダード，テキサス州ではハンブルにそれぞれ競争を挑んだのである[6]。

こうした事態に直面し，ジャージーによる給油所網の形成は1925年頃から強化される。しかし，その達成は他社との対比において依然として不十分であった。連邦取引委員会(Federal Trade Commission)の調査に応じた大企業とこれに準ずる企業計40社についてであるが，1926年6月の時点で，これら企業が経営した給油所は全国で1万3000であった。中西部を拠点とするインディアナ・スタンダードが約3700を擁して2位以下を大きく引き離し，ジャージーは381を保有したのみで第12位に低迷したのである[7]。ジャージーは，本社自らが担当した販売地域において，ガソリン小売市場向け販売(卸売販売)で1912年に市場全体の77％の占有率を確保したが，1926年までにそれは43％へ低下したのである[8]。

1920年代におけるアメリカ市場での競争戦を全体としてとらえると，その基本構図は旧スタンダード石油系企業の支配に対する新興大企業の対抗を軸に描くことができよう。全国市場を11の地域に分割し，それぞれに割拠した旧スタンダード系企業の支配様式とは異なり，後者の企業群は全国を市場圏とする販売企業として各地に進出し，それぞれの地域で支配的石油企業である旧スタンダード系に対抗したのであった。それまで，「解体」以前の事業を継承し，販売事業(および一部企業は精製事業も)を強みとする一方，精製用原油の確保など他の事業分野に弱体面を残した旧スタンダード系企業は，成長市場を次々と掌握する新興企業群によって市場支配を漸次，あるいは急速に掘り崩されたのであった。

1920年代後半期までにアメリカ国内市場の支配体制は，旧スタンダード系

諸社が引き続き各地の最大企業であるが，いずれの地域でも新興企業が2位以下に進出し，ガソリン市場では6,7社の大企業が各地で販売されるガソリン全体のおおむね70〜80%を供給するといった寡占構造が形成されたのである。ジャージー本社の市場では，1926年にトップ企業のジャージーが43.2%，ついでガルフ(13.6%)，テキサス(12.7%)，シンクレア(Sinclair Consolidated Oil Corporation, 9.3%)などが上位を構成した[9]。

かように，アメリカにおける石油市場の支配体制は，各地域毎に最大企業が異なり，上位を構成する企業あるいはその順位が多様であるという顕著な地域的差違を特徴としたのであった。アメリカ国内の他の製造業などには類の少ない石油産業のかかる市場支配の構造は，かつてのスタンダード石油時代の地域割拠方式がこの時代に継承され，それが新興企業群の台頭を主要な契機として再編・創出されたものであった。世界各国に進出しそれぞれにおいて多かれ少なかれ全国的な製品販売企業として活動したジャージーも当の本国アメリカだけは特定地域に限定された製品販売を行ったのである。

なお，主要大企業のガソリン小売市場に対する供給量を，1926年についてみるとアメリカ最大企業はインディアナ・スタンダードで，国内全体の10.6%を占め，2位にニューヨーク・スタンダード(9.6%)，3位シンクレア(7.8%)，4位ガルフ(7.0%)，5位テキサス(6.5%)と続く。ジャージーは6位の5.4%に留まったのである[10]。

(2) ジャージー社の製品販売構造の特徴

表I-8に掲載された企業群は，臨時全国経済委員会(Temporary National Economic Committee〔TNEC〕，1930年代末期に大統領の要請により設立)が調査の対象としたアメリカの大企業群の一覧であるが，この中にあってジャージー社は資産額の点で他社に比べ一桁大きく，2位以下の追随を直ちには許さぬ存在である。個別企業としてこれほどのスケールを有しながら，同社は，最大成長品目であるガソリンの小売市場向け販売でかような劣位に低迷したのであった。以下では，そうした事態を招いた理由や要因を，ジャージー社による製品販売の構造や特徴にいま少し立ち入って検討する。

ジャージー本社と子会社による国内での製品販売全体の最大部分は本社自身

表 I-8　アメリカにおける石油大企業20社の資産額[1]
(単位：100万ドル)

		1924	1929
旧[2]スタンダード系企業	Standard Oil Co. (New Jersey)	1,245	1,767
	Standard Oil Co. of New York	406	708
	Standard Oil Co. (Indiana)	362	697
	Standard Oil Co. of California	353	605
	The Atlantic Refining Co.	131	166
	The Ohio Oil Co.	98	111
	Continental Oil Co.	94	198
	Standard Oil Co. (Ohio)	43	49
新興大企業など	Consolidated Oil Corp.[3]	346	401
	Empire Gas & Fuel Co.	301	327
	The Texas Corp.	288	610
	Shell Union Oil Corp.	257	487
	Gulf Oil Corp.	252	431
	Tide Water Associated Oil Co.	211	251
	Union Oil Co. of California	184	211
	The Pure Oil Co.	182	196
	Mid-Continent Petroleum Corp.	80	86
	Phillips Petroleum Co.	79	145
	Sun Oil Co.	52	85
	Skelly Oil Co.	40	63
	計	5,003	7,594

(注)　1)　外国資産を含む。
　　　2)　ジャージー社，および「解体」以前に同社の子会社であった企業を指す。
　　　3)　シンクレア社。
(出典)　TNEC〔55〕, pt. 14-A, pp. 7842, 7854 より。

によってなされたが，「解体」以前の旧スタンダード時代から本社による製品販売全体に占める小売業者向けの比重は小さく，1920年代に入っても本社販売(general office sales)あるいは製油所販売(refinery sales)と呼ばれる，契約に基づく旧子会社，大口需要家，あるいは卸売業者(jobber，その他)などへの大量販売がジャージー社全体による国内販売の最も重要な部分を構成したのであった[11]。例えば，1919年にジャージーが国内で販売したガソリンの50.9%はニューヨーク・スタンダード向けであり，これは後者が自己の市場域で販売したガソリンの61.5%を構成した[12]。ニューヨーク・スタンダードは，1920年代にむろん自己の精製能力などを高めてはいたが，消費の急増に応えるために1927年においてなおガソリン販売量の50%以上をジャージーからの

購入で賄ったのである[13]。この他，同じく旧子会社のケンタッキー・スタンダード石油(Standard Oil Company〔Kentucky〕)もまたジャージーにとっての大口の顧客であった。ジャージーによるこうした大量契約販売方式が，ガソリンのみならず本来大口顧客向け製品である重油などの燃料油の販売にもみられたことはいうまでもない。国内の海運会社，イタリア，フランス両海軍などがそうした販売の主たる対象だったのである[14]。1927年1月に連邦取引委員会で行われた証言によると，当時ジャージーが行った全国製品販売の60％以上は鉄道タンク車，はしけ(barge)などを用いた大口顧客向けの販売であり，「解体」以降，同社の事業拡張は小売市場向け(タンク・ワゴン車などによる給油所への販売など)ではなくむしろこうした方式によってなされたという[15]。

前節の精製事業の分析からも推測可能なように，ジャージーはガソリンの生産量ではアメリカ最大の企業であり，輸出を引いた残りのアメリカ市場への供給量でも，統計は不明であるが，最大企業ないしその1社であったことはいうまでもない[16]。だが，アメリカ国内市場の拡大が急速であり，旧来の販売構造に基づく活動がジャージーになお確実かつ安定した利益をもたらす限り，小売店網(直営店網など)の創設，特約店の確保，およびこれらへの製品配送体制の整備，といった活動は，同社の場合直ちに切迫した課題としては意識されなかったように思われる。

だが，アメリカ市場における石油大企業の支配体制が，かつての旧スタンダード系による事実上の独占体制から大きく変貌しつつあった一方，1920年代後半頃から全国的に石油製品市場は過剰傾向を呈するに至った。1927年にアメリカ全体の精製能力は市場での需要の規模を35％近く超過しており[17]，加えて同年の景気後退を受けて石油企業各社はいずれも大きな利益の低下を被った。なかでも，ジャージーの落ち込みは大きく，同年の純利益は前年の1/3にすぎない4000万ドル余に激減したのである(後掲表I-11参照)[18]。市況の過剰化に伴いアメリカ国内での競争戦は新規市場の開拓よりは既存市場の争奪戦の様相を強めたといえよう。ジャージー社による製品販売活動に一つの転機が到来したのであった。

(3) 販売活動の新展開

　1927年，ジャージー社は新たな戦略を導入し，既存の販売活動の転換・強化を図った。その基本的な方向の第1は，それまで依然として手薄であった大衆消費者市場(mass consumer market)での販売事業を強めることであり，製品販売全体に占める小売業者向け販売の比重の拡大，一般消費者に近接した販売事業の構築である。この頃には，それまでジャージーから大量の製品を買い取った旧子会社などが過剰市況において買い取り量を削減し，また一部は自己の製品生産体制を増強することでジャージーとの取引関係を解消することも予想された。他社への製品供給あるいは販売依存からの転換，最終市場に対する支配力の強化が同社にとって必要となったのである。第2は，自己の販売市場を地理的に拡大することであり，特定地域に限定して活動する販売企業からの転換である。主として，ニュージャージー州およびそれ以南の大西洋岸諸州・地域，その他若干の南部諸州などからなるジャージーの販売地域は，全体として中西部や北東部の多くの州に比べ市場の規模が相対的に小さい上に成長度も緩慢で，ガソリンなどの利益品目の販売にとっては将来性に乏しいとジャージーは考えたのである。

　これら2つの課題のうち，ここでは後者の販売地域の拡大についてやや具体的に跡付けることにしたい。但し，いうまでもないが，前者の大衆消費者市場での販売力の強化は，従来の市場域における課題であるだけでなく，新たに進出する地域においても不可欠であった。ジャージーは系列給油所網の新設・拡充などを図りながら新たな市場へ参入するのである。

　まず，ジャージーは1927年10月，アトランティック精製を最大企業とするデラウェア州(Delaware)に進出し，ここでガソリン販売施設を確保して攻勢的な活動を展開した。同州はジャージーが精製事業の拠点としたニュージャージー州とは隣接(湾を挟んで対面)しており，既存の製品供給経路の延長によって比較的容易に参入可能であった。後の1933年についての統計であるがジャージーは同州におけるガソリン市場に13.7%の占有率を確保して，同州第2位の販売企業にのし上がるのである[19]。

　次に，デラウェア州への参入とほぼ同時期，ジャージーは同じくアトランテ

ィックの拠点であったペンシルヴェニア州へも進出した。ここでは，内陸に深く入り込む上で独自の製品流通機構の創設・整備が不可欠となり，ジャージーは翌28年に販売担当子会社(ペンシルヴェニア・スタンダード石油〔Standard Oil Company of Pennsylvania〕)を設立した。ついで，従来は海岸地帯の製油所にパイプラインで原油を輸送したタスカローラ石油(前節参照)にガソリンの輸送機能を，しかもパイプの中の流れを海岸地帯から内陸へ逆転させて担わせることを試み，1930年初頭にこれを実現した。これにより輸送費用をかなりの程度削減したのであった[20]。ジャージーは，最大企業アトランティック，これにつぐガルフ，シンクレアなどと激しく対抗し，やはり1933年についてであるが，同州のガソリン市場に9.4%のシェアを得て上位企業の一角に食い込んだのである[21]。

続いてジャージーは，ニューヨーク州(New York)とニューイングランド地域(New England, 6州より構成)への進出を図った。ここはニューヨーク・スタンダードの牙城であり，しかも同社はジャージーにとっての最有力の製品購入企業でもあった。ジャージーは，ニューヨーク・スタンダードがやがて同社からの買い取りを抑制するであろうと判断し，自ら当地での積極的販売に打って出ることにしたのである(第2章第4節注[24]を参照)。1929年1月，ジャージーは現地では大型の部類に属するビーカン石油(Beacon Oil Company)なる企業を買収することに成功した。ビーカンは，製品販売施設のみならず製油所，およびタンカー，はしけ，鉄道タンク車など水陸の輸送手段をも擁し，ジャージーの市場攻勢を可能ならしめる恰好の企業だったのである。もっとも，ここでのジャージーの活動は，前2州に比べかなり苦しい展開を余儀なくされたようである。統計は時期の点で適切を欠くが，1935年にガソリン市場で7%弱のシェアを得たに留まったのである[22]。

1927年以降ジャージーは，これらの新規進出諸州のみならず，旧来の地域でも給油所網の拡充などに力を入れた。だが，この点では1930年に入るまで特に顕著な進展があったとはいえないようである[23]。新規に進出したいくつかの諸州においても，販売事業が進捗し，それが市場支配力の強化として結実するのはおおむね1930年以降のことと思われる。

ジャージーが製品販売部門の強化に本腰を入れた1927～29年には,他の大企業もまた販売部門,ついで精製部門などに対して力を投入し,全国的に企業の買収あるいは新設が激増し競争はかつてない激しさをみせた[24]。ジャージーが,1920年代に失われた市場支配力を回復させ新たな優位を創出する課題は,続く1930年代に引き継がれるのである。

なお,アメリカについての最後として,ジャージーが如上のように製品販売に新戦略を導入し,原油生産事業の点でも子会社ハンブルによる新たな事業拡張が始まった1927年に,同社が組織面,経営管理面での一大改革を行ったことを付記する。同年にジャージーは,本社を純粋持株会社とし,一切の事業活動を新設の子会社などに委ねた。いわゆる分権的事業部制を導入したのである[25]。

〔II〕 カナダ,ラテン・アメリカ

カナダ　表I-9によれば,カナダ子会社インペリアル(1920年におけるジャージーの所有比率は77.0%)は,1927年に年間1460万バレルを販売して,ジャージー子会社内最大の製品販売を行ったことが分かる[26]。1920年代のカナダ全体の石油消費量はイギリスなどに及ばないが,ジャージーにとって1国としては最大の外国市場だったのである[27]。

大戦終了後カナダにおいても自動車の普及は急速であった。台数そのものはアメリカにはむろん比肩しえないが,ガソリン市場の成長に伴い激しい販売競争が展開された[28]。インペリアルに対する主たる挑戦は現地のカナダ企業ではなく,テキサス,サン石油(Sun Oil Company)などアメリカを拠点とする大企業,およびRD=シェルによって突きつけられた。これに対するインペリアルの対応は,極めて機敏ないし攻撃的であった。戦後いち早く給油所の直営を開始して販売網の整備に乗り出す一方,品質の改善,製品価格の引き下げ,また鉄道に圧力をかけて競争企業による割引運賃の獲得を阻止する,といった種々の方策を追求した。さらに,カナダにおける精製事業の事実上の独占者として,カナダ政府に輸入製品に対する関税の設定を要求するなど競争企業の締め出しにも注力したのである[29]。すでに述べたように,インペリアルは,他

表 I-9 ジャージー社の外国主要子会社による製品販売量, 1927 年
(単位：1,000 バレル／年, %)

・カナダ		%
Imperial Oil Ltd.	14,600	21.6
・ラテン・アメリカ	13,300	19.7
The Tropical Oil Co. (コロンビア)	1,300	1.9
International Petroleum Co., Ltd. (ペルー)	2,500	3.7
Standard Oil Co. of Brazil (ブラジル)	1,400	2.1
Standard Oil Co. of Cuba (キューバ)	1,500	2.2
West India Oil Co. (他のラテン・アメリカ諸国)	6,600	9.8
・ヨーロッパ[1]	22,000	32.6
American Petroleum Co., S.A. (ベルギー)	900	1.3
American Petroleum Co. (オランダ)	1,800	2.7
Det Danske Petroleums-Akt. (デンマーク, スウェーデン)	2,800	4.1
Ostlandske Petroleumscompagni, Akt., and others (ノルウェー)	600	0.9
Finska Akt. Nobel-Standard (フィンランド)	400	0.6
Standard-Nobel w Polsce (ポーランド)	500	0.8
Deutsch-Amerikanische Petroleum-Ges. (ドイツ)	4,900	7.3
Petroleum Import Cie. (スイス)	600	0.9
Società Italo-Americana pel Petrolio (イタリア, アルジェリア, チュニス, マルタ)	3,400	5.0
L'Economique, S.A. (フランス)	4,600	6.8
Româno-Americana (ルーマニア)	400	0.6
Industrias Babel y Nervión, Cia. A. (スペイン)	1,100	1.6
以 上 合 計	49,900	73.9
・非子会社への販売[2]	17,600	26.1
総 計[3]	67,500	100.0

(注) 1) アフリカを含む。
2) 約 1500 万バレルは東半球へ，うちアングロ・アメリカン社へ 1100 万バレル (全体比 16.3%)。上記以外の子会社向け販売を含む。
3) 前掲表 I-6 の全外国供給量より少ないのは，非関連輸出会社 (nonaffiliated export corporation)，現地代理店などによる外国販売を含まぬためと考えられる。
(出典) Larson, Knowlton and Popple [145], p. 324 より。

社がアメリカなど遠隔地で生産された各種製品をそれぞれ固有の容器やタンクなどで輸入し販売したのに対し，パイプラインあるいはタンカー(五大湖航路など)で原油を安価に大量輸入し，これを主要消費地の近隣などで精製することで市場における優位を維持したのであった[30]。

インペリアル社は 1921〜27 年にガソリン販売量を倍増させた。ガソリン市場での占有率は若干の後退を免れず 79% から 66% となったが，それでもアメリカ本国におけるジャージーの先の比率などと対比し，インペリアルがはるか

に強固な支配力を維持したことは明白である[31]。1928年において，インペリアルは資産額の点で，他の業種を含むカナダのすべての企業において最大といわれている[32]。同子会社が製品販売部門で獲得した純利益は，1919～27年においては，1921年を除き，ジャージー社の全販売利益の最低でも14%，最高では42%を占めたのである[33]。

　もっとも，1927, 28年頃から子会社インペリアルは新たな競争の渦中におかれた。同社に対抗するアメリカの大企業などが現地での販売体制を一段と強めたのである。例えば1928年にテキサス社は，西部カナダでの販売を担うカナダ・テキサス社(Texas Company of Canada, Ltd.)を設立し，RD＝シェルも1929年半ばに同じ西部市場向けに販売子会社(Shell Oil Company of British Columbia, Ltd.)を設置したのであった[34]。これら企業の攻勢は続く1930年代に一層強まるのである。

ラテン・アメリカ　　第1次大戦前にラテン・アメリカは石油市場としてかなり小規模であった。戦時中，ラテン・アメリカへのイギリスその他ヨーロッパ諸国からの石炭供給は停止し，ジャージーはその間隙をぬって鉄道業，鉱山業，製造業などへの燃料油販売を急速に拡大したのであった。これ以降同社はラテン・アメリカを自己の有利な蓄積場ならしめたのである[35]。

　ジャージーは大戦終了以降，製品販売量の拡大に伴いブラジルなど若干の主要国にそれぞれ独自の販売子会社を設立した。それまでの現地代理店への委託販売や数カ国にまたがる広域の販売組織をこれら個別の販売子会社にとって代え，現地市場の特性に適合する販売活動の強化に向かったのである。これら販売組織の再編・新設とラテン・アメリカ現地での原油生産の増大，製品生産を基礎に，ジャージーは各地で有利に競争を展開した。ヴェネズエラなど若干の国でRD＝シェルに首位をおさえられたものの総じて全域で優勢に立ち，特にコロンビア，ペルーでは90%以上の市場占有率を実現したのである(表I-10参照)。ラテン・アメリカ最大の市場であるアルゼンチンでは，ペルー産の原油を持ち込み，これを現地で精製することも追求された。こうした取り組みもあって，ジャージーは，1928年にはアルゼンチンにおけるガソリン販売総量の半分近くを供給したのであった(同表参照)[36]。

表 I-10　主要企業による各国市場での占有率

(各国の総販売量に占める比率, %)

	ジャージー	ロイアル・ダッチ=シェル	アングロ・パーシャン	その他
キューバ(1928年)				
ガソリン	50.31	22.54	—	27.15
燃料油	18.43	17.20	—	64.37
軽油・ディーゼル油	97.61	—	—	2.39
コロンビア(1928年)				
ガソリン	94.21	5.79	—	—
燃料油	97.04	—	—	2.96
ペルー(1928年)				
ガソリン	95.18	—	—	4.82
軽油・ディーゼル油	98.29	—	—	1.71
ヴェネズエラ(1928年)				
ガソリン	5.15	77.10	—	17.75
燃料油	—	99.69	—	0.31
チリ(1928年)				
ガソリン	61.45	37.30	—	1.25
燃料油	31.59	8.23	—	60.18
アルゼンチン(1928年)				
ガソリン	45.79	27.65	—	26.56
燃料油	3.61	28.76	—	67.63
軽油・ディーゼル油	44.34	20.47	—	35.19
ブラジル(1928年)				
ガソリン	47.40	20.40	—	32.20
燃料油	4.54	50.88	—	44.58
イギリス(1928年)				
全製品[1]	29.39	58.80		11.81
フランス(1928年)				
ベンジン[2]	22.18	17.23	10.84	49.75
灯油	21.50	20.87	8.39	49.24
オランダ(1931年)				
全製品[1]	34.27	38.62	1.99	25.12
ベルギー(1931年)				
全製品[1]	27.03	27.29	11.39	34.29
デンマーク(1928年)				
全製品[1]	56.13	19.50	15.76	8.61
フィンランド(1928年)				
全製品[1]	50.71	46.36	—	2.93
ノルウェー(1928年)				
全製品[1]	46.78	28.81	22.22	2.19
スウェーデン(1928年)				
全製品[1]	41.40	42.78	1.29	14.53
イタリア(1928年)[3]				
ベンゼン・ホワイトスピリット[2]	44.42	27.37	1.79	26.42
重油	28.77	23.31	8.40	39.52
スイス(1928年)				
ベンゼン[2]	35.82	33.58	13.16	17.44
重油	43.05	31.01	3.12	22.82

(注)　1)　潤滑油および特殊製品を除く。ノルウェーはさらに重油を除く。
　　　2)　ガソリン。
　　　3)　リビアを含む。
(出典)　U.S. Senate [67], pp. 280-348, 邦訳, 315-384頁より作成。

前掲表Ⅰ-9にみられるように，1927年にラテン・アメリカの子会社群による販売量の総計は，インペリアルによるカナダ1国でのそれに及ばない。しかし，多くの市場における最大企業の地位，あるいは独占的支配を基礎に各子会社の事業の収益性はかなり高位であったと推定される。1920年代半ば時点であるが，ジャージーの世界全体での販売利益に占めるこれら子会社の利益合計額は30〜40％に達したのであった[37]。ラテン・アメリカの子会社はインペリアルとともに1920年代ジャージーの世界全体での製品販売事業における主要な利益獲得主体となったといえよう。

〔Ⅲ〕 ヨーロッパ

19世紀以来ジャージー(旧スタンダード石油)が最大企業として存在し，市場で販売される製品の過半を供給したヨーロッパにおいて，同社の市場支配は1920年代初頭以降ヨーロッパ企業の躍進によって大きな困難に直面した。以下，イギリス，ドイツ，フランスの主要3国におけるジャージーの活動を個別に検討する。

イギリス 1925年時点でイギリスは，アメリカと旧ソ連邦を除く世界において最大の石油消費国であった。同年の消費量は，ヨーロッパ第2位の消費国フランスの2.5倍に相当したのである[38]。ジャージーは旧子会社アングロ・アメリカンを通じて1920年代初頭にイギリスで販売された石油製品の50％以上を供給した[39]。アングロ・アメリカン(Anglo-American Oil Company, Ltd.)へは長期契約によって製品を供給し，これを子会社に近い存在として位置づけたのである[40]。1927年にジャージーがアングロ・アメリカンへ供給(販売)した石油製品は1100万バレル(1日平均約3万バレル)であり，他のヨーロッパ諸国に所在した子会社による販売量と対比して，イギリスがジャージーにとってヨーロッパ最大の製品市場であったことは明白である(前掲表Ⅰ-9，および同表の注(2)を参照)。

戦後イギリス市場での競争は旧子会社アングロ・アメリカンと前記の2大企業との対抗を軸に，中小の石油企業，および「海賊(pirates)」と呼ばれた特定品目の製品市場，あるいは地方市場で活動する小規模業者が加わって演じら

れた[41]。戦後市場の重要な特徴は，自動車の普及に伴いガソリン（イギリスではペトラル〔petrol〕と呼ぶ）が主要品目としての地位を急速に高めたことである。1929年の製品別消費構成では，ガソリン（motor spirit）が全体（718万メートル・トン）の42.2％を占めた（ついで重油・軽油〔black oil，外航船舶向けの燃料油のバンカー油を含む〕が34.4％，灯油が10.2％など）[42]。アングロ・アメリカンは他社と競って同社のガソリンを取り扱う給油小売業者の確保に力を尽くすことになったのである。

その場合，1921年頃からガソリンの小売店（修理所〔garage〕，給油ステーション〔filling station〕）などにポンプ（pump）が導入されはじめたことが重要である。従来，ガソリンは石油企業が容器（ブリキの2ガロン缶）に入れて小売業者に卸売りし，後者がそれぞれの店頭などで消費者に販売した。だが，ポンプによるバラ売り（量り売り，bulk sale）方式の導入により，容器代金の節約に加えて，缶売りに付随した諸作業（タンクから缶への給油，販売後の缶の回収，洗浄，補修，塗装など）も不要となり，費用面で大きな優位性が生み出されたのである[43]。こうした流通革新の展開が，最大企業アングロ・アメリカンをその主導企業の1社としたことはいうまでもない。同社は，まず個々の小売業者に対して自社のブランド・ネーム（brand name）のついた給油ポンプを売りつけ（主に分割払いの方式で），ついで定期的にタンク・ローリー（tank lorry，油槽自動車）を巡回させて，各小売業者にガソリンを供給した。アングロ・アメリカンは，宣伝・広告によって消費者の間に自社ブランドを周知・徹底させる一方，できるだけ多く自社ブランド・ポンプを全国に普及することで販売量の拡大を図ったのであった。こうした行動は，むろん他の石油大企業も追求したのである。

ここで重要なことは，アングロ・アメリカンをはじめ石油企業各社によるガソリン販売活動が，すでにみたアメリカ市場などとは異なり，小売業者（小売店）の特約店化，系列化を伴うことが稀であり，また直営方式などで自ら小売事業に進出することも極めて限定されたことである。イギリスのガソリン小売業者は，特定の石油企業の傘下に属さず，給油所などに設置したポンプの数に応じて複数の企業から石油製品を買い取り，これを消費者に給油（販売）したの

である(第6章,特に第5節も参照)。かかる状況下,全国の小売業者(小売店)に対する自社マークのポンプの普及こそは,アングロ・アメリカンと他社との企業間競争の主要な対決点となったのであった[44]。

1925年についての統計であるが,小売店に設置された各社のブランド・ポンプの数をみると,アングロ・アメリカンは6168で最大であった。しかし,第2位のアングロ・パーシャン石油がこれを急追しており(6058),RD＝シェル(4269)もまたその較差を縮小しつつあった[45]。こうした数値からみる限り,アングロ・アメリカンはガソリン市場においては,かつての灯油時代にみられた顕著な優位性を維持するには至らなかったと思われる。

ところで,外国市場におけるRD＝シェル,アングロ・パーシャンのジャージーへの対抗,およびこれに由来するジャージー社の市場支配力の相対的な低下を規定した要因の一つが,前者のRD＝シェルなどによるアメリカ以外での安価な原油の生産とこれを用いた製品生産にあったことは,これまでの検討からある程度知りうるところであろう。1930年についての統計であるが,アングロ・アメリカンによるガソリンの輸入総量は2億5008万インペリアル・ガロン(1 Imperial gallon＝4.546リットル,715万バレル)であり,そのほとんどすべて(98.1%)はアメリカからである。これに対して,RD＝シェルのイギリス子会社は,輸入量3億2161万インペリアル・ガロン(920万バレル)のうちアメリカからは58.3%に留まり,オランダ領東インド(現インドネシア)が10.9%,ヴェネズエラおよびカリブ地域(オランダ領西インド諸島のキャラソー島〔Curaçao〕,アルバ島〔Aruba〕などを指す)が7.2%,さらにルーマニア(6.1%),メキシコ(5.8%)などがこれらに続く。アングロ・パーシャンの子会社は輸入量9433万インペリアル・ガロン(270万バレル)のうち99.2%はペルシャ(現イラン)からの輸入であった[46]。イギリス市場におけるジャージー(アングロ・アメリカン)のガソリン市場における支配は,既述の製品販売体制におけるRD＝シェルとアングロ・パーシャンの急追に加えて,こうした製品生産(イギリス向け輸出製品の生産)面からも大きな挑戦を突きつけられたといえよう[47]。

1920年代後半頃までにアングロ・アメリカンのイギリス市場全体での占有

第1章　1920年代の活動と業界支配力の低下　89

率は30%前後へ低下し，RD＝シェル，アングロ・パーシャンと3社で製品販売量全体の90%近くを賄う寡占体制を形成せざるをえなかったのである（前掲表Ⅰ-10）[48]。

ドイツ　1907年に成立した旧スタンダード石油とヨーロッパ石油同盟 (European Petroleum Union, EPU)との有名なカルテル（ヨーロッパの灯油市場を旧スタンダードとEPUで4：1に分割）によって，ドイツでは1912年においてもジャージー・EPUグループが製品市場全体の80%を支配した[49]。おそらくはこうした強固なカルテルに支えられてのことであろうが，戦前ドイツはジャージーにとって外国で最も収益性の高い市場であったといわれている[50]。

戦後のジャージーの活動は，まず，子会社ドイツ・アメリカ石油(Deutsch-Amerikanische Petroleum-Gesellschaft, 以下DAPGと略記)の所有権を回復することから始めなくてはならなかった。ジャージーは，戦時期にドイツの2つの大企業（シュティンネス〔Aktien Gesellschaft Hugo Stinnes für Seeschiffahrt und Uberseehandel〕，ハンブルグ・アメリカ〔Hamburg-Amerikanische Packetfahrt-Aktien Gesellschaft〕）にDAPGの株式の半分(4500株)を「売却」した。ジャージーは，1917年にアメリカとドイツが交戦状態に入る直前の段階で，DAPGの所有権(9000株)を名目上，現地人経営者の下におき，戦時下において敵国資産としての接収を免れるための措置をすでにとっていたのであるが，1918年にはさらに株式の半分をこれら企業に所有させたのであった。これは，石油の「国家独占」を求める現地企業等の大戦前夜の行動（最大企業であるDAPGへの反発を背景とし，国家による石油の専売制を求めた行動。但し専売法案が成立せず挫折）が，戦時期に再び形を変えて強まったことへの対抗策であり，有力ドイツ企業の支援を取りつけることでこうした行動を牽制しようとしたのである[51]。

戦後初期のDAPGによる製品販売は，市場の規模全体がしばらくは戦前(1913年)に比べ縮小を余儀なくされたと考えられること，また周知のインフレーションの昂進によって苦境が続き，急速な事業の拡大は望むことはできなかった[52]。ドイツによるアメリカからの製品輸入を1922年についてみると，

最大は潤滑油(52.2%)であり,灯油が2位(31.8%)であった。ガソリンは,1920年代半ば頃から急速にその比率を伸ばすと考えられるが,この時点では10%程度に留まっている[53]。これら輸入製品全体のうちDAPG向け,あるいはDAPGによってドイツ国内で販売された量やその割合については明らかではない。だが,同社がこれらアメリカから輸入された製品を引き取った最大企業,ないし主要企業の1社であったことは疑いないように思われる[54]。同社は1924年頃,ドイツ石油業界で利益を上げた唯一の企業だったといわれているが[55],これは戦前来の製品販売・流通体制の強みを発揮して他社に対する優位を維持したことによるものであろう。さらに,戦後の新政権の下でも石油の国家独占の機運が生じたが,このたびは,同社は政府との間でいち早く石油供給契約を締結するなど,その機先を制したのであった[56]。

ジャージー(子会社DAPG)は戦後も石油業界を主導する地位に立ったが,このドイツでも同社(DAPG)に対する挑戦は激しさを増した。最大の対抗企業はむろんRD=シェルである。ついで,ドイツ市場への本格的進出は1920年代半ば過ぎと考えられるがアングロ・パーシャンであり,さらにインディアナ・スタンダード,アトランティックなどのアメリカの大企業も現地の販売子会社などを通じて活動を展開したのである。また,これらに加えて,ドイツ国内産原油,ルーマニア原油に依存した現地企業も軽視できない勢力を構成した[57]。1928年にDAPGは,主要商品の一つたる灯油では70%の市場占有率を確保したが,ガソリンその他の市場でシェアは大きく後退した。全体としてRD=シェル,アングロ・パーシャンと3社で製品市場全体の60%強を支配する体制へ移行せざるをえなかったのである[58]。

1927年にDAPGの製品販売量は年間490万バレルであり,イギリスのアングロ・アメリカンに比べその規模はかなり少なかったが,フランスの子会社よりは大きく,大陸ヨーロッパでは最大の成果を上げた(前掲表Ⅰ-9)。1925年以降には利益も増大した。もっとも,かつてのような高水準を望むことはできなかったようである[59]。

フランス　19世紀以来ジャージー(旧スタンダード石油)が,主として現地の精製企業への原油供給によってフランス市場を自己の市場圏と

して確保したことを序章で述べた。だが，フランスにおける消費地精製体制は20世紀初頭に事実上崩れ，以後ジャージーは石油製品を現地のフランス企業に販売(輸出)することで，引き続きフランス市場をつかんだのである。一時期，同社はフランスで消費された石油製品の 2/3 を供給し，その後大戦時の1917～18年でもフランスが輸入する石油製品全体の半分近く(47%)はジャージーの手になるものであった[60]。

　だが，大戦終了後，同社をとりまく情勢は容易ならぬものであった。第1に，大戦期の終盤に確立した石油業に対する政府の統制は戦後に緩和はされたが，石油輸入に対する許可制度は直ちには廃止されなかったこと，第2に，中東地域に対する英仏両政府の戦後処理策において，フランスがイラクの石油利権を入手する(イラク石油会社に対する所有権の確保)見返りとして戦後のフランス市場において RD = シェルを優遇することが議論されたこと，第3に，その一方で長くフランス市場に対し影響力を行使したジャージーに対する反感が日を追って強まったこと，である[61]。

　かかる脅威に直面したジャージーは，まず，それまで事実上取り組まれることのなかった現地販売網の創設と拡充に力を投入した。同社は，何よりも販売拠点，販売体制そのものを確保することで，規制や攻撃を跳ね返すことにしたのである。ジャージーは，1920年にエコ(Eco.)と呼称された子会社(L'Economique, Société Anonyme de Distribution de Pétrole et Essence)を設立して，給油所や小売業者へのガソリンと灯油の販売を開始した。ガソリンについては，イギリスと同様に缶などによる販売からポンプを用いたバラ売り(量り売り)に転換して費用の節約を図り，給油所にはタンク・ワゴン車による供給を実施するなど，いずれもそれまでフランスではごく不十分にしか採用されていなかった方式を導入したのである[62]。

　ついで，ジャージーは，戦前に現地で同社製品の販売を引き受けた精製グループ企業との協力関係を再建・強化すること，およびフランス国内の有力経済団体・機関との接触を強めることにも心掛けた。その一環として，フランスとその植民地で原油探索を行うスタンダード・フランス・アメリカ会社(Compagnie Standard Franco-Américaine, 1920年10月設立)なる新設子

会社の株式の51％をパリ銀行(La Banque de Paris)に保有させた[63]。かように，ジャージーは販売施設・組織の増強に加え現地企業との連繫，フランス経済界への浸透などを図って同社への反発や非難の矛先をかわしたのであった。

かような諸方策によってジャージーは1920年代初頭頃にはともかくもフランス市場で50％の市場占有率を維持した[64]。だが，その後はじりじりと後退を余儀なくされた。その最大の要因はRD＝シェルとアングロ・パーシャンの進出と攻勢に求められるが[65]，これに加え石油の自給化および産業への統制力の強化を目指すフランス政府の諸政策の影響も大きかった。中東(イラク)における石油利権の獲得はかかる政策の実行を基礎づける最大の成果であった(国策会社フランス石油〔Compagnie Française des Pétroles, S.A.〕によるイラク石油会社の所有権〔23.75％〕の確保，1928年に最終的に確定)[66]。フランス政府はまた，外国の大規模な国際石油会社への石油依存をおさえるべく，ルーマニアとロシアの石油の輸入にも力を入れた。これにより1925年以降は両国からの輸入は急増したのである[67]。さらに，1928年に制定された法によって各石油企業による原油と製品の輸入には政府の認可が必要となり，それぞれの輸入量は政府の割当の枠内におさえこまれたのである。いわゆるフランスの石油業法と呼ばれ，本書が対象とする1960年代末のみならずその後もフランス石油産業を規定づける法律が導入されたのであった[68]。

もっとも，この時点でのかかる法制度とその実施が，フランスにおける石油供給の主要な担い手であったジャージーの活動を直ちに制約し，同社の市場での地位や活動基盤を掘り崩したとはいえないであろう。だが，例えば，政府の支援を背景として多数の小規模な民族系の企業が各地に台頭し，最大企業ジャージーを主たる標的として局地戦を演じた事実を軽視することはできない。前掲表Ⅰ-10によれば，ジャージーなど主要企業以外の「その他」の占有率が，フランスにおいては他のヨーロッパ主要国に比べ極めて高く，ほぼ5割に達する事実は，かかる現地企業の躍進を反映するものであろう。

1920年代後半期ジャージーはフランスにおいてなお最大販売企業としての地位を維持しつつも，RD＝シェルとの較差は僅少となった(同表参照)。市場での支配力の相対的低下は明らかである。

以上の主要3国に加え，他のヨーロッパ諸国でもジャージーによる従来の強固な市場支配は失われた(前掲表Ⅰ-10参照)。各国の民族系企業などの存在を軽視することはできないが，いずれの国でもRD＝シェルが支配力の面でジャージーに近接し，これにやや距離があるがアングロ・パーシャンが続くという大企業支配の構造が形成されたのである。表Ⅰ-9によれば，ジャージーは外国に擁した子会社全体による製品販売事業(販売量)のほぼ半分をヨーロッパ市場で行ったとみることができるが(但し，アングロ・アメリカンによるイギリスでの販売を含む)，この主要市場ヨーロッパにおいてRD＝シェル，アングロ・パーシャンとの3社による支配体制の形成を余儀なくされたというべきであろう。カナダ，ラテン・アメリカにジャージーの優位がある一方，アジアにおいてはRD＝シェルが強固な支配力を維持したこと(次章第5節〔Ⅳ〕参照)を考慮に入れるなら，かかる体制はアメリカと旧ソ連邦を除く世界の石油市場全体におけるジャージーとRD＝シェルの2強体制，あるいはこれにアングロ・パーシャンを含めたビッグ・スリー体制といってよいであろう。アメリカを除く世界全体での石油製品消費量に対する各社の供給割合を1927年についてみると，ジャージーは首位を維持したとはいえ23％(ガソリンでは30％)に留まり，RD＝シェルが16％，アングロ・パーシャンが11.5％で続いたのである[69]。

アクナキャリー協定の成立 1920年代後半期の外国市場における競争戦は，市場成長の鈍化，製品過剰の顕現とともに激しさを増した。ジャージーは1928年に，かつてない激しい価格競争の下で苦境に陥ったイギリスのアングロ・アメリカンの欠損を引き受けること(assume the loss)にした。その結果，同社はアングロ・アメリカンへの販売で，同年1～5月で100万ドル，6月のみで150万ドル，そして後半年は毎月ほぼ100万ドルの欠損を累積したのである[70]。

一方，前年秋にインドの灯油市場を舞台に展開されたRD＝シェルとニューヨーク・スタンダードの価格戦は，直ちにイギリス，アメリカに波及し，1928年には他社をもまきこむ一大競争戦に発展した。この場合の競争の発端は，後者のニューヨーク・スタンダードが安価な旧ソ連邦産石油をインド市場に持ち込んだことに対するRD＝シェルの反発を契機としたものであった。1927年に

全生産量7500万バレルのうち2000万バレルが国外に出荷されたといわれる旧ソ連邦の石油は，市場の有力な攪乱要因としてジャージーらを苦しめることになったのである[71]。さらに，国内での過剰な製品の捌け口を海外に求めたアメリカの大企業，例えばガルフとテキサスは1926年以降相次いでヨーロッパ，その他で販売子会社を買収し輸出の拡大を図った[72]。かかる行動は，前掲表Ⅰ-6にみられるようにジャージーが1925年頃から外国販売の比重を高めたのと軌を一にするものといえよう。

かくして大企業間の競争は明白に世界性を示しはじめた。かかる競争状況を基底として1928年にジャージー，RD=シェルおよびアングロ・パーシャンのビッグ・スリーによるアクナキャリー協定（Achnacarry Agreement）なる国際石油カルテルが成立した[73]。これは，主としてヨーロッパ市場を対象としたビッグ・スリー相互の間での休戦協定であると同時に，3社が共同の力でアウトサイダーを統制下におき，世界の石油産業が直面する諸困難への対応を試みたものであろう。直前に成立した中東でのイラク石油会社の共同所有体制（本章第2節参照）を受けて，共同統制の範囲を原油生産部門に留めず広く産業全般に拡張しようとしたものともいえる。

3社は具体的には，イギリスをはじめとする各地で市場分割カルテルを結成すること，旧ソ連邦産石油の共同買い付けとルーマニアにおける生産カルテルの導入によりヨーロッパに近接した2大生産地からの出荷を統制すること，そして最大のアウトサイダーたるアメリカ企業のヨーロッパなどへ向けた輸出を統制下におくこと，これらを追求した[74]。最後の点について触れると，ジャージーはアメリカ最大の石油輸出企業としての力を背景にアメリカ産石油製品の量と価格を統制すべく1929年1月に国内主要企業16社の参加を得て輸出石油組合（Export Petroleum Association, Inc.）を結成したのである[75]。

アクナキャリー協定とその前後に成立した諸協定などからなるカルテル体制は，従来の市場分割カルテルに留まることなく，原油生産の共同支配，タンカーの相互利用などその対象範囲が他の事業分野にも及び，その包括性において国際石油カルテルの歴史の新たな階梯をなすものといえよう。

しかし，この体制は，輸出石油組合が発足後2年を経ない1930年秋に事実

上活動停止に陥ったのをはじめ，直ちに諸困難に逢着しその脆弱性を露呈したのであった。はじめから実効ある産業支配を確立したとはいえない。むろん，ジャージーと他社との競争戦が終結したわけでもない。とはいえ，恐慌の勃発と深刻な不況の到来により，大企業間の共同行動，カルテル体制はその現実的意義を持ちはじめる。ジャージーは，一方でこうした他社との共同行動を業界支配の戦略手段として活用し，他方でこれら共同企業を含む他社に対する競争力・優位の形成を目指すという明瞭な2面性において石油大企業としての新たな行動を追求するのである。

1) その後1930年代(1932年以降)に50%台に戻る(U.S. Senate [63], p. 418)。
2) TNEC [55], pt. 14, p. 7677 ; U.S. Bureau of the Census [129], p. 716 ; Williamson and others [280], pp. 445-446, 652 による。
3) アメリカにおけるガソリン流通機構の詳細についてはU.S. Senate [51], pp. 203-206を参照せよ。
4) 特約店方式には，これを導入した企業によって，また地域によっても多様な形態が存在したようである。その一つとして，lease-and-license program(あるいはlease-and-license method)と呼ばれる方式が存在した。その内容と特徴は，それまで独立したガソリン小売業者(ディーラー)が，自分の店舗(給油所)を一旦石油企業に賃貸し(lease)，後者の製品のみを販売するというライセンス契約(license)を結んで，引き続き店舗を経営する，石油企業は通常の卸売価格より割り引いた価格でガソリンを販売するなどの便宜を与え当該小売業者を自己の排他的な販路として確保する，以上である。詳細は，NACP [1], Memorandum for the Commission by Robt. E. Healy, October 28, 1933 : History of Action on L. & A.-Mkt.-L. & A. Special : General — 1933-35 (Correspondence Relating to Marketing of Petroleum Products) : RG232 ; U.S. Senate [51], pp. 255-259 を参照せよ。なお，Dixon [175], pp. 639-641 も有益である。
5) 以上の史実と統計は，Gibb and Knowlton [138], p. 488 による。
6) 以上については，RAC [3], Some Matters of Interest regarding the Standard Oil Company (N.J.) : As Summarized by its President for the Information of the United States Senate and the Public, January 1, 1923 : F991 : B133 : BIS : RG2 : RFA ; RAC [3], Letter to the Honorable John G. Sargent from P. M. Speer and W. H. Francis, November 10, 1925 : F909 : B121 : BIS : RG2 : RFA ; U.S. Senate [51], p. 54 による。
7) U.S. Senate [51], p. 56 による。特約店あるいは系列店についての統計はこの時点においては不明である。

ところで，典拠は異なるが，1927 年にアメリカ全体には 12 万 5000 の給油所 (service station or drive-in station，これは敷地を確保して給油施設を備えた店舗で，すぐ次に述べる街頭店舗とは異なる) が操業し，うち大企業 (major oil companies) が 1 万 2000，中規模企業 (medium-seized companies) が 8000，小企業あるいは個人 (independent oil companies and individuals) が 10 万 5000 をそれぞれ所有したという。さらに，これ以外にほとんど個人所有によるガレージ (garage—修理所) が 5 万 2000，街頭店舗 (curb-pump and roadside outlets，道端に簡易ポンプを設置しただけの店舗，あるいはタンク・ワゴン車を駐車させて給油を行う方式) が 14 万，それぞれ存在したようである。但し，1929 年についての統計であるが，全ガソリン販売量の 80% 以上は給油所によるものであった。各大企業が，それぞれこれらをどの程度自己の系列下，販売店として確保したかは不明である。但し，ジャージーについていえば，同社は排他的性格が強い特約店方式ないし代理店制度の採用が，反トラスト法違反の告発を招くと考えて積極的な行動を控え，この面でも他社に比べかなりの立ち後れをみせたようである。以上については，主として，Williamson and others [280], pp. 487, 680; Gibb and Knowlton [138], pp. 487-488; Larson, Knowlton, and Popple [145], p. 4 によるが，API [89], 1959, p. 234; TNEC [55], pt. 14-A, pp. 7819-7821; Dixon [175], pp. 639-640 も有益である。

8) Exxon Mobil Library [4], HQ: Draft Papers, History of Standard Oil Company (New Jersey) on New Frontiers, 1927-1950, by Evelyn H. Knowlton and Charles S. Popple, Chapter 7, pp. 8, 10-11, 作成年次不明; U.S. Senate [51], pp. 225, 227 による。

9) ここでの占有率は，ジャージー本社の市場域で，ジャージーなど各社が自己の油槽所 (賃貸など自社所有以外を含むと考えられる) から供給した量を当該市場での石油企業全体による供給量 (販売量) で除した比率である。小売業者向け販売量 (卸売量) 全体に占める各社の比率と考えてよいであろう (以上については U.S. Senate [51], pp. 225-227 による)。

ところで，1912 年のジャージー全体の販売地域 (子会社ルイジアナ・スタンダードの市場を含む) は，序章第 3 節注 (5) に記したように 8 州と 1 特別区 (首都ワシントン) であったが，1926 年ではこれにアーカンソー (ルイジアナ・スタンダードの市場) とテキサス (ハンブルの市場) が追加され 10 州と 1 特別区になったにすぎない (Jersey [24], 1925, p. 7)。

10) McLean and Haigh [226], pp. 102-104 による。ジャージーの比率には子会社ハンブルによるテキサス州での販売量は含まれていない。これを含めると同社のシェアは 5.7% のようである (Exxon Mobil Library [4], HQ: Draft Papers, History of Standard Oil Company (New Jersey) on New Frontiers, 1927-1950, by Evelyn H. Knowlton and Charles S. Popple, Chapter 7, p. 10, 作成年次不明; U.S. Senate [51], pp. 225-227)。

11) Jersey [24], 1925, p. 7; Chandler [167], pp. 167, 176, 邦訳, 175, 183 頁参照。

第1章　1920年代の活動と業界支配力の低下　97

12)　1911年の「解体」以前におけるニューヨーク・スタンダード石油の主たる活動は，アメリカ国内外ともに製品販売であった。原油生産を行わないのみならず精製事業についても販売規模に比して甚だ不十分であった。ジャージー社は1年毎の契約に基づいてニューヨーク社へ各種の製品を販売したが，少なくとも1923年初頭頃までは，その際に設定する価格は社内での取引価格を超えない額であった。つまり，ジャージーの精製部門は，ニューヨーク・スタンダードに対しては，ジャージー社内の製品販売子会社に対するのとほぼ同様の価格を設定したと考えられるのである。以上については，RAC〔3〕, Letter to the Honorable John G. Sargent from P. M. Speer and W. H. Francis, November 10, 1925 : F909 : B121 : BIS : RG2 : RFA ; RAC〔3〕, Some Matters of Interest regarding the Standard Oil Company (N. J.) : As Summarized by its President for the Information of the United States Senate and the Public, January 1, 1923 : F991 : B133 : BIS : RG2 : RFA ; Gibb and Knowlton〔138〕, p. 196による。

13)　Gibb and Knowlton〔138〕, p. 496.

14)　Gibb and Knowlton〔138〕, p. 496 ; Larson, Knowlton, and Popple〔145〕, pp. 278, 298-299.

15)　U.S. Senate〔51〕, p. 263.

16)　1925年についてであるが，ジャージーによるガソリンの年間生産量(国内生産のみと考えられる)は3723万バレルであり，第2がインディアナ・スタンダード(2807万バレル)，第3位がテキサス(1521万バレル)，第4位がニューヨーク・スタンダード(1341万バレル)，などであった(U.S. Senate〔51〕, p. 76)。

17)　ガソリンの場合の過剰量は2450万バレルと推定された(Gibb and Knowlton〔138〕, p. 569)。

18)　シェルの場合，1927年には前年より販売量を10%以上拡大したにもかかわらず，販売金額では1億4900万ドルから1億4000万ドルへ減少させた。同社の全体の純利益額では，3650万ドルから1100万ドルへ大幅にこれを低下させた(Beaton〔134〕, p. 358)。なお，アメリカ大企業20社(前掲表Ⅰ-8に掲載の企業)が獲得した純利益額の総計は，1926年の約4億8200万ドルから27年には約2億500万ドルへ半分以下に減少したのであった(TNEC〔55〕, pt. 14-A, p. 7863による)。

19)　これらの占有率は，これまでと同様，小売市場(小売業者)向け販売量の全体に占める比率と考えられる。以下も同じである(Exxon Mobil Library〔4〕, HQ : Draft Papers, History of Standard Oil Company (New Jersey) on New Frontiers, 1927-1950, by Evelyn H. Knowlton and Charles S. Popple, Chapter 7, p. 8, 作成年次不明，による)。

20)　Jersey〔24〕, 1928, p. 8, 1929, p. 5. ガソリン・パイプランの鉄道に対する輸送費用の優位性については，本章前節注(11)を参照せよ。ジャージーによるかかる試みがアメリカにおけるガソリン・パイプライン導入の先鞭をつけたとはいえないが，同社がこの点で有力企業の1社であったことは事実である(TNEC〔55〕, pt. 14-A, pp. 7797-

7799)。もっとも，1930 年代においては，幹線パイプラインのマイル数全体に占める製品輸送パイプライン（ガソリン以外をも輸送）のそれは 10% を超えることはなかったと考えられる（1939 年に 5922 マイル，全体比 8.6%）。また同 39 年に，アメリカ全体での製品輸送量に占めるパイプラインによる割合は 6.6% に留まった（最大はタンカー，はしけなどの水上輸送で 54.1%，ついで鉄道の 29.0% など）。以上は API〔89〕, 1959, pp. 153, 197 による。

21) Exxon Mobil Library〔4〕, HQ: Draft Papers, History of Standard Oil Company (New Jersey) on New Frontiers, 1927-1950, by Evelyn H. Knowlton and Charles S. Popple, Chapter 7, p. 8, 作成年次不明。

22) Exxon Mobil Library〔4〕, HQ: Draft Papers, History of Standard Oil Company (New Jersey) on New Frontiers, 1927-1950, by Evelyn H. Knowlton and Charles S. Popple, Chapter 7, p. 8, 作成年次不明；Larson, Knowlton, and Popple〔145〕, p. 267.

23) ジャージー社傘下の給油所網の拡張は 1930 年に大きな進展をみた。TNEC の資料によると，ジャージーが賃借した給油所（サービス・ステーション）の数は 1929 年に 678 であったが，30 年に 8201 へ急増する。もっとも，同じ TNEC の別の資料では，ジャージーの傘下にあったサービス・ステーションの数は 1929 年に 156 にすぎず，これが 30 年には 1 万 1602 となる。給油所（サービス・ステーション）に関する統計は，資料によってかなり相違することが少なくない。数値の大きさや変化に過大な意味を与えず，慎重な取り扱いが必要と考えられる。ともあれ，1929 年末時点までジャージーによる給油所網の拡充になお大きな進展がみられなかったことは否定できないであろう（以上については，TNEC〔55〕, pt. 14-A, pp. 7819-7823 による）。なお，次章の第 4 節を参照せよ。

24) 例えば，テキサス社は 1928〜31 年に資産額にして 1 億 400 万ドルにのぼる 3 件の大型買収を行った。価格競争の点では，ジャージーは，それまで旧来の拠点市場ではプライス・リーダー (price leader) として総じて高位安定の維持を志向したが，この頃には競争企業による低価格攻勢にはみずからも積極的に価格切り下げで対応したのである（以上については，James〔142〕, p. 54；Larson, Knowlton, and Popple〔145〕, pp. 273-274 による）。

25) Jersey〔24〕, 1927, p. 9, 1928, pp. 3-4. この改革により，従来本社が担当した精製，製品販売などは新設の子会社，ニュージャージー・スタンダード石油 (Standard Oil Company of New Jersey, 資本金 2 億ドル，デラウェア州法人，通称デラウェア社) に委譲されたのである。1927 年の組織改革についての詳細は，Larson, Knowlton, and Popple〔145〕, Chapter 2；Chandler〔167〕, Chapter 4 を参照。さしあたりは伊藤〔198〕, (2), 130 頁注(21)をみよ。

26) インペリアル石油は 1880 年に形成され，1898 年に旧スタンダード石油が 75% の所有権を獲得して自己の傘下に組み入れた（Jersey〔26〕, Winter 1980, pp. 10-15；Hidy and Hidy〔140〕, pp. 256-257；Gibb and Knowlton〔138〕, p. 636）。

第1章　1920年代の活動と業界支配力の低下　99

27)　1925年に，世界最大の石油消費国はむろんアメリカであり，1国で世界消費全体の約70％を占め，第2位が旧ソ連邦で4.4％，3位がイギリス3.5％，そして4位がカナダ2.0％であった（以上はFerrier〔137〕, p. 687；U.S. Senate〔63〕, p. 418による）。

28)　主要国の自動車（乗用車と商用車）の生産台数を1929年についてみると，アメリカ535万8000台，カナダ26万2000台，フランス25万3000台，イギリス23万8000台，ドイツ15万6000台，イタリア5万4000台，などである。みられるようにカナダはアメリカ以外では最大である（Maxcy and Silberstone〔225〕, pp. 223, 227, 邦訳, 260, 264頁）。但し，カナダで生産された自動車はすべて国内市場に供給されたのではない。例えば，ジェネラル・モーターズ（General Motors Corporation, GM）のカナダ子会社とともにカナダ生産を2分したフォード（Ford Motor Company）の子会社の場合，1920年代の全生産台数のほぼ40％前後を英連邦市場へ輸出したのである（Wilkins and Hill〔276〕, p. 442, 邦訳（下）, 573頁）。

29)　以上は，Gibb and Knowlton〔138〕, pp. 502-503による。

30)　1920年代にインペリアルは原油確保の点で従来のアメリカへの依存をしだいに脱し，同年代末頃には精製用原油の半分前後を在ペルー子会社（インターナショナル石油〔International Petroleum Company, Ltd.〕）などによって供給された安価なラテン・アメリカ原油に切り替えた（Gibb and Knowlton〔138〕, pp. 94-95, 506；Larson, Knowlton, and Popple〔145〕, pp. 178, 200）。

31)　なおガソリン以外の製品についても市場占有率はほぼ同様の動きをみせた。以上の統計はGibb and Knowlton〔138〕, p. 503による。

32)　資産額は2億2300万ドルである（Wilkins〔278〕, p. 86, 邦訳（上）, 100頁による）。なお，この金額がカナダ・ドルかアメリカ・ドルかは不明であるが，本書が対象とする1960年代末までの期間，カナダ・ドルとアメリカ・ドルの交換レートは，年や月によって微妙な相違はあるが，ほぼ1カナダ・ドル＝1アメリカ・ドルである（IMF〔105〕, 各号による）。それゆえ，本書ではカナダにおけるジャージーの活動，石油産業の分析においてドル表示を行う場合，これをカナダ・ドル，アメリカ・ドルと区別することなく単にドルとして記載する。

33)　1921年の比率は143％であった。これは，同年にアメリカ国内とラテン・アメリカで大きな欠損を被ったことによるもので，計算上数値が膨れ上がったのである。なお，1921年以外は，この間にどの地域（アメリカ，カナダ，ラテン・アメリカ，ヨーロッパ）でも製品販売事業で欠損はなかった。詳細は，Gibb and Knowlton〔138〕, p. 504をみよ。

34)　TNEC〔55〕, pt. 14-A, p. 7975；James〔142〕, pp. 66-67；Beaton〔134〕, p. 425.

35)　ラテン・アメリカでの製品販売を担当したジャージーの主力子会社ウエスト・インディア石油（West India Oil Company）は，1911～18年に資産額を13倍に増加させたのである（Jersey〔26〕, December 1919, p. 8；Gibb and Knowlton〔138〕, p. 199）。

36)　以上については，主としてGibb and Knowlton〔138〕, pp. 503, 505-506, 678-679による。なお，NACP〔1〕, Memorandum to Minerals Division by James G.

Burke, July 10, 1930: Oils, Mineral—Argentina, 1929-1941: General Records, 1914-1958: RG151 も参照。
37) 1924〜27年では，その比率は順に，28.2%，46.9%，40.4%，30.5%であった(Gibb and Knowlton〔138〕, p. 504)。
38) ヨーロッパ第3位のドイツに対しては3.9倍の規模を有したのである(Ferrier〔137〕, p. 687; U.S. Senate〔67〕, pp. 311, 318, 324, 邦訳, 346, 352, 359頁を参照)。
39) この統計は，U.S. Senate〔67〕, p. 53, 邦訳, 74頁によるが，他の統計によれば，1922年半ば時点でアングロ・アメリカンはイギリスにおける石油販売(petroleum trade)の30%，重油を除くと50%を占めた，とある(PRO〔2〕, Proposed Amalgamation of the Royal Dutch, Shell, Burmah and Anglo-Persian Oil Companies, by P. Lloyd-Greame, 6 Jan. 1922: POWE 33/92)。
40) ジャージーは製品輸出に際しては，2つの価格，すなわち内部価格(inside price)と公表価格(published price)を設定した。前者は子会社向けで，後者の非子会社向け価格より，ガロンあたり少なくとも1/4セント安かったといわれている。アングロ・アメリカン向け輸出に対してもしばしばこの価格が設定された(Gibb and Knowlton〔138〕, p. 499)。

なお，1920年代においてアングロ・アメリカンがイギリスで販売する石油製品の大半をジャージーから買い取ったとしても，ジャージー以外の企業からの製品買い取り，およびこれに基づくイギリス市場への販売がなかったかどうかは不明である。アングロ・アメリカンは「解体」(1911年)によってジャージーの手から切り離されて以降も，それ以前の関係を継承して，ある時期までジャージーのみならずアトランティック精製からも製品を購入し，また第1次大戦時にはカリフォルニア・スタンダードからも購入したのであった。以上は，RAC〔3〕, A Short History of The Atlantic Refining Company, 1870-1936, written by Charles F. Wilner: F893: B119: BIS: RG2: RFA; White〔155〕, p. 516による。
41) その詳細については，Brunner〔164〕, Chapter 3; The Institute of Petroleum Technologists〔196〕, pp. 144-145を参照せよ。
42) PRO〔2〕, United Kingdom—The Organisation of the Refining and Distribution of Petroleum and Petroleum Products, 6th April, 1936: POWE 33/660による。
43) 容器(缶)売りから量り売りへの移行は，信頼できるメーター付きポンプ(metering pump)の出現によるところが大きいといわれている。1930年代半ば頃までに，ガソリンをタンクなどに貯蔵することが禁止された大都市の中心部を例外として，アングロ・アメリカンなど石油企業各社によるガソリン販売は，容器売りから量り売りへ基本的に転換したと考えられる。こうした流通革新は，費用の大幅な削減を可能にし，1920年以降，市場でのガソリン価格は急速に低下した。1920年6月末に1ガロンあたり31ペンスであった卸売価格(税抜き)は，29年6月末には10ペンス，31年6月末は5.5ペンスまで低下したのである。以上は，PRO〔2〕, United Kingdom—The Organisation of the Refining and Distribution of Petroleum and Petroleum Products,

6th April, 1936: POWE 33/660; PRO〔2〕, Letter to Mr. Mead Taylor from W. B. Keen & Co., July 23rd, 1923: POWE 33/166; The Institute of Petroleum Technologists〔196〕, pp. 140-141; Petroleum〔117〕, August 1957, pp. 286-287による。

44) 以上については，主として，SMBP〔40〕, 1954, pp. 33-34; BP〔31〕, April 1952, pp. 10-12; Ferrier〔137〕, pp. 488-489による。

45) Ferrier〔137〕, p. 488.

46) PRO〔2〕, Table: Imports of Motor Spirit, Crude Oil, and Kerosene into the United Kingdom by the Chief Importing Companies during the year 1930 (Compiled from the Confidential Weekly Customs Returns): POWE 33/398による。

47) イギリス向けガソリン（製品）について，ジャージー，RD＝シェル，アングロ・パーシャンのそれぞれの生産費用を具体的な統計で明らかにすることは難しいが，ここでは原油の生産に関する以下の諸点を付記するに留める。

　第1に，RD＝シェルが，対イギリス向け輸出の約1割を依存したオランダ領東インド産のガソリンは，同地域の原油が軽質(light-gravity crude oil)でガソリン分を多く含んだことが重要であり，遠隔地にあるイギリス（ヨーロッパ）においてもRD＝シェルに十分な競争力を与えたと考えられる。1923, 24年にジャージーの経営陣（社長のティーグル）は，オランダ領東インドで年間4000〜5000バレル（1日あたり）の原油が生産できれば，ヨーロッパ市場でRD＝シェルに一定の対抗力を持てると述べたのであった（以上はGibb and Knowlton〔138〕, pp. 391-393による）。

　第2に，RD＝シェルが，第3の出荷拠点としたヴェネズエラとカリブ地域についていえば，本章の第2節注(23)で記したように，アメリカに対するヴェネズエラの原油生産拠点としての優位性は，ヴェネズエラ産の原油が重質であることを考慮してもなお明らかであった。

　第3に，アングロ・パーシャンのイランにおける生産費用について。1924年から25年にかけての1年間における同社の原油生産量は約430万トン（メートル・トンと推定される）であるが，この時点で生産費用は，1トンあたり約9シリング5ペンスである（Ferrier〔137〕, pp. 370, 414-415による）。当時のポンドとドルの交換比率は1ポンドが4.3〜4.8ドルであり，1メートル・トンを約7.45バレル(Ferrier〔137〕, p. 639)として計算すると，同社1バレルあたりの原油生産費用は30セント前後と推定される。これは，この当時のアメリカ国内での平均的な原油井戸元価格の1/3以下である（本章第2節注〔23〕参照）。おそらく，イギリス市場に対する製品供給では，原油の生産費用面でみる限りはアングロ・パーシャンが最も有利だったと考えられる。

48) 以上では，主として資料の得られるガソリン販売について記述した。アングロ・アメリカンによる重油などの販売実態については不明である。なお同表のジャージーの数値(29.39%)はアングロ・アメリカンの占有率を示す。

49) Jersey〔26〕, August 1921, pp. 15-16; Gibb and Knowlton〔138〕, pp. 204-205

による。EPU とのカルテルについては，さしあたり伊藤[198]，(1)，179 頁を参照せよ。
50) Gibb and Knowlton [138], p. 517.
51) 現地の経営責任者に引き渡された株式(4500株)は，大戦終了後にジャージー本社に返却され，2つのドイツ企業に「売却」された株式については，1922年6月初頭までに大半を買い戻した(戦後の政治状況を睨んで一部を引き続きハンブルグ・アメリカに所有させた)。以上について詳細は，Gibb and Knowlton [138], pp. 231-233, 517-518, 634-635 を参照せよ。
52) 1923年の最初の4カ月についてであるが，ドイツが輸入した石油(原油を含む)は16万6300トンであり，そのうちアメリカからは10万2200トン(61.4%)であった。1922年のアメリカからの輸入(原油を含まず)は46万9400トンであり，1913年の72万6400トン(原油を含まず)に比べかなり大きな減少である。NACP [1], Report of Germany's Supply of Petroleum and Allied Products, by Petroleum Division, 10/1/23 : Oils, Mineral—Germany : General Records, 1914-1958 : RG151 による。
53) NACP [1], Report of Germany's Supply of Petroleum and Allied Products, by Petroleum Division, 10/1/23 : Oils, Mineral—Germany : General Records, 1914-1958 : RG151 ; Bamberg [132], p. 133 による。重油についてはドイツでは，船舶用(バンカー油)以外は，ほとんど用いられなかったと考えられる(NACP [1], Letter to Major Clarence T. Starr from Homer S. Fox, September 2, 1925 : Oils, Mineral—General, 1924-1925 : General Records, 1914-1958 : RG151 による)。なお，第5章第4節も参照せよ。
54) Gibb and Knowlton [138], p. 518.
55) 戦時下においても，1917年前後と推定されるが，DAPG は製品市場の70%を支配したといわれており(Gibb and Knowlton [138], p. 232)，こうした強みは戦後もまた継承されたと考えられる。なお，Jersey [26], August 1921, p. 16 も参照。
56) Gibb and Knowlton [138], p. 518.
57) 以上については，NACP [1], Report of Germany's Supply of Petroleum and Allied Products, by Petroleum Division, 10/1/23 : Oils, Mineral—Germany : General Records, 1914-1958 : RG151 ; NACP [1], Anglo-Persian Buys Interest in German Oil Sales Company, by Homer S. Fox, 3/30/26 : Oils, Mineral—Germany, 1926-1929 : General Records, 1914-1958 : RG151 ; Southard [263], pp. 64-65 による。
58) U.S. Senate [67], pp. 325-328, 邦訳，359-362 頁。
59) Gibb and Knowlton [138], p. 518 ; U.S. Senate [67], pp. 325-328, 邦訳，359-362 頁。
60) フランスでは，19世紀末(1893年)の関税法の改定，20世紀初頭(1903年)の石油精製税の導入などによって，現地で生産された石油製品の輸入製品に対する優位性は大きく失われた。これ以降，外国からの石油製品の輸入が増加し，ジャージー(旧スタンダ

ード石油)もまた現地企業への製品輸出を展開したのである。以上は，Hidy and Hidy 〔140〕，pp. 525-527；U.S. Bureau of Corporations〔46〕，pt. III, pp. 649-651；Gibb and Knowlton〔138〕，pp. 224, 507による。なお，当時のフランス石油産業の現状については，堀田〔190〕，〔191〕も参照せよ。

61) 以上については，Gibb and Knowlton〔138〕，pp. 283-284, 507；有沢〔158〕，274頁を参照。

62) Southard〔263〕，p. 62；Gibb and Knowlton〔138〕，pp. 507-508.

63) Gibb and Knowlton〔138〕，p. 508.

64) Gibb and Knowlton〔138〕，p. 508.

65) アングロ・パーシャンの場合，1921年の初頭に石油(原油と製品)の輸入，精製，製品販売などに従事する企業を現地企業との合弁で設立し，その後のフランスでの活動の基礎を築いたようである(NACP〔1〕，Memorandum of British Oil Investments in France—Anglo Persian Oil Company, by Robert P. Bkinner, American Consul General, October 26, 1920 : Oils, Mineral—France, 1920-1925 : General Records, 1914-1958 : RG151；Ferrier〔137〕，pp. 477, 479による)。

66) フランス石油は1924年に設立された。同社は，フランス政府との協定により，同政府がイラク石油に対して所有する権利を独占的に享受することが認められたのである。1929年にフランス政府は同社の所有権25%を取得した(U.S. Senate〔67〕，p. 54, 邦訳，76頁；Kuisel〔217〕，pp. 30-33；Nowell〔244〕，p. 135による)。

67) Gibb and Knowlton〔138〕，p. 510による。なお，第1次大戦後の中東処理において，英仏はドイツ資産の没収，およびこれの両国による獲得を合意した。その一つは，先述の中東におけるメソポタミア(イラク)の石油利権(トルコ石油会社におけるドイツ側権利のフランスへの譲渡)であるが，これに加えてルーマニアにおけるドイツ企業(ドイツ銀行〔Deutsche Bank〕など)の所有企業(スター・ルーマニア)などの資産を50対50で英仏が獲得することも取り決められたのである(PRO〔2〕，Memorandum of Agreement Between M. Philippe Berthelot, Directeur des Affaires politiques et commerciales au Ministère des Affaires Éstrangères, and Professor Sir John Cadman, K. C. M. G., Director in Charge of His Majesty's Petroleum Department, April 24, 1920 : POWE 33/88)。フランスのルーマニアからの石油輸入の増大は，かかる権利を生かしたものと推定される。

68) 既述のようにフランスでは，戦時下における石油の輸入許可制度は大戦後直ちには廃止されなかったが，1922年初頭頃からは実質的に各企業による石油輸入は自由化されていたようである。石油輸入に対して政府に独占的統制の根拠を与えたのは1918年の政令(a décret of 1918)であるが，これがその後いくつかの法整備を経て本文に記した1928年3月の法律に継承されて，フランスにおける政府の石油に対する輸入許可制度を確定したのである。以上は，NACP〔1〕，Foreign Service Despatch, No. 1866, March 8, 1955 : 851.2553/3-855 : Decimal File, 1955-1959 : RG59；NACP〔1〕，Foreign Service Despatch, No. 121, March 23, 1955 : 851.2553/3-2355 : Decimal File,

1955-1959：RG59 による。フランスにおける 1918 年以降の輸入許可制度の変遷についての邦語文献としては，有沢〔158〕，272-279 頁；日本エネルギー経済研究所〔240〕；堀田〔192〕，〔193〕，〔194〕が有益である。なお，第 2 章第 5 節，第 5 章第 4 節も参照せよ。

69) これにロシア産の石油(6.5％)が続き，その他が 43％(主にアメリカ企業各社)である (Gibb and Knowlton 〔138〕, p. 501)。

70) 以上は，PT〔121〕, December 31, 1927, p. 1243；Brunner〔164〕, p. 24；Larson, Knowlton, and Popple〔145〕, p. 280 による。ここでの「欠損を引き受ける」の具体的方法，中身等は明らかではない。だが，おそらくその一つは，アングロ・アメリカンへの製品販売価格をかなり低位におさえたこと，これによってジャージーが多大な損失を被ったことを意味するように思われる。本節の注(40)に記したように，ジャージー本社は，子会社への製品販売価格については一定の原則を設けていたが，現地での競争において苦境に立つ子会社には，他の子会社には知られない形で低位の価格を設定したといわれている。このたびのアングロ・アメリカンに対する製品価格の設定にはかかる措置がとられた可能性がある(Gibb and Knowlton 〔138〕, p. 499 を参照せよ)。

71) 以上については，Jersey〔24〕, 1927, p. 7；U.S. Senate〔67〕, pp. 197-198, 邦訳, 235-236 頁；Larson, Knowlton, and Popple〔145〕, p. 305 による。
   なお，アメリカ連邦政府の調査によると，旧ソ連邦によるガソリンの輸出量は，1926～27 年(1926 年 9 月から 27 年 8 月の 1 年間を指す，以下同じ)，1927～28 年，1928～29 年はそれぞれ 500 万バレル，640 万バレル，860 万バレルであった。このうち，1928～29 年では，その輸出先で最大はイギリスであり，全体の 27.9％，ついでドイツ(19.8％)，フランス(17.4％)，などであった(NACP〔1〕, Memorandum: the Russian Petroleum Situation, by John W. Frey, January 19, 1930: Russia: Federal Oil Conservation Board, 1924-1934: RG232 による)。

72) Thompson〔153〕, p. 70；TNEC〔55〕, pt. 14-A, pp. 7968-7993.

73) アクナキャリー協定は世界市場を対象とする 7 つの原則を掲げた。その主なものは，(1)各社の市場シェアを現状(1928 年基準)で維持すること，(2)タンカーなど既存設備を有利な条件で他社の利用に供し，重複建設を行わないこと，(3)同一品質の製品の価格は，いずれの産出地・船積み地においても同一とし，市場に最も近い生産者の利益を保証すること，(4)消費を超える生産を行わないこと，などである。なお，この協定にはアメリカを対象地域から外すことが明記されている。これは，直接はアメリカの反トラスト法の適用を回避するためであろうが，3 社の力はアメリカ国内市場においては不十分であり，アクナキャリー協定の遂行が現実的でないことも背景にあったと考えられる。7 つの原則については，U.S. Senate〔67〕, pp. 200-201, 邦訳, 238 頁を参照。なお，協定は正式には Pool Association(September 17, 1928 の日付を持つ)と呼称された。全文は U.S. Senate〔73〕, pt. 8, pp. 35-39 をみよ。

74) 旧ソ連産石油の共同買い付けについては，NACP〔1〕, Memorandum: the Russian Petroleum Situation, by John W. Frey, January 19, 1930: Russia: Federal Oil Conservation Board, 1924-1934: RG232；U.S. Senate〔67〕, p. 314, 邦訳, 348

-349 頁を参照せよ。
75) U.S. Senate〔67〕, pp. 218-228, 邦訳, 255-265 頁。

第5節 小　括

　はじめに，ニュージャージー・スタンダード石油の財務について，これまでの事業活動の分析を補足するに必要な限りで，獲得利益，資金調達などを断片的に指摘する。ついで，1920 年代におけるジャージー社の活動の要点や特徴を総括する。

〔Ⅰ〕 財務についての若干の考察

　表Ⅰ-11 によれば，第 1 次大戦終了後の 1919 年から 27 年までの 9 年間についてであるが，ジャージー社の総資産額はほぼ年々増加傾向を辿りこの間 1.7 倍となった。だが，この伸びは同表に掲げられたアメリカの他の有力石油企業との対比ではむしろ低い方である。自己資本に対する純利益率では，これら企業の中で最低であった。この時期のジャージーによる事業活動の収益性は，1920 年代と同様に石油産業が世界的に急速な拡大を遂げた 1950 年代，60 年代における同社のそれ（自己資本純利益率）との対比（第 5 章，後掲表Ⅴ-5 参照）においてもかなり低位であった。

　ジャージー社の獲得利益を事業部門毎にみると，ここでも資料の都合上，第 1 次大戦終了後の 1919 年から 27 年までの 9 年間についてであるが（表Ⅰ-12 参照），最大の利益を上げたのは輸送事業であり[1]，以下，製品販売，精製，原油生産と続く。輸送部門を最大の利益獲得源とする蓄積方式は，「解体」までの旧スタンダード石油時代における活動の主要な特徴の一つをなしており，1920 年代のジャージー社にもこれが基本的に継承されたといえよう。他方，原油生産事業における獲得利益は少ない。これは，従来から原油生産事業が同社の中で弱体な部門であったことにもよるが，海外での積極的な投資が直ちに生産増と利益につながらない面があったことなども考慮されるべきであろう。

106　第Ⅰ部　1920年代初頭から第2次大戦終了まで

表Ⅰ-11　ジャージー社と他社の総資産

	ジャージー社[3]			テキサス社		
	総資産額	純利益額	純利益率	総資産額	純利益額	純利益率
1919	853,361	77,986	11.2	261,330	18,671	11.5
1920	1,102,313	164,461	18.5	333,434	31,089	13.7
1921	1,115,940	33,846	3.8	335,990	9,826	3.9
1922	1,123,761	46,241	5.1	345,535	26,588	10.3
1923	1,148,005	56,294	6.1	370,653	8,197	3.2
1924	1,244,940	81,017	8.3	375,734	26,458	10.2
1925	1,369,170	111,232	10.5	397,638	39,605	14.3
1926	1,541,945	117,652	10.3	328,755	36,043	13.2
1927	1,426,601	40,423	4.0	324,806	20,029	6.9
1927/1919の伸び	1.7倍	—	—	1.2倍	—	—
純利益率の平均[4]			8.6			9.7

(注)　1)　前掲表Ⅰ-8の1929年の総資産額では，ジャージー社は1位，テキサス社は5位である。但し，いくつかの企業については同表の1924年の数値は本
　　　2)　以下の典拠文献(Gibb and Knowlton〔138〕, pp. 674-675)は，per cent できるが，ジャージー社の統計数値は，各年度末の純利益額を年度末の自己日の基準での自己資本純利益率の近似値として考えたい(他社の純利益率が
　　　3)　ジャージー社の1928, 29年の総資産額は，1,572,268および1,767,378(千ト
　　　4)　1919～27年の平均値。
(出典)　Jersey〔24〕, 各号；Gibb and Knowlton〔138〕, pp. 674-675による。

表Ⅰ-12　ジャージー社の純利益額の事業部

	原油生産[2]		輸　送		精　製		製品販売	
1919	4,440	9.2	15,337	31.8	39,015	81.0	8,472	17.6
1920	34,296	23.1	28,828	19.4	66,895	45.1	15,444	10.4
1921	10,484	31.0	15,813	46.7	(8,457)	(25.0)	1,404	4.1
1922	(4,796)	(10.4)	11,726	25.4	11,589	25.1	18,004	38.9
1923	5,998	10.7	21,169	37.6	(3,370)	(6.0)	19,165	34.0
1924	11,104	13.7	30,258	37.3	12,241	15.1	20,863	25.8
1925	33,207	29.9	26,525	23.8	19,642	17.7	23,190	20.8
1926	20,586	17.5	28,663	24.4	23,390	19.9	30,792	26.2
1927	2,232	5.5	37,802	93.5	(37,139)	(91.9)	32,639	80.7
合計	117,551	17.2	216,121	31.6	123,806	18.1	169,973	24.9

(注)　1)　カッコはマイナス(欠損)を示す。
　　　2)　原油買い付けを含む。
　　　3)　利子収入，分類不可能な間接費，追加税など。
　　　4)　1919, 20年の数値は前掲表Ⅰ-11とかなり異なるが，出典通り。他の年ある。
(出典)　Gibb and Knowlton〔138〕, pp. 598-599.

第1章　1920年代の活動と業界支配力の低下　107

額[1], 純利益額, 純利益率[2], 1919〜27年　　　　　　　　　　（単位：1,000ドル, ％）

ガルフ社			インディアナ・スタンダード社			カリフォルニア・スタンダード社		
総資産額	純利益額	純利益率	総資産額	純利益額	純利益率	総資産額	純利益額	純利益率
218,477	11,467	11.1	154,672	24,808	18.4	174,318	31,063	19.6
259,730	28,543	20.5	237,635	40,973	20.1	245,755	41,655	18.6
272,774	9,069	6.2	305,675	21,288	8.5	276,733	33,588	14.3
348,378	19,752	11.9	318,789	49,381	17.1	305,985	27,020	10.3
335,499	14,323	8.2	338,934	41,538	13.4	341,985	24,442	8.2
379,533	19,167	10.2	361,481	40,788	12.3	352,805	26,602	8.6
427,610	35,001	16.1	406,059	52,933	14.4	373,723	30,953	9.3
499,337	35,098	14.3	446,496	55,099	13.7	573,803	55,122	10.4
552,834	13,717	8.7	462,606	30,132	7.4	579,308	40,210	7.1
2.5倍	—	—	3.0倍	—	—	3.3倍	—	—
		11.9			13.9			11.8

は4位, ガルフ社は7位, インディアナ・スタンダード社は3位, カリフォルニア・スタンダード
表の数値と同一ではない。
net earnings to net worthと記載しており, 自己資本純利益率（純資産純利益率）と考えることが
資本額で除した値であり, 期首と期末の自己資本額の平均値で除したものではない。ここでは, 今
ジャージーと同一基準で算出されたかどうかは不明）。
ル）であり, 純利益額はそれぞれ, 108,486, 120,913（千ドル）である。

門別内訳, 1919〜27年[1]
　　　　　　　　（単位：1,000ドル, ％）

天然ガス		その他[3]		総計	
7,701	16.0	(26,811)	(55.6)	48,154[4]	100.0
10,880	7.3	(7,869)	(5.3)	148,474[4]	100.0
3,502	10.3	11,100	32.8	33,846	100.0
14,360	31.1	(4,641)	(10.0)	46,242	100.0
14,962	26.6	(1,629)	(2.9)	56,295	100.0
10,882	13.4	(4,331)	(5.3)	81,017	100.0
11,315	10.2	(2,648)	(2.4)	111,231	100.0
14,613	12.4	(392)	(0.3)	117,652	100.0
10,192	25.2	(5,303)	(13.1)	40,423	100.0
98,407	14.4	(42,524)	(6.2)	683,334	100.0

次についてもごく微細な違いが

次に，資金調達について。ジャージーの資本金は「解体」の翌年以降 1918 年まで約 9800 万ドルのままであり，増資は行われなかった[2]。大戦終了後の 1919, 20 年に合わせて 2 億ドル弱の優先株が発行され，これを機に同社ははじめてニューヨーク証券取引所(New York Stock Exchange)に登場した[3]。もっとも，資金調達目的で発行された証券としてはこの優先株発行が最大で，戦後の投資はその多くが従前通り内部資金でなされたのである[4]。時期がやや適切を欠くが，1913 年初頭から 26 年末までにジャージーが調達した資金総額(11 億 1500 万ドル)のうち，証券発行によるものは 31%(先の優先株〔18%〕，その他)であり，残りは減価償却費と利益の再投資であった[5]。これに対して，他の大企業，特に新興の大企業群はかなり活発な外部資金調達，特に証券金融を行い，急速な事業の拡張資金をこれで賄う傾向がみられた[6]。ジャージーが外部資金への依存をおさえ，基本的には積み立てられた減価償却費と内部に留保された利益によって必要資金を賄ったことは，一面では後者の企業群に比べ，全体として事業や資産の積極的な拡張を制約したといえるかもしれない。だが，次章でみるように，こうした資金調達方式，負債の少ない財務構造を維持したことは，少なからぬ企業が累積債務の重圧下におかれた 29 年恐慌後の不況下で，同社にこれら企業とはかなり対照的な企業行動を可能ならしめる一つの要因だったように思われる。

〔II〕 小　　括

1920 年代は世界石油産業史において急成長と業界支配体制の再編の時代であった。19 世紀後半ないし末以降 20 世紀の最初の 10 年頃まで，アメリカおよびヨーロッパなどで他社を圧倒する大企業として存在したニュージャージー・スタンダード石油(旧スタンダード石油会社)は，「解体」(1911 年)を経てこの 1920 年代に業界支配力の大きな低下を余儀なくされたのである。同社が世界石油産業界の最大企業である事実に変化はなかった。しかし，諸外国，特に主要市場であるヨーロッパではビッグ・スリー体制，アメリカ国内では相対的に多数の大企業による支配体制，という新たに再編・創出された業界支配体制の中に自己を定位せざるをえなかったのである。

以下，1920年代におけるジャージー社の活動の特徴と問題点，および30年代への展望などを4点においてまとめることにしたい。

第1に，第1次大戦終了後，あるいは1920年代初頭においてジャージー社が直面した大きな課題は，石油市場の急速な拡大に対応しうる原油の確保であった。同社は，アメリカ国内，ラテン・アメリカなど各地で原油と油田の確保に奔走した。この点では，アメリカと異なり買い付けで原油を入手できる機会の少ない外国においてはほぼ一貫した取り組みがなされた。外国市場でのRD＝シェル，アングロ・パーシャンなどのジャージーに対する攻勢を支えた重要な柱が，安価な外国原油に対する支配，市場に相対的に近接した地点における生産体制などにあったから，外国に原油生産拠点を設けること，ついでこれを基礎に精製などの事業を開始・拡充することはジャージーにとって競争上欠くことのできない課題だったのである。これに対して，アメリカ国内での同社による活発な原油生産，油田の獲得活動は1923年頃までに一旦その勢いを落とす。その理由として，一つは，業界全体として原油不足が解消に向かい原油の買い付け費用が相対的に低下したことが背景にある。だが，大規模なパイプライン輸送体系がほぼ出来上がり，同社が買い付け原油の輸送によって高位安定利益の獲得を志向した事実を否定しえないであろう。輸送事業の展開とそこで得られる高利益が，原油の獲得活動を規定し，あるいは方向づける一因だったといえよう。

第2に，アメリカ国内での原油獲得，原油の生産活動が，かように輸送部門との連繋，これとの関連で動く様相を示したとすれば，アメリカ国内での製品販売は精製部門の活動に規定される度合いが強かったというべきであろう。同社が，カナダ，ラテン・アメリカ，ヨーロッパなど海外では販売活動の刷新，販売組織(子会社)の再編成などにすばやく動いたのに対し，本国アメリカでのそうした活動は，1920年代後半ないし末近くまで本格的には取り組まれなかった。ジャージー社は，「解体」以前に本社であると同時に，スタンダード・グループ内での主要な精製企業であり，子会社あるいは大口顧客への製品供給が販売活動の主要部分をなした。こうした子会社(旧子会社)などとの取引が1920年代においてもなお同社の主要な国内販売事業を構成したのであった。

その結果，ガソリン消費の急成長に対応する，いわゆる大衆消費者市場での販売網の形成に大きな遅れをとることになったのである。

　第3に，ジャージーが他のアメリカ石油大企業に類例をみない事業活動の世界性をみせたことは1920年代の特筆すべき事実である。同社による外国事業の急速な展開は，「解体」以前に同社(旧スタンダード石油会社)が外国市場に大きく依存する製品販売構造を有したことに由来するだけでなく，「解体」を契機としてさらに促進されたのであった。19世紀末近くにヨーロッパに現地販売子会社を設けて以来のジャージー社の世界企業としての歩みは，この時代に販売事業それ自体の改革に加えて原油生産事業など生産過程面での実体を付加，あるいは強化することになった。もっとも，海外油田の獲得活動は多くの苦難に遭遇し，その成果は有力他社との対比ではなお不十分であった。

　第4に，アメリカおよび諸外国で業界支配力の低下を余儀なくされたジャージー社は1920年代後半，特に27年頃から既存の事業活動の転換と一層の拡充を追求する。特にアメリカ内外での油田の獲得と原油生産，アメリカ市場での製品販売活動に新たな進展があった。他方，この頃から世界的な原油と石油製品の過剰状況，およびこれを基底とした石油企業間競争の激化が，ジャージーと石油産業界を苦しめる大きな問題として浮上する。これ以降，ジャージーによる業界支配力の回復を目指す活動は，過剰生産の抑制と結合してなされる。同社は，他の大企業と競って自己の弱体な事業部門の強化に全力をつくす一方，競い合う大企業との共同によって世界石油産業界が直面した諸困難に対応する。かかる2面において石油大企業としての新たな行動様式を示すのである。

1)　輸送事業の利益について留意すべきは，この間の利益額全体(2億1612万ドル)のうちパイプラインによる原油輸送から1億1411万ドルを得ているが，タンカーによる原油と製品の輸送もこれにさほど劣らぬ利益(1億200万ドル)を生み出したことである。この期間(1919〜27年)においては後者のタンカー事業が利益獲得でパイプライン輸送にほぼ匹敵する存在だったことは明らかである。だが，ここでは以下の2点が考慮されなくてはならない。第1に，ジャージー社において1923年頃まではパイプラインの一大建設期間であり，利益の顕著な獲得はこれ以降に達成されることである(1924年に2000万ドルを超え以後一貫して増勢)。第2に，タンカー事業から得られる利益は，1920年代半ば頃からは増減を辿り必ずしも順調な伸びをみせたわけではない。例えば

1925 年, 26 年ではタンカー輸送の利益はパイプライン部門の 1/4 ないし 1/5 であった (以上の統計については, Gibb and Knowlton〔138〕, pp. 471, 475 による. なお, 本章第 3 節も参照). つまり, 資料の都合上 1927 年までで区切られた表Ⅰ-12 は, 本来パイプライン輸送事業が持つ利益面での重要性, 優位性をなお十分表現するものとはいえなかったと考えられるのである.
2) Gibb and Knowlton〔138〕, pp. 668-669.
3) Jersey〔24〕, 1918, 1919, 1920 (これら年次の営業報告書に頁はない).「如何なる証券市場とも公的には関わりを持たないことが長年旧スタンダード石油組織(「解体」前のスタンダード石油会社を指す—引用者)の不可侵の原則(an inviolable rule)」(Giddens〔139〕, p. 525)といわれた. 1920 年にアトランティック精製がこの伝統を破ってニューヨーク証券取引所に株を上場した. これに, ジャージー, カリフォルニア・スタンダード, ニューヨーク・スタンダード, プレーリーなどが続いた. 主要な旧スタンダード系企業ではインディアナ・スタンダードが最も遅く, 同社の株式は 1934 年にはじめて同取引所に上場された(以上は, 同じく Giddens〔139〕, p. 525 による).
4) この優先株は 1927 年 5 月に社債と普通株の発行, 現金支払いで回収された(Jersey〔24〕, 1926, p. 3, 1927, pp. 3, 13).
5) Jersey〔24〕, 各号；Gibb and Knowlton〔138〕, p. 605 による.
6) 1920 年代に石油大企業はかなり積極的に証券発行金融を行ったといわれており(鎌田・森・中村〔214〕, 195 頁), とりわけ新興の大企業にその傾向が強かったようである. 例えば, シェルは 1922〜29 年に社内留保金と証券発行金融のみで 3 億 731 億ドルの資金を調達したが, 後者が全体の 81.4% を占めた(Beaton〔134〕, p. 360). テキサスもまた利益の再投資とともに活発な新株発行によって事業の拡張を進めたという(James〔142〕, p. 49 による).

第2章　1930年代の活動と戦後構造の原型形成

第1節　はじめに

　1929年恐慌に続く30年代はいうまでもなく深刻な不況の時代である。恐慌をもたらした基本要因の一つが1920年代経済活動の帰結たる全般的な過剰生産，過剰能力の形成にあったとするならば，石油産業において過剰な生産と能力の累積を深刻化せしめた主たる要因は，アメリカ内外の大企業各社による原油生産事業から製品販売までの主要事業部門の内部化とそれぞれにおける能力拡張に求められるように思われる。1920年代に各社は，他社との対抗上，外部企業への過大な依存を抑制して主要な事業部門をみずから確保し，かつ不十分と考えられた事業部門を強化するために，いわゆる前方，後方への事業拡大を競い合ったのである。その結果，1920年代後半頃までに世界の石油産業界は，一国全体あるいは世界的なレヴェルで必要とされる規模をはるかに超えた能力を各事業分野において累積させたと考えられるのである。

　1930年代初頭，ニュージャージー・スタンダード石油は，アメリカと外国での原油生産事業，アメリカ国内での販売事業，主としてこれら2つの分野における弱体性の克服を1920年代からの課題として継承した。石油消費の急増と石油産業の急成長・高蓄積の時代とは一変した1930年代の新たな企業環境，全般的な能力過剰の下で，ジャージー社が如何にして業界支配力の強化，利益拡大を追求したか，それを考察することにしたい。

114　第Ⅰ部　1920年代初頭から第2次大戦終了まで

表Ⅱ-1　世界原油生産量の

	1929	%	1930	%	1931	%	1932	%	1933	%
ア メ リ カ	1,007	67.8	898	63.7	851	62.0	785	59.9	906	62.8
メ キ シ コ	45	3.0	40	2.8	33	2.4	33	2.5	34	2.4
ヴェネズエラ	137	9.2	137	9.7	117	8.5	117	8.9	118	8.2
蘭領東インド	39	2.6	42	3.0	36	2.6	39	3.0	43	3.0
イ ラ ン	42	2.8	46	3.3	44	3.2	49	3.7	54	3.7
イ ラ ク	1	—	1	—	1	—	1	—	1	—
ルーマニア	35	2.4	42	3.0	49	3.6	54	4.1	54	3.7
旧ソ連邦	101	6.8	127	9.0	166	12.1	157	12.0	157	10.9
合　計 1)	1,486	100.0	1,410	100.0	1,373	100.0	1,310	100.0	1,442	100.0

(注)　1)　その他を含む。
(出典)　DeGolyer and MacNaughton〔96〕, 1993, pp. 4-11.

第2節　アメリカにおける原油生産事業と生産割当制度

　表Ⅱ-1によれば1930〜39年に世界全体での原油生産量は1.5倍(アメリカは1.4倍)に増加し，生産が最も減退した1932年の29年に対する比率は88.2%(アメリカは78.0%)であった。主要国の中で不況の度合いが特に強かったアメリカでは，鉱工業の生産指数が1935〜39年を100として，1929年の110から32年には58に低下し，鉄鋼業では1932年(底)の粗鋼生産量は29年の24%，自動車(生産台数)では1933年(底)は29年比で35%へ激減したのであった[1]。これらと対比すると，石油産業については原油の生産量でみる限り落ち込みはかなり軽微であったといえよう。

　他方，原油価格の低落は大きく，アメリカでの原油の年平均価格をみると，1920年代後半の低下傾向が1929年に持ち直して1バレルあたり1.27ドルに達した後，1931年(底)に29年比51.2%の0.65ドルへ落ち込んだのであった[2]。生産量とは異なり価格は，他の産業と比べても不況の底で相当大きな幅で低迷したのであった[3]。しかも，これが各種原油の平均，および1年間の平均であることに注意が必要である。油田地帯によって，また同じ1年の月毎と日毎でさらに大きな価格低下もみられたのである。一般に，原油価格の変動は景気の動向によるだけでなく，油田発見の投機性・偶然性など原油生産事業の持つ本

主要国別内訳，1929〜39 年 　　　　　　　　　　　　　　　　　　　　(単位：100 万バレル／年，%)

1934		1935		1936		1937		1938		1939	
	%		%		%		%		%		%
908	59.7	997	60.3	1,100	61.4	1,279	62.7	1,214	61.1	1,265	60.6
38	2.5	40	2.4	41	2.3	47	2.3	39	2.0	43	2.1
136	8.9	148	8.9	155	8.6	186	9.1	188	9.5	206	9.9
47	3.1	47	2.8	50	2.8	57	2.8	57	2.9	62	3.0
58	3.8	57	3.4	63	3.5	78	3.8	78	3.9	78	3.7
8	0.5	27	1.6	30	1.7	32	1.6	33	1.7	31	1.5
62	4.1	61	3.7	64	3.6	52	2.6	48	2.4	46	2.2
177	11.6	185	11.2	189	10.5	197	9.7	209	10.5	221	10.6
1,522	100.0	1,654	100.0	1,792	100.0	2,039	100.0	1,988	100.0	2,086	100.0

来的な特性によっても規定されるが，こうした事態はこの時代にも明瞭に現れたのである(後述参照)。

　なお，アメリカ国内での州別原油生産を図Ⅱ-1でみると，テキサス州が1920年代末までにカリフォルニア，オクラホマ両州を凌いで，全米最大の原油生産州として台頭する。1930年代には他州の減退ないし停滞と対照的に急増し，最大生産州としての地位を不動のものとした。こうしたテキサス州の躍進は原油の価格動向にも重要な影響を与えた。世界生産に占めるアメリカの位置，しかもそこにおけるテキサスの地位の急上昇により，アメリカと世界の原油価格は，テキサス原油の積出港が所在するメキシコ湾岸の価格(f.o.b. Gulf Coast price)に沿って動く様相を呈したのである[4]。

　さて，1930年代初頭においてジャージー社は原油生産事業において2つの課題を抱えた。その第1は，上述の如くアメリカと諸外国での原油生産体制，油田支配力の強化である。1930年におけるジャージー社の世界全体での原油の自給率，つまり精製量に占める同社自身の生産原油(純生産量)の割合は5割に達せず(48.5%)，アメリカ国内では3割強(31.9%)に留まった[5]。原油生産体制の弱体性を克服し，外部への過大な依存から脱却することが求められたのである。

　第2は，1920年代後半ないし末近くから取り組まれた過剰市況への対応，原油過剰の抑制である。過剰生産を背景とした企業間競争は，世界的な不況下

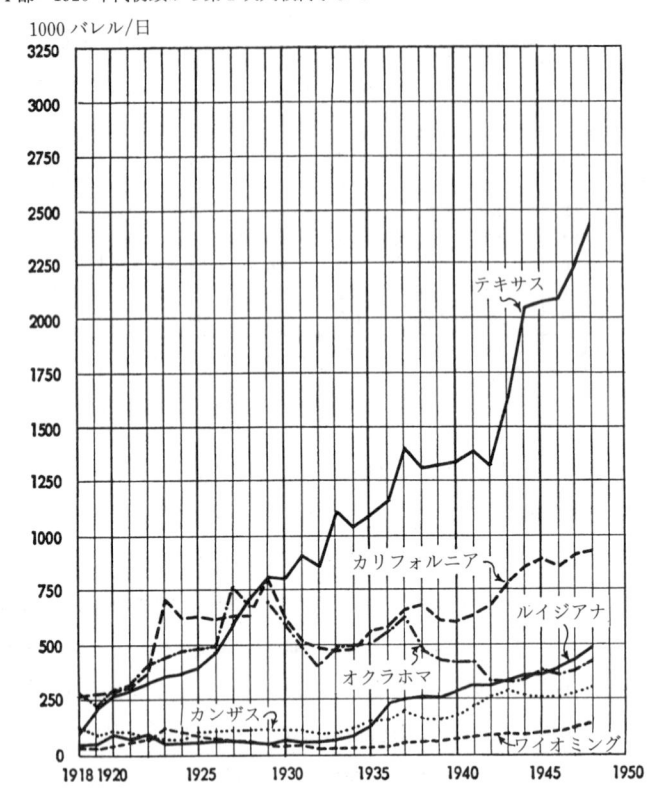

図II-1 アメリカ主要原油生産州の生産動向
(出典) Larson and Porter〔144〕, p. 266.

で一層の激化を辿ったのであり，他社と同様ジャージーにも多大な困難を惹起した。その際，かかる原油過剰の抑制については，中小の無数の原油生産業者が軽視すべからざる勢力を構成するアメリカと，相対的に少数の大企業によって生産の主要な部分が担われた海外とでは，それぞれ独自の対策がジャージーと石油業界に求められたことを留意すべきであろう。そして，1930年代においてもなお世界全体の原油生産量のほぼ60％以上を占めたアメリカ(前掲表II-1参照)において過剰が最も深刻であり，ここでの抑制が全体の帰趨を制する位置にあったことが重要である。

以下，ジャージーがこれら2つの課題を如何に統一して達成しようとしたか，その具体的活動をアメリカ(本節)と諸外国(次節)に分けて分析する。

〔Ⅰ〕 ハンブルによる原油生産事業の急展開

　1930年代にアメリカ国内でのジャージーの原油生産を主として担ったのはテキサス州を拠点とした子会社ハンブル石油・精製(Humble Oil & Refining Company)であった。1930年にジャージー社によるアメリカ生産全体の61.9％を担い，以後1930年代を通じて常時70％以上を占めた[6]。ここでは，ハンブルの活動を追跡することにしたい。

　子会社ハンブルは，1930年代初頭以降テキサス州を中心にかつてない大規模な資本投下を断行し，油田地帯として将来性があると判断した広域鉱区(広域借地権)を次々と入手した。広域の鉱区を入手しその範囲内では必要最低限の油井を掘削することで効率的な生産を図ったのである。これに先立つ1928年頃から同社が，過剰生産の抑制をいま一つの目的として他の原油生産企業と共同で広範囲に及ぶ鉱区の取得，あるいは既存の鉱区の合体(ユニット操業)を目指したことを前章で述べた。しかし，この方式は既述の如く各地で部分的に採用されたに留まったのであった。1930年代に入りハンブルはユニット操業で得られる生産の効率化を単独で追求することにしたのである。とりわけ，1930年秋に，すでに若干の鉱区を入手していたテキサス州東部で有望油田が発見されるや同社は直ちに借地権の拡大に向かい，短期間のうちに該当する鉱区面積全体の13％を支配下におき，この地域最大の鉱区保有企業となったのである。東部テキサス油田はまもなくアメリカ史上最大規模の大油田であることが明らかとなり，これ以降にハンブルの最大生産拠点となる[7]。ハンブルによる油田の獲得活動は年々活発化し1934年には一つのピークに達する。この年に同社が支出した鉱区借地権の購入金額は1355万ドルであり，これまでに前例のない額であった[8]。

　かような子会社ハンブルの活動は，1920年代後半以降の取り組みの継続として埋蔵原油の拡充を目指すものであった。だが，それでも29年恐慌後の不況下に，しかも全体として原油過剰が深刻な時期にかくも積極的に取り組まれ

たことは注目すべきことであろう。また，1930年代の初頭時点で，大規模な鉱区の入手，油田の獲得に踏み出す点でハンブルおよび親会社のジャージーの経営陣(取締役会)に明瞭な意思一致が存在したかどうかも疑問である[9]。にもかかわらず，如上の行動に着手しえたのは，この時代に現出した新たな状況，油田獲得の客観的，主体的条件などが，ハンブル(ジャージー)の積極的な行動を可能とし，かつこれを促進する要因となったからと考えられる。

その第1は，原油過剰を反映して鉱区の借地料が全般的にかなり低下したことである。第2は，ハンブルやジャージーはこの時代に欠損を出すことはなかったが(本章第6節参照)，これらと対抗する有力企業の多くが不況下で赤字経営に転落し，新たな油田獲得の行動を控える，のみならず場合によっては有望油田を手放す行動に出たことである[10]。第3に，すでに1930年代以前において油田探索に関する科学的方法が少なからぬ成果をもたらすに至り，地下の油層構造についての解明も進み，広域での借地権獲得の持つ有利性が一層高まっていたこと，そしてハンブルがアメリカにおいてこれらの研究，技術開発を主導する企業としての実績を積み，この時代の広域借地権の確保を有利ならしめる主体的条件を備えたこと，である[11]。

1930年代半ば，アメリカ石油市場が回復過程に入り，さらに後述する生産統制制度が確立すると，大企業および中小の原油生産企業，個人業者はこぞって油田の獲得に乗り出した。その結果，鉱区の借地料はかなり高騰することになった。この頃になると，ハンブルは，一方では他社と競って新鉱区の入手に向かい投資額も増加させるが，活動の重点はむしろ相対的にそれ以前に獲得した広大な鉱区の開発におくようになったのである[12]。

1930〜39年のハンブルによる原油生産量全体は1.8倍(年間2621万バレルから4761万バレルへ)の増加をみた[13]。同じ時期に原油埋蔵量は約11倍(2億1900万バレルから24億3300万バレルへ)へ著増し，テキサス州および周辺諸州におけるハンブルの原油生産企業としての力量，原油と油田に対する支配力は他社の追随を許さぬものとなった[14]。

ジャージー社全体による1930年代のアメリカでの原油生産量を表II-2でみると，この間(1930〜39年)に1.6倍の増加である。ハンブルにつぐ国内第2の

原油生産子会社カーター石油(Carter Oil Company)が，ミッド・コンチネント地域，イリノイ州で1930年代後半に増産に成功したことも加わり，ジャージー社全体の原油生産量は1939年に年間で6756万バレル，埋蔵原油の量では同年26億バレルに達した[15]。同社は，この時代にアメリカ最大の原油生産企業として台頭したのである[16]。

〔II〕 過剰生産の抑制と生産割当制度の成立

1930年代にジャージーが原油と油田の支配において顕著な成果を遂げたことは以上の通りである。それでは，全国的な原油過剰に対してジャージーは如何なる戦略，方策を持って臨んだのであろうか。この時代のいま一つの重要課題に対する同社の取り組みを，ここでも主としてハンブルの行動を対象として考察する。

市場需要法の立法化行動 石油業界全体に及ぶ原油過剰を抑制することは，アメリカ最大企業とはいえジャージー社，あるいは子会社ハンブルのみの力や対応でなしうるわけではない。1930年代初頭，ハンブルは，先立つ数年間に試みた他社との共同による自主的な生産抑制策が事実上挫折したことを踏まえ，このたびは州政府の積極的役割を引き出して，公的権限を背景に過剰生産の抑制を図った。企図された具体的内容は，州全体の原油生産量を市場の動向，需要の大きさに適合するよう調整することであり，州政府機関が州全体で生産可能な原油量の上限を設定し，その枠内で各油田ないし油井に対して生産許容量を割り当てることであった。その際，テキサス州には，石油の保全(conservation)，浪費の抑制を目的としてテキサス鉄道委員会(The Texas Railroad Commission)なる名称の原油と天然ガスの生産に対する統制機関が存在したことが重要であろう[17]。もっとも，この州政府機関の持つ生産統制の機能と権限は現実には極めて限定されていたのであり，市場(需要)の規模を超えた生産の抑制，原油価格の大きな低落を食い止める，などハンブルが求めた役割を実際上は果たしえなかったのである。同委員会がこうした役割を果たすためにはテキサス州議会における新たな立法措置が不可欠であった。ハンブルおよび同社と同調する他の若干の大企業は，原油生産業界全体の合意形成を図り

表II-2　ジャージー社の国別原油生産量[1]およ

	1930		1931		1932		1933		1934	
		%		%		%		%		%
アメリカ	116.0	48.3	110.8	47.4	97.6	33.3	120.8	32.2	131.4	28.9
メキシコ	4.5	1.9	4.1	1.8	13.5	4.6	21.3	5.7	27.3	6.0
ヴェネズエラ	17.1	7.1	20.4	8.7	82.4	28.1	123.9	33.1	160.4	35.2
コロンビア	49.1	20.4	43.8	18.7	39.3	13.4	31.6	8.4	41.6	9.1
ペルー	26.8	11.2	21.0	9.0	20.9	7.1	30.7	8.2	38.7	8.5
ルーマニア	8.3	3.4	12.1	5.2	13.8	4.7	13.2	3.5	17.0	3.7
蘭領東インド[2]	11.9	5.0	15.1	6.5	17.7	6.1	23.9	6.4	27.9	6.1
イラク	—	—	—	—	—	—	—	—	2.2	0.5
その他[3]	6.5	2.7	6.4	2.7	7.7	2.7	9.2	2.5	8.9	2.0
全外国生産	124.2	51.7	122.9	52.6	195.3	66.7	253.8	67.8	324.0	71.1
全世界生産[4]	240.1	100.0	233.7	100.0	292.9	100.0	374.6	100.0	455.5	100.0
原油買付け[5]	341.6		286.4		289.2		282.9		268.5	
アメリカ	283.4		246.1		250.8		243.8		222.8	
外国	58.1		40.3		38.4		39.2		45.7	

(注)　1)　純生産量。
　　　2)　子会社 N. V. Nederlandsche Koloniale Petroleum Maatschappij (NKPM) による生
　　　3)　カナダ，トリニダード，ボリビア，アルゼンチン，ポーランド，イタリア，ハンガリー
　　　4)　各国生産量の合計と若干の差違があるが出典通り。
　　　5)　アメリカと外国との合計と若干の差違があるが出典通り。
(出典)　Larson, Knowlton and Popple [145], pp. 96, 115, 148.

つつ，市場需要法(market-demand act)なる新法の成立を目指したのである[18]。

　しかし，ハンブルなどによるこの試みも，1931年夏のテキサス州議会での法案否決によって一旦挫折することになった。他社，特に中小の原油生産企業，個人業者などは当面する利益の確保を重視し，1滴でも多くの原油を得ることに邁進して生産抑制措置に反発したのであった[19]。しかも，市場需要法案の成立に反対する勢力は，同法案の立法化に向けたハンブルの積極的な行動を「スタンダード石油による独占支配(Standard Oil and monopoly)」の試みととらえたのであり[20]，同社に非難が集中した。同31年11月に同社は他の若干の大企業とともにテキサス州で反トラスト法違反の告発を受けるに至ったのである。この訴訟は，最終的にハンブルに有利な形で決着をみるが，ともかくも同社はしばらく表立った行動を差し控えざるをえなかった[21]。

　だが，原油過剰が深刻化を辿り，価格の低落が極端な様相を呈し中小の原油生産企業，個人業者が大きな打撃を受けるにつれ，これら企業などはその多く

第2章 1930年代の活動と戦後構造の原型形成　121

び原油買い付け量，1930〜39年　　　　　　　（単位：1,000バレル／日，%）

	1935		1936		1937		1938		1939	
		%		%		%		%		%
	139.1	28.5	155.3	29.7	186.2	30.9	166.1	29.6	185.1	30.1
	18.6	3.8	11.9	2.3	16.1	2.7	2.0	0.4	—	—
	181.1	37.1	198.6	38.0	236.6	39.3	233.3	41.5	273.0	44.3
	42.3	8.7	45.3	8.7	49.5	8.2	52.5	9.3	54.5	8.9
	40.4	8.3	41.3	7.9	40.3	6.7	36.0	6.4	29.6	4.8
	14.1	2.9	13.7	2.6	13.4	2.2	13.7	2.4	11.9	1.9
	36.1	7.4	40.9	7.8	43.0	7.2	39.7	7.1	42.3	6.9
	8.2	1.7	9.0	1.7	9.0	1.5	9.5	1.7	8.6	1.4
	8.0	1.6	6.9	1.3	7.7	1.3	8.7	1.6	10.7	1.7
	348.8	71.5	367.6	70.3	415.6	69.1	395.4	70.4	430.6	69.9
	487.9	100.0	523.0	100.0	601.9	100.0	561.5	100.0	615.7	100.0
	276.2		321.4		395.0		372.3		392.2	
	225.6		270.1		340.7		319.9		329.5	
	50.6		51.3		54.4		52.5		62.7	

。1934年以降，同社に対するジャージーの所有権は1/2。
ドイツ，イギリス。

が翌32年に入ると従来の態度を転じて生産の割当制に同調する動きをみせたのである[22]。この頃には，それまで同制度の受け入れに賛成しなかった大企業群もほぼ同方向を目指すようになった。こうした業界内の大方の合意を背景に，市場の規模に合わせて原油の生産量を調整するという，従来のアメリカにおいては異例の法案（市場需要法案）は1932年11月にテキサス州議会で僅少差の上成立したのであった。ハンブルは初期の目標に沿った合法手段を得たのである。テキサスでのかかる成功を踏まえ，親会社ジャージーは他社との共同によって，翌33年頃までに同社の原油生産子会社が操業する主要な生産州のほとんどで同様の制度を成立せしめたのであった[23]。

連邦政府による側面支援の獲得　とはいえ，原油生産を統制し市況の過剰を抑制するためには，現実にはこれで十分だったわけではない。各州政府機関の割当を超えて生産された原油，あるいはそれを用いて製造された製品（これらをホット・オイル〔hot oil〕と呼ぶ）が他州・外国に出荷（密輸）され，アメリカ全

国市場と海外市場の攪乱要因となる事態を防ぐことが必要であった。しかし，こうした他州・外国などへの出荷(州際取引・輸出)は個々の州政府によって統制することはできず，その権限は連邦政府に属した。1933年6月に成立した全国産業復興法(National Industrial Recovery Act，以下NIRAと略記)は，石油業界の意向に応える形で第9条にC項なる規定を設け，連邦政府に対してホット・オイルの他州および外国への輸送(出荷)を禁ずる権限を与えたのである[24]。ジャージーなどによって主導されたアメリカでの過剰生産の抑制活動は連邦政府による側面支援をも引き出したのであった。

　1934年に入ると全国の石油製品消費量(約9億9000万バレル)が1929年水準に回復し，不況も最悪の事態を脱したこともあって，この頃からホット・オイルの生産量は減少に向かった[25]。市場の規模を超えた原油の生産はしだいに終息に向かい，この年全国の原油の平均価格(年間平均)は1バレルあたり1ドルへ復帰したのである[26]。

　ところで，1935年の1月に，同年5月のNIRA全体の違憲判決に先立ち第9条C項が違憲とされ無効になった(連邦最高裁判決)。これは，ホット・オイルの州際取引・輸出を規制する同法(第9条C項)に運用上の難点が含まれており，そうした不備を残したままで連邦政府に規制の権限を与えることを違憲とした判決である[27]。だが，翌2月に連邦議会は，ホット・オイルの規制の点で実際上ほとんど同一の役割を果たすコナリー法(Connally Act)なる新法をNIRAとは別個に成立させたのであった[28]。

　こうした違憲判決，連邦議会での立法化などのやや複雑な動きは法律の単なる運用・技術面に属する問題から発したとはいえず，原油過剰の抑制あるいは生産統制に対する連邦政府の権限と介入可能な範囲についての石油業界，連邦政府，連邦議会などでの議論や確執を反映するものと考えられる。本書は，この問題について立ち入ることはできないが，ハンブルおよびジャージーの場合，ホット・オイルの規制に関する連邦政府の役割・権限についてはこれを不可欠と認めつつも，石油産業への多面的かつ直接的な介入に対してはこれを極力しりぞけ，業界内の自主的な活動，および各州に所在する統制機関の機能によって問題解決を図る姿勢を維持したのであった[29]。さらに，1935年1月に上記

の9条C項の違憲判決を引き出したある訴訟に対しての最初の判決(連邦地方裁)においてすでに生産の規制に関する権限は州に属するとの判断が示されたこと(1934年2月)も考慮されるべきであろう[30]。

　1935年7月,生産割当制度を施行しているテキサス,オクラホマなど主要6生産州の政府当局は,相互の利害調整・協力を目的として石油・ガス保全州際協約(the Interstate Compact to Conserve Oil and Gas)なる取り決めを結んだ[31]。かかる主要州政府の協力機構の形成以降,アメリカ国内で生産される原油の大部分は,連邦政府の公的権限に支えられつつも,基本的には相互の協力・調整関係に立った各生産州の自主的な統制下に入ったのであった[32]。

生産割当制度の意義と問題点　かくて,ジャージーを有力な主導企業の1社として展開された過剰生産の抑制活動は,1930年代半ばに全国生産の統制制度を生み出したのである。成立した生産割当制度は,アメリカ国内での原油生産の統制制度として定着し,第2次大戦後も長くその有効性を維持する[33]。この制度は,第1に,原油生産事業が持つ投機的性格とこれを基底として生ずる過剰生産,石油産業の固有の不安定性をかなりの程度人為的に抑制可能とした点において,また原油生産企業間の競争が一種のカルテル(生産カルテル)を共通の前提・業界秩序とし,それを崩さず行われるに至った点で,アメリカ石油産業史に一つの画期を与えるものというべきであろう。第2に,ジャージーなど石油大企業に対して,中小の精製企業・製品販売企業を支配する手段の一つを提供したことが重要である。1930年代前半に,これら中小の精製企業などは,原油価格の急落,安価な精製用原油の入手に支えられて各地の製品市場で値引き業者(price cutter)として大企業群の支配に挑戦したのであった。だが,生産割当制度はこれら企業から低価格原油の多くを事実上奪い去ったのであり,専ら価格の安さで攻勢をかけた中小の企業群の存立基盤を掘り崩したのである(本章第4節も参照)[34]。

　もっとも,ジャージーからみてこの制度には克服すべき問題点が含まれた。それは,各州の統制機関による州内の油田,油井に対する生産許可量(割当量)の決定基準が曖昧であったこと,そして多くの場合,各油井に対して等量の割当が行われたことである。個人業者などの生産能力の比較的乏しい油井に対し

ても大量の原油を回収可能な油井に対しても等しい量の割当がなされたのである。ハンブルの如く広域鉱区において効率的な生産を追求し，油井数の必要範囲への限定を図った企業にとってその不利は明らかであった。他方，生産量の増加を求める企業は新たな油井の掘削に向かい，その結果，州内あるいは各油田内の油井数は増加し，それに応じて1油井毎の割当量が漸減する，といった事態が生じたのである[35]。

テキサス州においてハンブルは，割当量は企業，個人に対して，各油田の埋蔵量全体に占めるそれぞれの保有埋蔵量の割合に応じて決定されるべきであること，具体的には，油田あるいは鉱区全体に対するそれぞれの保有面積の比率に応じた割当を求めた。同社は，1939年にテキサス鉄道委員会を相手に訴訟を起こすなど自社の割当量を拡大するための行動を続けたのである[36]。ハンブルの主張は，そのままの形で認められることはなかったが，1940年末にテキサス鉄道委員会ははじめて鉱区面積を考慮に入れた割当方式を導入し[37]，1940年代半ばまでにテキサス州では油井の数と鉱区の面積のそれぞれをほぼ均等に考慮して生産許可量が決定されることになったのであった[38]。

かように生産割当制度については，ジャージーにとって不満の面が残ったことは事実である。だが，アメリカ国内での過剰生産を抑制する制度として同社の所期の目標に応えたことは明らかである。1930年代初頭にジャージーが課題とした，原油と油田に対する支配力の強化，全国的な過剰生産の抑制，の2つは基本的に達成されたといってよいであろう。

〔III〕 パイプライン輸送事業と原油生産事業

これまでの検討から，1930年代にジャージー社が強固な原油生産体制を形成したことは明らかであるが，こうした成果は，従来の買い付け主体の原油獲得方式に如何なる変化を招来せしめたのであろうか。また，ジャージー社のアメリカにおける活動，利益の獲得において原油生産事業はどのような位置を占めることになったのか。以下，これらについて考察する。

(1) 1930年代における原油買い付けとパイプライン輸送事業

1930〜39年，ジャージーのアメリカでの原油自給率は，1932年(30.5%)を

最低として以後は年々増加し1939年に47.5%まで伸長した[39]。買い付けへの依存が傾向として低下したことは明らかである。この間，アメリカ国内での買い付け量は1934年には29年比で74.2%まで減少する(前掲表I-2，表II-2を参照)。とはいえ，1930年代もまた買い付け量は生産量を常に上回っており，この時代もジャージーが買い付け主体で原油を獲得したことは否定しえない。1939年では買い付け総量は，生産量の1.8倍に達したのである(表II-2参照)[40]。もっとも，こうした買い付け依存は，原油埋蔵量の急増にみられる如く，自社生産の基盤強化の上でなされたのであり，1930年代初頭ないしそれ以前と同じ性質のものではない。ともあれ，ジャージーは従来の原油獲得方式を転換することはなかったのである。

　ジャージーによるこうした行動の理由として，さしあたりは2点を挙げるべきであろう。第1に，自社の生産量の拡大と引き換えに従来から原油を買い付けた企業や個人との取引を打ち切る，あるいは大きく買い取りを削減することは，これら企業などによる原油の投げ売りを誘発し，市況の一層の悪化を招くおそれがあったこと，第2に，同社にとって中小の原油生産企業などは，原油生産事業の投機性に由来する投資の危険性への一種の緩衝手段としての役割を果たしたのであり，買い付けをできるだけ継続してこれら企業・業者の経営をある程度支える必要があったこと，である[41]。だが，これらに劣らず，ジャージー社がこの時代にも買い付けを大きく削減することがなかった理由，あるいはその規定因として重視すべきは同社のパイプラインによる原油輸送事業とその特徴である。

　ジャージー社がアメリカ国内に擁したパイプライン網は，第1次大戦終了以降の数年間になされた一大投資によってほぼ基本的な骨格が作られ，ついで1920年代後半のテキサス州，その他での原油獲得活動に照応して一層の拡充がなされた。1930年代には全体としてマイル数の拡張は軽微であり，20年代末ないし30年頃までにジャージーの国内パイプライン輸送網はその体系をおおむね確定したのであった[42]。敷設されたパイプライン網，特に大動脈をなす有力な幹線パイプラインは，テキサス，オクラホマ両州の油田地帯とメキシコ湾岸地域に所在する2つの主力製油所(ベイタウン製油所〔Baytown refinery, テキサス州南東部所在〕, バトン・ルージュ製油所〔Baton Rouge refinery, ルイジアナ州 Louisiana 所在〕, 図II-2参照)および原油の積出港とを結合したのである(以上については，前章第3節も参照)[43]。

その際，重要なことは，必要原油の大半を外部からの買い付けに依存せざるをえなかった1920年代の事情に規定され，ジャージー社のパイプラインは，自社による生産よりはむしろ買い付け活動が活発に行われた油田地帯と製油所等を結びつけたことであった。同社内最大のハンブル・パイプライン会社(Humble Pipe Line Company, ハンブル石油・精製の子会社)の場合，主要な原油買い付け地帯は，如上の主力製油所(ベイタウン製油所)等から遠隔地にある西部テキサス，ニューメキシコ(New Mexico)などに所在した。これに対し，親会社のハンブルが擁する主要な油田地帯は，従来からのメキシコ湾岸地域，およびこれと隣接しこの時代の初頭に同湾岸地域を凌ぐ重要性を獲得した先述の東部テキサス地域にあったのである(図II-2参照)。前章で述べたように，一般に，パイプライン事業による利益の獲得にとっては，輸送能力の上限あるいはそれに近い水準の操業を維持することが要請された。主要な原油買い付け地域と自社の主力油田地域とが地理的に大きく異なるハンブルの場合，保有するパイプライン網の基幹部分の操業を維持するためには，あえて積極的な原油の増産を抑制し，現行の買い付け量をできるだけ継続することが必要だったのである[44]。1930年代を通じ親会社のハンブル社が買い付けた原油の1/2から1/3が上記の西部テキサス，ニューメキシコの両地域の原油によって構成された事実は，既存パイプラインの操業を維持しようとする同社(子会社ハンブル・パイプライン)の行動の結果といえよう[45]。

なお，規模と個別の事情は異なるが，ジャージー傘下の他の原油輸送パイプライン会社もまた買い付け原油を主たる輸送原油として操業を続け，1930年代を通じて20年代末期の買い付け量をほぼ維持したのであった[46]。

(2) アメリカ国内における原油生産部門の位置

次に，アメリカにおけるジャージー社の活動全体に占める原油生産部門の位置について。ここでは財務面(固定資産額，獲得利益)に限定して，特にパイプライン輸送事業との関連・対比において検討する。

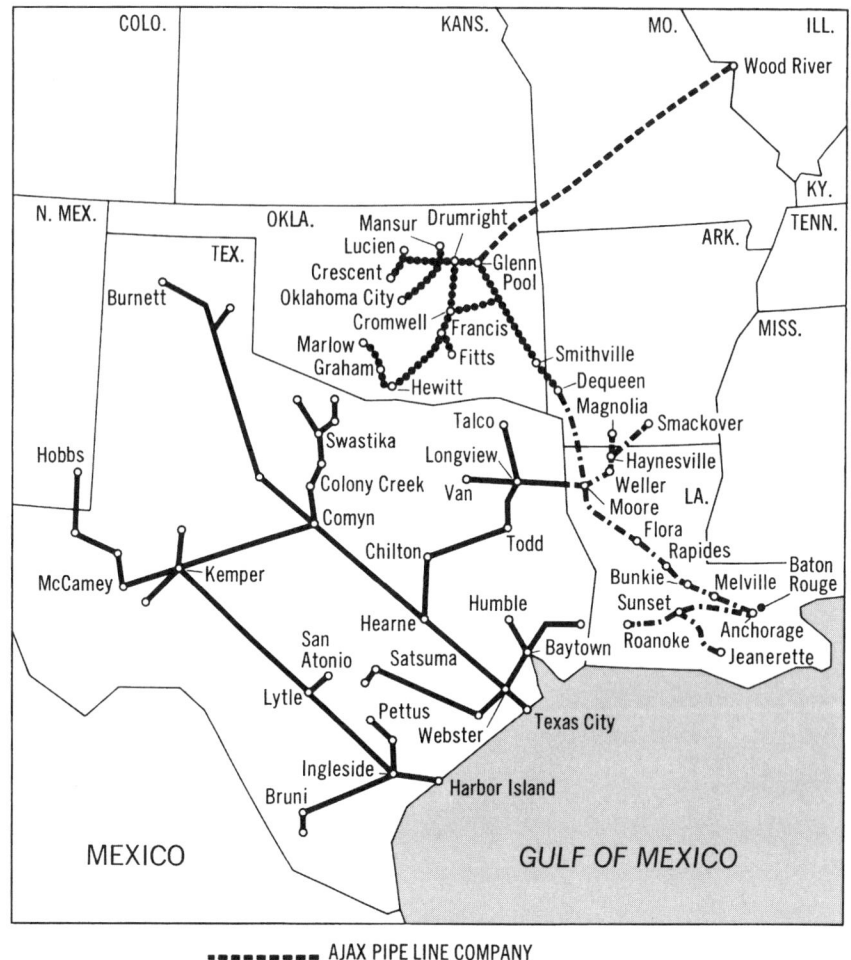

第2章 1930年代の活動と戦後構造の原型形成　127

図II-2　テキサスおよび周辺諸州におけるジャージー子会社の原油輸送パイプライン網
(出典)　Larson, Knowlton, and Popple〔145〕, p. 231.

表II-3 ハンブル石油・精製会社の純固定資産額[1]，1930〜39年
(単位:100万ドル, %)

	原油生産部門[2]		精製・販売部門		パイプライン部門		その他		計	
		%		%		%		%		%
1930	44.3	30.4	48.2	33.1	49.8	34.2	3.4	2.3	145.7	100.0
1931	54.1	33.3	48.3	29.7	56.5	34.8	3.6	2.2	162.5	100.0
1932	65.1	38.8	45.5	27.2	53.6	32.0	3.4	2.0	167.6	100.0
1933	83.3	46.5	42.6	23.8	49.9	27.9	3.2	1.8	179.0	100.0
1934	108.3	56.1	34.1	17.6	46.9	24.3	3.8	2.0	193.1	100.0
1935	123.7	60.6	32.0	15.7	44.0	21.6	4.4	2.1	204.1	100.0
1936	144.0	63.6	32.9	14.5	44.9	19.9	4.5	2.0	226.3	100.0
1937	177.4	65.7	39.2	14.5	48.3	17.9	5.0	1.9	269.9	100.0
1938	203.0	68.7	41.1	13.9	47.1	16.0	4.2	1.4	295.4	100.0
1939	212.1	69.7	41.6	13.7	45.6	15.0	5.0	1.6	304.3	100.0

(注) 1) 各年末額。
2) 天然ガス生産を含む(但し，1930年のみ天然ガス生産資産は精製・販売部門に含まれる)。
(出典) Larson and Porter [144], p. 690.

表II-3は子会社ハンブルの1930年代における固定資産額の推移を示す。この時代に全体額は倍増し，なかでも原油生産部門のそれは5倍弱の伸長を遂げた。1939年ではハンブル社の全固定資産額のほぼ7割に達し，同社最大の事業部門となったのである。獲得利益額でも，1934年に1220万ドル(但し，税金および間接費の支払い前〔before the allocation of taxes and overhead〕)に達し，それまで最も多くの成果を生み出したパイプライン輸送事業を凌駕し，以後同社の最大利益獲得部門となるのである[47]。

こうした原油生産事業の躍進が，すでにみた油田獲得の急展開とこれを可能にした原油生産事業への投資に由来したことはいうまでもない。さらに，利益の面では，1930年代半ばまでに生産割当制度が確立し，これが過剰生産の出現あるいは深刻化を抑制する作用をして原油価格の暴落を食い止め，価格の安定を支えた事実も落とせない。大規模な原油生産事業への投資とともに，投資にある程度見合う利益をハンブル(ジャージー)に可能ならしめる制度面の保証もこの時代に確保されたのであった[48]。

他方，ハンブルにおいてパイプライン事業の収益性，利益額が1930年代に大きく落ち込んだことが指摘されなくてはならない。図II-3によれば，子会

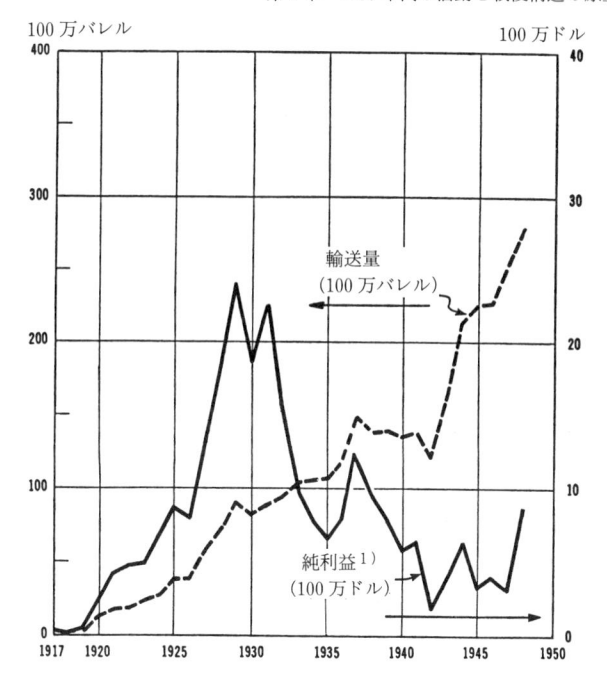

図II-3 ハンブル・パイプライン会社の純利益，幹線パイプラインによる原油輸送量

(注) 1) net income after federal income taxes.
(出典) Larson and Porter〔144〕, p. 522.

社ハンブル・パイプラインの原油輸送量(幹線パイプラインによる輸送量)は，1937年頃から42年頃まで漸減・停滞するが，それまではほぼ一貫して増加した。しかし，1930年代，特に前半期の純利益の低落は顕著であり，一時1937年頃に回復をみるがまもなく反落する。従来パイプライン部門の利益を支えた高運賃体系がこの時代に崩れたことが，こうした事態を招いた基本的要因と考えられる。

　それは主として原油価格の顕著な低落によって惹起されたといえよう。ハンブル・パイプラインは，1931年にはじめて輸送料金の引き下げを行った。東部テキサス原油の急増によりテキサス州での原油価格は全般的に一層の低落をみたのであり(本節前注〔22〕も参照)，これが，生産費が相対的に割高でかつ遠隔

地から高運賃をかぶせて輸送された西部テキサス原油の活用を困難ならしめたのである。西部テキサス原油の市場喪失(ハンブル〔ジャージー〕社内での活用の困難など)は，これを輸送したパイプラインの操業停止を意味するのであり，ハンブル・パイプラインは，パイプラインの輸送料金の引き下げなしには輸送事業そのものの維持が困難と判断したのである。その結果，同子会社は，同31年6月に西部テキサス原油について20%の引き下げを実行し，その後も時には50%に及ぶ料金引き下げを実行せざるをえなかった[49]。西部テキサス以外の原油の輸送について史実や統計は不明であり，なお今後検討が必要ではあるが，全体として1930年代前半における原油価格の低落を背景とした輸送料金の引き下げが同部門の利益の大きな減退を惹起せしめたと推定されるのである[50]。

以上，子会社ハンブルにおいて原油生産部門は，1930年代半ばまでに固定資産額および獲得利益額でも最大の事業部門となった。ハンブル社が原油の生産量でジャージー社全体の国内生産の70%以上を占めたことを先述したが，原油輸送事業の面でもハンブル(ハンブル・パイプライン)は1939年に，ジャージー社による原油輸送の大半を担ったと考えられる主要な3つのパイプライン子会社の輸送量全体(幹線パイプライン輸送量)の70.7%，獲得利益額全体の75.2%を占めたのである[51]。かように，ハンブルは，アメリカ国内でのジャージー社による原油の生産と輸送の2つの事業について，その最大部分を担う子会社であった。こうしたハンブル社における1930年代の事業と利益の構造転換は，アメリカにおけるジャージー社に占めるその比重からして，ジャージー社自身における国内での事業構造と利益獲得の一つの転換を意味するであろう[52]。この時代にジャージー社において，従来最も弱体な事業部門の一つであった原油生産事業が，同社の主要な事業分野を構成しはじめる新たな局面が開かれたと考えられるのである(次節の末尾も参照)。

1) 以上は，U.S. FRB〔127〕, September 1941, p. 917; U.S. Bureau of the Census〔129〕, p. 693; U.S. House〔54〕, p. 7による。
2) Jenkins〔106〕, 1989, Vol. 1, p. 3.

3) アメリカ全体の卸売物価指数をみると，1932 年は 29 年の 68％であった (U.S. FRB 〔127〕, September 1941, p. 917)。
4) 1920 年代後半ないし末頃までにこうした動きは始まったようである (U.S. Senate 〔67〕, p. 352, 邦訳, 388 頁)。なお，メキシコ湾岸価格の重要性については，テキサス州産の原油だけでなく，ミッド・コンチネントの原油(オクラホマ，カンザス(Kansas)両州の原油)もまた少なからずメキシコ湾岸へ運ばれ，そこからタンカーで北東部などへ出荷されたこと，これによりアメリカ全体で生産された原油に占めるメキシコ湾岸の港での取り扱い原油の比重が高まったことも考慮されるべきであろう。
5) アメリカでの自給率は，ジャージーが国内で生産した原油(純生産量)を国内での精製量で除した数値である (Larson, Knowlton, and Popple 〔145〕, pp. 96, 148, 200 による)。
6) Larson, Knowlton, and Popple 〔145〕, p. 96.
7) 以上については，Jersey 〔26〕, June 1931, pp. 15, 17; Larson and Porter 〔144〕, pp. 395-399, 449, 508 による。
8) Larson and Porter 〔144〕, pp. 392, 394.
9) Larson, Knowlton, and Popple 〔145〕, p. 74 による。
10) 若干の大企業についてみると，最も大きな欠損を出した企業の 1 社であるシェル (Shell Oil Company)は経営の縮小に努め，1931 年には，かつて総計 800 万ドルを費やして入手した借地権を手放し，さらには東部テキサスに保有した将来性ある資産なども売却した。ガルフ (Gulf Oil Corporation) は 1932～35 年に無配に転落しており，新たな鉱区を獲得しうる資金が不十分であった。テキサス (The Texas Corporation) の場合，1920 年代末頃から精製・販売事業に投資の重点を移し，原油生産部門への投資はそれ以前に比べかなり控えめであった。中小の企業群は資本不足に加え，この時期の原油生産部門への新規投資を危険性の強いものとして避ける傾向にあったのである。以上は，Jersey 〔24〕, 1930, p. 12; TNEC 〔55〕, pt. 14-A, pp. 7863, 7868, 7873, 7880; Larson and Porter 〔144〕, p. 393; McLean and Haigh 〔226〕, pp. 697-699 による。
11) アメリカにおける油田探索の歴史を振り返ると，19 世紀半ば以降の数十年間になされた主要油田の発見のほとんどは，専ら経験と勘にたよる探索家 (practical man) によったが，科学的方法を用いる探索もしだいに行われるようになった。第 1 次大戦中はこれらの探索家と地質学の手法を取り入れた技術者とによるものが発見総数をほぼ 2 分した。1920～26 年には後者が 70 の主要油田の 2/3 を発見した。1927～39 年では発見された 171 の主要な油田のうち地質学の手法によるものが 77, 地球物理学の方法を用いたものが 65, 従来の探索家によるものが 29 をそれぞれ担ったといわれている。ハンブルは，地球物理学の方法を取り入れた企業の一つであり，地震計設備と技術者団をともに擁したアメリカ最初の企業であった。1932 年に，テキサスで行われたこの方法による油田探索作業の 42％をハンブルの技術者団が行ったのであった。以上については，Larson, Knowlton, and Popple 〔145〕, pp. 74-76 による。
12) 1927～39 年にハンブルは，将来性が乏しいと考えられた鉱区についてはこれを手放

すなど一部を整理したが，1939年末で保有面積は800万エーカーに上り，それは1927年時点の2倍に相当した(以上については，Larson, Knowlton, and Popple [145], p. 79; Larson and Porter [144], pp. 394, 412-413, 691による)。なお，ジャージー社全体および他社の鉱区面積の推移については，TNEC [55], pt. 14-A, pp. 7785-7786に詳しい。

13) Larson and Porter [144], p. 696.
14) ハンブルの原油獲得地域(テキサス，ルイジアナ，ニューメキシコの各州)で，同社の1938年時の埋蔵原油量(20億バレル強)は，同年ハンブルにつぐ2位以下の企業3社(ガルフ，インディアナ・スタンダード[Standard Oil Company (Indiana)]，テキサス)の埋蔵量の総計よりもさらに大であったと推定される(Larson and Porter [144], pp. 421, 695)。
15) Larson, Knowlton, and Popple [145], p. 80.
16) TNEC [55], pt. 14-A, p. 7779; Socal [42], 1930-1940, 各号，による。
17) テキサス鉄道委員会は，本来鉄道業に対する監督機関として19世紀末(1891年)に発足したが，1917年のテキサス州法で石油，天然ガスの保全が業務の一部に含まれた。ついで，1919年に新法(石油ガス保全法[the Oil and Gas Conservation Act of 1919])が制定され，原油と天然ガスの生産状況の調査，浪費を抑制するための規制権限が同委員会に与えられたのである(以上については，NACP [1], Proration Procedure in the State of Texas: History of Oil and Gas Conservation and Proration Statutes and Rules and Regulations Issued Thereunder in the State of Texas, 日付なし(但し，1936年以降43年以前)，作成者の署名なし: Texas Refining Study 7/9.2.9: Petroleum Conservation Division, 1936-43: RG232; NACP [1], Application of Proration Procedure in the State of Texas to the Enforcement of the Connally Law, By Selman L. Loans and L. L. Hollingsworth: Texas Refining Study 7/9.2.9: Petroleum Conservation Division, 1936-43: RG232; Prindle [258], pp. 19-20, 30; Childs [171], pp. 358-359; Jersey [24], 1930, p. 12; Nash [236], p. 113による)。なお，ここでいう「浪費」が何を意味するかについて，後注(23)を参照せよ。
18) 以上については，Jersey [24], 1932, pp. 3-4; Jersey [26], June 1931, pp. 19-20; Zimmermann [283], pp. 151, 155; Larson, Knowlton, and Popple [145], pp. 88-90; Prindle [258], pp. 30-31による。
19) 原油生産業者に鉱区を賃貸している東部テキサスの土地所有者もまた，自分の土地からできるだけ多くの利益(利権料)を獲得しようとして，生産調整，割当制度の導入に強く抵抗した。さらにテキサス州内の銀行，商業会議所，鉄道企業，現地のマスコミ(新聞)なども，新興の東部テキサス油田の開発を抑制するべきではないと主張し，市場需要法に基づく生産制限，割当制の導入に反対したのであった。以上については，NACP [1], Memorandum for Secretary Wilbur by E. S. Rochester, April 21, 1931: FOCB, Gen. Com., 1930-32 [1931, Jan.-April] (3): Federal Oil Conserva-

第 2 章　1930 年代の活動と戦後構造の原型形成　133

tion Board, 1924-1934 : RG232 ; Jersey〔26〕, June 1931, pp. 18-21 による。
20) Larson and Porter〔144〕, p. 465.
21) Larson and Porter〔144〕, p. 465.
22) 東部テキサス油田からあふれる原油は，一時(1931 年 8 月)は 1 バレルあたり 2.5 セントまでテキサス州の原油価格を低下させたのであった。これにより，相対的に生産費の割高なテキサス州西部，北部地域を中心に中小の生産企業などの倒産が相次いだ。こうした事態を受けて，メキシコ湾岸地域を除くテキサス州各地の原油生産業者が参加するテキサス石油・ガス保全協会(The Texas Oil & Gas Conservation Association)なる広域団体は，1932 年初頭頃から生産割当制の導入を求める運動を開始したのである。

　さらに，ハンブルの行動として注目すべきは，1932 年の 10 月頃と推定されるが，テキサス州で操業する主要石油企業が共同で東部テキサス原油の価格を 1 バレルあたり 12 セント引き上げようとした際，同社は唯一これに従わず，結果としてこの共同での価格引き上げを挫折させたことである。これは，低価格のみが多くの原油生産者に規制を受け入れさせる(low prices alone would bring many producers to accept regulations, ―Larson and Porter〔144〕, p. 474 より引用)，とする同社経営陣の考え方に基づく行動と考えられる。

　以上については，NACP〔1〕, Western Union Telegram to Honorable Nethan Adams from Carl L. Estes, October 18, 1932 : Board File, No. 13 : Federal Oil Conservation Board, 1924-1934 : RG232 ; Larson and Porter〔144〕, pp. 458-459, 464 による。
23) Zimmermann〔283〕, p. 155 ; Larson and Porter〔144〕, p. 471 ; Larson, Knowlton, and Popple〔145〕, p. 91 ; Williamson and others〔280〕, pp. 542-544 ; Vietor〔273〕, pp. 22-23 による。

　これまでテキサスをはじめいくつかの州の政府機関(テキサス鉄道委員会など)は，実効性が乏しいとはいえ州内の原油生産事業に対する一定の統制権限を与えられていた。同機関が，そうした権限を持ちうる根拠は，石油の「浪費」を抑制し，貴重な資源を「保全」することが州にとって必要であるとの考えからであった(前注〔17〕も参照)。だが，「市場需要法」の成立以降，ここでいう「浪費」の定義はそれ以前と変化し，それまでの物理的な意味での浪費(油井からの原油の流出，資源の廃棄など)を指すだけでなく，経済的な意味が付加されたのである。テキサス州議会で成立した同法は，「浪費」について，新たに，輸送手段，あるいは市場の施設，あるいは適切と考えられる市場での需要の規模を超えた原油の生産を指すとの規定を追加したのであった(the specific addition to the previous definition of waste was "the production of crude petroleum oil in excess of transportation or market facilities or reasonable market demand")。これにより，州政府は需要を上回る量の原油を「浪費」として抑制する権限を与えられたのである(NACP〔1〕, Proration Procedure in the State of Texas : History of Oil and Gas Conservation and Proration Statutes and

Rules and Regulations Issued Thereunder in the State of Texas, 日付なし(但し, 1936年以降43年以前), 作成者の署名なし：Texas Refining Study 7/9.2.9：Petroleum Conservation Division, 1936-43：RG232による).

24) Zimmermann〔283〕, p. 194.

25) テキサス州での割当量と実際の生産量を対比すると, 資料の得られた1933年9月から35年2月についてであるが, 1933年9月に1日あたりの割当量(1ヵ月の平均)は97万5200バレルであったが, 実際の生産量は112万3400バレル(同)で割当量を15.2%凌いだ. その後この比率は増減を辿り, 直ちに傾向的に低下したわけではない. しかし, 1934年の末頃には, 例えば12月が0.9%, 35年1月が2.5%, のように次第に生産量は割当に近づく動きをみせた. 以上については, NACP〔1〕, Memorandum(署名, 日付なし)：Production—Special：Production (A-Z)：RG 232；NACP〔1〕, Letter to Mr. Frank Phillips from J. M. Sands, July 25, 1934：Phillips Petroleum Co.-Bartlesville-Mkt.-Gen.：General—1933-35 (Correspondence Relating to Marketing of Petroleum Products)：RG232 による. なお, TNEC〔55〕, pt. 14, pp. 7447, 7598；Watkins〔275〕, pp. 91-92, 107；森〔230〕, (2), 57-59頁も参照せよ.

26) Jenkins〔106〕, 1989, Vol. 1, p. 3.

27) NIRAの第9条C項は, ホット・オイルの出荷を抑えるために各生産者・企業に対し, 州外に出荷する原油については, それが割当に基づいて生産された合法的なものであることを示す宣誓書(affidavit)の提出を求めた. だが, ホット・オイルについても偽りの宣誓書を提出する生産者が出現し, この制度は有効性を疑われることになったのである. 詳細は, Murphy〔235〕, pp. 693-695；Zimmermann〔283〕, pp. 194-195を参照せよ. 次注も参照せよ. なお, 全国産業復興法全体の違憲判決の理由と経緯については, さしあたり Faulkner〔178〕, pp. 667-668, 邦訳, 862頁を参照.

28) 詳細を省略するが, この法律には, NIRAの第9条C項に比べより詳細な規定が含まれたこと, および NIRAの第9条C項に含まれた運用上の難点については前年の10月末までに一応の対策が連邦政府によってすでに用意されたこと(但し, 直ちには実施できず), によってコナリー法はホット・オイルの出荷をおさえる手段としてその後長く有効性を維持する. 以上については, Murphy〔235〕, pp. 693-695；Zimmermann〔283〕, pp. 194-195 による.

29) この当時, 連邦政府内および連邦議会には, 原油生産に限定せず, 広く石油産業全般に対する連邦政府の統制強化を求める動きがみられた. 例えば, 議員の中には連邦政府機関に油井に対する生産割当権限, 石油製品についての価格決定権, 卸売, 小売施設の建設規制権を与える, などの構想を打ち出す動きもあったのである(Jersey〔24〕, 1933, pp. 3-4, 10, 1934, p. 9；Williamson and others〔280〕, pp. 549-550を参照).

30) その具体的な事情については, Murphy〔235〕, pp. 693-695を参照.

31) 協約の具体的内容については, Murphy〔235〕, pp. 571-576をみよ.

32) 原油生産割当の基本的方法は以下の通り. まず, 内務省鉱山局(Bureau of Mines,

Department of the Interior)が毎月，翌月の国内消費量と輸出量に適合する原油の生産量を予測し，ついで各生産州に対して翌月の生産許容量を提示する。これを受けた各州の政府(生産統制機関)は自主的に自州の生産量を決定し，州内の各油田，油井に対してそれぞれの生産許容量を割り当てる，以上である。

なお，3点を補足すると，第1に，州際協約に基づき各州の生産割当量について相互の調整がなされたが，協約に基づく拘束は緩く，各州の自主的な決定がどこまでも基本だったようである。第2に，州内での割当方法であるが，テキサス鉄道委員会の場合は，州内に存在する油井に対し月毎の数量のみならず，操業日数を提示する，必要な場合は油井の閉鎖を命ずる，などの形で生産調整を行うこともあったようである(後の第2次大戦後の事例であるが，第4章第2節の注[9]を参照せよ)。第3に，1930年代半ばまでにアメリカで生産される原油量の4/5はこの制度の下におかれたが，なお若干の州に統制制度は設けられなかった。

以上については，NACP [1], Application of Proration Procedure in the State of Texas to the Enforcement of the Connally Law, By Selman L. Loans and L. L. Hollingsworth : Texas Refining Study 7/9.2.9 : Petroleum Conservation Division, 1936-43 ; RG232 ; NACP [1], Present trends in the Oil Industry, with Special Reference to Effect and Stability of Proration, by Frank P. Donohue, June 15, 1937 : Industrial Fuel Rationing : (Records Concerning Gasoline, Fuel Oil Rationing, Supply and Demand and Consumption, 1942-45) : RG253 ; TNEC [55], pt. 17, pp. 9583-9603 ; U.S. Senate [67], pp. 213-218, 邦訳, 251-255頁；Prindle [258], p. 73 ; Childs [171], pp. 358-359 による。

33) 但し，アメリカが石油の純輸入国に転じた第2次大戦後においては，国内での原油生産の統制について，新設の石油輸入割当制度(1959年)の役割が考慮されなくてはならない。第4章を参照せよ。

34) その一つの例証として，全国に所在した製油所の操業率をみると，アメリカ国内で大企業と呼ばれ，臨時全国経済委員会(TNEC)が調査対象とした20社(前掲表I-8参照，1930年代初頭時点ではそのほとんどが原油生産から製品販売までの各事業を行う)のそれは，平均して1931年に67％，35年に73％，37年85％とその比率を上昇させた。他方，これに対してそれ以外の中小の精製企業群は平均して，それぞれ48％，43％，49％と低迷したのである。また，東部テキサスの油田地帯では1935年初頭に74の中小の製油所が存在したが，1930年代末ないし40年代初頭には，その数はわずか3に激減したのであった(Jersey [24], 1930, pp. 6-7, 1933, p. 6 ; TNEC [55], Monograph, No. 39, pp. 33, 76)。なお，生産割当制が大企業，独占企業を擁護する制度であるとする批判は，1930年代の初頭においてすでにみられた。この点については，連邦司法省反トラスト局の見解，これに対するジャージーなど大企業の反論，さらに後者に対する反トラスト局の再論を扱ったTNEC [55], Monograph, No. 39, No. 39-Aが有益である(両資料を要約・紹介した邦語文献として，石油問題研究会[261]，1966年，がある)。

35) その結果,ハンブルもまた生産量を維持・拡大するために,効率性から考えて本来は必要のない数の油井を確保(掘削)せざるをえなかったように思われる。以上については,NACP〔1〕, Present trends in the Oil Industry, with Special Reference to Effect and Stability of Proration, by Frank P. Donohue, June 15, 1937: Industrial Fuel Rationing: (Records Concerning Gasoline, Fuel Oil Rationing, Supply and Demand and Consumption, 1942-45): RG253; TNEC〔55〕, Monograph, No. 39, p. 15; Larson and Porter〔144〕, pp. 247-248, 491-501による。

36) 1939年にハンブルは,同社が東部テキサス油田に保有する鉱区面積,埋蔵量からすれば同油田地帯に割り当てられた許可量全体の14.3%を認められてしかるべきであるが,実際には9.9%にすぎないとして,テキサス鉄道委員会を相手に割当量拡大の訴訟を起こしたのである(Jersey〔26〕, August 1939, p. 4)。

37) Larson and Porter〔144〕, pp. 498-501.

38) Prindle〔258〕, pp. 52, 74参照。

39) Larson, Knowlton, and Popple〔145〕, pp. 96, 200-201による。ここでの自給率の計算については本節前注(5)を参照。

40) ジャージーは原油を買い付ける一方,原油の販売も行った。その量は,1日平均で1930年の6万7600バレルから39年には12万9800バレルへほぼ傾向的に増加した。こうした買い付けと販売が併存した理由の一つは,他の原油生産企業との原油の交換によるものである。品質・性状の異なる原油の獲得,製油所などへの原油輸送費の節約(自社の製油所への原油供給をその近隣に油田を持つ他社に委ねる)などを目的としてなされた(Larson, Knowlton, and Popple〔145〕, pp. 96-97を参照せよ)。

41) ジャージーは先述の如く1930年代初頭以降,活発な鉱区の入手,油田の探索を行ったが,その一方で他社によって発見された有望油田の買収にもこれらに劣らぬ意欲をみせたのであった。油田の発見等に伴う危険の負担を中小の企業,個人業者に転嫁し,資金力の乏しい後者から相対的に安く油田を買い取ることがこの時代にも追求されたのである(Larson and Porter〔144〕, pp. 395, 397, 399-400)。

42) 1930年代初頭に大規模油田地帯として台頭する東部テキサスに対しては,一部既述のように1920年代末までに子会社ハンブルは進出しており,1930年時点でパイプライン網を持っていたようである(Jersey〔24〕, 1930, p. 5; Humble〔23〕, September-October, 1948, p. 18; TNEC〔55〕, pt. 14-A, pp. 7790-7791)。

43) U.S. House〔53〕, pt. 1, pp. 216-217の間の綴じ込み地図を参照。

44) Larson and Porter〔144〕, pp. 508, 517.

45) ハンブルの原油買い付け量は1930年には1日あたりで17万8000バレルであり,それはジャージー社全体の買い付けの52%にあたり,また同年のハンブルによる原油生産量(純生産)の2.4倍であった。買い付け量はその後1934年まで漸減するが,以後増勢に転じ,39年では24万2000バレル(1日あたり)となり,ジャージー社全体の62%,ハンブルの生産量(純生産)の1.9倍であった。以上は,Larson and Porter〔144〕, pp. 517, 519, 696および前掲表II-2による。

46) Larson, Knowlton, and Popple〔145〕, p. 96.
47) 1928〜39年までハンブル社は原油生産事業において28年，31年に欠損を出したが，それ以外の年次についてはいずれも利益を計上し，1930年代は32年以降37年まで利益額は，年により若干の減退もあるがほぼ年々増大し，税金および間接費の支払い前であるが，171万9000ドル(1930年)から2544万6000ドル(1937年)の間にあった(38，39年は減少に転じた)。この間の利益額(税金および間接費の支払い前)を，本来比較は適切ではないが，ハンブル社全体の純利益額(税金および間接費の支払い後)と対比すると，1929,30年がそれぞれ6.4%，9.5%であった。これに対し，1932年以降は，33年のみ27%であったが，その他はいずれも40%を超えた(最大は1934年の55.5%)。みられるように，統計上の不備があるが，原油生産部門がハンブルの利益獲得において主要な分野に転じたことは否定しえないであろう(以上の統計は，Exxon Mobil Library〔4〕, HQ: Draft Papers, History of Standard Oil Company (New Jersey) on New Frontiers, 1927-1950, by Evelyn H. Knowlton and Charles S. Popple, Chapter 3, p. 70, 作成年次不明；Larson and Porter〔144〕, pp. 511, 692による)。
48) 生産割当制度の下での原油価格と費用の関係についてみると，1937年の前半頃であるが，東部テキサス原油1バレルの価格は1.35ドル，ミッド・コンチネント原油の場合は1.22ドルであった。他方，この年の半ば時点についてであるが，1バレルの原油生産に要する平均的な費用(但し，テキサス，オクラホマなどの場合かそれともアメリカ全体かは不明，おそらくは後者)は，零細油井(stripper well)のそれが1.00〜1.25ドルであったのに対し，大企業が保有する油田(油井)についてはほぼ50セント程度と推定された。この統計からすれば，この当時の原油価格は，個人業者等の零細油井でもどうにか費用だけは取り戻すことが可能な水準であり，優良な油田を比較的多く擁した主要企業に対しては相当な利益を保証したと考えられるのである(以上は，NACP〔1〕, Present trends in the Oil Industry, with Special Reference to Effect and Stability of Proration, by Frank P. Donohue, June 15, 1937: Industrial Fuel Rationing: (Records Concerning Gasoline, Fuel Oil Rationing, Supply and Demand and Consumption, 1942-45): RG253；API〔89〕, p. 374による)。
49) Larson and Porter〔144〕, pp. 520-522.
50) その他の要因として，赤字操業を続けるハンブルの精製部門からの料金引き下げの内部圧力などもあった(Larson and Porter〔144〕, pp. 520-522)。ハンブル・パイプラインの輸送利益は，1928年では1バレルあたり36セントであったが，1941年には13セントまで低落した。なお，1940年9月に親会社のジャージーを含む22の主要企業はパイプライン輸送業について司法省による反トラスト告発を受け，ジャージーは1941年に同省との同意審決(consent decree)に入った。これも輸送料金を抑制する要因になったようであるが，その影響は1942年以降に現れたように思われる(1942年にハンブルが得た1バレルあたりの利益は9セントへ)。以上については，Jersey〔24〕, 1933, p. 5；Fortune〔98〕, October 1951, p. 193による。なお，Johnson〔211〕, pp.

286-304 も参照。

　ここで，ジャージーのアメリカにおける他のパイプライン輸送子会社について一言する。ハンブル(ハンブル・パイプラン)に比べかなり規模は劣るが，同社につぐ位置にあった2つの子会社，スタンダード・パイプライン会社(Standard Pipe Line Company)，オクラホマ・パイプラン会社(Oklahoma Pipe Line Company)は，1930年代を通じ輸送量では停滞ないし減退を余儀なくされ，獲得利益は著減した(前掲図II-2を参照。なお，同図ではスタンダード・パイプライン会社は親会社のルイジアナ・スタンダード石油〔Standard Oil Company of Louisiana〕の名称で表示されている)。両パイプラインはハンブルと同じく輸送料金の引き下げを行っており，1934年7～12月に33～37.5%，38年10月に25～33%引き下げた(両社とも同時にほぼ同じ比率で引き下げたものと推定される)。ここで，両子会社の幹線パイプラインによる輸送量と純利益額とを1927年と39年について比較すると，以下の通りである(ハンブルについては前掲図II-3参照)。スタンダード(1927年，4100万バレル，750万ドル；39年，4100万バレル，280万ドル)，オクラホマ(1927年，4060万バレル，760万ドル；39年，1660万バレル，30万ドルの欠損)，である。もっとも，利益はかように大きく減退したが，1939年についてであるが，ジャージー社のパイプライン輸送部門においては，資産額に対する純利益率は10.5%に達し，同社の全事業部門の中で最高であったことが注目される。以上については，Larson, Knowlton, and Popple〔145〕, pp. 249-251 による。本章第6節も参照せよ。

　なお，1938年について，アメリカの主要なパイプライン輸送会社17社(この中には石油企業として有力なカリフォルニア・スタンダードは含まれていない)の幹線パイプラインによる原油輸送量(バレル・マイル)でみると，ジャージーは最大で444億9200万，2位にインディアナ・スタンダード(379億2600万)，3位シェル(333億7000万)，4位コンソリデイテッド(Consolidated Oil Corporation, 275億600万)，5位ガルフ(270億6600万)，6位ソコニー・ヴァキューム(Socony-Vacuum Oil Company, Inc., 227億5900万)などである(TNEC〔55〕, pt. 14-A, p. 7795による)。なお，資産額での順位については Williamson and others〔280〕, p. 590 をみよ。

51)　1927年時点でハンブルは，前者の原油輸送量では40.7%，後者の獲得利益額では46.5%に留まっていた。1939年までの各年の統計を知ることはできないが，この間に着々と比重を高めたと考えられる。

　ジャージー社内には，原油輸送を担ったパイプライン輸送会社としてハンブル(ハンブル・パイプライン会社)，スタンダード・パイプライン会社，オクラホマ・パイプライン会社(後2社については，前注参照)以外に，エイジャックス・パイプライン会社(the Ajax Pipe Line Company)が存在する(前掲図II-2参照)。だが，これはジャージー，オハイオ・スタンダード(Standard Oil Company of Ohio)，およびピュア石油(Pure Oil Company)の共同所有会社であり(1930年創立，ジャージーの3つの子会社が株式〔managing stock, 議決権株と推定される〕の40%を所有)，ジャージーにとっては関連会社の性格が強く，またその輸送量は不明である。なお，かつて原油輸送

のパイプライン会社であったタスカローラ石油(Tuscarora Oil Company, 前掲表 I -4 参照)は，既述のように 1930 年初頭以降，製品輸送パイプラインに転換した(第 1 章第 4 節〔 I 〕(3)を参照)。

　以上については，Exxon Mobil Library〔4〕, HQ: Draft Papers, History of Standard Oil Company (New Jersey) on New Frontiers, 1927-1950, by Evelyn H. Knowlton and Charles S. Popple, Chapter 6, pp. 24-25, 作成年次不明；Larson, Knowlton, and Popple〔145〕, pp. 232, 250-251；U.S. House〔53〕, pt. 1, p. 210 による)。

52) ハンブル(ジャージー)の利益獲得面における転換に関連して，以下の補足を行うことにしたい。これまでの記述からある程度知りうるように，子会社ハンブルは資産額(固定資産額)だけではなく獲得利益についても事業部門毎に区分した会計処理を行っていたと考えられるが，後者の利益における事業部門毎の計上については，ジャージー社(旧スタンダード石油)は，19 世紀段階からすでにこれを実施していた(Hidy and Hidy〔140〕, pp. 628-629. なお，序章第 2 節〔表序-3〕，第 1 章第 5 節〔表 I -12〕も参照)。このことは，同社(ジャージー社)ではかなり早い時期から，売上高，費用，利益などについて各部門(あるいは子会社)毎の計上処理がなされていたことを推測させる。その場合，製品販売部門(子会社)による外部の一般市場への販売などを別として，ジャージー社の各部門の利益額を決定する大きな要因の一つが他の事業部門，子会社，本社などへの社内販売価格(輸送部門では運賃)であったことはいうまでもないであろう。ジャージー社および本節で主たる検討対象とした子会社ハンブルにおいて，原油の他部門への販売価格(社内価格)はどのように決定されたのであろうか。この点について解明することが 1930 年代の利益獲得構造の転換を論ずる上で必要と考えられる。しかし，この問題については現時点でなお不明の部分が少なくなく，ここでは今後の検討のための準備作業として以下の史実を整理・記載するに留める。

　1919 年にハンブルがジャージー社の子会社となって以降，ハンブルが後者へ引き渡す(販売する)原油の価格は，従来からのジャージー本社の基本原則(general principles)に基づいて決定された。同本社は，「解体」(1911 年)以前も以後も，子会社，非子会社を問わず同社の精製部門が用いる原油は公示価格(posted price)で購入したのである(周知のように，旧スタンダード石油はペンシルヴェニア等級の原油〔Pennsylvania grade crude oil〕については 1895 年以降，石油取引所での相場価格ではなく，自ら購入価格を設定して原油生産者から原油を買い付けたのであるが，そのときの設定価格が公示価格である。その後，公示価格はアメリカ石油産業界において旧スタンダード石油〔ジャージー〕に限らず大企業が原油の買い付けに際して生産者に提示する価格として定着した。なお，同一油田地帯においても公示価格は大企業毎で若干相違する場合もみられた。だが，多くは短時間で同一価格に収斂したといわれている)。

　1919 年以降，ジャージー本社がハンブルから購入する原油の価格は，具体的には，油井での公示価格にパイプラインによる原油の集荷・輸送等の費用(gathering, transportation, and loading charge)，および販売手数料(marketing commission,

1920～26 年では 1 バレルあたり 20 セント，それ以降は不明)から構成され，こうした価格設定方式は，その後も長く続いたといわれている。1927 年に本社から精製・販売事業等を引き継いだ新設のニュージャージー・スタンダード石油(Standard Oil Company of New Jersey，いわゆるデラウェア社，第 1 章第 4 節注〔25〕を参照)もまたこうした価格で原油を購入したことは明らかである。ここでの販売手数料の性格についてはなお検討が必要であるが，輸送費などを除きジャージー本社が買い取る原油の価格が，基本的にはハンブルが油井において設定した公示価格，あるいはこれに基づいて決定されたことは否定しえないであろう。

　もっとも，ここでのハンブルの公示価格が，同社が外部からの買い付け原油に対して設定した価格であることは，公示価格本来の性格からして当然であるが，同社が所有する油井における価格もまた公示価格と同一であったかどうかは資料によって確認することができない。上記のジャージー本社に対する原油の販売価格から判断して，仮に，ハンブル自身が生産した原油の価格も公示価格，ないしそれに近接した価格であったとすれば，1930 年代におけるハンブル社の原油生産部門における獲得利益は，基本的には一般市場での原油価格(公示価格)と同社の生産費用の差額で説明可能であり，利益額の顕著な増大は，原油価格の安定，同社の原油生産費の相対的な低さ，および生産増，によって可能となったと考えられるのである(前注〔48〕も参照)。以上については，Gibb and Knowlton〔138〕, p. 50；Larson and Porter〔144〕, p. 173 によるが，Hidy and Hidy〔140〕, pp. 279-280, 370；U.S. FTC〔50〕, pt. I, p. 161 も参照。

第 3 節　外国における原油生産事業と過剰生産への対応

　本節では，1930 年代の諸外国でのニュージャージー・スタンダード石油による原油生産事業について，ラテン・アメリカのヴェネズエラ，およびアジア地域に対象を限定して分析する。1930 年代のジャージーによる海外での原油と油田に対する支配，および全般的な過剰生産の抑制，これら 2 つの課題への対応とその帰結を考察する。

〔I〕　ヴェネズエラでの躍進

　ヴェネズエラでのジャージーの原油生産量は 1930～39 年に約 16 倍化し，1939 年の同社による全世界生産の 44.3％を占めた。1933 年以降はアメリカ本国をも凌ぎ同社最大の生産拠点となったのである(前掲表 II-2 参照)。

1932年4月，ジャージーは，インディアナ・スタンダード石油(Standard Oil Company〔Indiana〕)の子会社であるパン・アメリカン石油・輸送(Pan American Petroleum & Transport Company)が保有する全外国資産を買収し，これによって一躍ヴェネズエラ第2の原油生産企業にのし上がった[1]。ジャージーによる買収にとって重要なことは，同社が不況と過剰生産をむしろ好都合な条件として活用したことである。

　それまで，インディアナの子会社パン・アメリカンが生産したヴェネズエラ原油は，ヴェネズエラの北に位置するカリブ海上のアルバ島(Aruba Island)に設けられた製油所へ運ばれ，そこで製品として製造されたものを含め，その大部分がアメリカ本国へ輸出された。だが，深刻化する原油過剰の下，アメリカ国内では中小の原油生産業者を中心に外国原油(および製品)の輸入を抑制しようとする運動が勢いを強めており，それは具体的には連邦政府に関税の設定を要求する形をとったのである。商務省(Department of Commerce)は，この運動を背景に，石油を輸入している主要な企業に輸入量の削減を求めた[2]。他方，ジャージーは商務省の要請が出される前に，ヴェネズエラで大規模生産を行ういま一つの企業であるガルフ石油(Gulf Oil Corporation)と共同で，アメリカ向けのヴェネズエラ産石油の輸出を自主的に削減することを提唱したのであった[3]。これは直接インディアナ・スタンダードへの打撃を意図したというよりも，アメリカ国内での原油過剰を抑制するための行動の一環と考えられる。しかし，いずれにせよ，こうした動きはインディアナ・スタンダードにとって重大な困難を招いたのである。同社は，ヴェネズエラなどでの操業を維持するためにさまざまな対応を試みたが，関税設定が避けられないことが確実となるに及んで海外事業からの撤退を決断し，子会社パン・アメリカンの在外資産の売却を図ったのである。ジャージーはこの資産を買収可能な事実上唯一の企業として，1932年前半にこの獲得に成功したのであった[4]。インディアナ・スタンダードと異なり，広大な在外販売網を擁するジャージーにとって，関税設定等はかかる買収を可能とする有利な条件を提供したといえよう。同社はこれにより，年来の課題であった外国市場向け生産拠点を形成するため最大の成果を得たのであった[5]。

ジャージーは1937年，ヴェネズエラにおける原油生産支配の第2弾として，当時生産規模で第3位の企業メネ・グランデ石油（Mene Grande Oil Company, ガルフ石油の子会社）との協定により，後者が保有する実物資産・諸権益の全体に対する1/2の権利を1億ドルで獲得した[6]。以後，ジャージーは，メネ・グランデの操業に必要な費用の半分を負担することで，この企業が生産する原油の半分を獲得することになったのである。だが，同社の主たる狙いは，原油の獲得よりもむしろヴェネズエラにおけるガルフの生産を自己の統制下に組み込み，過剰な生産を抑制することにあったと考えられる。ジャージーは，同社がメネ・グランデの経営，諸活動の全般に対する監督権（supervisory control）を持つこと，新たな油田の探索・開発などの大型プロジェクトに対する拒否権を同社に与えること，を協定に盛り込ませたのであった[7]。

なお，翌38年11月にジャージーは保有するメネ・グランデに対する権利の半分を5000万ドルでヴェネズエラ第2の大企業RD＝シェル（The Royal Dutch/Shell Group of Companies）に売却した。これは操業や経営に要する費用が予想外に大きなものであることが分かったからである。だが，上記の権限はジャージーに残された。この頃までに明瞭となったヴェネズエラ原油生産に占める支配力の較差を背景にジャージーは，メネ・グランデの経営に際して意見の不一致が生じたときは，最終的には同社が決定権を持つことをRD＝シェルに認めさせたのである[8]。かくして，ジャージーはわずか25％の持ち分でメネ・グランデの活動に対する事実上の統制権を保持したのであった。

以上，ジャージーはインディアナ・スタンダードをヴェネズエラから撤退させ，ガルフの子会社による生産を統制下におくことで，自社の生産体制を強化する一方，全ヴェネズエラ生産の伸びの相対的な抑制を可能にしたのであった。1930年代後半期を通じ，ジャージーの生産量はヴェネズエラ全体の48～53％を占めた。RD＝シェルは減産・停滞を辿り，かつての首位を失って35～38％，ガルフは10～14％に留まった[9]。原油埋蔵量では，ジャージーはメネ・グランデに対する権利部分を除いても，1939年に25億バレルを保有した[10]。これは先述のアメリカ国内での保有規模にほぼ匹敵する[11]。

なお，ヴェネズエラでのジャージーの生産増は，生産費用が割高であったペ

ルー,コロンビアでの増産の相対的,あるいは絶対的抑制と相伴うものであったことが留意されるべきであろう。後2者のジャージー社全体の生産に占める比率は1930年の30％以上から39年には13％程度へ低下したのである(前掲表II-2参照)[12]。

〔II〕 アジアでの活動

(1) オランダ領東インド

オランダ領東インド(現インドネシア)に所在したジャージーの子会社(オランダ植民地石油会社, N. V. Nederlandsche Koloniale Petroleum Maatschappij, 以下NKPMと略記)はヴェネズエラにおけると同様に,1920年代の停滞を打ち破ってほぼ一貫した生産増を実現した(前掲表II-2参照)。しかし,その絶対量は1930年代末においてもコロンビアに比肩できず,ヴェネズエラには遠く及ばない水準である。にもかかわらずここであえて取り上げるのは,オランダ領東インドでの増産がジャージーのアジア戦略にとって緊要な条件を提供したからである。

ジャージーが,長期にわたる対オランダ政府交渉の末,従来の同社に対する差別政策の転換を促し,1928年に広域の鉱区を入手したことを前章で述べた。1920年代後半ないし末以降の現地での原油生産の拡大は,これに先立つ1926年末に完成した現地製油所の操業と結びついて,アジア市場向け石油製品の生産基盤を形作るものであった[13]。だが,アジア(スエズ以東)は「解体」によってジャージーの市場圏から失われた地域であり,オランダ領東インドでの増産にとって強固な販売網を確保することが直ちに不可欠の課題として立ち現れたのである。

ジャージーは,アジア市場に全く新たに販売網を創設するには多大な費用を要すると判断し,ニューヨーク・スタンダード石油(Standard Oil Company of New York)が保有するアジアでの販売資産と自己の原油と製品の生産資産とを合体せしめ,これによって生産拡大の保証を,ついでアジア市場攻勢への基本体制を確立しようと図った。だが,ニューヨーク・スタンダードは,ジャージーとの間で,後者からの製品買い取りに関する自社に有利な協定をすで

に1927年に締結していたのであり，しかも，1930年代初頭以降にはアメリカのカリフォルニア州などから価格が低落した製品を入手することも可能であり，この時代にジャージーによって出された対等合体の提案を容易には受け入れなかったのである[14]。

交渉の行き詰まりに苦しむジャージーは，1933年6月に，2つのアメリカ企業，アトランティック精製(The Atlantic Refining Company)とユニオン石油(Union Oil Company of California)がオーストラリアとニュージーランドに保有する共同販売会社の買収を決断，自らアジア市場に打って出る姿勢を示してソコニー・ヴァキューム(Socony-Vacuum Oil Company, Inc., ニューヨーク・スタンダードとヴァキューム石油〔Vacuum Oil Company〕との合併企業，1931年成立)に圧力を加えた。この事態を深刻に受け止めたソコニー・ヴァキュームは，ジャージーとの協調を強めることに自己の利益を見出し，従来の拒否的態度を転換させたのである。同年，両社はアジア主要地域，オセアニア，東南アフリカに所在する各々の資産を合体させ，50対50の対等所有で原油生産から製品販売までを担う共同所有子会社スタンダード・ヴァキューム石油(Standard-Vacuum Oil Company)を創立した(図II-4参照)[15]。

ジャージーにとって，同社が主導したスタンダード・ヴァキューム石油の形成とこれに基づくアジアなどでの事業基盤の整備が，現地市場での最大企業RD＝シェルへの対抗，およびかつて失った地位の回復を目指したものであることはいうまでもない。だが，それだけでなく，この行動には，1920年代末期ないし30年代における中東地域への進出を足がかりにアジア市場への登場，あるいは勢力の拡張を狙うアメリカ企業群を迎え撃つ意味も込められたのである(後述参照)。

スタンダード・ヴァキュームによる製品販売活動などについては第5節に委ね，ここで同社の原油生産活動(スタンダード・ヴァキュームの子会社となったNKPMによる生産)について一言すると，1939年の生産規模(純生産で1日あたり4万2300バレル)はオランダ領東インドでの全生産量の25％に相当する。1920年代半ば頃までのほとんどゼロに近い水準から全体の1/4まで伸長したのであった[16]。但し，残余の比率のほとんどはRD＝シェルによる生産

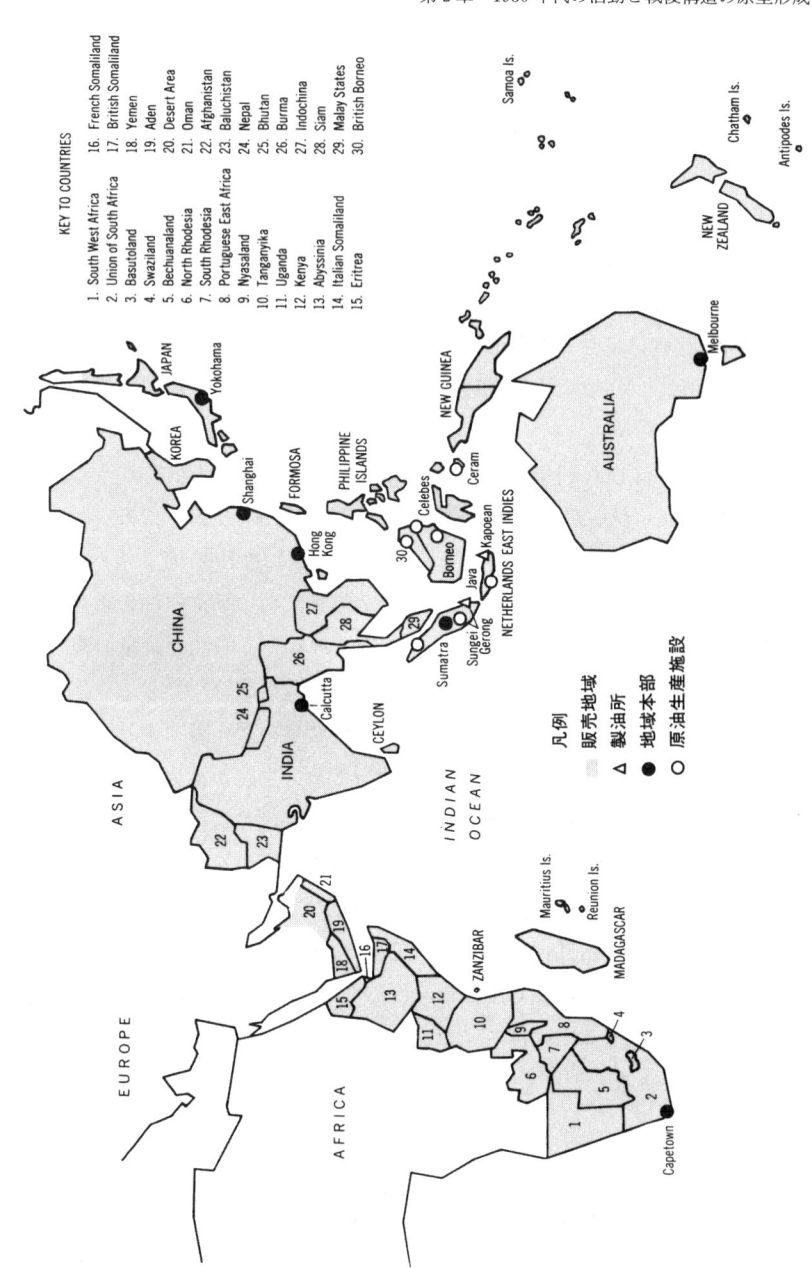

第2章　1930年代の活動と戦後構造の原型形成　145

図II-4　スタンダード・ヴァキューム石油の活動地域，1934年時点

(出典) Larson, Knowlton, and Popple [145], p. 317.

と考えられるのであり，その較差を埋めることは依然として困難であった[17]。

(2) 中東地域

　ジャージーにとって両大戦間期および第2次大戦期においても中東地域で唯一の原油生産拠点となったのはイラクであり，地中海へのパイプラインが完成した1934年に同社ははじめて原油を入手した[18]。だが，1930年代のイラクでの生産は，原油生産企業たるイラク石油会社(Iraq Petroleum Company, Ltd., 以下 IPC と略記，ジャージーの所有権は11.875％)による増産抑制政策により年間3000万バレル台で推移した(前掲表II-1参照)[19]。これにより，ジャージーが得た原油は，ルーマニアに所在した子会社のそれに及ばぬ規模であった(前掲表II-2参照)。

　とはいえ，IPC に有した利権の収益性の高さ，将来性は顕著であった。1939年末時点でジャージーが投下した資本の累積額は1394万ドルであるが，同社所有の資産(持ち分額)は若干の利権を除いてなお1億1900万ドルから1億4300万ドルの評価額を与えられ，しかも1937年までにイラク原油の販売によって同社が得た利益は1040万ドルに達したのである[20]。原油埋蔵量の点でもジャージーの保有分は3億6000万バレルであった[21]。

　こうした他の地域に類例の少ない高い収益性と埋蔵量の豊かさにより，イラクでの生産の優位性は明らかである。だが，他方でその生産が活発に行われた場合，世界市場における過剰生産と価格低落の一層の深刻化は不可避であり，ジャージーの擁する他の生産拠点の操業と経営に重大な打撃を与えることも明白であった。このことは，IPC 社内の主要勢力を構成した RD＝シェル，アングロ・イラニアン石油(Anglo-Iranian Oil Company, Ltd., 旧称アングロ・パーシャン石油〔Anglo-Persian Oil Company, Ltd.〕，1935年改称)にもいえることであろう。1930年代におけるイラク原油の増産抑制は，主としてこれら3社の共同行動によるものと考えられる[22]。

　1930年代の中東では，共同所有会社イラク石油(IPC)の外部にあったアメリカ大企業が新生産拠点の獲得に成功し，IPC グループによる中東油田の独占体制に挑戦した。巨大油田地帯としての潜在力を内包した中東へのアウトサイダーの進出は，ジャージー，RD＝

第2章　1930年代の活動と戦後構造の原型形成　147

シェル，アングロ・イラニアンによるアクナキャリー体制(前章第4節〔III〕，本章第5節を参照)を脅かすものであり，とりわけ中東では小規模利権を持つにすぎないジャージーに深刻な事態をもたらしたのである。1930年代の中東を舞台に演じられた石油大企業間の確執は，その帰結として第2次大戦後の中東の支配勢力をこの時代にほぼ現出せしめ，かつIPCにおいてみられた共同所有方式を中東油田の支配方式として定着させた。かかる事態の展開を網羅して論ずることは本書の課題と対象範囲を超える。ジャージーの活動を分析するに必要な限りで以下述べることにしたい。

　アメリカ企業グループによるIPCへの参加交渉がいまだ実を結ばない1927年暮，グループの一員であるガルフ石油は，あるイギリス企業からバーレィン島(Bahrein Island)およびクウェート(Kuwait)を対象とする石油開発利権を取得するためのオプション(選択権)を手に入れた。翌28年末にガルフはバーレィン・オプションの行使を図った。だが，アメリカ企業の中東進出を極力抑制しようとするIPC内のヨーロッパ企業は，バーレィンがレッド・ライン(Red Line，本節注〔19〕参照)内にあることを楯にこれを許さなかった。そのためガルフはオプションをカリフォルニア・スタンダード(Standard Oil Company of California)に売却することで，これを手放したのである。IPCの参加企業ではなく，レッド・ライン協定に拘束されないカリフォルニア・スタンダードは直ちにオプション行使を決定，1929年にバーレィン石油会社(Bahrein Petroleum Company, Ltd.)を設立した。1932年に同子会社は最初の有望油田を発見した。カリフォルニア・スタンダードはついで，バーレィンと地質構造が類似しているといわれた対岸のサウジ・アラビアへの進出をもくろみ，翌33年に利権の獲得に成功した。子会社カリフォルニア・アラビア・スタンダード石油会社(California Arabian Standard Oil Company, 1944年にアラビア・アメリカ石油会社(The Arabian American Oil Company, アラムコ〔Aramco〕と改称)を設立したのである。

　中東生産拠点の拡大を求めるジャージーは，カリフォルニア・スタンダードの持つ利権への参加に強い意欲を燃やした。しかし，レッド・ライン協定により単独行動は禁止された。そこで同社は，IPCグループ内のソコニー・ヴァキューム石油と協力して，IPCそれ自体をカリフォルニア社の利権に参加させるべく奔走した。その結果，IPC内では，東洋市場の攪乱を抑制するという共通利害の下，バーレィンとサウジ・アラビアにあるカリフォルニア社の持つ資産の全部ないし一部の買収，さもなければ契約に基づく原油の長期買い取り，を実現することで一応の合意が成立したのである。一方，カリフォルニア・スタンダードは東洋に自己の市場を持っておらず，生産原油の販路を確保することが緊急の課題となっており，しかも巨大な鉱区を開発するための資金を欠く，他社の援助・協力を求めていた。ジャージーは，ソコニー・ヴァキューム，および中東を実際上唯一最大の原油生産拠点とし，自社の影響力の及ばない巨大生産拠点の出現に危機意識を抱いたアングロ・イラニアン，の3社でIPCを代表してカリフォルニア・スタンダードとの交渉に入った。

　だが，この交渉は，主として，すでに交渉開始以前に潜行したIPC内部の根強い対立により容易に進展しなかった。フランス石油(Compagnie Française des Pétroles, S.A.,

IPC に RD＝シェル，アングロ・イラニアンと同じく 23.75％の所有権を保持）は，アラビア半島を1周しタンカーでヨーロッパに運ばれるバーレィンとサウジ・アラビアの原油は輸送コストでイラク原油（内陸部の油田から地中海東岸のハイファ〔Haifa〕，トリポリ〔Tripoli〕の2つの海港へパイプラインで輸送）より不利であるため，カリフォルニア利権の参加に最も消極的であった。RD＝シェルとアングロ・イラニアンの場合は，中東あるいはアジア地域にすでに安定した原油生産拠点を確保していたこともあり，カリフォルニア社の生産が現実的な脅威にならない段階では，資産の買収ないし原油の買い取りにジャージーほどの意欲を示さず，カリフォルニア資産に対してかなり低い評価額を提示した。むしろ，両社はバーレィンとサウジの原油がジャージーとソコニー・ヴァキュームに対しては，共同所有会社スタンダード・ヴァキュームのアジア市場における地位の強化に役立ち，フランス石油に対しては仏領インドシナ市場への進出とそこでの独占形成を可能ならしめることをおそれたのである。

　局面打開を急ぐジャージーとソコニー・ヴァキュームは，英蘭グループとフランス石油会社（およびIPCに5％の利権を有したC. S. グルベンキアン〔C. S. Gulbenkian〕，アルメニア人）との間にある利害の相違に注目し，前者との協力によりバーレィンとサウジ・アラビアを含まぬようにレッド・ラインを書き直そうと図った。その狙いは，米・英・蘭の4社でバーレィンとサウジの利権を入手することにあった。フランス石油とグルベンキアンは，バーレィンとサウジの生産増と引き換えにIPCによるイラクでの生産が抑制・削減されることをおそれ直ちに反発し，この画策を挫折に追い込んだのである。かようにIPC内部の利害対立により，ジャージーはカリフォルニア社が合意できる条件で交渉を取りまとめることができなかった。かくて，1936年3月までに交渉は打ち切られたのである。

　IPCに見切りをつけたカリフォルニア・スタンダードは同年半ば，東洋市場に販売網を有する一方生産拠点を持たないアメリカ企業テキサス（The Texas Corporation）との協定を成立させた。同年7月の取り決めにより，カリフォルニア社はテキサス社にバーレィン利権の1/2を与え，その見返りとしてスエズ以東に存在するテキサスの販売組織の1/2所有権を受け取った。これに基づき，両者は共同所有子会社たるカリフォルニア・テキサス石油（California-Texas Oil Company, Ltd., カルテックス〔Caltex〕）を新たに創設したのである。続く12月の協定でカリフォルニア社は，カリフォルニア・アラビア・スタンダード石油会社の1/2所有権をテキサス社に与え，代価として現金300万ドル，将来のサウジ生産によって1800万ドルを受け取ることになった。翌37年にバーレィンに製油所が事実上完成し，カリフォルニア社はテキサス社との共同で原油の生産から製品販売までの事業体制を整えて，アジア市場における支配体制の再編に向かうことになった。

　もっとも，その後バーレィンに埋蔵された原油の規模はさほど大きなものでないことが分かり，またサウジで有望油田が発見されたのは1938年である。カリフォルニア・スタンダードとテキサスの共同行動は，第2次大戦前（1939年9月のヨーロッパ開戦まで）に製品市場についてはむろん，原油生産面でも既存のアジアなどでの支配体制を揺るがすものとはなりえなかった。

イラク石油(IPC)の独占体制に対するもう一つの挑戦が，ガルフ石油によって突きつけられた。同社は1934年11月にIPCを離脱し，残されたクウェート・オプションを行使することで中東に独自の生産拠点の形成を目指したのである。この件については，ジャージーは直接関与することがなかったといわれており，ここでは次の点を指摘するに留める。ガルフはアングロ・イラニアンと1934年に50対50の持ち分で共同所有の生産子会社クウェート石油会社(Kuwait Oil Company, Ltd.)を設立した。同子会社は1938年に最初の油田を発見し，その後の調査で莫大な原油の埋蔵を確認した。だが，直接の理由としては輸送施設を確保できなかったことにより第2次大戦の終了後まで生産を行わなかったのである。

　以上，1930年代を通じて中東は，巨大な埋蔵原油を抱えてはいたがイランを除いて実際に生産された量は少なく，中東での全生産の世界生産に占める比率は数パーセントに留まった(前掲表II-1参照)。ジャージーはアジア全体としていえばオランダ領東インドでは活発な増産に努め，中東ではこれを相対的に抑止するという2面的な生産戦略を追求したといってよいであろう。なお，レッド・ラインの拘束により，独自行動を制約され，結果として中東における小規模利権保有企業に留まったことは，アジアと世界に対する同社の長期戦略からして重大な問題を残した。ジャージーは，第2次大戦の終了後，新たな時代環境の下で直ちに中東における勢力再編に着手するのである[23]。

〔III〕　世界全体での原油生産事業の到達点

　前節と本節で考察したアメリカと諸外国でのジャージー社による原油生産，油田支配の活動の到達点を略述する。

　1930～39年，ジャージーの原油生産量は世界全体で24万100バレル(1日平均)から61万5700バレル(同)へ2.6倍化(前掲表II-2参照)，原油埋蔵量では1927～39年に10億バレルから60億バレルへ増加した[24]。原油の自給率では1939年に72.5％に達した[25]。1930年時点でのそれは48.5％(前記)であったから，世界全体としていえば原油獲得の方式を買い付け主体から自社生産主体へ転換させたといってよいであろう。1930年代末までにジャージーは，原油生産量でRD=シェルに追いつき，ついでこれを凌いで世界最大の原油生産企業へ雄飛したのである[26]。こうした成果が，世界的な過剰生産を抑制する活動と統一してなされたことが注目される。ジャージーと他の大企業によって主導された原油の生産調整活動は，アメリカおよび海外において，それぞれ石油産業史に特筆されるべき独自の統制機構を創出ないし定着させたのである。ジャ

ージーが，原油過剰と不況を，むしろ自社の生産基盤を強化するための条件として活用したことも落とせない特徴であろう。

1930年代末，ジャージー社の原油生産部門の資産額(investment)は，アメリカと海外とがほぼ同額であり合計5億ドルであった。これは，同部門を除く他の事業部門全体の資産額とほぼ同じである[27]。世界全体で原油生産部門は，ジャージー社の事業活動の主要な柱を構成しつつあったとみてよいであろう[28]。

原油獲得面での顕著な成果は，当然にもアメリカおよび諸外国の各市場におけるジャージーの競争力を強めるものとなろう。とりわけ，アメリカに比べ原油の買い付け条件が乏しい海外では，後述する在外精製事業の躍進と相俟って，1930年代末，外国市場で販売する石油製品の9/10を在外子会社の生産で賄うことを可能にしたのであった[29]。これは，海外での同社による販売事業が，19世紀以来長期にわたったアメリカ本国への供給依存をほぼ打ち切ったことを意味する。世界企業ジャージーの歴史に新たな画期を形作るものといえよう。だが，こうした海外事業の「自立化」，本国依存からの脱却は，それまで外国への製品供給を担当したアメリカ国内の子会社にとっては市場の喪失を意味した。それゆえ，輸出市場に代わりうる国内市場・販路の開拓が独自の課題となる。

以上の原油と油田の支配，原油生産活動に一面では規定され，他面でこれらを規定づけた石油製品市場におけるジャージー社の活動が如何なる特徴や構造を有したのか，その解明が本章の後半の課題である。

1) 1920年代末におけるヴェネズエラ油田の支配体制については，前章第2節注(24)を参照せよ。
2) Giddens〔139〕, pp. 461-462 ; Larson, Knowlton, and Popple〔145〕, p. 66.
3) 1930年末近くから31年6月末近くの半年間(from week ending January 3 to week ending June 27, 1931)において，アメリカ最大の原油輸入企業はジャージーであり，その総量は959万6000バレル(1日あたり平均で5万3000バレル)であった。ついでガルフ(886万5000バレル)，インディアナ・スタンダード(351万7000バレル，但し，ガソリン，重油を加えると852万4000バレル，前記2社に両製品の輸入はない)，RD＝シェル(231万バレル，なお，ガソリン，重油を加えると450万3000バレル)，な

どが続く(NACP〔1〕, Letter to Honorable Harry H. Woodring from J. Edward Jones, August 19, 1931 : Correspondence referred from White House : Federal Oil Conservation Board, 1924-1934 : RG232 による)。1931年3月末以前にジャージーは，原油の輸入量を4月10日から当面90日にわたり，当時の輸入量6万バレル(1日あたり)から4万5000バレル(同)へ25%削減すると公表した。ガルフはすでに25%の削減を実行しており，RD=シェルも1931年全体の輸入分について少なくとも50%削減することで実施済みであった(NACP〔1〕, Memorandum for Secretary Wilbur by E. S. Rochester, March 30, 1931 : FOCB, Gen. Com., 1930-32 ［1931, Jan.-Apr.］(2) : Federal Oil Conservation Board, 1924 - 1934 : RG232 による。なお，Giddens〔139〕, pp. 461-462 も参照)。

4) ジャージーはインディアナ社との協定により，後者が96%の所有権を保持する子会社パン・アメリカンの全外国資産とその在米タンカー船団を帳簿価格(net book value)の87.15%で買い取った。ジャージーによる支払金額は1億4045万3000ドルであり，同社は1/3を現金で，残りを同社の株式(178万8973株—発行済み株式の7%相当)で，しかも5年間の分割で払うことにしたのである。獲得資産には，ヴェネズエラで原油生産を行い，アルバ島に大規模製油所を持つラゴ石油・輸送会社(Lago Oil & Transport Company, Ltd.)ほか，在メキシコ原油生産会社，若干の海外販売会社，その他が含まれた。インディアナ社は，これらの資産売却にあたりジャージー社以外にも，RD=シェルとテキサスに交渉を持ちかけた。だが，第1に，インディアナ社のヴェネズエラ生産に見合う海外販路を有していること，第2に，インディアナの若干の在米販売子会社に従来のパン・アメリカンの役割を代替して石油製品を供給できる条件を持っていること(本章第5節注〔3〕も参照)，そして第3に，早くから最も強く資産買い取りに意欲を示したこと，によりジャージーが結局交渉を取りまとめたのであった(Jersey〔24〕, 1932, pp. 3-4 ; Giddens〔139〕, pp. 489-490 ; Larson, Knowlton, and Popple〔145〕, pp. 48-49)。

なお，1932年6月に新関税は施行された。かつて無税であった石油は，1バレルあたりで，潤滑油が1.68ドル，ガソリン1.05ドル，原油と燃料油(重油と考えられる)21セント，という段階的な関税下におかれた。翌33年にジャージーを含む主要な石油輸入企業は，内務長官(Secretary of the Interior)との間で，原油と製品の輸入を1932年下半期6カ月の平均に制限することを約束した。これにより，アメリカの輸入量は国内原油生産量の4.5%に制限され，以後1930年代を通じてこの比率がほぼ維持された。以上は，NACP〔1〕, Letter to Bertrand W. Gearhart from Sigurd Scholle, January 22, 1947 : Petroleum, March-April-May : Office of International Trade, Central Files, October 1945 - December 1949 : RG151 ; Jersey〔24〕, 1933, p. 4 ; Giddens〔139〕, p. 493 ; U.S. Senate〔67〕, pp. 169-170, 邦訳，209-210頁による。

5) インディアナ・スタンダードが海外販売網の創設・拡充に力を入れなかったわけではない。同社は，1929年以降数百万ドルを投下して自社の販売組織作りに努めた。だが，ジャージーをはじめ有力企業が強固な支配力を有する海外市場で，しかも過剰製品

の販売に各社がしのぎを削る不況下に，大規模なヴェネズエラ生産に見合う販路を獲得することは実際上不可能であった。インディアナ社は，海外販売網を拡張するにはさらに多大な支出が不可避であると判断し，むしろ海外から撤退する途を選択したのであった（以上については Giddens〔139〕, p. 489 を参照せよ）。

6) Larson, Knowlton, and Popple〔145〕, p. 58.
7) U.S. Senate〔67〕, p. 175, 邦訳, 215頁.
8) U.S. Senate〔67〕, p. 180, 邦訳, 219頁.
9) 以上は，NACP〔1〕, Correction of Petroleum Statistics, Special Reports Nos. 28 and 30, by William Witman II, June 24, 1936 : Oils, Mineral—Venezuela, 1929-1940 : General Records, 1914-1958 : RG151 ; U.S. Senate〔67〕, p. 167, 邦訳, 206頁による。

　ヴェネズエラにおいてジャージーが，1921年にヴェネズエラ・スタンダード石油（Standard Oil Company of Venezuela）を設立し，1928年にはクリオール・シンジケート（The Creole Syndicate）を傘下に加えたことを前章第2節で述べた。だが，1930年代におけるヴェネズエラでの主力生産子会社は，インディアナ・スタンダードから買収したラゴ石油・輸送会社（パン・アメリカン）の支配下にあった，本節前注〔4〕を参照）であった。マラカイボ地域に油田を有し，アルバ島で精製事業を行うこの子会社の収益性は極めて高水準であった。1938年に総資産1億ドルのこの子会社が，売上高（total operating income）5300万ドルに対して3100万ドルの利益（earnings）を計上したのである（売上高純利益率で58.5％）。RAC〔3〕, Fortune Draft, 2/20/40 : Attached papers of a letter to Nelson Rockefeller from Russell W. Davenport, February 23, 1940 : F963 : B133 : BIS : RG2 : RFA による。

10) Larson, Knowlton, and Popple〔145〕, p. 144.
11) ここで，ヴェネズエラでの原油生産事業においてジャージー社が獲得した利益（但し，税金および間接費などの支払い前）について記すと，資料の得られる1931～39年についてであるが，31年のみ299万3000ドルの欠損をみた。だが，翌年に561万7000ドルの利益を出し，これ以降37年の4445万7000ドルまで年々，しかもかなり急速に増大した（1938年は3221万4000, 39年3772万1000ドル）。1932年以降にジャージーが外国での原油生産事業から獲得した利益（但し，ジャージーの所有権が50％以下の子会社の利益を除く）の大半はヴェネズエラで得られたのである（1937年では77.5％を占める）。以上については，Exxon Mobil Library〔4〕, HQ : Draft Papers, History of Standard Oil Company (New Jersey) on New Frontiers, 1927-1950, by Evelyn H. Knowlton and Charles S. Popple, Chapter 4, pp. 44-45, 作成年次不明, による。
12) なお，1930年代後半にジャージーはメキシコにおいて，他の外資系石油企業とともに資産を接収される。これについては，さしあたり伊藤〔199〕, (1), 213-214頁注(10)を参照せよ。
13) 1928年における新利権の獲得が，ジャージーにとって現地での生産事業を拡大する条件や可能性を与えたことは明らかである。だが，1930年代のみならず，第2次大戦

第 2 章　1930 年代の活動と戦後構造の原型形成　153

終了以降も含めてその後の進展をみると，この利権とこれを生かした活動が，現実の生産量，埋蔵量の拡大に如何なる貢献をしたかについては疑問が残る。1930 年代についていえば同社の生産増は基本的には，28 年以前に保有した油田地帯での活動に基づくと考えられる。1928 年における利権の獲得は，従来のオランダ政府の差別政策をある程度転換させた「政治的成果」を象徴するものといえるかもしれない。以上については，Exxon Mobil Library〔4〕, HQ: Standard-Vacuum Oil Company, Reorganization Papers, Volume V, Request for Tax Rulings and Closing Agreements, March 30, 1962; Larson, Knowlton, and Popple〔145〕, p. 147；村上〔233〕, 74, 75, 78 頁を参照。

14)　ジャージーは，当時ラテン・アメリカその他で他社に製品販売を委託する場合は，通常，販売額の 5% の手数料(commission)を与えたと推定される。だが，アジアでは，ジャージーが自己の販売組織を持たないのに対し，ニューヨーク・スタンダードはアメリカ本国，ルーマニア，旧ソ連邦，ビルマ(現ミャンマー連邦)などにオランダ領東インドに代替する製品の供給源(外国では買い付けが主)を持ち，ジャージーに対して有利な立場にあった。それゆえ，1927 年時点においてジャージーは，ニューヨーク・スタンダードが最終市場での価格決定権を掌握し，かつ上記の 5% 手数料に比べより有利な利益配分を受け取る内容の製品売り渡し協定を締結せざるをえなかったのである(Larson, Knowlton, and Popple〔145〕, pp. 305, 316 を参照)。

15)　ジャージーが，アジア地域などでニューヨーク・スタンダードとの合体を急いだ背景には，オランダ政府に対する利権料(鉱区使用料など)の確実な支払いを維持しようとする意向も働いたようである。同社は，不況とその下での原油の減産などにより，利権料の支払いが遅滞ないし減額した場合，既得の権益がオランダ政府に没収，ないし削減されるのではないかと強く懸念したといわれている。ジャージーは，ニューヨーク・スタンダードとの地域的合体によってアジアなどでの活動基盤を強化し，原油生産事業を維持・拡大することで，かかる事態の回避を図ったといえよう(以上については，Larson, Knowlton, and Popple〔145〕, pp. 52, 147, 315-316 を参照)。

16)　ここでの統計は，前掲表 I-1，表 I-2，表 II-1，表 II-2 によるが，U.S. Senate〔63〕, pp. 74, 341-342, 381-182 も参照。

17)　1938 年についての統計であるが，RD＝シェルの子会社による生産量(年間 540 万 7000 メートル・トン，総生産と考えられる)は，オランダ領東インド全体の 73.1% を占める(Shell〔41〕, 1938, pp. 7-8；Beaton〔134〕, p. 784)。

18)　Jersey〔24〕, 1934, p. 4.

19)　1928 年 7 月におけるレッド・ライン協定(Red Line Agreement)の締結によって，ジャージーはようやく中東(イラク)での生産拠点を確保した。だが，周知のように，この協定によって，IPC への参加企業(所有権を持つ企業)は，地図上に赤線(red line)でかこまれた地域(旧オスマン・トルコ帝国〔the old Ottoman Empire〕の領土―現在のトルコ，アラビア半島のほぼ全域)において，単独での油田の探索などを禁止され，イラク石油を通じてのみ活動することになった。後に述べるように，ジャージーは，こう

した制限条項によって，1930年代の中東における新たな生産利権の獲得活動を根本的に制約されたのである。協定締結時点におけるIPCに対する各社の所有権は，アングロ・パーシャン(Anglo-Persian Oil Company, Ltd. 23.75%)，RD＝シェル(23.75%)，フランス石油(Compagnie Française des Pétroles, S.A., 23.75%)，近東開発会社(Near East Development Corporation, 23.75%)，パティシペイション・インベストメント社(Participation and Investment Company，アルメニア人のグルベンキアン〔C. S. Gulbenkian〕の利権を代表する，5%)，以上である。この中の近東開発会社がジャージーなどアメリカ企業5社の利権を代表した。近東開発会社に対する所有権は，ジャージーが25%，ニューヨーク・スタンダードが25%，およびアトランティック精製，ガルフ，パン・アメリカンがそれぞれ $16\frac{2}{3}$ %である(以上については，U.S. Senate 〔67〕, pp. 65-67，邦訳，88-91頁 ; Gibb and Knowlton 〔138〕, p. 306 による)。

なお，近東開発会社に参加した企業のうちジャージーとニューヨーク・スタンダードを除く3社は，パン・アメリカンが1931年，アトランティックが32年，そしてガルフが34年に近東開発会社の利権をジャージーとソコニー・ヴァキューム(ニューヨーク・スタンダード)に売却してイラクから撤退したのである。その結果，ガルフによる利権売却後の時点で近東開発会社は，ジャージーとソコニー・ヴァキュームが50%ずつ所有することになり，結果としてジャージーはIPCに11.875%の所有権を持つに至ったのである(以上については，RAC〔3〕, Attached paper of the letter to Mr. Gumbel from BP, February 15, 1936 : F867 : B116 : BIS : RG2 : RFAによる)。

20) U.S. Senate 〔67〕, pp. 95-96，邦訳，122頁。
21) Larson, Knowlton, and Popple 〔145〕, p. 146.
22) 以上については，U.S. Senate 〔73〕, pt. 8, pp. 529-532 を参照せよ。
23) 以上については，主として，Larson, Knowlton, and Popple 〔145〕, pp. 51-58 ; U.S. Senate 〔67〕, pp. 71-84, 113-117, 129-136，邦訳，94-109, 139-144, 156-164 による。
24) Larson, Knowlton, and Popple 〔145〕, p. 149.
25) Larson, Knowlton, and Popple 〔145〕, pp. 148-149, 201.
26) Larson, Knowlton, and Popple 〔145〕, p. 148.

埋蔵量でみると，1930年代前半(1933年12月末)においてであるが，主要大企業の世界全体での保有埋蔵量は，ジャージー(37億3400万バレル)，RD＝シェル(23億8500万バレル)，アングロ・パーシャン(21億5500万バレル)，カリフォルニア・スタンダード(8億6100万バレル)，ガルフ(8億6000万バレル)，ソコニー・ヴァキューム(7億2500万バレル)，などであった。ジャージーは早くもこの時点で他の有力企業に対する優位を明確にしたのであった(以上は，RAC〔3〕, Letter to John D. Rockefeller, Jr. From Barton P. Turnbull, February 26, 1934 : F906 : B120 : BIS : RG2 : RFAによる)。さらに，ジャージーによる世界全体での原油生産において，1931年では自然の力で回収(natural flow)された原油の量は全体の47%であり，ポンプによる汲み出し(pumping)が45%，ガス・空気を注入した回収(gas and air lift)が8%であった。こ

の中で最も費用がかからない最初の natural flow によるものが，1932年には58％，33年に61％，34年62％と，1930年代前半にその比重を高めた(39年は66％)。これもまた，ジャージーによる原油生産基盤の顕著な拡充を示すいま一つの指標とみてよいであろう(以上は，Jersey〔24〕, 1931, p. 4, 1932, p. 4, 1933, p. 5, 1934, p. 4, 1939, p. 5 による)。

27) ここでの資産額はいずれも固定資産額を指すと考えられる(以上については，Larson, Knowlton, and Popple〔145〕, pp. 148-149 ; Jersey〔24〕, 1939, p. 14 による)。

28) 資料の利用できる1929～39年について，世界全体でのジャージー社の原油生産事業が生み出した利益額(但し，税金および間接費などの支払い前，およびジャージー社の所有権が50％以下の子会社の利益を除く)は，1931年のみ1174万ドルの欠損をみた。この間，1934年以降の利益額の伸びは大きく，同年3814万ドルを得た後37年の9131万ドルまで年々増大する。1929～39年について，統計上適切な比較とはいえないが，原油生産事業における獲得利益額(税金および間接費などの支払い前)のジャージー社の純利益全体(税金および間接費などの支払い後)に占める比率を算出すると，1929～30年は6.9, 0.5％であり，31年は原油生産事業が欠損(上記)，32年は原油生産事業の利益(1324万ドル)がジャージー社全体の純利益額(28万3000ドル)の約47倍であった(他の事業部門の欠損によるところが大きい)。ついで1933年が21.1％，といった状況である。1934年以降はその比率は最低でも61.0(35年)，最高は83.6％(34年)となる。統計処理は，如上のように適切を欠くが，1934～39年では原油生産事業の利益額が大きいのみならず，常時ジャージー社の獲得利益全体の過半を占めたと考えられるのである(以上については，Exxon Mobil Library〔4〕, HQ: Draft Papers, History of Standard Oil Company (New Jersey) on New Frontiers, 1927-1950, by Evelyn H. Knowlton and Charles S. Popple, Chapter 3, p. 70, Chapter 4, pp. 44-45, 作成年次不明，および後掲表II-8 による)。

ところで，1939年におけるアメリカ石油企業全体の外国における純資産額(net worth)をみると，全体の93％をわずか11の企業が占めた(U.S. Senate〔63〕, p. 157)。この11社による在外原油生産部門の総資産額(但し，固定資産については原価償却済み〔at depreciated values〕)は，資料の利用できる1930年代後半をみると，年々増加を辿って39年に5億7977万ドルに達し，この年はじめてそれまで最大投資対象であった販売部門(5億5164万ドル，固定資産については原価償却済み)を凌いだ(精製部門は2億1243万ドル，輸送部門は8641万ドル，いずれも固定資産については原価償却済み)。以上は，U.S. Senate〔63〕, p. 170 より。こうした在外資産に示される諸活動を展開した最大の企業がジャージーであったことはあらためていうまでもないであろう。アメリカ企業による1939年の全外国生産は1日平均55万4900バレル(総生産と考えられる，U.S. Senate〔63〕, p. 193 による)であったが，ジャージー社の総生産量(但しオランダ領東インドでの生産量の半分を含まず)は44万6600バレルであり(Jersey〔24〕, 1939, p. 4)，前者の80％を占めた。

29) Larson, Knowlton, and Popple〔145〕, p. 149.

第4節　アメリカにおける製品販売と市場支配

〔Ⅰ〕　石油消費の動向

　1930年代の世界全体での石油消費量(1年間)は，30年の15億26万バレルから39年の21億8685万バレルまで1.5倍の増加を遂げた。これは1920年代(1920〜29年)の2.2倍にはむろん及ばない。だが，この間の底は1932年の14億622万バレル(29年比で95.1%)であり，その落ち込みは原油生産(88.2%)に比べても小さく，不況下とはいえこの時代にも石油消費が着実に伸長したことを示す。もっとも，アメリカの場合は1932年(底)に29年比で88.9%まで低下し，1930〜39年の消費の伸びも1.3倍に留まった[1]。1930年代における石油消費の拡大はアメリカよりは海外において堅調であったといえよう。それでも，世界の石油消費に占める各国・地域別の割合を1938年(総消費量20億5577万バレル)についてみると，最大は依然としてアメリカ(55.3%)である。これにヨーロッパ(16.5%)，旧ソ連邦(10.0%)，アジア・オセアニア(7.2%)，南アメリカ(4.4%)，北アメリカ(アメリカ合衆国以外，4.3%)，などが続く[2]。

　アメリカ国内での石油製品の消費量は1934〜35年頃には29年水準を回復し(表Ⅱ-4参照)，以後市場は緩やかな拡大過程に入った。もっとも，販売金額で1929年の水準を超えるのは1937年である。これは主として製品価格の低さによるものであろう。ともあれ，こうした市場の拡大を促した要因として，まず，アメリカ国内での自動車の保有台数が増勢に転じ，全般的に車種が大型化して1台あたりのガソリン消費量が増加したことを挙げるべきであろう[3]。表Ⅱ-4によれば，ガソリンは消費量，卸売価額ともに最大品目であり，その大半はむろん自動車によって消費されたのである(1929年以降41年まで平均で94%以上を占める)[4]。

　ついで，石油企業による新規市場の開拓が，燃料油(重油，軽油)と灯油の用途を多様化させ，消費量全体の伸長を可能にした面を落とせない。燃料油のうち家庭，企業，事務所などで暖房油(heating oil)として使用された割合は，1929年の10%弱から39年にはほぼ30%へ増大し，これが燃料油の最大用途

表II-4 アメリカにおける石油の製品別の消費量・卸売販売額，1929～38年

消費量 (単位：100万バレル／年，%)

	消費総量	ガソリン	灯油	燃料油	潤滑油
1929	905	42.3%	4.0%	45.9%	2.6%
1930	890	44.7	3.9	41.5	2.4
1931	860	47.4	3.6	39.0	2.3
1932	805	47.0	4.1	38.3	2.1
1933	824	46.1	4.6	39.3	2.1
1934	889	46.1	4.9	38.4	2.1
1935	951	45.7	5.0	38.6	2.1
1936	1,060	45.5	4.8	38.8	2.1
1937	1,143	45.4	4.8	38.7	2.0
1938	1,112	46.9	5.0	36.8	1.9

販売額(卸売価額) (単位：100万ドル／年，%)

	販売総額	ガソリン	灯油	燃料油	潤滑油
1929	2,207	63.0%	4.5%	18.6%	8.2%
1930	2,026	63.8	3.9	18.0	7.1
1931	1,343	64.6	3.8	19.6	8.4
1932	1,278	66.4	4.6	18.4	6.5
1933	1,229	62.0	5.4	22.1	7.3
1934	1,505	59.1	5.4	23.7	7.8
1935	1,596	61.0	5.5	23.3	6.5
1936	1,964	62.8	4.5	22.0	6.5
1937	2,294	61.4	5.1	23.3	6.0
1938	1,963	63.0	5.5	22.2	5.2

(注) 消費総量，販売総額ともに右の主要品目以外を含む。
(出典) TNEC〔55〕, pt. 14, pp. 7677-7678 より。

となった。1929年に全体の1/4(25.7%)を占めた船舶向けは第2位(17.3%)へ後退し，第3位に産業用(但し，船舶，鉄道，電力，石油企業の自家消費分を除く，14.5%)などが続いた[5]。灯油もその半分以上(56.6%)が1939年には厨房油(range oil，しばしば暖房にも用いられる)として利用されるに至った[6]。石油燃料は，液体燃料としての特性から来る利便性，燃焼後の処理の優位性(灰が残らない，など)，およびこの時代の低位価格に支えられ，船舶などに留まらず国民消費生活，産業活動などに深く浸透し，従来石炭が担った燃料供給の役割を漸次ないし急速に代替したのであった。

アメリカ国内での1次エネルギー源の消費に占める石油の割合をみると，

1929 年の 22.3％は 39 年の 31.7％へ上昇した。天然ガスを含めて 44.5％に達したのである。石炭(51.5％, 1939 年)になお及ばないとはいえ, 石油産業のエネルギー供給産業としての比重と役割は一段と高まったのである[7]。

〔II〕 1930 年代前半における販売力の強化

1930 年代初頭におけるニュージャージー・スタンダード石油は, 1920 年代後半ないし末期に着手された 2 つの課題を継承し, これに応える活動を展開する。その第 1 は大衆消費者市場での販売力の強化であり, 第 2 は自己の販売市場を地理的に拡大することであった。その場合, アメリカ国内での活動の重点, 他社との対決がこの時代もガソリンを主軸に展開されたことは上述の石油製品の消費動向からして明らかであろう。

ジャージーが 1927 年以降, 主力製油所の存在するニュージャージー州の近隣から販売地域の拡張に着手したことを前章でみた。デラウェア州, ペンシルヴェニア州に進出し, ついでニューヨーク, ニューイングランド諸州では製油所その他を所有した現地のやや大型の企業を買収することで, ガソリンなどの製品販売を試みたのであった。こうした市場圏の拡張は, ほぼ同時期にジャージーのみならず同社に比べより強固な販売網を擁し, また広域にわたり活動した企業を含め他の大企業の多くによって試みられた。その結果, ジャージーが本拠とした旧来の市場域(新規進出の諸州を含まぬ地域＝10 州と首都ワシントン, 前章第 4 節注〔9〕参照)にも他社による進出が相次いだ。例えば, 小売市場向けガソリン供給量で 1920 年代半ばに全国最大企業であったインディアナ・スタンダードは, 子会社のアメリカ石油(American Oil Company)とパン・アメリカン石油・輸送を通じて, それぞれ北東部と南部の諸州に進出し, ジャージーの市場支配を脅かしたのである[8]。

不況下, ジャージーは直接対抗し合う大企業が一挙に増大したこともあって, 新規進出の地域においてはいうまでもなく, 旧来の市場においても, それ以前に比べ攻勢的な販売政策をもって臨んだ。その第 1 は, 価格の引き下げ攻勢である。これは, 系列下にある販売店が市場で値引きを行った場合, これに補償を与えるといった内容を含むものであり, 1920 年代, 特に半ば頃まで同社は

反トラスト法違反の告発を怖れてこうした行動を極力自制したのであった[9]。

第2に，給油所など小売店網の拡張である。1932年までにジャージーは自社所有の給油所数を2500へ増加させ(1926年6月では381)，同社による小売業者向けガソリン販売総量の25%をこれらによって，残り75%を系列下あるいは取引関係のある2万5000の給油所を介して販売したのであった[10]。ジャージーが一般消費者向けの販売網をかなり急速に拡充したことが窺われるのである[11]。第3に，石油製品，特にガソリンの品質(オクタン価〔octane rate〕)の向上である[12]。ジャージーはガソリン品質の向上に用いられる添加剤(テトラエチル鉛〔tetraethyl lead〕)の大量生産企業として，1933年にはプレミアム・ガソリンのみならずレギュラー・ガソリンにもこれを配合した。品質の面で優位性を持つ2層のガソリンを市場に提供することで同社は，旧来の市場域においてであったが，市場シェアの拡大に成功したのであった[13]。

以上の諸活動に加え，ジャージーが1933年に，それまで国内の各子会社に委ねられた販売事業を新設のエッソ・マーケターズ(Esso Marketers)なる管理組織の統括に委ねたことが重要である。大口顧客向けを除く国内製品販売，特に一般消費者市場向け販売の統括組織の新設は，すでに進展したこの分野での事業拡張と実績を踏まえ，管理面からも販売力の一層の強化を図ったものといえよう[14]。

ところで，ジャージーによる販売地域の拡張についてであるが，こちらについては，恐慌後の1930年頃までには新規市場への進出は一旦終息したと考えることができる。それ以降はそれぞれの進出先で販売事業の強化に向かったといえよう。他方，不況の深刻化に伴い，逆に既存販売地域の一部からの撤退もみられた。例えば，子会社ハンブル石油・精製は，利益の乏しい割に費用だけはかさんだ西部テキサスのいくつかの地域で販売資産を処分したのであった[15]。

〔III〕 1930年代半ばにおける販売地域拡大の試みと挫折

アメリカ国内での石油製品の消費量がほぼ1929年水準に復した30年代半ば，ジャージーは，再び販売地域の拡張に向けて動き出した。同社は1935年4月に，ミズーリ州の主要都市セント・ルイス(St. Louis, Missouri)に油槽所と

給油所を開設した。ジャージーは，品質面に高度な改良が加えられた潤滑油（自動車用オイル）をさしあたり主力製品として売り出し，活発な広告・宣伝活動を展開して，この地域最大の石油企業インディアナ・スタンダードに挑戦したのである[16]。セント・ルイスを含む中西部地域は，当時アメリカ国内でのガソリン消費総量の1/3を占めたと推定され[17]，ジャージーにとって垂涎の的であった。加えて，先にインディアナ社によって自社の市場域を侵食されたジャージーにとって，インディアナ社の本拠地で反撃を加え，その足元を脅かすことで，自己の市場でのインディアナによる攻勢の抑制を図ったものと思われる。

もっとも，ジャージーのこの挑戦は，直ちにインディアナ社による強力な反撃を受けた。その結果，ジャージーは数年を経ずして中西部から撤退せざるをえなかったのである[18]。同社が撤退せざるをえなかった直接的要因は，インディアナ・スタンダードが，ジャージーが1920年代半ば以降に自己の販売市場で導入し中西部でも使用を開始したエッソ(Esso)なる商標(trademark)について，これがインディアナの商標と類似しており，同社の商標の侵害にあたるとして裁判に訴え(1935年5月)，これでジャージーが敗訴したこと(1937年7月，および翌年の控訴審でも敗訴)にあった[19]。だが，より重要な弱点として，ガソリン販売をめぐって最も熾烈な競争が演じられた地域の一つである中西部で，販売施設に続けて，製油所，原油の輸送施設などを確保するに至らず，石油製品の供給面に不十分性があったことを指摘すべきであろう。この点で，すでに1930年に現地の有力な精製企業を買収し，中西部を自己の市場に組み込んだニューヨーク・スタンダードなど新規進出を果たした他の大企業[20]にジャージーは大きく遅れたのである。同社による中西部への進出は，これ以降1950年代後半ないし60年代の初頭まで長く試みられることがなかった(第5章第2節参照)。同様に，1930年代後半に他の新規市場への進出，およびそこでの大衆消費者市場での販売活動は，ともに中西部での挫折以降ほとんど試みられることがなかったのである。

これまでの検討から，ジャージー社の販売地域は，1927年以降の拡張戦略に基づき，20年代末ないし30年代初頭までに19州と1特別区(首都ワシント

ン)に達したと考えられる。数にして1927年初頭時の約2倍である。以後それが維持されたのであり，30年代には実際上新たな地域進出はなかったといえよう[21]。1939年末時点で，テキサス社の製品販売地域は49，シェルが47とほぼアメリカ全域ないしそれに迫る企業として確立し，歴史的理由によって活動州が少なかった旧スタンダード系の場合でも，ソコニー・ヴァキュームとインディアナ・スタンダードは，それぞれ39,38へと一挙に市場圏を拡張しており，ジャージーを凌いだのである[22]。先にみた大衆消費者市場における販売力の強化に重要な進展がみられた一方，販売地域の拡張では1930年代末時点でなお道半ばというべき状況であった。

〔IV〕 販売活動の到達点と市場支配

製品販売量と市場占有率　ジャージー社による石油製品販売量(年間)は，1931年に8906万バレル(30年代の底)へ下落したがこれ以降39年の1億4126万バレル(29年比138.2%)へ年々間断なく増加した[23]。しかも，この間，主として大衆消費者市場での販売力の強化により，大口顧客に対する契約販売から一般市場に向けた販売へ活動の主力を転換させるに至ったのである。もっとも，前者の大口顧客への販売については，ガソリンの他社への大量販売，つまりソコニー・ヴァキュームなどに対する販売などではこの間に減少もみられたが，重油，軽油などの燃料油を含む製品全体量では，多少の増減を伴いつつも全体としては1930年代も増加したのである[24]。

アメリカ全体における小売市場向けガソリン供給に占めるジャージーのシェアは，資料の面で他社と比較可能な1935年に6.1%で全国の第5位であった。1926年が第6位の5.4%であったから若干の上昇といえよう。全国最大はソコニー・ヴァキュームであり8.7%，1926年に首位であったインディアナ・スタンダードは2位へ後退し8.5%，以下3位テキサス(7.5%)，4位シェル(6.3%)，6位シンクレア(Sinclair Consolidated Oil Corporation, 6.0%)，7位ガルフ(5.3%)などが続く。アメリカの石油大企業20社についてみるとその合計シェアは74.1%であった[25]。

但し，大企業各社のこれらの数値が1930年代半ば時点についてであること

に注意が必要であろう。というのは，同年代後半，製品の品質向上，宣伝，販売サービスなどが，以前に増して市場での主要な競争形態となるにつれて，それまで専ら価格の引き下げで市場進出を果たした中小の企業の競争力ないし機動力が減殺され，大企業に一層有利な競争展開，およびその帰結としての市場支配力の強化がもたらされたと考えられるのである。上記の統計と出典が異なるが，ジャージーの場合，全国のガソリン小売市場への供給で1933年のシェアは6.1%であったが，39年には6.9%へこれを引き上げたのであった[26]。臨時全国経済委員会(TNEC)の調査対象の大企業(但し，18社のみ)では80%(1938年)を占めたという統計もある[27]。

　他方，ジャージーは旧来の市場域，つまり1927年以降に進出した諸州を除く地域では，最大販売企業としての地位を維持したとはいえ，支配力のかなりの低下を免れなかった。かつてジャージー本社が直轄した市場(6州と首都ワシントン)では，ガソリン小売市場への供給量に占める同社のシェアは，1926年の43.2%から38年には28.3%へ低下したのである[28]。もっとも，上述からやや推測しうるように，ジャージーのシェアは1933年頃にはほぼ下げ止まり，それ以降は反転して後者の38年の数値まで持ち直したのが実状と推定される(すぐ以下も参照)[29]。ともあれ，ジャージーが少なからぬシェア喪失を余儀なくされたことは明らかである。ジャージーが失ったシェアを埋めてなお余りある活動を展開したのは他の大企業群であった。ジャージーの旧来の市場で活動した大企業数は，1926〜38年に6社から12社へ倍増しており，そのシェアの合計も45.4%から66.7%へ増加した。一方，中小の企業群のシェアは合計で11.4%から5.0%へ半減したのである[30]。ジャージーのみならず，全国各地に最大企業として存在した旧スタンダード系の企業は，長く本拠とした市場域において例外なく市場シェアの減退を被った[31]。こうした事態をもたらした要因も，同じくそれぞれの地域への大企業群の参入とその挑戦であった。

　なお，ジャージーの各州・地域でのガソリン市場における販売シェアをやや仔細に分析すると，1933年以降，旧来の地域に属した2,3の州で若干の減退をみた以外は，ほぼ各地で増加傾向を辿り，とりわけ新規参入の諸州で顕著であった[32]。後者には，アメリカ国内の有望市場のいくつかが含まれたといわ

れており，やがてジャージーの有力な蓄積場に転ずるのである[33]。

　これまでの分析を総合すると，アメリカ市場全体でみてジャージーは1920年代に余儀なくされた支配力の後退を食い止めた，のみならず失われた地歩の回復にも若干の成功を収めたとみることができよう。だが，全国の小売市場に対するガソリン供給全体に対する占有率で数社に対してなお劣勢であったこと，販売地域も全州の半分に満たず，限定された範囲をなお大きく超えるものでない，など製品市場における同社の地位ないし支配力は他の若干の大企業に比べ依然として見劣りする。石油製品市場にみられた弱点を克服し，原油生産事業その他で築いた優位性に匹敵する支配力を形成する課題は後の時代に残されたといえよう。

販売利益と収益性　ここで，ジャージーの販売部門の獲得利益，事業の収益性について触れると，1932,33年頃まで利益額は大幅に減退した。主として，旧来の市場域，特に北東部と南部の大西洋岸諸州で活動した子会社を別として，最南部(Deep South)とその周辺，および新規市場に所在した子会社群はいずれもかなりの額の欠損を出したのである[34]。欠損を出した地域のうち後者の新規に進出した諸州についていえば，同社は，初期の投資を回収し利益を生み出す段階で恐慌と不況に遭遇し，利益を得られぬままでの操業を余儀なくされたものと推定される。ジャージーによる販売地域の拡張戦略の遂行は，こうした利益獲得面からも1930年代半ばまで延期されたと考えられるのである。

　もっとも，1934～39年においても，販売部門の資産額(net investment in marketing properties)に対する利益率は，平均わずか1.25％にすぎなかった[35]。1939年にジャージーはアメリカ国内で1927年の1.6倍に相当する量の石油製品を販売したが，得られた利益は後者の半分に留まったのである[36]。

　最後に，アメリカ石油製品市場における支配体制の特徴について一言すると，1920年代半ば頃までに現出した市場支配の地域的差違，つまり特定地域毎に最大企業が異なり上位を構成する企業あるいはその順位が多様であるという支配の構造については，各大企業の全国的販売企業への志向とその追求により，これを変容せしめる注目すべき動きが進行した。しかし，この時代もかかる特

質は基本的に崩れることはなかったといってよいであろう。

1) ここでいう石油は，製品だけでなく燃料油として用いられた原油を含んでいると推定される。以上の統計は，U.S. Senate〔63〕, p. 418 による。
2) U.S. Senate〔63〕, p. 418.
3) アメリカにおける自動車(乗用車，バス，トラック)の登録台数は，1930年に2675万台のピークに達した後，33年に2416万台まで減少した。その後，ほぼ年々増加し1939年に3101万台となった(U.S. Bureau of the Census〔129〕, p. 716)。さらに，1929～41年についてであるが，1台あたりの年間ガソリン消費量は，1932年にやや減少するが，すぐ増勢に転じ，この間525ガロンから648ガロンへ23%の増加をみたのである(Williamson and others〔280〕, pp. 653-655)。
4) Williamson and others〔280〕, p. 651. 世界のガソリン消費に占めるアメリカの比率は1938年に63.5%(4億6094万バレル)であった(U.S. Senate〔63〕, p. 213)。なお，この統計は表II-4から算出される1938年の数値とは異なるが，その理由は不明である。
5) 1929年に産業用を上回った鉄道は4位(13.6%)へ，5位に石油産業用の燃料油(10.7%)，6位に電力(7.0%)，などであった(以上の統計は，API〔89〕, 1959, p. 328による)。
6) API〔89〕, 1959, pp. 295, 301 より。
7) API〔89〕, 1959, p. 367 より。
8) インディアナ社による進出は1926年に開始された(U.S. Senate〔51〕, pp. 54-55)。
9) 価格引き下げ攻勢については，NACP〔1〕, Letter to Mr. M. V. Hartman from W. J. Filer, January 31, 1934, In Re, Competitive Conditions, Norfolk, VA.: Shell Eastern Pet. Products, Inc. Mkt. Gen.: General―1933-35 (Correspondence Relating to Marketing of Petroleum Products): RG232 ; NACP〔1〕, Letter to Mr. M. V. Hartman from W. J. Filer, January 31, 1934, In Re, Competitive Conditions, Washington, D.C.: Shell Eastern Pet. Products, Inc. Mkt. Gen.: General―1933-35 (Correspondence Relating to Marketing of Petroleum Products): RG232をみよ。なお，1920年代にこうした行動を自制した背景要因としては，1911年の「解体」に先立つジャージー(旧スタンダード石油)に対する反トラスト訴訟において，同社の価格政策，特に競争企業に対する価格引き下げ攻勢が，独占的行為として告発されたことを挙げるべきであろう。この点については，20世紀初頭頃のジャージーによる差別的価格政策などを調査・分析したU.S. Bureau of Corporations〔46〕, pt. IIを参照せよ。
10) Jersey〔24〕, 1933, pp. 6-7 ; Larson, Knowlton, and Popple〔145〕, p. 275.
11) TNECの資料によると，1932年にアメリカの大企業18社が用いた給油所(サービス・ステーション)の総計は，約12万3000であり，うちジャージーは1万7000であった。同社を上回った企業は，テキサス(2万3500)，ソコニー・ヴァキューム(1万8400)

のみである(TNEC〔55〕, pt. 14-A, pp. 7738, 7819)。ここでの数値は本文のそれとはかなり異なっているが，その理由を明らかにすることはできない。ともあれ，ジャージーが1930年代の前半，あるいは初頭頃までにガソリン小売店網の拡充において顕著な進展を遂げたことは疑いない。

12) 自動車エンジンの性能向上(圧縮比の増大)は，それに適合する高品質のガソリンを求めた。いわゆるオクタン・レース(octane race)が1930年代に入り激しく演じられたのである。レギュラー・ガソリンについてであるが，1930年夏にオクタン価の平均は59.0(ここでは資料の得られるモーター法〔Motor Method〕による)であったが，39年夏までには71.4へ向上した。API〔89〕, 1959, p. 254 による。

13) Larson, Knowlton, and Popple〔145〕, pp. 272, 287-288 による。周知のように，ジャージーは，ジェネラル・モーターズ(General Motors Corporation, GM)との折半出資によって，1924年にエチル・ガソリン社(Ethyl Gasoline Corporation)なる共同所有会社を設立し，テトラエチル鉛の大量生産メーカーとなった(Gibb and Knowlton〔138〕, p. 541)。

14) 1927年に大規模組織改革があり，従来本社が担った精製，製品販売などの事業活動が新設子会社のニュージャージー・スタンダード石油(Standard Oil Company of New Jersey, 通称デラウェア社)によって担われたことを前章第4節〔I〕の末尾，および注(25)で述べた。1933年の販売部門の改革により，ジャージーは，このデラウェア社を含め国内の各子会社に属した販売事業を他の事業から切り離し，ニューヨークに本部を設けたエッソ・マーケターズなる新設の管理組織の下に編成し直したのである。以後，ジャージー社のアメリカでの製品販売は，大口顧客に対する契約販売と子会社ハンブルによってなされる部分を除き，一括エッソ・マーケターズによって行われることになった。エッソ・マーケターズは設立後直ちに，同社のブランドに関する消費者意識，従業員の就業状況，など各種の調査を行い，それに基づいて宣伝・広告の強化，販売サービスの改善，従業員教育の実施など多様な方策を次々と実行した。これ以降，アメリカ国内での販売事業の効率性はかなり高まったようであり，1932年以降39年夏までに同社は販売費用を33%低下させたという。以上は，Jersey〔26〕, August 1939, pp. 8, 10；Larson, Knowlton, and Popple〔145〕, pp. 282-289 による。

15) Larson, Knowlton, and Popple〔145〕, p. 270.

16) Larson, Knowlton, and Popple〔145〕, pp. 290-291；Giddens〔139〕, pp. 544-545；Giddens〔181〕, pp. 359-360 による。

17) API〔89〕, 1959, p. 248. ここで中西部(Middle West)とは，アメリカ連邦政府のセンサス区分(Census Regions and Geographical Divisions of the United States)において北中部(North Central)として一括される12の州を指す。

18) Larson, Knowlton, and Popple〔145〕, pp. 290-291；Giddens〔139〕, pp. 544-547.

19) インディアナ・スタンダードは，エッソ(Esso)なる商標は，耳で聞く場合，同社がこれまで製品名にしばしば用いた略語であるSO(エス・オウ, Standard Oilの頭文字)としばしば同一に響き，表示もまた類似しているなどと主張し，エッソ名の製品が，

あたかも同社の製品であるかの如き印象を消費者に与えるものであるとして，ジャージーに対しその使用を許さなかったのである。以上については，Wall〔154〕, pp. 733-734 ; Giddens〔181〕, pp. 359-362 による。
20) Giddens〔139〕, p. 465 を参照せよ。
21) Larson, Knowlton, and Popple〔145〕, p. 821.
22) TNEC〔55〕, Monograph, No. 39, pp. 88-89.
23) Exxon Mobil Library〔4〕, HQ : Draft Papers, History of Standard Oil Company (New Jersey) on New Frontier, 1927-1950, by Evelyn H. Knowlton and Charles S. Popple, Chapter 7, pp. 32-33, 作成年次不明。
24) 一般の消費者市場向けの販売量は，一部分を除き，1930年の4344万バレルから39年に7154万バレルへ増大した。大口顧客向けの販売量は，これも一部分を除き，同期間に5001万バレルから6424万バレルに伸長したのである。こうした大口向けの増加は，既存のいくつかの有力顧客との取引関係の継続に成功したことに加え，新たな大規模顧客の獲得(次節の注〔3〕参照)にもよっていた。だが，最も重要な製品買い取り企業の一つであったニューヨーク・スタンダード(ソコニー・ヴァキューム)は，予想通り，自社の製品生産能力(精製能力)を高め，ジャージーからの買い取りを減少させた(1日平均で1930年の3万バレルから，33年に2万バレル，39年には7500バレルであった)。以上は，Exxon Mobil Library〔4〕, HQ : Draft Papers, History of Standard Oil Company (New Jersey) on New Frontiers, 1927-1950, by Evelyn H. Knowlton and Charles S. Popple, Chapter 7, pp. 32-33, 作成年次不明 ; Larson, Knowlton, and Popple〔145〕, pp. 278, 296, 298, 300 による。

　ところで，ここで1930年代後半におけるジャージーの販売政策について，同社が給油所(サービス・ステーション)の直営方式を事実上取り止め，これらを独立した個人などへ賃貸したことについてやや立ち入って述べておきたい。これは，直接はチェーン化した給油所に対する新規の州税を回避するための方策であった。チェーン・ストアの進出によって経営を脅かされた食料品の小売商などは1920年代末以降，各州でチェーン・ストアの規制を州政府に要求する運動を展開した。1930年代半ばまでにそれが石油産業をもまきこんだのである。ジャージーが販売を行うデラウェア，ウエスト・ヴァージニアをはじめ各州で給油所のチェーン店に重税が課されることになった。アイオワ州で1935年7月に施行された法に基づけば，同州に850店の給油所を擁したインディアナ・スタンダードに課される税は，年間100万ドルを超えると概算されたのである(Jersey〔26〕, August 1936, p. 1 ; Larson, Knowlton, and Popple〔145〕, p. 289 ; Williamson and others〔280〕, p. 705 ; Dixon〔175〕, pp. 643-644)。

　だが，ジャージーによる直営給油所の廃止は，より根本的には販売費用の削減を目的とした経営合理化の一環であった。1920年代後半期において，すでに全国的に過剰といわれた給油所の数は30年代に入っても一貫して増加し，アメリカ全体で29年の12万2000から35年には19万8000に達した。その結果，同期間に1店あたりのガソリン販売量は，平均して1日322ガロンから225ガロンへ，30%強の減少をみたのである。

第2章　1930年代の活動と戦後構造の原型形成　167

前章の第4節注(7)で記したように，アメリカには給油所の他に多様な形態の小売店舗が存在し，ガソリンの小売店の総数は，1929～35年に31万7000から37万7000へ増加した(Williamson and others〔280〕, pp. 680-681)。すでにみたように，ジャージーは他の主要企業に対する劣勢を挽回すべく，これまで小売店網の拡充に力を投入したが，これに要する費用は，維持費と合わせて同社の販売利益を強く圧迫していたのである。

1936年末までに，ジャージーが国内で直営した給油所は，子会社ハンブルが保持した若干のものを除き，総計わずか8になった(Larson, Knowlton, and Popple〔145〕, p. 290)。もっとも，外部に賃貸された給油所は，従来通りジャージーの製品のみを販売するよう求められるなど，同社の支配の外におかれたわけではない。直営給油所の削減が，ガソリン小売市場に対する同社の支配力の減退を生ぜしめたのではないことも，すぐ後にみる通りである。

1939年についてであるが，ジャージーによる国内のガソリン小売市場への製品供給は，同社が賃貸した2000～2200の給油所，および同社の支配力に濃淡のある2万3000と推定される系列，準系列，その他の給油所網に向けてなされたのである(TNEC〔55〕, pt. 17, p. 9724)。なお，ジャージーは直営店の廃止を最も徹底して行った企業の一つと考えられるが，当時の多くのアメリカ大企業は，一部はジャージーに先行してこれを行った。例えば，ガルフは1935年の531店舗を翌年130へ，シンクレア(Sinclair Consolidated Oil Corporation)は同じく203から21へ，インディアナ・スタンダードは1950から178へ，それぞれ直営店を削減したのである(McLean and Haigh〔226〕, p. 486による)。

25)　ここでの20社は，McLean and Haigh〔226〕, p. 104に掲載された企業群であり，臨時全国経済委員会(TNEC)が1930年代末期に調査対象とした20社(第1章第4節の前掲表Ⅰ-8に掲載)と完全に同一とはいえない(前掲表Ⅰ-8に含まれないケンタッキー・スタンダード〔Standard Oil Company(Kentucky)〕を掲載し，ミッド・コンチネント石油〔Mid-Continent Petroleum Corporation〕を含まない)。

1920年代後半から30年代前半(1926～35年)において，この間ガソリン小売市場への供給で2%を超えるシェアの拡大をなしえた企業は皆無であった。ソコニー・ヴァキュームは9.6%から8.7%へ，インディアナ・スタンダードも10.6%から8.5%へ，それぞれその比率を低下させたのである。ジャージーはテキサス(6.5%から7.5%へ)，シェル(5.3%から6.3%へ)とともにこの間にシェアを高めることができた大企業の1社であった(以上はMcLean and Haigh〔226〕, p. 104による)。

26)　Exxon Mobil Library〔4〕, HQ: Draft Papers, History of Standard Oil Company (New Jersey) on New Frontiers, 1927-1950, by Evelyn H. Knowlton and Charles S. Popple, Chapter 7, p. 10，作成年次不明。

27)　TNEC〔55〕, Monograph, No. 39, p. 5.

28)　Exxon Mobil Library〔4〕, HQ: Draft Papers, History of Standard Oil Company (New Jersey) on New Frontiers, 1927-1950, by Evelyn H. Knowlton and Charles S. Popple, Chapter 7, p. 8，作成年次不明；Williamson and others〔280〕,

p. 712.
29) Exxon Mobil Library〔4〕, HQ: Draft Papers, History of Standard Oil Company (New Jersey) on New Frontiers, 1927-1950, by Evelyn H. Knowlton and Charles S. Popple, Chapter 7, p. 8, 作成年次不明。
30) Williamson and others〔280〕, p. 712.
31) Williamson and others〔280〕, p. 712.
32) 例えば，ペンシルヴェニア州でジャージーは1936年に11.4％を獲得し，サン石油(Sun Oil Company)を抜いて同州第2の販売企業となった。その後もその地位を強め，最大企業アトランティック精製との懸隔を縮小したのである(Exxon Mobil Library〔4〕, HQ: Draft Papers, History of Standard Oil Company (New Jersey) on New Frontiers, 1927-1950, by Evelyn H. Knowlton and Charles S. Popple, Chapter 7, p. 8, 作成年次不明; TNEC〔55〕, pt. 14-A, pp. 7814-7816; McLean and Haigh〔226〕, pp. 110-111による)。
33) Larson, Knowlton, and Popple〔145〕, p. 270; TNEC〔55〕, pt. 14-A, pp. 7814-7816を参照。
34) 主力販売子会社の中で唯一欠損を出さなかったニュージャージー・スタンダード石油(通称デラウェア社，本節注〔14〕参照)の場合，1934年の利益額(但し，税金および間接費などの支払い前，71万5000ドル，30年代の底)は1927年のそれのわずか6％未満であった。製品価格の低下が，こうした利益減を招来せしめた要因の一つであったことは否定できないであろう。同子会社を最大企業とするボルチモア(Baltimore, メリーランド州)市場におけるガソリンの年平均の卸売価格(税を含まず)は，1ガロンあたり1927年の16.42セントから，30年の10.58セント，31年に7.75セントへ大幅に低下した。これに加え，連邦政府，州，その他の自治体によって課されたガソリンの消費税が，販売利益を圧迫した要因として落とせないであろう。アメリカの50の代表的な都市で，ガソリンの給油所小売価格に占める税の割合は，1929年には16.3％であったが，33年に30.4％に達した(その後30年代末まで27〜29％で推移)。以上については，Exxon Mobil Library〔4〕, HQ: Draft Papers, History of Standard Oil Company (New Jersey) on New Frontiers, 1927-1950, by Evelyn H. Knowlton and Charles S. Popple, Chapter 7, pp. 25, 35, 作成年次不明; Jersey〔24〕, 1932, p. 4, 1933, p. 6; API〔89〕, 1959, p. 379による。
35) しかも，税金および間接費などの支払い前である。Exxon Mobil Library〔4〕, HQ: Draft Papers, History of Standard Oil Company (New Jersey) on New Frontiers, 1927-1950, by Evelyn H. Knowlton and Charles S. Popple Chapter 7, p. 38, 作成年次不明; Larson, Knowlton, and Popple〔145〕, pp. 297-298による。
36) Exxon Mobil Library〔4〕, HQ: Draft Papers, History of Standard Oil Company (New Jersey) on New Frontiers, 1927-1950, by Evelyn H. Knowlton and Charles S. Popple, Chapter 7, pp. 32-33, 35, 作成年次不明。

第2章　1930年代の活動と戦後構造の原型形成　169

第5節　外国における製品販売と市場支配

〔I〕　在外精製能力とタンカー輸送船団の拡充

　ニュージャージー・スタンダード石油による外国市場での支配力の強化，あるいは1920年代に失われた市場支配の回復にとって，個々の国と地域における販売事業，製品販売力の拡充はむろん不可欠の要件である。だが，それに劣らぬ重要性を有したのが，第1に，諸外国で販売する石油製品を海外において安価に生産しうる体制を築くこと，つまり既述の原油生産事業の拡充について，これに照応する精製事業を海外で遂行することである。第2は，そこで生産された製品の輸送体制，海上輸送能力を増強することである。これら在外精製能力とタンカー船団の拡充が，ジャージーによる海外市場戦略において重要な課題を構成したのであった。各国・地域での製品販売の具体的検討に入る前に，これら課題へのジャージーの取り組みとその成果を述べることにしたい。

在外精製能力の拡充　　第1に，製油所(製品生産施設)の確保と能力の拡大であるが，この点では1932年にインディアナ・スタンダード所有の在外資産を買収したこと(本章第3節〔I〕参照)が，原油のみならず製品についても海外での生産体制を飛躍せしめる基本的条件をジャージーに与えた。同社は，この買収によってヴェネズエラの北に位置するカリブ海に浮かぶアルバ島に所在した大規模製油所を獲得したのである。カナダとラテン・アメリカの各国市場に対する石油製品の生産体制は1920年代にほぼ形成ないし拡充されており，新たに編入されたアルバ製油所で生産される製品は，むろん近隣市場にも供給されるが，その多くがヨーロッパに向けられたのである。

　買収時点でのアルバ製油所の装置は最新式であり，特に結合装置(combination unit)と呼ばれた新鋭設備を擁していたことが重要であった。これは，従来別々に配置された原油の蒸留装置(distillation equipment)と軽油からガソリンを作る分解装置(cracking equipment)とを連結したもので，作業の連続性を可能ならしめ，燃料，労働力などのかなりの節約を可能にした。ジャージーによる結合装置の大規模な活用はアルバにおいて開始されたと考えられるの

表II-5　ジャージー社の国・地域別

	1929		1930		1931		1932		1933	
		%		%		%		%		%
ア　メ　リ　カ	409.1	75.9	363.7	73.5	336.2	71.7	319.9	62.3	319.8	54.3
カ　ナ　ダ	70.5	13.0	66.3	13.4	63.5	13.5	50.4	9.8	55.8	9.5
ラテン・アメリカ[1]	32.9	6.1	32.4	6.5	29.8	6.4	95.0	18.5	154.7	26.3
ア　ル　バ	—	—	—	—	—	—	58.3	11.3	109.1	18.5
ペ　ル　ー	15.6	2.9	14.2	2.9	12.0	2.6	14.0	2.7	15.2	2.6
ヨ　ー　ロ　ッ　パ[2]	19.8	3.7	20.2	4.1	23.4	5.0	29.8	5.8	34.4	5.8
ル　ー　マ　ニ　ア	10.8	2.0	11.7	2.4	14.4	3.1	16.0	3.1	15.2	2.6
フ　ラ　ン　ス	—	—	—	—	—	—	—	—	3.8	0.6
蘭　領　東　イ　ン　ド[3]	6.9	1.3	12.5	2.5	15.8	3.4	18.6	3.6	24.4	4.1
全　　外　　国	130.1	24.1	131.4	26.5	132.5	28.3	193.8	37.7	269.3	45.7
全　　世　　界	539.2	100.0	495.1	100.0	468.7	100.0	513.7	100.0	589.1	100.0

(注)　1)　メキシコ，アルバ，ヴェネズエラ，ペルー，コロンビア，キューバ，トリニダード，アルゼン
　　　2)　イギリス，イタリア，ノルウェー，ポーランド，ルーマニア，ドイツ，フランス，ベルギー，
　　　3)　子会社 N. V. Nederlandsche Koloniale Petroleum Maatschappij による精製量。但し1934
(出典)　Larson, Knowlton and Popple [145], pp. 200-201 より。

である[1]。

　同製油所を傘下に収めたジャージーは，直ちに精製能力，結合装置の増設・拡張等に向かった。表II-5によれば，この製油所の精製量の拡大は顕著であって1939年には同社の在外精製量全体の49.4%，アメリカを含む世界全体での精製量の26.8%を占めた。獲得後の翌33年にはアメリカ国内の各製油所を凌いでジャージー社内最大の製油所にのし上がったのである[2]。このアルバでの急速な拡大を最大の要因として1934年以降，ジャージーによる原油精製量の過半は外国でなされるに至った(表II-5参照)[3]。1939年9月初頭時点，同社の在外精製量(オランダ領東インドでなされたスタンダード・ヴァキュームによる精製量の半分を含めず，後述も参照)は，外国で精製事業を行うアメリカ企業の全精製量の83%に達したのである。原油生産事業での同様の数値(1939年末時点)は80%であったから(本章第3節注[28]参照)，それをもやや凌ぐ。アメリカ石油企業の在外活動に占めるジャージーの存在，あるいは世界企業としての活動のスケールは他のアメリカ企業の追随を全く許さぬものであった[4]。同社が世界最大の精製企業である事実は，これを裏付ける確定資料を入手しえないとはいえ，この時代も不変と考えられる[5]。

原油精製量，1929〜39 年　　　　　　　　　　　　　　　　　　　（単位：1,000 バレル／日，％）

1934		1935		1936		1937		1938		1939	
	%		%		%		%		%		%
325.6	49.4	318.5	46.2	354.7	46.5	401.0	46.8	373.2	45.6	389.4	45.8
55.5	8.4	57.4	8.3	61.9	8.1	69.9	8.2	67.6	8.2	71.4	8.4
196.3	29.8	215.7	31.3	241.7	31.7	283.8	33.1	277.1	33.9	286.9	33.8
138.1	21.0	162.8	23.6	185.3	24.3	226.5	26.4	221.7	27.1	227.6	26.8
16.8	2.5	16.8	2.4	16.7	2.2	16.7	1.9	17.4	2.1	18.3	2.2
53.0	8.0	60.6	8.8	61.6	8.1	58.4	6.8	59.5	7.3	58.3	6.9
18.8	2.9	19.7	2.9	19.0	2.5	17.0	2.0	18.3	2.2	16.1	1.9
16.5	2.5	23.6	3.4	23.6	3.1	21.6	2.5	22.1	2.7	23.4	2.8
28.7	4.4	37.1	5.4	42.2	5.6	43.5	5.1	40.6	5.0	43.8	5.1
333.5	50.6	370.8	53.8	407.4	53.5	455.6	53.2	444.9	54.4	460.4	54.2
659.1	100.0	689.3	100.0	762.1	100.0	856.6	100.0	818.1	100.0	849.8	100.0

，ボリビア。
マーク。
降同社に対するジャージーの所有権は 1/2。

　なお，1930 年代を通じアルバで生産された製品の 45％は重油であり，ついでやや懸隔が大きいがガソリン，ディーゼル油(軽油)であった。これは，精製に用いられたヴェネズエラ原油が重質であったこと，およびヨーロッパなど外国における石油製品の消費構成において重油の占める比率がアメリカに比べかなり高かったことによるものであろう[6]。

タンカー輸送船団の拡充　次に，ジャージーの第 2 の課題であるタンカー船団，海上輸送能力の拡充について。1927 年秋に同社は世界全体に 92 隻(96 万重量トン)を擁したが，1930 年代の一大拡張によりヨーロッパでの開戦前夜の 1939 年 9 月初頭に 219 隻(235 万重量トン)を抱えるに至った[7]。わけても，アメリカと諸外国，諸外国間の石油輸送を担った外国籍のタンカーは，同期間に 54 隻(48 万重量トン)から 148 隻(139 万重量トン)へ大幅に増強された[8]。ジャージーによる外国での原油と製品の生産体制の飛躍的増強が，これに照応する海上輸送能力の拡充を求め，また他方で後者によって支えられたことはいうまでもない。同社は，1930 年代末までに RD = シェルと並ぶ世界最大級のタンカー保有企業になったのである[9]。

〔II〕 カナダ，ラテン・アメリカ

カナダ　1920年代に1国としてはジャージーにとって最大の外国市場を構成したカナダは貿易依存の高い国民経済をなし，とりわけ同年代にアメリカ経済との結合，あるいはこれへの依存の構造を深化させた。本章が対象とする1930年代にはアメリカを震源地とする恐慌と不況の影響を最も強く被った国の一つとなったのである[10]。

1930年代の不況下，カナダ政府は輸入ガソリンに対し関税(1ガロンあたり2.5セント，1932年実施)を設定した。これは，カナダ最大の精製企業である子会社インペリアル(Imperial Oil Ltd.)を一時保護する役割を果たした。だが，これを契機にすかさず若干の大企業，例えばRD＝シェルは，かつて1929年半ばにカナダ西部市場向けに販売子会社(Shell Oil Company of British Columbia, Ltd.)を設置したのについて，西部の海港都市ヴァンクーヴァー(Vancouver，ブリティッシュ・コロンビア州〔British Columbia〕)近郊で製油所の建設に着手し，現地精製に乗り出したのである[11]。前章において述べたように，インペリアルの持つ競争上の強みの一つは，パイプライン，タンカーで安く輸入した原油の現地精製により，製品輸入に依存せざるをえなかった他社に対する価格の安さ，市場の動向に応える製品生産，などにあった。だが，その優位は部分的にではあるが掘り崩されたのである。さらに，この間，RD＝シェルに先立ち子会社(カナダ・テキサス〔Texas Company of Canada, Ltd.〕)を設立した(1928年)テキサス社も，1935年に現地企業の株式買収などによってその勢力を着々と拡大した[12]。

この時代，インペリアルによるカナダ投資は全体として抑制基調であった。それは，一つに不況の影響であるが，いま一つはジャージー本社による配当支払い請求の圧力が強まったことによるようである。その結果，如上の攻勢に対する有効な反撃は制約されたと考えられる。1938年，同社は1927年の1.6倍に相当する2280万バレルの製品販売を行い(表II-6参照)，引き続きジャージー社内最大の在外販売子会社の地位を維持した。だが，1927年にガソリン小売市場への供給で66％の圧倒的シェアを維持した同社は，38年には過半数支配

第2章 1930年代の活動と戦後構造の原型形成　173

表II-6　ジャージー社の在外子会社[1]による製品販売量

(単位：1,000 バレル／年, ％)

	1927	％	1938	％
・カナダ				
Imperial Oil Ltd.	14,600	21.6	22,800	14.0
・ラテン・アメリカ	13,300	19.7	28,100	17.3
The Tropical Oil Co. (コロンビア)	1,300	1.9	2,600	1.6
International Petroleum Co., Ltd. (ペルー)	2,500	3.7	3,100	1.9
Standard Oil Co. of Brazil (ブラジル)	1,400	2.1	4,100	2.5
Standard Oil Co. of Cuba (キューバ)	1,500	2.2	1,600	1.0
Cia. de Petroleo Lago (ヴェネズエラ)			700	0.4
Lago Oil & Transport Co., Ltd. (蘭領西インド諸島)			5,100	3.1
West India Oil Co., (プエルト・リコ)			1,300	0.8
West India Oil Co., S.A. (パナマ)	6,600	9.8	2,200	1.4
West India Oil Co., S.A. (アルゼンチン)			5,100	3.1
West India Oil Co., S.A. (ウルグアイ)			600	0.4
West India Oil Co., S.A. (チリ)			1,700	1.1
・ヨーロッパ[2]	22,000	32.6	66,200	40.8
Anglo-American Oil Co., Ltd. (イギリス)	—[3]		22,200	13.7
N. V. Standard American Petroleum Co. (オランダ)	1,800	2.7	2,700	1.7
Det Danske Petroleums-Akt. (デンマーク)	2,800	4.1	2,600	1.6
Svenska Petroleum Akt. Standard (スウェーデン)			2,500	1.5
Ostlandske Petroleumscompagni, Akt. (ノルウェー)	600	0.9	1,200	0.7
Finska Akt. Nobel-Standard (フィンランド)	400	0.6	800	0.5
Deutsch-Amerikanische Petroleum-Ges. (ドイツ)	4,900	7.3	16,000	9.9
Standard Mineraloel Produkte (スイス)	600	0.9	1,200	0.7
Standard Società Italo-Americana pel Petrolio (イタリア)	3,400	5.0	5,000	3.1
Société Tunisienne des Pétroles.　(チュニジア，アルジェリア，マルタ)			1,000	0.6
Standard Française des Pétroles, S.A. (フランス)	4,600	6.8	8,000	4.9
Romàno-Americana (ルーマニア)	400	0.6	1,600	1.0
Société Bedford Ibérique (スペイン)	1,100	1.6	100	0.1
Standard American Petroleum Co., S.A. (ベルギー)	900	1.3	1,300	0.8
Standard-Nobel w Polsce (ポーランド)	500	0.8	—[4]	
・アジア[5]	—[4]			
Standard-Vacuum Oil Co[6].	—[4]		22,700	14.0
・他の子会社	—[4]		800	0.5
・非子会社への販売[7]	17,600	26.1	21,700	13.4
総　　計	67,500	100.0	162,300	100.0

(注) 1)　1927～38年の間に，社名を変更あるいは再組織された子会社の場合は，1938年時の名称を掲げた。
　　 2)　アフリカの一部を含む。
　　 3)　「非子会社への販売」に含まれる。
　　 4)　販売なし。
　　 5)　オセアニア，東南アフリカを含む。
　　 6)　同社に対するジャージーの所有権は1/2。
　　 7)　1927年販売量のうち，1,100万バレル(全体比16.3％)はアングロ・アメリカン社へ。
(出典)　Larson, Knowlton and Popple [145], p. 324 より。

を失ったのである[13]。このカナダ子会社の製品販売量が全ジャージーの外国販売に占める割合も，カナダ経済の不振と同子会社の支配力の減退とによって，かなり大きな減退をみたのであった(同表参照)。

ラテン・アメリカ 周知のように，ラテン・アメリカ諸国は国内の産業基盤が脆弱であり，その経済発展は跛行的であった。各国民経済にとって貿易依存の度合いは高く，世界貿易の縮小によって受けた打撃はカナダに劣らず深刻だった。

コロンビアとペルーの両国においてジャージーは，すでに1920年代において原油と石油製品の生産体制を現地に築いており，この時代も圧倒的な強さを発揮し，特にペルーではほぼ完全支配を達成した(表II-7参照)。もっとも，これら2国での石油製品価格はともにラテン・アメリカで最も低位といわれ，またペルーでは非効率な販売組織を残したことにより(後述)，1932年以降ジャージーは両国で全く販売利益を獲得できなかった[14]。

これまでRD=シェルの勢力下におかれたヴェネズエラ，オランダ領西インド諸島でもジャージーの販売子会社は，先述のヴェネズエラとアルバでの飛躍的な生産体制の拡充を受けてよく健闘した。とりわけ，航海途上の船舶に対して燃料油を供給した子会社(ラゴ石油・輸送〔Lago Oil & Transport Company, Ltd.〕)は，1938年にその他製品と合わせて，すぐ次にみるアルゼンチン全体に匹敵する販売をなしたのである(表II-6，表II-7参照)。

以上の諸地域に比べ，ラテン・アメリカ南部では，現地政府の石油政策・産業統制が総じてジャージーの活動に対する強い規制要因として作用した。とりわけ，国営企業ないし政府に支援された国策企業が石油の輸入・販売あるいは石油産業全体に対する統制権を掌握したアルゼンチン，チリ，ブラジル，ウルグアイなどでは，製品価格の低位水準への抑制，国営企業(および国策企業)に有利な市場の割当等，ジャージーなど外国石油企業の販売活動に多面的な規制が加えられた。さらに，外国為替管理の導入により，例えばブラジルで1930年代前半にアメリカ本国への600万ドルの配当送金を阻止されるなど，ジャージーは多大な困難に直面したのである[15]。

こうした事態に対応し，ジャージーは現地市場の特性と企業間競争，ナショ

表II-7 主要企業による各国市場での占有率
(各国の総販売量に占める比率, %)

	ジャージー		ロイアル・ダッチ =シェル		アングロ・イラニアン		その他	
	1928	1936	1928	1936	1928	1936	1928	1936
コロンビア								
ガソリン	94.21	94.45	5.79	4.14	—	—	—	1.41
燃料油	97.04	93.69	—	6.30	—	—	2.96	0.01
ペルー								
ガソリン	95.18	97.79	—	—	—	—	4.82	2.21
軽油・ディーゼル油	98.29	100.0	—	—	—	—	1.71	—
ヴェネズエラ								
ガソリン	5.15	34.35	77.10	65.62	—	—	17.75	0.03
燃料油	—	5.66	99.69	94.34	—	—	0.31	—
アルゼンチン								
ガソリン	45.79	30.51	27.65	22.01	—	—	26.56	47.48
重油	3.61	8.06	28.76	39.45	—	—	67.63	52.49
軽油・ディーゼル油	44.34	36.04	20.47	25.83	—	—	35.19	38.13
イギリス		(1935年)	58.80(1928年)					(1935年)
全製品1)	29.39	28.23	54.38(1935年)				11.81	17.39
フランス								
ベンジン2)	22.18	16.04	17.23	12.55	10.84	7.26	49.75	64.15
灯油	21.50	16.77	20.87	23.02	8.39	7.95	49.24	52.26
オランダ	(1931年)		(1931年)		(1931年)		(1931年)	
全製品1)	34.27	29.47	38.62	40.28	1.99	1.90	25.12	28.35
ベルギー	(1931年)		(1931年)		(1931年)		(1931年)	
全製品1)	27.03	23.08	27.29	29.05	11.39	10.73	34.29	37.14
デンマーク								
全製品1)	56.13	43.47	19.50	19.58	15.76	12.78	8.61	24.17
フィンランド								
全製品1)	50.71	35.72	46.36	42.82	—	—	2.93	21.46
ノルウェー								
全製品1)	46.78	37.00	28.81	27.93	22.22	22.70	2.19	12.37
スウェーデン								
全製品1)	41.40	29.08	42.78	34.79	1.29	6.75	14.53	29.38
イタリア3)								
ベンゼン・ホワイトスピリット2)	44.42	28.07	27.37	26.10	1.79	0.08	26.42	45.75
重油	28.77	20.80	23.31	23.66	8.40	—	39.52	55.54
スイス								
ベンゼン2)	35.82	29.14	33.58	27.41	13.16	15.29	17.44	28.16
重油	43.05	34.12	31.01	28.88	3.12	10.22	22.82	26.78
アルジェリア								
ベンゼン2)	42.18	30.35	21.92	25.31	—	—	35.90	44.34
灯油	38.28	28.05	21.07	29.05	—	—	40.65	42.90
チュニジア								
ベンゼン2)	51.72	45.47	35.84	32.02	—	—	12.44	22.51
灯油	46.16	40.84	34.96	32.13	—	—	18.88	27.03

(注) 1) 潤滑油および特殊製品を除く。
   2) ガソリン。
   3) リビアを含む。
(出典) U.S. Senate [67], pp. 280-348, 邦訳, 315-384頁より作成。

ナリズム，政府規制などに有効に対処できるように，それまで独自子会社を持たなかったアルゼンチン，チリなど相対的に販売量の大きな諸国に順次子会社を設立した。約30年にわたって多数のラテン・アメリカ諸国で製品販売を行ったウエスト・インディア石油（West India Oil Company）を改組したのであった。これは1920年代になされた現地組織改革をより徹底化させるものといえよう。もっとも，こうした改組，組織面の刷新も，反独占の世論その他によって既存の販売網の整理・統廃合，効率化の追求が不可能となる（アルゼンチン，ブラジル），費用が割高で，販売量の拡大にとってすでに不都合となった現地販売代理店との取引関係の解消を，これへの反発，ナショナリズムなどを考慮して実行できない（ペルー，チリ，北ボリビア，エクアドル，その他）など，徹底することが難しい場合も少なくなかった[16]。

ともあれ，これら販売体制の強化を基礎にジャージーは，既得市場を確保するために邁進した。例えば，ラテン・アメリカでの最大市場の一つアルゼンチンにおいては1937年に同国政府との協定により，ナフサ（ガソリン）についてであるが，向こう3年半にわたる同社の現行販売量（あるいは販売シェア）の継続を保証させた[17]。また，公的機関が産業の統制権を有しても，アルゼンチンと異なり国内での原油生産事業が弱体なブラジルその他では，ジャージーは確かに若干の支配力の低下を免れなかったとはいえ，依然として最大販売企業としての強固な力を保持したのである[18]。

1938年にジャージーは，ラテン・アメリカ全域で製品販売量を1927年の2倍強に増大せしめた。これはカナダでの販売量をかなり上回る規模であった（表II-6参照）。こうした達成が，販売その他事業活動全体に及ぶ活動の強化によるものであることはいうまでもない。もっとも，ジャージーがラテン・アメリカでの販売政策として，特に1933年以降に他地域に比べ意図的に価格を低くおさえて販売量の拡大に努めたことも落とせない要因であろう（次節も参照）[19]。

市場支配と収益性　カナダとラテン・アメリカ，すなわちアメリカ本国を除く米州地域を全体としてみた場合，ジャージーは市場支配力の若干の低下を避けることはできなかった。とはいえ，1938年に同社が保持

した各国市場での占有率の平均は約40％であった[20]。第2位のRD＝シェルに対して依然かなりの優位を維持したのであった。だが，販売利益は大幅に減少し，同38年にアメリカを除くこれら米州地域で27年の2倍近い量の製品を販売したにもかかわらず，得られた利益は後者の1/4に留まった[21]。かつて，1920年代，特に中期，これら地域の子会社はアメリカを含む世界全体でのジャージーの販売活動において利益獲得の主たる担い手であった。しかし，1930年代にその役割は大きく減退したのである(後述も参照)。

〔Ⅲ〕 ヨーロッパ

1920年代に南北アメリカに比べ経済成長の伸びが低かったヨーロッパでは，逆に30年代では一部の国と地域を除き不況の打撃はアメリカなどに比べ軽微であった[22]。大部分の諸国で石油の消費量はほぼ年々増大したと推定される[23]。1938年にヨーロッパでの石油消費量は，アメリカと旧ソ連邦を除く世界全体の47.6％(3億3969万バレル)である[24]。前章で多少触れたように，1920年代後半以降に西ヨーロッパ，特に主要国ではガソリンが主要な販売品目の一つとなったと考えられるが，この時代には重油など燃料油が相対的に比重を高めたと推定される[25]。

ヨーロッパにおけるジャージーの子会社による製品販売量は，1938年であるが，全体の7割(69.8％)がイギリス(33.5％)，ドイツ(24.2％)，フランス(12.1％)で占められた[26]。以下ジャージーによる販売活動をこれら3国に限定して考察する。なお，同社が2大競争企業RD＝シェルとアングロ・イラニアン(旧称アングロ・パーシャン)との共同行動(カルテル行動)を，競争の抑制，市場統制の手段として用いたことを予め強調しておきたい。もっとも，同社によるこれらの企業の一方，あるいは両方との共同は，ラテン・アメリカ，アジアにおいても，すでに述べた原油生産部門のみならず製品販売分野などでもみられた[27]。だが，有力なアウトサイダー企業の進出とその対抗が最も激しく演じられたこと，および上記の2大企業特にRD＝シェルと勢力が均衡しつつあったことなどにより，とりわけヨーロッパ市場において，かかる行動様式が求められたのである。

イギリス 1920年代半ばにおいてイギリスはアメリカと旧ソ連邦を除く世界で最大の石油消費国であったが(第1章第4節〔Ⅲ〕参照)，これはこの時代においてもしかりであった。1930年代末時点にイギリスは，両国を除く世界消費の15％を占め，30年代を通じ消費された石油製品の半分近くはガソリンだったと推定される。ガソリンの消費量はドイツとフランスの合計に匹敵したのである[28]。

ジャージーの旧子会社アングロ・アメリカン石油(Anglo-American Oil Company, Ltd.)が1920年代末頃までに石油市場全体での占有率を30％程度へ低下させ，かつ深刻な経営危機に陥ったことを前章でみた。1930年代の初頭，ジャージーはそれ以前に行った財務面の支援から大きく踏み出してアングロ・アメリカンの所有権を取得し，ほぼ20年ぶりに同社を再び子会社としたのである[29]。

ジャージーによるイギリスでの活動には前記の2大企業との協調行動が目立つ。すでに1929年3月，アングロ・アメリカンはこれら企業と共同で，旧ソ連産製品のイギリス販売会社と協定を締結した。後者から毎年ある一定量の製品を共同購入することで，市場の攪乱を抑制し，これを共同統制下におこうとしたのである[30]。1931年には，3社間でイギリス市場の分割協定を成立させ，ついで33年，アメリカ企業コンチネンタル石油(Continental Oil Company)からシーランド石油(Sealand Petroleum Company)なる在イギリス販売子会社を買収した際，ジャージーはこの協定に基づき所有権の一部を両社に提供さえしたのである[31]。もっとも，専ら協調のみを心掛けたわけではない。先述のヴェネズエラ・アルバ連繋の生産体制を基礎にイギリスへの安価な製品供給が軌道に乗ると，同社はカルテル内の自己の割当分を拡大するために，両社に対して攻勢的な行動をとりだした。1932年にジャージーの傘下に入ったクリーヴランド石油製品(Cleveland Petroleum Products Company)なる新子会社は価格切り下げを主たる手段として，3年間でガソリン小売市場向け販売において数パーセントのシェアを獲得したといわれている[32]。

1930年代イギリス市場はほぼ順調な拡大を遂げ，同年代半ば頃までに市場での価格戦は終息に向かい全般的に価格は上昇を辿った。子会社アングロ・ア

メリカンは1933年以降に利益面でもかなりの成果(satisfactory profits)を生み出し，それまでの赤字基調を脱したのである[33]。同社の石油製品市場全体でのシェアは1931年の29%から38年の27%へ若干の低下を免れなかった[34]。しかし，1920年代にみられた市場支配力の顕著な低下については，ほぼこれを食い止めたとみることができよう(前掲表II-7参照)。

ところで，イギリスでのジャージーなどビッグ・スリーの市場支配は，他のヨーロッパの主要国に比べかなり強固であった。3社合計の市場占有率は，1930年代に入っても常時80%以上に維持されたのである[35]。しかも，ビッグ・スリーによる市場の分割・割当政策は，このイギリスにおいて最も有効に機能したといわれている[36]。ビッグ・スリー各社が，それぞれの支配力を遺憾なく発揮し，かつ力を結合することでアウトサイダーに対しては弱小の市場を割り当て，その活動を封じ込めたのであった。

但し，これらに加えて，ビッグ・スリーにかかる強固な市場支配を可能ならしめた背景要因として，次の2点が考慮されるべきであろう。一つは，アングロ・イラニアンがイギリス政府に株式の過半を所有された企業であり，RD＝シェルも半ばイギリス企業としての性格を有する事情などから，この時代に他国でみられた如き，国策企業ないし政府に支援された民族系企業の新たな台頭，といった事態をみなかったこと，いま一つは，これと関連するがイギリス政府が石油産業に対する規制ないし統制行為を実際上ほとんど行わなかったこと，である[37]。

なお，1938年時点，石油はイギリスの1次エネルギー源(自然エネルギー源)の消費構成においてわずか6.9%を占めたにすぎず，92.7%の石炭に圧倒されていた(水力が0.4%)[38]。石油と石油産業がイギリス経済にとってかなり低位の存在でしかなかったことを示す。1930年代末時点，イギリスは既述のようにジャージーが活動する海外市場内で最大の石油消費国であり，同社は支配的石油大企業の1社であったが，イギリスのエネルギー産業界全体におけるジャージー社の地位が極めて低位であったことは否定しえないであろう。

ドイツ ドイツはヨーロッパで最も強く恐慌の打撃を被った国の一つとして知られている。ドイツ経済全般の回復，およびその下でなされ

たドイツ最大の石油製品販売会社たるジャージー（子会社ドイツ・アメリカ石油〔Deutsch-Amerikanische Petroleum-Gesellschaft, 以下 DAPG と略記〕）の活動と利益獲得にとって，1933年に成立したナチス政権下の不況対策，経済政策が有力な促進要因となった。だが，経済の回復・拡大の過程は，政府による強力かつ多方面に及ぶ統制措置を不可欠の要因として随伴したのであり，子会社 DAPG の場合もこれらへの有効な対応なしに販売の拡大をのぞむことはできなかった。

　ドイツ政府による経済政策の一つは，深刻な外貨不足を背景とする輸入の統制，外国為替の管理であった。政府は石油企業に対して，国内産のアルコールなどをガソリンその他に混入することを求めた。輸入品の一部を，国内代替品の強制使用によって置き換え，これによって外貨節約を狙ったのである[39]。だが，DAPG にとってはるかに重大な脅威となったのは，ドイツ産品の輸出可能な諸国からより多く石油を輸入するという方針が打ち出され，その具体的な対象国として，ルーマニア，ペルー，およびオランダ・イギリスの両勢力圏などが含まれたことである。これは同社よりもむしろ RD＝シェルとアングロ・イラニアンを利するものと DAPG には思われたのである[40]。同社は直ちに，ドル外貨あるいはドルに転換可能な外貨のドイツ国内保有高を増加させるべく努めた。ドイツ産の各種製造品をアメリカおよびドルの流通圏などへ，しばしばダンピングも辞さず輸出する，海外で活動するジャージーの各子会社に協力を求め，タンカーの建造を極力ドイツで行い，その船員もドイツ人を雇用するよう要請する，といった多様な策を同社は追求したのである。DAPG はジャージー・グループ内企業の支援も得て，ドイツ市場での角逐，とりわけ2大競争企業によって持ち込まれた，いわゆるスターリング・オイル(sterling oil)との競争に対応したのであった[41]。

　さらに DAPG はドイツ政府が提唱した石油の国内自給・国産化政策にも積極的に呼応した。本国への配当送金に困難が多いこともあって，現地で得られた利益（＝「凍結されたマルク〔frozen mark〕」）の一部を原油生産事業に投下し，1939年には現地企業に若干の所有権を獲得した。国内での精製を奨励され，また石炭など国内資源から石油を製造するように求められるや，同社は既

存製油所の拡張，石油合成プラントへの投資も行った。もっとも，これらに対する実際の投資はさほど大きなものではなく，生産された原油や製品もわずかであった[42]。だが，DAPG はこうした行動をとることで自己を国家政策への協力企業と標榜し，ナショナリズム受けする宣伝効果を高め，製品販売の拡大に結実させようとしたのであった[43]。

かように，ドイツ市場におけるジャージーと他社のせめぎあいの帰趨は，それぞれの販売網，販売力の強化だけでなく国家の石油政策への対応如何によるところが大きかったといえよう。そこで，DAPG の活動の到達点をみると，1938 年の製品販売量は 1600 万バレル(オーストリアを含む)であり，27 年の 3.3 倍に達した(前掲表 II-6 参照)。絶対量ではイギリスのアングロ・アメリカンに及ばないが，伸び率は大きい。これは同年の全ドイツ販売の 29％に相当する。ジャージーの子会社 DAPG は引き続き最大販売企業の地位を確保した[44]。特に，燃料油(軽油，重油)，灯油(暖房油)市場などでは他社に対する大きな優位を維持したのである[45]。

ドイツ市場でジャージーは，RD＝シェルとアングロ・イラニアンに対し如上のように競い合う一方，やはりここでも市場の統制手段としてこれら企業との共同行動を追求した。1936 年にビッグ・スリーは市場全体の約 60％，民族系企業など他の協調企業と合わせて 80％以上を統制下においたのである。これらの占有率は 1920 年代末以降ほぼ変わることがなかった[46]。ジャージーは 1928～38 年の期間，ヨーロッパとアジアを通じ最大の利益をこのドイツで獲得した[47]。ドイツ市場の回復と成長，ジャージー自身の市場支配力の強さ，および他社との協調体制の有効性が，これを可能ならしめた要因といってよいであろう[48]。

フランス　フランスはジャージーにとってヨーロッパ第 3 の市場であった。恐慌に伴う経済全般の収縮はかなり緩やかであった。だが，1930 年代フランス経済は一旦落ちた底から容易に這い上がれず，遂に明瞭な回復過程に入れぬまま第 2 次大戦に突入するという，停滞色の濃い 10 年を辿ったのである[49]。

1920 年代の後半期フランスでは，ジャージーを最大とするビッグ・スリー

にアメリカ企業ヴァキューム石油(後にソコニー・ヴァキューム石油)を加えた計4社の外国企業が石油製品市場全体の60％を支配する体制をなした[50]。だが，前章で述べたように，1928年3月制定の法律(石油業法)を根拠にフランス政府が石油産業への介入を強め，外国あるいは外国石油企業への依存からの脱却，およびフランスないしその勢力圏での石油の自給化を目指したことが重大であった。その具体策の一つは，国内精製業に対する関税保護(関税率の改定，1928年3月制定のいま一つの法による)であった。フランス政府は，これによって外国企業をも動員した国内での大規模な製品生産(現地精製)の実現を図ったのである[51]。フランス石油(Compagnie Française des Pétroles, S. A., 1924年創立，1931年時点でフランス政府が35％の所有権を持つ)が，イラクに原油生産拠点を確保したこと(1928年7月に最終的に確定)に続き，同じ国策の精製企業たるフランス精製(Compagnie Française de Raffinage, S. A.)が1929年に設立されたのであった(31年時点でフランス石油が55％，フランス政府が10％の所有権を持つ)。かかる国策企業，およびこれらに支援された民族系企業群の台頭は，フランス政府が個々の石油企業による原油輸入に対する許可権を持つことからしても，ジャージーの市場支配に深刻な事態をもたらしたのである。

　精製業へ保護関税が導入されたこと，およびRD＝シェルとアングロ・イラニアンが製油所の建設によって直ちにフランス政府の製品国産化政策に呼応したことをみて，ジャージーもまた現地精製を決断せざるをえなかった[52]。その際，同社は操業規模を拡大し採算性を高めるために単独ではなく，フランスで主に潤滑油を販売したアメリカ企業2社，ガルフ石油とアトランティック精製と共同でこれに着手したのである。ジャージーはこれらとフランス・アメリカ精製会社(Société Franco-Américaine de Raffinage)なる子会社を新設し，これに多数所有権を得て実質的に子会社としたのである[53]。製油所は1933年5月に操業を開始し，39年の原油精製能力は2万5000バレル(1日あたり)であった[54]。これは，フランスに所在したアメリカ企業全体の能力の60％強を占めたと推定される[55]。ジャージーは1930年代半ば以降，ヨーロッパ最大の精製活動をフランスで行うに至ったのである(前掲表II-5参照)。もっとも，フラ

ンス全体(15万2800バレル，1日あたり)に占める如上の能力の割合は16，17％に留まった[56]。1930年代半ばまでにフランスでは，市場で販売される製品の8割以上は輸入原油を用いて現地で生産されたと推定され，精製能力の大小はフランス国内での販売量を事実上決定づける要因に転じていたのであり，同社のこうした精製規模は，1920年代末ないし30年代初頭に有した支配力あるいは市場占有率(前掲表II-7参照)からすれば，かなりの不足といわざるをえないであろう[57]。

ジャージーは，こうした製油所の開設を含め自己の事業基盤の整備を図る一方，フランスでもRD＝シェルなどとの共同を市場支配の手段として追求した。しかし，フランス政府が市場の25％をフランス精製会社の独占的供給に委ねたこと[58]，政府に支援された多数の小規模企業が，首都のパリ，その他の都市を中心に各地で激烈な価格戦を展開したこと，などにより1932年に一旦成立したジャージーと前記の有力3社(RD＝シェル，アングロ・イラニアン，ソコニー・ヴァキューム)のカルテルはその有効性を失い，1935年までに解体のやむなきに至った。強固な市場統制力を発揮しえなかったこれら4社の市場占有率の合計は，本書で用いているアメリカ連邦政府の報告書によれば，1936年に50.9％へ，収益性の高いガソリン市場では42.4％へ低下したのであった[59]。

1938年のジャージーの市場占有率は，同社の社史によれば，先の精製能力比(但し，39年)とほぼ同様の16.5％へ低下した。またこの頃までに同社はRD＝シェルに敗れて首位を失ったといわれている[60]。1930年代後半のフランスにおける石油製品の消費量はドイツに比べ確かに劣っていたが，その較差は必ずしも大きなものとはいえないであろう[61]。だが，1938年にジャージーのフランス子会社が販売した量は800万バレルに留まり，ドイツ子会社の半分にすぎなかった(前掲表II-6参照)。

ヨーロッパにおいてジャージーは1920年代に比べ総じて他社との競争によく応え，ドイツ，デンマーク，ノルウェーなどいくつかの国で引き続き最大の販売企業として活動した。もっとも，この時代にも市場支配力の低下を回避することはできず，おそらくヨーロッパ全体においてはRD＝シェルとほぼ並ぶ

存在として自己を定位するに至ったと考えられるのである(前掲表Ⅱ-7も参照)[62]。

〔Ⅳ〕アジア

外国市場での活動の最後としてアジア(但し,オセアニア,東南アフリカを含む)でのジャージーの活動を考察する。同社は,先述したスタンダード・ヴァキューム石油(以下,スタンヴァック〔Stanvac〕と略称)の設立(1933年)によって,二十数年ぶりにアジアでの製品販売を再開した(前掲図Ⅱ-4参照)。アジア市場を直接自己の市場圏に編入したのであり,世界企業ジャージーによる1930年代の活動の大きな成果・特徴の一つといってよいであろう。ジャージーの所有権が50%とはいえ,この共同所有会社が,1938年に2270万バレルに達する製品販売を実現したことが注目される(前掲表Ⅱ-6参照)。主要な原油生産拠点のオランダ領東インドに1920年代後半に設置されたジャージーの製油所は,スタンヴァックの形成後に急速に拡張され,1939年までに精製能力は4万5000バレル(1日あたり)に達した[63]。この製油所は,ヨーロッパにジャージーが擁した先のフランス製油所の規模をかなり凌いだのである(前掲表Ⅱ-5参照)。製品販売網では,1934年初頭頃に貯蔵タンクを1300(総計1500万バレルの収容能力),各種製品の販売代理店を約3300,ガソリンの給油所(サービス・ステーション)680カ所などを擁した[64]。如上の成果は,こうした事業体制とこれに基づく活動によって生み出されたのである。

もっとも,1938年のスタンヴァックの事業規模(製品販売量)は,カナダ(2280万バレル),イギリス(2220万バレル)両国の1国分であり,ラテン・アメリカ諸国での総量(2810万バレル)に及ばなかった。これは,一つに同社の販売地域(アジアの主要地域,オセアニア,東南アフリカ)が石油製品市場として相対的に狭隘だったこともあるが,それ以上に同社の市場支配力,およびこれを支える事業活動全体の脆弱性によるものであろう。例えば,スタンヴァックがオランダ領東インドに擁した製油所は,確かに急速に拡張されはしたが,前記の1939年の精製能力は同地に存在した能力全体の1/4であり,原油生産量(25%,本章第3節〔Ⅱ〕参照)と同様に,残余のほとんどを占めるRD=シェルに遠く及ばなかったのである[65]。さらにこの当時スタンヴァックが保持した

石油製品の生産能力(精製能力)は，同社によって実際に販売される製品の約半分を供給したに留まった[66]。ガソリンとともに重油などの燃料油が主要消費品目と推定されるこの地域で，1935年末，スタンヴァックは産業用燃料油，ディーゼル油の市場(industrial and diesel business, 但し，日本を含まず)で9%のシェアを得たにすぎず，64%をおさえたRD=シェルに圧倒されたのであった[67]。

日 本 　ここで，スタンヴァックにとって東アジア最大の市場であった日本での活動について手短にみておきたい。日本は石油の消費規模で中国をはるかに凌ぎ，軽油(ディーゼル油)，ガソリンなど相対的に収益性の高い製品が市場の主要品目を構成した[68]。同社は，日本国内で製品販売を行う事実上唯一のアメリカ企業であり，1934年半ばのガソリン市場に19.2%の占有率を保持した。最大企業RD=シェルの29.5%，現地企業の日本石油株式会社(21.9%)につぐ位置にあったのである[69]。

だが，同34年に日本で石油業法なる新法が施行され，これがスタンヴァックの活動に重大な困難をもたらした。同法によって，第1に，石油の精製，輸入，販売は政府の認可事業となり，政府が各社の販売量の決定権を持つこと，第2に，石油製品の輸入業者および精製業者が前年に取り扱った量の半年分相当の製品，あるいは原油の国内備蓄を行うこと，が定められたのである。前者については，後の政策によって，日本国内で精製を行う場合にのみ割当の拡大が認められることになった[70]。スタンヴァックはこれらに強く反発し，RD=シェルと同様に，半年分の備蓄および現地での精製のいずれも実行しなかった[71]。他方，同社は，自己の権益を守るためアメリカ政府に対して，アメリカからの対日原油輸出を禁止するように要請した。日本に対する最大の原油供給国アメリカの禁輸によって，日本企業による精製の拡大を抑制ないし挫折させ，同社の市場を確保しようと図ったのであった[72]。

スタンヴァックは石油業法の施行後も，なお日本における有力企業の1社として踏みとどまった。だが，先にアメリカ政府に求めた対日禁輸措置は，連邦政府内部の意見対立の末，結局行われず[73]，その後の準戦時体制下，日本の増大する石油消費，および在庫(備蓄)の需要はその多くがアメリカ企業による

輸出で賄われたのである[74]。とりわけ,アメリカ西海岸に本拠を構えたカリフォルニア・スタンダード石油,アソシエイテッド石油(Associated Oil Company, 1936年以降はタイド・ウォーター・アソシエイテッド石油〔Tide Water Associated Oil Company〕)などによる対日輸出の攻勢が注目される。同州に所在した有力企業は日本市場を恰好の原油販路として位置づけたのである[75]。その結果,スタンヴァックは,根本的にはこれらアメリカ企業の輸出を有効に統制しえなかったことにより,また直接的には,原油を主たる構成部分とするアメリカ産の石油(前注〔74〕参照)を輸入して日本政府からより大なる市場割当を獲得できた現地の日本企業の攻勢により,市場支配力の大幅な減退を余儀なくされたのであった。1939年,日本の石油輸入総量に占める同社のシェア(但し,オランダ領東インド産の石油のみ)は,わずか2.9%に惨落したのであった(RD=シェルは11.5%)[76]。

ヨーロッパとアジアなどでの市場支配と収益性　前項で検討したヨーロッパ各国,およびスタンヴァックが活動したアジアなどの国と地域でジャージーが獲得した市場占有率の平均は1938年時点で30%弱であり[77],この点ではカナダとラテン・アメリカには及ばなかった。他方,製品販売量は,ヨーロッパ,アジアなどでは1927～39年に3倍以上に伸長し(スタンヴァックによる販売量の半分を含めず),売上高では,1937年(30年代のピーク)は28年(20年代のピーク)の2倍強に達したのである。販売利益については,カナダとラテン・アメリカ,またアメリカ本国とおおむね同様に,販売量(および売上高)に見合うものではなかった。だが,それでも1937年は28年を1/8だけではあるがともかく上回ったのである[78]。これらの統計から,1930年代のジャージーによる海外販売事業の拡張はヨーロッパ,アジアなどに所在する子会社・関連会社によって牽引されたと考えることができよう。

〔V〕　若干のまとめ

アメリカ本国を含む世界全体でのジャージー社の製品販売量は1930年の1億9268万バレルから39年の3億879万バレル(但しスタンダード・ヴァキュームの販売量をすべて含む)へ1.6倍の増加をみた[79]。アメリカと諸外国での

それぞれの販売量を比較すると，1933 年以降後者が一貫して過半を占め，その比率は 51.9％(33 年)から 57.2％(35 年)の間にあった[80]。販売製品の品目別構成では 1930 年にはガソリンが最大(42.9％)であったが，以後ガソリンはその割合を漸減させ，かわって燃料油(重油と軽油)がほぼ傾向的に比率を高め，30 年の 41.0％から 37 年に 50.3％(30 年代の最高，この年にガソリンは 35.0％)に達したのである[81]。この時代のジャージーによる世界市場での販売活動は，販売量の面で外国に，製品別では燃料油(特に重油)により大きな比重がおかれたといえよう。

1930 年代のジャージーによる外国での製品販売活動は，20 年代に失われた市場支配力の回復を目指してなされた。その場合，同社にとって，RD＝シェルなどに対抗しうる製品生産体制を外国に築くこと，および各国市場への輸送体制の整備が重要な課題となった。ヴェネズエラにおける大規模油田の確保，およびこれと連繋したアルバ島での製品生産体制の形成，オランダ領東インドでの精製能力の増強，およびタンカー船団の飛躍的拡充は，かかる課題に向けた重要な成果であった。こうした製品生産・輸送体制の面では，アジア地域ではなお劣位を克服しきれなかったとはいえ，海外全体でみて RD＝シェルに迫る，あるいはこれに匹敵する事業体制を形成したと考えられるのである。カナダとラテン・アメリカで 1920 年代に引き続き優位性を確保し，ヨーロッパでも支配力の顕著な減退をある程度食い止め，そしてアジア市場に一定の地歩を踏み固めたこと，これらの成果は，こうした事業体制の拡充に支えられたものとみることができよう。

だが，ジャージーはヨーロッパの少なからぬ国で最大販売企業の地位を失い，市場支配力の低下を阻止することはできなかった。その原因，あるいはこれを規定づけた要因について本章の考察はなお不十分であり，今後一層の検討が必要となる。その際，留意すべきは，1930 年代の不況下における競争の対決点は，概して順調に市場の量的拡大がみられたヨーロッパにおいても，生産体制よりはむしろ製品市場での販売力，販売事業におかれる面が多かったと考えられることである。にもかかわらず，ヨーロッパ各国にジャージーが擁した製品の流通・販売組織，およびその活動実態について，本章は多くを未解明のまま

残したのであった．小売業者，産業企業などへの製品供給をめぐる RD゠シェルとの対抗などが今後解明されなくてはならない．

　最後に，旧ソ連邦を除く諸外国での石油大企業による市場支配について一言すると，ジャージーと RD゠シェル，およびヨーロッパではこれらにアングロ・イラニアンを加えた支配体制は，各国で国策企業や民族系企業の台頭に直面したが，基本的にこの時代も大きく崩れることはなかったといえよう．3社によるアウトサイダーの共同統制，市場管理も，その実効性には国や地域で強弱はあるが，ともかく追求され，かつ一定の成果を上げたといえよう．

1) 以上について詳細は，Larson, Knowlton, and Popple〔145〕, pp. 181-183, 197 を参照．
2) Larson, Knowlton, and Popple〔145〕, p. 201.
3) 同表にみられるように，1930年代のアメリカにおけるジャージーの精製量は1929年水準を超えることがなかった．原油精製能力の拡大は専ら外国においてなされたとみてよいであろう．その結果，同社はアメリカにおいて引き続き最大の精製企業であったとはいえ，全国精製量に占めるシェアを，1927～39年に15%から11%へ減退させたのである．ここで，精製量(但し1938年，アメリカ石油企業全体で年間11億6500万バレル)の点でアメリカ国内の上位企業を列記すると，首位はジャージー(全国比で11.7%)，2位ソコニー・ヴァキューム(8.3%)，3位テキサス(8.1%)，4位インディアナ・スタンダード(7.5%)，5位シェル(7.1%)，6位ガルフ(6.5%)，などである．大企業(但し，19社)で80.1%を占めた(以上は，TNEC〔55〕, pt. 14-A, p. 7800 ; Larson, Knowlton, and Popple〔145〕, p. 199 による．なお，Exxon Mobil Library〔4〕, HQ : Draft Papers, History of Standard Oil Company (New Jersey) on New Frontiers, 1927-1950, by Evelyn H. Knowlton and Charles S. Popple, Chapter 5, p. 30，作成年次不明，も参照)．
　ジャージーによる在外精製の飛躍的拡大，およびそれを基礎とした海外における石油製品の自給体制の形成に伴い，外国市場での製品供給に占めるアメリカからの輸出の比重は顕著に低下した．1927年に同社が外国で販売する製品全体の60%は輸出によったが，39年にその比率は10%に低下したのである．絶対量でも1939年は27年の40%止まりであった(Larson, Knowlton, and Popple〔145〕, p. 298)．こうした輸出の減退は，ジャージーに対してアメリカ本国での市場の開拓を強く促した．この点で，同社の在外生産体制に飛躍の契機を与えた，かのインディアナ・スタンダードからの在外資産の買収が，これに付随してアメリカ国内のジャージーに大口顧客を提供したことの意味は大きかった．海外の主要な生産資産を手放したインディアナ社は，アメリカ国内の販売子会社に対する製品供給をさしあたりジャージーに依存したのである．これにより，

ジャージーは 1933 年に新たに 7 万 3000 バレル(1 日あたり)の販路を確保した。その後，販売量は減少するが，1939 年になお 2 万 2000 バレルを維持したのであった(Larson, Knowlton, and Popple〔145〕, p. 299)。
4) 全外国(旧ソ連邦を含むと考えられる)での精製量に占めるジャージーの在外精製シェアは，1927～39 年に 11%から 21%へほぼ倍増した(以上の統計は，Larson, Knowlton, and Popple〔145〕, p. 199 による)。
5) 全世界の精製量でみたジャージーのシェアは 1927～39 年に 14%から 15%へ微増した(Larson, Knowlton, and Popple〔145〕, pp. 176, 199 による)。
6) Larson, Knowlton, and Popple〔145〕, p. 183.
7) スタンダード・ヴァキュームの全タンカー(4 隻 2 万 1000 重量トン)を含む(Larson, Knowlton, and Popple〔145〕, p. 207)。
8) Larson, Knowlton, and Popple〔145〕, p. 207.
9) 1938 年末についてであるが，ジャージーの所有タンカーは，206 隻(215 万 5000 重量トン)であった(これは世界全体のタンカー・トン数の 13%を占める)。これに対し，RD＝シェルのタンカー船団は 230 万 2600 重量トン(隻数は不明)であった。だが，これはチャーターを含んでおり，すべてが同所所有ではない(以上は，Jersey〔24〕, 1938, p. 5 ; Shell〔41〕, 1938, p. 4 による)。なお，アングロ・イラニアンは，1939 年に 95 隻(99 万 8000 重量トン)であった(Bamberg〔132〕, p. 290)。
10) カナダの輸出額は 1934 年においても 29 年比 47.8%(6 億 6595 万ドル)に留まった(日本貿易振興協会〔239〕, 45, 204 頁)。当時カナダは国民所得の約 30%を輸出に依存していたといわれており(大原〔249〕, 158 頁)，貿易不振はカナダ経済に深刻な打撃を与えた。労働者の失業率は 1929 年の 3%から 33 年に 23%へ急増した(McNaught〔227〕, p. 246, 邦訳, 274 頁)。なお, 1920 年代におけるアメリカ経済との結合, 恐慌のカナダへの波及については, 鎌田・森・中村〔214〕, 131-138 頁を参照せよ。
11) 1935 年までに精製能力は 1 日あたり 4000 バレルとなった。以上については，TNEC〔55〕, pt. 14-A, p. 7935 ; Beaton〔134〕, p. 425 による。
12) James〔142〕, pp. 66-67.
13) 以上については，Larson, Knowlton, and Popple〔145〕, p. 323 による。
14) Larson, Knowlton, and Popple〔145〕, p. 327.
15) 以上については，Jersey〔24〕, 1931, pp. 7-8, 1933, p. 8, 1935, p. 7, 1936, pp. 4-5 ; RAC〔3〕, Letter to J. W. Van Dyke, November 15, 1933 : F894 : B119 : BIS : RG2 : RFA ; Larson, Knowlton, and Popple〔145〕, p. 329 による。
16) Larson, Knowlton, and Popple〔145〕, pp. 323-331 による。
17) NACP〔1〕, Memorandum to Division of Commercial Laws by DuWayne G. Clark, July 21, 1937 : Oils, Mineral—Argentina, 1929-1941 : General Records, 1914-1958 : RG151 による。
18) 以上については，Larson, Knowlton, and Popple〔145〕, pp. 320-321, 325-330 ; U.S. Senate〔67〕, pp. 335-338, 邦訳, 370-374 頁による。なお，アルゼンチンでは，

法律によって国内産の原油から生産された製品に市場で優越した地位を与えることが定められており，その上で国内の有望油田の探索，生産の権利は国有企業(国家油田局〔Yacimientos Petroliferos Fiscales, YPF〕)が独占したのである(RAC〔3〕, A Statement by Ralph W. Gallagher, May 23, 1944, before the O'Mahoney Sub-Committee of the Senate Committee on the Judiciary: F985: B132: BIS: RG2: RFA による)。
19) Larson, Knowlton, and Popple〔145〕, p. 331.
20) Larson, Knowlton, and Popple〔145〕, p. 330.
21) Larson, Knowlton, and Popple〔145〕, p. 330 による。
　　1928年と38年についてであるが，製品販売部門における獲得利益をやや仔細にみると，1928年に西半球(アメリカ本国を除く南北アメリカ)における利益総額(但し，税金および間接費などの支払い前，以下同じ)は2058万ドルであり，最大の利益獲得子会社はウエスト・インディア石油であり1155万ドル，ついでインペリアル(506万ドル)，ブラジル・スタンダード石油(Standard Oil Company of Brazil, 363万ドル)，などであった。これに対して，1938年では総額が444万ドルであり，最大はウエスト・インディア石油(アルゼンチン)(West India Oil Company, S.A. Pet., Argentina, 上記のウエスト・インディア石油が各国別に改組されたことに伴い設立，本文参照)が186万，ついでブラジル・スタンダード石油(93万ドル)，インペリアル(66万ドル)，などである(以上は，Exxon Mobil Library〔4〕, HQ: Draft Papers, History of Standard Oil Company (New Jersey) on New Frontiers, 1927-1950, by Evelyn H. Knowlton and Charles S. Popple, Chapter 8, pp. 40-41, 作成年次不明，による)。
　　これらの統計と先の表II-6に示された子会社別の製品販売量(但し，この表は1927年と38年)との対比から，販売量ではラテン・アメリカの各子会社は1927年，38年ともにカナダの子会社インペリアルの実績をかなり下回るにもかかわらず(38年には子会社全体としてはインペリアルの販売量を凌ぐ)，獲得利益では，1928, 38年ともに一部企業はインペリアルを凌いだことが分かる。資料の制約により厳密な検討は困難であるが，これらの事実はアルゼンチン，ブラジルなど少なくともラテン・アメリカの一部諸国におけるジャージー社の販売事業の収益性は，カナダとの対比においては相当程度高位の水準であったと推定される。
22) ルイス(W. A. Lewis)によれば，1929年の工業生産高を100とした場合，32年の数値はアメリカ(53)，カナダ(58)に対して，イギリス(84)，ドイツ(53)，フランス(72)，イタリア(67)，ノルウェー(93)，スウェーデン(89)，オランダ(84)，ベルギー(69)，ルーマニア(82)，などであった。Lewis〔221〕, p. 61, 邦訳，78頁。1920年代の各国の経済成長については，Lewis〔221〕, Chapter 2, 3 を参照。1930年代におけるヨーロッパ主要国の経済動向の概説については，同書以外にさしあたり Arndt〔160〕も参照。
23) U.S. Senate〔67〕, p. 276, 邦訳，312頁による。
24) U.S. Senate〔63〕, p. 418.
25) それでも他の諸地域に比べ，ガソリンの比重は大きく，1938年にアメリカと旧ソ連

邦を除く世界全体でのガソリン需要の63.7%はヨーロッパ(アフリカを含む)で占められた(U.S. Senate〔63〕, pp. 213, 218-225；Bamberg〔132〕, pp. 132-133)。

26) Larson, Knowlton, and Popple〔145〕, p. 324.

ある資料によると，1938年のヨーロッパでの国別製品消費量の推計値は，イギリスが8822万3000バレル，ドイツ5606万3000バレル，フランス4851万3000バレル，イタリア2205万4000バレル，ルーマニア1375万1000バレル，などであり，総計は3億827万1000バレルである。イギリス，ドイツ，フランスの上位3国での消費量の合計は全体比で62.5%である(NACP〔1〕, Response to Questionnaire dated May 24, 1945 received from Office of War Information, attached to Letter to Mr. Davis from Harold L. Ickes, June 5, 1945: Part 25, May 1, 1945 to October 31, 1945: Central Classified File, 1937-1953, Petroleum Administration, 1-188 : RG48 による)。なお，資料によって各国の消費量(およびヨーロッパの総計)の推計値はさまざまであり，ここに記載した統計が最も信頼性の高い数値かどうかは確言できない。

27) U.S. Senate〔67〕, pp. 335-346, 邦訳，370-383頁；Bamberg〔132〕, p. 115を参照せよ。

28) 1938年にイギリス国内で消費された石油製品の総量は898万7000ロング・トンであり，自動車用ガソリン(ペトラル)がその53.8%を占めた。だが，これ以外に外航船舶用の燃料油(バンカー油)が133万3000ロング・トン存在しており，後者を含めた全体量(1032万ロング・トン)に占める自動車用ガソリンの比率は46.8%である。ジャージー(アングロ・アメリカン〔Anglo-American Oil Company, Ltd.〕)による製品別の販売構成を知ることはできないが，アングロ・イラニアンの場合は，ガソリンが全販売量の過半，年によっては6割程度に達した。以上の統計と史実は，Great Britain Ministry of Fuel and Power〔101〕, 1953, pp. 214, 216-217；U.S. Senate〔67〕, p. 311, 邦訳，346頁；Larson, Knowlton, and Popple〔145〕, pp. 314-315；Ferrier〔137〕, p. 683；Payton-Smith〔84〕, pp. 47-48；Bamberg〔132〕, p. 125 による。

29) Jersey〔26〕, December 1929, p. 7；Larson, Knowlton, and Popple〔145〕, p. 315.

30) 但し，共同統制の効果が直ちに現れたわけではなく，1931年頃までイギリス市場に対する旧ソ連産製品の攻勢は続いた。また，旧ソ連産の製品はデンマーク，フィンランドなどの北欧に位置する諸国では1933,34年頃までは市場における有力な構成部分の一つであった。だが，その後は旧ソ連邦の国内経済建設に伴う石油消費の急増により，旧ソ連産製品は世界市場から漸次撤退したのである。1937年には，上記2国とスウェーデンに配した販売組織はアメリカ企業のガルフに売却されたのであった。以上については，U.S. Senate〔67〕, pp. 313-314, 318, 334-335, 邦訳，348-349, 353, 368-369頁，および同邦訳書の附録の訳注者稿「ソヴエト石油産業」，特に441頁参照。

31) Larson, Knowlton, and Popple〔145〕, p. 332 による。

32) このクリーヴランド社は，1932年における先述のインディアナ・スタンダードの在外資産(パン・アメリカン)の買収の際に獲得されたのである(以上については，U.S.

Senate〔67〕, p. 312, 邦訳, 346 頁；Larson, Knowlton, and Popple〔145〕, p. 332；BPA〔5〕, Petroleum Statistics of the British Isle, 1938, by Shell-Mex and B.P. Limited: BP28982: Shell-Mex and BP Archive による)。

RD＝シェルとアングロ・イラニアンは，1930 年代初頭，両社のイギリスでの製品販売事業をシェル・メックス BP (Shell-Mex and B.P. Ltd., SMBP) なる新設の共同所有会社に委ねることになった (SMBP の設立は 1931 年であるが，活動は翌 32 年に始まりその後 75 年まで存続する。第 6 章第 4 節を参照)。その際，両社はジャージーにもこれへの参加を求めたのである。しかし，同社はその申し出を受け入れなかった (Bamberg〔132〕, p. 119 による)。これは，両社との協調，共同行動を一方では追求するとはいえ，一つに，製品販売における独自の販売戦略の発動と独自の行動を重視したこと，いま一つとして，1932 年に実現する在外生産体制の飛躍，上記のクリーヴランド社の取得，などがかかる拒絶の背景にあったと推定される。

33) Exxon Mobil Library〔4〕, HQ: Draft Papers, History of Standard Oil Company (New Jersey) on New Frontiers, 1927-1950, by Evelyn H. Knowlton and Charles S. Popple, Chapter 8, p. 40, 作成年次不明；Esso UK〔10〕, 1933～39 年各号；Larson, Knowlton, and Popple〔145〕, p. 333；Dixon〔175〕, p. 638 による。

34) Larson, Knowlton, and Popple〔145〕, p. 333. なお，別な文献によるとジャージーの占有率は 1931 年の 28.8% から翌年に 30.8% へ上昇し，その後わずかな変動をみるが 38 年に 28.9% に達したとある (Bamberg〔132〕, p. 130)。とすれば，この間に実質的に市場占有率の低下はないと考えられる。

35) PRO〔2〕, United Kingdom—The Organisation of the Refining and Distribution of Petroleum and Petroleum Products, 6th April, 1936: POWE 33/660；U.S. Senate〔67〕, pp. 317-320, 邦訳, 351-354 頁による。なお，Payton-Smith〔84〕, p. 43 によると 1938 年におけるビッグ・スリーの市場占有率の合計は 85% であり，その内訳は RD＝シェルが 40%，ジャージーが 30%，アングロ・イラニアンが 15% 強であった。ジャージー (アングロ・アメリカン) が両大戦間期に首位を失ったことは明らかである。

36) Larson, Knowlton, and Popple〔145〕, pp. 332-333.

37) 但し，課税の点では，1920～28 年に石油製品はすべて無税であったが，1928 年に，輸入ガソリンに対し 1 ガロンあたり 4 ペンスが設定され，その後 31 年 4 月に 6 ペンス，31 年 9 月には 8 ペンスへそれぞれ引き上げられた (1931 年 6 月末のガソリンの卸売価格〔税抜き〕は 1 ガロンあたり 5.5 ペンスである)，また 1933 年に重油，ディーゼル油，軽油，灯油，潤滑油に 1 ガロンあたり 1 ペンスが設定された (1933 年 6 月末に，灯油の卸売価格〔税抜き〕は 1 ガロンあたり 5.5 ペンス，重油は 3 ペンスである)。これらは，主として歳入の拡大を目的としたと考えられるが，重油に対する課税は石炭産業を保護する役割を果たしたといわれている。以上は，PRO〔2〕, United Kingdom—The Organisation of the Refining and Distribution of Petroleum and Petroleum Products, 6th April, 1936: POWE 33/660 による。

38) Great Britain Ministry of Power [102], 1959, p. 12. 但し, ここでも石油には外航船舶用の燃料油(バンカー油)が含まれていない。これを含めると比率は若干増加するであろう。
39) Jersey [24], 1935, pp. 6-7 ; Larson, Knowlton, and Popple [145], p. 334.
石油製品に対する代替品(アルコール, メタノール, ベンゾール, 圧縮ガス, など)の混入は, ドイツだけでなくフランス, イタリア, ポーランドなどでも, また南アメリカのブラジル, チリなどでも強制された。おそらくアメリカと旧ソ連邦を含まぬ地域と思われるが, 世界全体で混入されたこれら代替品は, 1933年の1000万バレル弱から39年には3500万バレルに達したのである(U.S. Senate [63], p. 407)。
40) アングロ・イラニアンはこれを機にドイツへの石油(製品)供給の拠点をイランからルーマニアに切り替えたようである(但し, 全面的にかどうかは不明である)。Bamberg [132], p. 133 による。
41) Larson, Knowlton, and Popple [145], p. 334.
42) ドイツにおけるジャージーの精製事業は, 1932年に開始されたようであるが, 精製量は最大の年でも5400バレル(1日あたり, 1937年)にすぎず, 次に述べるフランスの1/4である。生産品目について正確な数値を知ることはできないが, 最大はアスファルト, ついで潤滑油などであり, ガソリンはごく少量と推定される(以上は, NACP [1], Letter to Honorable, the Secretary of State, from American Consulate General, October 6, 1947 : 862.6363/10-647, CS/V : Decimal File, 1945-49 : RG59 ; Larson, Knowlton, and Popple [145], p. 201 による)。
43) 以上については, Larson, Knowlton, and Popple [145], pp. 59, 334 による。なお, Wilkins [278], pp. 237-238, 邦訳(上), 282-283頁も参照せよ。
44) 以上については, Larson, Knowlton, and Popple [145], p. 334。なお, 別の典拠によれば, 1938年におけるジャージーの占有率は26.1%, RD=シェルが22.1%, アングロ・イラニアンが9.6%であった(Bamberg [132], p. 134 による)。
45) U.S. Senate [67], pp. 327-328, 邦訳, 362頁による。
1939年についてであるが, ドイツでの主要製品(5品目)の消費量は総計5730万バレルと推定されるが, その構成は, ガソリン(3000万バレル), 軽油・ディーゼル油(1595万バレル), 重油(610万バレル), 潤滑油(400万バレル), 灯油(125万バレル), であった(NACP [1], Estimated Consumption of Petroleum Products, 日付不明：Foreign Oil Statistics. Prepared for State Department, File Box 764 : (Foreign Oil Statistics, 1930-1945) : RG253 による)。
46) U.S. Senate [67], pp. 326-328, 邦訳, 361-363頁。
47) 1937年のDAPGの獲得利益は653万ドル(但し, 税金および間接費などの支払い前, 以下同じ)であるが, これはヨーロッパ, アジアに限らずジャージーの在外子会社の中で最大である。在外子会社の中で第2の利益を上げた在英のアングロ・アメリカン石油(471万ドル)の1.4倍弱である。以上は, Exxon Mobil Library [4], HQ : Draft Papers, History of Standard Oil Company (New Jersey) on New Frontiers,

1927-1950, by Evelyn H. Knowlton and Charles S. Popple, Chapter 8, pp. 40-41, 作成年次不明, による.
48) これに加えて, 軍需部門, および石油産業など軍需の性格が強いと考えられた諸産業が政府の保護の下で高い利益を保証された事情もあったようである(Wilkins [278], pp. 187-188, 237-238, 邦訳(上), 220-222, 282-283 頁をみよ).
49) F. ヒルガート (F. Hilgerdt) の推計によって, フランスの製造業生産高指数 (1925〜29年=100)をみると, 1929 年の 112.0 に対して 30 年代 (但し 1931〜38 年まで)のピークは 97.2 (1937 年) 止まりであった(Hilgerdt [188], p. 140, 邦訳, 157 頁. なお, Arndt [160], Chapter 5 も参照せよ).
50) U.S. Senate [67], pp. 320-321, 324-325, 邦訳, 355, 358 頁.
51) U.S. Senate [67], pp. 321-322, 邦訳, 355-356 頁. U.S. Senate [63], p. 391.
52) Jersey [24], 1931, pp. 7-8; Jersey [26], June 1931, p. 22; Larson, Knowlton, and Popple [145], p. 185.
53) ジャージーは, ガルフとアトランティックの3社で持株会社(United Petroleum Securities Corporation, 資本金1500万ドル)を設立し, この会社に本文に記した精製会社を持たせたのである. ジャージーはこの持株会社に 67.5％の所有権を持った. ガルフが 22.5％, アトランティックが 10％である(U.S. Senate [67], p. 321, 邦訳, 355 頁; Larson, Knowlton, and Popple [145], p. 185).
54) 建設費用は総額4億フラン(当時の交換レートは1フランがほぼ0.04ドルであり約1600万ドル. 前注の持株会社の資本金にほぼ照応). 設立時の能力は1日あたり1万8000 バレルの原油処理能力であった. 当初の使用原油は, ペルー産(9000 バレル), コロンビア産(8000 バレル)であり, 後にイラク原油も予定された. 1934 年半ば時点で生産可能規模は, ガソリンが最大で 7000 バレル(1 日あたり), 潤滑油(産業用と自動車オイル)が 1600 から 2000 バレル(同), などであった(Jersey [26], June 1934, pp. 18-19 による). フランとドルの交換レートは宮崎ほか[107], 131 頁より.
55) Larson, Knowlton, and Popple [145], p. 186; U.S. Senate [63], p. 207 より.
56) U.S. Senate [63], pp. 207-208.
57) 現地政府に強制される形で遂行されたフランスにおけるいわゆる消費地精製は, アルバ島での精製とヨーロッパ市場への製品供給という, 1932 年に始動した海外子会社間での事業連繋を部分的に切断するものとなった. さらに, フランスでの製油所操業に要する燃料費が, アメリカ国内における同規模のプラントのほぼ2倍といわれ, 労働者の雇用条件(労賃, 労働時間)についても政府が厳しい統制を行ったのである(U.S. Senate [63], p. 392). ジャージーにとって, フランスでの精製活動は, 効率性, 収益面ともに満足すべきものではなかったであろう.

　他方, ジャージーなど有力大企業によるフランス国内での精製拡大は, フランスによる石油の輸入構成を製品主体から原油主体へ大きく転換させるものとなった. 1929 年に全輸入石油のわずか 5.8％を占めたにすぎない原油は, 36 年には 82.7％へその比率を激増させたのである. しかも, 1936,37 の両年に輸入された原油の 52.6％はイラク産で

あった(U.S. Senate〔67〕, pp. 321-322, 邦訳, 356頁)。フランス政府による石油の自給化政策は, ドイツなどと異なり顕著な成果をみせたのである。さらに, 上記の輸入構成の転換が, 製品を原料(原油)に転換したことで, フランス政府にとって外貨面でも大きな節約をもたらしたことはいうまでもない。

58) フランス政府は, 1928年の石油業法に基づく措置の一部として, 31年にフランス国内の精製企業各社に対して, それぞれの過去の製品輸入実績(年間の最大輸入量)を基準に, 1951年までの20年に及ぶ原油の輸入許可量を割り当てた(但し, 半年毎に量の見直しがある。また実際の割当量は原油そのものではなく精製から得られるガソリンなどの製品の量で示された)。国策企業フランス精製(Compagnie Française de Raffinage, S.A., 以下CFRと略記)にも, 他の企業と同様に輸入可能な許可量が与えられた。だが, 同社に対しては, これとは別に国内で消費される製品需要量の25%を賄うに足る割当が追加配分されたのである。その結果, 第2次大戦前においてCFRに与えられた許可量は国内の石油精製企業に割り当てられた量全体の39%に相当したといわれている。

CFRによって生産された製品が実際にどのように国内市場に供給されたか, その具体的な実態の多くは私には不明である。しかし, 一定部分は同社の株主を構成した石油企業群などを通じて, またこれとは別に, 国内の販売企業各社を通じて, それぞれ消費者・顧客に供給(販売)されたと考えられる。後者の部分についていうと, フランス国内に所在する石油企業は, フランス政府の政策により, CFRあるいは親会社のフランス石油と競合関係に立つ企業も含めてCFRからガソリンなどの製品を買い取ることを求められたのであり, 各社が買い取る量の全体は, 上記の如く国内市場で消費される製品全体の25%相当とされた。個々の企業が実際に買い取る量は, 企業毎にさまざまであったと推定されるが, ともかくこれによってCFRは, 同社の株主企業などを通じて販売する部分に加えて, 国内消費量(販売量)の少なくとも25%に相当する製品についても市場に供給しうることになったのである。こうした制度の下, ジャージーもまた, フランス国内で販売する製品の一定部分をCFRから購入したと推定されるのである(但し, 以下に記す典拠文献の一つKuisel〔217〕, p. 44によれば, 1936年にCFRが自己の製油所〔国内の2カ所に所有〕からフランス国内に供給した製品は市場全体の20%であったという)。

なお, ここで留意すべきは, かようにフランス政府は, 国際石油資本を含む石油企業各社に製品の買い取りを強制したが, 他方でこれを石油企業各社に受け入れさせる条件として, CFRと親会社のフランス石油は, フランス国内市場で製品販売を行わないと約束したことである。

以上は, NACP〔1〕, Letter to Hon. Edward R. Stettinius from the President of United Petroleum Securities Corporation, May 24, 1945 : 851.6363/5-2445 CS/RIR : Decimal File, 1945-49 : RG59 ; RAC〔3〕, A Statement by Ralph W. Gallagher, May 23, 1944, before the O'Mahoney Sub-Committee of the Senate Committee on the Judiciary : F985 : B132 : BIS : RG2 : RFA ; 有沢〔158〕, 275-279

頁; Kuisel〔217〕, pp. 41-44; Grayson〔184〕, pp. 49-51; Nowell〔244〕, p. 216 による。なお,次注の(59), (60),および本書の第5章第4節も参照せよ。
59) 以上については, U.S. Senate〔67〕, pp. 322-325, 邦訳, 356-359頁による。但し,ここで記した市場占有率で表現される製品販売量が,専ら各社が自己の製油所で生産した製品(および外国から輸入した製品)を指すのか,あるいはそれに加えてフランス精製から購入した製品を含むのかは必ずしも明らかではない(前注を参照)。

なお,付言すれば,すでに前注において述べたことであるが,フランス政府の国策企業(フランス精製および親会社のフランス石油)は,製品生産(原油精製)においてフランス国内の最有力企業の地位を確保したとしても,自らは製品販売を実際には行っておらず,生産した製品のほとんどは関連会社(フランス精製の株主企業など),外部の販売会社(ジャージーを含む)に依存した。つまり,フランス製品市場における支配力の点では,いまだジャージーなど国際石油資本に比肩しうる存在とはいえないであろう(但し,若干の製造業,電力部門に対しては重油を販売した)。以上については, Grayson〔184〕, pp. 28, 31, 50,および第5章第4節注(37)も参照せよ。
60) Larson, Knowlton, and Popple〔145〕, p. 335による。但し,ここでもジャージー社の占有率に,フランス精製から買い取った製品が含まれるかどうかは不明であり,またジャージーが1930年代にフランス精製から一体どれほどの製品を買い取ったかも明らかではない。これらは,いずれも今後の調査・検討課題である。

なお,別の資料によれば,同じ1938年についてであるが,白油(white products, ガソリンと灯油を指す)でジャージーの製品販売子会社の市場占有率は16%, 他のアメリカ系企業(ソコニー・ヴァキュームなどを指すと考えられる)が8%, RD＝シェルが14%, アングロ・イラニアンが7%, フランス系が55%,であった。潤滑油では,ジャージーの子会社が36%, 他のアメリカ系が16%, RD＝シェルが4%, アングロ・イラニアンが4%, フランス系が40%,であった。重油などの統計は不明であり,またフランス精製からの引き取りに関する事実も明らかではなく,確言はできないが,この統計からすれば,仮にジャージーの子会社が製品市場での販売量でRD＝シェルに敗れたとしてもその差はわずかと考えられる(以上は, NACP〔1〕, Letter to Hon. Edward R. Stettinius from the President of United Petroleum Securities Corporation, May 24, 1945: 851.6363/5-2445 CS/RIR: Decimal File, 1945-49: RG59による)。
61) 1938年におけるヨーロッパ主要国の石油製品消費量(推計値)について本節前注(26)で記したが,そこでの統計では,フランス(4851万3000バレル)はドイツに比べ700～800万バレル劣っている。だが,別の資料では同年,フランスは5400万バレルでドイツ(5560万バレル)に比べほぼ遜色ない消費規模であった(NACP〔1〕, World Consumption of Petroleum Products & Related Fuels, Year 1938, 日付不明: Foreign Oil Statistics. Prepared for State Department, File Box 764: (Foreign Oil Statistics, 1930-1945): RG253による)。
62) 以上は, Larson, Knowlton, and Popple〔145〕, p. 341; Bamberg〔132〕, p. 134による。

ここで第2次大戦前にヨーロッパで第4位の石油消費国であったイタリアにおけるジャージーの地位，および現地での競争状況について，ごく手短に付記する。

　ジャージーは，長くイタリア市場で最大企業であり，1928年には主要製品であったガソリン，灯油では国内市場への供給量全体のほぼ半分近くを賄い，他の製品についても最大供給企業であったと推定される(前掲表II-7も参照)。だが，1926年にイタリア政府が創設したアジップ(AGIP, Azienda Generale Italiana Petroli'〔全イタリア石油会社〕，以下AGIP)なる国策企業(創立時，資本金1億リラ，政府が60％を出資)は，早くも1928年にはガソリン市場でジャージーの子会社(44.65％の占有率)に次ぐ23.70％を占め，38年にはジャージーが29.25％へ比率を低下させた一方，28.52％へさらに勢力を拡大したのであった。1930年代(28年以降)のイタリア市場においてジャージーは，フランスと同様に，その支配力の一層の低下を余儀なくされたといえよう。

　1920年代後半以降のAGIPの攻勢を支えた要因の一つは，旧ソ連邦およびルーマニアの石油への依存であり，1930年についてであるが，前者の旧ソ連邦産の石油(原油と製品)はイタリアの輸入石油全体の32％を占めた。これが1934年のイタリア政府による石油輸入の割当制度の導入，およびAGIPに有利な割当配分と相俟ってその比重を一層拡大させることになったのである。さらに，同政府による他の保護政策もAGIPの支配力の増強，ジャージーの地位の相対的低下を促した。例えば，AGIPの創立以降，イタリア政府は各地の知事に手紙を送り，AGIP以外の企業による石油施設，ポンプの設置をAGIPの了解なしには行わせないように求めたという。

　以上については，NACP〔1〕, Letter to Honorable Secretary of State from Alexander Kirk, December 18, 1945: 865.6363/12-1845 CS/D: Decimal File, 1945-1949: RG59; NACP〔1〕, Petroleum Products Quotas for Italy, No. 1229, August 11, 1948: 865.6363/8-1148 CS/A: Decimal File, 1945-1949: RG59; RAC〔3〕, A Statement by Ralph W. Gallagher, May 23, 1944, before the O'Mahoney Sub-Committee of the Senate Committee on the Judiciary: F985: B132: BIS: RG2: RFA；伊沢〔210〕，120頁による。なお，第2次大戦後(1953年)にイタリア政府は，AGIPを一つの母体として炭化水素公社エニ(Ente Nazionale Idrocarburi, ENI)を創設する(第5章第4節を参照せよ)。

63)　製造所への資本支出額は1940年までに累計3300万ドルである(Larson, Knowlton, and Popple〔145〕, p. 189)。なお，すぐ次に述べる販売資産についてであるが，ソコニー・ヴァキューム石油は，第2次大戦前(1939〜40年頃と推定される)に日本国内に製品貯蔵，販売の資産として600万ドルを有したといわれている(NACP〔1〕, Office Memorandum to Mr. Vincent from Mr. Bennett, 12-12-46: 894.6363/12-1246 CS/V: Decimal File, 1945-1949: RG59)。とすれば，スタンヴァック全体では日本だけで2倍の1200万ドルの販売資産を擁したと考えられる。なお，原油生産部門への投資額(資産額)は不明である。

64)　これらは，そのほとんどはソコニー・ヴァキュームが保持し，スタンヴァックに引き継がれた施設と考えられる(Jersey〔26〕, February 1934, p. 21)。

198　第 I 部　1920 年代初頭から第 2 次大戦終了まで

65)　U.S. Senate〔63〕, pp. 205-208 ; Larson, Knowlton, and Popple〔145〕, p. 189.
66)　残りの半分は主としてジャージーとソコニー・ヴァキュームの子会社群から買い取って市場に供給した(Anderson〔157〕, pp. 3-4, 215-216)。
67)　Larson, Knowlton, and Popple〔145〕, p. 55 によるが, Anderson〔157〕, p. 220 も参照。
68)　1937 年にスタンヴァックによって日本市場(但し, 台湾, 朝鮮,「満州」を含む)に供給された石油製品は 559 万バレルであり, 中国に対する 292 万バレルを大きく上回る。しかも, 中国市場が依然として灯油を最大品目(139 万バレル)としたのに対し, 日本ではディーゼル油(236 万バレル), ガソリン(149 万バレル)が主要品目をなし, 販売事業の収益性も高かったと思われる。なお, 日本市場に供給された製品の一部は三井物産を通して販売された(以上は, Anderson〔157〕, pp. 106, 219-221 による)。
69)　以下, 4 位小倉(12.7%), 5 位三菱(8.4%)などが続いた(Anderson〔157〕, p. 77 note 14)。
70)　Larson, Knowlton, and Popple〔145〕, p. 340. 石油業法については以下を参照, 井口〔209〕, 250-265 頁；日本石油株式会社〔148〕, 303-309 頁；U.S. Senate〔63〕, pp. 25-26.
71)　スタンヴァックなどは当時の適正備蓄量は 3 カ月分と考えており, スタンヴァックの試算で半年分の備蓄は, 貯蔵タンクの建設に 37 万 5000 ドル, 貯蔵の費用として 190 万ドル, 計少なくとも 227 万 5000 ドルの新たな支出を同社に求めるものだった(Anderson〔157〕, p. 77)。

　　スタンヴァックが現地精製を行わなかったのは, 日本人との共同経営を義務づけられ, しかもフランスなどと異なり経営権を日本側に委譲するよう求められたこと, および日本での精製活動の展開がオランダ領東インドでの製油所操業にマイナス効果を与えることが明白であったこと, などによると考えられる。なお, 最大企業の RD = シェルが精製を行わない態度を明確にしたことは, スタンヴァックにとってかかる決断を容易にした一因と思われる。RD = シェルの決定は, 日本の大陸侵攻を脅威に感じたイギリス, オランダ両政府の意向に沿ったものであった。以上は, Larson, Knowlton, and Popple〔145〕, p. 189 ; Wilkins〔278〕, pp. 232-233, 邦訳(上), 277 頁による。なお, 製油所の建設についてスタンヴァックと RD = シェルに異なる対応があったとの見解もある(橘川〔215〕, (3), 45 頁, 注〔198〕, (4), 64-65 頁参照)。
72)　だが, スタンヴァックはその一方で, 日本に対し, 石炭から石油を製造するための水素添加法(hydrogenation process)なる新技術の提供を申し出て, 日本政府との宥和にも努めたのである。但し, 同技術(製法)はいまだ実用段階に入っておらず, 直ちに利用可能なものではなかった。以上は, Wilkins〔278〕, pp. 232-233, 邦訳(上), 276-277 頁；Borg and Okamoto〔163〕, p. 365；細谷〔189〕, 218 頁；Anderson〔157〕, pp. 119-120 による。
73)　そのいきさつについては, Borg and Okamoto〔163〕, pp. 362-365；細谷〔189〕, 213-217 頁を参照せよ。

第2章　1930年代の活動と戦後構造の原型形成　199

74)　日本国内での石油製品の消費量は，ごく一部を除き，1934年の2267万バレルから37年(ピーク)に2993万バレルに達した(但し，ここでの年次は同年4月から翌年3月まで)。原油と製品を合わせた在庫(備蓄)は，1934年4月の3065万バレルから39年4月の5140万バレルへ増加した。この当時，日本(台湾を含む)で産出された原油は，最多年の1939年(但し1〜12月，以下同じ)が265万バレル(最小は33年146万バレル)であったから，日本の石油需要の大部分は，むろん輸入に依存せざるをえなかった(Anderson〔157〕, p. 230; DeGolyer and MacNaughton〔96〕, 1993, p. 11)。

1939年に，原油と製品(ガソリン，灯油，ディーゼル油，重油のみ)を合わせた輸入石油の総量は3348万バレルであり，うち81.1%がアメリカからであった。また，原油は全石油の55.8%を占め，その9割強がやはりアメリカ産であった(Anderson〔157〕, pp. 226-227. 但し，誤記と考えられる数値の一部を訂正した)。

対日原油輸出の顕著な増大により，1938年に全アメリカ輸出原油の28.7%が日本に向かった。これは，カナダの32.2%につぎ，フランス向けの21.7%を凌ぐ。かつて，1929年に，全アメリカ原油輸出の84.9%はカナダ向けであった。フランスはゼロ，日本向けは9.4%にすぎなかった。この時代に日本は，カナダ，フランスとともにアメリカ原油の主要な輸入国となったのである。以上はU.S. Senate〔63〕, pp. 218-221による。

75)　Anderson〔157〕, p. 227.

76)　Anderson〔157〕, p. 226.

ところで，スタンヴァックの一方の所有会社であるソコニー・ヴァキュームは，同社のアメリカ国内子会社ジェネラル石油(General Petroleum Corporation of California)を通じて，スタンヴァックとは別に，日本の輸入総量に11.2%を占めた。RD＝シェルも，在アメリカのシェルを通じて，既述の比率(11.5%)とは別に3.5%を占めたのである(Anderson〔157〕, p. 227; NACP〔1〕, Socony-Vacuum Oil Company, Inc. Foreign Trade, attached to the Letter to Mr. A. G. May from Northam Saddard, May 27, 1943: Socony-Vacuum Sales: Misc. Statistics, (Statistical Reports Submitted by Individual Oil Companies Showing Sales Made in Latin America, 1943-44): RG253による)。ジャージーの場合，アメリカ子会社による対日輸出がなされたかどうかは不明である。

77)　Larson, Knowlton, and Popple〔145〕, p. 341.

78)　以上の統計は，Larson, Knowlton, and Popple〔145〕, pp. 340-341による。

79)　Larson, Knowlton, and Popple〔145〕, p. 820.

80)　Exxon Mobil Library〔4〕, HQ: Draft Papers, History of Standard Oil Company (New Jersey) on New Frontiers, 1927-1950, by Evelyn H. Knowlton and Charles S. Popple, Chapter 7, pp. 32-33, 作成年次不明；Larson, Knowlton, and Popple〔145〕, p. 820による。

81)　燃料油の中では重油がむろんより大きな割合を占め，1937年では68%を構成する(Larson, Knowlton, and Popple〔145〕, p. 820)。

第6節 小　　括

〔Ⅰ〕 財務についての若干の考察

　表Ⅱ-8 によれば 1930～39 年にジャージー社の総資産額は全体として 15%弱の増加をみせたに留まり，20 年代(1920～29 年)の 1.6 倍(61%，前掲表Ⅰ-11，同表注〔3〕も参照)に比べ伸びは低い。売上高をみると，1933 年に 29 年比でほぼ半減し(51%)，最高(37 年)でも 29 年との対比では 86%止まりであった[1]。他方，獲得利益(純利益額)では，1930 年代の最高である 37 年の 1 億 4799 万ドルは 29 年の水準を上回る額である。1930 年代を通じジャージー社が赤字操業に陥らなかったことを本論でも述べたが，32 年(28 万 3000 ドル)から 37 年まで年平均にすると 3000 万ドル近い利益増を毎年実現したことになろう。

　1930～38 年におけるジャージー社，および同社を含むアメリカ大企業全体(TNEC が調査対象とした 20 社)の各年度末の自己資本額に対する純利益の比率を比較すると，1930，32 年を除きジャージーは，後者の大企業全体の平均を上回った(表Ⅱ-8)[2]。1920 年代にはジャージーの利益率(自己資本純利益率)は，アメリカの主要石油企業(4 社)との対比ではむしろ低位の部類であった(第 1 章第 5 節〔Ⅰ〕参照)。比較対象数などが異なり適切とはいいがたいが，1930 年代に同社は他社との対比では相対的に事業活動の収益性，あるいは財務力を高めたと考えられるのである。

　ところで，1930 年代，特に同年代半ば頃から利益獲得で少なからぬ成果をみせたジャージーではあるが，本論での記述からも知りうるように，製品販売部門の収益性は低く，またこれと事業上の連関が強い精製事業も利益面での不振が顕著であった。とりわけ後者は，1930～33 年まで欠損を出し，34 年以降 40 年まで全事業部門の中で事業の収益性は最低(the lowest rate of earnings)であった[3]。精製・販売の両部門は以前から収益性の低い事業だったわけではないが，この時代には低迷，不振が目立った。1930 年代における両部門の収益性の低さは，直接的には製品価格の低下によってもたらされたといってよいであろう[4]。価格低下の理由は，一つはいうまでもなく不況の影響によ

表II-8　ジャージー社の総資産額，売上高，純利益額，利益率，1929～39年

(単位：1,000ドル，%)

	総資産額[1]	売上高[2]	純利益額	利益率[3]	大企業20社の利益率[4]
1929	1,767,378	1,523,386	120,913	10.2	9.6
1930	1,770,994	1,381,879	42,151	3.6	4.5
1931	1,919,010	1,084,926	8,704	0.7	(1.3)
1932	1,888,009	1,080,026	283	0.0	0.8
1933	1,912,235	779,766	25,084	2.2	1.4
1934	1,941,710	1,017,973	45,619	4.2	2.9
1935	1,894,914	1,076,215	62,864	5.7	4.8
1936	1,841,850	1,162,121	97,773	8.5	7.3
1937	2,060,816	1,308,900	147,992	12.1	9.8
1938	2,044,635	1,173,730	76,054	6.2	4.9
1939	2,034,989	933,766[5]	89,129[5]	7.0	n.a.

(注) 1) 各年末の額。
2) sales and operating revenue.
3) 各年度末の自己資本に対する純利益率。
4) 20社の企業名は前章の表I-8に掲載。利益率は20社の純利益額の合計を各年度末の自己資本の総額で除した数値。なお，本文の注(2)も参照せよ。
5) イギリス，ドイツ，フランス，アルジェリア，フィンランドを除く。
(出典) ジャージー社はJersey〔24〕, 1929-39，各号から。20社の利益率はTNEC〔55〕, pt. 14-A, p. 7863より。

るものである。だが，いま一つとして指摘すべきは，ジャージー社が，精製・販売の利益を半ば犠牲にして両事業の前段階に位置する原油輸送，原油生産における事業の維持，拡大を図ったと考えられることである。パイプラインによる原油の輸送事業は，利益の絶対額では国内最大の利益獲得部門の地位を原油生産事業に譲ったと思われるが，資産額に対する利益率では1930年代末においてもなお最も高い部門に位置した[5]。輸送料金の引き下げを余儀なくされた段階では原油輸送量の確保こそ利益を維持する最大の要件だったであろう。さらに，大規模投資がなされた原油生産部門において投資を回収し利益を確保するためには原油の販路を確実ならしめることも不可欠だった。1930年代のジャージー社においては，深刻な不況を背景にしてであるが，原油生産，輸送の両部門が主たる利益を獲得し精製・販売の両部門がこれを支えるという利益獲得の構造がみられたのである[6]。

〔II〕小　　括

　1930年代におけるジャージー社の活動の要点については，すでに各節の末尾などで若干の整理や要約が与えられている．以下では，それらを踏まえて，この時代に同社が自己の事業構造の内部に形成ないし定着させた特質を，後の時代との関連を含めて，4点において手短にまとめたい．

　第1に，原油生産活動においてアメリカと海外で躍進を遂げ，世界最大の原油生産企業に転成したことである．1920年代におけるこの分野でのジャージー社の弱点は基本的に克服されたといってよいであろう．同社はこの時代に，資産規模，獲得利益などで原油生産部門を事業活動全体の傍流から主流，主要な事業部門に移行させる重要な画期を形作ったのである．

　第2に，アメリカ本国で主要な製品であるガソリンの販売において，従来，本社販売，製油所販売などと称された大口需要家，旧子会社などへの大量販売から，一般小売市場に向けた販売へとその重心を移動させたことが重要である．他方，販売地域の拡張の点では他の有力企業に対する劣位は拭えず，アメリカ国内での市場支配における大きな課題として残った．

　第3に，世界企業としての実体を格段に強化したことが特筆される．ジャージーは1930年代半ばまでに原油生産量のみならず，精製量，製品販売量などの点でも海外での事業規模がアメリカ本国を凌いだ．この時代に続く戦時および戦後初期を別とすれば，同社はこれ以降今日まで事業規模では変わることなく海外主体の活動を展開する．前世紀以来の企業活動の世界性は，1930年代に新たな飛躍を遂げたのである．

　第4に，1920年代後半以降に模索ないし追求されたアメリカ国内および海外での他の大企業との共同行動，カルテル行動は，1930年代不況期においてジャージー社の活動の基本的な特徴の一つとして定着したといえよう．特に，アメリカと海外の原油生産事業のそれぞれに生産統制制度，共同支配体制を形成したことが最も重要である．対抗し合う大企業群といくつかの事業分野で長期にわたる共同行動を維持し，これを利益獲得と業界支配にとっての不可欠の要件としたのである．

以上の諸点において，ジャージー社にとって1930年代は，第2次大戦終了以降本書が対象とする60年代末，あるいは今日に至る事業活動，事業構造の原型形成期と考えることができよう。

1) ジャージーの売上高が1929年を超えるのは1944年である(Jersey〔24〕，各号から)。
2) 周知のように自己資本純利益率は，年度末の純利益額を期首と期末の自己資本額の平均で除して算出するが，ここでは資料の制約により各年度末の自己資本額を用いた。本来の自己資本純利益率の近似値として用いたい。
3) Larson, Knowlton, and Popple〔145〕, p. 202.
4) Jersey〔24〕, 1932, p. 4, 1934, p. 4, 1935, p. 5による。
5) 本章第2節注(50)参照。
6) なお，本章では資料の制約により検討できなかったジャージー社の天然ガス事業について，その利益額をみると，アメリカ国内のみであるが，統計の得られる1928〜40年に同事業は赤字に転落することなく一貫して利益を出した。1939年には988万2000ドル(但し，税金および間接費の支払い前)であり，同年のアメリカ国内での原油生産事業の利益額1684万9000ドル(同)，に比べても決して小規模とはいえない。不況下においてジャージー社の利益獲得の一端を担ったことが窺えるのである(以上については，Exxon Mobil Library〔4〕, HQ: Draft Papers, History of Standard Oil Company (New Jersey) on New Frontiers, 1927-1950, by Evelyn H. Knowlton and Charles S. Popple, Chapter 3, pp. 70, 82, 作成年次不明，による)。
　ところで，ジャージーを含まぬアメリカの石油大企業12社の財務内容を，1937, 38の両年についてみると，まず37年に精製部門で4社，販売部門で5社が欠損を出し，38年では精製部門で9社，販売部門で6社，そして輸送部門でも1社が，それぞれ欠損を出した(但し，ある1社は精製・販売部門が財務上合体されており，両年ともここで欠損を出した。これは便宜上精製部門に入れた。以上は，TNEC〔55〕, pt. 17-A, pp. 10040-10042による)。原油生産部門と輸送部門から主たる利益を得る構造は，ジャージーのみならず他のアメリカ石油大企業にもみられたように思われる。

第3章　第2次大戦期の活動とその特質

第1節　はじめに

　石油産業は，第2次大戦期のアメリカにおいて最大産業の一つであり，アメリカを含む連合国の勝利に最も重要な役割を演じた産業の一つともいわれている。こうした基幹産業に所在した最大企業ニュージャージー・スタンダード石油の戦時活動の実態と特質を解明することが本章の課題である。両大戦間期，特に1930年代に大きな飛躍と転換をみた同社の事業の構造と特質は大戦期にどう継承され，戦時における活動は大戦後のジャージー社の活動にどのような影響を与えたのであろうか。戦時期の活動にみられた固有の特質を明確にした上で，本書が対象とする1920年代初頭以降60年代末までの半世紀の活動史における戦時期の位置を考えたいと思うのである。

　ここで第2次大戦期とは，ヨーロッパでの開戦(1939年9月)以降，1945年8月の日本の敗北までの期間を指すものとしたい。しかし，以下において明らかとなるように，アメリカの産業と企業にとっては，アメリカ自身が参戦するまでの期間(1941年12月まで)はなお準戦時体制期としてとらえるべきであろう。もっとも，ジャージーの如く事業活動の顕著な世界性を持つ企業においては，ヨーロッパでの開戦は同社の活動に直ちに影響を与えた。それでも，全体としてみれば，戦時の特性が事業活動に明瞭に現れるのはジャージー社においても1941年末ないし42年初頭以降といってよいであろう。

　なお，ヨーロッパでの開戦後，特にアメリカの参戦以降，ジャージーのアメリカ本社とその統括下にある子会社の活動範囲，あるいは市場圏は連合国と中

立国に限定されたのであり，本章ではこれらの地域での活動を対象とする。枢軸諸国とその支配地域に所在した子会社あるいは関連会社は，ジャージー本社との結合関係を失い，それぞれの地域での国家の要請に応えて活動するか，事実上の活動停止，あるいは組織解散に至ったのである。

第2節　戦略物資の生産事業

　戦時期ジャージーは，従来のガソリン，重油といった石油製品の生産に加えて，新たな製品・物資の生産に着手する。本章では最初に後者の新規事業(以下，戦略物資の生産事業と呼ぶ)を検討し，戦前来の諸活動については第3節以下で検討する。

事業の前提条件　ここで戦略物資と呼び，その生産活動を考察するのは，航空機用ガソリン(100オクタン・ガソリン〔100-octane gasoline〕)，合成ゴムの製造に用いられるブタジエン(butadiene)，およびTNT(trinitrotoluene)火薬用の合成トルエンの3つである。これらは，航空機用ガソリンについてはいうまでもなく，後2者も石油を原料として生産可能になったことで，新たにジャージー社の生産品目の一部に加わったのである。これらの物資は，いずれもそのほとんどがアメリカ連邦政府あるいは他の連合国政府・軍などの政府機関によって購入された。

　事実上政府が全製品の買い手であることからして，ジャージーによる生産の開始と事業規模の拡大は政府による買い付け(購入契約)を前提としてなされた[1]。同社は政府による購入契約の獲得を目指して他の石油企業と競うことになったのである。

　かように，ジャージーによる戦略物資の生産にとって，アメリカ連邦政府(および他の政府)による購入契約を獲得することが不可欠の条件であったが，いま一つとして，工場や設備などを建設・配置するための鉄鋼，その他の資材を確保することもこれに劣らぬ前提条件をなしたのである。アメリカでは1941年の初頭頃から，鉄鋼などの各種資材の諸産業への配分は政府の統制下におかれ，企業が生産，販売などの諸活動で必要とする資材を鉄鋼企業等から

買い取るためには，予め連邦政府から優先的な配分保証(割当)を得ることが求められたのである[2]。これら買い付け契約と資材の配分保証は，軍事戦略面から生産体制の早期確立が要請されたトルエンを除き，他の2つについては1941年12月のアメリカの参戦を待って与えられた。ジャージーおよび他社による生産の開始，あるいは生産量の急速な拡大は1942年以降に持ち越されたのである[3]。

ジャージーの支配的地位と優位要因　ジャージーはこれら物資の生産の大部分をアメリカ国内で行った。いずれもアメリカ石油企業の中で最大の生産規模を誇ったのである。航空機用ガソリンについては，アメリカの参戦から終戦までの期間，連合国(旧ソ連邦を含まず)によって消費された総量の1/5以上を供給した[4]。この間に10億ガロン相当(約2380万バレル)，ないしそれ以上を産出した世界に所在する3つの生産施設のうち2つはジャージーの所有下にあったのである[5]。合成ゴム事業において同社は，自ら開発したブチル(Butyl)として知られる合成ゴムの生産にも従事したが，主たる活動はブナS(Buna-S)と呼ばれた汎用の合成ゴム(general-purpose synthetic rubber)——戦時下にアメリカで生産された各種合成ゴム全体の80,90％を占めた最大品目——の主たる原料をなしたブタジエン(ブナS全体の70〜80％を占める主成分)の生産であった。同社はアメリカ石油企業による全ブタジエン生産(期間は1943〜45年の3年間)の29％(18万8600ショート・トン〔short ton〕，1ショート・トン＝907.18 kg)を担ったのである[6]。合成トルエンの場合，同じくアメリカ石油企業による全生産量(1940年12月〜45年9月)の49％(2億3900万ガロン)をジャージーが1社で供給したのであった[7]。

ジャージーが3つの品目ともアメリカ企業の中で最大の生産を実現しえた要因として，後に述べる同社自身による生産設備などへの投資を別として，次の2点が指摘されるべきであろう。これらは，先に述べた購入契約と資材の割当配分を政府から獲得する上でも同社を他社に対して有利な地点に立たせた主要因である。

第1の，そして最重要の点は，いずれの物資についても生産方法・技術の点でジャージーが他社を凌ぐ優位性を保持したことである。新製品に属する，あ

るいは生産に新たな製法や技術を必要とするこれらの物資にとって技術の開発は事業そのものの出発点，あるいは第一義的要件をなしたが，同社は先ずこの点で業界を主導する企業たりえたのである。もっとも，各々の開発技術や生産方法の特徴，および開発に至る経過などをここで詳述する余裕はない。さしあたり以下の3点を指摘するに留める。まず，ジャージーはこれらの開発に最も強い意欲をみせた企業の一つだったことであり，1930年代に研究と開発に着手しており，これを他社に先駆けて完成させたのである。トルエンはヨーロッパでの開戦までに，また最も遅れた合成ゴム用のブタジエンの製法についても1941年に一応の完成段階までこぎつけたのであった[8]。ついで，同社が開発した技術のうち最も重要な意義を有したのが，航空機用ガソリンの大量生産を可能にした流動接触分解法(fluid catalytic cracking process)なる製法であった。これを用いたプラントは航空機用ガソリンの主成分をなす高オクタン価ガソリン(オクタン価90以上)を産出するのみならず，有益な炭化水素ガスを副生させたのであり，その中にはこの主成分への配合剤(アルキレート〔alkylate〕，オクタン価を向上させる)とブタジエンの両方の製法に用いられる原料(ブチレン〔butylene〕)もまた含まれたのである[9]。だが，最後に，これらの製法がジャージーの優位を可能にする第1の要因だったとしても，そのいずれも同社の独創的な開発技術とは必ずしもいえないことを指摘する必要があろう。流動接触分解法については，他社によってはじめて導入された接触法，つまり触媒を用いる分解法を基本原理として採用し，ブタジエンとトルエンについてもその開発はやはり他社の研究と技術を利用し，これを一つの基礎条件にしたと考えられるからである。ジャージーの貢献はむしろ，既存の研究と成果を土台に多大な投資と大規模研究組織の総力によって，大きな難点を有する先行技術に重要な改良を加えたこと，および採算面でいまだ確かな見通しを持ちえない製法などを短期間のうちに実用化しうる水準に結実させたこと，これらにあるといえよう[10]。

　以上の生産方法・技術面での成果に加えて，如上の支配的地位をジャージーに可能ならしめた第2の要因は，次節以降で述べる原油生産，精製などの他の諸分野における同社の事業体制と能力の他社に対する優位性である。政府は，

プラントに投入する原料を十分に確保できるかどうか，輸送施設を保持しているか否かといった諸点もまた，個々の石油企業との交渉，契約締結の際などに基準の一つとしたのであった[11]。

投資額と収益性　アメリカの参戦から大戦の終了までにジャージーが3つの戦略物資の事業に投資した額は全体で約1億400万ドルであり，これはアメリカ石油企業の中で最大と推定される[12]。投資額全体の60〜70%は航空機用ガソリンの生産に向けられ，ついで合成ゴムの原料(およびブチル・ゴムの生産など)，そしてこれらに比べかなり少額であるが合成トルエンが続いた[13]。もっとも，これらの生産活動はすべてジャージーの資本によってのみなされたのではない。同社は，いずれの生産についてもプラントの建設，その他においてアメリカとカナダでは政府に対して資金の提供を求めた。事実，トルエンとゴムの場合，建設・設備資金の大部分は政府が支出したのである。同社は，これら2つの物資の生産を主として政府の工場を用いて，いわゆる国有民営方式で行ったのである(但し，ゴムの施設についてはアメリカでは年間1ドルの名目的賃借料を支払う)[14]。両物資については，事業資金もまた政府によって保証されるべき基本条件の一つだったのである。

ジャージーは，航空機用ガソリンについては平時にもある程度の市場が期待でき，将来性があるとして積極的な投資を行った。だが，トルエン，および絶対額では他社よりも多くを投資したと考えられるゴム事業については，実際に生産を続ける中で，平時における採算性などへの強い不安を拭うことができず，自己の投資をなるべく控える方向に転じたと推定されるのである。合成ゴムの場合，ジャージー自身の投資額は2000万ドル余と推定されるが，アメリカ政府から引き出した資金は8700万ドル強であった[15]。戦略物資の生産事業に対する以上の如きジャージーの投資行動は，他のアメリカ石油大企業の多くにほぼ共通してみられたところであった[16]。

それでは，これら事業の収益性はどのようなものであったろうか。それを，資料の制約により，これらの唯一の販売先である政府，特にアメリカ連邦政府による買い取り価格の面から考察する。航空機用ガソリンの場合，多大な新規投資にもかかわらず市中で販売される自動車ガソリンと同等ないしそれよりも

低くおさえられた[17]。合成ゴムの原料では，要した費用以上のものをほとんどジャージーに与えなかったといわれている。事業規模の最も小さな合成トルエンについては的確な判断を下すための資料を欠くが，いずれにせよ後者の2つの分野についても事業の収益性，あるいは獲得利益額がかなり低位であったことは否定しえないように思われる[18]。なお，最も多くの投資を引き付けた航空機用ガソリンの場合，1942～45年のジャージーによる販売量の総計（1億1841万バレル）は，同期間に販売した全ガソリンの1/4弱であり，全石油製品との対比では8％程度であった[19]。収益性が低いのみならず，販売（生産）の規模も同社の販売品目全体の中で一小部分を占めるに留まったのである。

大戦終了後 大戦の終了とともに，まずトルエンに対する政府の需要は直ちにゼロとなった。ジャージーの生産活動は完全に停止したのである。航空機用ガソリンとブタジエンの生産はともに継続したが，その規模は縮小した。特に前者の場合，1946年の販売量（1日平均で1万5300バレル）は前年の1/5以下であり，同46年に販売された全ガソリン比で4％にすぎなかった[20]。ジャージーは，戦後間もなく主要なプラントの多くに技術上の変更を加え，これらを自動車用ガソリンの生産に転用した。これによって，再開が予想された品質競争（オクタン価競争〔octane race〕）における優位の創出を図ったのである。合成ゴム事業については，東南アジア産の天然ゴムが再び流入したにもかかわらず，ジャージーは他社と同様にかなりの販路を確保しえた。だが，それは戦時期の生産過程において天然ゴムと価格，品質等で対抗しうる汎用の合成ゴムが生産可能になったからではない。主として，ゴムの供給の大部分を国外に依存することを国防上の難点と考えたアメリカ連邦政府の政策によって保護されたのである。それゆえ，ゴム事業においてジャージーはなお暫くの間，国有工場を主たる生産施設とし，政府に市場を依存する体制を基本的に継続するのである[21]。

1) Jersey〔26〕, August 1940, p. 1.
2) NYJC〔110〕, June 3, 1942; Larson, Knowlton, and Popple,〔145〕, p. 411.
3) NACP〔1〕, Data on War Projects: Baytown Refinery, Humble Oil & Refin-

第3章　第2次大戦期の活動とその特質　211

ing Co., prepared for War Agencies Joint Inspection Trip, June 2, 1943, by Bruce Brown: Special Reports on Major Refinery Projects, 1941-43 (2/2) [E-78]: 100-Octane Contract (100-Octane Aviation Gasoline Contracts: 1942-44): RG253; Jersey [26], June 1942, pp. 1-2; Popple [149], pp. 37-38; Larson, Knowlton, and Popple [145], pp. 409, 421, 507-509 による。

4) Larson, Knowlton, and Popple [145], p. 506.

5) アメリカにおける石油企業各社の製油所別の航空機用ガソリン生産量を 1942 年 1 月～45 年 8 月の 3 年半ほどの期間についてみると，この間に最大の生産を行ったのは，ジャージーの子会社ハンブル(Humble Oil & Refining Company)が擁したテキサス州の製油所(Baytown refinery)で総計 2782 万 3000 バレル，第 2 位はサン石油(Sun Oil Company)のペンシルヴェニア州の製油所(Marcus Hook refinery)で 2596 万 4000 バレル，3 位がジャージーの子会社ルイジアナ・スタンダード(Standard Oil Company [Louisiana])が擁したルイジアナ州の製油所(Baton Rouge refinery)の 2323 万 1000 バレルであった。これらが航空機用ガソリンについての世界の 3 大製油所であった。以上については，NACP [1], Aviation Gasoline: Report to the War Production Board, by Petroleum Administration for War, September 29, 1945: file unit は不明: Minutes of the Foreign Division Operating Committee (FDOC) and the Foreign Operation Committee (FOC), Oct. 1943-Nov. 1945: RG253 による。

1942～45 年(但し 8 月まで)に連合国内で生産された航空機用ガソリンは全体で 4 億 1058 万バレルであり，その 86％がアメリカ国内での生産による(Frey and Ide [59], p. 455)。アメリカ国内生産に占める主要企業の生産割合を 1944 年(生産のピーク年)についてみると，1 位がジャージーで 19.8％(但し，一部国外での生産，他社からの買い取りを含む)，以下 2 位シェル(Shell Union Oil Corporation, 11.0％)，3 位ソコニー・ヴァキューム(Socony-Vacuum Oil Company, Inc., 7.9％)，4 位テキサス(The Texas Corporation, 6.5％)，5 位コンソリデイテッド(Consolidated Oil Corporation, 5.7％)などである(Beaton [134], p. 575)。

6) ブナSについては，その製造はゴム会社が行い，ジャージーなど石油企業はこれへの主力原料(ブタジエン)を供給する役割を果たした。以上は，Frey and Ide [59], pp. 222-223; U.S. Senate [56], p. 73; Popple [149], pp. 58-59, 75-76；堤[267], 301-302 頁；内田[269], (2), 80 頁による。

7) Popple [149], pp. 112-113.

8) なお，石油からのトルエンの生産は，第 1 次大戦期にすでに RD=シェルによってなされた。その意味では，石油を原料とした合成トルエンは第 2 次大戦期の新製品とはいえない。但し，第 2 次大戦期の主力となった生産技術(製法)はジャージーが新たに開発したハイドロフォーミング法(hydroforming process)であった(以上は，Jersey [26], August 1940, p. 1; Popple [149], p. 57; Enos [177], pp. 196-201, 邦訳 209-214 頁；内田[269], (2), 54 頁による)。

9) Larson, Knowlton, and Popple [145], pp. 174, 495, 503.

212　第Ⅰ部　1920年代初頭から第2次大戦終了まで

10) 流動接触分解法については，さしあたり Enos [177], Chapter 6 を参照。ブタジエンとトルエンの場合，ジャージーの研究開発とその成果は，1920年代末にドイツの化学企業 I. G. ファルベン (I. G. Farbenindustrie A.G.) から同社の保有する水素添加技術 (hydrogenation process) の使用を許されたことに発端を有し，その後の I. G. からの技術供与，および同社との技術協力を一つの重要な条件としたのである (特にブタジエンについて)。以上は，RAC [3], Our Business with Germany: 6/2/41: F887: B118: BIS: RG2: RFA; Larson, Knowlton, and Popple [145], pp. 153-159, 169-171 による。
11) Frey and Ide [59], pp. 205-206; Beaton [134], p. 586.
12) Popple [149], p. 240; U.S. CPA [57], 各頁から。
13) NACP [1], Data on War Projects: Baytown Refinery, Humble Oil & Refining Co., prepared for War Agencies Joint Inspection Trip, June 2, 1943, by Bruce Brown: Special Reports on Major Refinery Projects, 1941-43 (2/2) [E-78]: 100-Octane Contract (100-Octane Aviation Gasoline Contracts: 1942-44): RG253; NACP [1], Major War Projects: Baton Rouge refinery, Standard Oil Company of Louisiana, prepared for War Agencies Joint Inspection Trip, May 30-31, 1943, by Bruce K. Brown: Special Reports on Major Refinery Projects, 1941-43 (1/2) [E-78]: 100-Octane Contract (100-Octane Aviation Gasoline Contracts: 1942-44): RG253; U.S. CPA [57], 各頁; Popple [149], p. 240 による。
14) 1935年以降戦時期全体を通じてアメリカ国内でのジャージーの最大製油所は子会社ハンブルが擁したベイタウン製油所であるが，同製油所は航空機用ガソリンの生産(本節の前注[5]参照)のみならず，トルエン，合成ゴムの原料・製品(ブタジエン，ブチル・ゴム)もまた生産した。ハンブルがアメリカ参戦以前から1943年6月までにこれら物資の生産事業に投資した額は総計3300万ドルである。他方，ハンブルによる戦略物資の生産事業にアメリカ連邦政府から引き出した資金の総額は4810万ドルであり，内訳はブチル・ゴム(1970万ドル)，ブタジエン(1670万ドル)，トルエン(1170万ドル)，である(NACP [1], Data on War Projects: Baytown Refinery, Humble Oil & Refining Co., prepared for War Agencies Joint Inspection Trip, June 2, 1943, by Bruce Brown: Special Reports on Major Refinery Projects, 1941-43 (2/2) [E-78]: 100-Octane Contract (100-Octane Aviation Gasoline Contracts: 1942-44): RG253 による)。

1942年初頭頃に，アメリカに輸入された天然ゴムが1ポンド(453.6グラム)あたり12セント以下であったときに，ブナ・ゴム(Buna Rubber)の生産費用は1ポンドあたり約30セントと推定された。こうした状況を踏まえジャージーは，合成ゴムの生産事業(commercial production)については，政府の援助なしに不可能であると主張した(RAC [3], Letter to Mr. John D. Rockefeller, Jr. from W. S. Farish, February 11, 1942: F1006: B134: BIS: RG2: RFA による)。

なお，民間企業による国有工場(国有施設)を用いた軍需物資の生産は，戦時下のアメ

リカではかなり広範囲にみられた。これを可能にした制度上の条件などについては，さしあたり森〔229〕，357-358頁を参照。
15) Popple 〔149〕, p. 240 ; U.S. CPA 〔57〕，各頁から；U.S. Senate 〔56〕, pp. 427-428.
16) U.S. CPA 〔57〕，各頁から。石油企業によって担われた3つの戦略物資の生産に対してアメリカ政府が支出した施設の建設資金は，総計5億4300万ドルである。その内訳は，ブタジエンとブチル・ゴム(2億8300万ドル)，100オクタン・ガソリン(2億3800万ドル)，トルエン(2170万ドル)，であった(U.S. Senate 〔56〕, pp. 64, 424-425)。これらの統計からすれば，100オクタン・ガソリンの生産施設の建設に政府が支出した金額は，ゴム事業との対比では決して少ない額ではない。だが，アメリカでは，戦時期(参戦以降)に航空機用ガソリンの生産施設に投下された資金は総計8億6400万ドルであり，上記の統計(政府支出額が2億3800万ドル)ともほぼ符合するが，その70％以上は民間企業の支出によったのである(もっとも，その一部は政府からの借入金で賄われたようである。U.S. Tariff Commission 〔62〕, p. 60 ; Frey and Ide 〔59〕, p. 193)。1944年12月時点で，アメリカ国内で生産された同ガソリンのうち政府工場での産出量は全体の11.9％にすぎず，残余はジャージーなど民間企業によって占められた(U.S. Senate 〔56〕, p. 63)。1946年10月時点であるが，アメリカにおける接触分解プラントの能力全体の80％以上は民間企業に属したのである(U.S. Department of Commerce 〔66〕, p. 19)。
17) ジャージーによる対政府納品価格の確定金額を知ることはできないが，契約金額は1942年初頭から44年2月まで1ガロンあたり13セント，これ以降は12セントであった。企業によって政府買い取り価格にごくわずかの差違があるが，戦時期(但し，1941年12月7日から46年6月30日まで)にアメリカ政府が支払った価格の平均は，一部を除き13,14セント台と推定される(NACP 〔1〕, 100 Octane Aviation Gasoline Contract Summary : 100 Octane Aviation Gasoline Contract Summary A-Z, 日付は不明：100-Octane Contract (100-Octane Aviation Gasoline Contracts : 1942-44) : RG253 ; NACP 〔1〕, Agreement between Defense Supplies Corporation and Standard Oil Company of New Jersey : 100-Octane Aviation Gasoline, January 13, 1942 : Standard Oil of New Jersey : 100-Octane Contract (100-Octane Aviation Gasoline Contracts : 1942-44) : RG253 ; Frey and Ide 〔59〕, pp. 203-204 ; Popple 〔149〕, p. 246による)。これに対して，アメリカ国内の50の主要都市における自動車用ガソリンの給油所での平均小売価格(税抜き)は1942〜45年に1ガロンあたり14セント台であった(API 〔89〕, 1947, p. 168)。
18) ブタジエンとトルエンの価格体系は完全に同一というわけではないが，「費用プラス固定料金(cost plus fixed fee)」を基本に決定された。ブタジエンの場合，この「固定料金」部分は，一般管理費ないし間接費などにほぼ相当した。トルエンの場合，ジャージーに支払われた金額は1942年8月までは年間30万ドル，以後は17万5000ドルであった。但し，これが同社にとっての利益に相当したかどうかは確言できない(NACP

〔1〕, Data on War Projects: Baytown Refinery, Humble Oil & Refining Co., prepared for War Agencies Joint Inspection Trip, June 2, 1943, by Bruce Brown: Special Reports on Major Refinery Projects, 1941-43 (2/2) [E-78] : 100-Octane Contract (100-Octane Aviation Gasoline Contracts: 1942-44): RG253 ; Jersey [26], August 1940, p. 1 ; Popple [149], pp. 61, 112 - 113, 236, 244-248 をみよ)。
19) Larson, Knowlton, and Popple [145], p. 820.
20) Larson, Knowlton, and Popple [145], p. 820.
21) 以上は，RAC [3], Attached memorandums to the letter to H. C. Wiess from Nelson A. Rockefeller, December 19, 1945 : F906 : B120 : BIS : RG2 : RFA ; Humble [23], July-August, 1949, p. 11 ; U.S. Senate [56], pp. 78-80 ; Phillips [253], pp. 45-46 による。

第3節　輸送問題とその打開

　石油企業ジャージー社の主たる事業分野を構成した原油生産，輸送，精製，製品販売は戦時においても引き続き同社の活動の基本単位をなした。主として製油所の敷地内，あるいはその近隣でなされた戦略物資の生産も，原油の生産から精製までの諸活動があってはじめて可能になるのであった。

石油の消費動向　はじめに，戦時期における世界の石油消費動向を一瞥する。1930年代の後半以降40年代初頭に至る世界全体の石油消費量は年々増加し，42年に若干の減退をみる。ヨーロッパで大戦が勃発した1939年以降，消費全体に占めるアメリカの比率は増勢に転じた(表Ⅲ-1)。連合国と中立国における主要な石油製品(自動車用ガソリン，重油，軽油・ディーゼル油，灯油，それに資料の都合から航空機用ガソリンを含む)の1日平均でみた消費総量は，1942年の456万バレルから45年(但し，6月末まで)の619万バレル(1.4倍弱)へ増加した(表Ⅲ-2)。この間，軍需，すなわち政府・軍によって消費された量は3倍以上の増加をみる。だが，それは1945年(最高)においても全体の29%弱であり，軍需としての性格が濃厚な船舶用燃料を加えてなお38%止まりである。言い換えれば，戦時下の消費はその大部分が依然と

して民需，つまり民間の企業，一般消費者の需要などによって占められたとみることができよう[1]。そして，その民需についてはアメリカがこれら地域全体の消費量の常時 80% 以上を占めて他国を圧倒した。

　戦時期を通じジャージーはいくつかの大きな困難や課題に直面する。初発における最も深刻な問題が，本節で取り上げその打開を検討する石油の輸送における困難である。

輸送問題の発生　輸送事業は大戦の影響あるいはその打撃を早期にしかも最も強く被った分野であり，とりわけアメリカの参戦後にジャージーの活動全体を制約する隘路となる。その最大の原因はドイツ軍によるタンカー攻撃とその激化であった。アメリカとパナマに所在しジャージーの傘下にあった 2 つの有力タンカー子会社の場合，アメリカ参戦時に擁した合計 97 隻のうち 29 隻を 1942 年末までに失ったのである[2]。これに加え，ジャージーに深刻な影響を与えたいま一つの要因として，アメリカ政府による自国籍の全タンカー(但し 3000 総トン〔gross tonnage〕以上)の徴用(time-charter，1942 年 4 月実施)を挙げなくてはならない[3]。タンカーは同社の在外活動についてはいうまでもないが，国内でも極めて重要な輸送機能を担っていたのであり，徴用によってこれが著しく困難になったからである。すでに第 1 章などで述べたように，アメリカにおいてジャージーは，自己の主要市場でありいくつかの大規模製油所をも配した北東部の大西洋岸に対し，従来そこで必要とする原油の大部分，および製品の一部をメキシコ湾岸から沿岸航行タンカー(coastal tanker)で供給したのであった。

　こうした輸送問題の打開は，アメリカ国内ではタンカーに代替する陸路の輸送手段，最初は主に鉄道(鉄道タンク車)の活用，ついで戦時期を通じ主要な役割を担うことになったパイプラインの新規敷設によって与えられた[4]。海上輸送体制の修復にはむろんタンカーの新造がこれに応えたのである。ここで最も重要な点は，新規のパイプラインとタンカーの導入に際してジャージーが自己の支出を極力抑え，建設費用を主として連邦政府に委ねたこと，およびその結果としてこれらの輸送施設の多くが国有だったことである。

表III-1 世界全体の石油消費量(年間

	1929年	1936年	1937年	1938年
アメリカ	940(63.6)	1,093(57.9)	1,170(57.0)	1,137(55.3)
その他諸国	539(36.4)	796(42.1)	883(43.0)	919(44.7)
世界	1,479(100.0)	1,889(100.0)	2,053(100.0)	2,056(100.0)

(注) 石油製品だけでなく燃料油としての原油を含むと考えられる。
(出典) U.S. Senate [63], p. 418.

表III-2 連合国[1]と中立国における主要石油製品[2]の消費量(1日平均)，1942～45年

〔1〕 消費量全体に占める民需・軍需・船舶用の内訳　(単位：1,000バレル，%)

	1942年	1943年	1944年	1945年[6]
民需[3]	3,754(82.3)	3,493(73.0)	3,602(65.0)	3,834(62.0)
軍需[4]	532(11.7)	963(20.1)	1,476(26.6)	1,764(28.5)
船舶用[5]	275(6.0)	322(6.8)	465(8.4)	589(9.5)
合計	4,561(100.0)	4,788[7](100.0)	5,543(100.0)	6,187(100.0)

〔2〕 民需消費の地域別構成　(単位：1,000バレル，%)

	1942年	1943年	1944年	1945年[6]
アメリカ	3,074(81.9)	2,833(81.1)	2,904(80.6)	3,100(80.9)
その他諸国	680(18.1)	660(18.9)	698(19.4)	734(19.1)
合計	3,754(100.0)	3,493(100.0)	3,602(100.0)	3,834(100.0)

(注) 1) 旧ソ連邦を除く。
　　 2) 自動車用ガソリン，重油，軽油・ディーゼル油，灯油，航空機用ガソリン(但し100オクタン以下も含む)。
　　 3) Civilian requirements.
　　 4) Direct military requirements.
　　 5) Indirect military bunkers. 但し，湖沼，河川の航行船舶用を除く。
　　 6) 1～6月まで。
　　 7) 上記の合計(4,778)と一致しないが出典通り。
(出典) Larson, Knowlton and Popple [145], p. 458 より。

パイプライン　前者のパイプラインについてであるが，ジャージーが自らの投資を控え，政府に資金の支出を求めたのは，新規パイプラインの大部分が本来の輸送手段であるタンカーへの代替という性格からして，戦時期にのみ機能し，大戦の終了後タンカーが復帰するとともにその役割を終えるとみなしたこと，すなわち平時には採算面で難点を有すると判断したことによると考えられる[5]。

建設されたパイプラインのうちジャージーにとって特に重要だったのは，ビ

), 1929, 1936～42 年　　　　　　　　　(単位：100万バレル，%)

1939 年	1940 年	1941 年	1942 年
1,231(56.3)	1,327(59.4)	1,483(61.4)	1,421(62.0)
956(43.7)	907(40.6)	932(38.6)	871(38.0)
2,187(100.0)	2,234(100.0)	2,415(100.0)	2,292(100.0)

ッグ・インチ(Big Inch)と呼ばれた，当時としては世界最大の長距離・大口径の原油輸送パイプラインであった[6]。同社は，パイプの入口(テキサス州東部地域)で所有主体である連邦政府に原油を売却し，出口(東部大西洋岸)で原油を買い取ったのである。その際，ジャージーが出口で精製に必要とする量の原油の確保に努めたことはいうまでもないが，入口では，自己の買い取り量とは関わりなくできるだけ多くの原油の販売を追求した。ビッグ・インチは 13 社前後の石油企業(そのほとんどは大企業群)に対して原油輸送の手段を提供したのであるが，ジャージーは，同パイプラインが稼動期間に輸送した総計約 2 億 7000 万バレル(1943 年 1 月～45 年 9 月)の原油のうち 1/3 を供給(販売)したと推定される[7]。同社は，戦時期における自己の活動全体のために，同パイプラインを最も有効に活用しえた企業の 1 社と考えられる[8]。

なお，国有のパイプラインとは別に，メキシコ湾岸の製油所へ原油を輸送したパイプライン，国有パイプライン(ビッグ・インチ以外を含む)の入口に原油(および製品)を輸送したパイプライン，などジャージー自身が所有したパイプライン網の石油輸送量の全体量(バレル・マイル，但し幹線パイプラインのみ)は，1941～45 年に 1.8 倍(525 億から 937 億)の増加をみた[9]。だが，この間の操業マイル数の伸びは，1.2 倍に留まる[10]。稼働率の極大化，ポンプの設置による輸送能力の増強など，新たなパイプの敷設をできるだけ抑制し既設ラインの効率的運用によって，これを可能にしたのであった。

タンカー　いま一つの輸送手段たるタンカーの場合，連邦政府が新規建造の主要な担い手となったのは，アメリカ国内の全タンカー(3000 総トン以上)が政府に徴用されたこと(既述)に示されるように，戦時期の海運事業の特性によるものであろう。ジャージーのタンカーを含め徴用されたアメリ

カ籍タンカーの多くは海軍への燃料油の補給，連合国を構成する他の諸国への武器貸与法に基づく石油(Lend-Lease Oil—第5節注〔20〕参照)の輸送など軍事的，あるいは連合国の戦略上必要度の高い活動に従事した。航行中に失われた輸送能力の補塡，新たな増強はタンカーの徴用主体である連邦政府に委ねられたといえよう[11]。その結果，同社はイギリスなど有力な海外市場，および拡大する海軍向け石油販売に際して必要となるタンカーの追加配船を，主として連邦政府によって保証されることになった。アメリカでは，参戦から対日戦勝利(V-J Day)に至る44カ月に800隻を超えるタンカーが建造された[12]。そしてその大部分は政府の資金(17億ドル以上と推定される)によったのである[13]。

もっとも，ヴェネズエラ(油田)からカリブ海域(製油所)に向けた原油の輸送などいくつかの海上輸送路に対し，ジャージー自ら建造，あるいは他からの買い取りによって輸送能力の回復・増強に努めた事実を逸することはできない[14]。ともあれ，パイプラインの場合と同様に，同社自身によるタンカー船団の積極的な拡充は抑制されたのである。1939年9月初頭，同社は219隻(235万重量トン)のタンカーを所有したが，主として戦火での損失により1945年6月末までに157隻(166万重量トン)へその陣容(所有数)を縮小させたのであった[15]。

最後に3点を補足する。第1に，自己の資本支出を抑制しつつ輸送体制を再構築しようとする行動はジャージーのみならず，他の石油大企業もまたこれを追求したことである[16]。第2に，それもあって，タンカーの保有数，パイプラインによる輸送量でみたジャージーの業界内の地位はこの時代も揺らぐことがなかったと考えられる[17]。第3に，戦時下での輸送事業の持つ収益性であるが，主として輸送料金(およびタンカーについては徴用の対価としての賃貸料も)の低さゆえに，1930年代にすでに低落を辿ったこの分野でのジャージーの獲得利益は全体としてさらに低下したと推定される[18]。

1) いうまでもなく，ここでは軍需物資の生産に従事する民間企業による消費もまた民需として扱っている。石油の消費に対する大戦の影響が本文に記した統計に留まるものでないことに留意が必要である。

第 3 章　第 2 次大戦期の活動とその特質　219

2)　Larson, Knowlton, and Popple〔145〕, p. 525.
3)　パナマ国籍のタンカーもアメリカ政府に徴用された。1942 年末までに徴用されたジャージー所有のタンカーは総計 85 隻(122 万 6000 重量トン)であった(Jersey〔24〕, 1942, p. 24 ; Jersey〔26〕, June 1941, p. 3 ; Popple〔149〕, p. 197)。なお，重量トン(deadweight tonnage)が，船舶が満載喫水線いっぱいまで船脚を沈めた際に積載可能な荷物の重量を指すのに対して，総トン(gross tonnage)は，船の容積 2.83 立方メートル(100 立方フィート)を 1 トンとして表現したもので重量と直接関係はなく，船の容積や大きさを示すとされている(石油・石油化学用語研究会〔260〕による)。
4)　戦時期に第 1 地区(District One)と呼ばれ，ジャージーの国内主要市場が含まれた大西洋岸諸州全体(最北のメイン州〔Maine〕から南のフロリダ州〔Florida〕まで)への石油(原油と製品)の輸送能力の不足はアメリカ参戦以前にすでに現れており，ジャージーの場合，同地域への鉄道タンク車による石油の長距離輸送は，1941 年秋頃から活発化する。同年末に同社がこれに常用した車両はほぼ 900 であるが，翌 42 年 7 月までにその数は 5600 以上へ急増した。同社はそれまで，製油所から油槽所などへの石油製品輸送に用いた自社のタンク車を長距離用に転換し，かつ他社からも獲得(賃借と思われる)して，これを賄ったのである。第 1 地区に対する鉄道による輸送量は 1943 年 7 月に，他社を含む全体で戦時下最大の 98 万 2000 バレル(1 日平均の輸送量)に達し，ジャージーはその 1/5 にあたる 20 万バレルを担った(同年 7 月初旬にジャージーが用いたタンク車両は約 7300 であり，以下アトランティック精製〔The Atlantic Refining Company〕の 3100，ガルフ〔Gulf Oil Corporation〕の 2900，などが続く)。だが，その後同社による鉄道の利用は業界全体の動向に比べかなり急速に減少し，1944 年末の輸送量は 1 万 5000 バレル(全体比 2.9%)まで低下する。同社は，他の若干の大企業とともに，より有利な長距離輸送施設たるパイプラインの活用にその比重を移したのである。
　以上は，NACP〔1〕, Tank Car Movement to the East, Week Ending July 10, 1943 : Tank Car Movement (Weekly-Railroad) : (Records of the Chief of the Lend-Lease Section of the Foreign Division, 1942-43) : RG253 ; Larson, Knowlton, and Popple〔145〕, pp. 404-405, 533-534 ; Frey and Ide〔59〕, p. 449 による。なお，後注(7)も参照。
5)　U.S. Senate〔56〕, p. 34 ; Larson, Knowlton, and Popple〔145〕, pp. 403-404, 535.
6)　ビッグ・インチは，パイプの口径が一部地域を除き 24 インチ，マイル数全体は 1476(支線を含む)であった。戦時期には，この後，製品輸送を目的としたリトル・ビッグ・インチ(Little Big Inch)なるパイプラインも新設された(パイプの口径が一部地域を除き 20 インチ，マイル数全体は 1714—支線を含む)。その他も含め，戦時下に建設されたパイプラインについての詳細は，Frey and Ide〔59〕, Appendix 11，特に pp. 428-437 ; U.S. Senate〔56〕, pp. 3, 27-30 ; U.S. Senate〔60〕, p. 170 を参照せよ。
7)　ビッグ・インチが，パイプの入口に位置するテキサス州東部地域(ロングヴュー〔Longview〕)から東部大西洋岸に所在する 2 ヵ所の出口(フィラデルフィア〔Philadel-

phia〕とニューヨーク港地域〔New York Harbor area〕)まで開通するのは1943年8月半ばである。だが,現実にはビッグ・インチは,いまだ東部大西洋岸まで接続していない1943年1月から輸送事業を行った。例えばイリノイ州までパイプが敷設され,ここにターミナルが完成すると,ビッグ・インチによって運ばれた原油はこの地点で鉄道タンク車に移し変えられ,大西洋岸まで輸送されたのである。本文の輸送量は,後者の全線開通以前をも含む(以上は,NACP〔1〕, War Emergency Pipe Lines Operating Schedule, May 20, 1943 : Part 17, May 10, 1943 to June 16, 1943 : Central Classified File, 1937-1953, Petroleum Administration, 1-188 : RG48 ; Frey and Ide 〔59〕, pp. 100-109, 429-431, 453 ; U.S. Senate 〔56〕, pp. 27, 31 ; Popple 〔149〕, p. 168 による)。

8) 同社がこうした優位性を持ちえた要因については,今後の検討に委ねざるをえないが,基本的には後述する同社の原油の供給能力(テキサス州東部などでの原油生産,自社のパイプラインによるビッグ・インチの入口までの原油の輸送)における他社に対する優位にあったと考えられる。この点については,Frey and Ide 〔59〕, p. 432 ; U.S. Senate 〔58〕, p. 194 の記述も参照せよ。

9) Larson, Knowlton, and Popple 〔145〕, p. 537.

10) しかも,そのほとんどは1941年末までの1年以内に完成し,大戦終了後も利用することを目的として敷設されたのであった(Larson, Knowlton, and Popple 〔145〕, pp. 403-404, 537)。

11) なお,イギリスに所在したアングロ・アメリカン(Anglo-American Oil Company, Ltd.)のタンカーは,1939年にイギリス政府によって徴用された。同子会社の場合,失われた輸送能力の補填と増強はイギリス政府によってなされたと考えられる。なお,戦火で失われたタンカーのほとんどに対してはアメリカ,イギリスなどの諸政府による補償が与えられた(以上は,NACP 〔1〕, Letter to R. K. Davis from B. B. Jennings, April 29, 1942 : TCB/Wartime Commission, War Shipping Administration : (Records Pertaining Chiefly to the Movement of Petroleum by Tanker, 1941-45) : RG253 ; PRO 〔2〕, Letter to Sir Alfred Faulkner from H. B. Heath Eves, 24th December, 1940, POWE 33/611 ; Popple 〔149〕, p. 310 ; Esso UK 〔11〕, (頁なし) ; U.S. Senate 〔58〕, pp. 169-170, 180, 212 ; U.S. Senate 〔56〕, pp. 271-273 ; Larson, Knowlton, and Popple 〔145〕, p. 531 による)。

12) U.S. House 〔61〕, pp. 116-117 ; U.S. Senate 〔56〕, p. 271 による。

13) U.S. Tariff Commission 〔62〕, p. 73.

14) Jersey 〔24〕, 1942, pp. 24-25.

15) ジャージーの損失タンカーの全体(枢軸国所在のタンカーをすべて含む)は93隻である(Popple 〔149〕, p. 311 ; Larson, Knowlton, and Popple 〔145〕, pp. 394-395, 526 による)。

16) 戦時期にアメリカ国内で敷設されたビッグ・インチなどの国有パイプライン,および英米両政府が建造したタンカー(国有タンカー)は,いずれも大戦終了後にそのほとん

どは民間企業に売却(払い下げ)された。ビッグ・インチ(およびリトル・ビッグ・インチ—本節前注〔6〕参照)は，1947年に天然ガス会社(Texas Eastern Transmission Corporation)に売却された(以上は，Williamson and others 〔280〕, p. 801 による)。タンカーについては，第6章第3節，特に注(11)をみよ。前節で記した戦略物資の国有工場の売却については，第7章第1節注(5)を参照せよ。

17) 大戦終了頃に各石油大企業が保有したタンカー数(および重量)の統計を入手できていないが，RD=シェルは戦時下(ヨーロッパでの開戦以降)，180隻の船団のうち87隻を失い，第3位の企業と考えられるアングロ・イラニアン(Anglo-Iranian Oil Company, Ltd.)の喪失は，95隻に対して44隻(1945年1月まで)であった。これら欧州の企業も，戦時下に自ら新規造船を行うことは少なかったようである(Greene 〔185〕, p. 225 ; Longhurst 〔146〕, pp. 121, 127 ; Bamberg 〔132〕, pp. 216, 290 ; U.S. Tariff Commission 〔62〕, p. 73 による。なお，Howarth 〔141〕, p. 198 によればRD=シェルの喪失隻数は66 という)。

次に，パイプライン事業については，海外での企業別輸送量などの統計は不明であり，ここではアメリカ国内についてであるが，幹線パイプラインによる原油輸送量でジャージーは全国比で，1941年の12.4%から43年には15.4%，45年に15.3%へと，全体としてその比重を高めた(Larson, Knowlton, and Popple 〔145〕, pp. 535, 537 ; API〔89〕, 1947, p. 141 より)。

18) Larson, Knowlton, and Popple 〔145〕, pp. 214, 225 ; Popple 〔149〕, pp. 250-253 ; Larson and Porter 〔144〕, pp. 522, 587-588 による。なお，第2章第2節注(50)も参照せよ。

第4節 原油生産における問題とその打開

アメリカの参戦後にジャージー社にとって最大の困難となった輸送能力の不足は，1943年半ば頃までに深刻な事態をほぼ脱したと考えられるが，この間，同社の他の事業分野に大きな問題を惹起せしめた。なかでも原油生産事業，特に海外での原油と油田の支配においてジャージーは重大な困難に直面するのである。戦時期の原油生産事業における問題とその打開を検討するのが本節の課題である。

ヴェネズエラ ジャージー社にとってヴェネズエラが1930年代の前半から，原油生産量の点ではアメリカ本国を凌ぐ最大拠点だったことを前章で述べた。同社は1942年に現地ヴェネズエラ政府によって，生産の継続

表III-3　ジャージー社の

	1938 年	1939 年	1940 年
ア　　メ　　リ　　カ	166.1(29.6)	185.1(30.1)	206.1(34.8)
うちハンブル社	127.0(22.6)	130.4(21.2)	134.1(22.7)
外　　　　　　　　国	395.4(70.4)	430.6(69.9)	385.9(65.2)
うちヴェネズエラ子会社[2]	233.3(41.5)	273.0(44.3)	237.8(40.2)
合　　　　　　　　計	561.5(100.0)	615.7(100.0)	592.0(100.0)

(注)　1)　純生産量。
　　　2)　1938 年, 39 年はメネ・グランデ石油(Mene Grande Oil Company—同社の
　　　　　参照)。1940～45 年は含まない。1940 年の取得量は 24.4(1,000 バレル／日
(出典)　Larson, Knowlton and Popple [145], pp. 96, 115, 474; Popple [149], p. 179 よ

および拡大を阻害する重大な問題を突きつけられた。前年来，石油産業からより多くの収入を求めて石油企業各社と交渉を行ったヴェネズエラ政府は 1942 年，タンカー不足に由来する各社の大幅な生産削減(ジャージーについては表III-3 参照)の結果として，逆に石油産業から得られる財政収入の大きな減少を余儀なくされたのである。同政府はこれを機に，利権料(royalty, 採掘税)などの大幅な増額を各社に強硬に迫った。ジャージーなど石油企業側は強く反発し，ヴェネズエラ政府との間で激しい対立が生じたのであった[1]。

この対立は 1943 年に入って和解に至る。新石油法の発効と法人所得税の改訂がその帰結である。これによりヴェネズエラ政府は，各企業が原油生産事業から取得する利益と同額を受け取ること，すなわち利益の折半を保証されたのである(利益折半原則の成立)。1943 年 7 月から 44 年 6 月までの 1 年間に同政府が石油産業から得た財政収入(所得税を含まず)は，それに先立つ 1 年間の 2 倍以上に達し，1944 年 7 月から翌年 6 月までの全歳入に占める比率(所得税を含む)では 50％以上へ増大した。他方，ジャージーなどは既得利権の更新(期間 40 年)と新たな利権(鉱区)の獲得が認められたのである[2]。

全体として現地政府に有利な和解をジャージーが容認せざるをえなかった理由として，次の 2 点を指摘する必要があろう。第 1 に，ヴェネズエラが 1930 年代以降，ジャージーによる海外市場の支配を支える原油生産の主力拠点であり，戦時には，オランダ領東インド(現インドネシア)での油田の喪失，数年に及ぶ中東原油の獲得の困難(後述参照)などにより，その重要性が一層高まった

原油生産量[1], 1938〜45年　　　　　　　　　　　　(単位：1,000バレル／日, %)

1941年	1942年	1943年	1944年	1945年
219.1(32.4)	216.8(45.6)	296.2(49.5)	366.8(46.5)	361.1(42.4)
150.0(22.2)	154.2(32.4)	236.5(39.5)	308.6(39.1)	305.0(35.8)
456.6(67.6)	258.7(54.4)	302.6(50.5)	422.6(53.5)	490.1(57.6)
309.9(45.9)	192.6(40.5)	231.3(38.6)	332.0(42.1)	403.1(47.4)
657.7(100.0)	475.5(100.0)	598.8(100.0)	789.4(100.0)	851.2(100.0)

原油生産量に対するジャージーの権利は1/4)からの取得量を含む(第2章第3節〔Ⅰ〕
下41年30.0, 42年15.3, 43年14.5, 44年26.8, 45年36.6, である。

ことである[3]。現地政府との対立の結果としての油田接収などの事態を回避することはいうまでもなく，鉱区の拡大・新規獲得のためにも提示された要求を拒絶することができなかったのである。第2に，同社が保有する利権のうち旧政治体制下(1930年代半ばまで)に獲得した部分に合法性の面で恰好の攻撃材料になるものが含まれたことである。ジャージーは，新たな石油法の下でそれらの再認定を得ることを不可欠と判断したのである[4]。

　制定された石油法に基づきジャージーは，将来性の乏しい鉱区を放棄する一方新たな鉱区の獲得に向かい，1944年末までに一部を除き420万エーカーを支配下においた[5]。1945年のヴェネズエラでの生産は，同社の世界全体での生産量の半分を超えた(表Ⅲ-3, および同表の注も参照)。同年末の保有埋蔵原油量は50億バレルを上回った。これは，1939年時点のほぼ2倍に相当する[6]。すぐ以下に記すように，本国アメリカでの増産によってしばらくは当面する原油需要の伸びに応えたジャージーであったが，大戦終盤に再びヴェネズエラに生産の重点を移したといえよう[7]。同国での原油と油田の支配について，大戦終了後の統計(1948年)であるが，全ヴェネズエラ生産に占めるジャージーの生産量(ガルフの子会社からの獲得量を含む)は56%を占め，1939年の52%を上回った。この間RD=シェルが40%から32%(ガルフの子会社からの獲得量を含む)へその比重を落としたのと対照的である(ガルフ〔Gulf Oil Corporation〕は7%でほぼ変わらず，子会社の生産量の半分のみ)[8]。戦時期を経てジャージーは，その支配的地位をさらに高めたといえよう。

1942年以降のヴェネズエラでの減産，低迷を受けて44年まで急
　アメリカ
　　　　　　速に生産量を増加させたのがアメリカ国内での生産子会社であっ
た。ジャージーの全生産に占めるアメリカ生産の比率は，1930年代末の30％
ほどから43年には50％に接近するほどの伸長をみせる。絶対量でも1939～45
年にほぼ倍増したのである(前掲表Ⅲ-3参照)。もっとも，1942年のアメリカで
の生産量は前年に比べわずかに減少した。輸送能力の不足の影響を受けたとい
えよう。

　戦時期アメリカでのかかる生産増を牽引したのがテキサス州を拠点とした最
大子会社ハンブル(Humble Oil & Refining Company)であったことはいう
までもない。同子会社は，まず，主に1930年代に獲得しその後開発を延期な
いし増産を控えた油田群の活用，産油能力の拡大に努めた。1942～44年の3
年間にハンブルは生産を倍加させるが，それは主にこれら既得の油田が真価を
発揮したことによるであろう[9]。ついで，ハンブルは油田の探索と獲得に活動
の重点を移す。1943年の半ば頃から輸送状況が好転し，製油所などへの輸送
ルートが整備されるにつれ，原油需要は急増したのであり，輸送に代わって原
油の獲得，増産がアメリカでのジャージー(ハンブル)の主要な課題として浮上
したのであった[10]。1944年にハンブルは鉱区の入手に1000万ドル弱を費やし
た。これは1941年時点の3倍近い額である[11]。探鉱と試掘の対象地域も，テ
キサス州を中心とするとはいえ，西はニューメキシコ州から東はフロリダ半島
に至るかつてない広域に及んだ。原油生産部門の固定資産に対する同社の1年
間の投資額は1945年に過去最高の6510万ドルに達したのである[12]。

　ハンブルは全アメリカ原油生産に占める自己の生産割合(純生産)を1939年
の3.7％から44年に6.7％へ高めた。1942年以降は子会社でありながら他のす
べての企業を凌いでアメリカ最大の原油生産を実現したのである[13]。もっと
も，保有する埋蔵原油の方は，アメリカ参戦以降に漸減を免れなかった。それ
でも，1945年末の規模(25億2500万バレル)は39年末(24億3300万バレル)
をなお上回ったのである[14]。

　なお，以上のジャージー(ハンブル)の活発な原油増産，原油の獲得を支えた
条件として，1930年代に確立した原油の生産割当制度が戦時期の統制制度と

しても機能し,その有効性を維持したことが重要である。この制度の特徴の一つは,先述のように全国の月毎の生産量を予測される需要の規模以下に抑制することにあった。その本質において生産カルテルである同制度の下でジャージーは,大戦時ないし大戦終了後の原油過剰の出現を怖れることなく活発な投資を断行し,他社に対する新たな優位の創出を実現したのであった[15]。

若干のまとめ,付記 アメリカとヴェネズエラを2大拠点とするジャージーの原油生産量の全体は,1939～45年にほぼ1.4倍に達した(前掲表Ⅲ-3参照)。枢軸諸国を除く世界全体の生産量(旧ソ連邦を含む)に占める同社の生産比率は,総生産(gross production,利権料相当分を差し引く前)であるが,1939年の12.0%から44年の13.7%,45年の14.1%へと増大した。同社は,大戦前に有した世界最大の原油生産企業としての地位を一層強化したのであった[16]。

ここで,以上の原油生産事業とともにジャージーの生産部門を構成した精製事業(製品生産部門)の特徴を2点付記する。第1に,原油精製プラントの新設や拡張は最小限に抑制され,老朽プラントなどの再稼動,再動員を含む既存施設の活用が基本をなし,これによって戦時下での要請に応ええたこと[17],第2に,長期に及ぶ世界最大の精製企業としての地位をこの時代も保持したと考えられること[18],である。

1) ヴェネズエラの政府収入に占める石油産業からの収入は,アメリカ連邦政府機関の推定によれば,1938年(34.0%),39年(31.7%),40年(25.5%),41年(40.9%),42年(21.5%)であった。1941年の比率がそれ以前に比べとりわけ大きな数値であったことを考慮すべきではあるが,それにしても42年にほぼ半減したことがヴェネズエラ政府に大きな打撃となったのである(NACP〔1〕, Government Revenue from Petroleum Industry—Venezuela, by Petroleum Administration for War, Division of Foreign Production, April 15, 1944 : Foreign Oil Statistics. Prepared for State Department, File Box 764 : (Foreign Oil Statistics, 1930-1945) : RG253 による)。ヴェネズエラからの輸出の大部分は石油(1941年では総輸出額の94.2%)であったから,輸出の大きな減少は外貨獲得の面でもヴェネズエラと同政府に打撃を与えたのである(RAC〔3〕, Press cutting attached to a Memorandum : Standard Oil of Venezuela, August 12, 1942 : F1018 : B136 : BIS : RG2 : RFA による)。なお,以上については,Jersey〔24〕, 1942, p. 25 ; Lieuwen〔222〕, pp. 91-93 ; Painter〔252〕, pp.

17-20 も参照。
2) 以上については，Jersey〔24〕，1943, p. 10 ; Lieuwen〔222〕, p. 99 による。
3) 1942年末頃であるが，ジャージーのアルバ製油所で精製された原油の85%は直接軍用の石油製品の生産に用いられた(NACP〔1〕, Foreign Petroleum Industry Materials Rating Plan, by James Terry Duce, December 3, 1942 : Standard Oil Co. of Venezuela, Venezuela : Companies by Countries Files : (Lists of Materials Requirements of Petroleum Companies, 1941-44) : RG253 による)。
4) Larson, Knowlton and Popple〔145〕, pp. 479-485.
5) Larson, Knowlton and Popple〔145〕, p. 485.
6) Larson, Knowlton and Popple〔145〕, pp. 144, 486.
7) アメリカに比べヴェネズエラでの操業費用が安価であることは，すでに述べたところであるが(第1章第2節注〔23〕参照)，戦時期にアメリカ国内での油田探索，油井の掘削費用などは年々増大しており，ジャージーはヴェネズエラでの問題解決，および輸送問題の打開を踏まえて同国に再び原油生産の重点を戻したのである。アメリカ国内での最大子会社ハンブルの場合，掘削した油井の平均の深さは1942年の5764フィートから44年には7445フィートに達し，生産油井(producing well)の掘削費用の平均は1件あたり43年の4万7000ドルに対して44年には6万6500ドルに増大した(Larson and Porter〔144〕, pp. 580, 610)。
8) NACP〔1〕, Memorandum to Mr. T. D. O'Keefe, prepared by W. A. Edwards, August 19, 948 : Oils, Venezuela : Office of International Trade, Central Files, October 1945-December 1949 : RG151 ; Lieuwen〔222〕, p. 108 による。1945年1月初頭から3月末までの期間では，クリオール(Creole Petroleum Corporation)のみで全体比54.2%(ガルフの子会社からの取得分を含まず)を占めた(NACP〔1〕, Production of Crude Petroleum and Refined Products and Stock of Crude Petroleum in Storage : Venezuela, prepared by Thomas J. Maleady, May 1, 1945 : Venezuela : (Records Concerning Petroleum Supply and Distribution in Canada, 1942-45) : RG253 による)。なお，ガルフの子会社に対するジャージーとRD＝シェルの利権については，第2章第3節〔I〕を参照。
9) Larson, Knowlton and Popple〔145〕, p. 475.
10) アメリカ石油産業に対する連邦政府の戦時統制機関であった戦時石油管理局(Petroleum Administration for War)の責任者(内務長官ハロルド・イッキーズ〔Harold L. Ickes, Secretary of the Interior〕)は，1943年6月時点で，戦時期(参戦前の一時期を含む)において最初に直面した大きな課題は輸送能力の不足であり，次に100オクタン・ガソリン，第3に合成ゴム，それぞれの製造能力の形成，そして今は原油不足が差し迫っている，と述べている(NACP〔1〕, Letter to Mr. Brown from Harold L. Ickes, June 10, 1943 : Part 17, May 10, 1943 to June 16, 1943 : Central Classified File, 1937-1953, Petroleum Administration, 1-188 : RG48 による)。
11) Larson and Porter〔144〕, p. 578.

12) NACP〔1〕, Oil Discovery in Florida, November 10, 1943 : Part 21, October 7, 1943 to December 7, 1943 : Central Classified File, 1937-1953, Petroleum Administration, 1-188 : RG48 ; Larson and Porter〔144〕, pp. 578-582, 691.
13) Larson and Porter〔144〕, pp. 573-574 ; Popple〔149〕, p. 162. なお, 全国最大企業による生産シェアがこの程度の比率に留まるのは, アメリカにおける大企業群の数が海外に比べ多数に上ること, 無数の中小・零細の原油生産業者の存在などを反映する。
14) Larson and Porter〔144〕, p. 695.
15) 第2章第2節〔II〕で述べたところであるが, この制度は1930年代半ばにおいて連邦政府による法制面での支援(コナリー法の制定)を得て公的制度としての性格を有したが, 若干の生産州では導入されなかった。1942年に連邦政府はこの制度をすべての生産州に施行することを決定し, 全国生産の統制制度としての機能と有効性を高めたのである。以上については, Frey and Ide〔59〕, pp. 176-178 ; U.S. Senate〔58〕, pp. 62, 80 による。
16) Popple〔149〕, p. 185. 第2位の企業RD゠シェルの生産は全体として低迷し, 1944年(戦時の最高年)の生産は, 37年末(30年代の最高年)を若干超えたに留まる(The Royal Dutch Petroleum Company〔151〕, p. 65)。但し, この典拠文献は戦時期の生産量に, RD゠シェルの支配下に属さぬオランダ領東インドなど枢軸諸国による占領地域のそれを含んでいる。それゆえ, 同社の実際の生産量は戦前のピークを超えなかったとみるべきであろう。なお, Shell〔41〕, 1938, p. 8, 1945, p. 7 も参照せよ。
17) Popple〔149〕, pp. 78, 84, 86. 精製部門に対する戦時下の設備投資(後掲表III-5参照)の大部分は戦略物資の生産に向けられた。
18) Larson, Knowlton and Popple〔145〕, pp. 176, 199, 458, 499 ; U.S. Department of Commerce〔66〕, p. 92 による。

第5節　製品販売の特質と市場支配

アメリカ内外での輸送体制の再構築, ヴェネズエラでの油田の確保と増産, およびアメリカでの顕著な生産拡大, など戦時期に直面した主要な困難と課題にジャージーは以上の如く応えた。次に, 自動車用ガソリン, 重油などの従来からの石油製品の販売活動, 戦時市場における活動の特質と市場支配について考察する。

表III-4によれば, 第1に, 1941〜45年にジャージーの製品販売量の7割以上(77%)が民需市場に向かったこと, 第2に, アメリカでの販売量が外国での

表III-4　ジャージー社の製品販売量[1],1940～45年

〔1〕民需市場と軍需市場における販売量　　　　　　　　（単位：100万バレル／年，％）

	1940年	1941年	1942年	1943年	1944年	1945年
民需向け[2]	n.a.	289.4(88.3)	235.8(81.1)	241.4(71.3)	282.9(67.8)	346.9(78.8)
軍需向け[3]	n.a.	38.5(11.7)	54.9(18.9)	97.2(28.7)	134.5(32.2)	93.1(21.2)
合　　計	287.4	327.9(100.0)	290.7(100.0)	338.6(100.0)	417.4(100.0)	440.0(100.0)

〔2〕アメリカと外国の販売内訳　　　　　　　　　　　　（単位：100万バレル／年，％）

	1940年	1941年	1942年	1943年	1944年	1945年
アメリカ	157.5(54.8)	183.3(55.9)	177.0(60.9)	220.1(65.0)	279.0(66.9)	249.0(56.6)
外　　国	129.9(45.2)	144.6(44.1)	113.7(39.1)	118.5(35.0)	138.3(33.1)	191.0(43.4)
合　　計	287.4(100.0)	327.9(100.0)	290.7(100.0)	338.6(100.0)	417.4(100.0)	440.0(100.0)

（注）1）戦略物資を含まず（但し，航空機用ガソリンを含む）。
　　　2）Civilian 向け。
　　　3）Governments 向け。
（出典）Larson, Knowlton and Popple〔145〕, p. 542 より。

それを凌ぎ（1940年から48年まで）同社が戦時期（および戦後初期）に国内を主たる市場圏としたことを確認できる（1939年までは前章第5節〔V〕参照。戦後初期については後掲表V-1をみよ）。戦時期とはいえ，民需市場，特にアメリカでのそれが同社の主要な販路を構成したことが窺えるのである。もっとも，1944年においても外国での販売が全体の1/3を占め，45年に4割台へ復帰したことが留意されなくてはならない。

以下，アメリカおよび諸外国におけるジャージーの販売活動について，特に重要と思われる諸点に限定して述べることにしたい。

アメリカ　はじめに，ジャージーなど石油企業の製品販売活動を規定した市場の特性，制度面の条件を指摘する必要がある。まず，軍需市場についてであるが，ここでの基本問題は先の戦略物資の場合と同様に，アメリカ連邦政府などによる購入契約を如何に獲得するかである。そのための基本要件は，ごく大まかにいえば，政府の求める仕様と量の製品を迅速に，かつ建設資材・施設などの追加や消費をできるだけ抑制して供給しうる能力や体制を保持することであった[1]。

民需市場においては，軍需優先の下での消費制限，および販売割当制の導入が強い規定要因となった。ジャージーなどによる石油製品の販売活動は，1942

年以降公的規制の下におかれたのである。各石油企業は，基本的には参戦以前(1941年)における各社の市場でのシェアに応じてガソリン，重油などの販売を行うことになった。但し，留意すべきは，こうした公的規制（販売割当制度）が各企業の市場における実質的な支配力の固定化をもたらすとはいえないことである。各企業にとって，参戦前の販売シェア（割当量）を認められたこととそれに見合う製品生産・供給を実際に行いうる能力や体制を持つこととは別問題だからである[2]。

こうした戦時期の制度に規定され，ジャージーによる販売量の拡大にとって，軍需市場についてはいうまでもなく，後者の民需市場においても，平時に用いた多様な販売政策，販売戦略の発動は，その必要性や意義が大幅に減退したのである。それを端的に示すのが，同社が系列下あるいは取引関係のあったガソリン給油所を削減したことであろう。ジャージーは大戦前すでに給油所の過剰を強く意識していたが，主としてガソリンの消費制限措置の導入（1942年3月）後にこれに着手したのである。アメリカ全体における同社の削減数，削減比率は不明であるが，テキサス州では相対的に自立性が強いといわれた準特約店（contract-dealer）の1/3を同社の販売網から切り落としたのであった[3]。もっとも，こうした削減は他の石油大企業によってもなされたのであり，参戦前にアメリカには，給油所以外を含め全体で42万5000のガソリン小売店が存在したが，大戦中に25～30％が廃業あるいは閉鎖されたのである[4]。ジャージーは他社同様，市場での活発な販売競争が鎮静化したこの時期にディーラー維持費の削減，過剰な販売能力の処理を図ったといえよう。

かように戦時期アメリカにおいては，販売事業の強化は他社との競争上の主たる争点，対決点から外れたといえよう。この点は，平時とは異なる最も重要な特質の一つである。その結果，市場での支配力の強弱は，軍需市場においてはすでに明瞭であるが，民需市場においても販売に先立つ原油と製品の生産，輸送などの諸活動とそこでの力量がより直截にこれを決定づけたと考えられるのである。

すでにみたジャージーによるこれらの分野における活動，とりわけ主体的力量の強化に最大の力が投入された原油生産事業における顕著な達成は，市場裡

での競争の特質を背景に同社の支配力の拡大を支えることになった。アメリカのガソリン小売市場全体への供給量に占める同社のシェアが 1939 年の 6.9％から 46 年に 7.5％へ増加した事実は，これを示す一つの指標とみることができよう[5]。なお，以下でしだいに明らかとなるように，生産・輸送などを基幹とするジャージー社の市場支配の構造と特質は，諸外国においても多く見出しうるのである[6]。

カナダ，ラテン・アメリカ　カナダにおいてジャージーはアメリカ北東部(東部大西洋岸地域)におけると同様の輸送問題に直面した。これにより，ラテン・アメリカからの原油輸入が減少し，長らく子会社インペリアル(Imperial Oil Ltd.)の市場支配を可能にした現地精製とそれに基づく販売活動が打撃を受けたのである[7]。同子会社はアメリカ本国への原油依存を高めることでかかる事態に対応した。1942 年にカナダ全体の原油需要量に対するアメリカからの供給割合は 6 割に達した[8]。カナダにおける石油製品の生産量の半分を 1 社で担ったインペリアルがこれを主導したのである[9]。この時代(但し，1940～45 年)にカナダでの同社の販売量はついぞ減退することがなく，1944 年の販売量は 3500 万バレルであった[10]。1930 年代と同様にジャージーにとって最も重要な外国市場の一つたりえたのである。

ラテン・アメリカの主要な 5 つの国(アルゼンチン，ブラジル，チリ，コロンビア，ペルー)でのジャージーの子会社による製品販売量(グリース〔grease〕，ワックス〔wax〕，アスファルト〔asphalt〕を除く)は，1943 年についてであるが，総計で 1827 万バレルであり，最大はチリ(552 万バレル)，第 2 位がペルー(443 万バレル)である。大戦前(1930 年代末)にジャージーにとってラテン・アメリカ最大の市場の一つであったアルゼンチンでの販売量は 5 カ国中最下位の 233 万バレルに留まった[11]。

アルゼンチンでは，1940 年代初頭時点，販売される製品の 60％は同国産の原油を用いて生産され，原油生産量(350 万キロ・リットル〔約 2200 万バレル〕，1941 年)の 64％は国営石油企業(国家油田局〔Yacimientos Petroliferos Fiscales，YPF〕)によって担われた。ジャージーの生産量は 5％未満(同 41 年)に留まったのである[12]。さらに 1942 年以降にはタンカーの不足もあってアルゼ

ンチンに対するジャージーなど外国企業による製品供給(アルゼンチンへの輸出,特に燃料油)は激減したのであり,国内での生産基盤が弱体なジャージーは製品販売量の大きな低下を余儀なくされたのであった[13]。

他方,戦時下にジャージーの最有力市場の一つに転じたチリについてみると,1944年の各社による製品販売量は総計641万8000バレルであり,このうちジャージーは84.2%を占め他社を圧倒した。第2位のRD゠シェルは6.7%に留まったのである[14]。同年,チリを凌ぐ市場規模を有したブラジル(各社の販売総量は794万6000バレル)においては,ジャージーは45.0%を占め,RD゠シェル(31.2%),アトランティック精製(The Atlantic Refining Company, 10.2%),テキサス(The Texas Corporation, 10.0%)などの優位に立ったのである[15]。

ラテン・アメリカ全体における1944年のジャージーの子会社群による製品販売量はカナダ(インペリアル)をわずかに凌ぐ3530万バレルである[16]。市場全体における同社の地位について確言しうる統計・資料を欠くが,他社(国営企業を含む)との対比では,アルゼンチンなど一部を除き全体としては戦前までの最大企業としての支配力をほぼ崩すことなく維持したと推定されるのである。

ヨーロッパ(イギリス) イギリスは1941年末までにジャージーにとって実際上ヨーロッパで唯一の市場となった[17]。ここでは,各石油企業の販売施設はすべてイギリス政府の統制下の独占組織(a huge monopoly)に合体(プール)され,各社が輸入した製品,あるいは輸入原油を用いて国内で製造した製品はこの組織にプールされた。ジャージーの子会社アングロ・アメリカン(Anglo-American Oil Company, Ltd.)は,他の石油企業と同様に自己の個別的判断に基づく行動を事実上とりえず,かかる共同販売組織体の一部を構成する企業として石油製品の配給に従事したのである[18]。こうした状況下ジャージーの子会社によるイギリスでの販売活動においては,つまるところイギリス向けの石油製品輸出を如何に拡大するかが課題となったのである。イギリス市場における支配力,地位を強化するためには,輸出の拡大によって,プールされ各社によって配給(販売)される石油製品全体に対する

同社の供給割合を高めることが基本となった[19]。

　1941年についての統計であるが，同年ジャージーがイギリスに供給(輸出)した石油製品は 3800 万バレル弱である[20]。これは，同年のイギリスでの消費量全体の 40％ほどに相当し，絶対量でも 1938, 39 年の 1.7 倍である[21]。前章でもみたところであるが，1930 年代を通じ同子会社の市場占有率は 30％以下と推定されるから[22]，これとの対比ではかなりの伸長といえよう。これを可能にした主因は，同社によるイギリス重視，およびそのための供給体制の強化に求められるであろうが，一つの重要な背景として，連合国の船舶がかなりの期間地中海を航行できなかったこと(連合国に対する地中海閉鎖，1940 年 6 月～43 年 5 月)に伴う中東石油のイギリス向け輸送の停止，あるいは輸送量の削減という事態を考慮すべきであろう[23]。中東を生産拠点の一つとする RD=シェル，およびここを実際上唯一の拠点とするアングロ・イラニアン石油(Anglo-Iranian Oil Company, Ltd.)の市場支配は，中東での生産劣位企業ジャージーに比べ大きな打撃を受けたのである[24]。この時代にジャージーは，これら企業に対して大戦前よりも相対的に有利な地点に立ちえたと考えられるのである。

アジア，その他　最後にアジア，アフリカ，オセアニアの諸地域についてであるが，ジャージーは日米開戦を機に，これら地域の主力生産拠点たるオランダ領東インドの油田と製油所，および日本を含む東アジアの有力市場を失った。1942 年の販売量は前年の 6 割未満へ減退したのである[25]。だが，同じく損失とはいえ，ここでも RD=シェルの受けた打撃がより深刻だったことを，両社の力関係の規定要因として留意すべきであろう。後者は，1938, 39 年時点でジャージーの関連会社(スタンダード・ヴァキューム石油〔Standard-Vacuum Oil Company〕)の 2, 3 倍の原油を生産し，市場支配の点でも長らく圧倒的な優位を保持したからである[26]。

　連合国内(旧ソ連邦を除く)の軍需市場全体においてジャージーの製品販売シェアは，1941 年の 13％から 44 年の 22％へ増加した[27]。民需市場(中立国を含む)については確定数値を得ることはできないが，1942～44 年について毎年市場シェアは増大したと推定される[28]。これまでの検討と合わせて判断し，戦

第3章　第2次大戦期の活動とその特質　233

時期を通じジャージーが市場支配の強化に成功したことは明らかと思われる。

1) U.S. Bureau of Demobilization [65], p. 522 ; U.S. Senate [58], pp. 170, 212 ; Jersey [26], August 1942, p. 4 を参照せよ。
2) アメリカにおける販売割当制は，製品としてはまずガソリンを対象として，また地域ではジャージーが主要な市場域とするアメリカ大西洋岸(第1地区〔District One〕)を対象として1942年3月に開始され，同年末までに全国を対象として，かつ燃料油などを含む統制制度として確立された。1941年時点のシェアに見合う製品供給が行えない企業に対しては，他社が当該企業に対して製品を供給することになったのである(但し，その際，販売利益を得ることはできないようである)。このことは別の見方からすれば，生産に余裕のある企業は，他社の販売施設を用いて自己の製品を市場に提供できることを意味したのである。以上については，NACP [1], Letter to Mr. Cameron from Harold L. Ickes, Feb. 10, 1944 : Part 22, December 8, 1943 to Mar. 30, 1944 : Central Classified File, 1937-1953, Petroleum Administration, 1-188 : RG48 ; NACP [1], Letter to the Editor, New York Herald Tribune from Harold L. Ickes, April 3, 1942 : Part 6, March 27, 1942 to April 9, 1942 : Central Classified File, 1937-1953, Petroleum Administration, 1-188 : RG48 ; Jersey [24], 1942, p. 6, 1943, pp. 11-12 ; Jersey [26], April 1942, p. 2, August 1942, pp. 1, 3 ; Frey and Ide [59], pp. 113-115, 129-131 ; Popple [149], pp. 135-138 ; Williamson and others [280], pp. 766-771 による。
3) Larson and Porter [144], p. 608 による。なお，contract-dealer については McLean and Haigh [226], p. 478 をみよ。
4) なお，ガソリンのディーラーがより利益の多い職種に移動したこと，戦時下で人手不足が生じたこと(給油所販売員の減少)，および給油所など民需用ガソリンの卸売り，小売り施設の改修・新設などに対して政府が鉄鋼などの資材の供給を厳しく制限したこと，などもこうした減少の要因であった。以上については，NACP [1], Wartime Distribution and Marketing of Petroleum Products by Walter Hochuli, November 28, 1945 : Marketing Division Monograph : Dr. Frey's History File ; (Monograph and Exhibit used in Writing the History of PAW, 1941-46) : RG253 ; NACP [1], Letter to Mr. Snyder from Harold L. Ickes, March 13, 1942 : Part 5, March 6, 1942 to March 26, 1942 : Central Classified File, 1937-1953, Petroleum Administration, 1-188 : RG48 ; U.S. House [61], p. 32 ; Frey and Ide [59], p. 144 による。
5) Larson, Knowlton and Popple [145], p. 821.
6) 製品販売部門の有形固定資産に対するジャージー社の投資額は，1942〜45年の4年間で総額3430万ドルであった。これは大戦終了の翌年(1946年)の1年分(3650万ドル)に満たない額であり，1942〜45年の全事業部門に対するそれのわずか5%にすぎなかった。これは以上の事情を反映するものといえよう(Larson, Knowlton and Popple

〔145〕, p. 817. および後掲表III-5 も参照)。
7) 1920年代末頃までにインペリアルは精製原油の半分前後をラテン・アメリカから獲得し，アメリカ原油への依存度を低下させていた。第1章第4節注(30)を参照せよ。
8) U.S. Tariff Commission 〔62〕, p. 123.
9) U.S. Tariff Commission 〔62〕, p. 124.
10) Larson, Knowlton and Popple 〔145〕, p. 542.
11) 第3位がコロンビア(306万バレル)，4位ブラジル(292万バレル)，である(以上の統計は，NACP 〔1〕, Standard Oil Company of New Jersey Marketing Report 1943, attached to the Letter to Mr. W. D. Crampton from A. G., July 13, 1944: Standard of N. J.-Sales: Misc. Statistics, (Statistical Reports Submitted by Individual Oil Companies Showing Sales Made in Latin America, 1943-44): RG253 による)。なお，戦時期におけるラテン・アメリカ各国でのジャージー社の販売量については，本文に記す以下の統計についても当てはまるが，資料によってかなり異なっているように思われる。本節では，各資料をつき合わせておおむね妥当と思われる統計を掲載したが，なお確定的なものではなく今後一層の調査・検討が必要である。
12) 以上は，NACP 〔1〕, Press cutting: Argentina's Goal is Increased Production Through Expanded Drilling Activity, cited from World Petroleum, September 1942, Petroleum—Argentina: Office of International Trade, Central Files, October 1945-December 1949: RG151; NACP 〔1〕, Memorandum for the Petroleum Coordinator for National Defense by E. B. Swanson, June 6, 1941: Part 1, May 28, 1940 to June 30, 1941: Central Classified File, 1937-1953, Petroleum Administration, 1-188: RG48; U.S. Tariff Commission 〔62〕, p. 125 による。
13) アルゼンチンが外国から輸入した燃料油(重油が最大であろう)の量は，1939年(825万バレル)，40年(914万バレル)，41年(825万バレル)，42年(435万バレル)，43年(190万バレル)，44年(190万バレル)，であった。みられるように1942年に前年比でほぼ半減し，翌43年にさらに大きく減退した(以上は，NACP 〔1〕, Letter to Clarence F. Lea from Leo T. Crowley, June 20, 1945: Latin America General, Argentina, Linseed—Fuel Oil Deal, For Supply & Distribution Division, 1945: (Records Concerning Petroleum Supply and Distribution in Latin America, 1945): RG253 による)。
14) こうしたチリにおけるジャージーの優位が如何なる要因によって可能となったかは今後の検討課題である(以上は，NACP 〔1〕, Letter to R. F. Hawkins from H. T. Dodge, July 3, 1945: Latin America General, PSCLA Allocation Schedules—Shipments, Foreign Supply & Distr. Division 1945: (Records Concerning Petroleum Supply and Distribution in Latin America, 1945): RG253 による)。
15) NACP 〔1〕, Letter to R. F. Hawkins from H. T. Dodge, August 22, 1945: Latin America General, PSCLA Allocation Schedules—Shipments, Foreign Supply & Distr. Division 1945: (Records Concerning Petroleum Supply and Distri-

bution in Latin America, 1945): RG253 による．
16) Larson, Knowlton and Popple〔145〕, p. 542.
17) ジャージーによるヨーロッパの中立国での販売量は，例えばスウェーデンでは1941年の最初の数カ月においてすでに平和時の5%ほどにすぎなかったように，いずれにおいても激減した(Larson, Knowlton and Popple〔145〕, pp. 386-387, 548-549)．イギリスでの石油消費量は1940～43年には漸増程度(1148万ロング・トンから1263万ロング・トンへ)であったが，44年には一挙に1891万ロング・トン(約1億5000万バレル)へ急増した．1940年頃すでに軍による消費が全体の3割を超え，44年6月～45年5月では60%以上に達する．石油製品の消費構成では，1944年に最大品目は航空機用ガソリン(25.3%)，ついで軍用重油と自動車用ガソリン(ともに22.0%)であった．イギリス市場は顕著な軍需依存を特徴にしたといえよう．アメリカの場合は，石油製品の消費量全体(戦略物資と一部の特殊製品を除く，但し100オクタン・ガソリンを含む)に占める軍と政府による消費の割合は1940年の1%から45年の30%への増大に留まった(Payton-Smith〔84〕, pp. 392, 433, 483; NACP〔1〕, Economies in Consumption, by C. E. Meyer, February 19, 1944: U. K. Consumption: (Records Concerning the Foreign Petroleum Program, 1943-45): RG253; API〔89〕, 1959, pp. 210, 362)．
18) 以上についての詳細は，NACP〔1〕, Letter to Foreign Division, Petroleum Administration for War from Asiatic Petroleum Corporation, April 5, 1943: Sales—Shell Group 1943: Misc. Statistics, (Statistical Reports Submitted by Individual Oil Companies Showing Sales Made in Latin America, 1943-44): RG253; Esso UK〔10〕, Spring 1988, p. 19; U.S. Senate〔67〕, pp. 267-268, 邦訳, 304-305頁; Payton-Smith〔84〕, pp. 44-45 を参照せよ．
19) PRO〔2〕, Outward Telegram, No. 402 APURS: From Foreign Office to New York, 18th June, 1941: POWE 33/786 をみよ．なお，戦時期のイギリスでの原油の精製(製品生産)について，その実態は多くが不明であるが，1943年12月半ば時点においては，ジャージーの製油所(1920年代半ばに現地企業の買収によって小規模製油所を入手，第6章第2節注〔1〕を参照)を含めイギリス国内に所在する製油所の大半は操業停止の状況と推定される．その結果，外国からの輸入製品がイギリス市場のほとんどを賄ったと考えられる(NACP〔1〕, Memorandum to Mr. Stewart Coleman and others from Martin J. Gavin, January 6, 1944: Foreign Refineries—Survey: Office of Executive Secretary: Foreign Operating Committee: (General Correspondence of the Executive Secretary of the PAW Foreign Operating Committee, 1943-45): RG253 による)．
20) このうちかなりの部分は武器貸与法(Lend-Lease Act)に基づく石油製品である．武器貸与法(1941年3月，連邦議会において成立—同法およびその運用については，さしあたり森〔229〕, 344-349頁をみよ)に基づく対イギリス石油供与は，1941年半ばに始まり，42年9月までの1年数カ月についていえば，イギリスとその勢力圏に対しアメリカ(American source，アメリカ企業によって外国で生産された石油——原油と石油

製品———を含むと考えられる)から供給された石油のすべては武器貸与石油であった。以上については，NACP〔1〕, Excerpts from Thirteenth Report to Congress on Lend-Lease Operation, For the Period Ended November 30, 1943, Filed January 6, 1944, by the President with the Secretary of the Senate and the Clerk of the House of Representatives: Lend-Lease: (Records Pertaining to Transportation Facilities, the Supply of Fuel Oil and other Petroleum Products and Lend-Lease Supply, 1942-45): RG253; Larson, Knowlton and Popple〔145〕, pp. 396, 542, 548-549; Payton-Smith〔84〕, pp. 196, 468-469 による。

21) Payton-Smith〔84〕, p. 483; Larson, Knowlton and Popple〔145〕, pp. 324, 396.
22) Larson, Knowlton and Popple〔145〕, p. 333; U.S. Senate〔67〕, p. 318, 邦訳, 352頁; Esso UK〔10〕, Spring 1988, p. 19.
23) Payton-Smith〔84〕, p. 379; Larson, Knowlton and Popple〔145〕, pp. 395-396.
24) イランにおけるアングロ・イラニアンの原油生産量は，1939年に年間958万4000トン(メートル・トンかロング・トンかなどは不明，以下同じ)であったが，41年にはその68.9%(660万5000トン)へ低下し，43年(970万6000トン)に39年水準を回復する(Bamberg〔132〕, p. 242)。ジャージーが大戦前・大戦中もイラクにおける弱小利権(イラク石油に対する11.875%の所有権)以外に中東原油を入手できなかったことを前章で述べた。同社もまた，地中海閉鎖の期間，および閉鎖の解除後もなおしばらくの間，中東原油を獲得することができなかった(U.S. Senate〔67〕, pp. 96-97, 邦訳, 122-124頁; Popple〔149〕, p. 161)。

　なお，ここでイギリスに対する石油(製品と原油)の出荷国・地域(輸出国・地域)別の内訳をみると，1939年時点では輸入総計8654万3000バレルのうち，カリブ地域が38.4%で最大，ついでアメリカが21.7%，イラン(19.1%)，南アメリカ(8.0%)などであった。これに対し，1943年には輸入総計8962万1000バレルのうちアメリカが76.6%を占めて他を圧倒し，これにカリブ地域の22.0%が続き，他はほとんどゼロに近い(イランは0.7万バレルのみ)。なお，アメリカからの輸出がすべてアメリカ国内産の石油であったかどうか，ヴェネズエラ・カリブ地域から一旦アメリカに輸出され，それが再輸出された部分が含まれないかどうかは不明である。以上は，NACP〔1〕, Imports of Petroleum and Petroleum Products—United Kingdom, 日付なし: Foreign Oil Statistics—Imports: (Foreign Oil Statistics, 1930-1945): RG253 による。

25) Larson, Knowlton and Popple〔145〕, p. 542.
26) Larson, Knowlton and Popple〔145〕, pp. 55, 115; Shell〔41〕, 1938, p. 8; The Royal Dutch Petroleum Company〔151〕, p. 65 による。本章の前節注(16)も参照せよ。

　なお，1943年についてであるが，スタンヴァックの最大市場オーストラリアでの同社の販売量(但し，グリース，ワックス，アスファルト等を除く)は，573万8000バレルであり，第2の市場インドでは448万1000バレル(但し，グリース，ワックス，アスファルト等を除き，潤滑油についてセイロンでの販売量を含む)であった。同年，アン

第3章 第2次大戦期の活動とその特質　237

グロ・イラニアンのオーストラリアでの製品販売量は，152万6000バレル，カルテックス(California-Texas Oil Company, Ltd., Caltex)は175万7000バレルであった(グリース，ワックス，アスファルト等を除く)。RD＝シェルの販売量は不明である(以上は，NACP〔1〕, Standard Vacuum Sales, attached to the Letter to Mr. W. D. Crampton from A. G. May, July 21, 1944 : Standard-Vac. Oil—Sales : Misc. Statistics, (Statistical Reports Submitted by Individual Oil Companies Showing Sales Made in Latin America, 1943-44) : RG253 ; NACP〔1〕, Letter to Mr. A. G. May from A. M. Wylie, March 29, 1944 : Anglo-Iranian Oil : Misc. Statistics, (Statistical Reports Submitted by Individual Oil Companies Showing Sales Made in Latin America, 1943-44) : RG253 ; NACP〔1〕, Letter to Mr. W. D. Crampton from A. G. May, May 17, 1944 : Caltex—Sales : Misc. Statistics, (Statistical Reports Submitted by Individual Oil Companies Showing Sales Made in Latin America, 1943-44) : RG253による)。
27) Larson, Knowlton and Popple〔145〕, p. 541. なお，連合国のうち社会主義国の旧ソ連邦でジャージーが製品販売その他の活動を直接行うことはできなかったと考えられるが，同社はアメリカ政府が旧ソ連邦に提供した武器貸与石油(Lend-Lease Oil)の販売(製品の直接の販売先はアメリカ政府)を通じて，旧ソ連邦についても間接的ではあるが自己の販路に組み込んだのである(NACP〔1〕, Excerpts from Thirteenth Report to Congress on Lend-Lease Operation, For the Period Ended November 30, 1943, Filed January 6, 1944, by the President with the Secretary of the Senate and the Clerk of the House of Representatives : Lend-Lease : (Records Pertaining to Transportation Facilities, the Supply of Fuel Oil and other Petroleum Products and Lend-Lease Supply, 1942-45) : RG253による)。
28) Larson, Knowlton and Popple〔145〕, pp. 458, 541, 543による。

第6節　小　　括

財務面の要点　　ここでは2点を指摘するに留める。第1に，表Ⅲ-5によれば，1940～45年間のジャージーによる有形固定資産への投資額は全体として抑制基調であり，その総額は大戦終了後との比較ではいうまでもなく，29年恐慌の影響が残る1930年代半ば以降に比べてなお少額であった。だが，この中にあって原油生産事業に対するそれは年々増大し，1942～45年では全体の5割(51%)に達する。1945年末の有形固定資産額全体(11億3711万

表Ⅲ-5　ジャージー社による有形固定資

	1934～39年	1940年	1941年	1942年
原 油 生 産				49.3(25.2)
輸　　　　送				56.1(28.7)
精　　製[2]	n.a.	n.a.	n.a.	76.1(39.0)
販　　　　売				7.9(4.1)
そ の 他				5.9(3.0)
合　　　　計		124.9	161.0	195.3(100.0)
6年間の合計	978.4			965.

(注) 1) properties.
　　 2) 戦略物資の生産を含む。
(出典) Larson, Knowlton and Popple [145], p. 817 ; Jersey [24], 1945, p. 19

表Ⅲ-6　ジャージー社の純利益額, 自己資本額, 自己資本純利益率, 1940～45年
(単位：100万ドル, %)

	1940	1941	1942	1943	1944	1945
純利益額[1]	123.9	140.6	81.8	121.3	155.4	154.2
自己資本額[2]	1,300.2	1,318.3	1,324.1	1,354.7	1,444.7	1,539.6
自己資本純利益率(%)[3]	9.6	10.7	6.2	9.1	11.1	10.3

(注) 1) ヨーロッパ(北アフリカを含む)に所在した子会社(連合国, 中立国, 枢軸国のすべて)の利益額を含まない。
　　 2) 年末額。資本金は1940～43年は682.1百万ドル, 1944～45年は683.3百万ドル。
　　 3) 各年の純利益額を平均自己資本額(期首と期末の平均値)で除して算出。
(出典) Jersey [24], 各号から。

ドル)の52%をやはり原油生産部門が占めたのである[1]。第2に, 積極的な投資が抑制された一方, ジャージーの獲得利益, 事業の収益性は総じて高い水準といってよく(表Ⅲ-6参照), 自己資本に対する純利益率は1930年代に対してはもちろん, それに先立つ20年代との対比でもこれをやや凌いだ[2]。なお, 同社の利益率は, この時代にアメリカの他の上位石油企業5社(ジャージーにつぐ第2～6位, 総資産規模)のすべてに対して優越したのである[3]。

小　括

これまでの検討を踏まえ, 本章を以下の諸点において総括する。
第1に, 戦略物資の生産事業が新たにジャージー社の事業内容に加わったことが戦時期の注目すべき特徴である。これは, ジャージー社内部における石油化学事業の形成の重要な画期の一つ, あるいは発端を与えるものといってよいであろう。だが, これらの物資の生産事業については, 投資対象としての将来性への不安, 収益性の低さなどにより, 従来からの主要な石油製品

1943 年	1944 年	1945 年	1946〜51 年
61.4(45.3)	100.6(61.6)	134.7(72.7)	
24.0(17.7)	33.2(20.3)	20.3(10.9)	
42.1(31.0)	12.4(7.6)	13.4(7.2)	省略
3.6(2.7)	7.6(4.7)	15.2(8.2)	
4.5(3.3)	9.4(5.8)	1.8(1.0)	
135.6(100.0)	163.2(100.0)	185.4(100.0)	
			2,352.7

51, p. 15 より。

　に付け加わる形でジャージー社の新たな事業部門，利益獲得分野を構成したとみることは難しいであろう。同社の事業活動全体に占める位置や比重もかなり低位に留まったといえよう。後の第 7 章で検討するように，第 2 次大戦後における石油化学事業の活発化は，ジャージー社においては大戦終了後直ちに始まるわけではない。

　第 2 に，戦略物資の生産と戦前来の他の事業活動に共通した重要な特徴として，政府資金，国有施設の活用を挙げなくてはならない。ジャージーによる戦時生産の一部，原油と石油製品の輸送・流通面においてかかる政府資金の導入が不可欠の役割を演じたのである。だが，ここで重要な点は，政府資金の導入対象はその大部分が大戦終了後の平時においては採算性，商業性の乏しい分野，軍需依存度の高い，ないしは軍事活動と密着した分野にほぼ集中したことである。原油生産部門をはじめ平時に私的資本の投資対象として存続しうる分野への活用は極めて限定された。それらは，平時・戦時を問わずジャージー自身の資本によって担われたのである。

　第 3 に，戦時期，特にアメリカの参戦以降にジャージーは，全体として石油業界における最大企業としての力を強化したといってよいであろう。その場合，同社の業界支配力の維持と増強を可能ならしめた主要な事業部門は原油生産事業であった。ヴェネズエラで直面した困難の打開とその後の増産，アメリカにおける既存の生産能力の発揮と活発な投資活動は，戦時期の企業間競争と市場支配における固有の特質と相俟って同社の支配力を拡大せしめたのである。

以上，第2次大戦期におけるジャージー社の活動は，石油化学という新たな事業分野をその内部に創出しつつも，基本的には事業の陣容において戦前来の構造を大きく変貌させることはなかった。事業活動の特質においても，戦前を基本的に継承したと考えてよいであろう。特に，原油生産事業は，資産額の点などで最大であっただけでなく，業界支配力を強化する推進役となり，その原油生産部門において，アメリカでは戦前来のカルテル体制(生産割当制度)が有効に機能し，同社に積極的な投資行動を可能ならしめたのである。

1) Jersey〔24〕, 1945, pp. 19-20.
2) 1940～45年の自己資本純利益率の平均は9.4%であり，20年代(但し，1919～27年)の8.6%(前掲表Ⅰ-11参照，なお同表の注〔2〕もみよ)をやや上回る。ここで留意すべきは，表Ⅲ-6の注(1)に記載されたように，戦時の利益額にはヨーロッパに所在した子会社のそれが一切含まれていないことである。それらを除いた利益額とジャージー本社の自己資本額から算出したのであり，1920年代などとの対比では，この時期の利益率は実態よりかなり低めに出ているというべきであろう。もっとも，他方で，そのことを考慮しても，第2次大戦後，特に1950年代の後半頃までとの対比では戦時の利益率は低位であったように思われる(第5章第6節〔Ⅰ〕，後掲表Ⅴ-5参照)。事業活動の収益性，あるいは財務面全般からみた戦時活動の特質，その評価や判断はなお今後の検討課題である。
3) 1945年末の総資産額では，1位ジャージー(25億3181万ドル)，2位ソコニー・ヴァキューム(Socony-Vacuum Oil Company, Inc., 10億7578万ドル)，3位インディアナ・スタンダード(Standard Oil Company〔Indiana〕, 9億4614万ドル)，4位テキサス(8億3385万ドル)，5位カリフォルニア・スタンダード(Standard Oil Company of California, 7億3835万ドル)，6位ガルフ(6億5281万ドル)の順である。1940～45年に自己資本純利益率でジャージーを1年でも凌いだのはテキサス(41, 42年)，ガルフ(42, 45年)のみであった。以上はすべて各社のAnnual Reportによる。

第II部　第2次大戦終了以降1960年代末まで

第4章　原油生産活動の新展開

第1節　はじめに

　戦時期にニュージャージー・スタンダード石油が自己の市場圏とした連合国と中立国において，石油の消費量が軍需の比重を相対的に高めつつほぼ年々増加したことを前章でみた。大戦終了後の平時経済への転換は，こうした石油への需要を大きく減退させることなく，むしろ逆に主要資本主義国を中心に新たな需要増を喚起することになった。戦時期に連合国の「兵器廠(Armory)」を任じ，外国向けの石油供給を増加させたアメリカでは，すぐ後に述べるように大戦後に国内市場が急成長し，戦時とは一転して外国からの石油輸入がかつてなく増大したのである。西ヨーロッパなどでは，大戦終了後に主力エネルギー源たる石炭の生産，供給は停滞ないし伸び悩む。外国に石炭供給の多くを依存したフランス，イタリアなどはいうまでもなく，主要な石炭生産国のイギリスなども共通してエネルギー不足，「エネルギー危機」に直面した[1]。これら諸国において石油は，石炭の不足を補う役割を与えられ，消費量は着実ないし急速に増加した。ジャージーなど石油企業は，かかるエネルギー不足，石油需要の昂進を背景に石油販売量の拡大を実現したのである。やがて，西ヨーロッパなどでエネルギー確保が緊急性を失いはじめると，石油はエネルギー市場をめぐって石炭との競合を強めた。石油は，一旦確保した販路を維持するのみならず，石炭の市場を着々と侵食したのであった。

　石油が石炭を凌ぎ最大のエネルギー源としての地位を得た最初の主要国は，石油産業の母国アメリカであり(1951年)，日本は1960年代前半，主要国の中

で最も遅いイギリスが70年代初頭，世界全体では60年代後半に石油は最大エネルギー源としての地位を獲得したのである[2]。1960年代末頃までに戦後「エネルギー革命」は石油産業を世界経済の基幹エネルギー産業に推転させた。

　本章を含む以下の4つの章(4～7章)は，世界石油産業史に新たな時代を画した戦後「エネルギー革命」期におけるニュージャージー・スタンダード石油の活動を考察する。本章では，同社の最大投資部門であった原油生産事業，原油と油田の支配を分析する。戦後の石油需要の増大は，戦時に引き続き原油の獲得と油田の支配を同社の当面する主要な課題ならしめた。ジャージーは，新規の有力生産拠点を確保，あるいは同社の勢力範囲へ組み入れる一方，戦前来の原油生産拠点に対しては戦後の世界市場戦略に照応する新たな役割を与えた。表IV-1に示されるように大戦終了以降1960年代末までジャージー社の主要な原油の生産拠点はアメリカ，ヴェネズエラ，中東・北アフリカ地域によって構成される。

　本章は，これら3つの拠点での活動に対象を限定し，それ以外の地域における原油の生産，油田の支配については第5章において製品市場での活動を分析する上で必要な範囲で取り上げる。なお，本章の総括については，次の5章での考察を踏まえることが適切であると考えられるので，後者の末尾において行うことにしたい。

1) 西ヨーロッパ主要国での戦後のエネルギー不足，石炭供給の低迷などについては，さしあたり土屋・稲葉〔266〕，3-4, 86, 157頁；有沢〔158〕，152頁を参照せよ(イギリスについては本書第6章を参照)。世界全体での1次エネルギー源の生産高(石炭換算)は，1949年に23億6500万メートル・トンであり，それは37年(19億1000万メートル・トン)の24%増であった。この間，石炭は14億400万メートル・トンから14億7600万メートル・トンへ微増であり，全体に占める比率を73.5%から62.4%へ低下させた(United Nations〔126〕, 1955-1958, p. 2)。

2) アメリカについてはAPI〔89〕, 1959, p. 367，日本と世界全体については，さしあたり，石油連盟〔262〕，368-369頁；日本石油〔113〕，9, 586頁を参照。イギリスについては第6章をみよ。

第2節　アメリカ

　アメリカでは大戦の終了後，当初予想された戦後恐慌と需要全般の落ち込みはみられず，石油市場は一貫して拡大した（次章の表V-2参照）。これはむろん国内での原油増産を促した。だが，他方で外国からの石油（原油と石油製品）の輸入も急増したのであり，1948年に同国は石油の純輸入国に転じたのである[1]。アメリカ最大の原油および石油製品の生産企業たるジャージー社もまた，生産費などの割安な外国石油の輸入量を増加させ，これによって国内販売に必要な石油の確保・補塡を図った[2]。

戦後の生産動向　大戦期に原油生産規模を急速に拡大したジャージーは，1948年までさらに一層の生産増を追求した。しかし，それ以降の同社のアメリカでの原油の生産量は増減を辿りつつ全体としては停滞基調であり，「スエズ危機」（1956年11月から57年3月までスエズ運河〔Suez Canal〕の閉鎖）に対応して西欧向け原油の増産に乗り出す1956年まで48年の水準を超えることはなかった[3]（表IV-1参照）。

　これに対して，1960年代のジャージーはアメリカでの生産規模を年々拡大し，10年間でほぼ2倍の増産を実現した。同社の世界全体での生産量に占める比率の点でも，アメリカ生産の長期にわたる低落傾向は1960年代半ば頃までにひとまず停止し，それ以降はわずかながら反転するに至ったのである（同表参照）。1964年から73年までの10年間についてであるが，ジャージーによるアメリカでの油田探索への支出額は24億ドルであり，同期間に海外全体で支出した額（16億ドル）をかなり上回った[4]。1960年代初頭の一時期，同社はアメリカ国内における最大原油生産企業の地位を他社に譲ったのであるが，それ以降再び最大企業として存在したのである。全国生産に占めるジャージーの生産量の割合は1969年に9.8％であった[5]。

　1940年代末以降50年代後半頃までのジャージーによる国内生産の停滞が，主として同社自身による外国石油の輸入増に由来するものであることは，その年々の輸入数量を知ることはできないとしても否定しえないところであろう。

246　第II部　第2次大戦終了以降1960年代末まで

表IV-1　ジャージー社の国％

	アメリカ		カナダ		ヴェネズエラ		サウジ・アラビア		イラン	
		%		%		%		%		%
1938	166	29.6	2	0.4	233	41.5	—		—	
1945	361	42.4	7	0.8	403	47.4	—		—	
1946	367	39.4	5	0.6	487	52.3	—		—	
1947	398	39.2	5	0.5	529	52.2	6[7]	0.6	—	
1948	428	35.4	10	0.9	581	48.1	99	8.2	—	
1949	337	29.4	22	1.9	534	46.6	143	12.5	—	
1950	343	27.2	33	2.6	600	47.6	164	13.0	—	
1951	407	27.2	55	3.7	631[6]	42.2	228	15.2	—	
1952	406	26.0	65	4.2	668[6]	42.8	247	15.8	—	
1953	414	25.9	78	4.9	660[6]	41.3	254	15.9	—	
1954	387	23.4	84	5.1	683[6]	41.4	286	17.3	2	0.1
1955	414	22.2	93	5.0	815[6]	43.7	289	15.5	19	1.0
1956	436	21.6	103	5.1	898[6]	44.5	296	14.7	30	1.5
1957	467	22.1	98	4.6	1,037	49.1	297	14.1	45	2.1
1958	410	20.2	78	3.8	979	48.3	304	15.0	51	2.5
1959	440	20.6	85	4.0	1,009	47.1	328	15.3	58	2.7
1960	439	20.0	79	3.6	1,005	45.8	374	17.0	65	3.0
1961	481	20.2	97	4.1	1,064	44.6	418	17.5	73	3.1
1962	520	19.5	108	4.1	1,144	43.0	456	17.1	80	3.0
1963	572	19.3	109	3.7	1,197	40.3	489	16.5	90	3.0
1964	594	18.9	114	3.6	1,190	37.9	454	14.5	103	3.3
1965	639	18.9	115	3.4	1,204	35.7	535	15.8	112	3.3
1966	699	19.8	127	3.6	1,149	32.5	632	17.9	124	3.5
1967	759	19.9	141	3.7	1,276	33.4	687	18.0	151	3.9
1968	807	19.3	150	3.6	1,375	32.8	754	18.0	166	4.0
1969	867	20.1	154	3.6	1,393	32.3	799	18.5	190	4.4
1970	946	20.3	170	3.6	1,438	30.8	946	20.3	214	4.6

(注)　1)　純生産量(net production)を指す。実際に生産した量(総生産量gros 天然ガス液(natural gas liquids)を含む。他社との共同所有会社による生
　　　2)　カタール(Qatar)、アブ・ダビ(Abu Dhabi)を含む。
　　　3)　1969〜70年にはオーストラリアでの生産量を含む。
　　　4)　ペルー、コロンビア、その他。
　　　5)　crude oil offtake under special arrangements. ここでは、中東、アブ
　　　6)　子会社クリオール石油(Creole Petroleum Corp.)の生産部分のみ。これ
　　　　　のみ記すと、1日あたりのバレルでそれぞれ5万2000、5万6000である
　　　7)　ジャージーによるアラムコ(Aramco)利権の最終取得は1948年であるが
　　　8)　その他の項に含めた。
(出典)　1938, 1945〜50年はLarson, Knowlton and Popple [145], pp. 115, 148, 47
　　　　1951〜56年はJersey [24]、各号より。
　　　　1957〜60年はJersey [25], 1966, pp. 16-17より。
　　　　1961〜70年はJersey [25], 1970, pp. 18-21より。

第 4 章 原油生産活動の新展開　247

油生産量[1], 1938, 1945～1970 年　　　　　　　　　　　　（単位：1,000 バレル／日, %）

イラク[2]		リビア		インドネシア[3]		その他[4]		合　　計		協定に基づく買い取り量[5]
	%		%		%		%		%	
10	1.8	—		20	3.5	130	23.2	562	100.0	n.a.
n.a.[8]		—		—		80	9.4	851	100.0	n.a.
9	1.0	—		—		62	6.7	930	100.0	n.a.
10	1.0	—		2	0.2	63	6.2	1,013	100.0	n.a.
7	0.6	—		22	1.8	61	5.0	1,208	100.0	n.a.
8	0.7	—		31	2.7	70	6.2	1,145	100.0	n.a.
17	1.3	—		30	2.4	72	5.7	1,259	100.0	n.a.
24	1.6	—		35	2.3	116	7.8	1,496	100.0	n.a.
42	2.7	—		33	2.1	98	6.3	1,559	100.0	n.a.
63	3.9	—		32	2.0	99	6.2	1,600	100.0	n.a.
69	4.2	—		35	2.1	105	6.4	1,651	100.0	n.a.
77	4.1	—		36	1.9	120	6.4	1,863	100.0	n.a.
84	4.2	—		33	1.6	140	6.9	2,020	100.0	n.a.
58	2.7	—		33	1.6	77	3.6	2,112	100.0	85
89	4.4	—		39	1.9	78	3.8	2,028	100.0	120
100	4.7	—		42	2.0	78	3.6	2,140	100.0	137
111	5.1	—		40	1.8	83	3.8	2,196	100.0	138
114	4.8	16	0.7	36	1.5	87	3.6	2,386	100.0	135
115	4.3	110	4.1	36	1.4	94	3.5	2,663	100.0	130
131	4.4	238	8.0	35	1.2	106	3.6	2,967	100.0	192
155	4.9	389	12.4	28	0.9	114	3.6	3,141	100.0	211
168	5.0	454	13.4	29	0.9	120	3.6	3,376	100.0	220
182	5.1	469	13.3	29	0.8	127	3.6	3,538	100.0	459
167	4.4	481	12.6	26	0.7	135	3.5	3,823	100.0	372
199	4.8	592	14.1	25	0.6	120	2.9	4,188	100.0	333
205	4.7	597	13.8	24	0.6	89	2.1	4,318	100.0	412
216	4.6	552	11.8	92	2.0	91	2.0	4,665	100.0	663

oduction)から利権料などに相当する部分を差し引いた量。
ついては, ジャージーが実際に引き取った量のみ。

での買い取りのみ。
にガルフ石油の子会社から獲得した原油がある（その他の項に含めた）。1951 年と 52 年の量
rsey〔24〕, 1951, p. 39, 1952, p. 39 より。
年に調印されたアラムコの親会社 2 社との協定に基づき, 同年すでに原油を入手しえた。
)-721 から。

同社によるアメリカ国内での製品販売量はアメリカ市場全体の拡大に伴いほぼ年々増加したと推定されるのであり(次章第2節参照)，この間，外国産の製品，あるいは外国から輸入した原油を用いて国内で生産された製品によって賄われる部分(割合)は増加を辿ったと考えられるのである。だが，そうした傾向は，1950年代末以降もそのまま継続したわけではなかった。1960年代にアメリカでの原油生産は新たな躍進をみたのである。

ジャージーによる1960年代のかかる原油生産増を，結果としては促進する一因となったのは石油の輸入割当制度(oil imports quotas)であり，同制度の導入とこれへのジャージーの対応，および同制度の意義について考察することが必要である。

輸入割当制度とこれへの対応 1959年3月，アメリカ連邦政府は大統領の布告(Proclamation)によって，外国からの石油輸入に対する強制的な規制措置を実施した。その主たる内容は，原油，石油製品および中間製品(ナフサなど)のアメリカへの輸入量全体を，以後14年間にわたり一部地域(太平洋岸諸州など)を除き国内における石油製品の全需要量の9%以下に制限することであった。連邦政府(担当機関は内務省〔Department of the Interior〕の石油輸入管理局〔Oil Import Administration〕)の権限によって，精製企業に対しては主に各社の精製実績に応じて，製品輸入企業に対してもおおむね輸入の実績に応じて，それぞれ輸入可能な原油，製品等の数量が割り当てられることになったのである[6]。

連邦政府によるこうした規制措置の導入は，主として，安価な外国石油の大量輸入を抑制しようとする国内の中小原油生産業者の要求に応えたものといわれている。先に述べたように大戦終了以降アメリカの石油輸入(原油，石油製品，中間製品)は増大した。1958年についてであるが国内の石油製品の全需要量に対する輸入石油の比率は18.7%(年間6億2059万バレルの輸入量)であり，国内の原油生産量との対比では，その総量は1946年の7.9%から58年には25.3%まで伸長したのであった[7]。市場への過剰な石油の供給を抑制するために，予測されるアメリカ国内需要(輸出を含む)の規模に応じて国内での原油生産量を調整する生産割当制度(1930年代半ばに成立，第2章第2節参照)の下で

は，輸入に制限が加えられない状況では，輸入石油の増大はしばしば国内生産量の削減を不可避とした[8]。その結果，国内の生産者，とりわけ中小の原油生産業者は石油輸入量の増大によって強い打撃を被ったのであり，これら業者は連邦政府による強制的な輸入抑制措置を求めたのであった[9]。

これに対して，外国に原油ないし石油製品の生産拠点を持つジャージーなどの主要な石油輸入企業は，こうした制限措置の導入にむろん反発した[10]。ジャージーの場合，この制度が実施されヴェネズエラの原油，およびヴェネズエラとカリブ海地域(アルバ島〔Aruba Island〕)からの石油製品(特に残渣燃料油〔residual fuel oil〕)の輸入が制限されると，同社によるヴェネズエラでの原油生産，およびヴェネズエラとカリブ海地域での精製事業が打撃を受けるのみならず，これらに一部依存してなされたアメリカ国内での精製，販売事業にも少なからぬ影響が生ずると想定されたのである(後述参照)[11]。とはいえ，輸入割当制度は現実に導入されたのであり，ジャージーの活動が一つの制約を被ったことは否定しえないところである[12]。

だが，ここで注目すべきは，輸入割当制度によって，一方で確かにジャージーなどによる外国からの石油輸入は規制されたが，他方でアメリカ全体の石油輸入量が一定の枠内に抑え込まれたことで，安価な外国石油の無制限の流入もまた規制されたことである。1950年代の末以降に顕現した国際的な原油過剰とそれに伴う原油・石油製品の価格低落の影響や衝撃は，こうした輸入制限措置の導入によってアメリカにおいてはいわば水際で緩和されることになったのである[13]。その結果として，アメリカ国内市場での原油価格は一般に国際市場価格より1バレルあたり少なくとも1.25ドル高く維持されたといわれている[14]。輸入割当制度は，国内での過剰な原油生産を抑制する生産割当制度と相俟って，他の企業の場合と同様に，ジャージーによる国内での原油生産事業に対して全般的に安定した利益を保証したと考えられるのである[15]。

既述の1960年代初頭以降のジャージーによるアメリカでの原油増産の着々たる伸長は，一つは外国からの原油と製品の輸入が相対的に抑制されたことへの対応によるものであるが，いま一つとしてかかる制度の導入がもたらした利益面での有利性によって促されたといってよいであろう[16]。

さらに，同社にとって重要なことは，割当制度に当初反発した際の主要な焦点の一つをなした，かのヴェネズエラからの石油輸入について，連邦政府が制度の実施年である1959年の末に早くも残渣燃料油に対する制限の緩和(アメリカ全体で1日あたり8万バレル弱の追加輸入を認める)を打ち出したことであった(その後もさらに緩和へ)。後にみるようにヴェネズエラでのジャージーの原油生産量，精製量はともに1960年代も引き続き増勢を辿ったのであり，輸入割当制度が同社の事業活動への重大な障害となる事態は回避されたと考えられるのである[17]。

追記 最後に，ジャージー社によるアメリカでの戦後の原油生産活動について以下の2点を追記する。一つは，カリフォルニア，テキサス，ルイジアナなどの大陸棚(Continental Shelf, 沖合油田)での操業がジャージーによる原油生産事業の一つの構成部分となったことである。1969年時点，大陸棚での生産量は，同社による国内での生産量全体の17.1%を占めたのである[18]。いま一つは，ジャージーと他社(アトランティック・リッチフィールド社〔Atlantic Richfield Company〕)との共同によるアラスカでの油田(プルードー湾油田〔Prudhoe Bay oil field〕)の発見(1968年)である。この油田はこれまで北アメリカ大陸で発見された最大規模のものといわれ，埋蔵量は発見時に50億から100億バレルと推定された[19]。もっとも，アラスカでの油田の開発と原油の生産は，自然条件からくる固有の困難のみならず，解決を求められるいくつもの難問に遭遇した。ジャージーによるアラスカ原油の実質的な獲得は1977年まで遅延したのである(同年に1日あたりで5万5000バレルを入手)[20]。

1) 以後変わることなく純輸入国である。なお，第1次大戦終了後(1920～22年の3年間)にも一度純輸入国に転じたことがある(DeGolyer and MacNaughton〔96〕, 1992, pp. 60-61；U.S. Department of Energy〔130〕, p. 127による)。
2) こうした輸入依存の背景として，アメリカ国内での油田の発見費用，原油生産費の顕著な増大が指摘されなくてはならない。前章でも記したが(第3章第4節注〔7〕参照)，アメリカ国内でのこれら費用は大戦を一つの契機として大きく増大したのであり，ジャージー社の場合，例えば1930年代に埋蔵原油1バレルを増加させるのに必要な費用は

第4章　原油生産活動の新展開　251

10セント程度といわれたが，1940年代後半頃のそれは2ドルと推定された。1953年に，同社の新規油井の掘削費用は1941年の4倍であった(Larson and Porter〔144〕, p. 661；Jersey〔24〕, 1953, p. 31；Jersey〔26〕, Spring 1956, p. 3による)。

3) Jersey〔24〕, 1956, pp. 3-4；Jersey〔27〕, p. 55.
4) U.S. Senate〔73〕, pt. 7, pp. 321-322.
5) 1960～62年については，アメリカではテキサコ(Texaco, Inc. 社名を1959年にThe Texas Corporationから変更)が最大企業であった。翌63年にジャージーは首位に復した。1969年では，第2位はテキサコ(8.5%)，以下ガルフ石油(Gulf Oil Corporation, 6.8%)，カリフォルニア・スタンダード石油(Standard Oil Company of California, 5.3%)，インディアナ・スタンダード石油(Standard Oil Company〔Indiana〕, 5.0%)などであった。なお，ここでの数値(比率)は，典拠資料の一部に明示はないが，いずれも全国生産に対するジャージーおよび各社の総生産量(gross production)の割合と考えられる(以上は，Texaco〔44〕, 1957, pp. 32-33, 1958, p. 11, 1959, p. 13, 1960, p. 9, 1962, p. 12, 1963, p. 9, 1965, p. 8；Fortune〔98〕, September 1961, p. 98；Blair〔162〕, p. 236，および表IV-1による)。
6) 石油産業に関して連邦行政上第5地区(District Five)と呼ばれた太平洋岸諸州との近接州(カリフォルニア，オレゴン〔Oregon〕，ワシントン〔Washington〕，アリゾナ〔Arizona〕，ネヴァダ〔Nevada〕)に対しては他と区別し，同地域での原油ないし石油製品の生産量と外国からの輸入量の合計が同地域の需要量(製品需要量と思われる)に等しくなる範囲において輸入を認めた。つまり，大まかにいえば，需要の規模から同地域での生産量を差し引いた分が輸入可能な石油の量の上限となったのである。なお，この制度については，制定後間もなく，陸路，つまりパイプラインなどで輸入される石油(カナダの石油)については輸入規制の対象としない，などのいくつかの重要な例外規定が設けられた(本節の後述および第5章第3節注〔13〕を参照)。また，1962年11月には第5地区以外で輸入される原油の上限が，国内(第5地区を除く)の原油生産量の12.2%とされた。
　　以上について，および輸入割当制度のより詳細な内容については以下を参照せよ。U.S. Senate〔71〕, pp. 117-119, 278；PT〔121〕, February 17, 1967, p. 267；Vietor〔272〕, pp. 383-384；Vietor〔273〕, pp. 119-145；Goodwin〔182〕, pp. 251-261；Johnson〔143〕, pp. 111-112, 114, 118；Plotnick〔254〕, p. 122.
7) API〔89〕, 1971, pp. 70, 283-285より。
8) 最大の原油生産州テキサス(1955年ではアメリカ国内生産量全体の42.4%を占める−API〔89〕, 1971, p. 70)をはじめ各生産州には，第2章でも述べたようにテキサス鉄道委員会(the Texas Railroad Commission)などの生産統制機関が存在し，州内の油田・油井に各月の生産許可日数(生産許容量)を指示した(但し零細井〔stripper well〕など一部に対しては適用が除外された)。輸入石油の増大によって国内市場での石油過剰が見込まれる場合は，許可日数を削減するなどの方法で生産調整を行ったのである。
9) テキサス州での生産許可日数(前注参照)は，1951年以降「スエズ危機」の始まる56年頃まで年々減少傾向を辿ったようであり，51年に月平均約23日(年間278日)であっ

たそれは55年半ばには月16日まで削減されたと推定される。「スエズ危機」が過ぎ去り，原油市況が過剰局面を迎えた1957年の後半期には12日となったのである。こうした生産日数の削減は，中小の原油生産業者に対してのみならずジャージーなど主要大企業に対しても課されたのであり，その限りでは特に前者の中小業者のみが生産削減の影響や打撃を被ったわけではない。だが，国外に生産拠点を有した大企業は，国内での削減分を原油の輸入増で埋め合わせることができ，場合によっては安価な外国原油のより一層の輸入によって国内での業界支配力の増強を図る，といった方策をとりえた。だが，中小の企業にそうした方途は実際上存在せず，生産日数の削減の影響を直接被り経営を悪化させたのである (Nash〔236〕, pp. 202-204 ; Wall〔154〕, pp. 88, 91, 94-95 ; O'Connor〔246〕, pp. 216-217, 邦訳，244頁を参照せよ)。

10) アメリカの主要な原油輸入企業について1954～56年の3年間における年平均の原油輸入量をみると，最大はガルフ石油で12万4000バレル(1日あたり，以下同じ)，2位ジャージー(8万バレル)，3位ソコニー・モービル石油(Socony Mobil Oil Company, Inc., 後のモービル社〔Mobil Corporation〕, 7万4600バレル)，4位カリフォルニア・スタンダード石油(7万4200バレル)，などであった (U.S. Senate〔71〕, p. 104)。

ジャージーなどが輸入制限そのものに反対であったことはもちろんであるが，この輸入割当制度の下でなされる各精製企業への原油の割当方法が，これまで主要な原油輸入企業であった同社などに不利と考えられたこともかかる制度の導入に強く反発する一因をなした。この制度によれば，かつて全く外国から原油を輸入したことのない精製企業に対しても原油の輸入割当枠が与えられ，その分ジャージーなど既存企業の輸入枠・輸入量が減らされることになったのである。例えば，1954～56年にロッキー山脈以東の地域(第5地区〔本節前注(6)参照〕以外の地域)で外国から原油を輸入した企業は22社と推定された。1959年3月の割当制度の実施時点では，その数は36に増加していたが，輸入割当は112の精製企業に対してそれぞれの精製規模に応じて与えられたのである。これら割当を受けた企業の中で，元来原油を輸入する意志のない多数の精製企業(特に内陸部の精製企業)は，輸入量の許可証書(import tickets)を，他社(東部など海岸地域に立地した精製企業など)に売却することで利益を得たといわれている。以上については，Jersey〔24〕, 1958, p. 4, 1959, p. 2, 1961, pp. 3-4 ; U.S. Senate〔71〕, pp. 118-119 ; Vietor〔272〕, pp. 383-384 ; Vietor〔273〕, pp. 102, 120-129, 133 ; Johnson〔143〕, pp. 114, 116を参照せよ。

11) 前注(10)で記したように，ジャージーは1954～56年の3年間に1日あたりで平均8万バレルの原油を輸入したのであるが，その大半がヴェネズエラからであった。この間，中東からの原油の輸入はない (U.S. House〔69〕, p. 263 ; U.S. House〔70〕, pt. 1, p. 393 ; Jersey〔26〕, Fall 1956, p. 2による)。

12) この制度の導入が中小の原油生産業者の利害に沿い，その要請に応えたものであることは既述の通りであるが，アメリカ連邦政府は主として国家の安全(national security)にとって不可欠なエネルギー源の確保の観点から強制的な輸入割当制度の必要性を説いた。アメリカの経済，国防などへの石油エネルギーの安全・確実な供給を保障す

るためには，国内の石油生産能力を不断に維持することが必要であり，外国からの石油の大量輸入により国内の油田が閉鎖に追い込まれ，新たな油田の探索などの活動が抑制されることは，こうした観点から容認しえないというのがその趣旨と思われる。実際，1959年3月の大統領の布告(proclamation 3279)による割当制の導入は，通商協定延長法(the Trade Agreement Extension Act)の国家安全条項(national security provisions)の発動という形をとったのであった。以上については，U.S. Senate〔71〕, pp. 115-120；Vietor〔273〕, pp. 106-108, 120；Johnson〔143〕, pp. 111-112を参照せよ。

　なお，これに関連して，アメリカの原油生産事業における中小業者の比重が，輸送，原油精製，製品販売などの他の諸分野におけるそれとは異なり，はるかに大きいことはこの時代も過去と共通した事実である。1955年にアメリカ国内に所在し資産規模などで大企業とされた20社による原油生産量(gross production)の合計を全国生産と対比した場合，その比率は54～56％程度であり，中小の企業が残余を占めた。原油のパイプライン輸送では前者の20社によって輸送された量が全体の88％(但し1948年)に達し，原油精製量でもこれら大企業によるものが86％(55年)，ガソリン販売量でも80％(54年)を占めたのであるから，原油生産部門における中小業者の比重の大きさは際立つといえよう(Chazeau and Kahn〔169〕, pp. 18-19)。

13)　1950年代後半以降の国際的な原油過剰については，本書の4～6章の随所において言及することになるが，その実態，特に原油価格の低落については第6章第6節〔II〕, 特に注(16)を参照せよ。

14)　1960年代(但し68年頃まで)のアメリカ国内の原油価格は，中東原油の実勢価格(realized price，公示価格〔posted price〕ではなく実際の取引価格)のほぼ2倍と推定された(以上については，Vietor〔272〕, p. 384；Vietor〔273〕, p. 133；Gray〔183〕, p. 9による)。なお，公示価格，実勢価格については第6章第6節〔II〕を参照せよ。

15)　かつて石油の輸入割当制度の導入に反発したジャージーを含むアメリカの主要石油企業のほとんどは，1960年代半ば頃までには，原油割当方法の「不公正」(本節前注〔10〕参照)を引き続き問題としつつも，同制度を基本的に支持する方向に転じたようである。主要な石油大企業の最高経営陣を有力構成メンバーとして含み，折りに触れて連邦政府に対し石油政策などを提言した全米石油会議(National Petroleum Council)なる団体(1946年に設立—Nash〔236〕, p. 186)は，1966年3月初頭に発表した基本見解で連邦政府の輸入割当制度を支持する立場を打ち出したのであった。こうした変化は，多くの大企業にとって，国内原油生産から得られる利益の増大が輸入の規制によって被った損失を補って余りあるものであったことに由来したと考えられる。以下を参照せよ。National Petroleum Council〔237〕, p. 4；Vietor〔272〕, p. 384；Vietor〔273〕, pp. 133-134；Jersey〔24〕, 1965, p. 2；U.S. Senate〔72〕, pt. 2, pp. 725, 727.

16)　1960年代の生産増が新たな投資の拡大によって促進されたことは既述の通りである。だが，1959年に国内最大子会社ハンブル(Humble Oil & Refining Company)の生産活動が，生産能力の50％の操業率でなされていたことも指摘されなくてはならない(Petroleum〔117〕, January 1961, p. 8による)。これは生産割当制度の下でハンブル

に許された量が，現実に保有した生産能力をかなり下回っていたことを意味するが，見方を変えれば同子会社が国内に十分な生産の余裕能力(spare capacity)を保持していたことを示す。こうした既存の生産体制も 1960 年代初頭以降の生産増を容易ならしめた基本要因だったといえよう(なお，Exxon Mobil Library〔4〕, HQ: Preliminary Prospectus as filed with the Securities and Exchange Commission October 15, 1954, pp. 26-27 も参照)。

17) 残渣燃料油の輸入制限の緩和は，一つにヴェネズエラ政府の強い要請に応じたことによるが，アメリカ国内，特に大西洋岸地域(East Coast)における残渣燃料油の需要の相当部分がそれまでヴェネズエラ(およびカリブ海地域—ヴェネズエラ原油を用いて生産)などからの輸入で賄われてきた事情があり，これを大きく削減することが実際には困難だったことにもよると思われる。1963 年の 7〜11 月にロッキー山脈以東の地域で輸入された石油製品(残渣燃料油など)のほとんどすべてはヴェネズエラ(およびカリブ海地域)産であった。後の 1970 年についてであるが，同地域で消費された残渣燃料油全体の 85％は外国(その大半はヴェネズエラ・カリブ海域と考えられる)からの輸入に依存した(第 5 章第 2 節も参照)。以上については，NACP〔1〕, Outgoing Telegram, Action: Amembassy Caracas Priority, December 19, 1963, Pet 17-2 US: RG59; Jersey〔24〕, 1970, p. 11; PT〔121〕, May 13, 1966, p. 588; Vietor〔272〕, p. 384; Vietor〔273〕, p. 131; Chester〔170〕, p. 154 による。

18) Exxon〔18〕, 1978, p. 33. ジャージーによる大陸棚での油田探索の開始は 1930 年代にさかのぼるが，戦前は原油の発見に至らなかった。大戦終了後の 1946 年頃から同社は油田の探索を再開し 50 年代半ば頃までに成果を生み出した。但し，この間ジャージーは，大陸棚の所有権が連邦政府と州のいずれに属するかをめぐる紛争などに逢着しており，油田の探索が順調に進展したわけではなかった(Exxon Mobil Library〔4〕, HQ: Preliminary Prospectus as filed with the Securities and Exchange Commission October 15, 1954, p. 25; Jersey〔24〕, 1955, p. 39; Jersey〔26〕, Summer 1959, p. 22; Larson and Porter〔144〕, pp. 422, 657; Wall〔154〕, pp. 92-94)。

19) それまでの最大は恐慌後の 1930 年に東部テキサスで発見された埋蔵量 50 億バレルの油田であった(以上については，Jersey〔24〕, 1968, p. 6; Fortune〔98〕, April 1969, p. 120; Wall〔154〕, pp. 139-140 を参照)。東部テキサス油田については第 2 章第 2 節〔I〕を参照せよ。

20) 油田の開発，生産に要する費用が他のアメリカ 48 州(Lower 48 states, アラスカとハワイを除く)でのそれに比べ法外である(1969 年になされた推計では，油井の 1 フィートあたりの掘削費用が，48 州での平均 13 セントに対しアラスカでのそれは 142 セントといわれた)のみならず，産出される原油の輸送——パイプラインの敷設と操業および港湾からのタンカーによる積み出し——にも自然条件に由来する困難，多大な費用が予測された。加えて，パイプラインの建設に対する環境保護団体の強力な反対運動があったことなどもアラスカでの油田開発・生産開始が遅れる要因の一つであった。なお，アラスカは 1970 年代後半ないし末期の本格的な生産開始後遅からずテキサス州を凌い

でアメリカにおけるジャージー社最大の原油生産州となる。例えば1983年にジャージーのアラスカでの生産量(33万6000バレル，1日あたりの純生産)は同社の全アメリカ生産量の43.0%に相当し，1994年では53.2%(29万9000バレル，同)を占めた(なお，90年代半ば頃から比重は低下し，2002年では28.9%(19万7000バレル，同)である)。以上については，Exxon〔18〕, 1983, pp. 38-39, 1994, p. 38; Exxon Mobil〔21〕, 2002, p. 54; Wall〔154〕, pp. 140-152による。

第3節　ヴェネズエラ

　前掲表IV-1から明らかなように，大戦終了後1960年代末までヴェネズエラは，1国としては引き続きジャージー社の最大原油生産拠点であった。同国における原油生産を主として担った子会社のクリオール石油(Creole Petroleum Corporation)は，戦後初期においては，原油生産量のみならず獲得利益額の面でもジャージー社内最大の企業であった。例えば1946～49年の4年間に，同子会社の総資産はジャージー社全体の十数%であったが，利益額では全体の40～50%を1社で生み出したのである[1]。売上高に対する純利益の比率では，1950年のクリオールのそれは32%強であった[2]。だが，同子会社によるかくの如き高位利益の獲得活動は1950年代後半以降，現地ヴェネズエラ政府の政策によって大きな困難に直面する。

所得税の増額とこれへの対応　第2次大戦期にジャージーを含む外国石油企業と現地政府との間でいわゆる利益折半原則が導入されたこと(1943年に合意成立)を前章で述べた[3]。こうした原則は，1958年に登場した新政権による所得税額(税率)の大幅な引き上げ(58年1月に遡及して実施)により事実上崩され，クリオールの場合，同年の対政府支払い額は一挙に9200万ドル増額し，50対50の利益分割は，ヴェネズエラ政府65%，クリオール35%となった[4]。クリオールが課税額の引き上げに強く反発したことはいうまでもない。しかし，所得税率の引き上げは石油企業に対してのみならずすべての個人，企業などを対象としたものであり，税率決定は主権国家の権限に属する行為である，とするヴェネズエラ政府の主張に対して有効な反論ないし反撃を行うことはできな

かったのである⁵⁾。以後1960年代に入り，ヴェネズエラ政府による攻勢はさらに強まり，69年にはクリオールが生み出した利益のうちの80%を超える部分を政府が取得することになったのである⁶⁾。

その結果，ヴェネズエラにおけるクリオールの事業の収益性が顕著な低下を辿ったことはいうまでもない。国際的にみても，1960年代半ば頃であるが，政府に支払う租税を含めた生産費用で比較してヴェネズエラの原油は，中東各国でのそれに対し大まかにいって1バレルあたり50セントほど割高だったようである⁷⁾。もっとも，このような費用増にもかかわらず，クリオールの事業の収益性は，この1960年代半ば頃まではジャージー社内で依然として最も高い部類に属したといわれている⁸⁾。同子会社は，この当時なおジャージー社の利益獲得を主導する企業としての存在を失わなかったと考えられるのである⁹⁾。

前掲表IV-1に示されるように，大戦終了以降のヴェネズエラにおけるジャージーの原油生産量は年によって減少もみられるが，増勢を辿ったことはいうまでもない。但し，1960年代についてみた場合，その伸び率は中東諸国などに比べ低く，同年代末までに同社による世界全体での生産に占めるヴェネズエラの割合は30%近くまで低下した。これは，一つは，アメリカで輸入割当制度が導入されたことによるものであろうが(前節参照)，この間の事情を踏まえ，子会社クリオールが活発な新規の投資を抑制したこともその重要な要因の一つといえよう¹⁰⁾。

ヴェネズエラでの原油生産量全体に占めるジャージーの生産割合(但しクリオールの生産量〔総生産〕のみ，他の利権から得られる原油を含めず―表IV-1の注〔6〕を参照)をみると，統計の得られる1947年に52.5%であったその比率は，60年には38.4%まで低下した¹¹⁾。これは，同社に比べ他社の増産がより顕著であったことによるものである。戦前来の有力企業に加え，戦後のヴェネズエラ政府による新規利権の供与(1950年代半ば)を受けて進出した企業群(主にアメリカ企業)の活動がジャージーの生産シェアの低下を惹起せしめたのであった¹²⁾。もっとも，1960年代については，ジャージーのヴェネズエラ全体での生産割合(クリオール分のみ)には，例えば67年が38.9%であったように低下傾向はみられなかった¹³⁾。同社(子会社クリオール)の最大企業としての地位

は揺るがず，第2位のRD゠シェル(The Royal Dutch/Shell Group of Companies, 1967年の生産比率は26.6%)などを引き続き上回ったのである[14]。

精製事業の新展開 次に，原油生産事業と結びついたヴェネズエラでの活動の一つとして，子会社クリオールが同国北部のパラグアーナ半島(Paraguaná Peninsula)に製油所(アムアイ製油所〔Amuay refinery〕)を建設し(当初1日あたり6万バレルの原油処理能力，1950年1月に操業開始)活発な精製事業を展開したことに触れておきたい[15]。同社にとって，ヴェネズエラでの原油の生産増に対応する精製能力の拡張はいうまでもなく不可欠の課題であった。だが，それが現存のアルバ製油所(Aruba refinery, ヴェネズエラの北のカリブ海に位置する)の増強という方向ではなく，ヴェネズエラ国内での新規プラントの建設によってなされた主な理由は，国内での大規模な精製事業の遂行を求めたヴェネズエラ政府の要請に応えるためであった。ヴェネズエラにおける原油生産事業を維持・拡大する上で，クリオールは同政府の要請を回避することができなかったのである[16]。

設立されたアムアイ製油所に対しジャージーは，アメリカ本国の北東部地域での残渣燃料油需要への対応，特に火力発電所，産業企業などへ供給する燃料油の生産を主たる操業目的の一つとして与えた[17]。後述するアメリカ国内での石油製品市場の特性からして，ジャージーは本国での精製事業をガソリンその他の軽質製品の生産にできるだけ集中させ，収益性の低い残渣燃料油に対するアメリカ国内需要については，できるだけその多くを，残渣燃料油生産に適合的な性質(重質)を持ち，かつ安価なヴェネズエラ原油を原料とするアムアイ製油所での生産によって賄おうとしたのである[18]。同製油所は需要がやや薄い夏場などにおいては生産した残渣燃料油の一部を付設された巨大タンク群に蓄え，冬期(10月頃から)にこれを放出するといった仕方でアメリカ国内需要に応えたのである[19]。

なお，ヴェネズエラ国内での製油所の新設，精製事業の拡張は，ジャージーのみならずRD゠シェル，ガルフ，および他の若干の石油企業もまたこれを行ったのであり，ヴェネズエラ全体の原油精製能力(1日あたり)は1947年から67年までに10万6000バレルから133万8000バレルへ著しい増大を遂げた[20]。

後者の1967年に子会社クリオールがヴェネズエラに擁した精製能力は，現地市場への製品供給を目的とした中規模の製油所(前注〔16〕参照)と如上のアムアイ製油所とで合計53万9000バレルに達し，RD＝シェル(41万4000)，ガルフ(15万9000)，モービル(9万0000)などを凌いだのである[21]。同社は原油生産のみならず精製事業においても最大企業の存在を誇示したのであった[22]。

1) Jersey 〔24〕, 1947, pp. 24, 26, 1949, pp. 34-35 ; Creole 〔8〕, 1947, p. 16, 1949, pp. 2, 17による。ジャージーは，ヴェネズエラにはクリオール以外にも若干の子会社を保持したが(第1章，第2章参照)，これらは1943年8月にクリオールに合体された(クリオールに対するジャージー本社の所有権は，改組後の時点で93％である―Jersey 〔24〕, 1943, p. 10による)。以後，ガルフの子会社メネ・グランデ石油(Mene Grande Oil Company)から得られる原油を除き，ヴェネズエラでの原油獲得はすべてクリオールによって担われた。なお，1951年と推定されるが，メネ・グランデに対する権利からジャージーが得た利益(取得した原油から得られた利益)は年間約1700万ドルであった(1951年のクリオールの利益額は2億228万ドル)。これらの統計は，RAC〔3〕, Memorandum to Files from Stacy May, April 18, 1952 : F1508 : B136 : A. Activities Series : RG4 : RFA ; Creole 〔8〕, 1951, p. 19による。
2) Creole 〔8〕, 1950, p. 19.
3) 但し，周知のように利益折半原則の法律への明文化は，1948年の所得税法の改定によって実現された(例えば松村〔223〕, 227, 229頁参照)。
4) NACP 〔1〕, Incoming Telegram, From Caracas to Secretary of State, December 20, 1958 : 831.2553/12-2058 : RG59. RD＝シェルの場合は，ヴェネズエラ政府に対する支払額全体は利益の63％と推定される(PRO〔2〕, Memorandum for Mr. Walker, from Caracas to Foreign Trade, December 21, 1958 : POWE 33/2200)。
5) 1958年末近くに導入された所得税率の引き上げに対してクリオール側(クリオール社長)は，これが利益折半原則を一方的に踏みにじる行為であり，しかも世界的な原油過剰が進行する段階でこうした実質的な費用の引き上げに相当する増税は石油企業の活動を困難に至らしめる，として他社に先駆けて即座に強い調子での抗議を行った。ヴェネズエラ政府は，これに対して直ちにクリオールの社長を事実上の国外追放・入国禁止とし，強い姿勢をみせたのであった。現地クリオールの新経営陣およびジャージー本社の幹部は，所得税の引き上げの撤回，あるいは減額を求めてヴェネズエラ政府との交渉を続けるが，早晩，主権国家の決定に異議を差し挟むことは困難であると判断するに至った。こうした結論に至るクリオールおよびジャージー本社内の議論や判断については，以下に挙げるクリオールおよびジャージーの幹部とアメリカ国務省の担当官との会合の記録(メモランダム〔Memorandum〕)，国務省内部の交信記録などに詳しい。NACP

〔1〕, Incoming Telegram, From Caracas to Secretary of State, December 23, 1958: 831.2553/12-2358: RG59; NACP〔1〕, Foreign Service Despatch, No. 559, Meeting Held between Officials of the Creole Petroleum Corporation and the Foreign Minister and the President of the Government Junta, and with Romulo Betancourt, January 8, 1959, 831.2553/1-859: RG59; NACP〔1〕, Memorandum of Conversation, January 9, 1959, 831.11/1-959: RG59; NACP〔1〕, Foreign Service Despatch, No. 932, Forwarding memorandum of conversation with Mr. T. Proudfit, President, Creole Petroleum Corporation, describing his conversation with President Betancourt on April 16, April 22, 1959, 831.253/4-2259: RG59; NACP〔1〕, Memorandum of Conversation, July 30, 1959: RG59(この最後の文書は, 一つ前の831.2553/4-2259の文書と一緒に綴じられている)。我が国において, ヴェネズエラにおけるかかる事態の進展, ジャージー社の資産の国有化(1975年, 後注〔22〕参照)とそこに至る過程などを検討したものとして, 梅野〔270〕, 第7章がある。松村〔223〕, 第6〜8章も有益である。

6) NACP〔1〕, Telegram, Caracas 2024, 10/7/67: PET 17-2-VEN: RG59; PIW〔118〕, January 26, 1970, p. 8; Wilkins〔278〕, pp. 355-356, 邦訳(下), 131頁による。

7) IPI〔197〕, Vol. II, p. 80. 但し, ここでの租税に, 所得税に加えて利権料(royalty, 採掘税)が含まれるかどうかは不明である。

8) Wall〔154〕, p. 396による。1960年代(ここでは60〜68年)のクリオールの純利益額をみると, この間に顕著な増減はなく, 1億9900万ドルから2億4700万ドルの間にあった(梅野〔270〕, 196頁)。もっとも, この時代の利益額は, ほぼ1950年代前半のそれに等しい額にすぎない(Creole〔8〕, 1951, p. 19, 1953, p. 3, 1954, p. 3)。

9) 但し, 獲得利益の絶対額で引き続きジャージー社内で最大であったかどうかは不明である。次章で述べるように, 1960年代におけるアメリカ本国での事業活動全体の大半はハンブル石油・精製によって担われた。後掲表V-5に示されるアメリカでの利益は, その大部分をハンブルが獲得したと考えられるのであり, 前注に記したクリオールの利益額が1960年代半ばにおいてなおハンブルのそれを上回ったかどうかは疑問である。

　なお, 1967年についてであるが, RD=シェルのヴェネズエラでの原油生産費用は, クリオールに比べ1バレルあたり10〜15セント割高といわれている。投資額に対する利益率(return on average investment)では, クリオールが21.5%であったのに対し, RD=シェルの子会社(Shell Company of Venezuela)は8.7%であった(PRO〔2〕, Rate on Return on Investment, Memotrandum to Hubert Scholes, Ministry of Power, from G. P. Glass, 4th March, 1969: POWE 63/402/16による)。

10) クリオールによる1960年代の1年間の資本支出額(原油生産事業以外を含む)は, 同年代末期を別として, おおむね3000万ドルから5000万ドルの範囲であり, これは1950年代前半ないし半ば頃のほぼ半分程度にすぎない(Creole〔8〕, 1954, p. 30; 梅野

〔270〕, 190頁；Jersey〔24〕, 1969, pp. 12-13による)。
11) 松村〔223〕, 256頁による。
12) 1958年の1〜11月についてであるが，ヴェネズエラの主要な石油企業の原油生産量(総生産，1日あたり)をみると，最大はむろんクリオール(106万2000，但し他の利権から得られる部分を含まず)，ついでRD=シェル(The Royal Dutch/Shell Group of Companies, 69万2000，同じく他の利権から得られる部分を含まず)，ガルフ(38万8000バレル，但しその半分はジャージーとRD=シェルに提供される)，ソコニー・モービル(12万7000)，などである。

　　以上についての記述と統計は，NACP〔1〕, Foreign Service Despatch, No. 493, From Amembassy Caracas to the Department of State, Venezuela Petroleum Production, November 1958, December 18, 1958, 831.2553/12-1858: RG59；松村〔223〕, 231-232, 250-251, 256頁；Fortune〔98〕, February 1949, p. 183, May 1958, p. 128；PT〔121〕, May 29, 1964, p. 263による。

　　ところで，ジャージーとともに戦前来ヴェネズエラの石油業界を支配したRD=シェル，ガルフ石油の生産比率にはこの間(1947〜60年)目立った低下はみられなかった。特に，RD=シェルの場合，その比率は1950年代半ば頃までは増加傾向さえ辿った(その後は反落)。生産量の伸びで比較した場合，1947〜57年についてであるが，子会社クリオールが1.8倍の増産を行ったのに対しRD=シェルの子会社のそれは2.6倍であった(松村〔223〕, 256頁，但し，一部の利権から得られる原油を含まず)。

　　両子会社のヴェネズエラにおける原油生産活動にみられたこうした相違は，ジャージーとRD=シェルのそれぞれによる世界企業としての活動全体に占めるヴェネズエラ油田の位置づけの違いによるものと思われる。1954年についての統計であるが，ジャージー(子会社クリオール)が生産した石油(原油と石油製品)のうち，西ヨーロッパ地域を最大市場とする東半球へ出荷された部分は全体の15.8%で，50年代の初頭以降その比率は低下したが(Creole〔8〕, 1954, p. 19)，RD=シェルの場合，やや時期が後の57年時点においてもヨーロッパ地域のみで同社によるヴェネズエラ生産量(原油と石油製品)全体の約30%を吸収したのであった(Fortune〔98〕, October 1957, p. 170)。西ヨーロッパなど東半球への石油供給については，ジャージーがその大部分を中東の生産拠点に委ねたのに対し(次節および次章の第4節参照)，RD=シェルは50年代後半においてなおジャージーに比べ高いヴェネズエラ依存を続けたと考えられるのである。

　　なお，1947〜60年にジャージー，RD=シェル，ガルフのビッグ・スリーによる生産の合計量は，ヴェネズエラ全体の95.0%から60年の79.0%までその比率を低下させた。そのうち最大の低落を余儀なくされたのは既述から知りうるようにジャージー(クリオール)であった(松村〔223〕, 256頁)。
13) すでに述べたようにジャージーがこの時代に油田の探索，新規開発のための投資を抑制したことは事実であるが，この間他の主要企業もまた積極的な油田の探索や開発を控える行動をとったと考えられる。1970年時点で，ヴェネズエラ全体の原油生産量は1日あたり370万バレルであったが，これはほとんど生産能力の上限に近かったようで，

同年の追加可能な生産量はあと 10 万バレルほどにすぎなかった(こうした事実がジャージーに如何なる意味を持ったかについては,本書の終章の〔III〕を参照)。なお,1967 年にビッグ・スリーの生産量の合計は,全ヴェネズエラ生産の 77.6％であり,60 年代にその比重に大きな変化がなかった。以上は,PIW〔118〕, June 1, 1970, p. 3 ; Jersey〔24〕, 1969, p. 12 ; 松村〔223〕, 256-257 頁による。

14) 松村〔223〕, 256 頁 ; NACP〔1〕, Airgram, A-94, Aug. 07, 1965 : PET 2 VEN : Subject-Numeric File, 1964-66 : RG59 による。但し,RD＝シェルの比率にも一部の利権から得られる原油を含まない。

15) 建設費は 1 億 5000 万ドルと推定される(Jersey〔24〕, 1949, p. 24 ; Wall〔154〕, pp. 406-407)。

16) ジャージー(クリオール)はヴェネズエラ国内市場向けに戦前から 2 つの製油所を有し,1946 年にその精製量は合計約 6 万 2000 バレル(1 日あたり)であった(但し,その一つはアムアイ製油所の設立に伴い閉鎖された)。これらは,いずれもその立地上の難点からしてアムアイ製油所に期待された役割(すぐ次に述べる)を果たせるものではなかった(詳細は,Creole〔8〕, 1946, p. 15, 1949, p. 9 ; Wall〔154〕, p. 404 を参照)。

17) Wall〔154〕, p. 415.

18) 1952 年のクリオールの精製事業における石油製品の生産得率は,重油(残渣燃料油) 57.6％,軽油 25.1％,自動車用ガソリン 10.9％などであった(Creole〔8〕, 1952, p. 13)。戦後のアルバ製油所もまたこうした機能を担ったことは想像に難くないが,それが主たる役割であったかどうかは不明である。なお,戦前期にジャージーはアメリカ本国の大西洋岸市場で販売する残渣燃料油の一部をアルバ製油所から供給した(1939 年にバンカー用重油〔船舶用燃料〕を 1 日あたり 4 万 1000 バレル)。以上については,Larson, Knowlton and Popple〔145〕, pp. 281, 299, 692, 766 ; Jersey〔24〕, 1948, pp. 17, 24 による。

19) 1957 年には残渣燃料油を 1200 万バレル以上貯蔵しうる設備を有した(Jersey〔27〕, p. 59 ; Wall〔154〕, p. 415)。

20) 松村〔223〕, 270-271 頁。

21) 松村〔223〕, 270-271 頁による。NACP〔1〕, Airgram, A-94, Aug. 07, 1965 : PET 2 VEN : Subject-Numeric File, 1964-66 : RG59 も参照。

1967 年初頭時点,ジャージーのアルバ製油所の原油精製能力は 46 万バレルであり,ヴェネズエラのアムアイ製油所の 43 万 5000 バレルより依然として大規模であった(IPI〔197〕, Vol. II, pp. 26, 77)。但し,この時点でこれほどの規模を有したにもかかわらず,アルバの精製能力,精製量は戦後にはほとんどみるべき拡張を遂げなかったと推定できる。精製量についてであるが,1950 年代についてみるとほぼ 40 万バレル台の前半を辿った(例えば,51 年は 43 万 1000 バレル,55 年に 44 万バレル,58 年 39 万 9000 バレルなど,60 年代の統計は不明)。1970 年初頭についてみると,ヴェネズエラ全体のジャージー(クリオール)の精製能力(アムアイ以外を含む)は 53 万 9200 バレルであったのに対し,アルバのそれは 67 年と変わらず 46 万バレルに留まった。以上は,Jersey

〔24〕, 1951, p. 39, 1955, p. 43, 1958, p. 32 ; U.S. Senate 〔72〕, pt. 4, p. 1737 ; Petroleum 〔117〕, January 1961, p. 7 による。
22) なお，ヴェネズエラでのジャージーの資産は1975年の末に国有化された。同社は5億700万ドルの補償を認められた(但し，現金は7200万ドルにすぎず，残額は公債〔interset-bearing bonds〕)。Exxon 〔17〕, 1975, p. 6 による。

第4節　中東・北アフリカ地域

　第2次大戦後の世界石油産業を対象とした研究において，1960年代末までの中東油田地帯(ペルシャ湾岸地域)と北アフリカ油田での石油大企業による原油生産事業，油田支配については，1970年代前半とそれ以降に顕現した油田支配体制の激変もあって，調査・分析が相対的に進んだ分野の一つといってよいであろう[1]。それゆえ，ここでは重要であっても既知の事象については省略ないし必要最小限の記述に留める。

　戦前イラクにわずか10%程度の権益を有したにすぎなかったジャージーは，1940年代後半にサウジ・アラビアで唯一の原油生産企業たるアラムコ(The Arabian American Oil Company, Aramco)の30%所有権を獲得し(1948年12月に株式取得の完了)，50年代半ばに7%の持分とはいえイランの油田に全く新たに利権を得たことで，中東における主要原油生産企業の1社としての地歩を固めた[2]。これら3国においてジャージーは，いずれも他の大企業と共同で油田の支配，原油の生産を実現したのである。ペルシャ湾岸油田についていえば，その後1950年代の後半ないし末頃から新興の石油企業群の進出をみるが，70年代に入るまで同社の支配力，他社との共同支配体制は基本的に崩れることがなかった。

サウジ・アラビア　前掲表Ⅳ-1に示されるように，これら諸国においてはいうまでもなくサウジ・アラビアが1940年代末以降ジャージーの最大の原油生産拠点をなした。同社が共同所有子会社アラムコから獲得した原油の量は，本書が対象とする1960年代末までほぼ跡切れのない増加を辿った。だが，1950年代末頃までのアラムコによるサウジでの生産拡大は，

その原油埋蔵量との対比でいえば必ずしも順調とはいえなかったと思われる。実際，この時期のサウジ全体での生産の伸び率は，中東における他の有力産油国クウェート，イラクのそれをかなり下回った[3]。戦後の西ヨーロッパなどでの外貨(ドル)の不足とこれに由来した販路拡大の制約が，アラムコの生産増を相対的におさえる一因をなしたと考えられるのである。ジャージーなどアメリカの大企業4社によって所有され(前注[2]参照)，ドルあるいはドルに転換可能な通貨で石油の販売代金を回収するアラムコにとって，1940年代末以降少なくとも50年代半ば頃まで，各国でのドル外貨の不足は事業拡張を進める上での一つの重要な障害だった[4]。

ジャージーはアラムコへの権利を獲得後間もなく，他のアラムコの親会社(所有企業)とともにこうした事態に対応した。原油の支払い代金をスターリング(Sterling, イギリス通貨)などドル以外の通貨でも受け取り可能とする，などの諸方策を追求し，ドル不足の諸国での販路の拡大を図ったのである[5]。国際石油市況が需要の急増と供給不足とを基調とした1950年代に，ジャージーおよびアラムコはサウジ原油の販路の確保に特別の努力を求められたのであった。

他方，1960年代においてアラムコは，同年代後半(1966～68年)にサウジ・アラビアがクウェートを凌いで中東最大の産油国の地位を回復したことに示されるように(表IV-2参照)，50年代に比べより急速に原油生産量の拡大を実現した。アラムコからのジャージーの原油獲得量もむろん増大した。同社の世界全体での生産量に占めるサウジの比率は，1960年代半ば近くには一時期落ち込みを経験したが，70年には20％に達するのである[6](前掲表IV-1参照)。ジャージーは所有権(30％)に基づいて引き取る(購入)量に加え，ほぼ一貫して他のアラムコ所有企業から原油を買い取ったと推定される[7]。もっとも，こうした活発な増産，ジャージーの獲得原油の増大にもかかわらず，1960年代半ば(64年)以降69年頃まで原油生産事業へのアラムコによる新規の拡張投資は少なかった[8]。アラムコは原油の過剰市況を踏まえ，この時期には投資用資金を主として減価償却費等(depreciation and amortization)の積立金によって賄ったのであり，新規油田の探索や開発などはこれをできるだけ控え，既存油田から

表IV-2 世界の原油生産量の主要

	アメリカ		カナダ		ヴェネズエラ		サウジ・アラビア		イラン		イラク	
		%		%		%		%		%		%
1938	1,214	61.1	7	0.4	188	9.5	—		78	3.9	33	1.7
1945	1,714	66.1	8	0.3	323	12.4	21	0.8	131	5.0	35	1.3
1946	1,734	63.2	8	0.3	388	14.1	60	2.2	147	5.4	36	1.3
1947	1,857	61.4	8	0.3	435	14.4	90	3.0	155	5.1	36	1.2
1948	2,020	58.8	12	0.3	490	14.3	143	4.2	190	5.5	26	0.8
1949	1,842	54.1	21	0.6	482	14.2	174	5.1	205	6.0	31	0.9
1950	1,974	51.9	29	0.8	547	14.4	200	5.3	242	6.4	50	1.3
1951	2,248	52.5	48	1.1	622	14.5	278	6.5	124	2.9	65	1.5
1952	2,290	50.7	61	1.3	660	14.6	302	6.7	8	0.2	141	3.1
1953	2,357	49.1	81	1.7	644	13.4	308	6.4	9	0.2	210	4.4
1954	2,315	46.1	96	1.9	692	13.8	351	7.0	22	0.4	228	4.5
1955	2,484	44.2	129	2.3	787	14.0	357	6.3	121	2.2	251	4.5
1956	2,617	42.7	172	2.8	899	14.7	367	6.0	197	3.2	232	3.8
1957	2,617	40.6	182	2.8	1,014	15.7	374	5.8	263	4.1	163	2.5
1958	2,449	37.1	165	2.5	951	14.4	385	5.8	301	4.6	266	4.0
1959	2,575	36.1	185	2.6	1,011	14.2	421	5.9	345	4.8	311	4.4
1960	2,575	33.6	190	2.5	1,042	13.6	481	6.3	386	5.0	354	4.6
1961	2,622	32.1	221	2.7	1,066	13.1	541	6.6	432	5.3	366	4.5
1962	2,676	30.2	244	2.8	1,168	13.2	600	6.8	482	5.4	367	4.1
1963	2,753	28.9	258	2.7	1,186	12.5	652	6.8	538	5.7	423	4.4
1964	2,787	27.1	275	2.7	1,242	12.1	694	6.7	619	6.0	462	4.5
1965	2,849	25.8	297	2.7	1,268	11.5	805	7.3	688	6.2	482	4.4
1966	3,028	25.2	320	2.7	1,231	10.3	950	7.9	771	6.4	505	4.2
1967	3,216	25.0	351	2.7	1,293	10.0	1,024	8.0	948	7.4	448	3.5
1968	3,329	23.5	436	3.1	1,319	9.3	1,114	7.9	1,039	7.4	549	3.9
1969	3,372	22.2	411	2.7	1,312	8.6	1,174	7.7	1,232	8.1	555	3.7
1970	3,517	21.1	461	2.8	1,353	8.1	1,387	8.3	1,397	8.4	569	3.4

(出典) DeGolyer and MacNaughton〔96〕, 1993, pp. 4-11 より。

より多くの原油を汲み出すことで生産増を図ったと考えられる[9]。

リビア　1960年代のジャージー社にとってサウジ・アラビアにつぐ原油生産拠点となったのは北アフリカのリビアであった(前掲表IV-1参照)。1953年の利権獲得, 59年の油田の発見, およびパイプライン敷設後の61年の生産開始によって, 同社はリビア最初の, そしてしばらくは最大の原油生産企業となったのである[10]。リビアにおけるジャージーの活動については以下の3つが要点となろう。

第1に, 急速に拡大する戦後石油市場を賄うに足る原油を確保することは,

第4章　原油生産活動の新展開　265

別内訳, 1938, 1945～70年　　　　　　　　　　　　　　（単位：100万バレル／年, %）

クウェート		リビア		インドネシア		旧ソ連邦		その他		合　計	
	%		%		%		%		%		%
—		—		57	2.9	209	10.5	202	10.2	1,988	100.0
—		—		8	0.3	155	6.0	200	7.7	2,595	100.0
6	0.2	—		2	0.1	164	6.0	200	7.3	2,745	100.0
16	0.5	—		8	0.3	194	6.4	223	7.4	3,022	100.0
47	1.4	—		32	0.9	225	6.6	248	7.2	3,433	100.0
90	2.6	—		45	1.3	245	7.2	269	7.9	3,404	100.0
126	3.3	—		50	1.3	273	7.2	312	8.2	3,803	100.0
205	4.8	—		57	1.3	292	6.8	344	8.0	4,283	100.0
273	6.0	—		64	1.4	329	7.3	391	8.7	4,519	100.0
315	6.6	—		77	1.6	380	7.9	417	8.7	4,798	100.0
350	7.0	—		84	1.7	427	8.5	453	9.0	5,018	100.0
403	7.2	—		91	1.6	510	9.1	493	8.8	5,626	100.0
406	6.6	—		96	1.6	612	10.0	526	8.6	6,124	100.0
428	6.6	—		117	1.8	718	11.2	563	8.7	6,439	100.0
524	7.9	—		121	1.8	826	12.5	620	9.4	6,608	100.0
526	7.4	—		139	1.9	946	13.3	675	9.5	7,134	100.0
619	8.1	—		153	2.0	1,079	14.1	795	10.4	7,674	100.0
633	7.8	7	0.1	155	1.9	1,212	14.8	912	11.2	8,167	100.0
714	8.1	67	0.8	168	1.9	1,360	15.3	1,019	11.5	8,865	100.0
763	8.0	169	1.8	165	1.7	1,504	15.8	1,109	11.6	9,520	100.0
841	8.2	316	3.1	171	1.7	1,644	16.0	1,234	12.0	10,285	100.0
858	7.8	445	4.0	178	1.6	1,786	16.2	1,383	12.5	11,039	100.0
907	7.6	550	4.6	169	1.4	1,948	16.2	1,622	13.5	12,001	100.0
912	7.1	637	5.0	185	1.4	2,093	16.3	1,760	13.7	12,867	100.0
964	6.8	951	6.7	220	1.6	2,251	15.9	1,964	13.9	14,136	100.0
1,022	6.7	1,136	7.5	271	1.8	2,389	15.7	2,307	15.2	15,181	100.0
1,090	6.5	1,209	7.2	312	1.9	2,550	15.3	2,831	17.0	16,676	100.0

ジャージーにとって不断に追求すべき課題であり，リビアへの進出もそうした課題への一つの対応であった．だが，1950年代前半に同社と相前後して進出した他社が油田の発見に成功せずリビアでの油田探索の打ち切りを志向する中で引き続き探索活動を継続し[11]，やがて有望油田の発見に到達しえたジャージーの行動は，こうした原油確保の必要性一般からのみ説明されるべきではないであろう．同社にとって，リビアにおける油田の獲得は，アラムコに対するサウジ・アラビア政府の種々の要求を牽制ないし抑制するための対抗力，あるいはそのための主体的基盤を同社に与えるものとしても位置づけられたのであ

る。1940年代末に至ってようやく利権を獲得した中東の主要生産拠点に対する現地政府の干渉等に対抗するためには，必要に応じてサウジに一部代替しうる生産拠点を確保することが有効であるとジャージーは考え，そうした拠点たりうる一つの候補としてリビアを位置づけたのであった[12]。

第2に，リビアでのジャージーによる原油生産量の顕著な伸展(表IV-1参照)が，豊富な原油埋蔵量，西ヨーロッパ市場への近接した立地条件，軽質で硫黄分の少ない原油の性状など，リビアの油田と原油の持ついくつもの優位性によって促進されたことはいうまでもない[13]。だが，国際市場で石油過剰がすでに顕在化していた時期におけるリビアでの原油生産の開始，およびその後の顕著な増産を可能ないし促進せしめた外的一因として，1960年代のイラクでの生産の伸びが他のペルシャ湾岸の主要な産油国に比べ低位で推移した事実を逸することができない。イラクでのかかる生産動向については，ここでは，ジャージーを含む国際石油企業などの共同所有子会社イラク石油(Iraq Petroleum Company，ジャージーの所有権は11.875%)とイラク政府との対立がこれを規定づけた基本的要因であったと指摘するに留め，その立ち入った検討を省略するが[14]，ともかく前掲表IV-2にみられるように，1960年代末時点のイラクでの原油生産量は，ペルシャ湾岸の主要4カ国の中で最も少ない水準だったのである。ジャージーによるリビアでの1960年代の原油増産は，こうしたイラクでの緩慢な生産伸長を一つの背景要因として可能になったのであった[15]。

第3に，ジャージーは1965年になおリビア全生産量の46.5%を占める最大企業であったが，60年代末までには首位を失い，69年では全体に占めるその比率を24.0%へ低下させた(オアシス石油〔The Oasis Oil Company of Libya, Inc.〕についで2位へ後退)[16]。リビアはペルシャ湾岸の主要産油国と異なり，原油生産，油田支配においていわゆるセヴン・シスターズ(Seven Sisters, 7大国際石油資本)以外の企業の占める比重が相対的に大きいことを特徴とした。これは，急速な国内生産の増大を求めるリビア政府が，その主導役を国際石油資本よりはむしろこれに遅れて中東，北アフリカへ進出した新興企業に期待し，これら企業を優遇したことによるものであろう。1960年代に入りジャージーなど主要企業が共同で，原油過剰に対応する生産調整をペルシャ湾岸地

域などで試み，相対的に生産増を抑制する動きをみせたのに対し，新興企業群は，それまで中東，北アフリカなどに原油生産利権を持たない，あるいは保持したとしても小規模・脆弱だったために，油田の獲得と原油の増産に強い意欲を有したのである[17]。1960年代半ばにジャージーが2つの新利権に応募しいずれも落札できなかった一方，新たに利権を得た企業に，69年の末頃に上記のオアシス石油さえ抜いてリビア最大の生産企業となるオクシデンタル石油(Occidental Petroleum Company)が含まれたことが見落とせない。かかる入札とジャージーの失敗は，リビアにおける同社の地位の相対的低下を加速せしめたといえよう[18]。もっとも，すでに周知のことに属するが，セヴン・シスターズと異なりリビア以外に有力生産拠点を実際上持たないこうした企業は，1969年9月のいわゆるカダフィー革命(Qaddafi Revolution)以降に，公示価格(posted price)の引き上げ(および所得税率も)を求める新政権の恰好の標的とされたのであり，ジャージーに比べその脆弱性を露呈するのである[19]。

BPからの原油買い取り　ところで，1960年代末に至るジャージー社の中東および北アフリカでの原油獲得活動は，以上のサウジ・アラビアとリビアを2大拠点とし，これにイラクとイランを加えた4カ国での生産事業にほぼ限定されたわけではなかった[20]。1952年に開始されたBP社(The British Petroleum Company Ltd., 以下BP，但し，1954年までは社名はアングロ・イラニアン石油〔Anglo-Iranian Oil Company, Ltd.〕，今日はBP p.l.c.)からの長期にわたる原油の大量購入(1947年に協定成立，総計8億バレルの原油の20年間にわたる買い取り――1日あたり平均11万バレル，50年代にそのほとんどはクウェート産原油と推定される)の事実とその意義を欠落させることはできない。もっとも，これについては後に第6章においてイギリスでのジャージーの活動を扱う際に立ち入って論ずる予定である。ここでは，その後1959年にジャージーが既存の契約に加え，さらに12年間で2億1500万バレルを追加購入することを取り決め，ついで66年には最初の契約および59年の契約に代えて，新たに21億バレル(イラン，クウェート，ナイジェリアの原油)を15年かけて買い取る協定をBPとの間に成立させたこと，のみを記すに留める。この1966年の契約は，その後70年代の中東などにおける油田支配構

造の激変の下で15年間を全うしえなかったが，79年まで継続され，ジャージーは予定量(21億バレル)の81%を買い取ったのである[21]。

前掲表Ⅳ-1によれば，1960年代半ば頃までにジャージー社においては，ペルシャ湾岸諸国とリビアでの生産量の合計(BPからの買い付けを含む)は，ヴェネズエラでのそれを凌いだと考えることができる。これは次章で述べる西ヨーロッパ市場での販売量の拡大と照応するものであろう。1国としてみた場合，ヴェネズエラが最大であることは不変であるが，この時代に中東・北アフリカはジャージー社の最大生産地域に転位したのである。

最後に，統計の得られる1957〜69年について，世界全体の原油生産量でジャージーは，較差はわずかとはいえ終始 RD＝シェルを上回った。同社はこの時代も世界最大の原油生産企業として存在したのであった[22]。

1) 1970年代半ばにアメリカ上院外交委員会の多国籍企業小委員会が公表した聴聞会記録の中の石油産業部分(U.S. Senate〔73〕)およびこれを総括した報告書(U.S. Senate〔74〕)がそうした研究を促進する有力な資料の一つをなしたことは周知の通りである。
なお，中東(the Middle East)とは何処を指すか，あるいは中東が含む地理的範囲については多様な見解が存在し，確定的な結論は出ていないように思われる(例えば，小山〔216〕，藤村〔180〕，大石〔250〕などにみられる見解の相違をみよ)。本書との関連で問題は，北アフリカ油田(後述のリビアなど)を中東油田に含めるかどうかである。旧稿〔203〕において私は，同油田地帯を中東に含めて論じた。しかし，その後種々の文献，資料を検討し一旦区別すべきであろうと考え，本書では「中東・北アフリカ地域」なる表現を与えた。しかし，これは便宜的措置である。
2) アラムコを所有した他の企業は，周知のようにカリフォルニア・スタンダード石油(30%)，テキサコ(30%)，モービル(10%)である。なお，1950年に中東全体でジャージーが保有した埋蔵量(40億バレル)の70%を超える部分がサウジ・アラビアに存在した(以上については，Jersey〔24〕, 1948, p. 12, 1954, p. 36 ; Larson, Knowlton, and Popple〔145〕, pp. 740-741を参照せよ)。
ところで，イランでの利権を獲得する以前の1953年12月末時点であるが，ジャージー社が世界各地で保有した埋蔵量を主要地域についてのみ一瞥すると，アメリカ本国が38億バレル，ヴェネズエラ65億バレル(ガルフの子会社〔メネ・グランデ石油〕に対する権利部分を含まず)，中東が111億バレル(但し，ジャージー社の利権保有部分のみ)，である(世界全体では225億9000万バレル)。なお，この統計は，Exxon Mobil Library〔4〕, HQ : Preliminary Prospectus as filed with the Securities and Exchange Commission October 15, 1954, p. 13によるが，この文書によれば，同社

の保有する埋蔵量(確認埋蔵量〔proved reserves〕)には総埋蔵量(gross reserves)と純埋蔵量(net reserves)の区別があり，前者は油層に所在する確認埋蔵量の全体を指すが，後者は土地所有者などに支払う利権料相当分などを差し引いた部分とのことである。上記の統計は総埋蔵量であるが，後者の純埋蔵量では，例えば，中東の場合は108億バレル(1953年12月末時点)である(世界全体では205億2000万バレル)。これまで本書の各章で記載したジャージー社の埋蔵量(確認埋蔵量)，およびこれ以降に記す埋蔵量(確認埋蔵量)が総埋蔵量であるかそれとも純埋蔵量か，資料の制約により不明である。

3) 資料を入手しえた1950年代の3つの時期について，ペルシャ湾岸に所在した主要産油国の原油埋蔵量(確認埋蔵量)を瞥見すると，51年1月初頭に最大はクウェートで150(億バレル，以下同じ)，ついでイラン130，サウジ・アラビア100，イラク87であり，55年7月初頭では最大がサウジ・アラビアの360，次にクウェート275，イラク145，イラン130，58年12月末ではクウェート600，サウジ・アラビア450，イラク218，イラン215，であった(以上は，World Oil〔131〕, July 15, 1951, p. 67, August 15, 1955, p. 133, August 15, 1960, p. 95 より)。みられるように，1951年初頭(50年12月末と同じ)から58年末までの8年間にサウジ・アラビアは最大の伸び率(4.5倍)を記録し(クウェートは4倍，イランは1.7倍，イラクは2.5倍)，55年には一時中東最大の埋蔵量を擁した。一方，前掲表IV-2の統計から，ほぼこの期間に相当する1950年から58年までの各国の生産量の伸びをみると，サウジのそれは1.9倍であり，クウェートの4.2倍，イラクの5.3倍に比べかなり低い(なお，イランは1.2倍に留まった。但し，同国はイラン政府によるBP資産の国有化とこれに伴う大幅な生産減〔1952～54年〕があったのでここでの比較対象として適切とはいえない)。

4) Aramco〔6〕, 1949, p. 1, 1952, pp. 2-3, 1953, p. 2；Aramco〔7〕, pp. 130, 133；U.S. Senate〔73〕, pt. 7, p. 147. 第6章で述べるように，1950年代初頭のイギリスにおいてジャージーは，深刻化したドル外貨の不足の下，ドルで原油代金の支払いを求めるアラムコ原油を精製用として使用することが難しく，結果として50年代に用いられた量は極めてわずかであった。また，1948～51年についてであるが，ジャージーが取得したアラムコ原油は生産量全体の22％どまりで，所有権に基づく30％を引き取ることができなかった。これは，後述する1960年代とは対照的である(U.S. Senate〔73〕, pt. 7, p. 69 による)。

5) 1950年の半ばにジャージーはイギリス政府との協定により，イギリスおよび諸外国(但し，スターリング通貨圏に限定と思われる)においてスターリングでアラムコ原油の販売代金を受け取ることが可能になった。それまでイギリス政府は，ジャージーなどアメリカ系企業が持ち込み，ドルでの支払いを求める石油の輸入に対しては外為統制を課すだけでなく，これら企業が輸入した石油の代金支払い(対外決済)にスターリングを用いることも直ちにはこれを容認しなかったのである。同政府は，自国のみならず若干の諸国に対しても，すでに保有しているスターリングをアメリカ系企業への石油代金の決済に用いることを禁じたのであった。これは，スターリングでの支払いが，結局はイギリスが保有するドル外貨の流出につながるとの考えに基づくものと思われる(以上につ

いては，Larson, Knowlton, and Popple [145], pp. 710-711 ; Mendershausen [228], pp. 30-31 ; Painter [251], p. 380, および第6章を参照)。ともあれ，イギリス政府との協定によりジャージーは各国でアラムコ石油の販売を促進するための一定の条件を得たのである。

ところで，ジャージーがサウジ原油の代金として獲得したスターリングの一部，あるいは少なからぬ部分はむろん同社のアラムコへの支払いに用いられるのであるが，ここで，アラムコがこうしたスターリング，あるいは同様にして入手した他の通貨をどのように用いたかについて以下の2点を記す。第1は，サウジ政府に対する支払いへの充当であり，アラムコは同政府との交渉によって，利権料については従来取り決められた原油1トンあたり4シリングの金(4 shillings gold)または等価のドルだけでなく，スターリングでも支払い可能とすること，および新たに導入された所得税については，アラムコが石油の販売代金として受け取った各種通貨の構成比率に応じてそれぞれの通貨で支払い可能とすること，を合意として取り付けたのである(1950年末の協定) (Jersey [24], 1950, p. 26 ; Aramco [6], 1955, p. Ⅶ ; PRO [2], Aramco's Sterling Utilisation, Memorandum for Mr. Potter, by A. R. G. Raeburn, 12th October, 1954, POWE 33/2056/39 ; PRO [2], Memorandum for Mr. Potter, attached to the letter to A. B. Powell from A. Leonard, 18 October, 1955, POWE 33/1902/110 ; Larson, Knowlton, and Popple [145], p. 741)。第2は，時期はこれよりやや早いが，得られたスターリングなどを同社が必要とする物資の購入などに充てるために，イタリアのローマに本部をおくアラムコ海外購買会社(the Aramco Overseas Purchasing Company)なる子会社を設けたことである(すでに1940年代末に設立，後に名称をアラムコ海外会社(the Aramco Overseas Company)と変更，1954年にオランダのハーグに本部を移転)。1952年にアラムコが支払った商品とサービス(海上輸送運賃，その他)への代金(1億680万ドル相当)のうちドル圏(ここではアメリカとカナダ)以外への支出額は全体の24%だけであったが，1954年以降に顕著な進展がみられ，1955年では53%が非ドル圏に対してなされたのである(但し，同年の支払額全体は6264万ドル相当に留まった)。以上は，Aramco [6], 1952, p. 29, 1953, pp. 27-28, 1955, pp. 22-23 ; Aramco [7], p. 133による。

6) 前注(4)で述べたようにイギリスでのジャージーによるサウジ原油の活用は，1950年代にはごく限定的であったが，1960年代，70年代ではアラムコ原油がフォーリー製油所(Fawley refinery, 同社の在イギリスの主力製油所，第6章参照)での最大の精製用原油となった。

7) Wall [154], p. 446. この時代はモービルの超過引き取り率が最も高かったようである。他方，カリフォルニア・スタンダード石油は常時過少な引き取り状況で推移したと考えられ，1967年では所有権30%に対し全体量の19%強しか引き取らなかった(U. S. Senate [73], pt. 7, pp. 184-185, 286, 349)。

8) U.S. Senate [73], pt. 7, pp. 180-183, 190, 221.

9) 1971年頃になるとアラムコの生産余裕能力(spare capacity)，つまり生産能力と実

際の生産量の差はかなり縮小することになったのであるが，これはこうした投資行動を背景としたものと考えられる。(U.S. Senate〔73〕, pt. 7, pp. 190, 221)。前節のヴェネズエラについて記したこと(前節注〔13〕)と同様に，この事実の意味についても終章の〔III〕を参照せよ。

10) 以上については，Jersey〔24〕, 1959, p. 20, 1961, pp. 4, 15 ; Jersey〔26〕, Fall 1959, p. 8 ; Wall〔154〕, pp. 669, 672 ; U.S. Senate〔73〕, pt. 4, pp. 160-161 ; U.S. Senate〔74〕, p. 98, 邦訳, 148-149頁，による。1959年4月の油田の発見までにジャージーが投下した資金は2500万ドルであった(NACP〔1〕, Memorandum of Conversation, Standard Oil (N.J.) (Esso) Activities in Libya, May 14, 1959 : 873.2553/5-1459 : Desimal File, 1955-1959 : RG59)。

11) BP，ガルフ，フランス系石油企業，その他が進出し，ガルフの場合3000万ドル，BPはそれ以上の資金を探索に費やしたといわれている(Wall〔154〕, pp. 669, 672)。

12) Wall〔154〕, p. 671による。代替拠点を持ちえないことからくる油田支配の弱体性については，例えば後述の企業(オクシデンタル石油〔Occidental Petroleum Company〕)の場合を想起せよ。なお，共同所有下のイラク，イランの油田がそうした対抗基盤にならないとジャージーが考えたかどうかは不明である。但し，リビアにおける如く自社の完全所有子会社による油田支配はジャージー社に固有の対抗力を与え，独自の戦略の発動を可能にするであろう。

13) リビア原油は最高のアラビアン・ライト原油(Arabian light crude oil)に匹敵する高品質といわれた。スエズ運河を経由することなく直ちに西ヨーロッパに原油を供給することが可能であり，西ヨーロッパの同一地点への輸送費は，ペルシャ湾からの場合に比べ格安であった。各地点への輸送費は平均すると後者から輸送する場合に比べほぼ半分であった(Jersey〔24〕, 1961, p. 4 ; PIW〔118〕, February 9, 1970, pp. 5-6, February 16, 1970, p. 2 ; Wall〔154〕, pp. 61, 674)。

14) イラク石油会社(以下IPC)に対しイラク政府が提起した利益の折半原則(1952年にすでに合意成立)の見直し，利権の一部放棄などの諸要求をめぐって1958年頃に始まった両者の交渉(後に「事業参加」，IPCの取締役会への参加などの要求も付け加わる)は，IPC側の強い抵抗にあって進展せず，事態は1961年12月にイラク政府がIPC所有利権(鉱区面積)の99.5%を取り消すところにまで至った(残された鉱区は740平方マイルのみ)。もっとも，取り消された利権にはイラクの最大油田(キルクーク油田〔Kirkuk oil field〕)は含まれておらず，IPCの活動が直ちに重大な打撃を被ったわけではなかった(但し，いまだ生産には至っていなかったが，1953年に発見されたイラク南部地域の北ルマイラ〔North Rumaila〕の油田が含まれたことは軽視できない)。かかる利権の取り消しによりIPCによるイラク各地での新規油田の探索，生産拡大に向けた積極的活動が困難に直面したことはいうまでもない。また，利権の取り消しに先立ち1961年4月にイラク政府は油田探索の停止命令を出したのであり，これによりIPCは1964年まで取り消しを免れた利権地域の内部でも探索活動を行うことができなかったといわれている。以上については，Jersey〔24〕, 1961, p. 4 ; PT〔121〕, April 21, 1961, p. 272,

272 第II部 第2次大戦終了以降1960年代末まで

February 23, 1962, p. 133 ; U.S. Senate〔74〕, p. 101, 邦訳, 153頁 ; Wall〔154〕, pp. 649-655, 665 ; IPI〔197〕, Vol. I, p. 219を参照。
15) Wall〔154〕, pp. 665, 688.
16) U.S. Senate〔74〕, p. 98, 邦訳, 149頁 ; U.S. Senate〔73〕, pt. 4, p. 162. なお, 第6章第5節注(51)も参照せよ。
17) U.S. Senate〔74〕, p. 98, 邦訳, 147-148頁をみよ。ジャージーなど国際石油資本による共同所有方式を用いたペルシャ湾岸諸国での生産調整, 過剰生産の抑制活動の実態については, 例えばU.S. Senate〔74〕, pp. 102-118, 邦訳, 154-178頁を参照せよ。
18) Wall〔154〕, p. 692 ; U.S. Senate〔74〕, pp. 99-100, 邦訳, 150-151頁。
19) U.S. Senate〔74〕, pp. 121-125, 邦訳, 180-187頁 ; Wall〔154〕, pp. 701-708を参照せよ。
20) イランでの活動については紙幅の都合, およびジャージーが得た原油が4ヵ国の中で最も少なかったこと(前掲表IV-1)からしてここでは省略する。
21) Wall〔154〕, pp. 446, 601, 671.
22) 1960年代初頭頃まで, ジャージーとRD=シェルの生産量(いずれも協定に基づく買い取りを含む)はほぼ拮抗した(60年に, 1日あたりの純生産量でジャージーが233万4000バレル, RD=シェルが230万7000バレル)。だが, その後はわずかながら較差が広がり, 1969年ではジャージーが473万バレル, 後者は425万1000バレルであった。世界の原油生産事業においては両者が引き続き双璧をなした(これに続いたと考えられるのがBPで, 1969年の生産量〔純生産か総生産かは不明〕は約330万バレルであった)。以上は, 前掲表IV-1 ; Shell〔41〕, 1965, Financial Operational Information, pp. 12-13, 1969, Financial Operational Information, pp. 14-15 ; BP〔29〕, 1969, pp. 40-41による。

第5章　世界市場における製品販売活動

第1節　はじめに

　表V-1によって，第2次大戦終了以降1960年代末までのニュージャージー・スタンダード石油による国別・地域別の製品販売動向(石油化学品を除く，但し同表の注〔2〕を参照)をみると，1950年代についての統計の大半は不備であるが，アメリカが1国として最大の市場であったことは不変であろう。しかし，世界全体での販売量に占める比重は傾向的に低下し，1960年代末までに3割強を占めたに留まる。同年代前半にジャージーにとっては西ヨーロッパがアメリカを凌ぐ市場域に転じたのである。もっとも，市場での販売金額，販売利益などの点でもアメリカが最大市場の地位を西ヨーロッパに譲ったかどうかについては，両地域市場の特性，市場での競争形態などを踏まえて検討されなくてはならない。カナダ，ラテン・アメリカ両市場では，他の地域に比較して戦後に顕著な販売量の伸長も低落もみられなかった。アジアを中心とする地域(同表では「その他の東半球地域」)では，ジャージーの販売規模は戦後初期ではカナダ1国にも及ばない規模であったが，1960年代末までにほぼラテン・アメリカと並ぶところまで比重を高めた。

　以下，アメリカ本国から順に，主要国・地域におけるジャージー社の製品市場における販売活動と市場支配の特徴を考察する。なお，前章で取り上げなかった主要拠点以外の原油生産活動，および他の事業についても必要に応じて検討に加える。

表V-1 ジャージー社の主要国・地域別石油製品販売量, 1938, 1945～70年[1][2]

(単位:1,000バレル／日, %)

	アメリカ		カナダ		ラテン・アメリカ全体		西ヨーロッパ[3]		その他の東半球地域		その他		合計	
		%		%		%		%		%		%		%
1938	354	44.3	62	7.8	77	9.6	184	23.0	62	7.8	60	7.5	799	100.0
1945	682	56.6	97	8.0	138	11.4	30	2.5	65	5.4	194	16.1	1,026	100.0
1946	667	54.3	104	8.5	162	13.2	76	6.2	61	5.0	159	12.9	1,229	100.0
1947	754	52.3	126	8.7	193	13.4	221	15.3	78	5.4	70	4.9	1,442	100.0
1948	793	51.5	139	9.0	218	14.1	248	16.1	88	5.7	55	3.6	1,541	100.0
1949	753	48.9	150	9.7	204	13.2	271	17.6	106	6.9	56	3.6	1,540	100.0
1950	863	49.8	170	9.8	220	12.7	295	17.0	112	6.5	72	4.2	1,732	100.0
1951	n.a.		n.a.		n.a.		n.a.		n.a.		—		1.933	100.0
1952	n.a.		n.a.		n.a.		n.a.		n.a.		—		2,033	100.0
1953	n.a.		n.a.		n.a.		n.a.		n.a.		—		2,070	100.0
1954	n.a.		n.a.		n.a.		n.a.		n.a.		—		2,154	100.0
1955	n.a.		n.a.		n.a.		n.a.		n.a.		—		2,428	100.0
1956	n.a.		n.a.		n.a.		n.a.		n.a.		—		2,607	100.0
1957	965	37.5	n.a.		n.a.		n.a.		n.a.		—		2,571	100.0
1958	1,026	38.0	n.a.		n.a.		n.a.		n.a.		—		2,700	100.0
1959	1,140	39.1	n.a.		n.a.		n.a.		n.a.		—		2,916	100.0
1960	1,150	37.5	n.a.		n.a.		n.a.		n.a.		—		3,068	100.0
1961	1,143	35.7	n.a.		n.a.		n.a.		n.a.		—		3,201	100.0
1962	1,179	33.9	304	8.7	575	16.5	1,110	31.9	312	9.0	—		3,480	100.0
1963	1,207	33.1	321	8.8	542	14.8	1,238	33.9	342	9.4	—		3,650	100.0
1964	1,249	32.0	336	8.6	584	15.0	1,352	34.6	382	9.8	—		3,903	100.0
1965	1,361	32.5	367	8.8	551	13.1	1,496	35.7	417	9.9	—		4,192	100.0
1966	1,364	31.1	370	8.4	570	13.0	1,575	35.9	510	11.6	—		4,389	100.0
1967	1,485	32.0	384	8.3	607	13.1	1,623	34.9	548	11.8	—		4,647	100.0
1968	1,518	31.1	395	8.1	673	13.8	1,720	35.2	575	11.8	—		4,881	100.0
1969	1,645	31.2	399	7.6	671	12.7	1,948	37.0	602	11.4	—		5,265	100.0
1970	1,753	30.8	424	7.5	661	11.6	2,175	38.3	671	11.8	—		5,684	100.0

(注) 1) 1938, 45～50年の各国・地域での数値はジャージーの子会社による販売量のみ。子会社以外によって販売された量を一括して「その他」にまとめた。
2) 1951～56年のみ石油化学品を含むと推定される。他の年は含まず。
3) 1938年, 45年はアフリカを含む(1938年は他のヨーロッパ諸国も含む)。

(出典) 1938年, 1945～50年は Larson, Knowlton and Popple [145], pp. 296, 324, 542, 666, 820 より(但し, バレル／年をバレル／日に計算し直した)。1951～56年は Jersey [24], 1956, pp. 26-27 より。1957～60年は Jersey [25], 1966, p. 19 より。1961～70年は Jersey [25], 1970, pp. 16-17 より。なお, Jersey [24], 1964, p. 8, Jersey [25], 1963, pp. 18-19 も参照。

第2節 アメリカ

表V-2からアメリカにおける製品別の石油需要の構成を概観すると，ガソリン(自動車用ガソリン)が全体のほぼ4割ないしそれ以上を占め，戦前と同様に引き続き最大品目としての地位を維持する。この点は，後に考察する他の主要国，特に西ヨーロッパ，日本において，燃料油，特に重油の比重が顕著に高まったこと，1960年代には製品消費構成の5割，国によっては6割を重油が占めたこととは対照的である。製品の販売額でみた場合のアメリカでのガソリンの比重はさらに高い[1]。ジャージーにとって，戦後もアメリカでの製品販売活動の中心にガソリンがおかれたことは明らかである。

〔Ⅰ〕 販売地域の拡張と全国的販売企業への転成

戦後のアメリカ市場におけるジャージー社の販売活動の最も重要な戦略は，販売地域の拡張であり，全国を市場圏とする企業へ転成することであった。かつて1920年代の後半に試みられ，1929年恐慌後の不況下で一旦中断した販売地域の拡大は，大戦終了とともに再び活発化したのである。1930年代初頭頃ないし前半までに20であったジャージー社の活動地域の数(19州と1特別区〔首都ワシントン，Washington, D.C.〕)は，1946年には西部の山岳地域などを含む28となり，55年までに33へとさらに増加した[2]。しかし，販売量の拡大においてより重要な意味を持ったのは，1950年代後半ないし60年代初頭に進出した中西部，太平洋岸および東南部の諸州であった[3]。

中西部，太平洋岸，東南部への進出 中西部に属するイリノイ，オハイオ(Ohio)，ミシガン(Michigan)などの各州は，戦前来アメリカにおける主要なガソリン消費地域として存在した。太平洋岸，および東南部をその一部とする南部は，周知のように産業活動および人口などの面で戦後の新たな成長地帯を構成したのであり，石油市場としても注目すべき地域であった。特に，太平洋岸のカリフォルニア州での市場成長は著しく，同州は大戦終了以降本書が対象とする1960年代末まで，ガソリンについては連続してアメリカ最大の消費

表 V-2　アメリカにおける製品別石油需要量，1938, 1945～70 年

(単位：100 万バレル／年，％)

	自動車用ガソリン[1]		灯油[2]		ジェット燃料油[3]		留出燃料油		残渣燃料油		その他[4]		合 計	
		%		%		%		%		%		%		%
1938	523	46.0	56	4.9	—		117	10.3	292	25.7	149	13.1	1,137	100.0
1945	696	39.3	76	4.3	—		226	12.7	523	29.5	252	14.2	1,773	100.0
1946	735	41.0	89	5.0	—		243	13.6	480	26.8	246	13.7	1,793	100.0
1947	795	39.9	103	5.2	—		298	15.0	519	26.1	275	13.8	1,990	100.0
1948	871	41.2	112	5.3	—		305	14.4	500	23.7	326	15.4	2,114	100.0
1949	914	43.2	103	4.9	—		329	15.5	496	23.4	276	13.0	2,118	100.0
1950	994	41.9	118	5.0	—		395	16.6	554	23.3	314	13.2	2,375	100.0
1951	1,090	42.4	123	4.8	—		447	17.4	564	21.9	346	13.5	2,570	100.0
1952	1,143	42.9	121	4.5	20	0.8	477	17.9	555	20.8	348	13.1	2,664	100.0
1953	1,206	43.5	114	4.1	34	1.2	488	17.6	560	20.2	373	13.4	2,775	100.0
1954	1,230	43.4	118	4.2	47	1.7	526	18.6	522	18.4	389	13.7	2,832	100.0
1955	1,330	43.1	117	3.8	61	2.0	581	18.8	557	18.0	442	14.3	3,088	100.0
1956	1,373	42.7	117	3.6	72	2.2	616	19.2	563	17.5	472	14.7	3,213	100.0
1957	1,393	43.3	108	3.4	73	2.3	616	19.1	549	17.1	480	14.9	3,219	100.0
1958	1,436	43.3	113	3.4	94	2.8	653	19.7	531	16.0	488	14.7	3,315	100.0
1959	1,485	43.0	110	3.2	104	3.0	660	19.1	563	16.3	528	15.3	3,450	100.0
1960	1,512	42.8	132	3.7	103	2.9	685	19.4	559	15.8	545	15.4	3,536	100.0
1961	1,533	42.8	144	4.0	104	2.9	694	19.4	549	15.3	555	15.5	3,579	100.0
1962	1,585	42.4	164	4.4	112	3.0	732	19.6	546	14.6	597	16.0	3,736	100.0
1963	1,632	42.4	172	4.5	115	3.0	747	19.4	539	14.0	646	16.8	3,851	100.0
1964	1,611	40.7	93	2.3	204	5.2	750	18.9	555	14.0	746	18.8	3,959	100.0
1965	1,676	40.6	98	2.4	220	5.3	776	18.8	587	14.2	768	18.6	4,125	100.0
1966	1,755	40.6	101	2.3	244	5.6	797	18.4	626	14.5	802	18.5	4,325	100.0
1967	1,810	40.4	100	2.2	301	6.7	818	18.3	652	14.6	800	17.9	4,481	100.0
1968	1,920	39.3	103	2.1	349	7.1	872	17.8	666	13.6	978	20.2	4,888	100.0
1969	2,017	39.1	100	1.9	362	7.0	900	17.4	722	14.0	1,059	20.5	5,160	100.0
1970	2,112	39.4	96	1.8	353	6.6	927	17.3	804	15.0	1,072	20.0	5,364	100.0

(注)　1) 1963 年まで航空機用ガソリン (aviation gasoline) を含む。1964 年の航空機用ガソリンの数量(「その他」の項に含まれる)は 47(百万バレル), 65 年は 44(百万バレル) など。以下, 傾向的に減少を辿る。
　　　2) 1963 年まで民間航空機用ジェット燃料 (commercial jet fuel) を含む。
　　　3) 1963 年まで軍用機向けジェット燃料 (military jet fuel) のみ。1964 年以降民間航空機用を含む。
　　　4) 液化ガス (liquefied gas), 潤滑油 (lubricating oil), アスファルト (asphalt), 石油化学原料 (petrochemical feedstocks), その他。
(出典)　1938, 1945～67 年までは API〔89〕, 1971, pp. 283-285, 287 より。1968～70 年は API〔90〕, 1994, Section VII, Table 2, 4, 5, 6, 13, 14, 15 より(但し, 原資料のバレル／日をバレル／年に計算し直した)。

州だったのである⁴⁾。

　1950年代後半におけるウィスコンシン(Wisconsin)，イリノイでの現地企業の買収，1960年のカリフォルニア，オハイオ，オクラホマなどでの給油所(サービス・ステーション)の新設など，ジャージーは各地に着々と販売網を築いた。例えば，カリフォルニアなど太平洋岸，およびこれと隣接した8つの州(但し，ハワイ〔Hawaii〕を含む)では1963年までに総計1000を超える給油所を確保し，ついで67年には新たに1200余を傘下に加えたのである⁵⁾。また，それまでジャージーにとってガソリン等の大口顧客の1社であったケンタッキー・スタンダード石油(Standard Oil Company〔Kentucky〕)が，カリフォルニア・スタンダード石油(Standard Oil Company of California)に買収されるや(1961年)，すかさずケンタッキー(Kentucky)州など東南部の諸州に進出し，そこでガソリンの販売を開始するといった機敏な行動をも追求したのであった⁶⁾。これら新規進出の中西部，太平洋岸および東南部での活動は，製品販売の絶対量の点では依然として北東部(東部大西洋岸地域)などジャージーが長く拠点とした地域でのそれに匹敵しえなかったと考えられるが，販売の伸び率の点では1960年代半ば以降はしばしば後者を凌いだように思われる⁷⁾。こうした新規市場への進出によって，1961年末までに同社は早くも全国45の州(および首都ワシントン)でガソリンの販売活動を行うに至った⁸⁾。この頃までにジャージーは，全国的販売企業への成長という所期の目標をほぼ達成したといってよいであろう⁹⁾。

　新商標の採用と実体面の整備　ところで，こうした販売地域の拡大に際し，ジャージーが直面した大きな問題の一つは，それまで長きにわたって同社の主要な商標(trademark)であった「エッソ(Esso)」なるマークをこれら新たな諸州の多くにおいて使用することが困難だったことである¹⁰⁾。主としてそれは，「エッソ」を使用した場合，「解体」(1911年)以前にジャージーの子会社であり，その後も全国各地でそれぞれ最大ないし主要企業として存在した企業群，特にスタンダード(Standard)なる名称を冠した旧子会社が商標侵害を理由に同社を告発するおそれがあったからである¹¹⁾。そのためジャージーは，新規参入の諸州のうち「エッソ」を用いることが困難な地域では，さしあたり

「エンコ (Enco, Energy Company の略として)」なる商標を新たに採用し (1960年)，ガソリン等の販売に着手したのであった[12]。

とはいえ，全国を市場圏として販売活動を追求する上で，地域毎に異なる商標を用いることは，これまでも一部でそうであったように消費者，需要家などに混乱を与えかねず，また全国的な宣伝・広告活動の遂行にとっても不都合であり，ジャージーにとって単一の全国商標の確立は当面する重要課題であった[13]。にもかかわらず，ジャージーによるこの問題の処理は遅延し続けた。詳述を省略するが，結局同社は1972年に，それまで全国で用いた複数の商標をエクソン (Exxon) なる新商標に切り替えることによってようやくこの問題に決着をつけたのであった[14]。同社は，その際，石油製品(商標)と会社(社名)との関係をより分かりやすく消費者や需要家に周知せしめることがマーケティング戦略上重要であると判断し，新商標の導入と同時に，1882年にスタンダード石油トラスト (Standard Oil Trust) の一構成会社として創立されて以降90年間用いたニュージャージー・スタンダード石油会社という社名をエクソン社 (Exxon Corporation) と改めたのである[15]。

かようにジャージー社(エクソン社)は，1970年代の前半以降長く「エクソン」を用いてアメリカ市場における販売活動の強化を図ることになった[16]。だが，全国的な販売企業としての態勢を整える上で全国商標の確立は重要ではあるがむろん一つの条件でしかない。先の給油所網の拡充と並んで[17]，これに製品を供給するための流通施設(拠点ターミナル，油槽所，配送手段等)および製油所などを各地に配置する，といった実体面の整備が基本的要件であった。ここでは1点，やや時期が遅い事例であるが，すでに開始された太平洋岸での販売活動を促進するために，1966年にカリフォルニア州のサンフランシスコ (San Francisco) の北部近郊で製油所(1日あたり7万バレルの精製能力)の建設に着手したことを挙げておきたい(1969年操業開始)[18]。太平洋岸での販路の確保とこれに続く製油所の配置は，アラスカ油田の探索と開発(前章第2節参照)を促した主たる要因の一つと考えられる[19]。

ガソリン市場における地位 ここで，1969年のアメリカ国内全体でのガソリン小売市場に対する供給量に占めるジャージー社のシェアをみると7.55%

(販売量は1年間で64億7200万ガロン，約1億5400万バレル）で，テキサコ (Texaco, Inc., 8.33%)，シェル（Shell Oil Company, 8.19%)，ガルフ (Gulf Oil Corporation, 7.60%)についで第4位であった[20]。確定的な資料を欠くが，ジャージー社は戦後に市場支配の点で他の有力数社との懸隔を徐々に埋めつつあったといえよう[21)22)]。

〔II〕 燃料油販売，組織改革

重油（残渣燃料油）の販売　　次に，ガソリン以外の石油製品，重油，軽油などについてであるが，これに関しては利用できる資料は極めて限定されており，ジャージーによる販売活動の実態は多くが不明である。ここではまず前掲の表V-2によって，アメリカでの石油製品の需要構成に占める残渣燃料油(residual fuel oil)の割合が1950年代半ば近くからは2割以下にすぎず，70年には15.0%，絶対量でも60年代後半を別とすれば大戦終了以降ほとんどみるべき増加がなかった事実を確認する。アメリカ石油企業全体にとって，製品販売活動に占める残渣燃料油の位置づけは確かに低位であったといえよう。だが，ジャージーの場合，例えば1970年についてであるが，残渣燃料油の販売量（1日あたり約50万バレル）は[23]，同年アメリカ国内で同社が行った全製品販売量の28〜29%にあたる。これは，同年の上記のアメリカ製品需要全体に占める残渣燃料油の割合(15.0%)をかなり凌ぐ（前掲表V-1，前掲表V-2参照)。ジャージーが残渣燃料油の販売に相対的に高い位置づけを与えたことが窺える。同じ1970年のアメリカ全体での残渣燃料油の需要量(8億400万バレル，1日あたりで約220万バレル）との対比では，ジャージーのこの販売量は22〜23%に相当する[24]。他社についての統計が不明であり，確言できないが，アメリカの同燃料油市場において同社が主導的ないし最有力の販売企業の1社であったことは否定しえないように思われる。

ジャージーによる残渣燃料油の販売活動を促進した一因として，アメリカ国内での同燃料油消費の過半が同社の主要な市場域を含む大西洋岸地域に集中した事実(1960年に全国の残渣燃料油消費量の60%を占める)[25]を指摘する必要があろう。これは，主として，安価なエネルギー源として残渣燃料油などと競

合し全国各地で着々と消費量を伸長させた天然ガス(1960年代初頭にはアメリカの1次エネルギー源の消費構成において全体のほぼ3割を占める)[26]が,同地域,特に東部・中部の大西洋岸において,多くの場合価格面で残渣燃料油に対する優位性を持ちえなかったことによると考えられる。天然ガスの販売価格は,通常,生産費用ではなく輸送費用(パイプラインによる輸送)によってより多く決定されたといわれており,油田地帯から遠い地域,特に東部大西洋岸などでは輸送費が増加し残渣燃料油に比べ割高だったのである[27]。ジャージーは,天然ガスとの競合が少ないこれら大西洋岸地域の多くにおいて既存の支配力を駆使して船舶(バンカー燃料油〔bunker fuel oil〕),産業企業,火力発電所などへの残渣燃料油の販売に努めたのであった[28]。

組織改革　最後にジャージー社によるアメリカでの組織改革についてごく手短に記す。1959年から60年にかけて同社は主要な国内子会社のほとんどを国内最大子会社のハンブル石油・精製(Humble Oil & Refining Company)に合体した[29]。後述の海外での事業を含むジャージーの戦後活動の急速な拡張,および同社をとりまく競争の激化は,経営の効率化,迅速な意思決定,本社機能の再構築などを同社の全社的な課題として提起したのであり,これへの対策の一つがアメリカにおいては事業活動の大半をハンブル1社による統一された管理(unified management)の下におくことであった[30]。もっとも,この時点で改組が行われたことについては,1950年代の後半ないし末期に事業の収益性が低下し(本章第6節,後掲表V-5参照),費用の削減がジャージーにとってますます経営上の重要課題となったことにも留意すべきであろう。各主要子会社群のハンブルへの合体後ジャージーは,国内従業員数の25%削減,3製油所の処分(売却)などを断行したのである[31]。ハンブルは,合体後最初の5年間で利益の2倍化を実現したが,これはそれ以前に比べかなり大きな伸びである[32]。改組に伴う経営効率の向上,人員削減などによる「合理化」がこれを可能にした要因の一つだったと考えられるのである。

1)　卸売価額(wholesale value)であるが,アメリカでの石油製品全体の販売額に占める自動車用ガソリンのそれ(税抜きと考えられる)は,例えば1950年に59.1%,58年で

は 56.1%であった。API〔89〕, 1959, pp. 225, 379.
2） 1930年代半ば時点の活動地域は，これまでの記述から知りうるように，北東部ニューイングランドの6州，中部および南部の大西洋岸および近接諸州(ニューヨークから南北カロライナまでの9州)，南部の他の4州(ルイジアナ，テキサス，アーカンソー，テネシー)，首都ワシントンである。なお，販売地域の拡大は，厳密には大戦末期(1944年)に再開された。戦時中および戦後10年ほどの期間になされた南北ダコタ(North Dakota, South Dakota)，モンタナ(Montana)，ワイオミング(Wyoming)，コロラド(Colorado)，その他西部諸州への販売地域の拡大については以下をみよ。Jersey〔24〕, 1945, pp. 12, 14, 1951, p. 34；Larson, Knowlton, and Popple〔145〕, p. 774；Jersey〔27〕, p. 37；OGJ〔116〕, Sept. 7, 1959, p. 97.
3） Jersey〔24〕, 1956, pp. 17, 38, 1957, pp. 17-18, 32, 1958, pp. 17, 30, 1966, p. 9.
4） 戦後アメリカにおけるガソリン消費量(単位はガロン)について上位の州を一覧すると，1950年に最大はカリフォルニア(38億5500万)，以下，2位テキサス(29億5400万)，3位ニューヨーク(26億4800万)，4位イリノイ(22億8000万)，5位オハイオ(22億3300万)，6位ペンシルヴェニア(22億2800万)，7位ミシガン(19億5800万)などであり，69年では首位カリフォルニア(88億5800万)，2位ニューヨーク(63億500万)，3位テキサス(62億8900万)，4位オハイオ(44億1200万)，5位イリノイ(43億2900万)，6位ペンシルヴェニア(42億4000万)，7位ミシガン(40億3000万)などであった(API〔89〕, 1971, pp. 316-317による)。なお，前注(2)に記した南北ダコタはセンサス区分では北中部(North Central, 12州)に属し，通常，中西部として扱われている。石油(ガソリン)の消費地域としてはかなり小規模な州に属するが，ジャージーの中西部への進出は，現実にはすでに1950年代半ばまでになされたといえよう(同じくAPI〔89〕, 1971, pp. 316-317を参照)。
5） なお，太平洋岸諸州のうちワシントン州には1946年時点ですでに進出していた(Jersey〔24〕, 1960, pp. 15-16, 1967, p. 9；Wall〔154〕, pp. 117, 127, 131；Larson, Knowlton, and Popple〔145〕, p. 821)。
6） 1963年までにジャージーは，ケンタッキー・スタンダードの活動地域である5つの州(ケンタッキー，ミシシッピ〔Mississippi〕，アラバマ〔Alabama〕，ジョージア，フロリダ)に総計1200を超える給油所を確保し，その数は65年には1900まで増加した(Jersey〔24〕, 1961, p. 7, 1963, p. 7, 1964, p. 9, 1965, p. 7)。
7） Jersey〔24〕, 1966, p. 9, 1969, p. 10；NPN〔109〕, pp. 128-133による。なお，戦後の新規進出州ではないが，南部のテキサス州での活動について一言する。テキサスは，ガソリン消費量の点で戦前(1938年)には全国第6位の州であったが，大戦を契機に急速に消費量を伸ばし，1943, 44年には一躍最大州にのし上がった。戦後も前注(4)にみられるように2, 3位の消費州として存在した。このテキサスにおいてジャージーの子会社のハンブル(Humble Oil & Refining Company)は，同州でのガソリン販売量で戦時中の第7位から戦後は1949年に第2位へその地位を向上させ，54年には首位(市場シェアは16.5%)を奪ったのであった(Jersey〔24〕, 1949, p. 27, 1955, p. 40；Humble

[23], March-April, 1949, p. 4; Exxon Mobil Library [4], HQ: Preliminary Prospectus as filed with the Securities and Exchange Commission October 15, 1954, p. 29; API [89], 1971, pp. 316-318 による)。以後も同子会社は首位を維持したと考えられる。1970年についてであるが，ジャージーによる州毎のガソリン販売量(1年間，ガロン)はテキサスが9億3800万，ニュージャージーが5億4000万，ペンシルヴェニアが5億3900万，ニューヨークが4億8200万，カリフォルニアが3億7600万，などであった(NPN [109], pp. 128-133 より算出)。テキサス州は，原油生産についてはいうまでもないが，製品市場(但しここではガソリン)としてもジャージーにとってその重要性を高めたのである。

8) Jersey [24], 1961, p. 7.

9) 1969年5月時点の同社の販売地域(州)は46(および首都ワシントン)であったから，61年以降にはみるべき進展はなかった。なお，同69年5月にテキサコ(Texaco, Inc.)とフィリップス石油(Phillips Petroleum Company)の活動地域は全国すべてを網羅する51地域，ガルフ石油(Gulf Oil Corporation)とインディアナ・スタンダード石油(Standard Oil Company [Indiana])が49，アトランティック・リッチフィールド(Atlantic Richfield Company)がジャージーと並ぶ47，などであった(API [89], 1971, pp. 289-291)。

10) 「エッソ」は1926年にアメリカ国内市場で使用が開始された(Giddens [181], p. 359)。但し，エッソ以外の商標も用いられた。例えば，子会社ハンブルはテキサス州などでの販売に際しては「ハンブル(Humble)」などを商標とした(Giddens [181], pp. 362, 365)。

11) これについては，ジャージーがかつて1930年代半ばに進出を試み，結局数年を経ずして撤退を余儀なくされた中西部での挫折が指摘されなくてはならない。第2章第4節，特に注(19)を参照せよ。

12) 「エンコ」は1961年時点では21州で用いられた。但し，Energy Companyなる子会社を実際に設立したわけではない。なお，1950年代半ば以降に現地企業の買収によって参入した中西部などでは，「エンコ」の導入まではさしあたり被買収企業の社名，商標をそのまま残して活動したようである(Jersey [24], 1960, pp. 15-16; BW [93], Aug. 6, 1960, p. 52; Giddens [181], p. 362; Wall [154], pp. 124-125, 734)。

13) Wall [154], pp. 124, 735-736, 740. これは，ジャージーのみならず全国的販売企業への成長を図る旧子会社群にもある程度共通した課題であった。ジャージー以外の企業の動向については，Giddens [181], pp. 362-364 を参照せよ。

14) ジャージーは長い歴史を持つ「エッソ」の使用に引き続き拘泥した。1960年代の後半ないし末頃においてなお同社はこれを全国単一商標ならしめるための種々の方策を試み，徒に年月を費やしたのであった。その詳細についてはWall [154], pp. 124-125, 731-732, 738, 743 をみよ。

15) 同社のマーケティング担当の経営幹部は，消費者が石油製品を選択する際，彼らは製品それ自身が持つ品質などで決めているのではなく，多くの場合，それを生産した企

業の名前で決定していること，それゆえジャージーにとって製品(商標)と会社(社名)とを明瞭な形で結びつけることが販売促進上効果的であること，さらにこうした観点からすれば現状のようにアメリカ国内子会社(ハンブル社を指す，次項の「組織改革」を参照)と親会社(ニュージャージー・スタンダード石油)の名称が異なることは適切でない，と主張した。以上について詳細は，Exxon〔17〕, 1972, p. 1；Wall〔154〕, pp. 731-732, 740-741, 750-751 を参照せよ。後注(29)も参照。

16) もっとも，外国では旧子会社との商標をめぐる対立は多くの場合存在せず，日本を含む各国においては，それ以前と同様にその後も「エッソ」商標が引き続き用いられた。

　なお，1999年末にモービル社を買収(合同)しエクソンモービルと社名を変更したことに伴い，アメリカ国内では，「エクソン」，「モービル」，「エクソンモービル」などを商標として持つことになった。

17) ジャージーがガソリン等を供給する給油所の数を資料の利用できた若干の年について瞥見すると，大まかな数値ではあるが，1959年に2万2000，72年では2万5000であった。なお，こうした傘下給油所の数で同社は最大企業といえず，例えばモービル(Mobil Oil Corporation, 1959年に3万1000，64年に2万7000)，テキサコ(1961年に4万以上)などに及ばなかった(但し，「傘下」の範囲が企業によって異なるようであり，厳密な数値の比較は困難と思われる)。全国に所在した給油所の数は，資料の利用できる1962年の21万600から69年の22万2200店へと緩やかに増加した。以上は，OGJ〔116〕, Sept. 7, 1959, p. 96, Oct. 19, 1959, p. 86；Wall〔154〕, p. 750；Mobil〔35〕, 1959, p. 4, 1964, p. 11；Texaco〔44〕, 1961, p. 15；NPN〔109〕, p. 110 による。

18) Jersey〔24〕, 1966, p. 9, 1969, p. 10. なお，製油所が確保されるまでの期間，ジャージーはカリフォルニアなどの太平洋岸市場向けの石油製品を中東から供給したようである(Wall〔154〕, pp. 131-132, 134)。

19) Wall〔154〕, pp. 134-135, 141.

20) 5位はインディアナ・スタンダード(7.48%)，6位はモービル(6.70%)などである(NPN〔109〕, p. 127)。なお，U.S. Senate〔75〕, p. 68 も参照せよ。

21) 大戦終了以降1960年代末までの他の年についての資料をほとんど入手しておらず，戦後におけるジャージーなど各社の市場占有率の推移を追跡することはできない。だが，注目してよいことは，ジャージーと首位企業とのシェアの差が0.8%程度にすぎないことである(絶対量では6億7300万ガロンの差)。時代がかなり古く適切な参照事例とはいえず，また統計の典拠が異なるので直ちに比較できるかどうかも疑問であるが，第2章の第4節で記したように，1935年時点では同社の市場占有率は6.1%(第5位)であり，最大企業(モービル，8.7%)と2.6%の開きがあったから，その懸隔は縮小している。1970年では，ジャージーはガルフを抜いて第3位になる(但しシェアは下がって7.42%，NPN〔109〕, p. 127)。戦後にジャージーはガソリン市場で最大企業群の一角に食い込んだように思われる。

　なお，第3章第5節において1946年にガソリン小売市場への供給量でジャージーが7.5%のシェアを得たことを記した。この数値からすれば，1960年代末頃までにジャー

ジー社がテキサコ,シェルなどの最上位企業に対してその較差を埋めつつあったことは事実としても,アメリカのガソリン市場全体での販売力,支配力の点において新たな進捗があったとはいえないであろう。もっとも,第3章第5節の数値も本節で用いた統計とは典拠が異なり,直ちに比較可能ではない。いずれにせよ,戦後における同社のガソリン市場における支配力の推移については,なお今後の検討に委ねなくてはならない。

22) NPN〔109〕,pp. 128-133 によって,1969年の全米50州と1特別区(首都ワシントン)における主要なガソリン販売企業とその市場占有率を仔細に検討すると,戦後のこの時期においても特定地域毎に最大企業は異なり,上位を構成する企業あるいはその順位に多様性がみられた。ジャージーの場合,12州と1特別区で最大企業として存在した(そのうち11は1927年より以前にすでに同社が販売活動を行った地域である)。全国最大の販売企業の市場占有率(但しガソリン市場)が,本文に記したように10%に満たないという事実も,戦前以来の特徴を継承するものであろう。こうした事実からみる限り,自動車産業など他のいくつかの有力産業にみられた少数の大企業による全国支配,支配体制の再編・集約化という現実は,石油産業界にとってはなお遠くに位置していたと考えられるのである。

23) Jersey〔24〕,1970, p. 12. ジャージーのこの営業報告書では fuel oil の数値として記載されているが,残渣燃料油を指すと考えられる。

24) 先のガソリン販売でみた同社の占有率は7〜8%であり,残渣燃料油についての統計はこれを大きく上回る。だが,前者のガソリンの統計は小売業者に対する供給の割合であり,大口需要家などへの供給を含んでおらず,ここでの比率(22〜23%)と比較することは適切とはいえない(アメリカ市場全体に対するジャージーによるガソリン供給量などの統計は不明である)。

25) 有沢〔159〕,270頁。

26) 1950年代末までに石炭を抜いた(API〔89〕, 1971, pp. 442-443)。

27) 1961年についての統計によれば,アメリカ本土48州において北東部ニューイングランドのメイン,ヴァーモント(Vermont)両州のみ天然ガスの消費量はゼロであった(以上は,IPI〔197〕, Vol. II, p. 208;Hartshorn〔186〕, pp. 78, 83-84;有沢〔159〕,293頁による)。

28) なお,ここで一言すると,ジャージーはアメリカにおける天然ガスの主要な生産・販売企業の1社であった。同社は,大西洋岸地域などでは残渣燃料油の販売に邁進する一方,テキサスなど自社の主力油田が所在する南部地域,その他においては天然ガスの販路拡大を追求したのである。1958年のジャージー社の営業報告書によれば,同社は天然ガスの保有埋蔵量の点でアメリカ最大企業の1社であったという。各年の統計が利用できる1960年代についてみると,ジャージーは国内における天然ガスの販売量(1日あたりの立方フィート)を1960年の15億6000万から69年の49億600万へ3倍以上に伸長せしめたのである(以上については,Jersey〔24〕, 1958, p. 18;Jersey〔25〕, 1969, pp. 22-23;Jersey〔26〕, March 1950, p. 23による)。

29) Jersey〔24〕, 1959, p. 12. なお,同子会社の名称は,1972年のジャージー社の社名

変更に伴い，Exxon Company, USA となった．
30) Wall〔154〕, pp. 62-63.
31) Wall〔154〕, p. 161；BW〔93〕, Aug. 6, 1960, pp. 52, 54.
32) Wall〔154〕, p. 161.

第3節 カナダ，ラテン・アメリカ

　ジャージー社にとってカナダは，両大戦間期および戦時期に販売量の点で1国としては最大の外国市場の一つであり，現地子会社の市場支配力は主要国で活動するジャージー傘下の他の子会社との対比において最も強固であった．製品販売量の点でこのカナダとほぼ等しく，また時にはこれを凌いだラテン・アメリカでは，戦時期についてはなお不明の部分が残るが，同社は多くの国で戦前および戦時ともに最大販売企業であったと考えられる．ジャージー社のこうした市場支配力は戦後にどのように継承され，またこれら地域での同社の戦後活動にはどのような特徴がみられたのであろうか．

　〔Ⅰ〕カ　ナ　ダ

　ここでは製品販売，精製活動とともに子会社インペリアル石油(Imperial Oil Ltd.)の戦後活動の重要な一部を構成した原油生産事業，パイプライン輸送事業などについても検討する．

原油生産の躍進，輸送，精製活動　インペリアルは，戦後初期におけるカナダ西部地域アルバータ(Alberta)州のエドモントン(Edmonton)近郊での油田の発見(ラデューク油田〔Leduc oil field〕, 1947年)によって，同社の企業史に一つの画期を記した．これによってインペリアルの原油埋蔵量は，同油田の発見以前の2750万バレルから1950年末までには6億850万バレルへ飛躍し，それまで1日に数千バレル程度にすぎなかった同社の原油生産量は年々増大し，1956年に10万バレル(1日あたり)に達したのである(前掲表Ⅳ-1参照)[1]．もっとも，1950年代の初頭に全カナダ生産の4割ないし5割に近かったインペリ

アルの生産比率(生産シェア)は，他社による原油生産事業への進出と増産により，その後低下を免れなかった。だが，1956年時点で全体のなお1/4を維持したのであった[2]。1947年に国内市場で必要とする石油(原油と製品)の90%以上をアメリカ，ついでヴェネズエラ・カリブ海地域に依存したカナダは，インペリアルおよび他企業の活発な増産により1957年には，国内需要量全体との対比では70%に相当するところにまで原油生産量を増加させたのである[3]。

かような子会社インペリアルによるカナダ西部での原油増産にとって不可欠の条件をなしたのは，油田地帯と各地の製油所等を結ぶ輸送手段を確保することであった。その最も重要な役割を果たしたのは，エドモントンから五大湖の一つスペリオル湖(Lake Superior)西端までの1120マイルに及ぶパイプライン(インタープロビンシャル・パイプライン〔Interprovincial Pipe Line〕，1日30万バレルの原油輸送能力)であり，1950年4月の着工後わずか5カ月で完成した[4]。インペリアルは，他の石油企業などと共同で所有したこのパイプライン(インペリアルの所有権は1/3)と五大湖航行用のタンカーとを連結することによって，オンタリオ(Ontario)州のサーニアにある同社の主力製油所(Sarnia refinery，ヒューロン湖〔Lake Huron〕の南端近くに所在)への原油の大量供給を実現したのである[5]。こうした輸送体系の整備は，インペリアルに対し同社の製油所への原油供給に留まらず，他社の製油所への供給(原油販売)をも可能ならしめた。1952年にサーニアとオンタリオ湖岸の都市トロント(Toronto)に所在する2つの企業(製油所)への，それぞれ年間550万バレル，300万バレルの原油の供給契約を確保したことはその一例である[6]。これは，それまで当地で用いられたアメリカ・イリノイ州産の原油に対し，インペリアルのカナダ西部原油が価格面で優位に立ったことによるものであった[7]。

かかる輸送手段の新設・拡充に続いて，1940年代の後半から50年代の末にかけてインペリアルにおいて顕著な事業拡張をみたのが精製部門であった。1950年代(1950〜59年)の同社による精製事業への投資額は年平均で2600万ドル(但し，石油化学事業を含まず)であり，1960年代末までになされた能力拡張の主要な部分はほぼ50年代末までに遂行されたと考えられる[8]。1959年末

時点で同社が擁した原油の精製能力は33万2050バレル(1日あたり)で，カナダ全体に占める割合では38.9%であった。この比率は，戦前あるいは両大戦間期に比べると確かに低いが，それでもインペリアルは引き続き他社に対する大きな優位を維持したのである[9]。

1960年代に入り，インペリアルの原油生産量は10年間(1960〜69年)で2倍弱の伸長を遂げた(前掲表IV-1)。もっとも，カナダ全生産量の伸び率はこれを上回った(2.2倍，前掲表IV-2)から，全体に占める同社の生産比率はさらに低下し，同年代末には15%となった[10]。とはいえ，この時点での生産量は第2位の企業のなお2倍以上と推定されるのであり，インペリアルはこの時代も最大企業としての地位を失うことはなかった[11]。

ところで，こうした同社による増産活動は，いうまでもなくこれに対応する原油販路の拡大があって可能になったのであるが，この点で1960年代の初頭頃までに前記の巨大パイプライン(インタープロビンシャル・パイプライン)の支線(branch line)が，アメリカ中西部のオハイオ州，ミネソタ州(Minnesota)などに延長され，これらをインペリアルの原油販売の対象地域に組み込んだことが注目される[12]。戦前，ラテン・アメリカ原油とともにアメリカ国内産の原油を主要な精製用原油として輸入し，これを用いて現地カナダでの製品生産・販売活動を行った同社は，戦後は逆にアメリカ市場へ原油の供給を行うに至ったのである[13]。

もっとも，インペリアルによって生産されたカナダ西部原油は，本書が扱う1960年代末まではカナダの遠隔地，特に大都市モントリオール(Montreal)などを含んだ東部地域(ケベック州〔Quebec〕およびそれ以東，石油消費量で1960年代半ば頃にカナダ全体の40%を占める)[14]を自己の販路に含めることがなかった。その理由は，直接的には，東部地域への供給においては原油の輸送費(パイプライン輸送費)が大きく，これを含んだ価格では諸外国(ヴェネズエラ，中東など)から持ち込まれた原油，およびこれを用いて生産された石油製品に対抗することができなかったからといわれている[15]。

だが，ここで指摘すべきより重要な点は，カナダ西部原油の価格決定方式であろう。1950年代末頃までにはインペリアルおよび他社が生産するカナダ西

部原油の価格はアメリカ国内市場における原油価格，特に中西部のシカゴ(Chicago, イリノイ州)市場における価格を基準に設定されたのである[16]。1967～71年において，カナダ西部原油(インペリアルの原油以外を含む)の生産費用(但し，利権料，租税を含む)は1バレルあたり平均1.48ドルと推定されたが，アメリカ産の各種原油の生産費用(同)は同期間平均して2.12ドルといわれており，後者を基準とした価格設定によりインペリアルなどは大きな利益を確保したのであった[17]。カナダ東部地域へ原油を供給するためには，パイプライン輸送費を考慮すれば原油の出荷価格(井戸元価格〔wellhead price〕)の引き下げが不可避であり，それは原油生産利益の大きな減退を意味した。インペリアルは，こうした事情を踏まえ，他の有力原油生産企業とともに，パイプライン(特に主要なインタープロビンシャル・パイプライン)のオタワ渓谷(Ottawa Valley)以東への延長を行わず，カナダ西部原油の販路をオンタリオ州以西に限定したのである[18]。

製品販売と市場支配　1950年代(1950～59年)にインペリアルは，製品全体の販売量(年間)を6400万バレルから1億700万バレル，約1.7倍弱へ増大させた[19]。だが，市場占有率の方はこの間に50%から35%への低下を免れなかった[20]。こうした低下の主たる要因は，戦前来の主要企業，および多数の中小企業に加え，戦後新たに国外から有力企業群がカナダに進出し競争状況が一挙に拡大したことに求められる。新規企業の進出は，一つにカナダ西部油田の発見を契機とし，いま一つは戦後カナダ市場の急成長を背景としたといえよう[21]。1950年代後半には全国各地の主要市場において激しい価格引き下げ戦などが展開され，インペリアルに対抗する企業群は次々と同社の市場を侵蝕した[22]。インペリアルは，原油生産事業などへの大量投資もあって，販売部門の維持・強化に必要とする資金を欠き，反撃は不十分であった[23]。ガソリン市場において1950年代にカナダ全体で給油所数が4000以上の増加をみたにもかかわらず，同社の場合，逆に傘下の給油所を700近く減らしたことはこうした資金不足によるものと考えられる[24]。

　1960年代においてもインペリアルのカナダ市場における地位はなお相対的な低下を余儀なくされた。1970年に至る10年間のインペリアルによる販売量

の増加率は33%であり，それはカナダ全体における消費伸び率の半分程度であった。1960年代末に同社は引き続き最大販売企業の地位を維持したとはいえ，石油製品市場全体に占めるそのシェアを25％強まで減退させたのであった[25]。

　1960年代におけるインペリアルの市場支配力の減退要因，他社との競争の特徴については，今後の一層の検討が必要であるが，ここでは主要市場のカナダ東部地域において，国際的原油過剰を背景として，安価な原油，石油製品が大量に市場に流入した事実を落とせない。同地域においては，インペリアル自身，外国からの原油輸入によって現地で製品生産と販売を行ったが[26]，ヴェネズエラ，中東などから押し寄せた石油とこれを用いた企業群が同社の市場支配を崩したことは否定しえないように思われる。1960年代の後半にはこうした輸入石油はオタワ渓谷を超えて西部地域にも進出したのであった[27]。

　かように，市場支配力の強靭性において，かつて世界の主要国で活動するジャージーの子会社群の中で際立った存在であったインペリアル社は，戦後のカナダ市場においては他社に対する隔絶した優位を維持することはできなかった。

〔II〕ラテン・アメリカ（ブラジル）

　本項では，資料と紙幅の都合により，1950年代初頭のジャージー社にとってアメリカ本国，カナダ，イギリスにつぐ第4の市場といわれ，ラテン・アメリカにおいてその後も同社の最大市場の一つであったブラジル[28]での活動についてのみ手短に考察する。

　戦前来ブラジルにおいて業界最大企業として存在したジャージーの子会社エッソ・スタンダード・ブラジル（Esso Standard do Brazil Inc. 1951年までの名称はブラジル・スタンダード石油〔Standard Oil Company of Brazil〕，以下エッソと略称）の活動は，1953年のブラジル政府によるペトロブラス（Petrobrás）なる国営石油会社の設立によって一つの転機を迎えた。同政府は，まず国内での原油生産事業（油田の探索と開発，原油の生産）を完全にこの企業の統制下におき，ついで，精製事業についても新たな製油所の建設，能力の拡張については実質的にペトロブラスにのみ可能としたのであり，原油の生産と

表V-3　世界の主要国・地域

	アメリカ		カナダ		ラテン・アメリカ全体		イギリス		旧西ドイツ[1]		フランス	
		%		%		%		%		%		%
1938	3,120	59.5	140	2.7	320	6.1	210	4.0	150	2.9	140	2.7
1950	6,510	60.5	370	3.4	800	7.4	360	3.3	80	0.7	230	2.1
1951	7,050	59.8	390	3.3	840	7.1	410	3.5	100	0.8	270	2.3
1952	7,280	58.4	410	3.3	930	7.5	430	3.4	150	1.2	290	2.3
1953	7,600	56.7	450	3.4	970	7.2	470	3.5	170	1.3	320	2.4
1954	7,760	55.5	480	3.4	1,040	7.4	520	3.7	200	1.4	360	2.6
1955	8,460	54.0	630	4.0	1,170	7.5	560	3.6	250	1.6	400	2.6
1956	8,780	51.9	720	4.3	1,260	7.4	600	3.5	320	1.9	440	2.6
1957	8,820	50.2	740	4.2	1,410	8.0	580	3.3	340	1.9	440	2.5
1958	9,080	48.6	770	4.1	1,420	7.6	710	3.8	420	2.2	490	2.6
1959	9,450	47.1	820	4.1	1,520	7.6	830	4.1	520	2.6	520	2.6
1960	9,660	45.0	860	4.0	1,550	7.2	990	4.6	680	3.2	570	2.7
1961	9,810	42.9	880	3.8	1,650	7.2	1,060	4.6	830	3.6	630	2.8
1962	10,230	41.4	930	3.8	1,710	6.9	1,130	4.6	1,010	4.1	730	3.0
1963	10,550	39.3	1,000	3.7	1,820	6.8	1,240	4.6	1,210	4.5	870	3.2
1964	10,820	37.6	1,070	3.7	1,900	6.6	1,360	4.7	1,400	4.9	970	3.4
1965	11,300	36.5	1,150	3.7	2,010	6.5	1,490	4.8	1,620	5.2	1,100	3.5
1966	11,850	35.4	1,220	3.6	2,150	6.4	1,590	4.8	1,820	5.4	1,190	3.6
1967	12,280	34.1	1,290	3.6	2,250	6.3	1,680	4.7	1,940	5.4	1,360	3.8
1968	13,080	33.3	1,380	3.5	2,450	6.2	1,820	4.6	2,140	5.5	1,470	3.7
1969	13,810	32.2	1,440	3.4	2,610	6.1	1,950	4.5	2,420	5.6	1,700	4.0
1970	14,370	30.9	1,500	3.2	2,760	5.9	2,080	4.5	2,700	5.8	1,940	4.2

(注)　1)　1938年のみドイツ全体(旧東ドイツを含む)。
　　　2)　その他の西ヨーロッパ諸国を含む。
　　　3)　1960～70年は東ヨーロッパ諸国と中国を含む。
(出典)　1938, 1950～59年は，BP〔92〕, 1960, p. 21 より。1960～70年は同資料の1970年版，p. 21 より。

精製の国家による独占を目指したのであった[29]。それまで約半世紀にわたって，国外のジャージー・グループ内子会社から石油製品を買い取り，これの現地販売を主たる事業内容としたエッソは，こうした事態に対応し，原油を同グループ内から購入してペトロブラスに販売し，ついでペトロブラスから製品を購入して市場で販売することにしたのである[30]。

　その後，ブラジル政府の手になる石油事業は着々と進展した。1960年代後半時点で国内の精製能力(1967年に1日あたり36万8000バレル)の大半(84.1%)はペトロブラスの所有下にあり[31]，原油についても，ペトロブラスの積極的活動によりブラジル国内の生産量は1955年頃から顕著な増大を辿り，

第5章 世界市場における製品販売活動　291

石油消費量，1938, 1950～70 年　　　　　　　　　　　　　　　　　（単位：1,000 バレル／日，%）

イタリア		西ヨーロッパ合計2)		日本		旧ソ連邦3)		その他		合　計	
	%		%		%		%		%		%
60	1.1	720	13.7	60	1.1	510	9.7	370	7.1	5,240	100.0
100	0.9	1,260	11.7	50	0.5	900	8.4	870	8.1	10,760	100.0
130	1.1	1,480	12.6	90	0.8	1,000	8.5	940	8.0	11,790	100.0
150	1.2	1,590	12.8	120	1.0	1,180	9.5	960	7.7	12,470	100.0
170	1.3	1,830	13.7	180	1.3	1,310	9.8	1,060	7.9	13,400	100.0
210	1.5	2,010	14.4	210	1.5	1,390	9.9	1,100	7.9	13,990	100.0
240	1.5	2,330	14.9	220	1.4	1,620	10.3	1,250	8.0	15,680	100.0
270	1.6	2,640	15.6	270	1.6	1,880	11.1	1,380	8.2	16,930	100.0
290	1.7	2,660	15.1	350	2.0	2,150	12.2	1,430	8.1	17,560	100.0
330	1.8	3,110	16.6	340	1.8	2,390	12.8	1,580	8.5	18,690	100.0
380	1.9	3,470	17.3	460	2.3	2,630	13.1	1,710	8.5	20,060	100.0
470	2.2	4,090	19.0	590	2.7	2,920	13.6	1,810	8.4	21,480	100.0
570	2.5	4,580	20.0	810	3.5	3,150	13.8	2,000	8.7	22,880	100.0
700	2.8	5,290	21.4	950	3.8	3,520	14.2	2,090	8.5	24,720	100.0
800	3.0	6,110	22.8	1,250	4.7	3,880	14.5	2,240	8.3	26,850	100.0
930	3.2	6,930	24.1	1,490	5.2	4,170	14.5	2,420	8.4	28,800	100.0
1,030	3.3	7,820	25.2	1,700	5.5	4,460	14.4	2,550	8.2	30,990	100.0
1,170	3.5	8,570	25.6	1,990	6.0	4,840	14.5	2,820	8.4	33,440	100.0
1,260	3.5	9,240	25.7	2,480	6.9	5,240	14.6	3,220	8.9	36,000	100.0
1,380	3.5	10,210	26.0	2,920	7.4	5,690	14.5	3,520	9.0	39,250	100.0
1,530	3.6	11,410	26.6	3,420	8.0	6,340	14.8	3,880	9.0	42,910	100.0
1,720	3.7	12,710	27.3	4,030	8.7	6,980	15.0	4,210	9.0	46,560	100.0

1945～49 年については不明。

　1969 年には年間 6400 万バレル（1 日あたり約 17 万 5000 バレル）に達した[32]。加えて，原油の輸入についても 1960 年代半ば頃までにはそのほとんどがペトロブラスによってなされ，エッソはこの分野から締め出されたのである[33]。かように，精製，原油の生産・輸入の分野でのペトロブラスの支配力は圧倒的であり，同社の存在はエッソによるブラジルでの活動にとって大きな脅威をなしたのである。

　しかし他方で，これらの諸分野と異なり石油製品の販売においては，ブラジル政府が外資系企業など民間企業の活動をペトロブラスの設立以降も認めたこともあり，エッソの市場支配力，販売事業が直ちに低下ないし重大な困難に陥

ったわけではなかった[34]。しかも，1964年に起きた軍事クーデターと新たな政権の登場が，同社に戦後のいま一つの転機を与えるものとなった。新政権は積極的な経済成長路線を採用し，外国企業の活動に対する従来の制限的な，あるいは抑制的な対応についてはこれを改め，むしろ外国企業をブラジル経済の成長に活用しようとする姿勢をみせたのである[35]。かかる新政策を受けてエッソは以後1973年まで，年によっては成長率12％を超える「ブラジル経済の奇跡(the Brazilian economic miracle)」の下，石油販売量の一層の拡大を実現することができた[36]。1966～67年頃であるが同社は石油製品市場全体で30％の占有率を確保した。RD＝シェル(The Royal Dutch/Shell Group of Companies，23％)，ペトロブラス(17％)などをおさえて引き続き最大販売企業の地位を維持したのである[37]。

ここでラテン・アメリカ全体でのジャージー社の販売活動について付言する。前掲表V-1と表V-3(前出)を用いて，1960年代(但し1962年以降)のラテン・アメリカ全体での石油消費量に対するジャージー社の石油製品供給量(販売量)の割合をみると，1962年から69年の間にその比率は33.6％から25.7％へ低下した。特に1962～66年においては，市場全体が年々拡大したにもかかわらず，同社の販売量にはほとんど増加がみられなかった。この時代にジャージーが市場支配力を減退させたことは明らかであろう。とはいえ，同社がなお市場全体の1/4程度をおさえたことが注目される。1960年代末においてもジャージー社は少なからぬラテン・アメリカ諸国で主導的大企業の1社として存在したと考えられるのである。

1) Jersey〔24〕, 1947, p. 8, 1948, p. 17 ; Jersey〔27〕, p. 61 ; PT〔121〕, April 22, 1960, p. 279 ; Larson, Knowlton, and Popple〔145〕, pp. 474, 723, 725.
2) DeGolyer and MacNaughton〔96〕, 1993, p. 5とJersey〔25〕, 1963, p. 17より算出。ラデューク油田およびその周辺地域には，インペリアルによる発見の直後から多数の企業が殺到し，1952年末までの期間にその他の油田地帯と合わせてカナダ全体で約3000の生産井(producing well)が掘削されたようである(Wall〔154〕, p. 357)。インペリアルが保有した生産井の数は前年の1951年末時点で1140である(Jersey〔24〕, 1951, p. 37)。
3) 但し，カナダ石油需要の70％が国内原油によって賄われたわけではない(後述参照)。

以上の統計は，Jersey〔24〕, 1947, p. 8 ; Jersey〔27〕, p. 61 による。なお，原油についてであるが1947年におけるカナダの全輸入量の56％はアメリカ，39％がヴェネズエラ，5％がコロンビアからであった(Plotnick〔254〕, pp. 4-5)。
4)　Jersey〔24〕, 1950, pp. 28-29 ; Jersey〔27〕, p. 61 ; Wall〔154〕, pp. 355-356 ; Gray〔183〕, p. 138.
5)　パイプラインの所有会社(Interprovincial Pipe Line Company)の資本金は1800万ドルで，インペリアルが1/3，他の石油会社全体で25％，一般投資家が残りのほぼ42％を出資した(なお，建設費は9000万ドルであり，出資金で不足する部分〔7200万ドル〕は社債の発行によった)。エドモントンからサーニアまでの鉄道による原油の輸送費用はおおむね1バレルあたり3ドル40セントであり，パイプラインとタンカーの連結による場合は1ドルであった。もっとも，スペリオル湖は冬季間5カ月ほど凍結して航行不能のため，当初，スペリオル湖西端のスペリオル市(アメリカのウィスコンシン州に属する，エドモントンからここまでパイプラインが敷設された)に原油の貯蔵施設を確保するなどの方策がとられた。しかし，こうした方式が輸送上不都合であることは明らかで，結局1953年にパイプラインはサーニアまで延長されたのである(全体で1770マイルへ)。以上は，Jersey〔24〕, 1953, p. 32 ; Exxon〔19〕, Winter 1980, p. 12 ; Jersey〔27〕, p. 61 ; Gray〔183〕, pp. 136-138, 140 による。
6)　Wall〔154〕, p. 358.
7)　Wall〔154〕, p. 358. 1951年にサーニアに所在する製油所(インペリアル以外を含むと考えられる)で精製する原油の60％は西部カナダ産の原油となった。それまではすべてアメリカ原油であった(Jersey〔24〕, 1951, p. 37 ; PT〔121〕, April 22, 1960, p. 280, September 22, 1961, p. 610)。
8)　1950年代のインペリアル社による資本支出額は総計10億ドル強であり，主として原油生産事業，輸送施設の確保と拡充，製油所の能力拡張などに用いられた(以上については，Wall〔154〕, pp. 364, 373-374, 382 による)。なお，時期がややずれるが，1956年までの10年間のカナダ石油企業全体による資本の支出額は約40億ドルであった(Jersey〔27〕, p. 61)。
9)　1959年末時点で，カナダの石油精製業界(精製能力は1日あたり85万3262バレル，22社40製油所より構成)において，精製能力で第2位はブリティッシュ・アメリカ石油(British American Oil Company, 1963年時点であるが所有権の66％をガルフ石油が持つ，14万6250バレル)，3位はシェル(Shell Oil Company of Canada, 8万バレル)，4位はテキサコ(Texaco Canada Ltd., 7万1000バレル)，などであった(以上は，Petroleum〔117〕, August 1963, p. 321 ; IPR〔104〕, April 1961, p. 124 による)。
　なお，前注に記した1950年代の大規模な投資をインペリアルは利益の再投資(総額2億3000万ドル)など内部資金のみで賄うことはできず，増資，社債の発行，銀行などからの借り入れ，さらに資産の一部売却による資金の調達も追求された。戦前からインペリアルに対する原油供給の役割の一端を担った同社の在ラテン・アメリカ子会社インターナショナル石油(International Petroleum Company, Ltd.)の株式の大半を，ラデ

ューク油田の発見の翌年(1948年)に親会社であるジャージーに売却したことはその重要な一例である(以上については，Jersey〔24〕, 1948, p. 12, 1950, p. 35, 1957, p. 48; Fortune〔98〕, October 1951, p. 176; Wall〔154〕, pp. 356, 373-374; Larson, Knowlton, and Popple〔145〕, p. 726をみよ)。なお，外部借入金(1957年半ば頃で1億ドルと推定)などの増大にもかかわらず，1950年代の同社の獲得利益額はほぼ一貫して増大し，自己資本(shareholders' investment)に対する純利益率は最低でも8.3%(58年)を確保した(最高は13.4%, 55年)。Wall〔154〕, pp. 374, 384による。

10) Gray〔183〕, p. 258.
11) カナダのビッグ・フォー(Big 4)と呼ばれたインペリアル，テキサコ，RD＝シェル，ガルフの1969年における原油生産量の合計はカナダ全体の35%であった。同年，インペリアルによる1日あたりの総生産量(gross production)17万9000バレルに対し，RD＝シェルのそれは7万3000バレルである。テキサコの生産量はRD＝シェルをやや凌ぎ，ガルフはRD＝シェルをやや下回ったと推定される。以上は，Jersey〔25〕, 1969, p. 16; Gray〔183〕, pp. 257-258, 279; Shell〔41〕, 1969年の報告書に付属の*Financial and Operational Information 1960-1969*, p. 14による。
12) 但し，インペリアルによるアメリカ中西部への原油供給(販売)はこれが最初ではなく，支線の建設以前の1950年代に開始されたように思われる(Wall〔154〕, pp. 354, 358; Plotnick〔254〕, pp. 59-60, 66を参照せよ)。
13) アメリカへのカナダ原油の輸出に対し，前章で述べたアメリカの輸入割当制度(強制的な輸入制限措置，1959年3月実施)の適用が制定後間もなく(同年6月)解除され(U. S. Senate〔71〕, p. 117; PT〔121〕, February 17, 1967, p. 267; Goodwin〔182〕, p. 254)，対アメリカ輸出の拡大が抑制されなかったことはインペリアルにとって重要であったと考えられる。アメリカ連邦政府による解除の決定は，カナダの石油は陸路で輸入が可能で，非常時の場合にもアメリカ国内産の原油と同様に安全に供給されうるエネルギー源であり，国家の安全(national security)にとって必要度が高いとの判断に基づくようである(Vietor〔272〕, p. 384；前章第2節の注〔6〕, 〔12〕も参照せよ)。

だが，こうした適用解除の背景要因として，カナダ石油業界においてジャージーの子会社インペリアルをはじめとするアメリカ系大企業が支配的地位を有した事実を逸することはできないように思われる。ここで，カナダにおけるアメリカ系石油企業(但し，オランダ・イギリス系のRD＝シェルを含む)の地位を若干の統計でみると，カナダ石油業界の主導企業たるインペリアル，テキサコ，RD＝シェル，ガルフによる石油製品の生産量および販売量はカナダ全体の70%を占め，精製能力については，これら企業以外が保有した残余の部分も現地のカナダ系企業には属さず，外国企業(その多くはアメリカ系と推定される)の支配下にあった。原油生産から製品の販売までを行うカナダの民族資本は，1962年にRD＝シェルがカナダ石油(Canadian Oil Companies Ltd.)なる企業を買収した時点で消滅したといわれている(原油生産については本節の前注〔11〕を参照せよ。カナダの全原油生産に占めるアメリカ企業全体の生産比率は不明)。以上は，PRO〔2〕, Memorandum for Mr. Alexander and Mr. Wright, by A. A.

第5章 世界市場における製品販売活動　295

Jarratt, 19th September, 1962 : POWE 33/1591/16 ; PRO〔2〕, Memorandum, attached to Letter to J. E. Lucas from G. R. Taylor, 4th October, 1962 : POWE 33/1591/74 ; Gray〔183〕, pp. 257, 275-276 ; Wall〔154〕, p. 386 ; Chester〔170〕, p. 108による。

　カナダ石油の輸入制限が，インペリアルをはじめとするこれら有力アメリカ系企業群のカナダでの活動を少なからず制約すると予想されたことも，アメリカ連邦政府が如上の例外措置(適用解除)を決定するに至った要因として考慮すべきであろう。なお，カナダ石油(原油と製品)の輸入の増加が，アメリカ中西部等に所在する中小の原油生産業者(および精製業者)の利害と対立したことはいうまでもない。これら業者はカナダ石油の輸入制限措置の解除に反対して繰り返しアメリカ連邦政府に抗議した。政府がこれに応えて若干の対応を行ったことは事実である。しかし，1960年代末までの期間においてカナダ石油を輸入制限下に組み込む措置はとられなかった(Plotnick〔254〕, pp. 137-141 ; Vietor〔273〕, pp. 128-129 ; Chester〔170〕, pp. 107-108)。

14)　1960年代半ば時点であるが，カナダ東部地域は市場成長率の点でオンタリオ州とそれ以西の地域を2％上回ったといわれている(IPI〔197〕, Vol. II, pp. 195, 198-199)。

15)　1966年頃の推定では，モントリオールなどの東部地域で入手できるヴェネズエラ原油の価格は，カナダ西部原油に比べ1バレルあたり35～40セント安かった(PT〔121〕, February 17, 1967, p. 267)。1968, 69年のそれぞれ1～9月についてであるが，ヴェネズエラからの石油(原油と製品)の輸入量は1日あたりで，それぞれ40万バレル以上であった(PIW〔118〕, March 9, 1970, p. 2による。なお，カナダ全体の原油生産量は1968年が約120万バレル〔1年間の生産量を1日平均に換算〕，69年は約112万バレル〔同〕，前掲表IV-2による)。

16)　Laxer and Martin〔219〕, pp. 75-76.

17)　Laxer and Martin〔219〕, p. 88. なお，アメリカ国内での各種原油の年平均価格は，1969年では3.09ドルである(API〔89〕, 1971, p. 87)。

18)　Laxer and Martin〔219〕, pp. 75-77 ; Wall〔154〕, pp. 362-363.

19)　Wall〔154〕, p. 364.

20)　Wall〔154〕, p. 364.

21)　1950年代のカナダでの石油消費量の伸びは西ヨーロッパ全体や日本には及ばなかったが，アメリカおよび後述のラテン・アメリカを凌ぎ，その絶対量でも西ヨーロッパ最大の石油消費国イギリスに比べ全く遜色がない(後掲表V-3参照)。1960年代に市場の成長率は低下するが，それでも1人あたりの年間石油消費量の平均をみると，66年のそれは22バレルで世界最大といわれ，アメリカ(21.5バレル)をわずかに上回り，またEEC諸国(8.5バレル)をはるかに凌駕したのである(IPI〔197〕, Vol. II, p. 199による)。

22)　Wall〔154〕, pp. 364, 383-384.

23)　Wall〔154〕, p. 364.

24)　Wall〔154〕, p. 364. なお，1961年(但し1～6月のみ)についての統計であるが，カナダの主要企業の獲得利益額(net income)をみると，インペリアルが2909万ドル，つ

いでブリティッシュ・アメリカ石油(1327万ドル)，インタープロビンシャル・パイプライン(756万ドル，この企業の所有権の1/3はインペリアルが保有―既述)，テキサコ(457万ドル)，などであった(以上は，PT〔121〕，September 21, 1962, p. 589 による)。インペリアルは1960年代初頭頃までに業界支配力を低下させたことは否定しえないが，利益額では第2位の企業のなお2倍以上を確保したのである。

25) Wall〔154〕, p. 384; Gray〔183〕, p. 258.
26) インペリアルは，カナダ東部地域には戦前からモントリオールとハリファックス(Halifax)に製油所を擁し，輸入原油(戦前はラテン・アメリカから，戦後も1950年代半ばまではラテン・アメリカから，以後は不明)を用いて現地市場への製品生産・販売を行った(Larson, Knowlton, and Popple〔145〕, pp. 178, 200-201; Jersey〔27〕, p. 61 をみよ)。1959年についての統計であるが，モントリオールにおける石油企業各社の精製能力をみると，最大はインペリアルで7万1800バレル(1日あたり)，以下 RD＝シェル(6万)，テキサコ(5万9000)，などである(PT〔121〕, April 22, 1960, p. 282 による)。
27) Wall〔154〕, p. 384.
28) Jersey〔24〕, 1950, p. 25; Wall〔154〕, p. 25.
29) NACP〔1〕, Airgram, A-1034, April 22, 1966: PET 2 BRAZ: Subject-Numeric File, 1964-66: RG59; Jersey〔24〕, 1951, p. 42; NYT〔111〕, April 30, 1956. なお，ペトロブラスの設立については，松村〔224〕, 66-67 頁も参照。
30) Wall〔154〕, p. 390.
31) 1953年のペトロブラスの創立以前に存在した民間の精製企業群(製油所は6カ所)は，能力の拡張を抑制されてはいたが1960年代後半時点でなお存在し，残余の16%弱の能力を保持した。以上は，NACP〔1〕, Airgram, A-1034, April 22, 1966: PET 2 BRAZ: Subject-Numeric File, 1964-66: RG59; NACP〔1〕, Airgram, A-1015, August 29, 1968: PET 2 BRAZ: Subject-Numeric File, 1967-69: RG59 による。
32) 1950年代初頭頃までブラジルでの原油生産量は，ほとんど問題にならない水準であり(1950年に年間約34万バレル)，原油を産するラテン・アメリカ諸国の中でもかなりの低位にあった。それが，1969年にはラテン・アメリカ産油国の中で第4位のコロンビア(7700万バレル)につぐところまでその地位を高めた(同年の最大はいうまでもなくヴェネズエラ〔13億1200万バレル〕，第2位はメキシコ〔1億6800万バレル〕，第3位はアルゼンチン〔1億3000万バレル〕である，DeGolyer and MacNaughton〔96〕, 1992, p. 6 による)。
33) IPI〔197〕, Vol. II, p. 48; NACP〔1〕, Incoming Telegram, EMBTEL 1103, November 30, 1963: PET 6 BRAZ: Subject-Numeric File, 1963: RG59.
34) ブラジル政府は，製品価格(ガソリン，灯油，ディーゼル油，重油，自動車用オイルの価格)については，政府機関(国家石油審議会〔National Petroleum Council〕)を通じて統制を加えた。しかし，これは必ずしも各社の獲得利益を低位に留めるものとはいえなかったように思われる。例えばエッソを含む民間石油企業8社(現地企業4社，外

資系企業4社)の場合，製品販売における自己資本純利益率は1962～63年頃に原則として(in principle)15%を保証されたといわれている(実質的には10%未満のようである)。NACP〔1〕, Airgram, A-386, September 19, 1963：PET 6 BRAZ：Subject-Numeric File, 1963：RG59 による。エッソの実際の利益率は不明であるが，仮に10%近い水準に達していれば，後述のジャージー社全体の数値(後掲表V-5参照)に比してさほど遜色がない。なお，後注(37)も参照。

35) Wall〔154〕, p. 391.
36) Wall〔154〕, p. 391.
37) IPI〔197〕, Vol. II, p. 48による。みられるように，ペトロブラスが製品販売面でも着々と力をつけてきたことは明らかであるが，本文でも一部記述したように，ブラジル政府は当初より製品販売については民間企業の活動を認める，あるいはこれに委ねるとの考えを持っており，その立場は1960年代半ば過ぎにもあらためて表明された。だが，ペトロブラスはそうした政府の見解にもかかわらず，現実には販売事業，販路の拡大に努め，1967年頃には市場占有率を1970年までに30%へ高めるとの目標を掲げたのであった。もっとも，この時点においてペトロブラスは，製品貯蔵施設(bulk storage facilities)が不足している，ガソリンの給油所(サービス・ステーション)網が弱体である(1967年9月頃，エッソが3200店を擁したのに対し300程度に留まる，など)，といった克服すべきいくつもの課題を抱えていた。市場での販売力，支配力を高めるには大規模な投資を必要としたといわれている。以上は，NACP〔1〕, Airgram, A-221, August 31, 1966：PET 13 BRAZ：Subject-Numeric File, 1964-66：RG59；NACP〔1〕, Airgram, A-253, SEP 27, 1967：PET 6 BRAZ：Subject-Numeric File, 1967-69：RG59 による。

第4節　西ヨーロッパ

大戦終了後1960年代末までのヨーロッパにおけるジャージー社の活動地域は，東ヨーロッパ諸国の社会主義化に伴い西ヨーロッパに限定された。戦後西ヨーロッパにおける同社の事業の拡張は極めて急速であり，先述の如く製品販売量でアメリカ本国を凌ぐ(1963年，前掲表V-1)のみならず，原油精製量ではむしろこれに先立ち1961年にアメリカでの規模を上回るのである[1]。ジャージーにとってそれほどのスケールを有した市場，活動地域であったにもかかわらず，ここでの活動を具体的に明らかにする資料の入手は難しく，その実態の多くは明らかとはいえない。以下では，はじめに精製事業，ついで石油製品の

販売活動を検討する。しかし，断片的な記述を大きく超えることはできない。

〔I〕 精製事業

戦前(1938年)すでにイギリス，フランス，ドイツなどのヨーロッパ9カ国(ルーマニアを含む)に総計10の製油所(精製量全体は1日あたり約6万バレル，以下すべて1日あたり)を保持したジャージーは，1940年代末頃から各地で大規模製油所の新設，あるいは既存製油所の拡張に着手した[2]。1950年の精製能力(10万バレル)は1969年に228万バレルへ伸長したのである[3]。この間，1963年に同社の西ヨーロッパでの精製量(104万3000バレル)は，上記のアメリカについでラテン・アメリカ(102万2000バレル)をも凌いだ。以後西ヨーロッパがジャージー社の最大精製地域となったのである[4]。現地で販売する石油製品について，その供給(生産)の多くを長らくアメリカ本国，ついで1930年代半ば頃からはヴェネズエラ・カリブ海地域(第2次大戦期はアメリカの比重が再び高まる)に委ねたジャージーは，西ヨーロッパで販売する製品の大部分を中東などから輸入した原油を用いて現地で生産するに至ったのである[5]。もっとも，精製規模のかかる急速な拡大にもかかわらず，この地域におけるジャージーの精製能力は，1960年代の前半においてなお不足気味といわれた[6]。西ヨーロッパにおけるジャージーの事業活動全体において原油精製能力の拡大こそは，大戦終了以降1960年代末までの期間の大部分において，主要な課題の一つであり続けたのである。

次に，ジャージーによる製油所の新設・拡張においては，例えばイギリスに擁した西ヨーロッパにおける同社最大級の製油所フォーリー(Fawley refinery，1951年操業開始)の場合がそうであったように(第6章第2節参照)，当該国市場のみならず他の諸国をも予め製品の供給対象に含めてプラントの規模を計画・設定する試みがみられた。広域市場を対象とすることによって，個々のプラントの大規模化を可能にし，これによっていわゆる規模の経済性の拡大を図ったのである[7]。1950年代末頃におけるヨーロッパ共同市場(the European Common Market)の形成(ヨーロッパ経済共同体〔the European Economic Community，EEC〕の発足，1958年)と拡大は，そうした行動をさ

らに促進する一因だったと考えられるのであり，ジャージーは少数の大規模製油所による域内市場への製品供給を一つの方向として模索した[8]。1960年代の後半に，オランダのロッテルダム(Rotterdam)に擁した製油所の能力を15万3000バレルから33万8000バレルに倍増する一方，他の製油所の拡張計画などを抑制したことはこうした線に沿った行動と考えられる[9]。

もっとも，こうした事実にもかかわらず，かかる方向がジャージーの西ヨーロッパにおける製油所配置，精製規模拡大の基本路線とはならなかったこと，あるいはこうした路線が貫徹しえなかったこともまた事実であった。各国での競争への対応，新規市場の開拓に伴う必要性などから，1960年代に少数拠点への集約化とは逆に，小規模な製油所の新設などの動きもまたみられたのである[10]。

ところで，1960年代末ないし70年代の初頭頃までにそれまでの一貫した精製規模の拡大は一つの限界に達する。実際，その後の精製量の動向をみると，ジャージーの西ヨーロッパにおける製油所は1970年に212万2000バレルの原油を処理して以降，73年を別として80年代の半ばに至るまでその数量を長期にわたり低減させるのであった。今日の地点から振り返るとき，同社による戦後西ヨーロッパでの精製量の陸続たる拡大の過程は，1970年代の初頭頃までに一旦終息したといえるのである[11]。

1960年代末期ないし70年代初頭におけるかような規模拡大の行き詰まりは，一つに，各製油所の最大生産品目であった重油の消費の伸びが他の主要製品に比べしだいに鈍化したことに由来した[12]。だが，より重要な要因は，次項で扱う製品の販売活動からもその一端が窺えるように，1960年代における西ヨーロッパ各国でのジャージーによる事業活動全体の収益性がかなり低い水準で推移したこと，あるいは，在イギリス子会社の如く利益額をほぼ年々減少させ，一時欠損さえ余儀なくされたことである(次章参照)[13]。ジャージーは1970年頃までに，利益の獲得につながらない精製事業の量的拡大は，これを見直す必要があると考えるに至ったのである[14]。

〔II〕 石油製品の販売活動

　1950年に石油製品の販売額でみてジャージーにとっての最大市場はイギリスであり，ついでフランス，イタリアの順であった[15]。これに，旧西ドイツを加えた主要4カ国の1960年代末までの石油消費量を前掲表V-3でみると，63年までイギリスが最大であり，それ以降は旧西ドイツが首位に立つ。1950年以降60年代末まで，これら4カ国で西ヨーロッパにおける各年の消費量全体の常時6割以上を占めたのである。以下では，主としてイギリスを除く3国での活動について個別に考察し（イギリスについては次章参照），ついでジャージーの販売活動において軽視しえない存在（対抗石油）となった旧ソ連産石油の西ヨーロッパ市場への進出，およびこれへの同社の対応について手短に述べる。

旧西ドイツ　旧西ドイツでは1950年代半ば過ぎに，石油製品の消費量全体において重油が最大の品目になる（1957年では全体〔1659万メートル・トン〕比で38.6％）[16]。その際，注目すべきはこの頃から同国の重油消費において軽質重油の占める比重が着実に増大したことであり，1960年代初頭ないし前半には絶対量において中質・重質の両重油の合計量を凌ぐのである。これは軽質重油が家庭用暖房油として急速に消費量を伸ばしたことによるものであった[17]。旧西ドイツでは，電力業（火力発電所），鉄鋼業など重質重油の販路として適合的ないくつかの重要な産業部門が，取引関係のみならず資本面を含め石炭産業との強いつながりを有しており，これら分野の燃料消費の大部分は石炭によって賄われたのである。石油（重質重油）の進出はかなり限定されたのであった[18]。

　ジャージー社の子会社エッソ（Esso A.G., 旧ドイツ・アメリカ石油会社〔Deutsch-Amerikanische Petroleum-Gesellschaft, DAPG〕）は，こうした軽質重油の市場成長にすばやく対応し，かつこれを促進した企業の1社として知られた。同社は，その具体的実態はなお不明とはいえ，かかる市場動向に照応する精製・販売体制の整備によって，ある調査によれば，1956～57年頃であるが重油市場で60％を超えるシェアを確保したという[19]。現地での精製能力の不十分性などによりわずか7％のシェアに留まったRD＝シェル，その他企

業を大きく凌いだのである[20]。重油市場での優位に支えられ，1957年にエッソは石油製品市場全体で27％の占有率を確保し，RD＝シェル（18％）などをおさえて，戦前期と同様にこの時点でも最大企業として存在したのであった[21]。

1950年代後半における旧西ドイツでのエッソと他社との販売競争は，世界的な石油過剰を背景として価格引き下げ戦の様相を強めた。上述のエッソによる重油市場での高い占有率の確保も，市場における同社の低価格攻勢がこれを可能ならしめた要因の一つと考えられる[22]。もっとも，その一方でエッソは，例えば1958年末に他の主要な石油企業と共同で重油についての価格カルテルを結成したように，価格の低下傾向に歯止めをかけようとも試みた[23]。だが，こうした試みは現実には実効の乏しいものでしかなかった。エッソは再び他社との激しい価格戦を演ずることになり，1960年頃には他の石油企業と同様に欠損を出すのである[24]。

1960年代のエッソ石油の活動については2点のみを記す。一つに，1966年の親会社ジャージー社の営業報告書によれば，旧西ドイツは西ヨーロッパの中で最大の暖房油消費国であり，また1970年についての同報告書であるが，同国はジャージー社にとって世界で最大の暖房油の販売市場であった[25]。子会社エッソがこの時代も旧西ドイツで暖房用の軽質重油の販売に引き続き力を注いだことが窺えるのである。次に，1960年代の同社は他国におけると同様，台頭する現地企業などの攻勢を受け，市場支配力の後退を余儀なくされた。その場合，鉄鋼・石炭資本によって所有された石油企業がかかる攻勢企業の一部を構成したことは旧西ドイツの特徴であった[26]。1963年にエッソは，石油製品市場全体で16％の占有率を確保したに留まり，首位を民族系石油企業の共同販売会社たるベーファウ・アラール（BV-Aral，27％）に奪われたのである[27]。

フランス　戦後のフランス市場でジャージー（子会社エッソ・スタンダード〔Esso Standard S.A.F.〕）[28]は，1950年代末頃までは有力国際石油企業との対抗において競争力を落とすことは少なかったようである。例えば，石油製品全体の販売量については，1956,57年頃にRD＝シェル（占有率22％）にほぼ近接する形で第2位を維持したと推定され，ガソリンでは1956年

についてであるが，21%のシェアを確保して後者をわずかに凌いだのである[29]。だが，現地企業を含む企業間競争全体においては，既存の支配力を維持することはフランスでも容易ではなかった。これまでの諸章で述べたように，フランスは，政府による石油産業の管理や統制の試みが西ヨーロッパ主要国の中でいち早く実行され，石油産業の構造や石油企業の行動に重要な影響を与えた国として知られた。戦後も同政府は石油資源の確保などを目的としたいくつもの石油政策を発動し，これを容易ならしめる手段として自らが株式の相当部分を保有する国策企業(フランス石油〔Compagnie Française des Pétroles, S.A.〕，その他)，公社などの活動を育成・奨励した。この点は，民間資本がジャージーの主たる現地対抗企業であった旧西ドイツとは大きく状況が異なるといえよう。

　子会社エッソなど各石油企業がフランス国内で精製に用いる原油の輸入量，市場に対する製品の供給量(販売量)は，戦前の石油業法(1928年制定)に基づき戦後も政府によって割り当てられた[30]。各社への原油および製品の割当量(許可量)あるいは全体に占める割当比率は基本的には，戦前同様に割当量(比率)を設定する以前における各社のそれぞれの実績を踏まえて決定されたと考えられるが，割当の増減に際してフランス政府の意向，石油政策が反映されたことはいうまでもない。こうした制度によって，エッソのフランスにおける製品生産量，市場での販売量はかなりの程度規定づけられたのである[31]。

　もっとも，この制度の下でも各社は，自己の割当量を販売しきれない企業から余剰部分を引き取ることで自己の販売量の拡大，市場支配力の強化を図ることは可能であった[32]。1955年にエッソは製品市場全体での地位を相対的に高めたといわれているが[33]，これはそうした制度を生かした努力の結果であろう。だが，その後フランス政府は，例えば1959年初頭に新たな政令(décret)を発し，ガソリン給油所の増設について，政府系企業を例外として，他社に対してはこれを抑制する措置をとったのである。これ以降エッソは系列店舗数の積極的拡大を制約されたのである[34]。

　政府による如上の割当制度および石油政策は，1950年代末頃からのアフリカ・サハラ(Sahara)地域(特にアルジェリア)での油田開発および原油の増産

の急伸と結びついて[35]，エッソのフランスにおける市場支配力の維持・拡大をさらに抑制する方向で作用した。フランス政府は，フランスの勢力圏(フラン圏)に属するアルジェリア原油(ガボンなど他のフラン圏の原油を含む)の増産を促進するために，これに従事する国策企業(公社)，民間企業(外国企業も含む)を優遇する一方，ペルシャ湾岸油田など非フラン圏の生産拠点に依存するエッソなどによるフランス国内市場への製品供給量を相対的に抑制(原油輸入割当量，製品供給割当量のそれぞれの比率を削減)したのである[36]。その結果，同社は，ある資料によれば，石油製品市場全体における市場占有率を1969年には12.1％まで低下させたのであった[37]。

なお，フランス政府の石油政策の下，かくの如く支配力の低下を余儀なくされたエッソではあったが，事業活動の収益性は，1960年代に西ヨーロッパで活動したジャージーの子会社の中で最も高かったと推定される。この時代を通じフランス子会社だけは欠損を生むことがなかった[38]。こうした収益性の相対的な高さは，他のフランス国内の石油企業にもいえることであったが，その理由は，第1に，フランス国内市場への各社の原油，石油製品の供給が，上述の如く基本的には政府の統制(割当制度)の下にあり，過剰生産の出現がかなりの程度抑制されたこと，第2に，フランスにおける石油製品の価格は政府が公定価格の設定によって管理しており，その結果として市場での活発な価格競争がおさえられたこと，そして第3に，これと関連するが，フランス政府が，中東原油に比べ生産費がやや割高なサハラ原油の輸入を促進するために石油製品価格の高位安定を誘導したこと，これらによるものと考えられる[39]。

イタリア 1950年代(但し1951～60年)におけるイタリアの実質国内総生産(GDP)の伸びは年平均で5.6％であり，エネルギー消費の伸びはこれをさらに上回ったと推定される[40]。このようなエネルギーの消費需要の増大に最もよく応えたのは石油であり，イタリアでのエネルギー消費構成に占める石油の比率は，1950年代後半には水力，石炭(主として輸入による)を凌いで最大となった。同国は西ヨーロッパの主要国の中で石油を最大とするエネルギー消費構造を最も早く形成したのである[41]。戦前(1938年)においてフランスの半分以下にすぎなかったイタリアでの石油消費量は，1960年代，特に

半ば頃までには後者にさほど見劣りしないところまで伸長したのであった(前掲表V-3参照)。

　イタリアにおいてかかる石油消費量(石油販売量)の増大を主導した1社が，他の西ヨーロッパ諸国におけると同様に長らく支配的大企業の一角に位置したジャージー社であったことはいうまでもない。戦時統制が解除された1940年代末以降，同社は，RD=シェル，国策企業アジップ(AGIP, Azienda Generale Italiana Petroli'〔全イタリア石油会社〕)など，戦前来の大企業との角逐を主たる競争の軸としながらイタリアにおける販路拡大と支配力の強化を目指したのである[42]。

　1953年，イタリア政府はアジップを一つの母体として炭化水素公社エニ(Ente Nazionale Idrocarburi, ENI)を創立した。エニは国内の大規模な天然ガス田(ポー川〔Po Valley〕流域，第2次大戦時・戦後に発見，開発)の独占支配を基礎に資金・財務力を強化し，急速な事業拡張を実現して，市場支配力の点で間もなくRD=シェルを凌ぎ，ジャージーの子会社エッソ・スタンダード・イタリアナ(Esso Standard Italiana, S.p.A., 以下エッソと略記)に対する最大の競争企業となった[43]。エッソは，1950年代初頭時点で上記の天然ガス田の利権取得，あるいは生産事業への参加を目指した唯一のアメリカ企業といわれているが，イタリア政府の施策によりこれらを実現することができなかった[44]。

　イタリアでの石油企業間競争は，これら3社を第1グループとし，これに他の有力企業，特にBP，フランス石油，旧西ドイツ系企業，アメリカ系企業などの第2グループが加わって演じられた[45]。後者のうち1950年代にはじめて進出を果たした企業群は，イタリア石油市場の急成長を背景に次々と販売拠点を設営したのである。その結果，1960年代初頭頃にはイタリアは石油市場での競争が西ヨーロッパで最も激しく演じられた国の一つとして知られるようになったのである[46]。

　1963年前半頃の状況であるが，イタリア市場の支配体制は，エッソとエニが力の点でほぼ拮抗し，これにRD=シェルを加えた3社の市場占有率の合計は約60%であった。ついで，第2グループ(8社)が総計約25%，残余(約

15%)が現地企業など多数の中小企業によって占められたのである[47]。エッソは製品販売量の全体ではこの時点でもなおエニを凌いだが，ガソリン市場では1960年代初頭以降エニに敗れており，65年の市場占有率ではエニの25.0%に対して20.0%に留まったのである[48]。

1950年代の後半ないし末以降のエニによるエッソの急追を可能ならしめた要因として，エニが安価な旧ソ連産石油の大量輸入を行い，製品販売価格の面でエッソに対し優位に立ったことを指摘すべきであろう。例えば，1962年末時点でエニが入手した原油は1日あたり17万5000バレルであるが，そのうち40%(7万バレル)が旧ソ連邦産だったのである(後述も参照)[49]。

1960年代前半(1963年)から末期(1968年)にかけての石油製品市場全体におけるエッソの市場占有率を概観すると，上記の1963年前半頃の統計と典拠が異なるが，19.9%(1963年)であったそれは68年に15.3%への低下を避けられなかった。しかし，同期間のエニもまた19.8%から15.0%へこれを落とし，いま一つの大企業RD=シェルの場合もこの間に14.4%から12.0%へ，やや落ち込みは小さいがやはりその比率を下げた。この時代にエッソはなお辛うじて販売量の点で最大企業の地位を失わなかったと考えられるのである[50]。

最後に，イタリア市場での販売活動の収益性に関する一指標として，ガソリン(レギュラー・ガソリン〔regular gasoline〕)の価格についてみると，価格に占める租税部分は極めて大きく，1965年末についての数値では小売価格全体の75%であった[51]。租税部分を除いた価格では西ヨーロッパで最も低い水準といわれており，エッソの場合，ガソリン販売から得られる利益はかなり限定されたものであったと推測されるのである[52]。

旧ソ連産石油への対応 1950年代初頭にスカンジナビア諸国などを手始めに西ヨーロッパ市場に登場した旧ソ連産石油(原油と石油製品)は，民間企業が通常は原油生産費用に上乗せする利権料，租税などを価格に含めておらず，また黒海(Black Sea)航路を用いた低運賃輸送によって，例えば1959年9月にその原油価格(1バレルあたり1.5ドル)は，国際市場での価格よりほぼ25%安かった[53]。こうした低廉性に加え，旧ソ連産石油はバーター(barter, 物々交換)方式によっても入手可能であり，外貨不足に苦しむ諸

国にとって極めて魅力的だった。1950年代前半に，デンマーク政府が旧ソ連産の石油製品の大量買い付けを計画し，輸入とその国内販売を同国内の主導的石油企業であるジャージーの子会社エッソ（Dansk Esso A/S, 1953年に636万4000バレルの製品を販売，市場占有率39.1%）などに要請したとき，同社にとってかかる旧ソ連産石油は，直ちに重大な脅威となったのである。ジャージーにとって同石油の取り扱いは，その分だけ自社の石油製品（中東原油などを用いて生産）の販売量の削減を意味したからである[54]。

その後同社は，他の西ヨーロッパ諸国のみならず，後述するようにアジア地域などでも旧ソ連産石油の進出に直面せざるをえなかった。1961年に旧ソ連邦が輸出した石油は西ヨーロッパにおける石油需要量の8,9%を賄ったと推定され，既述のエニその他を介してイタリアで消費される石油量の22%，フィンランドでは実に80%を占めるに至った[55]。1950年代末時点の西ヨーロッパ石油市場に対するジャージーの供給量が全体の18%であったから，大戦後再び同市場に参入して10年ほどでここまで到達しえた旧ソ連産石油は，同社にとって確かに大きな脅威であった[56]。

旧ソ連産石油のこうした攻勢に対して，ジャージーは，旧ソ連邦の安売り石油が，いわゆる西側諸国に対する旧ソ連邦の影響力の拡大を意図した政治商品であること，同国の石油供給は不安定であり各国がこれへの依存を高めることはエネルギーの安定確保の観点からして危険であること，等々を高唱して，西ヨーロッパの各国政府に旧ソ連産石油の輸入を制限するよう促したのである[57]。同社による，このようないわば政治的な対応は，旧ソ連産石油に対して価格引き下げなどで直接対決することがさしあたり困難であるとの判断に基づくものと考えられる[58]。ジャージーおよびこれと同調する石油企業各社のかくの如き主張を背景にして，ヨーロッパ経済共同体（EEC）では，域内市場に対する旧ソ連産石油の輸入制限の必要性，およびその具体的措置などが検討されはじめ，1962年には数度にわたり政府間協議も試みられた。だが，安価な石油を求めるイタリアその他の反対により，結局EECでは制限措置の導入が合意されることはなかった[59]。こうしてジャージーは，旧ソ連邦の石油，およびこれを購入して市場進出を図った企業群と各地で引き続き対峙せざるを

えなかったのである。

　もっとも，1960年代の後半，特に1967年頃になると，国際市場での原油価格が引き続き低下傾向を辿る中で，旧ソ連産石油の価格はまず同国内で上昇に転じ，ついで西ヨーロッパ市場においても価格競争力を失いはじめた[60]。その理由の一つは，原油探索費用の増大などにより，現状価格での生産・販売がすでに採算面で限界に達していたことによると推定される[61]。旧ソ連産石油の輸出の伸び率は低下し，同石油はジャージーの市場支配力を脅かす有力な競合石油群の中から脱落し出すのである[62]。

1) 西ヨーロッパの精製量には北アフリカを含む(Jersey〔24〕, 1964, p. 3; Jersey〔25〕, 1969, pp. 22-23)。
2) Jersey〔26〕, September 1951, p. 2; Larson, Knowlton, and Popple〔145〕, p. 201; Wall〔154〕, pp. 263-265; OGJ〔116〕, Dec. 27, 1954, pp. 228, 231-232, 234, 237.
3) Exxon〔18〕, 1974, p. 23; Wall〔154〕, p. 265.
4) ラテン・アメリカでの精製量は1956年にはじめてアメリカ本国のそれを凌いだ。1962年まではラテン・アメリカが最大地域であった(Jersey〔24〕, 1948, p. 4, 1953, p. 26; Jersey〔25〕, 1963, pp. 18-19, 1969, pp. 22-23)。
5) ジャージーによる戦後西ヨーロッパでの石油製品の大規模な現地生産，つまり製油所の新設・能力拡張を促進ないし可能ならしめた要因については，各国毎の固有の事情を踏まえた検討が不可欠である。ただ，ほぼ共通した要因として，石炭の供給不足に由来した戦後「エネルギー危機」の出現とその下での石油需要の拡大，中東からの原油の供給確保，および外貨(特にドル)の節約の必要性，の3点を挙げることができると思われる。なお，1950年のいまだ小規模な精製段階であるが，ジャージーの西ヨーロッパにおける精製用原油の3/4はすでに中東から得られた(NACP〔1〕, Memorandum: Code Com 15 (December 1950), Code Com 16-Petroleum Development in German Federal Republic during 1950, January 25, 1951: 862A.2553/1-2551 FILED HH: Decimal File, 1950-1954: RG59; Wall〔154〕, pp. 27, 262-263, 265)。
6) 但し，ここでいう精製能力の不足の意味は，1950年代後半頃までの期間と，それ以降とでは同一の内容を指すとはいえないであろう。1950年代後半ないし末頃からのジャージーの精製能力の不足とは，拡張する製品市場(製品需要)に供給能力が追いつかないというそれ以前にみられた状況よりはむしろ，中東などでの原油の増産規模に対してこれを処理する精製能力が不足する，という面からより多く説明されるようである。1960年代の西ヨーロッパでの精製規模の拡張は，中東などでの原油生産の拡大を支える必要性からより強く促されたように思われる(Wall〔154〕, pp. 266, 268-269, 271,

687 を参照)。
7) Jersey〔24〕, 1949, p. 29, 1957, p. 38；Wall〔154〕, p. 264.
8) EECのみならず, イギリスを中心としたヨーロッパ自由貿易連合(the European Free Trade Association, EFTA, 1960年発足)についても, 当初ジャージーはEECに対すると同様の期待と位置づけを与えた。EECおよびEFTAの創設に伴う域内各国での関税の削減・撤廃などを受けて, 同社は通商上の障壁を考慮することなく, 各国への製品輸送費用を最小ならしめる地点での大規模精製事業の遂行を構想したのである(Jersey〔24〕, 1959, p. 25)。
9) Jersey〔24〕, 1968, p. 10；Wall〔154〕, p. 273.
10) 以上については, Wall〔154〕, pp. 271-275；Jersey〔24〕, 1963, p. 11によるが, こうした事態や展開についての立ち入った分析は今後の課題である。なお, すでに周知のことに属するが, 1960年代における製油所立地についての注目すべき動きとして, ジャージーおよび他社による大陸ヨーロッパでのパイプラインの敷設に伴う内陸製油所の新設・拡張がある。さしあたり有沢〔158〕, 17-21, 417-424頁をみよ。
11) 1971, 72年と減少した後, 73年に精製量は216万5000バレルに達する。これは今日までの最大である。以後1985年の100万3000まで長期的に低落し, 翌86年に反転して緩やかな増勢を辿る(1998年は, 152万1000バレル, 1999年は178万2000バレル, 2000年は157万8000バレル, 最近年の2002年は153万9000バレルである。なお, 1999年の数値はモービル社の製油所を含む。2000年の減少はエクソンモービルの形成に際して西ヨーロッパの製油所の一部を処分したことによる)。とはいえ, 西ヨーロッパでのジャージー社(エクソン社)の精製量は, 1960年代の前半以降, 1999年末のエクソンモービル社の形成までアメリカ本国, その他地域での規模をほぼ一貫して凌いでいる(1985年のみアメリカ本国を下回った)。

なお, 精製量ではなく精製能力について同社は西ヨーロッパにおいて1976年まで, 実際の原油の処理量が減少しているにもかかわらず, 引き続きこれを拡大した(75年は減少)。この理由の一部は, 需要の減退期にもかかわらず建設中の製油所が完成したことによると考えられる。その結果, 1976年の場合, 精製能力(283万8000バレル, 戦後最高)に対する精製量の比率は61%程度に留まった。

以上は, Exxon〔17〕, 1985, p. 46, 1989, p. 48；Exxon〔18〕, 1974, pp. 22-23, 1983, pp. 36-37, 1994, p. 56, 1998, p. 56；Exxon Mobil〔20〕, 1999, p. F39；Exxon Mobil〔21〕, 2000, p. 68, 2002, p. 70による。
12) Wall〔154〕, pp. 277-278. これは, 基本的には各国の経済成長, 産業活動(特に重化学工業部門)の伸長や動向を反映したものと考えられるが, 1960年代半ば頃から大陸ヨーロッパで天然ガスが, 暖房用燃料その他の分野で重油などにとって代わりはじめたことも合わせて指摘されるべきであろう。1960年にオランダ北部フローニンゲン市(Groningen)近郊でのガス田の発見は, その一つの重要な契機となった。1963年の埋蔵量は39兆立方フィート以上と推定され, 66年以降にはオランダのみならずその周辺国へも販売された。なお, ジャージーは, 1968年時点で同ガス田に対し30%の所有権

を有した(同年の同社の獲得ガス量は,1日あたり4億1400万立方フィート)。また同社は,1960年代末までに旧西ドイツ,イギリス(北海)などでもガス田を保有したのであり,西ヨーロッパでの有力な天然ガス生産企業の1社であった(以上は,Jersey〔24〕,1963, p. 11, 1965, p. 10, 1966, p. 5, 1968, pp. 3, 9-10, 1970, pp. 6, 20による)。

13) Jersey〔24〕, 1964, p. 3, 1965, p. 2, 1966, p. 13, 1968, p. 10, 1969, p. 3; Wall〔154〕, pp. 280, 282, 313-314.

14) Wall〔154〕, pp. 277-278, 318-320. 以上に加えて,精製規模の拡大が行き詰まるに至った要因として,西ヨーロッパ各国における環境保護を目的とした規制の強化,とりわけ重油に含まれる硫黄分の削減を求める法制措置の影響を指摘する必要があろう。1960年代末頃までにジャージーは若干の製油所に脱硫装置を設置することでこれに対応した。だが,精製に用いた原油は主として硫黄分の多い中東原油であったために,これを引き続き用いてなお環境保護基準に応えるためには巨額の費用増と利益の一層の低下を避けることができなかった。同社にとっては,使用する原油それ自身の持つ難点からしても既存の精製事業およびその拡張路線を継続することがしだいに困難となったのである(Wall〔154〕, pp. 276-277, 318)。なお,環境保護規制の強化がジャージーの精製事業に対する制約要因となったのは西ヨーロッパだけではない。例えば,アメリカでも重油(残渣燃料油)に含まれる硫黄分の削減を求める規制が強まったためジャージーは,ヴェネズエラとアルバに所在する製油所に脱硫装置の設置を行った(それぞれ1970年,71年に完成)。NACP〔1〕, Airgram, A-11, March 6, 1969 : PET 11-2 VEN : Subject-Numeric File, 1967-69 : RG59 ; Jersey〔24〕, 1967, p. 13, 1968, p. 8, 1969, p. 12, 1970, p. 19, 1971, pp. 13-14 による。

15) イギリスは最大であったが,その確定販売額は不明である。フランスは1億9700万ドル(但しフランス領北アフリカを含む),イタリアは1億4400万ドルである(Wall〔154〕, p. 27)。

16) 消費量には外航船舶用燃料(バンカー油),石油企業の自家消費分(製油所燃料)を含む。第2の消費品目は軽油・ディーゼル油で26.8%,自動車用ガソリンが20.8%でこれに続く(NACP〔1〕, Foreign Service Despatch, No. 244, June 27, 1958 : 862A.2553/6-2758, HBS : Decimal File, 1955-1959 : RG59)。旧西ドイツの石油製品の消費構成において1949年には重油はほとんど登場しなかったが,1954年頃までにディーゼル油,ガソリンと並ぶところまで比重を高め,間もなく最大品目となったのである(NACP〔1〕, Memorandum : Code 00A16-Petrleum Development : Review of Western German Oil Industry during Second Half 1949 and First Quarter 1950, July 31, 1950 : 862A.2553/7-3150 FAP : Decimal File, 1950-1954 : RG59 ; NACP〔1〕, Foreign Service Despatch, No. 399, April 29, 1955 : 862A.2553/4-2955 HBS : Decimal File, 1955-1959 : RG59 による)。

17) 有沢〔159〕, 134-135頁。なお,ここでいう軽質,中質,重質の各重油の区別について,例えばこれらが順に日本のA, B, Cのそれぞれの重油に相当するかどうかなどについては確言できない。

18) 例えば鉄鋼業全体での燃料消費に占める重油の比率は，やや後の1963年についてであるが10.4%にすぎず石炭に圧倒された。電力業(ガス製造を含む)の場合はさらにその比率は低いと推定された。同63年の重油消費量の全体に占める鉄鋼業と電力業(ガス製造を含む)による消費の割合もわずかなもので，それぞれ6.0%，3.7%であった(有沢〔159〕，126, 135, 162頁)。旧西ドイツにおける石炭産業と鉄鋼業・電力業などの資本面を含めた結合関係については，さしあたり有沢〔159〕，135-136, 157-158, 169頁；土屋・稲葉〔266〕，109-111頁を参照せよ。なお，1次エネルギー源の消費構成に占める石油と石炭の比率をみると，1962年についてであるが，旧西ドイツでは依然として石炭が大きな優位を維持して全体の67%を占め，石油は28%に留まった(NACP〔1〕, Airgram, A-260, May 14, 1963 : Pet 2 W Ger : Subject-Numeric File, 1963 : RG59 による)。1968年では，石炭換算で総計2億9400万メートル・トンのうち，石油は49.9%，石炭43.0%，天然ガスが3.2%，などであった(NACP〔1〕, Airgram, A-79, August 15, 1969 : PET 2 GER W : Subject-Numeric File, 1967-69 : RG59 による)。

19) Fortune〔98〕, October 1957, p. 142. 但し，この数値はすぐ次に述べる石油製品市場全体に占める同社のシェアなどを考慮すると過大であるように思われる。

20) Fortune〔98〕, October 1957, p. 142. なお，Jersey〔24〕, 1954, p. 35, 1955, pp. 45-46, 1956, p. 43, 1961, p. 13 も参照せよ。

21) 以下，現地企業のベーファウ・アラール(BV-Aral，後述参照)14.5%，BP 14.0%，などが続く(以上の統計は，NACP〔1〕, Foreign Service Despatch, No. 244, June 27, 1958 : 862A.2553/6-2758, HBS : Decimal File, 1955-1959 : RG59 によるが，先の注〔19〕，〔20〕で典拠とした Fortune〔98〕, October 1957, pp. 141-142, ではエッソが25%，RD＝シェルは20%である)。なお，ガソリン販売ではエッソと RD＝シェルの較差は小さく，それぞれ20%，18%であった(NACP〔1〕, Foreign Service Despatch, No. 244, June 27, 1958 : 862A.2553/6-2758, HBS : Decimal File, 1955-1959 : RG59 による)。

22) Fortune〔98〕, October 1957, p. 142.

23) このカルテルを結成する直接の契機は，重油価格の低下によって惹起された石炭産業の苦境を打開するための連邦経済相の勧告(カルテル結成勧告)にあったようである(有沢〔158〕，344-346頁をみよ)。

24) 1958年12月のカルテルの場合は，市場でわずかのシェアを有するにすぎなかったアウトサイダー(中小の精製企業，販売企業など)が，カルテル・グループ(重油1トンあたり88マルク)より30マルクも安い価格設定によって急速に販売量を伸ばしたこと，国内のセメント，パルプ，ガラスなどの各製造業に属する主要な企業群がそれぞれ重油の輸入組合を結成して外国から安い石油を輸入したこと，などにより1年を待たずして崩壊したのであった。アウトサイダーはこの間に市場シェアを5%から15%へ拡大したといわれている(NACP〔1〕, Foreign Service Despatch, No. 368, June 9, 1960 : 862A.2553/6-960, HBS : Decimal File, 1955-1959 : RG59；有沢〔158〕，344-346頁；有沢〔159〕，137頁)。各石油企業の財務状況については，NACP〔1〕, Airgram, No.

A-34, August 16, 1962 : 862A.2553/8-1662 : Decimal File, 1960-1963 : RG59 をみよ。

25) Jersey〔24〕, 1966, p. 13, 1970, p. 19. 1970年の旧西ドイツにおける製品別消費構成は，最大が軽質重油(Fuel Oil-light)で44.6％，ついで重質重油(Fuel Oil-heavy)の26.6％，ガソリン15.3％，ディーゼル油9.6％，などであった(NACP〔1〕, Airgram, A-5, January 15, 1971 : PET 2 GER W : Subject-Numeric File, 1970-73 : RG59 による。なお，この資料では，重油は2つの分類のみで「中質重油」の表示はない)。

26) 有沢〔159〕, 137頁。

27) 以下，RD＝シェル(14％)，BP(11％)，民族系企業のガソリン・ニターク(Gasoline Nitag, 7％)などが続く(IPI〔197〕, Vol. I, p. 46)。ベーファウ・アラールについては，さしあたり日本エネルギー経済研究所〔242〕, 17頁を参照せよ。ところで，別の資料(PIW〔118〕, June 1, 1970, p. 2)によると1963年と68年の石油製品市場全体に占めるエッソ(ジャージー)などの主要な国際石油企業の占有率は以下の通りであった，エッソ(1963年22.6％, 68年17.9％，以下同じ)，RD＝シェル(18.6％, 15.5％)，BP (The British Petroleum Company Ltd., 14.4％, 12.2％)，モービル(4.6％, 4.9％)。みられるように1963年のエッソの数値は先の資料とかなり異なるが，同社を含め戦前来の主要企業群は，この時代にモービルを除き市場における地位を相対的に低下させたといえよう。

28) 第2次大戦前にジャージーはフランスに複数の子会社を擁したが，これらは後に一つに合体された。合体後の子会社の名称は，数度にわたって変更されて1950年代初頭(おそらく1951年)にエッソ・スタンダードとなった。同社は，ジャージーが所有権の過半(55％)を保持したが，他にガルフ石油，アトランティック精製(The Atlantic Refining Company)，および現地のフランス企業(投資家)，がそれぞれ株主として存在した(1960年ではジャージーの所有権は63％)。以上は，NACP〔1〕, Airgram, A-422, April 21, 1946 : 851.6363/4-2148 : Decimal File, 1945-49 : RG59 ; NACP〔1〕, Foreign Service Despatch, No. 121, March 23, 1955 : 851.2553/3-2355 : Decimal File, 1955-1959 : RG59 ; Jersey〔24〕, 1950, p. 21, 1951, p. 4, 1960, p. 32 による。

29) 以上は，Fortune〔98〕, October 1957, pp. 143-144 ; Jersey〔24〕, 1956, p. 44 による。

1956年のフランスにおける石油の消費量(但し民需のみ，軍用は不明)は総計1963万8000メートル・トンであり，最大は重油(46.8％，バンカー油を含まず)，ついで自動車用ガソリン(22.7％)，バンカー油(10.2％，重油と軽油の分類は不明)，軽油(7.9％，バンカー油を含まず)，などであった(NACP〔1〕, Memorandum from American Embassy of Paris to Department of State of Washington, Subject : Petroleum and Natural Gas in France-1956, No. 2049, April 30, 1957 : 851.2553/4-3057 : Decimal File, 1955-1959: RG59 による)。

30) 本書の第1章第4節〔III〕，第2章第5節〔III〕で述べたように，1928年の石油業法によって原油の輸入，石油製品の供給は政府の許可制となった。原油の場合，輸入認可(割当)は少数の企業にのみ与えられたのであり，それら企業は1951年時点では7社(ジ

ャージー，RD=シェル，BP，モービル，カルテックス〔California-Texas Oil Company, Caltex〕の外資系企業の子会社5社，国策企業〔フランス精製，Compagnie Française de Raffinage, S.A., CFR〕，民族系企業〔社名省略〕の現地2社)のみであった．なお，先述のように，戦前の原油割当は，原油そのものの量ではなくガソリンを含むいくつかの製品の量で表示されたが，1951年以降の割当はガソリン(および潤滑油)の数量で表示されることになったようである．以上については，NACP〔1〕, Airgram, A-2273, March 9, 1963：PET 11-2 FR：Subject-Numeric File, 1963：RG59；有沢〔158〕，272-279頁；日本エネルギー経済研究所〔240〕，1, 4, 6, 12-14, 16, 34頁による．

31) 1950年頃においてすでに，フランスに所在した石油企業全体の精製能力は，国内の製品需要をほぼ充足する規模だったようである．国内で精製できる原油の量(輸入可能な原油の許可量)は，エッソなどが販売する石油製品の量を実質的に決定したように思われる(但し，製品の輸出入は存在する)．さらに，1950年の政令(décret)によって，原油の輸入許可を与えられた企業(7社，社名は前注を参照)は，国内で販売する製品(製品割当量)の90%を国内製油所から供給することが義務づけられたのである(以上について詳細は，NACP〔1〕, Airgram, A-1588, 3/6/68：PET 1 FR：Subject-Numeric File, 1967-69：RG59；日本エネルギー経済研究所〔240〕，4頁を参照せよ)．

32) 有沢〔158〕，279頁による．

33) Jersey〔24〕, 1955, p. 45.

34) 以上は，NACP〔1〕, Airgram, A-411, August 19, 1955：PET 2 FR：Subject-Numeric File, 1964-66：RG59；NACP〔1〕, Airgram, A-537, September 10, 1966：PET 2 FR：Subject-Numeric File, 1964-66：RG59による．1961年末時点で，給油所の最大保有企業はフランス石油であり6950店を擁した．ついで，エッソとRD=シェルがほぼ同数で5600店，などであった(有沢〔158〕，287頁)．

　ここで，フランスにおける1次エネルギー源の消費に占める石油の割合をやや長期でみると，1929年(3.9%), 38年(10.5%), 53年(19.2%)であり，1968年に過半を占めた(同年，石油52%，石炭31.8%，水力11.1%，ガス5.1%である)．以上は，NACP〔1〕, Foreign Service Despatch, No. 1866, March 8, 1955：851.2553/3-855：Decimal File, 1955-1559：RG59；NACP〔1〕, Airgram, A-915, 8/29/69：PET 2 FR：Subject-Numeric File, 1967-69：RG59による．

35) 1959年に年間1020万バレルであったアルジェリアの原油生産量は，翌60年に6760万，61年に1億2150万，69年には3億4500万バレルまで飛躍した．この時代にリビアにつぐ北アフリカ第2の生産国となったのである(DeGolyer and MacNaughton〔96〕, 1992, p. 10)．フランスによるアルジェリア原油の年間輸入量は1960年に650万トン(但しメートル・トンかどうかは不明，以下同じ)で，イラク原油(780万)，クウェート原油(740万)につぎ，翌61年には1120万(全体比32%)で最大となった(有沢〔159〕，79頁)．

36) 以上は，NACP〔1〕, Airgram, A-2273, March 9, 1963：PET 11-2 FR：

Subject-Numeric File, 1963: RG59; NACP〔1〕, Airgram, A-1588, 3/6/68: PET 1 FR: Subject-Numeric File, 1967-69: RG59; PT〔121〕, March 22, 1963, p. 146, July 26, 1963, p. 389 による。

37) PIW〔118〕, April 20, 1970, p. 4 による。この業界誌によれば，同年に市場占有率で最大企業はフランス石油(Compagnie Française des Pétroles, S.A., 以下CFP, 但し，子会社のフランス精製〔Compagnie Française de Raffinage, S.A., 以下CFR〕の名前で表示している)で25.0%であり，第2位がRD＝シェル(16.6%)であった。エッソは3位であり，これにフランス企業エルフ(Elf Union, 12.0%)がほとんど同率で並び，BPが僅差の11.0%，といった状況である。

ところで，ここで掲げた各社の市場占有率の取り扱いには若干の留意が必要であろう。というのは，第2章第5節〔III〕で述べたようにエッソを含む石油企業各社は，フランス精製(CFR)から，石油製品を買い取る義務があったからであり，この規定は第2次大戦後にも有効だったのである。エッソなどが現実に自社の系列店舗などを通じて市場に供給する製品の一定部分は，CFRが生産した製品と考えられ，上記のエッソの市場占有率にもCFRからの購入製品が含まれたと推定されるのである。

エッソなど国際石油資本がCFRから買い取った製品の年々の数量，買い取り条件などの多くは依然として不明である。但し，ここでは以下の事実・統計を付記することにしたい。エッソの場合，製品買い取りはCFRの親会社であるCFP(フランス石油)との協定によってなされており，1949年の協定が少なくとも60年代前半頃まで有効であったこと，62年に，エッソなど各社がCFRから買い取ったガソリンは総計80万メートル・トンであったが，翌年は165万メートル・トンへ倍増し，後者のうちエッソは40%を購入したこと，その際，価格は政府機関(炭化水素局〔Direction des Carburants〕)によって設定されており，この価格は精製段階，つまりCFRに利益の相当部分(bulk of the profits)を与えたが，エッソは大きな利益を得たわけではないこと(Esso does not make much money on the gasoline it takes from CFR)，である。以上は，NACP〔1〕, Airgram, A-537, September 10, 1966: PET 2 FR: Subject-Numeric File, 1964-66: RG59; NACP〔1〕, Airgram, A-2273, March 9, 1963: PET 11-2 FR: Subject-Numeric File, 1963: RG59; NACP〔1〕, Airgram, A-2474, April 3, 1966: PET 2 FR: Subject-Numeric File, 1964-66: RG59 による。

なお，国内最大の販売企業たるCFPについて一言すると，同社(および子会社のフランス精製)は，第2章第5節注(58)で記したように，第2次大戦前は，自らはフランス国内市場では製品販売を行わないことを原則とした。しかし，戦後は，1946年にフランス領西アフリカ地域で製品販売事業を開始し，55年以降はフランス国内で販売事業に着手したのである(53年にトタル〔Total〕のブランドを導入)。やがて，1960年代初頭頃には，後述するイタリア，イギリスなど諸外国でも活発な活動(製品販売，精製など)を試み，国際石油資本に準ずる行動をとりはじめた。同社は，フランス政府が引き続き最大株主ではあったが(1960年代前半においても政府が35%の株式，40%の議決権を保持)，諸外国での活動ではしだいに同政府の意向から距離をおくようになったと

いわれている。そのため，フランス政府は，CFP が現実にサハラ地域(アルジェリア)で原油生産事業を行っていたにもかかわらず，同地域での油田開発，原油生産に向けて新たな国策企業(公社など)を創設したのであった。かかる状況を背景に CFP は，1960年代半ばの原油輸入割当，製品供給割当においては，エッソなどと同様にそれぞれの比率を削減された。もっとも，同社はエッソと異なり 1960 年代末まで，フランス国内での製品販売シェアを実際にはさほど低下させることがなかった。その理由の一つは，1966年に現地の有力石油企業(デマレ兄弟社〔Desmarais Frères〕)を傘下に組み込んだことにあると考えられる。以上については，NACP〔1〕, Annual Petroleum Report for 1946-France, February 14, 1947：851.6363/2-1447：Decimal File, 1945-49：RG594; NACP〔1〕, Airgram, A-3196, June 19, 1963：PET 5 FR：Subject-Numeric File, 1963：RG59; Grayson〔184〕, pp. 28, 31, 52-54 による。

38) Wall〔154〕, p. 313.

39) 以上は，NACP〔1〕, Airgram, A-248, August 11, 1966：PET 6 FR：Subject-Numeric File, 1964-66：RG59; NACP〔1〕, Airgram, A-816, November 24, 1966：Pet 2 FR：Subject-Numeric File, 1964-66：RG59; NACP〔1〕, Airgram, A-212, August 2, 1967：PET 2 FR：Subject-Numeric File, 1967-69：RG59 による。なお，フランスにおける製品価格の高位安定は，消費量の点で最大品目であった重油(本節注〔29〕参照)については特に妥当するようである。イギリス企業 BP 社の文書によれば，1966年9月時点で，フランス市場での重油価格(税抜き)は，1 ガロン(1 Imperial gallon)あたり 6.54 から 7.55 ペンスであり，イギリス(5.18 から 6.13 ペンス)，旧西ドイツ(4.59 ペンス)，イタリア(4.64 から 5.10 ペンス，但し同年8月)，オランダ(4.56 から 5.80 ペンス)などをかなり凌いだのである(BPA〔5〕, Memorandum to Mr. A. M. Robertson from J. R. L. Cook, 3rd October, 1966：BP 29609：Shell-Mex and BP Archive)。

40) 西ヨーロッパの主要国で 1950 年代の実質 GDP の伸長率(年平均)がイタリアを凌いだのは旧西ドイツ(7.9%, 1950～60年)のみである。1960 年代(1960～70年)のイタリアの実質 GDP は年平均 5.3% の伸びである。宮崎ほか〔107〕, 138 頁(原資料：UN, *Yearbook of National Account Statistics*, 各年次号); 有沢〔158〕, 149 頁より。

41) 1次エネルギー源に占める石油の比率は 1956 年に 33.0% となり，水力(水力発電)を凌いで最大となった(NACP〔1〕, Foreign Service Despatch, No. 1215, April 14, 1959：865.2553/4-1459：Decimal File, 1955-1959：RG59)。1965 年では，石油は 56.9%，電力(水力，原子力)が 21.2%，石炭が 12.6%，天然ガスが 9.3%, である (NACP〔1〕, Airgram, A-64, July 16, 1966：PET 2 IT：Subject-Numeric File, 1964-66：RG59. なお, United Nations〔126〕, 1951-1954, pp. 45-47, 1955-1958, pp. 15-19, 1956-1959, pp. 19-23 も参照)。

42) 大戦前のイタリアにおけるジャージー社，およびアジップの地位などについては，第2章第5節注(62)を参照せよ。

43) エニは政府の出資金 300 億リラで創立された。1957 年頃であるが，同社はイタリア

における天然ガス生産の95%を独占し，かつ得られた天然ガスをかなり割高な価格で販売したといわれている。エニの利益収入の主たる源泉の一つはこれに求められるようである。必要資金は，主として利益の再投資，減価償却費，銀行借り入れなどで賄い，直接政府に依存する面は少なかったようである。1960年代の初頭頃までに同社は石油，天然ガス，原子力，化学などの諸分野に子会社・関連会社，総計75を擁した一大コンツェルンとなっており，活動地域もヨーロッパに留まらず，アジア，アフリカにまで及んだ(以上は，NACP [1], Petroleum Exploration: Your Appointment Today with Italian Ambassador Brosio from EUR-C. Burke Elbrick to the Under Secretary, January 15, 1958: 865.2553/1-1558: Decimal File, 1955-59: RG59; IPI [197], Vol. I, p. 139；有沢[158], 186-203頁；有沢[159], 51, 69頁による)。

44) 1952, 53年頃までにジャージーは，その具体的中身はなお明らかではないが，ポー川流域での原油，天然ガスなどの探索等に400万ドルを投下したと推定される(以上について詳細は，NACP [1], Copy of translation of letter from Standard Oil Representative to Italian Foreign Minister, by J. V. Brennan, February 25, 1950: 865.2553/2-2550: Decimal File, 1950-1954: RG59; NACP [1], Memorandum of Conversation, July 22, 1952: 865.2553/7-2252, CS/H: Decimal File, 1950-1954: RG59; NACP [1], Memorandum of Conversation: Subject Italian interests of Standard Oil Company of New Jersey, April 9, 1953: 865.2553/4-953, CS/H: Decimal File, 1950-1954: RG59を参照せよ)。

45) BPは，第2次大戦前は，イタリア市場に対して直接製品の販売を行うことはなかった。同社は，RD=シェルとジャージーにイタリア向け製品を供給することで，間接的にイタリア市場への足がかりを有したのである。BPが，自分自身の販路で(under its own style)石油製品の販売を開始したのは1958年である。フランス石油は，1963年からトタル(Total)のブランドで製品販売を開始した(但し，イタリアへの進出はこれより早期に行われている)。1960年代には他に，アメリカ企業シティーズ・サービス(Cities Service Oil Company)，インディアナ・スタンダード，西ドイツのベーファウ・アラールが，ガソリン市場においてそれぞれ数百の給油所を自己の傘下に組み込んだのである。以上は，NACP [1], Foreign Service Despatch, No. 1031, February 19, 1958: 865.2553/2-1958 HBS: Decimal File, 1955-1959: RG59; NACP [1], Foreign Service Despatch, No. 64, July 17, 1959: 865.2553/7-1759: Decimal File, 1955-1959: RG59; NACP [1], Airgram, A-1795, June 8, 1963: PET 3 IT: Decimal File, 1963: RG59; NACP [1], Foreign Service Despatch, No. 48, July 17, 1951: 865.2553/7-1761 LWS: Decimal File, 1960-1963: RG59 による。

46) IPI [197], Vol. I, p. 139；有沢[158], 183頁。

47) PT [121], May 17, 1963, p. 243.

48) RD=シェルは18.0%，BP 8.0%，フランス石油7.0%，カルテックス5.0%，モービル5.0%，などであった。他方，ガソリンの給油所数では，1964年12月末に全国に3万1843店が存在し，RD=シェル4217(全体比13.2%)，エニ3970(12.5%)，エッソ

3758(11.8%)，フランス石油 2823(8.9%)，BP 2261(7.1%)，などである。

なお，イタリアにおける石油製品の消費量を製品別にみると，1965 年に全体量 4107 万トンのうち，重油が 62.0%，ガソリン 14.3%，軽油が 10.0%，などであった。

以上は，NACP〔1〕, Airgram, A-64, July 16, 1966：PET 2 IT：Subject-Numeric File, 1964-66：RG59 による。

49) NACP〔1〕, Letter from Isaiah Fank to Mr. Ball, March 27, 1963：Pet 6 US：Subject-Numeric File, 1963：RG59 による。

50) 以上の統計は PIW〔118〕, June 1, 1970, p. 2 による。

なお，イタリアにおけるジャージー(子会社エッソ)の最大の競争企業がエニであり，エッソの地位の相対的な弱体化がエニの攻勢をその重要な要因の一つとしたことはいうまでもない。だが，エッソは 1950 年代末時点でイタリアにおけるエニの製油所のうち 2 つを折半所有し，当該製油所が使用する原油は所有権に基づきエッソ(親会社のジャージー)が 50%を供給した(NACP〔1〕, Memorandum of Conversation, April 19, 1962：865.2553/4-1962：Decimal File, 1960-1963：RG59；伊沢〔210〕, 139 頁)。さらに，ジャージーは，1963 年にエニに対して 5 年間で総計 8000 万バレルの原油を供給する契約を締結したといわれており，これは，当時のエニが用いる原油の 1/4 に相当する。後者の原油供給契約については，その遂行・実態の多くが不明であり，巷間伝えられた内容通りの販売がなされたかどうかは定かではない。ともあれ，ジャージーは市場での激しい確執の一方で，エニと共同事業を行い，かつ後者を西ヨーロッパにおける有力な原油の販売先として位置づけていたのであった(NACP〔1〕, New Business Arrangements：ENI-Jersey Standard, 3/19/63：PET 10-3 IT-UAR：Subject-Numeric File, 1963：RG59 による)。

かように現地の有力企業に対して，対抗関係を主たる側面としこれによって市場における地位を脅かされながら，他面ではジャージーがこれとの取引関係，共同所有関係などを維持することは，必ずしもイタリアに限定されることではない。現地対抗企業との共同面を含めて，各国でのジャージー社の活動を各事業分野等にわたって掘り下げ，その全体像を明確化することはなお今後の課題である。

51) NACP〔1〕, Airgram, A-78, July 20, 1966：PET 2 IT：Subject-Numeric File, 1964-66：RG59；IPI〔197〕, Vol. I, p. 139；PT〔121〕, March 11, 1960, p. 183.

52) IPI〔197〕, Vol. I, p. 139；PT〔121〕, November 2, 1962, p. 664. 1963 年に，イタリアの RD＝シェルの子会社(Shell Italiana)は，製品価格の低下によってスタンダード等級のガソリン(standard-grade petrol，レギュラー・ガソリンを指すと考えられる)では，精製・販売費用を回収できないと述べている(PT〔121〕, May 17, 1963, p. 243)。また，1962 年頃と思われるが，給油所 1 店あたりの石油製品販売量は年間 150 トンであり，アメリカの 925 トンに及ばないことはむろん，イギリスの 250 トン，旧西ドイツの 215 トン(以上のトンがメートル・トンかどうかは不明である)に比べかなり少なかった(有沢〔159〕, 74 頁)。なお，1963 年にエッソを含む国際石油企業のほとんどは欠損を出した。欠損額はエッソが 13 億 2600 万リラ，RD＝シェルの子会社は 18 億

6200万リラ，BPの子会社が3億5300万リラ，などであった．但し，エニは赤字に転落することなく利益を生んだ（以上は，PPS〔119〕, October 1964，日本語版，462-463頁による，但し原典を未見）．

53) これは黒海での引渡価格(f.o.b. Black Sea)と思われる（以上はPRO〔2〕, Oil Exports from the Soviet block, この文書に日付はないが作成は1954年3月と推定される：POWE 33/1867/154；Wall〔154〕, pp. 333-334, 518-519；Jersey,〔24〕, 1953, p. 33；IPI〔197〕, Vol. I, p. 180による）．製品価格では，世界市場価格に対して軽油，ディーゼル油，重油で10～15%，自動車用ガソリンでは20～30%安かったと推定される(PRO〔2〕, Soviet Bloc Oil Export, by D. E. Miller, 19th August, 1960：POWE 33/1869)．

54) デンマーク政府による要請は1953年9月に旧ソ連産製品の輸入・販売の可能性を石油企業各社に打診する形で始まったようであるが，同政府が構想したのはデンマーク市場全体の10%にあたる160万バレル（年間）の買い取りであった．ジャージーにとって旧ソ連産製品の引き取りは確かに自己の製品販売量の削減を意味する．だが，ジャージーの子会社による現地での販売量の40%は政府およびその関係機関向けであり，現状の政府との取引関係の維持を考えると，デンマーク政府の要請を直ちに拒否すべきかどうかは大きな問題であった．ジャージー社内では種々の検討がなされたが，最終的に同社は政府の要請を拒否したのであった．もっとも，石油の引き取りに関するデンマーク側と旧ソ連邦との間の交渉は現実には難航し，1950年代半ば時点ではデンマークによる旧ソ連石油の買い取りは行われなかった．以上について詳細は，NACP〔1〕, Letter from M. J. Rathbone to John Foster Dulles, July 22, 1954：861.2553/7-2354：LM178, Roll 25：RG59をみよ．なお，Wall〔154〕, pp. 305, 330-332も有益である．

55) その他，ギリシャで35%，オーストリア21%，スウェーデン19%などである．旧ソ連産石油の非社会主義諸国への供給量は1955年に400万トンであったが，1960年には2270万トンまで増大し，うち西ヨーロッパに1670万，残余が日本，旧アラブ連合（現在のエジプトとシリア），キューバなどへ輸出されたのであった．以上については，IPR〔104〕, December 1962, p. 422；Laqueur〔218〕, p. 119；Wall〔154〕, pp. 342, 348；有沢〔158〕, 16頁による．なお，PRO〔2〕, Soviet Bloc Oil Export, by D. E. Miller, 19th August, 1960：POWE 33/1869も有益である．

56) Wall〔154〕, p. 601. もっとも，本文の叙述から多少知りうるように，旧ソ連邦は各国に自己の販売施設（販売網）を持たない場合が多い．エニなど既存の販売会社への石油供給を通じて間接的に市場に対する影響力を行使したと考えられる．それゆえ，西ヨーロッパでの石油需要の8%程度を賄ったとはいえ，それは直ちに市場支配力を意味する数値とはいえないであろう．

57) ジャージーはアメリカ本国政府にも，西ヨーロッパの各国政府による輸入制限の実施を支持するよう働きかけた(Jersey〔24〕, 1960, pp. 3-4, 16；Wall〔154〕, pp. 338-341, 344-346)．

58) Wall〔154〕, pp. 337-338.

59) Wall〔154〕, pp. 346-347；Petroleum〔117〕, February 1962, p. 43. EEC内のフランスの立場, 見解について一言すると, 同国は旧ソ連邦から原油を輸入してはいたが, イタリアなどとは異なり旧ソ連産石油については, 共同市場内で一定の制限下におくことを求めた。1961年8月に, アメリカ国務省のフランス駐在員によれば, フランス政府の見解は, イタリアなどによる旧ソ連産石油の無制限の輸入はEECの共通エネルギー政策の維持を困難にすること, 同石油へ長く依存することが伝統的な石油生産者の地位を弱め, 結果として世界のエネルギー需要が大きく変化したとき, 各国が直ちにこれに対応することを困難にすること, 旧ソ連産石油への過大な依存がもたらす軍事的, 戦略的な結果を考慮すべきこと, などであり, こうした見解はアメリカ政府のそれに近いという(NACP〔1〕, Foreign Service Despatch, No. 134, August 3, 1961 : 851.2553/8-361 CS : Decimal File, 1960-1963: RG59による)。
60) Wall〔154〕, p. 350.
61) Wall〔154〕, p. 350.
62) なお, 西ヨーロッパ市場への石油供給量全体に占める旧ソ連産石油のシェアは1961年以降もほぼ8%程度であった。市場の拡大に伴い, 販売の絶対量は増大したが, 市場での比重を高めることはなかったようである(PIW〔118〕, February 16, 1970, p. 2；Wall〔154〕, p. 350)。

第5節　アジア，その他

　戦前の1930年代半ば頃から, アジア(但し旧ソ連邦, 中東地域の多くを含まず), オセアニアおよび東南アフリカからなる広域市場でのジャージー社による製品販売活動は, 関連会社スタンダード・ヴァキューム石油(Standard-Vacuum Oil Company, 以下スタンヴァック〔Stanvac〕と略記)によって担われた。大戦終了以降, 日本など戦時期に活動を停止し戦後に事業を再開した国や地域を含めジャージーによるかかる地域での製品販売は引き続きスタンヴァックに委ねられたのである(但し中国などの社会主義諸国を除く)。だが, 1960年代に入り同関連会社は解体される。
　本節では, 第1に, スタンヴァックの解体とその理由, 第2に, 解体前のスタンヴァックおよび解体後に設立されたジャージーの後継子会社による活動, について考察する。

〔Ⅰ〕　スタンヴァックの解体

　1960年代初頭，ジャージー社はソコニー・モービル石油(Socony Mobil Oil Company, Inc. 1955年にそれまでのソコニー・ヴァキューム石油〔Socony-Vacuum Oil Company, Inc.〕を改名，以下モービルと記載)とともに両社の折半所有の子会社スタンヴァックを分割・解体した。以後，それまでスタンヴァックの活動地域であったアジア，オセアニア，東南アフリカでのジャージーの活動は，原油生産などを除き，新設の子会社エッソ・スタンダード・イースタン(Esso Standard Eastern, Inc.，ジャージーが100%所有，1971年にエッソ・イースタン〔Esso Eastern, Inc.〕へ名称変更)が引き継ぐことになったのである。

　周知のように，スタンヴァックの解体は，1953年4月にアメリカ司法省がジャージーを含む主要アメリカ石油企業5社を反トラスト法違反で告発したことに端を発し，1960年11月にジャージーが司法省との同意審決(consent decree)を受け入れたことをもって決定した[1]。これによりジャージーとモービルは，それぞれ別会社を新たに設立し，スタンヴァックの事業と資産についてはインドネシアでのそれを共有のまま残したが，その他はこれを分割したのである[2]。

　スタンヴァック解体の契機が，かように，反トラスト告発によって与えられたことは否定しえない事実である。だが，これとは別にジャージーは，司法省の告発に先立ち戦後の比較的早い時期からスタンヴァックの分割・解体，および新設の子会社による事業活動の継承を構想した。ジャージーは戦後のアジア市場などに原油と石油製品を販売する上で，スタンヴァックを介した活動はもはや有効ではなく，むしろ同社の意図するアジアその他での攻勢的なマーケティング活動を制約すると考えたのである。その場合，中東における原油生産利権の獲得に代表されるこれら地域でのジャージーによる活動基盤の強化や新たな事業の展開が，こうした構想や考えの背景にあったことは事実であろう。

　だが，ジャージーがスタンヴァックの分割・解体を必要と考えるに至った主要な理由は，親会社である同社とスタンヴァックとの関係，および後者の経営

問題などにあったように思われる。一つは，ジャージー（およびモービル）に対するスタンヴァックの独立性の強さであり，ジャージーの場合，スタンヴァックによる投資の決定などへの関与は極めて限定的であったといわれている。ついで，スタンヴァックにおいては最高経営陣に権限が集中しすぎており(top heavy)，これが経営の不効率，機動性の欠如を惹起しているとジャージーには思われたのである。加えて，スタンヴァックの経営をめぐってこれまでしばしばモービルと対立したことも軽視しえない事実であった。これらが，外部からの反トラスト告発とは別にスタンヴァックの解体をジャージーが決断する内的要因をなしたと考えられるのである[3]。

1957年時点でジャージーは，スタンヴァックの解体の意向をすでに司法省に伝え，同意審決の受諾を了承していた[4]。もっとも，もう一方の親会社であるモービルが同意審決の受け入れを拒んだことから，事態は直ちに解体へとは進まなかった[5]。そのためジャージーは，ヴェネズエラに保有する自社の資産の一部をモービルに提供するなどして後者の説得を試みたのである[6]。ともあれ，1959年末ないし60年代初頭までにはモービルもスタンヴァックの解体について最終的に合意し，これを受けてジャージーは司法省との同意審決に向かったのであった[7]。

〔II〕 スタンヴァックの解体前・後の製品販売活動

スタンヴァックによるアジアなどでの活動を構成した重要な柱の一つがインドネシアでの原油生産であったことはいうまでもない。戦後のインドネシアでのスタンヴァックの活動，原油と油田の支配については，現地政府との対立，請負契約方式(1963年実施，ついで生産分与契約方式)の導入など検討すべき事実と課題が存在する。だが，前章の表IV-1に示されるように，インドネシアでジャージーが獲得した原油はわずかであり，また戦後のアジア市場などでスタンヴァックおよび解体後のジャージーの子会社が必要とする原油の多くは中東地域から獲得された。ジャージーによるアジアなどでの活動全体，市場戦略に占めるインドネシア油田の比重は低下したのである。ここでは紙幅も考慮し具体的な記述を旧稿に委ねる[8]。

1950年代のスタンヴァック，60年代の新設子会社エッソ・スタンダード・イースタン(1962年操業開始，以下エッソと略称)の活動地域全体における石油市場の成長率を，確定数値で示すことはできないが，いずれも，少なくとも2倍は超えていたと推定される(1945～50年については不明)。先述の西ヨーロッパに対し消費の絶対量では及ばないとはいえ，伸び率においてほぼ遜色ない水準だったといえよう[9]。解体以前のスタンヴァックによる石油製品の販売量は，1950年代においては平均して年率11%の伸長を遂げ，59年のそれは29万3000バレル(1日あたり，以下同じ)であった[10]。エッソの場合，その販売量はおおよそ1962年の31万バレルから69年には60万バレルへ増大したと推定される[11]。

各地域における最大の競争企業は，戦後もそれ以前と同様にRD＝シェルであり，例えば1957年についてであるが，スタンヴァックはインド，フィリピン，タイ，インドネシア，オーストラリア，ニュージーランド，南アフリカのそれぞれの石油製品市場で20%程度の占有率を得たが，RD＝シェルになお及ばなかったといわれている[12]。これに加えて，中東(サウジ・アラビアなど)およびインドネシアを原油獲得の拠点としたカルテックス(California-Texas Oil Company, Caltex)の急追が，スタンヴァック(エッソ)にとって新たな脅威を与えた[13]。だが，スタンヴァックおよびエッソにとっての困難は，こうした国際石油企業群との競争に留まるものではなかった。現地政府による規制や干渉を受け企業活動が制約されることも少なくなかったのである。

以下，まず戦前来の重要市場たるインドでの活動，特に現地政府の石油政策・規制措置とこれへの対応について述べ，ついでアジア最大の石油市場であった日本における販売活動を考察する。

インド　石油の消費量の点でインドは1950年代半ばにおいて日本の半分程度であるが，アジア(社会主義国を含まず)の中では日本につぐ市場規模を有した[14]。戦前，製品販売を現地での主たる事業内容としたスタンヴァックは，1952年にボンベイ(Bombay)に精製子会社を設立し(54年，製油所の完成と操業開始，55年に1日あたり2万3000バレルの精製量)，53年にはインド政府との共同，および単独で国内での油田探索を開始した。もっと

も，同社が後者の油田探索に実際にどれほどの位置づけを与えたかはなお検討を要するが，ともかくもスタンヴァックはインドにおいて原油の生産から製品販売までを志向したのであった[15]。

だが，インドでは，1956 年に石油事業は公的部門(public sector)と規定され[16]，政府は原油の生産，精製，製品販売などの諸分野に公企業(公社)を設ける一方，スタンヴァックなど民間石油企業に対しては重税を課し，製品価格と利益についても統制を加えた[17]。1950 年代末ないし 60 年代初頭になると，インド政府は旧ソ連産石油の積極的活用を図り，輸入した灯油，ディーゼル油などを公社(インド石油公社〔Indian Oil Company〕)を用いて国内で販売する一方，エッソ(エッソ・スタンダード・イースタン)などに対しては旧ソ連産石油と同じレヴェルへの灯油等の価格の引き下げ，同原油の精製，などを求めたのである[18]。さらに，エッソなどによる製油所等の新設・拡張計画に対しては容易に許可を与えず，新たに設立を認めた精製施設等についてはその所有権の過半を政府に譲渡するよう要求する，などのさまざまな圧力をかけた[19]。

こうした事態に直面しつつもエッソは，インド市場から撤退することなく，既存の販路の確保に努めた。1963 年に同社がインド政府との対等所有による潤滑油製造工場の建設を約束したことは(但し実際に操業が開始されたのは 1970 年)，政府の要求を一部受け入れる形をとって現地での活動の継続，および新たな事業体制の整備を図ったものといってよいであろう[20]。

しかし，国内石油事業に対するインド政府の支配力，同政府ないし政府系企業によって担われる事業の規模は 1960 年代に着々と拡大した。1962 年半ば以降 4 年間でインド石油公社(但し，64 年以降は Indian Oil Corporation Ltd.，既述の販売担当のインド石油公社〔Indian Oil Company〕と他の公社との合体により同年設立)の製品販売量は 15 倍に急増した[21]。同公社は，如上の安価な旧ソ連産石油の輸入を一つの有力な手段として，市場での占有率を 1962 年の 5％から 67 年(インド全体の石油製品消費量は年間 9507 万バレル)には 36％へ急伸させたのである[22]。インドにおいて支配的石油企業として存在したバーマ・シェル(Burmah-Shell Oil Storage and Distributing Company of India Ltd. RD゠シェルとバーマ石油〔Burmah Oil Company Ltd.〕の折半出

資会社），エッソ，カルテックス（Caltex〔India〕Ltd.）の3社の1961年における合計占有率は95％（順に48％，30％，17％）であったが，67年には64％（順に33％，21％，10％）へ低下したのであった。エッソはバーマ・シェルなどと同様に市場における比重を大きく下げたのである[23]。

さらに，同じ1967年の半ば時点で，精製能力の点でみるとエッソのそれは4万7000バレル（1日あたり）であったが，インド石油公社（他の政府系企業の製油所，民間企業との共同所有を一部含む）は18万7000バレル（全国比で54％）の規模を有した[24]。インド石油公社など政府系企業は，製品市場における支配力，製品販売面では，戦前来の強みを持つバーマ・シェル，エッソなどになお市場の過半をおさえられてはいたが，やがてそれをもくつがえす勢いをみせていたのであった[25]。

こうしたインド政府の石油政策，石油事業の展開の下，結局エッソはインドでの事業の清算に追い込まれ，1970年代の後半には自社の資産の大半（所有権の74％）をインド政府に売却せざるをえなかったのである[26]。

日 本 　ここでは1960年代の活動の主な要点に限定する。解体以前のスタンヴァック，および解体後のジャージーの新設企業による日本での活動の詳細については，他日に独立した稿を起こして論ずる予定である。

前掲表V-3によれば1960年代（1960〜69年）に日本での石油消費量は6倍近い増大を遂げ，その伸び率は他の主要国に類のない水準であった[27]。かかる成長市場において，スタンヴァック（スタンヴァック日本支社）の解体後に新設されたエッソ・スタンダード石油（エッソ・スタンダード・イースタンの日本子会社，1961年12月設立，2002年6月以降はエクソンモービル有限会社，以下ではエッソ石油と記載）は，先ずスタンヴァックの解体に伴って生じたいくつかの課題に応えることから始めなくてはならなかった[28]。そのうち，新たな商標を国内市場に周知せしめ，かつスタンヴァックから継承した販売代理店（特約店を指す）を新商標の下に確保（維持）すること，ついで製品流通体制を再構築すること，がとりわけ重要であった。

スタンヴァック日本支社の解体を機に，エッソ石油は，それまでスタンヴァックが用い，解体後はモービル石油（前注〔28〕参照）が継承する主要商標（「ペガサ

ス〔赤い天馬，flying red horse〕」）とは異なる自社の商標「エッソ(Esso)」をはじめて日本市場に登場させることになった。その際，エッソ石油が引き継いだ地域(本州地域，但し東京，大阪などの大消費地はモービル石油と分割)に所在する販売代理店に，新商標を受け入れさせ，自社の系列からの離脱を防ぐことが重要であった[29]。エッソ石油の下に系列化された旧スタンヴァックの代理店は，それまで取り扱った主要商標(ペガサス)の石油と直ちに，あるいはやがて競合する商標(エッソ)の石油を販売することになったのであり，その衝撃は大きく，エッソ石油系列への編入に対する抵抗ないし動揺には少なからぬものがあったようである。そのため，同社は創立と同時に，傘下に入った代理店への頻繁な訪問，各地域毎の代理店会議の開催，また1962年4月のエッソ・マークでの事業開始以降は，代理店にエッソ石油の販売方針，給油所経営に関する基本理念などを伝えるための定期刊行物(『エッソ ディーラーニュース』)の発行，その他を試み，これらによってどうにか引き継いだ代理店のほとんどを傘下に留めたといわれている。むろんエッソ石油は，同4月以降に一般消費者，大口顧客などに「エッソ」を周知せしめるための広告・宣伝活動に多大な努力を傾注したのであり，これもまた同社と同製品に対する代理店の信頼を高め，不安を取り除く有効な手段となったのであった[30]。

次に，エッソ石油にとっては，全国の販売・流通施設をモービル石油と分割したことに伴って生じた同社の大口顧客などの一部に対する製品供給施設，とりわけ油槽所の欠落を直ちに埋め合わせることが必要となった[31]。と同時に，本州地域に限定されない製品販売を行うためには九州，四国などモービル石油が継承した地域を含む各地で製品流通体制の構築に着手しなくてはならなかった。この課題の遂行についての具体的な経過と要点については別稿に委ねるが，1965年の秋頃までにエッソ石油は，油槽所の新設・整備の点ではひとまず当初の目標を達成したといわれている[32]。石油連盟発行の『石油業界の推移』(昭和37年版)によれば，同社は1962年(昭和37年)の末までに，全国の46都道府県のすべて(沖縄は含まれず)で，場所によっては極めて少量であったが，ともかくも数種類あるいは多種類の石油製品の販売を行っている[33]。いち早く特定地域に限定した販売企業の性格を脱しつつあったように思われる。但し，

1960年代のエッソ石油の活動は他の主要企業に比して，製品の販売量にみられる地域的差違が大きく，東京，神奈川，大阪の3都府県での販売量は，1962年に同社全販売量の49.2％，65年には54.1％，69年でも51.8％を占めたのである。かかる3拠点への集中構造はこの時代を通じて崩れることがなかった[34]。

以上のような新商標の導入と代理店の確保，および製品流通網の整備に加えて，販売専業企業たるエッソ石油にとっては，石油製品それ自体の確保が当然にも不可欠であった。だが，これについては，周知のようにスタンヴァック日本支社の時代と同様に，東亜燃料工業(後に東燃と名称変更し，2000年7月以降は東燃ゼネラル石油)が引き続き同社(およびモービル石油)に対する製品供給の役割を果たしたのであり，さしあたり新たな対応を求められる課題とはいえなかった[35]。

さて，1960年代(1962年以降)のエッソ石油による販売量は，62年の年間225万キロ・リットル(1日あたり約3万9000バレル)から69年の年間889万キロ・リットル(同15万3000バレル)へ4倍弱の増加を遂げた[36]。この間の日本全体での石油消費増(3.6倍，前掲表V-3参照)との対比ではややこれを上回ったといえる。同社による販売活動の一つの特徴は，重油などに比べ消費量の伸びは低いが収益性は比較的高いガソリンの販売に相対的に重点をおいたことである。例えば1962年に，石油企業全体による製品販売構成においてガソリンの比率は17.4％であったが，エッソ石油の場合は23.6％，69年の場合でも業界全体の11.1％に対し同社のそれが15.7％であった事実はこうした販売戦略によるものといえよう[37]。

その反面，他社と同様に量の面でやはり最大の品目であった重油の販売促進において，エッソ石油は他の有力企業に遅れをとったように思われる。製品と市場の特性からして重油，特にC重油(1965年では日本の重油消費量全体の75％を占める)のように電力会社など大口顧客向けの製品については，1950年代の後半以降，石油企業が中間の流通業者を介すことなく顧客と直接取り引きする，いわゆる直売方式によってなされる傾向が強まっていたが，同社はC重油の場合1964年頃まで，A・B重油は1966年頃まで，いずれも社外の代理店

を介して販売したのであった。同社がこうした代理店依存を創立後なお数年にわたって残したのは、この分野の顧客獲得における主体的力量がなお不十分であったことを反映するものと考えられる[38]。エッソ石油の場合、電力会社(東北、東京、中部、関西、四国、九州)、鉄鋼企業などへの重油販売が本格化するのはようやく1960年代の後半以降であった[39]。

　最後に、1960年代の日本における石油製品市場でのエッソ石油の地位、および同社の事業の収益性について若干の統計をみておきたい。まず、1969年の石油企業全体の製品販売量との対比で、同年のエッソ石油の販売量(年間889万キロ・リットル―既述)は5.3%に相当し業界で第8位に留まった。最大企業の日本石油(17.1%)、2位の出光興産(14.3%)、3位の共同石油(10.1%)などとの懸隔は大きかった[40]。1962年の順位(第9位、4.8%)との対比では、同社はわずかにその地位を高めたといえよう[41]。次に、エッソ石油の売上高は1962年の438億3900万円から69年の1294億9000万円まで年々増大した[42]。しかし、同社は創業翌年の1962年、のみならず66年にも欠損を生み、全体として60年代の利益獲得が順調であったとはいえない[43]。資料が利用できた1962〜69年の売上高経常利益率について、エッソ石油と日本の石油企業全体(1962年は19社、69年は24社)の平均とを比較すると、64年のみエッソ(0.4%)は後者(0.1%)を凌いだにすぎず、他はすべて業界全体の平均を下回ったのである[44]。今日のエッソ石油(但し、ここでは1990年代末のエクソンモービル社の形成以前)は、日本の石油企業の中では事業活動の収益性がかなり高い企業として知られているが[45]、同社がそうした収益構造を作り出すのは1970年代半ば以降のことと考えられる[46]。

　1) 　ジャージーを含む国際石油企業7社(ジャージー、モービル、テキサコ、カリフォルニア・スタンダード、ガルフ、RD＝シェル、BP)の海外でのカルテル行為全般に対する1952年のアメリカ連邦司法省による刑事捜査の開始、1953年4月におけるアメリカ企業5社を対象とした民事訴訟への転換・後退の経緯と理由については、さしあたり山田ほか[281]、105-123頁を参照せよ。1950年代半ば(1956年)に司法省は、大統領直属の諮問機関である国家安全保障会議(National Security Council, NSC)の決定に従って、訴訟の対象範囲を共同販売事業に限定せざるをえず、初期の目的からさらに大幅な

後退を余儀なくされた。こうした状況下，司法省は1950年代後半にはスタンヴァックの解体を，53年の提訴の主要な成果の一つとして期するようになったといわれている（Jersey〔24〕, 1953, p. 6, 1960, p. 3 ; Wall〔154〕, pp. 448, 463, 481-482, 485, 500-502. なお，同意審決の全文(邦訳)については石油連盟〔123〕，昭和36年版，229-235頁をみよ）。
2) 1959年時点であるがスタンヴァックの売上高は10億ドル，従業員は40カ国以上に3万7000人であった。スタンヴァックの分割については，基本的には国(地域)別にジャージーとモービルの間で資産，事業などをほぼ均等に分け合うことになったようである。但し，販売市場についてはジャージーにかなり有利な地域配分がなされたと考えられる(以下については，第2章の前掲図II-4も参照)。ジャージーの固有の市場としては，インド，パキスタン，セイロン(現スリランカ)，東南アジア各国(ビルマ，タイ，マラヤ，シンガポール，南ベトナム，ラオス，カンボジア)，ウガンダ，タンガニーカ，ケニア，マダガスカルが与えられた。モービルは，アフリカ南部地域，アフリカ東部地域のほぼ半分，ニュージーランド，およびその他の小地域を受け取り，日本，オーストラリア，フィリピンは両者がともに存在することになった(日本については後述も参照)。なお，アフリカでのジャージーの活動は1966年に，新設のエッソ・アフリカ(Esso Africa Inc.)なる子会社によって統括されることになる（Jersey〔24〕, 1960, p. 26, 1961, p. 4, 1965, p. 3 ; Jersey〔26〕, Spring 1961, pp. 2-5 ; Wall〔154〕, pp. 504-505, 509, 512-514 ; モービル石油〔39〕, 251頁)。
3) ジャージーは，市場の成長と事業の複雑化に対応する上で他社との共同所有方式ではなく，同社独自の販売戦略を実行しうる子会社(完全所有子会社，ないしそれに近い存在)による活動がより適切と考えたようである。ジャージーは従来スタンヴァックに対しては幹部の派遣など必要とされる人材の供給を行ったが，それはジャージーの影響力の行使や同社の希望する方向での経営改革などとは直接つながらなかったと考えられる。なお，ジャージーにとってスタンヴァックの組織と活動は少なからぬ問題を含んだようであるが，1930年代前半の操業開始以降，スタンヴァックは継続して利益は生み出していたと推定される(以上についてはJersey〔24〕, 1960, p. 3 ; Wall〔154〕, pp. 28, 500-501, 504-505, 511-512による）。
4) Wall〔154〕, p. 501 ; Goodwin〔182〕, p. 242.
5) スタンヴァックの分割・解体については，モービルもまたこの頃までには基本的に合意していたようであるが，同意審決の受け入れによる解体には抵抗したのである（Mobil〔35〕, 1960, p. 21 ; Wall〔154〕, pp. 500-502, 504）。
6) モービルは，詳細はなお不明とはいえ，ジャージーに比べスタンヴァックからより大なる利益を得ていたといわれている。ジャージーはモービルを説得するために，後者がヴェネズエラに油田を求めていたことを念頭に，原油が発見されれば5000万ドルに相当すると考えられた利権(未開発鉱区)を与えたのであった(以上は，Exxon Mobil Library〔4〕, HQ: Statement of Intent, by A. L. Nickerson, President of Socony Mobil Oil Company, Inc. and H. A. Metzger, Vice-President of Creole Petro-

leum Corporation, November 4, 1959 ; Wall〔154〕, pp. 502, 504 ; Mobil〔35〕, 1960, p. 8 による)。

7) Wall〔154〕, p. 502. モービルはスタンヴァックの解体を了承したが，自らは同意審決には加わらなかった(Mobil〔35〕, 1960, p. 21)。

8) 1956年頃にスタンヴァックがインドネシアで産出した原油は7万バレル程度にすぎず，同社は活動地域全体で，精製用原油が11万バレル，またこれとは別に石油製品が7万バレル(いずれも1日あたり)，それぞれ不足した。これらの不足分はほとんどがペルシャ湾岸から供給されたのであった。1960年代の市場成長の下，アジア地域などでのジャージー子会社(エッソ・スタンダード・イースタン)による精製・販売活動は中東原油への依存を一層高めた。以上を含め，第2次大戦後のインドネシアでの原油生産活動については伊藤〔203〕,（2），93-94頁を参照せよ。なお，請負契約，生産分与契約については，さしあたりファーイースト オイル トレーデイング〔179〕, 2-4頁；村上〔233〕, 101-117頁を参照。

9) アジア(社会主義諸国を含まず，中東地域を含む)，オセアニア，アフリカ(ここでは全域)の石油の消費量は1950年代に，1日あたりのバレルで50年の92万から59年に217万へ2.4倍となった(西ヨーロッパは同じ期間に126万から347万へ2.8倍)。1962年から69年では304万から730万へ2.4倍(西ヨーロッパが529万から1141万へ2.2倍)であった。もっとも，これら地域はスタンヴァックの活動範囲を超えており，また1960年代におけるエッソの対象市場をさらに超えている(本節の前注〔2〕を参照)。ともあれ，ここでの数値は，スタンヴァックおよびエッソが活動した市場の成長率にある程度近いものと考えてよいであろう(BP〔92〕, 1960, p. 21, 1970, p. 21)。1956～57年頃であるが，スタンヴァックの地域における1次エネルギー源の消費構成において石油は1/3を占め，西ヨーロッパの主要国(イタリアを除く)での同様の比率を凌いだと推定される(Jersey〔27〕, p. 60；有沢〔158〕, 73, 150, 229, 341頁参照)。

10) Jersey〔24〕, 1960, p. 16；Mobil〔35〕, 1959, p. 19.

11) Jersey〔25〕, 1970. pp. 16-17による。但し，この数値にはアジアの中東地域での販売量，およびジャージーの新設子会社エッソ・アフリカに引き渡されたアフリカ市場での販売量(但し1966～69年のみ，本節前注〔2〕参照)を含むと思われる。それゆえ，エッソの実際の販売量を超えているであろう。

12) Fortune〔98〕, October 1957, p. 144.

13) 1966年についてであるがインドネシア最大の原油生産企業はカルテックスであり，生産量は1日あたり30万4800バレル，RD＝シェルが7万バレル(1966年初頭時点のみ，以後同社はインドネシアから撤退)，ジャージーとモービルの共同所有会社(P.T. スタンヴァック・インドネシア〔P.T. Stanvac Indonesia〕)は最も少なくも5万8000バレルであった(IPI〔197〕, Vol. II, p. 178；Jersey〔24〕, 1966, pp. 17-18；Shell〔41〕, 1966, p. 26より。なお，RD＝シェルとP.T. スタンヴァック・インドネシアの数値は純生産量。カルテックスは不明)。さらに，ある調査によれば，RD＝シェル，スタンヴァック(P.T. スタンヴァック・インドネシア)，カルテックス3社のインドネシアでの

原油生産全体に占めるそれぞれの比率は、1940年が順に72%、28%、0%、60年では32%、23%、45%、そして70年では0%、5.7%、82.8%であったという(70年の残余の比率は国営企業など)。村上〔234〕、97頁。みられるようにカルテックスの躍進が著しい。

14) 1956年の石油の消費量(1日あたり、但しすべて原油として換算)は、日本が24万3000バレル、インドが11万6000バレルであった。アジアではこれにインドネシア(7万7000)、マラヤ(7万5000)などが続く。なお、オーストラリアは17万5000バレルであった(U.S. Senate〔67〕、邦訳者付録、434頁より。原資料は、World Petroleum, Sep. 1957, p. 61, Sep. 1958, p. 74)。なお、日本とインドとの懸隔は年を追う毎に拡大し、1970年では日本の350万8000(1日あたりの石油製品消費量)に対しインド37万6000(同)へと10倍近い格差となった(DeGolyer and MacNaughton〔96〕, 1992, p. 16)。

15) 製油所は当初、インドネシア原油、中東原油の処理を目的として設立された。油田の探索は、資料の得られる1950年代末までをみると、政府との共同、単独いずれも採算面で将来性のある規模の原油の発見には至らなかった(単独での探索は1957年に打ち切られた)。以上についての記述は、NACP〔1〕, Memorandum of Conversation, December 14, 1952: 891.2553/12-1452, CS/H: Decimal File, 1950-1954: RG59; NACP〔1〕, Foreign Service Despatch, No. 824, March 31, 1954: 891.2553/3-3154 HO: Decimal File, 1950-1954: RG59; Exxon Mobil Library〔4〕, HQ: Standard-Vacuum Oil Company, Reorganization Papers, Volume V, Request for Tax Rulings and Closing Agreements, March 30, 1962による。

16) こうした規定はインド政府による1948, 56年の「産業政策決議(Industrial Policy Resolutions)」に基づくものであった(NACP〔1〕, Airgram, A-356, June 14, 1963: PET 2 India: Subject-Numeric File, 1963: RG59)。戦後のインドにおける産業政策体系とその展開については、さしあたり西口〔243〕、第3章、特に111-121頁を参照せよ。

17) Wall〔154〕, pp. 519, 538; O'Connor〔247〕, p. 396; Corley〔136〕, p. 313; IPI〔197〕, Vol. II, pp. 162-163；日本エネルギー経済研究所〔241〕、37頁。

18) 1950年代後半において、インドでは灯油はなお主要な消費品目としての地位を失っておらず、1958年に石油消費量全体(570万トン)のうち灯油が28.37%を占め、炉用油(furnace oil、重油と考えられる)は18.18%、高速ディーゼル油(high speed diesel oil)16.17%、自動車用ガソリン13.60%、軽質ディーゼル油(light diesel oil)8.63%、その他15.05%であった。1965年においては、灯油は、製品別消費総計(8128万バレル)の20.8%を占め産業用重油(バンカー油を含む、26.0%)につぐ位置にあった。以上の記述は、NACP〔1〕, Foreign Service Despatch, No. 258, October 22, 1959: 891.2553/10-2259: Decimal File, 1955-1959: RG59; NACP〔1〕, Airgram, A-35, April 26, 1966: Pet 2 India: Subject-Numeric File, 1964-66: RG59; Jersey〔27〕, p. 60; Wall〔154〕, pp. 518-519; O'Connor〔247〕, pp. 395-398; Corley〔136〕, p. 324によ

る。
19) PT〔121〕, May 27, 1966, p. 645; Wall〔154〕, pp. 519-520, 538.
20) 潤滑油工場の建設（年間14万5000トンの生産能力）についてのエッソとインド政府との正式調印は1965年9月のようである。なお，潤滑油工場の設立以外に，エッソは石油化学工場を建設する，タンカーをインド政府に売却する，国内で油田を探索する，などさまざまな申し出をインド政府に行った。これらは，旧ソ連産原油の精製を拒絶したことへのインド政府の反発を緩和する手段と考えられる（以上は，NACP〔1〕, Memorandum of Conversation, M-770, June 14, 1960 : 891.2553/6-1460 : Decimal File, 1960-1963 : RG59 ; NACP〔1〕, Airgram, A-269, March 22, 1963 : PET 11-2 India : Subject-Numeric File, 1963 : RG59 ; NACP〔1〕, Airgram, A-100, October 1, 1965 : PET 2 INDIA : Subject-Numeric File, 1964-66 : RG59 ; Wall〔154〕, pp. 522, 538-539 ; Jersey〔24〕, 1963, p. 14, 1968, p. 21, 1969, p. 18 ; IPI〔197〕, Vol. II, p. 161 ; PIW〔118〕, February 16, 1970, p. 7による）。
21) PT〔121〕, September 2, 1966, p. 1142 ; IPI〔197〕, Vol. II, pp. 161-162.
22) NACP〔1〕, Airgram, A-356, June 14, 1963 : PET 2 India : Subject-Numeric File, 1963 : RG59 ; NACP〔1〕, Airgram, A-242, August 14, 1968 : PET 2 INDIA : Subject-Numeric File, 1967-69 : RG59による。
23) NACP〔1〕, Airgram, A-356, June 14, 1963 : PET 2 India : Subject-Numeric File, 1963 : RG59 ; NACP〔1〕, Airgram, A-242, August 14, 1968 : PET 2 INDIA : Subject-Numeric File, 1967-69 : RG59 ; Burmah〔32〕, 1966, p. 21, 1967, p. 12, 1968, p. 13による。
24) 他にバーマ・シェル（Burmah-Shell Refinery Ltd., 7万8000バレル）などが存在する（IPI〔197〕, Vol. II, pp. 161-162 ; PIW〔118〕, February 16, 1970, p. 7）。
25) 1969年頃にはインド石油公社の市場占有率は50％に達したと推定される（Bamberg〔133〕, p. 259）。

　インド政府は1960年代後半時点では，資金力，技術力などの不足により，石油事業を公社でほぼ全面的に行えるとは考えてはおらず，国内への石油供給について国際石油企業に依存する必要性を認めていた。だが，この時点でも，例えば，エッソなど各社に対し原油価格の引き下げを要求する，石油輸入税の引き上げを断行する（1966年2月に20％の課税）など，国際石油企業の活動，利益獲得などを制約するさまざまな措置を実施したのである。1966年3月におけるエッソの予測では，同年のインドでの同社の使用総資本に対する利益率（return on total capital employed）は0.8％の見通しとのことであった（以上は，NACP〔1〕, Letter to Mr. Clayton B. Thomas from Raymond A. Hare, 3/23/66 : PET 6 INDIA : Subject-Numeric File, 1964-66 : RG59 ; NACP〔1〕, Letter to Mr. James M. Voss from Raymond A. Hare, 3/23/66 : PET 6 INDIA Subject-Numeric File, 1964-66 : RG59 ; NACP〔1〕, Airgram, A-782, November 18, 1969 : PET 11 INDIA : Subject-Numeric File, 1967-69 : RG59 ; NACP〔1〕, Airgram, A-242, August 14, 1967 : PET 2 INDIA : Subject-

Numeric File, 1967-69：RG59 による）．

26) Wall〔154〕, p. 539 による．PIW〔118〕, October 30, 1972, p. 5 によれば，エッソによるインド資産（精製施設，販売施設，政府との共同所有の潤滑油工場）の所有権の74％の売却は，すでに1960年代末には同社とインド政府との間で議論されていたようである．また，1972年頃に，エッソの所有資産で唯一利益を出していたのはインド政府と折半で所有している潤滑油工場のみだったといわれている．

なお，ここでインドの隣国セイロン（現スリランカ）での活動について一言すると，同国でもエッソは困難な活動を余儀なくされた．1961年末のバーター協定などで旧ソ連産石油を入手することになった現地政府はその販売をエッソに求め，それを拒絶されるや，同社の販売施設（給油所）などを接収し（1963年），接収した施設を使って国内市場への製品供給を行ったのであった（なお，接収に対しては後に補償がなされた）．IPI〔197〕, Vol. II, p. 164；Jersey〔24〕, 1963, pp. 4, 14, 1965, p. 11；Wall〔154〕, pp. 521-522.

27) 日本での最大消費品目はむろん重油（A・B・C重油）であり，1960年代を通じ全体のほぼ60％前後を占めた．ガソリンはこの間20％弱から11％強へその比率を下げた．一方，ナフサは消費量を急増させ，1969年では全体比13％に達した（1962年は5％）．以上は，石油連盟〔123〕，昭和36年版から昭和44年版までの各統計による．なお，日本で石油が石炭を抜いて最大のエネルギー供給源となるのは1962年である．1965年では1次エネルギー源に占める石油の比率は58.4％であり，石炭（27.3％），水力（11.3％）などを大きく凌ぐ（石油連盟〔262〕，368頁；日本石油〔113〕，596頁）．

旧スタンヴァックの活動地域において日本が最大の石油消費国になったのは，オーストラリアを抜いた1953年であり，同年の石油製品の消費量合計（但し，ともに一部の製品を除く）は，日本が年間742万メートル・トン，オーストラリアが600万メートル・トンであった（United Nations〔126〕, 1951-1954, pp. 108, 110 による）．1963年についてであるが，エッソ・スタンダード・イースタンの石油販売量（すべて製品かどうか，原油を含むかどうかは不明）は，同社の市場圏全体（約30の国・地域）では前年比5％強の伸びであったのに対し，日本でのそれは20％強に達した（Jersey〔24〕, 1963, p. 13）．

28) スタンヴァックの解体に伴い，スタンヴァック日本支社は，エッソ・スタンダード・イースタンの100％所有子会社のエッソ・スタンダード石油（ジャージーの孫会社に相当）と，モービル・ペトロリアム（Mobil Petroleum Company Inc. ソコニー・モービルの子会社）の100％所有子会社たるモービル石油（ソコニー・モービルの孫会社に相当）に分割された．エッソ・スタンダード石油は1961年12月11日に資本金53億3686万円で設立された（モービル石油は40億2607万円で同日設立）．

なお，エッソ・スタンダード石油は1982年に社名をエッソ石油に変更し，1999年11月のエクソンモービルの成立（合同）に伴い改組・名称変更を行い，2002年6月以降は，本文に記したようにエクソンモービル有限会社となった（これは基本的には上記のモービル石油との合同によるものであるが，その経過はやや複雑であり，ここでは詳述しない）．現在，同社を直接所有（100％）する親会社は，エクソンモービルアジアインターナ

ショナルSARLなる企業である。以上については，エッソ石油〔15〕，15頁；エッソ石油〔16〕，1992年4月号，24頁；モービル石油〔39〕，251,265頁：エクソンモービル〔22〕による。なお，以下に叙述するエッソ石油の活動については，旧エッソ石油広報部より教示を得た。

29) 「ペガサス(赤い天馬)」は元来モービル石油の商標であった。1933年のスタンヴァックの設立時に，それまで日本市場で販売活動に従事したソコニー・ヴァキューム石油の商標(「ペガサス」)をスタンヴァックがそのまま自社の商標にしたのであった。スタンヴァックの解体後は，再びモービル石油が自社商標として使用することになった。以上は，モービル石油〔39〕，107-109,141-142,145,268頁；エッソ石油〔15〕，13頁による。
　スタンヴァック日本支社の解体に伴う日本市場のエッソとモービルによる分割は，東京，神奈川，京都，大阪の主要都府県を両社の競合地域とし，本州(但し，北関東5県，新潟，兵庫，和歌山，奈良を除く)をエッソに，北海道，四国，九州をモービルに割り当てるものであった。各地域に所在する代理店はそれぞれの企業の系列下におかれることになった。但し，大消費地については販売量が両社の間で均等となるように，配分される代理店の数などの調整が試みられた(以上について詳細は，エッソ石油〔16〕，1987年春号，76-77頁；モービル石油〔39〕，257-258頁を参照せよ)。

30) こうした販売代理店対策を一つの重要な内容として，実質的な創業年に当たる1962年の費用の支出は相当な額に上ったようであり，同年エッソ石油は19億3000万円の欠損を生むことになった。なお，エッソ石油は創立時(1961年12月11日)から翌年3月31日までの期間は旧スタンヴァックの商標で引き続き販売活動を行ったのである(以上については，エッソ石油〔16〕，1987年春号，77頁；エッソ石油〔15〕，13,16-18,107頁による)。

31) スタンヴァック日本支社の解体時に，全国には各地域の拠点となる6カ所のターミナル(大型の油槽所)が存在し，エッソは3ターミナル(安治川―関西地区，名古屋―中部地区，塩釜―東北地区)を引き継いだ。また全国に所在した約50の油槽所(社有以外に代理店所有の寄託油槽所を含む)については，既述の地域分割(本節注〔29〕参照)に照応して，モービルとの間で2分した。なお，1962年4月のエッソ石油とモービル石油のそれぞれの実質的な営業開始から2年間に限って，両社は相互に相手の油槽所から製品を引き取ることが認められた(エッソ石油〔16〕，1985年新春号，25-26頁)。

32) 但し，この時点で同社が全国的な規模の製品流通網を形成したわけではない。例えば1960年代末時点で北海道，四国，九州には同社所有の油槽所は存在せず(但し，四国，九州ではゼネラル石油の油槽所を利用できた)，また全国の都道府県で唯一北海道には系列ないし取引関係のある給油所も存在しなかった(以上は，エッソ石油〔16〕，1985年，新春号，27頁；石油連盟〔123〕，昭和44年版，690,695頁より)。

33) 石油連盟〔123〕，昭和37年版，478頁。石油連盟の広報部に問い合わせたところによれば，本書(『石油業界の推移』)に掲載した各企業の都道府県別の販売数量は，各社が実際に現地で販売した数量を表示したとのことである。油槽所などの流通・販売施設を有しない地域でエッソが少量とはいえ如何にしてこうした実績を上げえたかはなお今後

の調査課題である。

34) 主要な石油企業の中で，モービル石油とゼネラル物産(後にゼネラル石油，2000年に東燃と合同し現在名は東燃ゼネラル石油)もまたエッソ石油とほぼ同様に東京，神奈川，大阪の3地域に対する販売集中が顕著であった。1965年ではモービルの場合，全販売量の48.1％，ゼネラルでは46.9％がこれら3地域で占められた。他の石油企業についても，特定の地域での販売量が相対的に高い比重を占める事実はある程度認められる。同じ1965年についてであるが，1つの都道府県での販売量が，自社の全販売量の10％以上を占める事例としては，日本石油が神奈川県(17.5％)においてそうであり，以下同様にして(但し，数値を省略，社名は当時のまま)，丸善(東京，大阪)，三菱(東京)，シェル(東京，三重)，昭和(東京)，大協(三重)，などであった(出光はすべての都道府県が10％以下)。但し，エッソ(およびモービルとゼネラル)は，こうした面が特に顕著で，当時のエッソ石油の経営陣は製品配送費の節減を目指して，特定地域への販売集中を一つの重点策と位置づけたようである(エッソ石油〔15〕，37頁)。以上の統計は石油連盟〔123〕，昭和37年版，478頁，40年版，504-506頁，44年版，615-618頁による。

35) スタンヴァックは1949年に東亜燃料工業(1939年設立)に51％(後に50％へ)所有権を獲得し，これに原油を販売(供給)し，生産された全製品を買い取り日本市場への製品供給を行った。スタンヴァックの解体により，所有権はエッソ・スタンダード・イースタンとモービル・ペトロリアムが25％ずつこれを継承した。原油供給については，この両企業が，それぞれ東亜燃料工業が必要とする量のほぼ50％ずつを供給し，他方，生産された製品は新設の子会社エッソ石油とモービル石油が50％ずつ引き取ることになったのである(なお，エッソ石油は東亜燃料工業の25％所有権を持つ株主エッソ・スタンダード・イースタンの利益代表者としての役割を与えられ，東亜燃料工業の設備投資，予算などについて株主として発言する立場にあった。以上は，東燃〔28〕，第2編第4章；エッソ石油〔16〕，1985年新緑号，17-18頁による)。

　もっとも，創業初期の1962年にエッソ石油が入手した製品は，確かにそのすべてが東亜燃料工業より供給されたものであったが，その後は同業他社(ゼネラル物産など)との製品交換に伴う他社製油所からの入手もしだいに増加し，また一部製品(潤滑油，添加剤，化学品)については輸入によったのである(エッソ石油〔16〕，1985年新緑号，18-19頁)。周知のように，石油企業間の製品交換(交換ジョイントとも呼ばれる)は今日も活発に行われており，こうした行為は，基本的には，石油企業間での販売構造の違いからくる過剰な製品の処理，必要な製品(油種)の不足への対応，および各社の製油所と市場との距離に対応した輸送費の節約など，を理由にしてなされる(詳細は，例えば日石三菱〔114〕，94-97頁を参照せよ)。

36) 石油連盟〔123〕，昭和37年版，478頁，同44年版，616頁による。

37) もっとも，すでに周知のことに属するが，ガソリンの価格(卸売価格，税抜き)は1950年代半ば以降67年頃まで灯油よりも，またしばしば軽油よりも低い水準で推移した。この時期ガソリンは確かに利益の出る製品の一つではあったが，今日の如き最大利益油種ではなかった。とはいえ，灯油，軽油はガソリンに比べ市場の規模が小さく(石

334　第II部　第2次大戦終了以降1960年代末まで

油企業全社の年間販売量では，例えば1965年にガソリンは1069万キロ・リットル，灯油は512万キロ・リットル，軽油は566万キロ・リットル），利益額全体の拡大の観点からはこれら製品の中ではガソリンが最も重要だったのである。エッソ石油がガソリン販売に相対的に力点をおいたのはこうした事情を踏まえてのことであった。なお，これに加えて石油業法(1962年成立)の下で，いわゆる特定設備の許可において民族系石油会社が優遇され，外資系企業(ここでは関連会社の東亜燃料工業─本節前注〔35〕を参照)による製品の生産拡大の伸びが相対的に抑制されたことも落とせない一要因だったようである(この点については，他日エッソ石油の活動にとっての石油業法の意味，規定性を論ずる中で立ち入って検討する予定である)。

　以上については，石油連盟〔123〕，昭和37年版，478-479頁，40年版，507,510-511頁，44年版，616-619頁；石油連盟〔124〕，190頁；東燃〔28〕，258-259頁；エッソ石油〔15〕，37頁による)。

38) 軽油の場合は1969年頃まで代理店依存が続く。但し，代理店依存といっても，実際の製品配送も代理店によってなされたわけでは必ずしもなかった。顧客への供給は，通常はエッソの油槽所，あるいは東亜燃料工業の製油所からエッソ石油の輸送手段(タンクローリー，その他)によって行われたのである(以上は，エッソ石油〔16〕，1986年秋号，38頁，および旧エッソ石油広報部の教示による。日本石油〔112〕，599-603,621-622頁も参照せよ)。

39) エッソ石油〔16〕，1986年秋号，38頁。

40) 4位は三菱石油(8.2%)，5位丸善石油(8.0%)，6位シェル石油(7.9%)，7位モービル石油(6.6%)，などの順であった。なお，同年エッソはガソリン販売ではやや比率は高く全国比7.4%であった(但し順位は同じ第8位)。系列給油所数では1967年3月末であるが，エッソのそれは1728で第8位であった(最大は日本石油の4387，ついで出光の3463，などである)。以上は，石油連盟〔123〕，昭和44年版，615-619頁；日本石油〔112〕，630頁による。

41) 1962年の第1位は日本石油(17.7%)，2位出光興産(14.5%)，3位丸善石油(10.2%)，4位シェル石油(9.7%)，5位三菱石油(8.8%)，6位ゼネラル物産(5.5%)，7位昭和石油(5.4%)，8位モービル石油(5.2%)などである(石油連盟〔123〕，昭和37年版，476-478頁より)。

42) 旧エッソ石油より提供された資料に基づく。

43) 1960年代の利益額の最高年は1965年で11億200万円である(69年は9億2100万)。旧エッソ石油の資料による。前注(30)も参照。

44) エッソ石油については，同社から提供された資料より計算。石油企業全体については石油連盟〔262〕，386頁より。

45) 例えば，資料の利用できた1984年から98年までの15年間について，エッソ石油の各年の売上高純利益率と売上高経常利益率を，日本の石油企業全社(石油連盟への加盟，非加盟両方を含む，1984年は34社，98年は29社)の各年における売上高純利益率の平均(全社の純利益を合計し，それを全社の売上高の合計で除する)，売上高経常利益率の

平均(同じく,全社の経常利益を合計し,それを全社の売上高の合計で除する)のそれぞれと対比させると以下の通りである。エッソ石油は,売上高純利益率については,27億2700万円の欠損を出した1987年に全社の平均(1.0%)に及ばず,また96年に全社の平均(0.4%)と同一であったが,それ以外はすべて全社平均を凌いだ。売上高経常利益率では,この間常に全社平均を上回ったのである(詳細な統計数値については省略する。なお,1984年では日本石油のように3月決算が22社,他がエッソ石油のように12月決算というように決算時期がずれていること,精製専業,販売専業,両者の兼業など各企業の事業内容が同一ではないなど,こうした比較対照を厳密に行うことは困難であるが,ここでは大まかな状況を示す数値として扱いたい)。以上については石油企業各社の1984～98年の有価証券報告書あるいは公表された財務統計を用いて算出。

46) エッソ石油〔16〕,1986年秋号,38-39頁を参照せよ。なお,本書では製品販売会社エッソ石油の活動に叙述を限定したが,日本でのジャージーの活動を論ずる場合,原油の販売(東亜燃料工業などの関連企業に対してだけでなく)についての分析も本来落とすことができない課題である。スタンヴァックの解体が,最大の石油消費市場たる日本でジャージーが意図した結果を産み出したかどうか,同社が如何に攻勢的なマーケティング活動を行いえたか,などを判断する上での一つの論点であろう。この点も他日別稿にて論ずることにしたい。

第6節 小　　括

〔Ⅰ〕 財務についての若干の考察

　ジャージー社の資産額(有形固定資産額のみ),売上高および獲得利益について手短に以下の3点を指摘する(表V-4,表V-5を参照)。

　第1に,有形固定資産額は,全体およびこれを構成する各事業部門ともにほぼ一貫した増勢を辿った。最大部門の原油生産事業は,大戦終了後全体に占める比率を緩やかに低下させるが,1950年代の半ば頃においてなお4割台の後半を占める。一方,この間着実に比重を高めたのが精製部門であり同年代半ばまでに全体の1/4に達する。戦後最初の10年間にジャージーが原油の生産と精製に投資の重点をおいたことが窺える。海外においては,油田(原油生産利権)の確保,製油所の新設・拡張はこの期間にとりわけ顕著な進展をみたのであった。

　1960年代に入ると,原油生産部門の比率はさらに低下し,同年代末までに

表V-4　ジャージー社の総資産額[1]と有形固定資産額[2]，1938, 1945～70年[3]

(単位：100万ドル，%)

	総資産額	有形固定資産額とその構成比率(%)										
		総　額[4]		原油生産		輸　送		精　製		製品販売		その他
			%		%		%		%		%		%
1938	2,045	1,146	100.0	n.a.		n.a.		n.a.		n.a.		n.a.	
1945	2,532	1,137	100.0	595	52.3	176	15.5	215	18.9	138	12.1	13	1.1
1946	2,660	1,274	100.0	664	52.1	201	15.8	231	18.1	163	12.8	15	1.2
1947	2,996	1,524	100.0	750	49.2	253	16.6	304	19.9	200	13.1	17	1.1
1948	3,526	1,859	100.0	902	48.5	303	16.3	401	21.6	224	12.0	29	1.6
1949	3,816	2,086	100.0	973	46.6	356	17.1	479	23.0	248	11.9	30	1.4
1950	4,188	2,125	100.0	999	47.0	349	16.4	483	22.7	265	12.5	29	1.4
1951	4,707	2,273	100.0	1,105	48.6	356	15.7	500	22.0	282	12.4	30	1.3
1952	5,049	2,519	100.0	1,231	48.9	395	15.7	549	21.8	311	12.3	33	1.3
1953	5,372	2,705	100.0	1,295	47.9	412	15.2	628	23.2	333	12.3	37	1.4
1954	6,610	3,575	100.0	1,662	46.5	449	12.6	908	25.4	506	14.2	50	1.4
1955	7,147	3,873	100.0	1,757	45.4	486	12.5	1,010	26.1	563	14.5	57	1.5
1956	7,878	4,355	100.0	1,985	45.6	526	12.1	1,115	25.6	657	15.1	72	1.7
1957	8,688	5,000	100.0	2,228	44.6	625	12.5	1,315	26.3	748	15.0	84	1.7
1958	9,441	5,740	100.0	2,645	46.1	697	12.1	1,477	25.7	825	14.4	96	1.7
1959	9,837	5,960	100.0	2,695	45.2	753	12.6	1,511	25.4	888	14.9	113	1.9
1960	10,036	6,061	100.0	2,700	44.5	789	13.0	1,498	24.7	952	15.7	122	2.0
1961	10,769	6,284	100.0	2,660	42.3	842	13.4	1,596	25.4	1,038	16.5	148	2.4
1962	11,591	6,909	100.0	2,891	41.8	887	12.8	1,703	24.6	1,259	18.2	169	2.4
1963	12,179	7,147	100.0	2,933	41.0	906	12.7	1,759	24.6	1,376	19.3	173	2.4
1964	12,647	7,524	100.0	3,081	40.9	877	11.7	1,813	24.1	1,543	20.5	210	2.8
1965	13,233	7,797	100.0	3,126	40.1	839	10.8	1,804	23.1	1,765	22.6	263	3.4
1966	14,023	8,274	100.0	3,135	37.9	842	10.2	1,991	24.1	1,972	23.8	334	4.0
1967	15,373	9,075	100.0	3,260	35.9	896	9.9	2,224	24.5	2,204	24.3	491	5.4
1968	16,786	10,077	100.0	3,691	36.6	913	9.1	2,668	26.5	2,332	23.1	473	4.7
1969	17,538	10,563	100.0	3,712	35.1	1,081	10.2	2,740	25.9	2,509	23.8	521	4.9
1970	19,242	11,305	100.0	3,798	33.6	1,239	11.0	2,916	25.8	2,748	24.3	604	5.3

(注)　1）　年末額。
　　　2）　property, plant, and equipment. 年末額。
　　　3）　ジャージー本社の所有権が50％を超える子会社のみ財務は連結されている。なお，1945～53年については東半球に存在する子会社群の財務は，50％を超える場合でも連結処理がなされていない。それゆえ，この期間の統計は，1938年および1954年以降のそれと直ちには連続しない。
　　　4）　net.
(出典)　1938, 1945～53年はJersey〔24〕, 各年次号より。1954～60年はJersey〔25〕, 1963, pp. 4-5, 10-11より。1961～70年はJersey〔25〕, 1970, pp. 4-5, 10-11より。

第5章　世界市場における製品販売活動　337

表V-5　ジャージー社の売上高，純利益額，利益率，1938, 1945～70 年[1)]

（単位：100万ドル，％）

	売上高[2)]	純利益額と地域別構成							売上高純利益率	自己資本純利益率
		合　計		アメリカ		他の西半球		東 半 球		
			％		％		％		％	％	％
1938	1,174	76	100.0	n.a.		n.a.		n.a.		6.5	n.a.
1945	1,618	154	100.0	68	44.2	84	54.5	2	1.3	9.5	10.3
1946	1,622	178	100.0	68	38.2	103	57.9	7	3.9	11.0	11.1
1947	2,355	269	100.0	123	45.7	137	50.9	9	3.3	11.4	15.5
1948	3,301	366	100.0	131	35.8	221	60.4	14	3.8	11.1	18.4
1949	2,892	269	100.0	93	34.6	156	58.0	20	7.4	9.3	12.0
1950	3,135	408	100.0	173	42.4	207	50.7	28	6.9	13.0	16.6
1951	3,786	528	100.0	209	39.6	278	52.7	41	7.8	13.9	20.1
1952	4,051	520	100.0	175	33.7	288	55.4	57	11.0	12.8	17.3
1953	4,138	553	100.0	193	34.9	263	47.6	97	17.5	13.4	16.9
1954	6,092	585	100.0	138	23.6	314	53.7	133	22.7	9.6	14.9
1955	6,723	709	100.0	191	26.9	347	48.9	171	24.1	10.5	15.8
1956	7,634	809	100.0	218	26.9	413	51.1	178	22.0	10.6	16.6
1957	8,361	805	100.0	198	24.6	447	55.5	160	19.9	9.6	14.9
1958	8,092	563	100.0	147	26.1	262	46.5	154	27.4	7.0	9.3
1959	8,522	630	100.0	216	34.3	239	37.9	175	27.8	7.4	9.7
1960	8,696	689	100.0	233	33.8	248	36.0	208	30.2	7.9	10.3
1961	9,147	753	100.0	256	34.0	279	37.1	218	29.0	8.2	10.4
1962	10,325	822	100.0	304	37.0	285	34.7	233	28.3	8.0	10.9
1963	11,121	981	100.0	319	32.5	299	30.5	363	37.0	8.8	12.5
1964	11,768	960	100.0	374	39.0	294	30.6	292	30.4	8.2	11.7
1965	12,493	973	100.0	378	38.8	301	30.9	294	30.2	7.8	11.5
1966	13,270	1,054	100.0	460	43.6	312	29.6	282	26.8	7.9	12.0
1967	14,409	1,155	100.0	540	46.8	347	30.0	268	23.2	8.0	12.6
1968	15,474	1,277	100.0	583	45.7	372	29.1	322	25.2	8.3	13.3
1969	16,433	1,243	100.0	647	52.1	358	28.8	238	19.1	7.6	12.5
1970	18,143	1,310	100.0	629	48.0	383	29.2	298	22.7	7.2	12.4

（注）　1）　表V-4と同様に，ジャージー本社の所有権が50％を超える子会社のみ財務が連結されている。1945～53年については，東半球に所在し所有権が50％を超える子会社群の利益額は原則として本社への配当金のみが計上されている。
　　　2）　sales and operating revenue. 消費税(excise taxes)を含む。
（出典）　1938, 1945～53年は Jersey[24]，各年次号より。1954～60年は Jersey[25], 1963, pp. 6-7, 14-15 より。1961～70年は Jersey[25], 1970, pp. 6-7, 14-15 より。

全体の1/3程度にまで減少する。これは，主にヴェネズエラなど海外の主要生産拠点での活発な新規投資の抑制を反映するものであろう[1]。他方，製品販売部門の比率が，この10年間の終わりまでに全体の1/4近くへ伸長したことが注目される。1950年代末以降の国際的な原油過剰を背景にした西ヨーロッパ等での熾烈な製品販売競争に対応するために，ジャージーが販売活動に相対的に投資の重点を移動させたことを示すものであろう。

第2に，1950年代(1950～59年)と60年代(1960～69年)の売上高の伸び率は2.7倍と1.9倍であり，ともに急成長下の戦後石油市場でのジャージー社の積極的な活動を反映する[2]。利益額は，年によって増減があるので単純に伸び率の比較を行うことはできない。それでも急速あるいは堅実に増加したことは明白である。但し，売上高に対する比率(売上高純利益率)をみると，1957年以降はそれまでおおむね維持された10％台を割り込み，1960年代末まで7，8％程度で推移した。自己資本に対する純利益の比率(自己資本純利益率)についても，1960年代は50年代の多くの年に比べて低下がみられる。とはいえ，その数値は1950年代，60年代を通じほとんどが10％以上であり，同社の過去との対比においては全体として高い水準だったといえるのである。なお，資料の得られた1960年代(1960～69年)の各年において，ジャージー社の売上高と純利益額は，いずれにおいても，RD＝シェルを含む他のすべての企業を凌いだ[3]。

第3に，獲得利益額の地域別構成をみると，大戦終了以降1950年代後半頃まではアメリカ本国を除く西半球(カナダ，ラテン・アメリカ)において，ジャージー社は利益全体のほぼ5割以上を稼ぎ出した。これに東半球地域を加えたアメリカ国外全体での獲得利益は，1950年代半ばないし後半期に同社全利益の7割に達する。1950年代の高蓄積はこれら海外事業によって主導されたのである。他方，1960年代は海外での利益の増加傾向が鈍化したのに対しアメリカ本国での利益の伸びが急速で，69年にはこの年のみであるが全体の5割を超えた。原油生産量，製品販売量などの事業規模の点でジャージーが引き続き海外により大なる比重を有したことからすれば，この時代，特に半ば以降，同社のアメリカでの事業の収益性はそれ以前に比べかなり高い水準に達したと

考えられるのである[4]。

〔II〕 小　括

　第2次大戦終了以降1960年代末までのニュージャージー・スタンダード石油の活動について，第6章のイギリスでの活動，第7章の石油化学事業を含まない範囲においてであるが，以下の諸点において総括する。事業構造，利益獲得，業界支配に着目し，戦後の特質を摘出することにしたい。

　第1に，戦後のジャージー社の活動にみられた最も重要な事実は，諸外国での事業の構造や規模の大きな変貌と飛躍である。アメリカ本国においても，石油製品の全国的な販売企業への成長など注目すべき変化や進展があった。だが，同社の事業構造にそれ以前と区別された内容や特徴を与える主要な契機となったのは，中東(ペルシャ湾岸地域)などにおける新たな原油生産拠点の確保，西ヨーロッパ，ヴェネズエラ，その他での製油所の新設・拡充などであった。重要なことは，ジャージー社が，これらの新たな事業構造の創出を大戦終了後の比較的短期間のうちに，アメリカにおける石油不足，諸外国での「エネルギー危機」の進展を背景に遂行したことである。同社は，大戦期においては戦前来の事業の基本構造を継承，あるいはできるだけこれらを崩すことなく行動したが，平時経済への転換，戦後の石油需要の昂進を踏まえて，遅滞なくこれらに対応しうる事業体制の整備を追求したのであった。

　第2に，ジャージー社にとって，中東地域における躍進にもかかわらず，最も重要な原油の生産拠点は，戦前(1930年代半ば以降)・戦中(一時期を除く)と同様にこの時代もまたヴェネズエラであった。原油の生産規模でみた場合，アメリカ本国さえ凌ぐ同社最大の拠点たる地位は長く失われることがなかった。戦後，特に1950年代初頭以降のヴェネズエラでの活動は，それ以前の主としてヨーロッパ市場を対象とした石油供給からアメリカを主要な対象市場の一つとする方向へその役割を転じ，アメリカ市場との結合，アメリカでの精製・販売事業との連携を格段に強めた。こうした結合と連携は，ヴェネズエラでの活動が1960年代の半ば頃まで，ジャージー社内で最も高い部類の事業収益力を維持する上での基本的な条件となったのである。もっとも，同60年代の半ば

近くからは中東・北アフリカ地域が同社の最重要の生産拠点に転ずる。同地域の原油の主要な販路であった西ヨーロッパは，製品販売量では同社にとってすでにアメリカを凌ぐ巨大市場に成長しており，一方では中東・北アフリカでの増産を促し，他方では過剰化傾向が強まった原油と石油製品を吸収する一大販路となったのである。

　第3に，他方で，事業利益からみると，石炭から石油への主力エネルギー源への移行・転換が明瞭となった1960年代における西ヨーロッパなどでの石油製品の生産・販売活動は，事業規模の持続的な拡張とは対照的に低迷・不振を辿る場合が少なくなかった。かように，利益の拡大と容易には結合しないにもかかわらず，販売部門などへの重点的な投資をジャージーに可能ならしめた要因として，この時代のアメリカ国内での獲得利益の著増が指摘されるべきであろう。1950年代末以降アメリカ市場が国際的な石油の過剰市況・価格低落から相対的に隔離され，その下でなされた国内での原油増産などにより，ジャージーは顕著な利益の拡大を実現したのであった。1960年代に外国での利益全体の伸びがそれ以前に比べ減退したことを考慮すれば，西ヨーロッパ，その他で，場合によっては欠損を伴う販売活動などを同社が展開しえた財務面の拠り所の一つは，こうしたアメリカでの利益増に求められるであろう。

　第4に，世界石油産業におけるジャージー社の地位・支配力についてであるが，同社が業界内最大の企業である事実はこの時代も不変と考えてよいであろう。アメリカでは，1960年代初頭頃まで原油生産量の点で最大企業の地位を一時期のみ他社に譲るが，その後は再び首位に復した。製品販売，市場支配においては，ガソリンの大衆消費者市場向け販売において他の有力数社との懸隔を徐々に埋め，重油販売ではおそらく最大企業，ないしそれに近い地位を確保したと考えられる。他方，海外においてジャージーは，その顕著な事業拡張にもかかわらず，石油消費国・地域での市場支配，あるいは業界支配において全体として力を減退させた。その場合，戦前以来の2大競争企業，戦後に国際石油資本としての内実を備えた企業群などとの角逐がその原因の一つであることは明らかであるが，各国での政府系企業，国営企業などの台頭と躍進がいま一つの要因として落とせないであろう。戦前のラテン・アメリカ，ヨーロッパな

どにそうした企業などが存在しなかったわけではないが，いくつかの事例を除くと，これら企業が国内市場への石油供給・販売面で重要な役割を果たすことは少なかった。だが，戦後における石油の主力エネルギー源への推転，その重要性の飛躍的高まりは，国や地域によって強弱はあるが，石油の確保や供給に政府の具体的な役割と行動を求めた。それに応えて打ち出されたエネルギー源の自給政策，外国石油企業への規制措置，国営企業などの育成は，ジャージーにとって支配力の低下を惹起せしめる重要な要因となったのである。

1） 但し，表Ⅴ-4の有形固定資産額には，同表の注(2)に記したように，他社と共同で所有した関連会社(ジャージーの所有権が50%を超えない企業)のそれを含んでいない。これら関連会社による原油生産への投資も，本書での既述の内容からして，サウジ・アラビア，イラクなどでは，1960年代には全体として新規の投資は抑制基調であったといってよいであろう。

2）「解体」(1911年)以降，過去の最も急速な市場成長の一時期であった1920年代(1920～29年)のジャージーの売上高が2.3倍(6億5960万ドルから15億2300万ドルへ，Gibb and Knowlton [138], pp. 666-667；Larson, Knowlton, and Popple [145], p. 818)であったから，1950年代はこれを凌ぐ伸長を遂げたといえる。もっとも，後の1970年代(1970～79年)ではジャージーの売上高は4.6倍(181億4300万ドルから835億5500万ドルへ)で50年代，60年代を大きく上回る(Exxon [18], 1972, p. 6, 1980, p. 7より)。しかし，これは周知の通り，世界的なインフレーションの進行，およびその一因ともなった原油価格の高騰によるところが大きく，他の時代と単純に比較はできない。なお，1980年代(1980～89年)の売上高は1981年の1132億2000万ドルを最高とし，それ以降は84年を例外として年々減少を辿り，87年に増大に転ずる。しかし1989年においても951億7300万ドルに留まった(1998年は1154億1700万ドル。99年以降の統計は，モービルの買収[エクソンモービルの形成]に伴い，それ以前と直ちには連続しない。以上は，Exxon [18], 1983, p. 7, Exxon [17], 1985, p. 22, 1989, p. 24, 1991, p. 4, 1998, p. F3)。

次に，売上高の構成内容をやや仔細にみると，統計の得られる1957年以降69年までであるが，売上高全体に占める石油製品の販売額の比率は1957年の78.7%から62年の80.7%まで徐々に増加し，以後低落して1969年には74.9%に至る。原油販売額は，この間ほぼ12～13%台で推移し特に大きな変動はなかった(1969年は13.1%)。なお，石油化学事業での生産品の販売額については，第7章の末尾を参照せよ(以上については，Jersey [25], 1966, p. 7, 1970, pp. 6-7による)。

3） 例えば，1969年のジャージーの売上高が164億3300ドル，利益額が12億4300万ドルであったのに対し(表Ⅴ-5参照)，業界2位のRD＝シェルはそれぞれ，58億8100

万ポンド(141億1000万ドル)，3億9400万ポンド(9億4600万ドル)であった(69年末時点において1ポンド＝2.4ドル。IMF〔105〕, April 1971, pp. 347-348 による)。売上高純利益率(但しここでは，資料の都合によりジャージーを含め各社とも売上高には消費税のみならず受取配当金，受取利息などの営業外収益を含めて算出した〔表Ｖ-5の統計に営業外収益は含まれず〕)では，ジャージーはRD＝シェル，モービル，BPに対してこの期間のほとんどにおいて優位を維持したが，テキサコ，ガルフ，カリフォルニア・スタンダードに対してはほぼ一貫して劣った(具体的数値を省略する)。ジャージーは売上高純利益率でみる限り，これら国際石油企業群の中で事業活動の収益性においては中位にあったといえよう。以上については，Jersey 〔24〕; BP〔29〕; Gulf〔34〕; Mobil〔35〕; Shell〔41〕; Socal〔42〕; Texaco〔44〕; Indiana〔43〕の各年次号およびPT〔121〕, August 6, 1965, p. 420 による。

4) ジャージー社による有形固定資産への各年の投資額(additions to property, plant, and equipment)を国別・地域別にみると，資料の利用できる1954～69年ではアメリカ本国向け投資がこの間平均して世界全体の4割台を占め，4年間(1954, 55, 62, 68年)は5割を超えた。表Ｖ-5によれば，1950年代半ばから60年代半ば頃までの期間に同社がアメリカ国内で獲得した利益は全体の2～3割台であったから，アメリカでの利益水準は年々なされた投資の規模と対比して低位であったといえよう。これに対し，1960年代半ば以降，アメリカ本国向け投資は全体に占める比重を特に高めたとはいえないが(1969年では世界全体の3割台へ低下)，同社はほぼ投資の割合に匹敵する利益(世界全体の4割台)をアメリカ国内で獲得したのである(以上の統計は，Jersey 〔25〕, 1963, pp. 12-13, 1970, pp. 12-13 による)。

第6章 イギリスにおける製品生産と販売活動

第1節 はじめに

　イギリスは, 歴史上長らく世界における石炭の主要な生産・輸出国として知られ, 第2次大戦前においてもなおその地位を大きく崩すことはなかった。石炭はイギリス資本主義の基幹的な動力源, 熱源として経済活動を支えたのである。だが他方, 石油の消費国としてみた場合でも同国は, アメリカと旧ソ連邦, 特に前者には遠く及ばないが, 大戦前のみならず大戦後も1960年代初頭頃まで, ともかくも両国を除く世界において最大であり, その後も有力な消費国としての地位を維持する(前掲表V-3参照)。

　イギリスの1次エネルギー源の消費構成に占める石油の比率は, 表VI-1にみられる如く大戦前(1938年)および大戦終了時に6,7%程度であったが, 1960年代の後半に40%台に達し, 71年に石炭を凌いで最大となる。この間, 最大のエネルギー源たる石炭の消費量は, 全体に占める比率はもとより, 1950年代後半においては絶対量でも低下を辿った(56年ピーク)。石油産業はイギリス経済におけるエネルギー供給産業としての役割を急速に高め, 1960年代末までに, 主力エネルギー産業としての地位を石炭産業と共有することになったのである。以後, 同表にその一端が示されるように, 石油はその後もイギリス資本主義の主要なエネルギー源としての地位を維持した[1]。

　主要な石炭生産国イギリスにおける石油の地位の向上, 石炭から石油へのエネルギー転換の過程は, 戦後「エネルギー革命」の歴史分析を行う上で重要な検討素材を提供するといえよう。以下で述べるように, このイギリスにおいて

表Ⅵ-1 イギリスにおける1次エネルギー源の消費構成，1938, 1946〜72, 80, 90, 2000年

(単位：石炭換算100万ロング・トン[1]，%)

	石炭		石油[2]		水力・原子力		天然ガス		合計[3]	
		%		%		%		%		%
1938	175.7	92.8	13.0	6.8	0.7	0.4	—		189.4	100.0
1946	185.7	92.5	14.3	7.1	0.8	0.4	—		200.8	100.0
1947	184.6	90.6	18.5	9.1	0.7	0.3	—		203.8	100.0
1948	192.1	90.5	19.3	9.1	0.9	0.4	—		212.3	100.0
1949	193.6	90.1	20.5	9.5	0.8	0.4	—		214.9	100.0
1950	204.3	89.6	22.9	10.0	0.9	0.4	—		228.1	100.0
1951	209.5	88.7	25.8	10.9	1.0	0.4	—		236.3	100.0
1952	207.4	88.2	26.9	11.4	1.0	0.4	—		235.3	100.0
1953	208.9	87.4	29.2	12.2	1.0	0.4	—		239.1	100.0
1954	215.8	86.5	32.4	13.0	1.3	0.5	—		249.5	100.0
1955	216.9	85.4	36.0	14.2	1.0	0.4	—		253.9	100.0
1956	217.4	84.3	39.1	15.2	1.3	0.5	—		257.8	100.0
1957	210.9	84.1	38.2	15.2	1.7	0.7	—		250.8	100.0
1958	201.8	79.9	49.1	19.5	1.6	0.6	0.1	—	252.6	100.0
1959	189.6	75.9	58.3	23.3	2.0	0.8	0.1	—	250.0	100.0
1960	198.6	73.7	68.1	25.3	2.6	1.0	0.1	—	269.4	100.0
1961	193.0	71.6	73.4	27.2	3.2	1.2	0.1	—	269.7	100.0
1962	194.0	69.7	80.8	29.0	3.6	1.3	0.1	—	278.5	100.0
1963	196.9	68.0	87.9	30.4	4.3	1.5	0.2	0.1	289.3	100.0
1964	189.6	65.1	96.1	33.0	5.2	1.8	0.4	0.1	291.3	100.0
1965	187.5	61.8	106.2	35.0	8.3	2.7	1.3	0.5	303.3	100.0
1966	176.8	58.3	114.8	37.9	10.1	3.4	1.2	0.4	303.0	100.0
1967	165.8	54.8	122.6	40.6	11.7	3.9	2.1	0.7	302.2	100.0
1968	167.3	53.3	129.4	41.3	12.1	3.9	4.8	1.5	313.7	100.0
1969	164.1	50.4	139.6	42.9	12.3	3.9	9.4	2.9	325.5	100.0
1970	156.9	46.6	150.0	44.6	11.8	3.5	17.9	5.3	336.7	100.0
1971	139.3	42.1	151.2	45.7	11.7	3.5	28.8	8.7	331.0	100.0
1972	122.4	36.2	162.2	48.0	12.4	3.6	40.9	12.1	338.0	100.0
1980	120.8	36.7	121.4	37.0	15.4	4.7	71.1	21.6	328.7	100.0
1990[4]	63.7	31.3	72.1	35.5	15.7	7.8	49.0	24.1	203.3	100.0
2000[4]	38.1	16.4	75.2	32.3	20.1	8.6	94.9	40.8	232.5	100.0

(注) 1) 石炭1.7トン＝石油1トン。1ロング・トン(1 long ton)＝1016.05 kg。
2) 石油の数値にはバンカー油(bunker oil)，工業用ガソリン，潤滑油，ビチュメン(アスファルト)，ワックス，および燃料としては用いられない石油化学用原料を含まない。1950〜72, 1980, 1990, 2000年の石炭には石炭以外の固体燃料(other solid fuels)を含む。
3) 1990, 2000年は輸入電気を，2000年はさらに再生燃料など(renewables & waste)を含み，左欄の合計と一致しない。
4) 1990, 2000年のみ石油換算(oil equivalent)。

(出典) 1938, 1946〜49年はGreat Britain Ministry of Power [102], 1959, p. 12 より。1950〜72, 1980年は，Great Britain Department of Energy [99], 1984, pp. 10-11 より。1990年はGreat Britain Department of Energy [99], 1991, p. 121 より。2000年はGreat Britain Department of Trade and Industry [100], 2001, p. 37 より。

ニュージャージー・スタンダード石油は，戦後の企業環境と競争への対応として新たな事業部門を確立し，かつ既存の製品流通・販売活動を再編成・刷新した。これらは，同社が，イギリスにおいて有力なエネルギー供給企業の1社に転成するためのいくつかの基本的な能力や要件を形成・整備したことをも意味する。本章では，イギリスを対象として，大戦終了以降1960年代末までのジャージー社による事業活動を検討することにしたい。

　前章において，戦後「エネルギー革命」の主要な舞台を構成した西ヨーロッパと日本でのジャージー社の活動を取り上げたが，分析は甚だ断片的でありいまだ端緒の域を出るものではなかった。ジャージーが大戦終了以降に如何なる課題に直面し，これにどう対応したか，およびその結果として自己の事業活動に何を構造化せしめたか，など「エネルギー革命」期における事業活動の諸特質を明らかにするためには，少なくともいくつかの特定の主要国における活動総体を対象とした個別実証分析が不可欠である。本章は，その作業の一部として，ここでの主題に対する好個の対象国イギリスにおける活動を考察する。

　もっとも，ここにおいても資料の制約は大きく，特に，重油，軽油などエネルギー市場において石炭と直接競合する製品の販売活動については不明の部分が著しい。以下，これまで明らかにしえた範囲でジャージー社の活動に接近する。

---

1) 　もっとも，1971年以降今日までの期間，1980年代の4年間(1981, 83, 86, 87)については石炭が石油を凌ぎ，1次エネルギー源の消費構成において首位に復する。1960年代の末以降の特徴として，表VI-1にみるように天然ガスの比重の増大がある(北海〔North Sea〕での生産)。(Great Britain Department of Energy〔99〕, 1991, pp. 120-121を参照)。石油は1995年まで最大であったが，翌年以降は天然ガスが首位に転じた(Great Britain Department of Trade and Industry〔100〕, 2001, p. 37)。

第2節　石油製品の生産体制の形成と展開

　1880年代末に子会社の設立をもって始まるジャージー社のイギリスでの活

動は，第2次大戦終了時に至る長期間，販売事業が主たる内容をなした。1920年代に精製事業が加わったが，その規模は小さく，国内市場への製品供給には全く不十分であった[1]。1930年代の前半以降，現地子会社エッソ石油(Esso Petroleum Company, Ltd. 但し，当時の社名はアングロ・アメリカン石油〔Anglo-American Oil Company, Ltd.〕，1951年に名称変更)[2]の販売活動は，アメリカへの製品供給依存を高めた戦時の一時期を除けば，主として，ジャージー社内の子会社がヴェネズエラ産の原油を用いてカリブ海域の製油所で生産した製品を買い取り，これを輸入することで遂行されたのである。

戦後の活動もかかる生産体制，供給拠点に立脚して開始された。だが，大戦終了後間もなくアメリカ本国および南北アメリカの他の諸国において予想を超える石油需要の増大が進行し，ヴェネズエラとカリブ海域での連繋による生産活動は，遅からずアメリカなどへの製品供給へその主たる役割を限定せざるをえなかった。その結果，ジャージーおよび子会社エッソにとって，イギリス市場に対する石油製品の新たな生産・供給体制を確保する必要性が高まったのである。

〔I〕 フォーリー製油所の新設

1949年半ばジャージーは，戦前すでに小規模な製油所を擁した地点，イギリス南部の海港都市サウサンプトン(Southampton)の近郊フォーリー(Fawley)で中東原油を原料とする当時ヨーロッパ最大の製油所の建設に着工した[3]。これは，上記の必要性に加え，一つは市場の成長によりイギリス国内である程度大規模な精製事業を行いうる条件が形成されはじめたこと，いま一つは戦後の中東の油田地帯がヴェネズエラに代替しうる可能性を同社に与えたこと，これらを受けてなされた。1日平均で12万6000バレル(約1万7000ロング・トン，以下，本章でのトンは特に断らない限りすべてロング・トン〔long ton, 1ロング・トン＝1016.05 kg〕)の原油精製能力を持つこの新規製油所は1951年9月，最終的完成を待たずして事実上操業を開始した(完成は1953年)[4]。この建設への投下資本は総額1億500万ドル(3750万ポンド)であり，そのすべてがアメリカ本社によって提供された[5]。1952年に子会社エッソが販売に必要

とした石油製品の大部分は，このフォーリー製油所で生産されたのである[6]。

かようにジャージーは，イギリス国内での精製能力を飛躍的に拡充し，石油製品の現地生産体制を形成した。同社のイギリスでの活動史に一つの画期を与えるものといってよいであろう。しかし，1940年代末時点において製油所の新設が求められ，またその操業を可能にしうる一定の客観的条件が存在したことが事実だとしても，巨額の投資を要する建設の妥当性について，ジャージー社内に少なからぬ懸念があったことは否定しえないところであった。イギリスでの将来の市場成長がなお不確かであること，製油所の建設に用いる資材，特に鉄鋼がイギリスで不足していたこと[7]，製油所で使用する燃料の費用が油田の近くで精製を行う場合に比して著しく割高であったこと（原油生産地では格安の天然ガスを利用できる）[8]，などが問題点・難点としてあった。

だが，ジャージーにとってより重大な問題は，製油所で用いるために輸入した原油，その他の対外支払い代金，および投資が生み出した利益をドルで回収し国外へ送金しうる保証が不確実だったことである[9]。これは，当時イギリスで深刻化したドル外貨の不足に起因するものであった。こうした諸問題にもかかわらず，ジャージーが製油所の設立に踏み切った最も重要な理由は，まさにかかる不確実性を生み出したと同じ事実，イギリスでのドルの不足に由来したのである。

戦後イギリスでは他の西欧諸国と同じく，石油は経済復興上の不可欠のエネルギー源として扱われ，輸入石油に対し外貨の確実な支払いが保証された。これによりジャージーは，ほぼ3年間は石油代金としてのドルの取得（現地で得られたスターリング〔ポンド・スターリング pound sterling〕のドルへの転換）に重大な障害をみることはなかった[10]。しかし，9月には平価の切り下げ（約30％）を余儀なくされる1949年の春以降，イギリス政府は石油および外貨に関する一連の政策を実施した。石油の輸入に伴うドル外貨の国外流出の抑制，具体的にはジャージーを含むアメリカ企業による販売量の削減，既得市場からの締め出しなどを惹起せしめる措置を導入したのである。同年半ばに，ドル支払いが保証された石油の輸入許可量を削減しはじめたことはそうした措置の一つであった[11]。イギリス政府によるかかる政策は，一つに石油が引き続き外貨

支払い対象の最大項目の一つであったこと[12]，ついでイギリス企業ブリティッシュ・ペトロリアム(The British Petroleum Company Ltd., BP, 当時の社名はアングロ・イラニアン石油〔Anglo-Iranian Oil Company, Ltd. 1954年変更〕)およびイギリス企業としての性格を合わせもったロイアル・ダッチ＝シェル(The Royal Dutch/Shell Group of Companies, 以下RD＝シェル)が生産能力に余裕を持ち出したこと，主としてこれらを背景として実行されたのである。

　ジャージーは，イギリス政府が同49年に対外経済面で打ち出したドルの節約政策によって，すでにラテン・アメリカ，北欧などの若干の諸国で原油と製品の市場からほぼ完全に締め出され，それまで保持した販路をRD＝シェルなどに奪われていた[13]。これに続いて導入された上記の輸入許可量の削減などは同社にとって重大な脅威となったのである。ジャージーはアメリカ本国を除き最も重要な市場の一つであったイギリスで，BP，RD＝シェルなどに対し著しく不利な立場におかれることになった。

　ジャージーによる製油所の設立，およびこれを中心的な柱としたイギリス国内での製品生産体制の抜本的な拡充は，それが随伴した諸問題にもかかわらず，こうした事態に直面した同社のとりうる最も有効な対応策として最終的に決断されたのであった。ジャージーは，一方で自社を含むアメリカ企業への差別を不当であると批判し[14]，他方でこうした方策によって，ドル外貨の不足を理由とし，またこれを口実とした措置や差別政策を撤廃させようとしたのである。これは，いうまでもなく，完成品にかえて原料であり，その分だけ価格の安い原油を輸入することで外貨の節約を可能にする方法である。1954年頃の数値であるが，フォーリー製油所の操業に伴う石油の輸入構成の製品中心から原油中心への転換により，エッソが製品を引き続き輸入したと想定した場合に比べ，年間1億ドルにのぼる対外支払いを削減したと推計されている[15]。ジャージーはかように，イギリス市場における競争上の地位の確保に第一義的重要性を与え，製油所建設に対する懸念，とりわけドル外貨の取得についての不安を拭いきれないまま大規模な投資を断行したのであった。対外支払いなどに用いるドルの確実な入手を求めてその条件の整備を俟つのではなく，ドルの使用それ

自体を削減する途を追求したといってよいであろう。

　だが，こうしたジャージーの対応についてここで留意すべき点は，ドル外貨での支払い額を削減することが市場における活動の継続，およびイギリス系企業と対抗する上で不可欠の要件となった 1940 年代末以降の状況下では，かくの如きレヴェルと内容での外貨支払いの節約は，それだけでは不十分ないし不徹底であったことである。というのは，既述のところからも明らかなように，輸入原油の代金，イギリスへの原油輸送費などのすべて，あるいはその一定部分に対しては，やはりドルを対外支払いに充てざるをえなかったからである。それゆえ，この時代イギリスで確立される石油製品の生産体制は，製油所の操業を支える後述の他の諸活動に対し，それぞれ独自のドル節約対策の実行をジャージーに求めることになるのである(次節参照)。

〔II〕　精製事業の進展

　子会社エッソ石油は，表VI-2 に示されるように，1953 年にフォーリー製油所を完成させて以後断続的に精製能力を拡大した。1950 年代の後半ないし末にかけて，戦後同社に先行して既存製油所の拡張あるいは新規建設を行った RD=シェルと BP にほぼ追いつき一時(1957 年)これらを凌ぐ[16]。もっとも，これは後2社にもいえることであるが，これらの能力に基づき生産された各種の製品はすべてイギリス国内で販売されたのではない。エッソは隣国のアイルランドおよび北欧などに対し，市場の拡大が顕著な家庭用暖房油その他の石油製品を輸出し，これら地域の一部をフォーリー製油所の供給対象として組み込んだのである[17]。同社はこれによって，プラント規模の拡大がもたらす経済性(費用の削減など)を追求したのであった[18]。

　表VI-2 によれば，ジャージー(エッソ石油)を含む3大企業の精製能力の合計は 1950 年代のみならず 60 年代の前半近くまでイギリス全体の常時 90％を上回り，他を圧倒した。また，1953 年以降 50 年代末まで，イギリスに所在した全製油所の稼動率の平均はほぼ 85％以上，しばしば 90％を超えたといわれている[19]。フォーリー製油所の操業もまたかなり高い水準でなされたことは確実と思われる。エッソ石油の精製事業が順調な発展を遂げたことが窺えるの

表VI-2 イギリスにおける企業別原油精製能力, 1938, 1950〜71年[1]

(単位: 1,000 ロング・トン, %)

	フォーリー	%	エッソ ミルフォード・ヘブン	%	小計	%	ロイアル・ダッチ・シェル	%	B P	%	ビッグ・スリー合計	%	リージェント	%	モービル	%	その他[2]	%	総計	%
1938	600	33.1	—		600	33.1	—		870	48.1	1,470	81.2	—		—		340	18.8	1,810	100.0
1950	900	9.3	—		900	9.3	5,000	51.5	3,420	35.2	9,320	96.0	—		—		390	4.0	9,710	100.0
1951	5,500	27.1	—		5,500	27.1	9,050	44.6	5,370	26.4	19,920	98.1	—		—		390	1.9	20,310	100.0
1952	6,200	27.9	—		6,200	27.9	9,050	40.8	6,560	29.5	21,810	98.2	—		—		390	1.8	22,200	100.0
1953	7,200	25.0	—		7,200	25.0	9,700	33.6	10,680	37.0	27,580	95.6	—		873	3.0	402	1.4	28,855	100.0
1954	7,500	25.3	—		7,500	25.3	9,880	33.4	10,880	36.8	28,260	95.5	—		873	3.0	459	1.5	29,592	100.0
1955	7,800	25.0	—		7,800	25.0	10,730	34.5	10,880	34.9	29,410	94.4	—		1,233	4.0	492	1.6	31,135	100.0
1956	7,800	25.6	—		7,800	25.6	10,730	35.3	9,980	32.8	28,510	93.7	—		1,381	4.5	547	1.8	30,438	100.0
1957	11,200	32.9	—		11,200	32.9	10,730	31.6	9,980	29.3	31,910	93.8	—		1,555	4.6	553	1.6	34,018	100.0
1958	12,100	28.6	—		12,100	28.6	15,280	36.1	12,480	29.5	39,860	94.2	—		1,864	4.4	576	1.4	42,300	100.0
1959	12,100	27.9	—		12,100	27.9	15,280	35.2	13,380	30.9	40,760	94.0	—		1,900	4.4	691	1.6	43,351	100.0
1960	11,900	24.2	4,600	9.3	16,500	33.5	15,280	31.1	14,830	30.1	46,610	94.7	—		1,900	3.9	710	1.4	49,220	100.0
1961	11,900	23.5	4,600	9.1	16,500	32.6	15,280	30.2	16,230	32.0	48,010	94.8	—		1,900	3.7	745	1.5	50,655	100.0
1962	11,500	22.2	4,800	9.3	16,300	31.5	16,030	31.0	16,230	31.3	48,560	93.8	—		2,373	4.6	843	1.6	51,776	100.0
1963	11,300	19.7	6,300	11.0	17,600	30.7	16,980	29.6	18,430	32.2	53,010	92.5	—		2,363	4.1	1,933	3.4	57,306	100.0
1964	11,300	17.1	6,300	9.6	17,600	26.7	17,980	27.3	21,480	32.5	57,060	86.5	4,600	7.0	2,363	3.6	1,943	2.9	65,966	100.0
1965	11,300	15.6	6,300	8.7	17,600	24.3	21,260	29.4	23,800	32.9	62,660	86.6	4,650	6.4	2,725	3.8	2,338	3.2	72,373	100.0
1966	15,680	18.9	6,160	7.5	21,840	26.4	22,150	26.9	24,000	29.1	67,990	82.4	5,000	6.1	3,175	3.8	6,328	7.7	82,493	100.0
1967	16,650	19.7	6,110	7.2	22,760	26.9	22,650	26.7	24,000	28.3	69,410	81.9	5,840	6.9	3,175	3.7	6,328	7.5	84,753	100.0
1968	16,650	17.3	6,110	6.4	22,760	23.7	27,950	29.1	24,000	25.0	74,710	77.8	5,850	6.1	3,175	3.3	12,278	12.8	96,013	100.0
1969	16,000	14.8	6,200	5.8	22,200	20.6	28,000	26.0	24,000	22.3	74,200	68.9	5,850	5.4	6,250	5.8	21,391	19.9	107,691	100.0
1970	16,200	14.4	6,000	5.3	22,200	19.7	28,000	24.9	28,500	25.3	78,700	69.9	5,850	5.2	6,650	5.9	21,381	19.0	112,581	100.0
1971	19,100	16.0	6,000	5.0	25,100	21.0	28,000	23.4	30,000	25.1	83,100	69.5	6,800	5.7	6,650	5.5	23,073	19.3	119,623	100.0

(注) 1) 1年間の能力。各年末時点。
2) 主な企業について精製開始年と1970年末の精製能力を示すと以下の通り。①Lindsey Oil Refinery Ltd. フランス石油(Compagnie Française des Pétroles)の子会社とタルフ石油(Total Oil Products (Great Britain) Ltd.)とベルギーの石油会社ペトロフィナ(Petrofina S.A.)の子会社(Petrofina (Great Britain) Ltd.)の共同所有会社。1968年, 6,890千トン。②Phillips-Imperial Petroleum Ltd. アメリカ石油企業のフィリップス(Phillips Petroleum Co.)とイギリス化学企業 I. C. I. (Imperial Chemical Industries Ltd.)の共同所有会社。1963年, 5,000千トン。③Gulf Oil Refining Ltd. アメリカ石油企業ガルフ(Gulf Oil Corp.)の子会社。1968年, 4,000千トン。

(出典) 1938年, 1950〜65年は Great Britain Ministry of Power [102], 1965, pp. 182-183 より。1966〜68年は Great Britain Ministry of Power [102], 1968 and 1969, p. 67 より。1969年は Great Britain Ministry of Technology [103], 1970, p. 67 より。1970〜71年は Great Britain Department of Trade and Industry [100], 1972, p. 63 より。

である。

　1960年9月,エッソ石油はサウス・ウェールズ(South Wales)の沿岸ミルファード・ヘヴン(Milford Haven,現在のダヴィド州〔Dyfed〕の西南地域)にイギリスで2つめの製油所(年間460万トンの原油精製能力,1日あたり約9万3000バレル)を開設した。同製油所の主たる設立目的は,供給不足が続く重油の需要に応えることであり,フォーリー製油所に比べ製品の得率に占める重油のウエートが大きかった[20]。エッソの1960年代の精製能力全体は,初頭のミルファード・ヘヴンでの新設,中期のフォーリーでの拡張によって,前掲表VI-2に示されるようにこの間(1959年末から69年末まで)に1.8倍ほどの増加を遂げた。

　だが,こうした規模の拡大にもかかわらず,イギリス全体の精製能力に占める同社の比率は,若干の増減があったとはいえほぼ年毎に低下した(同表参照)。かかる低減が,新規参入企業群による精製開始などイギリス全体での精製能力の急速な拡大に伴って惹起されたことは事実である。だが,同じく低下傾向を辿ったRD＝シェル,BPに比べてもその落ち込みの度合いはやや大きく,能力規模では1960年代の半ば以降,67年をさしあたり別とすれば両企業,あるいはいずれか一方を凌ぐことはなかった。1957年に続き60年代の初頭にもイギリス最大の精製能力を擁したエッソではあったが,この時代,特に後半期には精製能力の拡大に以前ほどの位置づけを与えず,むしろ製品販売などにより一層の重点をおいたと考えられるのである[21]。

1)　ジャージーは1926年に,小規模な製油所を持つアグィ石油(Agwi Petroleum Corporation, Ltd.)なる企業を買収し,現地イギリスでの精製事業に着手した。しかし,1927年時点の精製能力は1日平均で約5000バレル,実際の稼動率はその半分であった(1927年のアングロ・アメリカン〔Angro-American Oil Company, Ltd.〕による製品販売量は不明であるが,同年にジャージーがアングロ・アメリカンへ供給した石油製品は1100万バレル〔1日平均約3万バレル〕である。第1章第4節を参照)。主たる生産品目は,バンカー重油(船舶用重油)とアスファルトであり,ガソリンが最大品目だったわけではない。

　1920年代にイギリスでは,21年にアングロ・パーシャン石油(Anglo-Persian Oil Company, Ltd.)が年間50万トン(1日平均で約1万バレル)の製油所を設立したのをは

じめ，ロイアル・ダッチ゠シェル(The Royal Dutch/Shell Group of Companies)も，おそらくこれに匹敵すると思われる規模の製油所を 1924 年に完成させるなど，上記のジャージーの活動と合わせてイギリスでの製品生産体制の確立，いわゆる消費地精製が進展するかにみえた。しかし，1927 年に年間 250 万トンの精製量に達した後，イギリス国内での石油製品の生産量は減少傾向を辿り 30 年代後半に若干回復をみたに留まった。1938 年の国内での製品生産量は 217 万トン(原油精製量は 239 万トン)は，全需要(1032 万トン)の 1/5 程度にすぎず，最大生産品目はアスファルト，ついで重油であった。同年，ジャージーの精製量は年間約 380 万バレル(約 50 万トン)であり，製品販売量 2220 万バレルと対比しても現地での生産量はわずかの部分を賄ったにすぎない。

以上については，PRO [2], United Kingdom—The Organisation of the Refining and Distribution of Petroleum and Petroleum Products, 6th April, 1936 : POWE 33/660 ; BPA [5], Memorandum from A. H. T. Chisholm to Mr. Gass, 28th February, 1946 : BP 57949 ; Great Britain Ministry of Power [102], 1959, pp. 147, 152-155 ; Hepple [187], pp. 53-56, 60 ; Gibb and Knowlton [138], p. 563 ; Larson, Knowlton and Popple [145], pp. 179, 187, 201 による。

2) なお，すでにみたようにエッソ石油(アングロ・アメリカン)は，「解体」以降 1920 年代末までジャージーの子会社ではなかった。また，エッソ石油(Esso Petroleum Company, Ltd.)は 1982 年の組織改革で新設の Esso UK p.l.c. の一部門となり，さらに 99 年のエクソンモービルの形成に伴う組織変更もあった。但し，1960 年代末までを対象とする本章では，エッソ石油の呼称を用いる。

3) Esso UK [9], 1949, p. 2 ; PT [121], June 2, 1950, p. 395.

4) OGJ [116], August 23, 1951, p. 104 ; Esso UK [9], 1953, p. 3.

5) OGJ [116], December 27, 1954, p. 231. ジャージーによるフォーリー製油所の建設において，アメリカ政府のマーシャル援助資金(経済協力局[Economic Cooperation Administration, ECA]を実施機関として 1948 年に援助開始)が用いられることはなかった。RD゠シェルの場合もこれを使用することはほとんどなかったと考えられる。後者は，大戦終了後 1954 年頃までのイギリス国内での製油所の建設・拡張計画にほぼ 3000 万ポンドを用いたが，そのすべては自社の資金で賄ったと報告している(以上は，PRO [2], Refinery Investment Progress, 13th October, 1952 : POWE 33/1888 ; SMBP [40], 1954, p. 17 ; PPS [119], May 1951, p. 156 による)。

6) Esso UK [9], 1952, p. 2.

7) フォーリー製油所の建設資材のうち現地イギリスで調達しえたのは全体の 2/3 であった(PT [121], November 18, 1960, p. 777)。ジャージーは残りをおそらくアメリカ本国から搬入したと考えられる。なお，資材の不足はむろんイギリス系企業にとっても共通した困難であった。例えば RD゠シェルについては Shell [41], 1947, p. 15 をみよ。

8) Shell [41], 1945 (該当箇所に頁番号なし) ; Larson, Knowlton and Popple [145], p. 177.

9) Larson, Knowlton and Popple [145], pp. 694-713, 特に p. 705 を参照。

10) 戦後初期イギリスにおいてジャージーなどアメリカ企業によるドル外貨の取得を容易ならしめた要因として，一つに 1945 年末に締結された英米金融協定(The Anglo-American Financial Agreement of 1945)に基づくアメリカからの借款がある。1946年の批准後 37 億 5000 万ドルが提供され，スターリングのドルへの転換を促進した。ついで，いま一つの要因として，前注(5)でも触れたマーシャル・プランの実施(1948 年 4月から 51 年末まで，ヨーロッパ経済協力機構〔Organisation for European Economic Co-operation, OEEC〕の加盟国へ)によるアメリカからのドルの提供がある。全援助額の約 1 割(12 億 260 万ドル)は OEEC 加盟国(当初イギリスを含む 16 カ国，後に旧西ドイツなどが参加)による石油の購入に用いられた。これらマーシャル資金を用いて購入された石油のほとんどすべてはアメリカ企業によって供給され，ジャージーによる販売額は全体の 49％ を占めた(第 2 位はカルテックス〔California-Texas Oil Company, Caltex〕の 14％，ついでソコニー・ヴァキューム石油〔Socony-Vacuum Oil Company, Inc.〕の 9％ など)。また，1951 年末までこれら諸国に対しアメリカ企業が販売した石油の 56％ はかかる資金によって支払われたのである。マーシャル資金の提供は，他の西欧諸国と同様イギリスにおいてもジャージーの販売活動を支え，ドルの取得を容易ならしめる一因だったということができよう。但し，戦後初期イギリス(および西欧)でのジャージーの活動全体にとって，マーシャル援助が如何なる意義を有したかについては，先の精製設備の資金調達にみられた事実(前注〔5〕参照)と合わせて，なお立ち入った検討を必要とする。

　以上については，U.S. Senate〔68〕, p. 150 ; U.S. Senate〔74〕, pp. 83-84，邦訳128 頁 ; Larson, Knowlton and Popple〔145〕, pp. 698-699, 701 による。なお，マーシャル援助については，さしあたり佐々木〔259〕, 15-20 頁を参照。

11) Mendershausen〔228〕, pp. 14-15.
12) Mendershausen〔228〕, p. 2 ; Larson, Knowlton and Popple〔145〕, p. 703.
13) 1949 年のイギリス政府の石油と外貨に関する政策は，国内向けのみならず対外経済面に対しても打ち出されたのであり，むしろ実際には，最初は後者を対象にドルの節約が図られた。その一つは，RD=シェルなどイギリス企業の石油を用いた外国とのバーター取引であった。ドルおよび後にドルとの交換を求められるスターリングの支払いを伴うことなく外国の生産物を入手する方法である。イギリス政府と諸外国政府との双務協定に基づくこの取引により，ジャージーをはじめアメリカ石油企業は，例えば，アルゼンチン市場からは一時期ほぼ完全に締め出されたのである。ついで，イギリス政府は諸外国に対し，すでに保有しているスターリングをアメリカ企業への石油の支払い代金として用いることを禁じ，そのかわりとしてイギリス企業から石油を購入するよう求めた。これによってやはりイギリスからのドルの流出をおさえようとしたのである。その結果，ジャージーはスカンジナビア 4 国(スウェーデン，ノルウェー，フィンランド，デンマーク)の市場からも事実上締め出されたのであった。主として，これらの政策により同社はこの 1949 年だけで 1600 万バレルの原油と製品の販路を失ったのである(Jersey〔24〕, 1949, pp. 8-9 ; Jersey〔26〕, March 1950, pp. 2-4 ; Creole〔8〕, 1949,

p. 3; Larson, Knowlton and Popple [145], pp. 705-706)。なお, PRO [2], Memorandum on Expansion of Refinery Capacity, 日付なし：POWE 63/333/1, および第4章第4節注(5)も参照。
14) ジャージーは，アメリカ企業の石油の締め出し，あるいは販売量の制限，およびイギリス企業の優遇は，ドルの節約の有効な方法とはいえず，それは専らアメリカ企業を差別する政策であると主張した。同社によれば，BP と RD = シェルによる原油と製品の生産活動については，それに要する費用の一定部分，あるいはかなりの部分は両社ともにドルを用いて支払っているのであり(購入した生産資材，労賃，産油国政府への利権料・租税，その他への支払い)，そのイギリスでの販売は必ずドルの国外流出を伴うのであった。ジャージーのこの主張についていえば，実際，アメリカ連邦政府機関である経済協力局(ECA，前注[5]をみよ)が1950年2月にアメリカ議会で報告したところによると，イギリス政府自身の推定で，当時イギリス企業は中東で生産した石油(おそらく原油)の生産費の20％，ヴェネズエラの石油(同，RD = シェルによる)の場合その60％をドルで支払っていたのである(Jersey [26], March 1950, p. 5; Mendershausen [228], p. 10)。
15) OGJ [116], December 27, 1954, p. 231.
16) RD = シェルと BP はジャージーに先立ち，1947〜48年にそれぞれ既存の小規模な製油所の拡張に着手し，石油製品の国内での生産体制の確立に向けて行動を開始した。両社がかかる行動をとるに至った理由は，いくつかの点でジャージーと共通する面を持つと考えられるが，それぞれの個別の要因については今後の検討に委ねなくてはならない(PRO [2], Petroleum Refinery to be known as Kent refinery, 2nd February, 1950：POWE 33/1757/83; Shell [41], 1945 [該当箇所に頁なし], 1946 [同], 1947, pp. 14-15, 1948, pp. 12-13, 1949(但し，付属 *Survey of Activities*), p. 11; BP [29], 1947, p. 9, 1948, pp. 15-16, 1949, p. 17; Bamberg [132], pp. 287-290; PT [121], June 2, 1950, p. 395)。但し，イギリス政府が1947年ないし48年までに国内での精製事業の拡大を政策として決定し，石油企業各社にこれを提唱したことは考慮されるべき一つの事実である(Cohen [172], pp. 128, 206-210)。
17) Jersey [24], 1957, p. 38. イギリス全体でなされた石油製品の輸出量(ごく少量の原油を含み，かつ再輸出も含まれる)は，1951年に一挙に前年の3倍の339万トンに達し，以後59年の834万トンまで若干の増減を伴いつつかなりの増加をみた。その大半は他のヨーロッパ諸国に対してであり，特にスカンジナビア諸国に最大部分が向けられた(1959年では全イギリス輸出の53％を占める)。エッソの輸出量の実数は不明であるが，イギリス国内精製業全体に占める同社の地位からして，このうちの少なくない部分を担ったことは明白であろう。なお，イギリスはかように輸出を拡大する一方，引き続きかなりの量の石油製品を輸入している。輸入量は1952〜53年頃まで急速に減少したが，50年代半ば頃から再び増加している(Great Britain Ministry of Power [102], 1959, pp. 138-139, 146-149; Petroleum [117], July 1958, p. 232)。
18) これに加えて，エッソはイギリス国内市場における各製品の需要構成とフォーリー

製油所の生産得率の差から生ずる過剰分を，輸出によって対外的に処理しようと図ったと考えられる。

19) 有沢〔158〕, 101頁参照。
20) 建設費全体は1800万ポンド。この製油所はその後20年余の操業の後1983年に，イギリスにおける重油消費の顕著な減退を背景に閉鎖された(Esso UK〔9〕, 1960, p. 5; IPR〔104〕, January 1961, p. 12; Esso UK〔10〕, Spring 1988, p. 15)。
21) 有形固定資産額(土地, 借地権を除く)の点でエッソの精製部門は，1960年代を通じ他の事業部門をおさえて常に最大であったが，絶対額では横ばい状態を辿った。同社の有形固定資産額全体に占める比率では，1960年の45.6%(6583万8000ポンド)から69年の27.2%(6479万3000ポンド)へほぼ一貫して低落した(Esso UK〔9〕, 各号から)。

第3節　中東原油の確保とタンカー船団の拡充

本節では，前節の分析を補完することを目的として，イギリスでの精製活動(石油製品の生産)を実行する上で不可欠の前提をなした2つの課題，第1に中東原油の確保，第2に得られた原油のタンカーによるイギリスへの輸送，について対象時期を1950年代末頃までに限定してジャージー社の活動を考察する。

中東原油の確保　フォーリー製油所の新設，およびその後の精製事業が，中東の油田と原油に対するジャージー社の戦後における支配力の拡大，およびこれに基づく原油の確実な供給を前提とし，これに支えられたことはいうまでもない。だが，イギリスでのドル外貨の不足は，精製用原油の確保(原油の輸入)におけるドル支払いの節約をジャージーに強く求めたのであり，こうした要請に応えてなお必要量の原油を入手することが同社の大きな課題となったのである。この問題については，すでに第4章でも一部触れたところであるが，イギリスでジャージーが必要とする原油は，主としてBPからの原油の長期買い取りによって確保された。少なくとも1950年代末までBPからの購入原油がフォーリー製油所で用いられる原油の大部分を構成したと考えられるのである。

1946年12月，ジャージーは，サウジ・アラビアに所在したアラムコ(The Arabian American Oil Company, Aramco)への資本参加(所有権の30%を

取得)について，後者の所有企業(親会社)であるアメリカ企業2社，カリフォルニア・スタンダード石油(Standard Oil Company of California)およびテキサス社(The Texas Corporation)との合意が成立したことを公表する際，BPとの間で原油買い取りの合意が成立したことも同時に明らかにした。ジャージーは，1952年を最初の1年とし以後20年間，総計で8億バレル(1日平均にして約11万バレル)の原油を購入することになったのである(協定の締結は1947年)[1]。1952年にBPは，当時イランにおける同社の油田，生産施設などが現地政府によって国有化されている状況下，クウェート産原油をもってジャージーへの供給を開始した。おそらくその量ははじめの計画より少なかったと思われるが，ともあれ，以後もクウェート原油がジャージーの主たる買い取り原油となったのである[2]。

　当初ジャージーが，BP原油の買い取り協定に対し，自己のアラムコへの資本参加をBPに了解させる手段としての位置づけをも与えていたことは否定できないであろう。ジャージーは，原油の大量購入の約束を与えることで，同社の参加によって促進されるアラムコの生産増へのBPの不安や反発を緩和し，資本参加にとっての重大な障害となっていたレッド・ライン協定(Red Line Agreement)なる取り決め(ジャージー，BPなどを当事者とする，1928年締結)の廃棄あるいは改定(条項の一部削除)をBPに同意させようとしたと考えられる[3]。当時BPが，イラン，イラク，クウェートの3つの主要な産油国に生産拠点を持つ中東最大の原油生産企業として原油の確実な販路を強く求めていたことが，ジャージーのこうした戦略を有効ならしめる背景にあった[4]。

　しかし，ジャージーによるBPからの原油の買い取り協定は，そのような手段としての役割を演じたに留まるものではなく，同社のイギリスでの精製活動にとってはむしろアラムコへの参加をはるかに凌ぐ重要性を獲得したのである。スターリング通貨圏に属すクウェートで産出され，しかもイギリス企業BPによって提供される原油は，子会社エッソ石油がイギリス市場で獲得するスターリングをドルに転換することなくそのまま支払い代金として用いることが可能であり，フォーリー製油所で使用する原油として極めて好都合だったのである。エッソ石油は同製油所の建設についてのイギリス政府との事前の話合いにおい

て，原料の一つとして BP 原油を用いることを明らかにしていたのであった[5]。

これに対しアラムコから得られるサウジ原油は，先述したように，主としてドルを投下して生産活動を維持・拡大し，かつドルで販売代金の回収を求める，いわゆるドル石油(dollar oil)であったため，イギリスでの使用はドルでの対外支払いを不可避的に伴い，同国向けとしては適合性が低かった。フォーリー製油所の建設が開始される以前に，アラムコの原油開発計画が縮小された事実は，こうした事情を反映しジャージーの意向に沿ったものと思われる[6]。かようにBPからの原油は，その年々の買い取り量の実数は公表されていないが[7]，1950年代においては大部分がフォーリー製油所の操業に用いられたと推定され，同製油所が処理する原油の主要部分を担ったと考えられるのである[8]。

タンカー船団の拡充 このようにして得られた中東原油は，イギリス子会社エッソ石油のタンカー船団によってフォーリー製油所へ輸送された。ここではタンカー輸送能力の増強に限定して2点を述べる。

第1に，1945～50年については，既存タンカーの買い取りが船団拡充の主要な方法であった。主に戦時中に建造されたと思われるイギリス政府所有下のタンカー，および南北アメリカに所在したジャージー社内の他の子会社が所有したタンカー，主としてこれらを買い取ったのである[9]。なお，後者の買い取り(エッソ石油への移籍)については，アメリカ政府所有のタンカー 59隻(やはり多くは戦時中に建造)を大戦後ジャージー傘下の各社で購入し[10]，それによって南北アメリカでの輸送能力全体が増強された事実を考慮する必要がある。つまり，この期間におけるエッソ石油の輸送能力の拡大にとって，英米両政府からのタンカーの買い取りが直接的および間接的に重要な意義を持っていたのである[11]。ついで，1950年代に入ってからは，イギリス国内でのタンカー建造(発注)が主体となる。これは，国外からの買い取り，国外への発注に伴う外貨流出の抑制を主眼としてなされたが，同時にイギリスで得られたスターリングの運用(支出)対象としてタンカーの建造が位置づけられたことにもよっている。エッソ石油は1953年頃までに，タンカー輸送事業の分野で対外支払いにドル外貨を用いる必要性をほぼ完全に除去したといわれている。これは，主として，かかる方法での輸送能力の増強によるものと考えられる[12]。

第2に，1950年代にタンカーの大型化，いわゆるスーパー・タンカー(super tanker, 1950年頃はほぼ2万重量トン以上，速力14～16ノット〔1 knot＝1852メートル〕)の導入を追求したことが注目される。エッソ石油は1950年に4隻発注(いずれも2万6650重量トン，53年末以降に完成)したのを皮切りに，55年にさらに10隻(いずれも3万40重量トン，58年以降完成)を増発するなど大型化を基調とする能力の増強を図ったのである[13]。エッソ石油のみならず，イギリスおよび大陸ヨーロッパに所在し，同社のように原油を輸入し精製・販売を行った主要な企業(主に国際石油企業の子会社)にとって，一般にタンカー輸送費は原油への支払い代金を除く全費用項目の中で最大の部分をなしたと推定される[14]。ある統計によれば，1960年代半ば頃においてもエッソ石油の場合，原油代金を含む全費用の約1/3をタンカー輸送費が占めたのである[15]。かくの如き比重の大きさからして，エッソ石油にとってタンカーの大型化がもたらす費用の削減[16]は単に輸送事業のみならず，同社による事業活動全体の費用を低減せしめる主要な手段の一つであったといえよう。特に，採算性，収益性などに当初より難点を随伴していた精製部門の部門外への支払い費用を削減し，これを財務面から支える上でその意義は大きかったのである。

1) U.S. Senate〔67〕, pp. 145-152, 邦訳, 182-188頁。
2) Jersey〔24〕, 1951, p. 6, 1952, p. 45, 1958, pp. 35-36 ; Wall〔154〕, p. 452 ; BP〔31〕, February, 1950, pp. 2-3による。1951年のイラン政府によるBP資産の国有化に関しては梅野〔271〕を参照せよ(同書の成果，残された課題については伊藤〔205〕をみよ)。なお，BP原油の買い取りに関する我が国における既存の研究の問題点については，伊藤〔201〕, 58-59頁注(25)を参照のこと。
3) 以上については，U.S. Senate〔67〕, pp. 99-107, 147, 邦訳, 126-133頁, 183-184頁；Larson, Knowlton and Popple〔145〕, pp. 734-738を参照。レッド・ライン協定およびジャージーが1930年代に試みたアラムコへの参加(挫折)については，第2章第3節〔II〕を参照せよ。
4) 1950年9月頃についての統計であるが，中東における企業別の原油生産量は以下の通り(中東全体で1日平均180万バレル)。1位がBPの91万5000(1日あたり，以下同じ), 2位カルテックス(カリフォルニア・スタンダード石油とテキサス社を指す)36万バレル，3位ジャージー17万5000バレル，同3位ガルフ(Gulf Oil Corporation)17

万5000バレル，5位ソコニー・ヴァキューム9万バレル，6位RD゠シェル4万バレル，同6位フランス石油(Compagnie Française des Pétroles, S.A.)4万バレル，その他(C. S. グルベンキアン[C. S. Gulbenkian]，個人)5000バレル，である(U.S. Senate 〔73〕, pt. 7, p. 123)。

5) Larson, Knowlton and Popple〔145〕, p. 763; PRO〔2〕, Extract from a Memorandum dated 18th February, 1947: POWE 33/1753 を参照。なお，ジャージーに比べかなり小規模であるとはいえ，ソコニー・ヴァキュームも戦後イギリスに製油所を設立したのであるが(1953年完成，前掲表VI-2参照)，同社もまたBPからの買い取り原油を用いることをイギリス政府に表明したのである(Mobil UK〔37〕，頁なし；U.S. House〔69〕, pp. 487-488: Petroleum〔117〕, January 1958, p. 8)。

6) これは市況がやや過剰の傾向をみせたことも一因だったようである(以上は，RAC〔3〕, Memorandum to Mr. A. W. Hastings from R. W. Barker, February 8, 1949: F867: B116: BIS: RG2: RFA; Larson, Knowlton, and Popple〔145〕, pp. 704-705; Mobil〔35〕, 1949, p. 11 による)。なお，第4章第4節注(5)で述べたように，1950年にジャージーはイギリス政府との協定により，アラムコ原油に対する対外支払いにスターリングを用いることが認められた。これは，アラムコ原油の活用を促す一つの要因だったといえよう。しかし，本節後注(8)からも明らかなように，1950年代にアラムコ原油のイギリスにおける活用は極めて限定されたのである。

7) ジャージーの買い取り量は不明であるが，原油の買い取り期間，引き取り方法など多くの点で同社とほぼ同様の契約内容でBPからの原油の購入を取り決めたソコニー・ヴァキュームについては，年々の数量を知ることができる(同社は1952年1月より協定に従って原油を入手した)。但し，ソコニー・ヴァキュームの買い取り量は，ジャージーより少なく20年間で合計5億バレル(1日平均で約7万バレル弱)である。1952年(1日平均3万4900バレル)，以下同様に，53年(5万9000)，54年(6万)，55年(6万400)，56年(5万9300)，57年(6万4100)，58年(6万7600)，59年(8万5700)，であった(これらはすべてクウェート原油である)。以上については，Mobil〔35〕, 1951, p. 16, 1952, p. 13, 1953, p. 12, 1954, p. 16, 1955, p. 22, 1956, p. 25, 1957, p. 28, 1958, p. 25, 1959, p. 18 による。1950年代後半に入りしだいに7万バレルに接近する動きをみせたといえる。かかるソコニー・ヴァキュームの買い取り動向から推測して，ジャージーの場合も，1950年代後半ないし末までには当初の予定量(1日平均11万バレル)をおおむね獲得しえたと思われる。

8) 以上については，PRO〔2〕, F. T. C. Report, for Mr. Butler by J. H. Brook, 25th July, 1952: POWE 33/1906; Jersey〔24〕, 1951, p. 6, 1958, p. 36; Jersey〔26〕, Fall 1956, p. 2 による。なお，フォーリー製油所での精製量の拡大に伴い，BP原油(そのほとんどはクウェート原油)以外の原油への依存も増加した。それでも1959年頃と推定されるが，同製油所で処理する原油の50％はクウェート原油が占め，45％がイラクとイランから，そしてのこり5％がヴェネズエラから供給されたのであった(OEEC〔81〕, Vol. II, 1961, p. 65)。

1952年以降59年までのイギリスの原油輸入量を，輸入先別でみるとむろん中東からのそれが全体の大部分をおさえている。その中では終始クウェートからの原油が過半(1957年ピーク，全中東原油の72.3%)を占め，サウジの原油は1953年に激減し以後中東主要国の中で最小となり，クウェートに比較してその輸入量は2桁少なかった(例えば，59年はクウェート1650万トン，サウジは62万トン)。ジャージーが油田の少数利権を有したイラクからの輸入は，イラン政府による油田等の国有化の時期にほぼ重なる1952～54年に急増したが，以後57年まで年々大きく減少し，のち再び急増する。1952～54年頃については(および上記の如く50年代末は明確に)，フォーリー製油所で用いた原油のうちある一定部分はイラク(スターリング通貨圏に所属)から供給されたと考えられる(Great Britain Ministry of Power〔102〕, 1959, pp. 140-141 による。なお，Larson, Knowlton, and Popple〔145〕, pp. 737-738, 763 も参照)。

ところで，クウェートは産油国としても1955年以降65年まで，サウジ・アラビアを凌ぎ一貫して中東最大の原油生産を実現した。もっとも，1960年代後半以降になると生産の伸びはそれほど顕著とはいえない(前掲表IV-2参照)。第2次大戦後はじめて原油生産が開始されたにすぎないクウェートが，短期間に生産量を急速に拡大し1950年代に一躍中東最大の生産国にのし上った理由を解明することは本書の対象外であるが，クウェート自身が豊富な原油を埋蔵した事情に加えて，ジャージーなどがクウェート産原油を用いてイギリスで精製活動を遂行したことをここでは留意すべきであろう(RD＝シェルも，クウェート油田を所有したガルフ石油から長期にわたって大量の原油を購入しており，1957年半ば頃その量は1日平均33万5000バレルであり，全クウェート生産量の1/4に達する。その一部はイギリスでの精製に用いられたと推定される。この統計は，Fortune〔98〕, October 1957, pp. 141, 174 による。なお，PRO〔2〕, Consolidated Printing of Agreement between Gulf Kuwait Company and The Shell Company of Kuwait Limited, 28th May, 1947: POWE 61/12/1 も参照)。戦後のイギリスおよびスターリング通貨圏等でのドル外貨の不足とそれへの各社の対応が，重要な一つの規定因として考慮されなくてはならないであろう。

9) 1947年7月から50年12月までにエッソの船団は，純増が19隻で合計33隻に拡充された。新たに加わったタンカーのうち7隻はイギリス政府から買い取ったと推定される(Larson, Knowlton, and Popple〔145〕, pp. 753, 755, 757)。

10) Larson, Knowlton, and Popple〔145〕, pp. 753, 755, 757.

11) 大戦終了後，英米両政府は戦時中に建造ないし取得したタンカーの多くを民間等へ売却した。アメリカの場合，戦後まもなく外航タンカー(ocean-going tanker)は約500隻が処分の対象になり，うちT-2型と呼ばれた大型船(全部で464隻)は，1947年末までに390隻がアメリカおよび諸外国の石油企業等に払い下げられたのである。この中でジャージー以外の若干の大企業について，その購入した隻数を資料の入手しえた範囲で示すと，RD＝シェル19隻，BP4隻(但し46年末までのみ)，カルテックス40隻，などである(Williamson and others〔280〕, pp. 801-803；Shell〔41〕, 1947, p. 17；BP〔29〕, 1946, p. 12；Caltex〔33〕, 頁なし；The Institute of Petroleum〔195〕, pp. 31

-32)。

ここで問題となるのは，ジャージー(および他社)が如何なる条件でタンカーを購入したか，対象企業等は如何にして選定されたか，などであろう。だが，ジャージーなど各企業とアメリカ政府の交渉内容をはじめ，かかる払い下げの実態について立ち入って明らかにしうる資料を私はいまだ入手しえていない。ここでは，アメリカ政府所有の船舶(貨物船，タンカーなど)の売却についての法的根拠を与えた1946年3月成立の商船販売法(Merchant Ship Sales Act of 1946)の中からごく大まかに2点を摘記するに留める。(1)タンカーの販売価格(法定販売価格〔statutory sales price〕)は，アメリカ参戦以前の国内での建設費(1941年1月1日時点における建設費)の87.5%を基準とし，これから年率5%の減価償却費(造船会社による政府への最初の引き渡し時から，戦後の払い下げ時に購入者へ販売されるまでの期間)を差し引き，さらに戦時中の損耗分として年率4%を超えない額を控除して決定される，(2)購入を申し込むことのできるアメリカ市民(個人，企業など)および外国人(同)は，通常の競争条件(normal competitive conditions)の下で購入船舶を操業し維持しうるだけの能力，経験，資金および他の諸要件を持つこと，船舶購入時に法定販売価格の少なくとも25%を支払いうること(なお，購入その他に際してアメリカ市民が優先される)，である(U.S. Statutes at Large〔64〕, pp. 41-50)。

12) Jersey〔26〕, November, 1953, p. 4.
13) Esso UK〔9〕, 1950, p. 3, 1953, p. 3, 1955, p. 4, 1958, p. 4.
14) エッソ石油のタンカー輸送部門を担当した経営幹部が1957年に述べたところによると，あるヨーロッパの代表的な精製・販売会社の場合，原油への支払い代金を除く他の主要な費用項目はタンカー輸送費，精製費，販売費の3つであったが，これら3つの合計額に対して，それぞれの費用項目が占める比率は1952～56年においては，順に56%，28%，16%であったという。タンカー輸送費を最大部分とするかかる構成はおそらく主要企業に共通したものと考えられる(PPS〔119〕, April 1957, p. 144)。
15) Hepple〔187〕, p. 34.
16) 1950年代半ば頃，大まかにいって5万トン(重量トンかどうかは不明)のタンカーの場合，トンあたりの輸送費用は1万2000トンのそれの約3/5と推計された(PPS〔119〕, June 1957, p. 209)。

第4節　製品流通機構の再編成・刷新

製油所の新設と操業，およびこれを支える他の事業分野の活動によってジャージー社によるイギリスでの石油製品の生産体制は確立された。かかる製品生産活動を背後において行われた製品市場における子会社エッソ石油の販売活動

と市場支配の解明が本章における次の課題である。

その際，1950年代初頭以降にエッソ石油が，国内での製品流通の効率化，低費用化を追求し，流通機構を再編成・刷新したことが重要である。本節では，主として戦後の全国的な製品流通の改革について考察し，ガソリン，重油など個々の主要製品の販売活動，製品の販売に導入された新たな制度・方式などの具体的分析については次節に委ねる。

〔Ⅰ〕 石油の製品別消費構成と戦後初期のエネルギー事情

はじめに，大戦終了以降1960年代末までのイギリスにおける石油製品の消費動向を一瞥する。表Ⅵ-3によれば，消費された石油製品の中でガソリン(ペトラル〔petrol〕)は，戦前に引き続き戦後もなおしばらく最大品目に位置した。しかし，各製品の消費量合計に占める比率は増減をみながら傾向的に低下し，1958年に重油に首位を奪われる。以後，重油は1962年には消費量全体の45％に達し，それ以降も全体のほぼ4割以上を占める。これら2品目について，軽油・ディーゼル油がほぼ2割弱，10％台の後半で続いた。

もっとも，ここで留意すべきは，第1に，同表の注(1)に記したように，典拠をなすイギリス政府の統計では，消費された重油および軽油・ディーゼル油にバンカー油(bunker oil，外国航路に従事した船舶の燃料油〔重油が大半を占める〕)が含まれなかったことである。これを含めると重油はより早い時点で，消費量の点で最大品目の地位を占めたと考えられる(以上については，後掲表Ⅵ-6，および同表の注も参照)[1]。第2に，イギリスにおいてもアメリカなどと同様，生産・販売事業における収益性の点では，価格が高いガソリンが重油を大きく凌いだことである。ガソリンが石油企業による利益獲得でその地位を直ちに重油に奪われたとはいえないであろう[2]。

戦前(1938年)との対比で戦後初期に重油，軽油・ディーゼル油の消費量が大きく伸びた背景に，石炭産業の生産能力の不十分性と生産低迷に由来するエネルギー不足があったことはイギリスについてもしかりである。戦時中一貫して減産をみた石炭は戦後，産業の国有化(1947年1月，全国石炭庁〔National Coal Board〕の発足)を経て1952年まで漸次増産された。だが，この間も戦前

表VI-3 イギリスにおける石油の製品別消費構成, 1938, 1947～71年[1]

(単位：1,000 ロング・トン[2], %)

	ガソリン[3]		重 油		軽油・ディーゼル油		灯 油		潤滑油		石油化学用原料など[4]		その他[5]		合 計[6]	
		%		%		%		%		%		%		%		%
1938	5,054	57.4	628	7.1	1,184	13.4	721	8.2	560	6.4	–		657	7.5	8,804	100.0
1947	5,028	42.7	1,936	16.4	2,166	18.4	1,496	12.7	665	5.6	12	0.1	480	4.1	11,783	100.0
1948	4,746	38.4	2,742	22.2	2,185	17.7	1,439	11.7	653	5.3	24	0.2	555	4.5	12,344	100.0
1949	5,172	38.8	2,795	21.0	2,412	18.1	1,525	11.4	714	5.3	112	0.8	609	4.6	13,339	100.0
1950	5,707	39.0	3,093	21.2	2,629	18.0	1,539	10.5	749	5.1	215	1.5	695	4.7	14,627	100.0
1951	6,037	37.7	3,418	21.3	2,838	17.7	1,776	11.1	797	5.0	318	2.0	834	5.2	16,018	100.0
1952	6,257	38.5	3,457	21.3	2,822	17.4	1,804	11.1	752	4.6	361	2.2	801	4.9	16,254	100.0
1953	6,868	39.3	3,815	21.8	2,988	17.1	1,678	9.6	794	4.5	507	2.9	844	4.8	17,494	100.0
1954	7,286	38.1	4,416	23.1	3,350	17.5	1,704	8.9	845	4.4	607	3.2	913	4.8	19,121	100.0
1955	7,663	36.2	5,384	25.4	3,761	17.7	1,939	9.2	889	4.2	566	2.7	975	4.6	21,177	100.0
1956	7,787	33.8	6,471	28.0	4,185	18.1	2,000	8.7	894	3.9	666	2.9	1,063	4.6	23,066	100.0
1957	7,171	31.6	6,931	30.6	4,136	18.3	1,840	8.1	826	3.6	793	3.5	971	4.3	22,668	100.0
1958	8,021	28.1	10,582	37.1	5,036	17.6	2,070	7.3	872	3.1	872	3.0	1,081	3.8	28,534	100.0
1959	8,459	25.3	13,812	41.3	5,400	16.1	2,228	6.7	928	2.8	1,292	3.9	1,317	3.9	33,436	100.0
1960	8,992	22.9	17,438	44.3	6,122	15.6	2,364	6.0	965	2.4	1,962	5.0	1,511	3.8	39,354	100.0
1961	9,780	23.0	18,817	44.2	6,786	16.0	2,370	5.6	980	2.3	2,075	4.9	1,692	4.0	42,500	100.0
1962	9,930	21.0	21,329	45.2	7,660	16.2	2,722	5.8	968	2.1	2,664	5.6	1,928	4.1	47,201	100.0
1963	10,139	19.6	22,704	43.8	8,758	16.9	3,341	6.5	1,003	1.9	3,606	6.9	2,265	4.4	51,816	100.0
1964	11,029	19.3	24,805	43.4	9,637	16.9	3,275	5.7	1,081	1.9	4,474	7.8	2,879	5.0	57,180	100.0
1965	11,609	18.4	27,296	43.2	10,700	16.9	3,604	5.7	1,106	1.7	5,394	8.5	3,544	5.6	63,253	100.0
1966	12,099	17.8	29,095	42.8	11,627	17.1	3,905	5.8	1,138	1.7	6,620	9.7	3,468	5.1	67,952	100.0
1967	12,838	17.5	30,608	41.6	12,359	16.8	4,313	5.9	1,100	1.5	8,582	11.7	3,652	5.0	73,452	100.0
1968	13,614	17.5	30,611	39.4	13,602	17.5	4,762	6.1	1,134	1.5	10,436	13.4	3,587	4.6	77,746	100.0
1969	13,849	16.5	33,393	39.9	15,140	18.1	5,193	6.2	1,208	1.4	11,479	13.7	3,517	4.2	83,779	100.0
1970	14,415	16.1	37,975	42.5	16,873	18.9	5,697	6.4	1,157	1.3	9,722	10.9	3,565	4.0	89,404	100.0
1971	15,055	16.7	38,772	43.0	17,474	19.4	6,181	6.9	1,129	1.2	7,826	8.7	3,636	4.0	90,073	100.0

(注) 1) バンカー油を含まず。
   2) 大まかな目安としては，ガソリンの1ロング・トン＝8.7～9.0バレル，以下，重油6.7，軽油・ディーゼル油7.4，灯油8.0，潤滑油6.9など。なお，1バレルは約159リットル。
   3) 自動車用，航空機用，工業用など。
   4) 大部分はナフサ(naphtha)。なお，1960年代半ば頃からガス産業(都市ガス製造など)でのナフサの使用が急増する。1969年にナフサ全体(11,074千トン)のうち石油化学用が52.0%，ガス用48.0%。
   5) ビチュメン(アスファルト)，ワックス，ガス(ブタン，プロパン)など。
   6) 国内消費量にはこれ以外に製油所で自家消費された部分があるが，ここでは含まず。
(出典) 1938年，1947～59年はGreat Britain Ministry of Power [102], 1959, pp. 134, 154-155 より。1960～65年はGreat Britain Ministry of Power [102], 1965, pp. 186-187 より。1966～68年はGreat Britain Ministry of Power [102], 1968 and 1969, p. 71 より。1969～71年はGreat Britain Department of Trade and Industry [100], 1972, p. 67 より。

水準に復することは遂になく,その後は再び緩やかな減産傾向に入った[3]。石油は本来,重量(トン)あたりの熱量(カロリー)が大きいこと,液体燃料としての性質により火力調整が容易であることなど,その有用面において石炭に対する多くの優位性を持っていた。だが,戦前は主要産業などの強固な石炭依存によってエネルギー市場で石炭に圧倒されたのであった[4]。大戦終了後そうした石炭の供給が低迷を辿ったことで,戦前すでに重油,軽油などを燃料ないし原料の一部として利用した海運業,食品(パン製造など),ガラス,陶磁器,冶金,ガスなどの諸産業に加えて鉄鋼,セメントなど燃料の多消費業種において,当面の燃料不足を石油で代替する試みが出はじめたのである[5]。エッソなど石油企業に対し,これら製品の販売を拡大するための好機が到来したのであった。

〔II〕 製品流通機構の再編成・刷新

流通の効率化,費用の削減 1950年頃からエッソ石油は製品流通の改革に着手する。その基本的内容は,第1に,全国の流通拠点,とりわけ油槽所(depot)の統廃合と1カ所毎の貯蔵能力の拡大,第2に,製品輸送手段,特にタンク・ローリー(油槽自動車)の台数の削減と1台あたりの大型化,である。1948年に472カ所存在していた同社の油槽所は,52年に早くも225へ,そして63年までに68へ集約化された[6]。また,この間,陸上輸送手段の主力をなしたタンク・ローリーについては,その所有台数1636台(1948年)を450台減少させ1200台弱(1963年)にする一方,輸送量の全体を2倍近く増加せしめたのである[7]。これによってエッソは,全国の多数の小規模な流通拠点からそれぞれ限定された地域で相対的に少量の製品を小売業者などへ供給する,といった費用の割高な従来の製品流通方式からの転換・飛躍を図った。加えて,同社は,製油所ないし主要な流通拠点から末端の小売店,需要家などへの流通経路を簡略化することで中間段階での製品の積み替え(load and unload)を最少にし,これに伴う手間(handling)や費用,および小売店などに到達するまでに生ずる製品の損失(貯蔵や給油の際に生ずる漏れなど)をできるだけ削減しようとしたのであった[8]。

エッソ石油によるかかる製品流通機構の再編成と刷新については,第1に,

1930年代初頭以降に試みられ，大戦期(但し，1948年7月初頭にイギリス政府の石油産業統制機関が解散するまで)に中断した活動を再開・継承するものと考えられる[9]。第2に，戦後にこれを促進する背景要因として，一つに1930年代末以降10年近くに及ぶ戦時統制下において，資材の不足などの理由によって民間市場(民需)向け製品流通施設の改修，新設などが行われず，油槽所，輸送手段の少なくない部分が老朽化・非効率化していたこと，いま一つとして戦後の「エネルギー危機」の下で石油製品需要が急増し，これに応える製品流通体制の整備が求められたこと，これらを挙げることができよう[10]。

だが，戦後の流通改革，特に輸送手段(タンク・ローリー)の大型化を促した要因としてさらに1点，エッソが主要製品であるガソリンの販売に，それまでイギリス石油市場においては事実上用いられたことのない特約店制度を導入し(1950年)，短期間に全国的な特約小売店網を形成したことが重要である。ガソリン販売とこれに伴う新制度の検討は，次節で扱う主題の一つであるが，ここでは以下の要点を記しておきたい。

エッソによる特約店方式の導入により，それまで同社を含む複数の石油企業からガソリン(自動車用ディーゼル油，自動車オイルを含む)を購入した小売店(給油所など)は，エッソの製品のみを取り扱うことになったのであり，油槽所から個々の小売店(特約店)に対するエッソの製品供給量は顕著に拡大した。加えて，同社は特約店化を契機に，それまで他社との競争上やむをえず行った小売店への少量での頻繁な製品供給を改め，1回毎の供給量(drop，卸売量)の拡大を目指した[11]。こうした各小売店への製品供給の大量化にとってタンク・ローリーの大型化が強く要請されたのである。なお，エッソがこうした製品供給を実現するためには，傘下に入った特約店が1度に大量の製品を搬入しうるだけの貯蔵施設(貯蔵タンク)を持つことが前提ないし不可欠だった。同社は，特約店に対する資金面での援助などによって個々の店舗に設置された貯蔵施設の能力の拡張を奨励・推進したのである(次節参照)。

1963年末時点，エッソ石油は，2つの製油所(フォーリーとミルファード・ヘヴン)を起点とし，9つの拠点ターミナル(terminal installation，うち8カ所は港湾に設置)，ついで上記の68の油槽所を用いて全国市場への製品供給を

行った[12]。おそらくこれら流通体制の改革・再編の基本的部分は，1950年代後半頃までになされたと推定されるが，いずれにしろ，同社の製品流通の様相は1950年代に入り大きな変貌を遂げたのである。

他社の動向　エッソによって試みられたこうした流通機構の再編成・刷新は，同社の最大の競争企業たるシェル・メックス BP (Shell-Mex and B.P. Ltd., RD＝シェルとBPの共同販売子会社，1931年創立)[13]もまたほぼ同時期にこれを遂行した。同社は，例えば，1950年の秋に440の配給センター (distribution centre, 油槽所と考えられる) 網を保持したが，57年の8月までにこれを138の大規模化したセンターを拠点とする体制に編成替えし，これらによってガソリン，重油などの全国的製品供給を行ったのである[14]。

これに対し，エッソ石油とシェル・メックスBPに比べ活動の規模などはかなり見劣りするが，しかし戦前からともかくも有力企業として知られたリージェント石油 (Regent Oil Company Ltd.)，モービル石油 (Mobil Oil Company Ltd.) の場合，こうした流通体制の整備，再編成などはかなり遅れた。ガソリン，灯油，潤滑油などに留まらず，重油，軽油も取り扱う全国的な製品流通網について，両社は1950年代後半ないし末以前にはいまだこれを持ちえなかったのである[15]。重油，軽油は，イギリスでもその多くは船舶，産業企業などの大口需要家向けであり (次節参照)，中間流通業者を排除して石油企業自身によって直接販売(直売)された。流通経路の簡略化による大規模流通拠点から (あるいは製油所から直接) の大量供給が，費用，効率面で最も有効な販売方法だったのである。エッソおよびシェル・メックスBPによる如上の流通機構の改革は，次節で考察するように，石油製品市場，とりわけ顧客への大量かつ効率的な供給力の有無が競争上の主要な焦点の一つをなした重油，軽油などの市場において両社の支配力を支える基本的な柱の一つを構成したのである。

製品パイプラインの導入　次に，エッソ石油による製品流通改革の1960年代における試みとして，63年にフォーリー製油所からロンドン近郊へ製品輸送のパイプラインを敷設したことを挙げておきたい[16]。製品パイプラインは，製油所から大都市のターミナルなどへの大量かつ迅速な輸送施設として，また輸送費用の安さの点で他の陸上輸送手段に対する大きな優位性を示した。

但し，通常その有効な活用のためには，一定地域での十分な製品需要の存在が前提といわれたのであり，同社は1960年代初頭頃までのイギリス大都市などにおける市場の成長を俟ってこれを実行したのである[17]。1968年のフォーリー製油所から搬出された製品全体量の1/4(24.2%)はパイプラインによった[18]。この時代，エッソの油槽所の数は，1963年の68(前出)から70年までにさらに20以上が削減されたのであり，かかるパイプラインの導入による国内製品流通の一層の大量化，効率化がその主たる促進要因の一つと思われる[19]。

なお，ここで指摘すべきは，パイプラインはガソリン，灯油，軽油などの軽質製品の輸送には好都合であったが，重油については採算面に大きな難点があり，輸送手段として一つの重大な限界を内包していたことである[20]。にもかかわらずエッソは，例えば1964年に，短線であるがフォーリー近郊の発電所に対し重油用パイプラインを敷設し，また1970年にはやはりフォーリーからであるがロンドンの郊外まで，重油用としては当時世界で最長級といわれたパイプライン(60マイル)を完成させた[21]。これらは，市場の確保・拡大を第一義的に重視した行動と考えられるのであり，この当時シェル・メックスBPもまたこれを行ったのである[22]。

1) イギリス政府(動力省〔Ministry of Power〕)は，バンカー油を輸出と同様に扱い，国内消費に含めなかったと考えられる。だが，石油企業の販売活動からすれば，実際に消費される場所の如何にかかわらず，主に各港湾で販売(供給)されたバンカー油は，イギリス国内での販売製品の一部を構成したのであり，この点ではその他の用途(消費部門)に対し販売された製品と区別なく扱ってよいであろう。本章の後掲表VI-6は，こうした市場(販売)の観点からバンカー油の消費量を国内消費に含めた。
2) 1957, 58年についての統計であるが，イギリス国内で生産されたガソリン(自動車用その他)の量は，それぞれ679万トン，778万トンであり重油の1138万トン，1331万トンに比べかなり少なかった。これに対し生産価額(製油所出荷額と考えられる)では，おなじく1957, 58年にガソリンはそれぞれ1億1734万ポンド，1億2270万ポンド，重油は1億338万ポンド，9471万ポンドであった。いずれもガソリンは量の面ではかなり少なかったにもかかわらず，価額では重油を凌いだのである(Great Britain Ministry of Power〔102〕, 1959, p. 163)。
3) 1939年に2億3130万トン(坑内掘り石炭，露天掘り石炭－ほとんどは前者)であった生産量は，1945年に1億8260万トンまで低落し，その後52年の2億2490万トンま

で年々増大した。だが，以後これを凌ぐことはなかった(Great Britain Ministry of Power〔102〕, 1959, pp. 11, 18, 51 より)。戦後初期のイギリス石炭産業の現状と問題点については，さしあたり，布目〔245〕，第2章，土屋・稲葉〔266〕，第2部第3章などを参照せよ。

4) 戦前，例えば多くの鉄鋼企業は自分の炭鉱を所有していた。また，重油など石油製品の価格は石炭に比べ割高であった(Brunner〔164〕, pp. 156-157, 164-166, 168, 170 ; PT〔121〕, May 24, 1947, pp. 475-476, September 3, 1954, p. 901 による)。

5) イギリス政府は，当面するエネルギー不足への対応として産業界などに石油の使用を奨励するために，1947年に重油に対する従来の輸入税(1トンあたり1ポンド)を撤廃した(1946年10月から税の撤廃実施まで1トンにつき1ポンドの補助金を出した。当時の重油の価格は税抜きでトンあたり6,7ポンドくらい)。以上は，PT〔121〕, October 12, 1946, p. 1074, September 3, 1954, p. 901 ; PPS〔119〕, September 1946, p. 161 による。

6) PT〔121〕, May 17, 1963, p. 240, November 29, 1963, p. 616 ; Petroleum〔117〕, September 1964, p. 444.

7) 1948年にエッソが所有したタンク・ローリーの1台あたりの平均輸送能力は1205ガロンであり，同年の輸送量全体は7億7300万ガロンであった。1963年に，全台数1200弱のうち1/3以上は3000ガロン以上の輸送能力であった(イギリスの1ガロン〔1 Imperial gallon〕は4.546リットル)。なお，陸上輸送手段としては，他に鉄道(鉄道タンク車)がある。エッソの輸送量は，1955年に100万トン弱(すべて重油と仮定した場合，約2億3000万ガロン)，63年に200万トン強である。同年のタンク・ローリーによる輸送量の全体は，本文に記したように1948年の数値(7億7300万ガロン)の2倍弱であるから，鉄道に比べはるかに多くの製品を輸送した(以上は，Petroleum〔117〕, September 1964, pp. 444-445 による)。

8) PT〔121〕, May 17, 1963, p. 240, November 29, 1963, p. 616 ; Petroleum〔117〕, August 1957, pp. 286-289, September 1964, pp. 444-445 ; Esso UK〔10〕, Spring 1988, pp. 37-38 ; The Institute of Petroleum〔195〕, pp. 155-167 を参照。

9) 1930年代の初頭(1931年)，エッソ石油(アングロ・アメリカン石油)は既存の製品販売組織，流通機構の再編成に着手した。その結果，1930年代末頃までと考えられるが，全国に配置された40の販売支店(sales branch)は11の販売部(sales division)へ再編・統合され，油槽所は629から530へ，輸送用自動車(タンク・ローリー〔tank lorry〕，および灯油タンクと缶入りガソリンなどを積んだ自動車〔canvassing lorry〕の2種類があった)は1772から1381へ減少した。さらに，国内製品流通の起点に位置する港湾の拠点ターミナルもまた11から8へ減少したのであった。この時代のかかる流通体制の再編成の目的は，エッソ社の刊行物によれば，非効率化した組織・施設等の整理とこれに基づく費用の削減とされている。既述のように，1920年代後半ないし末頃からアングロ・アメリカンは欠損を累積し，経営危機に陥っていたのであり(第1章第4節〔III〕参照)，流通費用の削減の緊急性がこうした再編を促す要因であったと考えら

れる。但し，1930年代の流通改革の実態とこれを促した要因については，不明の部分が多く今後立ち入った分析が必要である。

なお，1930年代の初頭時点で，アングロ・アメリカンが後の時代との対比において非常に多数の油槽所，輸送手段などを抱えるに至った歴史的要因をごく手短に付記する。

本書の序章第2節〔II〕で述べたが，19世紀末の創立以降，アングロ・アメリカン石油は，まず，港湾に設けたいくつかの主要な流通拠点(ocean terminal)においてアメリカなどから輸入した灯油，その他製品を陸揚げし，ついで鉄道タンク車，はしけなどによって各地に所在する油槽所へ，そしてそこから個々の小売業者(金物店，雑貨商，薬剤店など)へ製品を供給(卸売)した。油槽所から小売業者への製品配送において，従来の樽，缶などに代えてタンク・ワゴン車を用いたことがイギリスにおける流通革新の一つの柱であるが，アングロ・アメリカンの製品(灯油など)の50%以上がこれによって供給されるのは1900年の少し前頃のことである。その場合，タンク・ワゴン車は，イギリスでもアメリカ同様，当初は犬・馬などを動力としこれによって牽引されたのであり，その輸送可能な範囲・距離は自ずと限定されたのである(馬の場合，1日で往復が可能な行程は最大で油槽所から数マイルまでといわれている)。1920年までにアングロ・アメリカン石油が自ら全国に配置した油槽所は700以上であった。しかも，これ以外に，同社の製品を取り扱う各地の代理店(regional agency)の油槽所も存在したと推定されており，同社は相当な数の流通拠点を確保することなしには，イギリス国内市場を賄うことはできなかったのである。

1920年代は，ガソリンの消費増に基づく市場の拡張期であり，これに照応する小売店舗(ガソリン給油所)の普及などの新たな展開がみられた。だが，それまで市場の拡大につれて増加傾向を辿った油槽所の一層の新設・追加はみられなかったようである。その理由の一つは，第1次大戦終了頃から自動車が陸路の輸送手段としてその役割を急速に高め，これによって1つの油槽所が供給対象としうる地理的範囲が拡大したことに求められるであろう。個々の油槽所の貯蔵能力には拡張が施されたとしても(タンクの追加，大型化など)，油槽所数の増加は必要なかったと考えられるのである。

以上については，主として，PRO〔2〕, United Kingdom—The Organisation of the Refining and Distribution of Petroleum and Petroleum Products, 6th April, 1936: POWE 33/660; PRO〔2〕, Preliminary Report of Petrol Control Committee, Board of Trade, 12th May, 1916: POWE 33/1/2; The Institute of Petroleum Technologists〔196〕, pp. 137-146; Esso UK〔10〕, Spring 1988, pp. 2-4, 10-15, 34-38; Petroleum〔117〕, August 1957, p. 286; Hidy and Hidy〔140〕, pp. 124, 147-148, 247, 558-559; Williamson and others〔280〕, pp. 330, 497, 656-657による。

10) イギリスにおける戦後の流通機構の改革は，ジャージー本社の強い指導を背景になされたようである。戦後ジャージー社は世界全体での事業改革の課題として製品の大量流通による効率化を追求した。イギリスに限らず西ヨーロッパでの製品流通は本社にとっては高費用，非効率が著しいと映ったようである(Larson, Knowlton, and Popple〔145〕, pp. 780-781)。

11) 特約店方式の導入以前では，一般に各小売店(給油所)には，複数の給油ポンプとこれに連結した貯蔵タンクが存在したが，石油企業各社は，自社の製品在庫が底をつき他社に顧客を奪われることがないよう，各小売店に対する頻繁な製品補給を行ったといわれている(PRO〔2〕, Letter to the Accountant General from C. M. Vignoles, 26th February, 1952: POWE 33/1555; Petroleum〔117〕, August 1957, p. 287, September 1964, p. 444; PT〔121〕, October 11, 1957, pp. 901-902による。なお，第1章第4節〔III〕も参照)。

イギリスに所在した石油企業による小売業者向けの1回毎の製品供給量は，特約店制度を採用した諸国に比べかなり低位の水準であった。後述するイギリス最大の販売企業シェル・メックスBP(Shell-Mex and B.P. Ltd.)についてであるが，同社の小売業者に対する1回毎の供給量は，特約店方式を導入する以前(1950年頃と推定される)に平均450ガロンであった。これに対して，特約店制度がすでに導入されているオランダのRD=シェルの子会社は，同時期に，各小売業者に対する平均的な供給量(年間)では，イギリスのシェル・メックスBPに比べ20%少ないにもかかわらず，1回毎の量では後者の2倍であった。同じ頃，アメリカでは石油企業による1回あたりの供給量(業界の平均と思われる)は1500ガロン(Imperial gallon)であった(PRO〔2〕, Letter to the Accountant General from C. M. Vignoles, 26th February, 1952: POWE 33/1555による)。

12) PT〔121〕, November 29, 1963, p. 616.

13) シェル・メックスBPの所有権は1959年までは，RD=シェルが40%，BPが40%，メキシカン・イーグル石油(Mexican Eagle Oil Company, RD=シェルの関連会社)が20%，以後はRD=シェルが60%，BPが40%である(以上については，BP〔30〕，頁なし; SMBP〔40〕, 1954, pp. 7-9; Great Britain Monopolies Commission〔83〕, pp. 15, 17; Jones〔212〕, p. 217; U.S. Senate〔67〕, p. 312, 邦訳, 346-347頁による)。なお，1931年創立時に，BP社は既述のようにアングロ・パーシャン石油と称していた。シェル・メックスBPのBPは1917年にアングロ・パーシャンの傘下に入った製品販売企業(British Petroleum Company)の名称(BP)に由来したものである(第1章第1節注〔10〕を参照)。

14) 石油輸送自動車(road delivery fleet, タンク・ローリーと考えられる)の所有台数は，同期間(1950～57年)に2600台から2100台へ削減された一方，1台あたりの平均輸送能力は1360ガロンから2000ガロン弱へ増強された(戦前〔1938年頃と思われる〕は851ガロン)。以上については，PRO〔2〕, Letter to the Accountant General from C. M. Vignoles, 26th February, 1952: POWE 33/1555; PT〔121〕, October 11, 1957, pp. 901, 906, 909; Petroleum〔117〕, August 1957, p. 288; Fortune〔98〕, October 1957, p. 141による。

15) リージェント石油は，1913年にカリブ海のトリニダードで設立されたイギリスの原油生産企業(Trinidad Leaseholds Ltd.)，および1916年にアメリカ石油企業テキサス社によって設立されたイギリス子会社(Texas Oil Company Ltd.)，の両社を前身と

した企業である。1956年時のリージェントの所有権はテキサスが50％，カルテックス社（既述のようにテキサスとカリフォルニア・スタンダードの折半所有会社）が50％である。戦後，重油については1949～50年の一時期を除けば，57年になって実際上はじめて販売を行った。同社による重油を含む主要製品の国内販売（流通）体制の形成は，1960年12月にカーディフ(Cardiff, ウェールズ〔Wales〕南部の海港都市)に重油用ターミナルを設立して以降に本格化したと思われる(Regent〔150〕, 頁なし；IPR〔104〕, February 1961, p. 52, August 1961, p. 246; Petroleum〔117〕, May 1960, p. 182, March, 1961, pp. 105-106)。

イギリスにおいて長い活動史を有するモービル石油（1955年12月に社名をヴァキューム石油〔Vacuum Oil Company, Ltd.〕から変更）は，第2次大戦前まで事実上潤滑油のみを販売する企業であり，ガソリンとディーゼル油は1952年，重油，軽油は1953年にはじめて販売を行ったのである。同社は，重油については，自社の製油所（コーリトン製油所〔Coryton refinery〕, テムズ川の河口に所在, 1953年完成）で生産した後，その販売をイギリスにおける2大石炭配給業者(Charrington, Gardner & Locket〔London〕Ltd. および Associated Coal & Wharf Companies Ltd.)に委ねた。これらの配給業者によってイングランド東南部から開始された同社生産の重油の販売が，ミッドランド(Midland)を市場に組み込むのは1957年頃であり，リヴァプール(Liverpool)，マンチェスター(Manchester)などが所在するノース・ウェスタン(North Western)地域に拡大されるのは事実上1959年末以降のことである。以上については，私の質問に対するイギリスのモービル石油の回答(デビッド・チャールトン氏〔Mr. David Charlton, Manager, Public Affairs Programmes, Mobil Oil Company Ltd.〕からの1987年1月28日付書簡；Mobil UK〔36〕, 1951, p. 11, 1952, pp. 3, 11, 1953, p. 10, 1955, p. 9, 1956, pp. 9-10, 1957, p. 12, 1958, pp. 11-12, 1959, pp. 8-9, 11, 1960, pp. 13, 16；PT〔121〕, June 11, 1954, pp. 601-602; IPR〔104〕, November 1958, p. 388, July 1960, p. 234; Petroleum〔117〕, February, 1960, p. 61)による。

16) Esso UK〔9〕, 1963, pp. 3-4; Jersey〔24〕, 1961, p. 19, 1963, p. 13.

17) パイプラインは最初の建設費用は大きいが，一旦建設された後の輸送費用全体は自動車，鉄道に比べて格安であった。但し，第1章第3節において述べたところでもあるが，パイプラインは常時，輸送能力の上限(full capacity)ないしこれに近い水準での操業が求められるのであり，輸送能力の1/4程度の輸送量では，輸送された石油の1単位あたりの費用は2,3倍になるといわれている(IPR〔104〕, January 1962, pp. 7-8)。

ジャージーの営業報告書によると，エッソが1963年に完成させたパイプライン（約60マイル）は，イギリスにおいて民間企業が敷設した最初の製品輸送パイプラインであり，しかも，採算のとれるイギリス最初のものであったという(Jersey〔24〕, 1961, p. 19, 1963, p. 13)。もっとも，別な資料によれば，1959～60年にすでにシェル・メックスBPが，マージー地域(Mersey district, リヴァプールなどの海港都市が所在）にある製油所から近隣へ敷設しており，おそらくそれが嚆矢と思われる。いずれにしろイギリスにおいては，1960年頃から製品輸送にパイプラインの活用が始まったと考えられ

る。なお，イギリスにおいては戦時中に政府が軍用目的で1000マイルにのぼる製品輸送パイプラインを建設している。それらは，採算面などを考慮せず，国防上の理由から設けられたのである。

ところで，原油輸送パイプラインについては，大陸ヨーロッパと異なりイギリスにおけるエッソ石油，RD=シェル，BPなどの製油所はそのほとんどが臨海地域にあり，港湾の荷下ろしターミナルからの接続線として用いられるのが通常で，それ以外に広範な活用はなかった(但し，スコットランド〔Scotland〕とサウス・ウェールズにおいて，BPが所有した港湾から製油所までのパイプラインの長さは，1960年代半ば時点でそれぞれ60マイル前後に及んだ)。

以上については，すでに記した典拠以外に，PRO〔2〕, Distribution and Storage in the U.K., Report to Oil Control Board, Storage & Development Sub-Committee, Oil Control Board, War Cabinet, 7th July, 1943: POWE 33/1240; PRO〔2〕, Statement of Case by the Applicants, attached to the Letter to Ministry of Power from R. L. Stark, 23rd August, 1968: POWE 63/188/215/1; NACP〔1〕, Foreign Service Despatch, No. 139, July 19, 1960: 841.2553/7-1960: RG59; Payton-Smith〔84〕, pp. 332-335; PT〔121〕, June 30, 1961, pp. 429-431; IPR〔104〕, June 1962, p. 213, July 1962, p. 248, September 1962, p. 322; IPI〔197〕, Vol. I, pp. 162-163による。

18) 水路(内航タンカー，はしけ，主として各地の港湾ターミナル向け)による割合が64.2%で最大，その他鉄道8.2%，自動車3.4%であった(PT〔121〕, May 9, 1969, p. 641)。
19) 典拠のExxon Mobil Library〔4〕, UK: Memorandum 1977, pp. 6-7では，拠点ターミナルと油槽所の区別が必ずしも明らかではなく，Esso terminalの数は1960年に112，65年に60，70年に42とされている。これを油槽所と考えれば，1963年以降の削減数は26となる。
20) 重油はその性質上，流動点が高く気温の低い状況ではしばしば半固体状になるため，通常は予め加熱するなどの措置が必要であり，輸送距離が数十マイルの場合，費用は法外(prohibitive)といわれている(IPR〔104〕, January 1962, p. 8, June 1970, p. 165)。
21) Esso UK〔11〕，頁なし；PPS〔119〕, April 1968, p. 134，日本語版，147頁。
22) PPS〔119〕, August 1966, p. 312，日本語版，342頁。

第5節　製品販売と市場支配

ジャージーの子会社エッソ石油による1960年代末までの石油製品の販売について，本節では，対象時期を大戦終了以降1950年代末まで，および1960年代の2つに分けて考察する。後述するように1950年代末ないし60年代初頭以

降，エッソ石油と他社との競争状況はそれ以前とは異なる様相を呈し，同社の販売戦略，市場支配の方式にもこれに照応した変化がみられたのである。

〔I〕 大戦終了以降1950年代末まで

(1) ガソリン販売

　1950年5月イギリス政府はガソリンに対する消費制限を撤廃した。ガソリンは製品市場における最大品目であったにもかかわらず，戦時統制の解除が最も遅れた部類に属した。平時に主として自動車の燃料として用いられたガソリン[1]は，産業用エネルギー源としての位置づけが重油などに比して低く，ドル外貨の節約に努める政府の政策により，大戦終了後も消費の伸びは相対的に抑制され(前掲表VI-3参照)，エッソ石油をはじめ各石油企業の販売活動は引き続き統制の下におかれたのである[2]。

特約店方式の導入　消費制限措置の撤廃後間もない同1950年7月，エッソはそれまで同社のガソリンを取り扱った小売店を自己の排他的な販路として確保することを決定した。同社はガソリンの流通・販売機構に特約店方式(ソーラス・システム〔Solus System〕と呼ばれた)を全面的に組み込んだイギリス最初の石油企業となったのである。エッソはすでに建設が進んでいるフォーリー製油所の操業を維持するために，主要な生産品目の一つであるガソリンの販路を確実に用意することが必要であると考え，これを最も重要な理由として特約店方式の活用を決断したのである[3]。同社は，自社のガソリン(および自動車用オイルなどを含む)のみを販売する小売店へのリベート(rebate，払戻金)の提供を主たる手段として個々の小売業者(ディーラー)を長期間(5年から10年，満了後は更新)にわたり系列下に組み込んだ[4]。1952年末までに6000店弱を特約店として確保したのである[5]。

　単一石油企業のガソリンのみを扱い，これと排他的な，あるいは長期にわたる固定的な取引関係を持つ特約店が1950年より以前のイギリスに全く存在しなかったかどうかは確言できない。しかし，戦前およびこの時代もともに個人業者の所有と経営の下にあった全国の小売店(給油所)[6]の大部分は，店舗(給油所)内に設置した給油ポンプの数に応じてしばしば複数の石油企業のガソリ

ンを販売したのである[7]。これは第1次大戦終了頃から大企業による特約店網の形成が急速に進展したアメリカ，および両大戦間期に特約店方式が採用された他のいくつかの西ヨーロッパ主要国，日本などとも大きな相違をなすものであった[8]。

1950年代初頭エッソ石油によって先鞭をつけられたこの特約店網の形成と拡大は，ほどなく他大企業の追随するところとなった。シェル・メックスBPは，エッソに対抗して自己の販路を防衛し，かつこれを拡大するために既存小売店の特約店化に向かった[9]。主としてエッソとシェル・メックスBPによる特約店化攻勢によって，例えばモービル石油の場合，1952年の1月にはじめてガソリン市場に参入したのであるが，その後まもなく，主力製品の一つである自動車オイルの販売（卸売）を通じてそれまで確保してきた多数の給油所との取引関係を失い，結果として全国の給油所の90％以上から一時締め出される事態に遭遇したのである[10]。当初は製油所の操業を維持する一方策としてエッソが用いた特約店網の形成は，遅からずガソリン市場の支配をめぐる企業間対抗の主要な焦点になったのであった。

小売事業（小売業者）への対策　イギリスのガソリン市場においてエッソ石油はシェル・メックスBPなどと同様，戦前に引き続き戦後も専ら卸売企業として行動し，自ら小売販売を行うことは稀であった。エッソは，前節で述べた小売店までの流通経路，すなわち製油所から各地に配置されたターミナル，油槽所，ついでそこから各小売店に至る製品輸送については自らこれを担当し，その先の小売事業については各ディーラーに委ねた[11]。だが，従来イギリスにおけるガソリンの小売事業，小売業者の活動には，改善されるべきいくつもの難点や問題が含まれており，戦後市場に臨むエッソにとってその克服は重要な課題であった。

まず，多くの給油所等は戦前から，敷地面積のせまさ，給油に不便な位置へのポンプの配置，消費者の実状に適合しない営業時間の設定，販売員の未習熟，といった一部は初歩的な面を含む数多くの問題点を抱え，著しい不効率，機動性の欠如をもって知られていた[12]。ついで，前節で述べたように戦時中および戦後もなおしばらくの期間，給油所などの改修や拡張は実際上困難だったの

であり，ガソリン販売施設全体の老朽化が進行していた[13]。既存の小売店舗は戦後の市場の拡大に対応し，これを主導しうる要件を欠いていたのである。そして，これらに加えていま一つの重要問題は，各小売店の販売量そのものが極めて少ないところにあった。イギリスに所在した給油所の1給油ポンプあたりの販売量は主要国中最低といわれていたのであり[14]，大戦前において販売施設はかなり過剰であったと考えられる。1920年代に比べ市場の拡大が鈍化した30年代においてなお全国のポンプ数は倍増し，店舗の数もまたかなり増大していたのである[15]。

以上の諸問題を踏まえ，かつこれらに対応すべくエッソは，系列下に入った小売業者の販売活動の強化・刷新，効率性の拡大を追求した。給油所および店舗内設備（給油ポンプ，貯蔵タンク等）の改修・拡張に際しての低利の融資，あるいは設備の賃貸，分割払いでの提供（これらは特約店化のための手段としても一部用いられた），店舗経営の具体的内容に対する必要に応じた改善の助言など，種々の方策を試みたのであった[16]。ここでその一例としてエッソの融資額についてみると，資料の都合上1964年末時点についての統計であるが，同社は傘下の特約店の38％に総額1500万ポンド弱（融資残高）を与えていたのである[17]。なお，系列小売店の販売活動を刷新するためのかかる方策の採用はエッソのみならず他社によってもなされた。例えばシェル・メックスBPは，同じく1964年末時点，同社と特約関係にある小売業者の少なくとも90％以上に対し設備の賃貸あるいは分割払いでの提供を実行ないし約束したのである[18]。

1950年代から60年代前半を通じイギリス国内でのガソリン小売店の数は総計3万店台を推移し，大戦前に比して目立った増加はなく（1938年，3万5000店強），1店あたりの年間販売量は1938年の2万5000ガロン弱（約700バレル）から53年の3万5000ガロン（約1000バレル），64年には7万ガロン弱（約2000バレル）へ著増した[19]。個々の小売業者は給油所の新設を控え，主として既存給油所の整備・拡張によって消費増に応え，販売効率を向上させたといえよう。かかる小売業者の戦後行動はエッソなどの利害と合致しその意向に沿ったものと考えられるのである[20]。

表VI-4 主要企業の系列小売店数，1964年末

	①特約店	②自社所有店舗	①+②	ガソリンの卸し先の小売店数全体に占める系列店数の割合
				%
シェル・メックス BP	15,147	2,330	17,477	93.0
エッソ	9,148	1,281	10,429	95.3
リージェント[1]	3,734	718	4,452	98.5
モービル	1,358	467	1,825	92.0

(注) 1) Regent Oil Company Ltd. 本章第4節注(15)を参照。
(出典) Great Britain Monopolies Commission [83], p. 35.

表VI-5 ガソリン[1]小売市場に対する各社の供給シェア，1953～59年 (%)

	1953	1954	1955	1956	1957	1958	1959
シェル・メックス BP	51.4	51.2	50.9	50.2	49.5	50.1	50.3
エッソ	28.4	28.7	29.8	30.1	30.6	30.5	30.2
リージェント	14.0	14.0	14.1	13.7	13.5	12.9	12.5
モービル	1.1	1.8	2.6	3.0	3.1	3.4	3.8
その他	5.1	4.3	2.6	3.0	3.3	3.1	3.2
合　計	100.0	100.0	100.0	100.0	100.0	100.0	100.0

(注) 1) 自動車用ガソリン。
(出典) Great Britain Monopolies Commission [83], p. 23.

　表VI-4に示されるように，1964年についてであるがエッソの傘下にあった特約店は全国に約9100，これに同社が所有した小売店(そのほとんどは個人業者への賃貸，後述参照)を合わせ1万400店余が強固な系列店網を構成した。これは表にみるようにシェル・メックスBPについで第2位である。エッソと後者で全イギリス小売店数(3万8000から3万9000店と推定される)の72%前後を占める。同年イギリスに所在した全ガソリン小売店舗の95%以上は特定の企業との排他的な取引関係にあり[21]，エッソなどが卸売したガソリンのほとんどもやはり特約店を主要な部分とするこれら系列店に向けられたのである(同表参照)。

市場における地位　かようにエッソ石油は，1950年代初頭以降，ガソリン小売店の徹底した系列化(特約店化)，および系列店への販売量の拡大によって市場支配力の強化を図ったのであった[22]。ここで，表VI-5によって1950年代(但し1953～59年)のイギリス・ガソリン小売市場(全小売販売量)に対しエッソが供給したガソリンの量(特約店などを通じて供給した

量)の割合(占有率)をみることにしたい。同社のシェアは1953年の28.4%から57年の30.6%へ毎年着実に増大し,のち59年の30.2%までやや減少する。この間,最大企業シェル・メックスBPはこれと対照的に1953年の51.4%から57年の49.5%へ年々シェアを落としたのち,58,59年に若干これを回復させた。但し,これらの変動の比率はいずれもわずかであり,これに過大な意味づけを与えてはならないであろう。ともあれ,エッソは1950年代を通じ市場支配力を減退させることなく維持し,若干のシェアの拡大を果たして60年代を迎えることになったのである。

(2) 重油などの販売

エッソ石油によるガソリン以外の主要製品,特に重油,軽油・ディーゼル油の販売活動について,1950年代後半ないし末時点においてイギリスで相対的に規模の大きな販路(使用途)を構成した4つの部門,鉄鋼業,発電用(火力発電所),暖房用,およびバンカー油需要に対象を限定して考察する(表VI-6参照)[23]。

鉄鋼業 エッソがイギリスの鉄鋼企業に対し石油製品の販売を開始したのは,事実上第2次大戦の終了以降のことであり,販売製品の大半を占めた重油は,主として,主要な製鋼設備である平炉によって用いられた[24]。1950年代前半に鉄鋼業は,後述のバンカー油需要についでイギリス第2の重油消費部門を構成したのである。だが,ここで留意すべきは,こうした市場の形成は前述の如く石炭不足,特に良質炭の供給不足を背景としたのであり,価格の面でも,一般に1950年代前半においてなお重油は石炭に対してやや割高だったことである[25]。そのため,鉄鋼業界の必要を満たす石炭がやがて再び利用可能になった場合,多くの企業が重油の購入を打ち切る事態が予測されたのであり,1950年代の半ば頃においては,いまだ鉄鋼業がエッソなど石油企業に成長しつつある確実な市場を与えたとみることはできないであろう[26]。

この時代のイギリス鉄鋼企業に対するエッソの販売活動の実態,販売量および石油企業による販売量全体に占める同社のシェアについて具体的な統計を知ることはできない。ここでは1点,同社が1956年においてなお,国内の主要

378 第II部 第2次大戦終了以降1960年代末まで

表VI-6 イギリスにおける重油,軽油・ディ

(a) 1938, 1946～59年(重油,軽油・ディーゼル油)[1] (単位:1,000ロング・トン,%)

	鉄鋼業		発電用		暖房用[2]		バンカー油 需要[3]		その他[4]		合　計[5]	
		%		%		%		%		%		%
1938	n.a.		n.a.		245	8.3	1,333	45.3	1,363	46.4	2,941	100.0
1946	144	3.8	n.a.		99	2.6	1,705	45.5	1,803	48.1	3,751	100.0
1947	512	9.0	n.a.		201	3.5	1,958	34.3	3,031	53.2	5,702	100.0
1948	802	12.3	n.a.		254	3.9	1,983	30.4	3,476	53.4	6,515	100.0
1949	794	11.7	n.a.		292	4.3	2,032	29.8	3,696	54.2	6,814	100.0
1950	885	11.7	n.a.		365	4.8	2,228	29.5	3,249	54.0	7,566	100.0
1951	969	10.8	n.a.		425	4.7	2,964	33.1	4,607	51.4	8,965	100.0
1952	1,008	11.8	42	0.5	465	5.4	3,437	40.3	3,583	42.0	8,535	100.0
1953	1,221	13.3	70	0.8	472	5.2	3,619	39.5	3,769	41.2	9,151	100.0
1954	1,345	13.1	153	1.5	611	6.0	3,851	37.6	4,284	41.8	10,244	100.0
1955	1,569	13.5	176	1.5	848	7.3	4,074	35.1	4,951	42.6	11,618	100.0
1956	1,673	12.6	359	2.7	1,175	8.8	4,436	33.4	5,652	42.5	13,295	100.0
1957	1,620	12.7	642	5.0	1,298	10.2	3,476	27.3	5,712	44.8	12,748	100.0
1958	1,745	10.0	2,582	14.9	1,905	11.0	3,804	21.9	7,337	42.2	17,373	100.0
1959	2,020	9.6	4,154	19.8	2,375	11.3	4,059	19.3	8,387	40.0	20,995	100.0

(注) 1) ディーゼル油のうちディーゼルエンジン自動車用(diesel engined road vehicle fuel; derv fuel)を含
  年では39.3%, 1955年42.6%, 1959年42.1%などである。
 2) セントラル・ヒーティング用のみ。但し,1961年以降は産業企業などによるセントラル・ヒーティング
  23.7%。1960年以降について、ここでは省略したセントラル・ヒーティング用軽油の消費量は1960年79,
 3) 外国航路に従事する船舶(vessels engaged in foreign trade)用の燃料油。河川,沿岸航行用船舶の燃
  を含む。バンカー油の大部分は重油であるが,一部分軽油・ディーゼル油を含む。それゆえ,1960～71年の
  れぞれ86.0%, 86.3%, 87.2%である。
 4) 便宜上,1938年には統計が利用できない鉄鋼業,発電用の消費量,46～51年には発電用の消費量を含
  左記欄以外の個別業種・分野で相対的に消費量の多いものとしては,1938, 1946～59年の期間につい
  じ),ガス製造(1950年540, 1955年536, 1959年520千トン),冶金(1950年249, 1955年357, 1959年
  ることに注意)では,主な業種・分野として,各種機械工業(1961年1,653, 1965年2,374, 1969年2,792千
  化学原料を含まず)(1961年909, 1965年1,643, 1969年2,083千トン),食品(1961年892, 1965年1,442,
 5) 1952年以降,製油所での自家消費分を含まず。1960～71年はバンカー油に含まれる軽油・ディーゼル
(出典) 1938年, 1946～51年はGreat Britain Ministry of Fuel and Power [101], 1953, pp. 214, 221より。
   Ministry of Power [102], 1961, pp. 135, 160-61, 1961～62年は, Great Britain Ministry of Power
   195 より。1966～68年は, Great Britain Ministry of Power [102], 1968 and 1969, pp. 63, 69, 76-77 よ

な鉄鋼生産地帯の一つであり,また大規模鉄鋼企業群が所在したサウス・ウェールズ地域で鉄鋼企業向け販売を全く行っていなかった事実のみを指摘する[27]。この地域においてシェル・メックスBPは,おそらくBPがここに擁した有力製油所(ランダーシー製油所[Llandarcy refinery])からと推定されるが,大規模鉄鋼企業などへの販売をすでに開始していたのである[28]。エッソが同社と対抗しうるのは,1960年にこのサウス・ウェールズにミルファード・ヘ

第6章 イギリスにおける製品生産と販売活動　379

ーゼル油の用途別消費構成, 1938, 1946～71年
(b) 1960～71年(重油のみ)

(単位:1,000 ロング・トン, %)

	鉄鋼業	%	発電用	%	暖房用2)	%	バンカー油需要3)	%	その他4)	%	合　計5)	%
1960	2,351	10.3	5,382	23.6	2,386	10.4	5,427	23.7	7,319	32.0	22,865	100.0
1961	2,590	10.8	5,643	23.6	1,812	7.6	5,102	21.3	8,772	36.7	23,919	100.0
1962	2,808	10.8	5,930	22.7	2,223	8.5	4,733	18.2	10,368	39.8	26,062	100.0
1963	3,380	12.3	5,207	18.9	2,579	9.3	4,838	17.6	11,538	41.9	27,542	100.0
1964	3,918	13.2	5,506	18.5	2,824	9.5	4,900	16.5	12,557	42.3	29,705	100.0
1965	4,356	13.4	5,965	18.4	3,118	9.6	5,176	15.9	13,857	42.7	32,472	100.0
1966	4,199	12.5	6,882	20.5	3,263	9.7	4,490	13.4	14,751	43.9	33,585	100.0
1967	4,256	12.0	7,350	20.6	3,558	10.0	4,977	14.0	15,444	43.4	35,585	100.0
1968	4,435	12.4	6,359	17.7	3,869	10.8	5,259	14.7	15,948	44.4	35,870	100.0
1969	4,781	12.3	7,985	20.5	3,994	10.3	5,497	14.1	16,633	42.8	38,890	100.0
1970	4,999	11.5	11,717	27.0	4,113	9.5	5,429	12.5	17,146	39.5	43,404	100.0
1971	4,529	10.2	14,115	31.8	3,685	8.3	5,566	12.6	16,444	37.1	44,339	100.0

まない。軽油・ディーゼル油全体(表VI-3参照)に占めるディーゼルエンジン自動車用燃料の比率は, 例えば1950

用消費を含まず。重油と軽油の構成比は, 統計が明示された1959年のみであるが, 重油が76.3%, 軽油が残余の
1965年1,629, 1969年2,793千トンなどである。

料を含まず(これらは, その他の欄に含まれる)。1938, 1946～59年については漁船(fishing vessels)用の燃料油
統計には軽油・ディーゼル油が含まれている。統計の利用できる, 1965, 68, 71年の各年に重油の占める割合は, そ

めた。
ては, 船舶用(但し, バンカー油に含まれない—上注参照)(1950年430, 1955年701, 1959年976千トン, 以下同
370千トン), ガラス製造(1950年197, 1955年240, 1959年341千トン), などがある。1960～71年(重油のみであ
トン), レンガ・セメント・ガラス製造など(1961年1,633, 1965年2,422, 1969年2,415千トン), 化学産業(石油
1969年1,947千トン)がある。
油を含む(上注〔3〕参照)。
952～59年は Great Britain Ministry of Power〔102〕, 1959, pp. 147, 155-156 より。1960年は Great Britain
〔102〕, 1962, pp. 135, 160-161 より。1963～65年は Great Britain Ministry of Power〔102〕, 1965, pp. 167, 194-
)。1969～71年は Great Britain Department of Trade and Industry〔100〕, 1972, pp. 58, 65, 72-74 より。

ヴン製油所を設立して以降のことであった。

発電用(火力発電所)　電力産業(1948年4月国有化実施, イギリス電力庁〔British Electricity Authority〕の発足, 但し, 北アイルランドとスコットランド北部を統轄せず)の場合も鉄鋼業とほぼ同様, 実際上戦後になって新たにエッソ石油の市場を構成した。戦後イギリスでの電力消費は年々かなりの伸びをみせ, 電力庁はこれに応えるために小規模な発電所の

閉鎖を進める一方，着々と大規模施設の建設を行った。1948年から57年までの10年ほどで発電能力を2倍以上に拡大したのである[29]。その場合，同庁はやはり石炭不足のために発電所の一部では石油(重油)燃焼方式の活用を図った。1955年エッソは，石油企業としてははじめて電力庁との包括的な契約を締結し，イングランド南部の7つの火力発電所に対して最終的には年間で2000万バレル(約270万トン)にのぼる重油を10年間供給することになった[30]。もっとも，同社による重油販売とその拡大のためには，既存発電所の重油燃焼への転換，新規発電所の完成などを待たねばならなかったが，ともかく同社は翌56年に発電所への重油販売を開始したのである[31]。

1950年代半ばに電力庁が作成した石油企業からの石油(重油)購入計画によれば，エッソからの当面の買い取り予定量は，競争企業シェル・メックスBPの2倍以上であった。エッソは，しばらくは発電所に対する最大の重油供給企業の地位を与えられたのである[32]。同社が電力庁への大量販売契約をいち早く獲得し，かつこうした優位性を持ちえたのは，石油使用予定の発電所の多くが主要な炭田地帯から遠く石炭の輸送費用がかさむイギリス南部・南西部地域に集中しており[33]，エッソがこの地域において国内最大の製油所を擁し，発電所向け重油の供給能力の点で他社に比べ有利であったことによると考えられる[34]。

暖房用 石油は戦前すでに暖房用として使われていたが，エッソを含む石油企業による暖房用燃料市場への進出はなお端緒的域を出るものではなかった[35]。1950年代，特に後半以降イギリスにおいて顕著な消費増を遂げたのはセントラル・ヒーティング(Central Heating)用の重油であり，その多くは病院，学校，政府等の公共施設などで用いられた。1959年にエッソなど石油企業各社のセントラル・ヒーティング用重油の販売量(一部分軽油を含む)は，暖房用灯油(厨房用を含む)との対比では後者の1.5倍に達したのである[36]。

かように，暖房油の最大部分は重油によって占められたのであるが，ここでは，全体量は少ない方であるが，エッソが家庭用暖房灯油の販売において1950年代の後半以降特約配給業者(Authorized Distributors)方式なる販売方

法を用いたことを注目したい。エッソは，石油以外の商品も取り扱う流通・販売業者を，契約に基づき石油(灯油)については同社の製品のみを排他的に扱う特約業者として傘下に組み入れ，それぞれの活動地域を地理的に区分した上で消費者への販売を委ねたのである[37]。

この方式は，家庭用暖房灯油のみならず，農村でのトラクター用灯油などの販売にも用いられており，エッソは灯油の販売に特約店方式を導入することで，ガソリン販売においてすでにみたように，油槽所などから個々の販売業者への供給量の拡大を可能にし，ここでも流通費用の削減，流通の効率化を図ったのであった[38]。1957年以降61年までに，同社は全国で100余の特約配給業者を抱えたのであり，かかる販売方式は，その後も長くイギリス市場における活動の一つの特徴をなしたのである[39]。なお，こうした方式での暖房油等の販売活動はエッソに限定されるものではなく，シェル・メックスBPもまた採用したのであり，むしろガソリン販売における特約店の導入の場合とは逆に後者がエッソに先行したと考えられる。特約配給業者数では1959年初頭にシェル・メックスBPは150を擁しエッソをかなり凌いだのである[40]。

バンカー油需要 外国航路に従事した船舶の燃料油(バンカー油)需要の重油，軽油・ディーゼル油の消費量全体に占める比率は，表Ⅵ-6にみられるように，年によって増減はあるが，基本的には低下したといえる。だが，1950年代末近くにおいてなお他のいかなる部門よりも大きな市場を石油企業に提供したのであった[41]。1957年についてであるが，エッソによるバンカー重油の販売量は702万バレル(約100万トン)であり，それは同社の全重油販売量(1936万バレル，約280万トン)の36.3%を占めた[42]。エッソによるバンカー油販売の具体的な対象企業(海運企業，その他)，価格など販売実態のほとんどは不明であるが，1955年の上半期(1～6月)に同社は，イギリス全体のバンカー重油市場(販売量，176万トン)において37.5%のシェアを得た[43]。これは，すぐ次に記す重油販売全体における比率に比べかなり高く，この分野でエッソが他の多くの重油消費部門に比べ強い競争力を発揮したことが窺えるのである。なお，シェル・メックスBPのシェアは61.1%であった[44]。両社で98.6%をおさえ他社を完全に圧倒した。

重油市場および製品市場全体における地位　戦後最も急速な市場の拡大をみた重油について，イギリス全体での販売量(バンカー油を含む)に占めるエッソのシェアを，資料が利用できる1955年の上半期(1〜6月，石油企業全体の販売量は453万トン)についてみると24.6%であり，最大はシェル・メックスBPの68.9%であった。この2社で93.5%を占める[45]。後者のシェル・メックスBPとはかなり大きな懸隔があるとはいえ，エッソは市場のほぼ1/4をおさえ，同社に続く他の企業に対する明瞭な優位を保持した。これを可能にした要因の一つが，すでに記した石油製品の大量かつ効率的な流通体制の形成であったことはいうまでもないであろう。また，1950年代初頭以降エッソがフォーリー製油所の精製能力を断続的ではあるが一貫して増強し(前掲表VI-2参照)，市場の拡大に対応しうる量の重油を確保したことも合わせて確認してよいであろう。

次に，やはり1955年上半期についての統計であるが，イギリスでの全石油製品販売量(1253万トン，バンカー油を含む)に占めるエッソのシェアは25.9%であった。最大はむろんシェル・メックスBPであり(58.5%)，以下3位にリージェント(5.9%)，4位モービル(2.3%)などが続く[46]。イギリス市場においてエッソ石油はほぼ戦前の地位を維持したと考えることができる[47]。また，同社とシェル・メックスBPが84.4%を確保したことは，急成長と構造変化を特徴とする戦後市場においても両社が引き続き支配的企業群として存在したことを示す。

なお付言すると，上記の全石油製品販売量に占めるシェル・メックスBPの比率は，前記の重油市場でのそれを10%強下回ったのであるが，エッソの場合は逆にわずかではあるが上回った。その理由は，販売量の点で重油につぐガソリン市場において，シェル・メックスBPが重油市場でみせた如き強力な支配力を持ちえなかったのに対し，エッソが逆にガソリン市場でむしろ相対的に強みを発揮したことによると考えられる[48]。

〔II〕　1960年代

はじめに，1960年代におけるイギリスでの石油製品の消費動向をみると，

ガソリンの消費量はむろん年々増加したが，石油製品の全体(バンカー油を含まず)に占める比率は60年代前半に20％を割った(前掲表VI-3)。戦後におけるガソリン比率の低下傾向はこの時代の末まで続くのである[49]。重油の場合，バンカー油需要，発電用，鉄鋼業，暖房用がやはり上位に位置した(前掲表VI-6)。但し，バンカー油の消費量はほぼ一貫して比率を下げた。1960年代の初頭までにイギリスでの重油消費は，船舶用燃料を重油の使用途としては最大とする戦前来の構成から転換したのである(火力発電所向けが首位に転ずる)。

1960年代におけるエッソ石油の製品販売量は年々拡大した[50]。しかし，その具体的な活動の実態には不明の部分が多く，以下では，ガソリン市場での活動，および火力発電所への重油販売のみを考察する。

(1) 新規競争企業群の登場とその背景要因

1960年代にエッソ石油は，シェル・メックスBPなど既存の大企業との対抗に加え，新たにイギリス市場に登場，あるいは本格的進出を果たしたアメリカ系，大陸ヨーロッパ系企業などとの競争に直面する。ここでは，新規企業(企業名については前掲表VI-2，後掲表VI-7，およびそれぞれの注記を参照)のイギリス市場への参入を促進せしめた要因として，石油市場の量的拡大(1960～69年に消費量は2倍強の伸長，前掲表VI-1，表VI-3参照)に加えて，以下の2点を挙げておきたい。

第1に，1950年代末以降，これら新規企業による対イギリス市場向け石油(原油と製品)の入手機会，獲得基盤が拡大・強化されたことである。1961年にはじめて生産が開始された北アフリカのリビアは，こうした獲得基盤等の強化を可能にした最も重要な原油生産拠点の一つであった。同国は第4章でみたように，生産量で1960年代の末期(1969年)にはクウェートを凌ぎ，サウジ・アラビアに近接したのである[51]。第2に，1960年代初頭のイギリス石油製品市場が，他の西ヨーロッパ諸国に比べ石油企業の販売活動に最も高い収益性を与える市場の一つとして知られたことである。高収益製品の一つたるガソリンの消費規模，石油製品の消費構成に占めるガソリン比率などにおいてイギリスは他の多くの国を上回り，またガソリン以外の製品の価格も全般的に高位水準だったのである[52]。

(2) ガソリン販売

　1960年代のガソリン市場におけるエッソの基本戦略は，自社所有の小売店網の増強と価格の引き下げ，の2点にほぼ集約しうる。

　1960年代初頭，エッソ石油などに対抗してイギリス市場への進出を試みた新規企業群は，中小の販売企業あるいは給油所の買収を主要な手段の一つとして参入上の障壁を突破した[53]。この時点ですでにイギリスに所在するガソリンの小売店舗全体の約90%は特定企業の排他的な系列下におかれており[54]，新たに市場進出を目指す企業は，さしあたりこうした方法によって自社のガソリンの販路（給油所等）を確保したのである。

　これら新規企業の進出は，ガソリン小売店舗の確保を目指す石油企業間の競争をより一層精鋭化させた。エッソはこれに先立つ1950年代の半ば以降，販路を確実に保持する必要からすでに給油所の買収などに着手していたが，かかる事態に直面して自社所有の給油所（但し，経営はほとんどがテナント〔tenant，社外の企業，個人業者など〕による）をより一層増加させることで対応した[55]。1955年の初頭に71店であった同社所有の給油所は，61年末に901，70年末には1834へと増大したのである[56]。エッソは，これらによって特約店を主体とする小売販売網を補強し，市場支配力の維持を図った。

　ここで，こうした社有店舗数の拡大との関連で注目すべきは，1970年末のエッソ所有の給油所が，その数においては同社がガソリンを供給した小売店全体（8106店，自社所有・特約店以外を含む）の23%ほどであったのに対し，販売量では後者の小売店全体によるそれ（8億7237万ガロン）のほぼ4割（39.6%）に達したことである[57]。また，1960年代の半ば以降エッソがガソリン卸先の小売店の数をかなり削減したことも落とせない事実である。1964年末に同社は1万950店（社有と特約店がその95.3%）にガソリンを卸していたから（前掲表VI-4も参照），70年末までに総店舗数は1/4以上減少したことになる[58]。むろんその一部には，他の石油企業によって買収され，エッソとの契約関係が切れたものを含むであろう。だが，おそらく多くは，販売量が少ないことなどを理由に同社が特約関係の解消，ガソリンの供給を打ち切った給油所などであろうと思われる。エッソは，社有給油所網の拡充を踏まえて，この時代の後半には

系列店舗全体の量的拡大ではなく, 1 店あたりの販売量の増加に重点をおいたと考えられるのである[59]。

次に, イギリスでは戦後 1950 年代の末頃まで, 価格引き下げ競争がガソリン市場での主要な競争形態になったことは稀であり, 60 年代でも最初の数年間は, 小売・卸売のいずれにおいても価格面での競争が前面に出ることは少なかった。新規企業もその多くは, いわゆるプライス・リーダー(price leader)として存在したシェル・メックス BP とエッソ石油の設定価格に追随したのである[60]。だが, すでに顕在化していた国際的な石油価格(特に原油)の低落を背景として, 1964, 65 年頃になるとこれら企業は, 特約店に対するリベートの増額などによって傘下小売店による市場での低価格攻勢を支援し, これによって自社ガソリンの販売拡大を追求しはじめた[61]。

エッソは当初, 給油施設・顧客サービスの改善を系列店に督励することでこれに対応した[62]。だが, やがてガソリン販売量とシェアの拡大のために時宜をみて自ら積極的に価格(卸売価格)の引き下げに踏み出したのである[63]。他社との価格戦は激しく, 1960 年代末期にエッソのガソリン価格(卸売)はプレミアム等級でさえ軽油価格(同)を下回ったのであった[64]。むろん, イギリス市場全体でもガソリン価格は傾向的に低下した。1960 年代末の小売価格(税抜き)は 10 年ほど前とは一変し, ヨーロッパの主要国中最低の部類にまで下落したと推定されるのである[65]。その結果, 次節で検討するようにエッソの利益獲得は深刻な事態をみる。こうした価格引き下げに伴う事業の収益性の低下も, 上述した特約店整理の一つの要因(ディーラー維持費の削減などを図る)と思われる。

表VI-7 はガソリン小売市場に対する石油企業各社の販売(卸売)シェアを示す[66]。エッソはこの時代, 特に半ば近くから少なからぬシェアの減退をみたと考えられるが, 1970 年になお市場全体の 1/4 弱を確保した。最大企業シェル・メックス BP は, エッソに比べ 1960 年代初頭から漸減傾向がやや大きく, この間(1960〜70 年)に 10%近い低落を余儀なくされた。同社は, 1969 年にイギリスで販売された全石油製品の 40%をかなり超える供給を行ったと推定され, おそらく 1950 年代同様, 重油などの販売においてより大なるシェアを得

表VI-7 ガソリン[1]小売市場に対する各社の供給シェア, 1960～64, 1970年[2]

(単位：100ガロン, %)

	エッソ	シェル・メックスBP	小計	リージェント	モービル	コノコ[3]	トタル[4]	その他[5]	合計	
	%	%	%	%	%	%	%	%		%
1960	29.8	49.4	79.2	12.5	4.2	—	n.a.	4.1	1,887	100.0
1961	29.6	48.2	77.8	12.0	4.4	2.4	n.a.	3.4	2,041	100.0
1962	29.2	47.2	76.4	11.5	4.7	3.1	n.a.	4.3	2,184	100.0
1963	29.2	46.2	75.4	11.4	5.6	3.2	n.a.	4.4	2,341	100.0
1964	27.4	45.0	72.4	11.1	5.9	3.5	n.a.	7.1	2,624	100.0
1970	23.4	39.6	63.0	8.0	7.1	3.8	3.1	15.0	3,726	100.0

(注) 1) 自動車用ガソリン。
2) 1966年8月初頭～67年7月末までの1年間(総供給量3173百万ガロン)について，各社のシェア(%)は以下の通り。
　エッソ(25.7)，シェル・メックスBP(42.7)，リージェント(9.7)，モービル(6.4)，コノコ(3.6)，トタル(1.8)，その他(10.1)。以上の統計は，PRO〔2〕, Memorandum, POWE 63/149/15/1によっており，本表の統計とは必ずしも連続しない。
3) Continental Oil Company. コノコ(Conoco)として知られる。1961～64年の数値は子会社ジェット石油(Jet Petroleum Ltd.)のシェアを指す。本節注(53)を参照。
4) Total Oil Products (Great Britain) Ltd. フランス石油(Compagnie Française des Pétroles, S.A.)の子会社。1960年にガソリン小売店への販売を開始。
5) 便宜上，1960～64年にはトタルのシェアを含めた。
(出典) 1960～64年については，Great Britain Monopolies Commission〔83〕, pp. 3, 22-23より。1970年は，Great Britain Monopolies and Mergers Commission〔85〕, pp. 4-5より。

たと思われる[67]。しかし，ガソリン市場ではこの時代も販売力の強化にみるべき成果を生み出しえなかったと考えられるのである[68]。

(3) 火力発電所向け重油の販売

1960年代において電力庁所轄の火力発電所で用いられる燃料の大半は引き続き石炭によって占められた。例えば1968年4月から69年3月までの1年間，石炭の消費量が6890万トンであったのに対し，石油は540万トン(石炭換算で920万トン)に留まったのである[69]。鉄鋼業を含め他の諸産業等において，消費量の面でしだいに石炭との較差を埋めていた石油は，発電所向け販売でなおこれほどの懸隔を余儀なくされたのであった。かかる石炭の優位は，主として，採炭の機械化に伴って大量に産出される低価格・低品質の粉炭が発電所で利用可能であったこと，石炭の山元近くに設立された発電所では輸送費用の節約などにより重油を用いるより有利であったこと，などによると考えられる[70]。

だが，電力庁が，各分野で市場を失いはじめた石炭産業の苦境を考慮し，1957年頃から火力発電所での石油使用計画の縮小を図ったことが落とせない[71]。エッソ石油は，既述のように1956年に重油供給を開始したばかりであったが，同社が供給予定としていた発電所も一部は重油への転換が延期されたのである[72]。1960年代におけるエッソの販売活動は，先立つ50年代末頃からすでに一定の制約を被っていたのであった[73]。

とはいえ，こうした状況の下でもエッソは火力発電所に対する積極的な販売活動を試みた。前述した発電所に対する重油パイプラインの敷設はその一例である。電力庁の『年次統計報告書』(Statistical Yearbook)，その他の資料によると，1964年についてであるが，電力庁の発電所総数233のうち重油を使用するものは14(3月末時点)であったが，うちエッソとシェル・メックスBPがそれぞれ唯一の石油企業として重油供給を行ったと判断しうるものがエッソ7，シェル・メックスBP 5，不明が2であった。エッソが供給対象とした7つの発電所による発電量の合計(但し，1963年4月から64年3月まで)は97億5100万キロワット時(kWh)であり，シェル・メックスBPのそれ(55億9100万キロワット時)を大きく凌いだ。また，これら両社が重油を供給したと考えられる発電所(12カ所)の発電総量は，重油を用いた発電所(14カ所)の全体(157億2500万キロワット時)の97.6％に達したのである。もっとも，これらの発電所の多くは石炭との併燃であり発電量のすべてが重油を燃料として得られたわけではない。またエッソとシェル・メックスBPの両社が発電所向け重油販売量において他の石油企業を圧倒したことは確かとしても，エッソのシェル・メックスBPに対する優位がここに示された数値通りであるかどうかは確言できない[74]。ともあれ，これらの事実から，エッソが少なくとも1960年代半ば頃まで依然として発電所に対する主要な重油販売企業の1社だったことは疑いないであろう。

1960年代後半期におけるエッソの活動については不明である。ここでは1970年代初頭に火力発電所での重油消費が急増したことを付記する(前掲表VI-6も参照)。石炭産業は1960年代の末頃から，増大する発電所での燃料需要に応える生産を行うことがしだいに困難となり，価格の面でも少なからぬ値上げを

余儀なくされて，重油に対するこれまでの優位を失いはじめた[75]。エッソをはじめとする石油企業に新たな販路拡大の好機が訪れたのである[76]。

1) 1950年にイギリスでのガソリン消費量全体に占める自動車用ガソリンの比率は91%，59年では84%であった。他は航空機用などである(Great Britain Ministry of Power [102], 1959, p. 154)。
2) イギリスにおける戦時の統制制度，およびその下でのジャージーの活動については，第3章第5節を参照せよ。なお，ガソリンの消費制限は取り除かれたが，価格と製品のブランドに対する統制は1953年まで解除されなかった。後者についていうと，各社がガソリンに自社ブランドをつけて販売できるのは1953年2月からであり，それまでは戦時期と同様に，各社のガソリンはすべて「プール・ペトラル」(Pool petrol)と呼ばれた。そのため，自社ブランドに基づく販売戦略の発動(宣伝，その他)は，1950年5月の消費制限の解除以降もなお制約されたのである(以上について詳細は，Great Britain Monopolies Commission [83], pp. 18-20; Howarth [141], p. 230; Bamberg [133], pp. 229-231 を参照せよ)。
3) 以上は，Great Britain Monopolies Commission [83], pp. 20, 115; Esso UK [9], 1950, p. 3; Jersey [24], 1951, p. 42; Jersey [26], September 1950, pp. 5-6 による。ガソリンは産出量の点で主要な品目であったことに留まらず，その生産には，流動接触分解プラントなどの固有の施設が必要であった。それらの稼働率を維持して投資を回収するためにも販路を確実に用意することが求められたのであった。なお，製油所での産出量のみから判断すれば，おそらく重油はガソリンと並ぶ比重を有したと考えられる。だが，後に述べるように，1950年代初頭時点では，重油は市場の将来性がなお不確定であったこと，販売先の多くが価格などの点で交渉力が強く，容易に購入先(石油企業)を変更しうる大口顧客であったこと，などからして製品販路をできるだけ確実かつ固定的に用意する点では難があったと思われる。
4) Great Britain Monopolies Commission [83], pp. 29, 31-34; Esso UK [9], 1950, p. 3.
5) Jersey [24], 1952, p. 42.
6) 戦後イギリスに所在したガソリンの小売店(給油所)は，大きく3つの種類に区分される。一つは，最も多くのガソリンを販売した給油ステーション(filling station)で，ガソリン，オイルなどの販売以外に自動車の修理・整備などをごくわずか行う。ついでサービス・ステーション(service station)で給油ステーションに比べ修理・整備等の機能が充実している。第3に修理所(garage)であり，完全な修理・整備機能を持つ。戦後のガソリン販売に占める修理所の位置はこれら3つの中で最低になったが，戦前はかなりウエートが高かったようである(Great Britain Monopolies Commission [83], p. 8 による)。
7) U.S. Senate [67], pp. 313-314, 邦訳, 348頁; SMBP [40], 1954, pp. 33-34.

第6章　イギリスにおける製品生産と販売活動　389

8) こうした相違を生み出した要因についての検討は，他日の課題としたい。なお1950年頃までイギリスと同様に，排他的な特約店制度が導入されなかった国は，南アフリカ，オーストラリア，ニュージーランド，アイルランドといわれている(以上については，PRO〔2〕, Letter to the Accountant General from C. M. Vignoles, 26th February, 1952 : POWE 33/1555 ; Great Britain Monopolies Commission〔83〕, p. 20 を参照)。

9) シェル・メックス BP による特約店方式の導入は1951年1月に開始され，1年ほどで同社が小売業者に供給する製品全量(ガソリン以外に自動車用オイルなどを含むと考えられる)の88%が特約店に向かった(PRO〔2〕, Letter to the Accountant General from C. M. Vignoles, 26th February, 1952 : POWE 33/1555 ; PRO〔2〕, Letter to the Accountant of General from C. T. Brunner, 13th October, 1952 : POWE 33/1554 ; SMBP〔40〕, 1954, p. 35 ; Great Britain Monopolies Commission〔83〕, p. 31 による)。なお，1957年にシェル・メックス BP は，ナショナル・ベンゾール (National Benzole Company Ltd., 戦前来 BP と取引関係を持ち，BP からベンゾール〔ベンゼン〕を購入した)なる企業を完全所有子会社として傘下に組み込んだ。本書は後者をシェル・メックス BP に含めて扱う(以上については，SMBP〔40〕, 1954, pp. 7-9 ; Great Britain Monopolies Commission〔83〕, pp. 15, 17 ; U.S. Senate〔67〕, p. 312，邦訳，346-347頁 ; IPR〔104〕, March 1969, pp. 91-92 による)。

10) Mobil UK〔37〕，頁なし。

11) Great Britain Monopolies Commission〔83〕, p. 7 ; SMBP〔40〕, 1954, pp. 9, 11, 44.

12) SMBP〔40〕, 1954, pp. 33-35 ; Great Britain Monopolies Commission〔83〕, p. 21.

13) Great Britain Monopolies Commission〔83〕, pp. 30-31, 33 ; Esso UK〔9〕, 1949, p. 2.

14) Fortune〔98〕, October 1957, p. 141.

15) 1929年の全国の小売店数は2万8000で，ポンプはその2倍の数が存在した。1938年に店舗数は3万5000以上，ポンプは10万であった。イギリスのガソリン消費量は，1920年代(但し，資料の利用できる1922年から29年まで)に104万トンから297万トンへ約2.9倍の増加をみせ，30年代(1930～39年)のそれは，1.4倍(332万から458万トンへ)であった(Esso UK〔14〕, p. 6 ; Great Britain Monopolies Commission〔83〕, p. 14 ; Jenkins〔106〕, 1977, p. 112)。

16) Great Britain Monopolies Commission〔83〕, pp. 30, 40, 54-55.

17) このうち一部はリベートの前払い(advance of rebate)の形式で与えられたようである(Great Britain Monopolies Commission〔83〕, pp. 40, 43)。

18) Great Britain Monopolies Commission〔83〕, p. 55.

19) Great Britain Monopolies Commission〔83〕, p. 22.

20) なお，ここで小売業者に対するエッソの価格政策について触れると，同社は，小売

業者に対し同社が指定した小売価格を守らせること，すなわち再販売価格を維持させることを戦前来の一貫した政策とした。この点は他の大企業についてもほぼ同様といえる。戦前エッソおよびシェル・メックスBPなどは既述の如く個々の小売業者を直接支配ないし系列化することは稀であり，また給油所等の具体的な経営内容に立ち入った影響力の行使，介入を行うことはほとんどなかったと考えられる。だが，再販売価格を守らせることだけは厳格に求めたのであった(Great Britain Monopolies Commission [83], p. 10; U.S. Senate [67], pp. 313-316, 邦訳, 348-351頁)。

21) Great Britain Monopolies Commission [83], p. 35.

22) なお，以上の系列小売店網の形成を中心とした販売・流通体制の刷新とそれに基づく販売活動の強化に加え，エッソによるガソリン販売の拡大を促進した一因としてのガソリンの品質改善および製品政策についてここで付記する。自動車エンジンの性能の向上を背景に，高オクタン価ガソリンの生産と販売は同社を含む各大企業の重点課題の一つをなした。イギリスでは，1953年から58年にレギュラー・ガソリン(イギリスではスタンダード〔standard〕と呼ばれる)およびプレミアム・ガソリンのオクタン価は顕著な増加をみせ，この間，それぞれ70(ないし72)から82へ，および80から91(ないし95)へ引き上げられたと推定される(数値はリサーチ法〔research method〕によると考えられる)。エッソは1953年に完成したフォーリー製油所に，1日平均4万1000バレルの能力を持つ流動接触分解装置(fluid catalytic cracking unit, 第3章第2節参照)を設置するなど，これに応える十分な体制を保持していた(原油の蒸留プラントの能力は既述のように1日平均12万6000バレル)。さらに同社は，1950年代半ばにいま一つの等級のガソリンを売り出した。等級の異なる3種類のガソリンを市場に提供するという，イギリスの石油大企業が後に共通して採用する政策を他に先行して導入したことが注目されるのである(以上については，Great Britain Monopolies Commission [83], pp. 3-5; OGJ [116], August 23, 1951, p. 104, February 2, 1953, p. 52; Mobil UK [36], 1957, p. 12; Hepple [187], p. 165 による)。

23) なお，表VI-6の「その他」に属する諸産業等が1950年末においてなお全体の40%以上を占める(同表の注〔4〕も参照)。上記の4つの部門に向けた販売でエッソ石油の活動とその特徴の全体がつかめるわけでない。本文に記載した4つの分野に関する分析の掘り下げと合わせて，「その他」に属する諸産業などへの販売活動については他日の検討課題としたい。

24) 1953年のエッソなど石油企業による重油販売量の3/4は平炉用であった。戦前，鉄鋼業で全く石油が使われなかったわけではない。1935年についてであるが，鋳造，圧延，その他の工程で合計3579万ガロン(14〜15万トン，軽油を含む)が用いられた(PT [121], September 3, 1954, p. 901; Political and Economic Planning [256], pp. 253, 357)。

25) 1954年頃，石油(主に重油)の価格はトンあたりで石炭のほぼ2倍であった(PT [121], September 3, 1954, p. 901)。但し，これまでも一部指摘したところであるが，ごく大まかにいって，熱量(カロリー)の点で石油1トンは石炭1.3〜2トンに相当する

第 6 章　イギリスにおける製品生産と販売活動　391

といわれており，この時点で石油(重油)が石炭に対し割高だったとしても，その較差はさほど大きくはなかったと考えられる。
26) 例えば，イギリス最大の鉄鋼企業の 1 社ドーマン・ロング社(Dorman, Long and Company)は，同社の新工場(Lackenby steel works, 1 週に鋼塊 1 万トンの生産能力)のために石油企業(社名は不明)との契約で 900〜1000 トン(1 週あたり)の重油を購入することにしたが，何時でも石炭に切り替えられるように重油と石炭(および副産物のタール)との併燃設備を用いた(PT 〔121〕, January 21, 1955, p. 71)。
27) PRO〔2〕, Letter from Board of Trade to Ministry of Housing & Local Government, 16th April, 1956: POWE 33/2472/18 による。
　鋼塊生産量の地域別構成では 1957 年にサウス・ウェールズ(モンマスシャー州〔Monmouthshire〕を含む)は，全国比 24%(502 万トン)で最大であり，第 2 位は北東海岸地域(North-East Coast)の 20%(426 万トン)，などであった(Burn〔166〕, p. 552)。
28) イギリス最大の鉄鋼企業の 1 社であるウェールズ鉄鋼会社(The Steel Company of Wales Ltd.)などを含むと考えられる(SMBP〔40〕, 1954, p. 11；Burn〔166〕, pp. 241, 340, 381, 563；布目〔245〕, 325, 328 頁による)。
29) 1955 年 4 月，スコットランド南部における発電所，送電施設などはイギリス電力庁の管轄から分離されたので，以後電力庁は中央電力庁(Central Electricity Authority)と名称を変え，イングランドとウェールズにおける電力事業の統轄機関となる。ついで 1958 年 1 月に中央電力庁は電力評議会(Electricity Council)と中央発電局(Central Electricity Generating Board)へ組織替えする(但し，統轄対象はイングランドとウェールズで変わらず)。しかし，本書では煩雑を避けるために一貫して電力庁という表現を用いる。
　1948 年 4 月初頭から 57 年 12 月末までに電力庁(但しイングランドとウェールズのみ)の傘下にある発電所の能力は，1036 万キロワットから 2224 万キロワットへ拡大した。他方，発電所の総数はこの間に 291 から 262 へ削減された。15 万キロワット以上の能力を持つ発電所の数は 21 から 64 へ増大し，全体として大規模化が進んだ。
　以上については，CEGB〔94〕, SY 1964, pp. 2-3；CEA〔78〕, for 1st April-31st December 1957, p. 5 による。
30) エッソの重油販売価格の具体的数値は不明であるが，発電費用が同等熱量の石炭を用いた場合より高くならないように設定された(以上は，Jersey〔24〕, 1955, p. 45；BEA〔77〕, p. 11 による)。
31) Esso UK〔11〕, 頁なし。
32) 1956 年に作成された計画によれば，1956/57 年(1956 年 4 月から 57 年 3 月まで，以下同じ)のエッソからの買い取り量は 34 万 8000 トン，シェル・メックス BP からは 15 万トン，1957/58 年では，それぞれ 181 万 8000 トンと 52 万 4000 トン，58/59 年は 262 万 3000 トンと 135 万 3000 トン，などである。但し，1965 年頃までに両社の較差はほぼ解消することになっている。この時点でこれら 2 社以外からの石油の買い取り予定はない(PRO〔2〕, Power Station Oil Contracts,〔日付不明〕: POWE 33/1929；BEA

〔77〕, p. 11 による)。なお, 両社からの実際の買い取り量については, 後注(45)を参照せよ。

33) BEA〔77〕, p. 11 による。1960 年代初頭頃であるが, テムズ川河口付近やイギリス南部など, すでに石油企業の製油所が存在する地域あるいはこれに近接した地点での石炭による発電費用は, 石油を用いた場合に比べ 30% 以上割高だったといわれている (PPS〔119〕, March 1961, p. 112, 日本語版, 112 頁; CEGB〔79〕, RA, 1st January 1958-31st March 1959, p. 49)。

34) もっとも, エッソのフォーリー製油所は単一製油所としては確かに国内最大規模を有していたが, イギリス南部・南西部地域にはシェル・メックス BP へ製品を供給しうる製油所として, RD＝シェルと BP の複数の製油所があり, それらの精製能力の合計は 1955 年末時点でフォーリーの約 1.5 倍である (Great Britain Ministry of Power〔102〕, 1959, p. 157)。精製能力の比較だけからすれば, エッソが優位に立つとはいえない。しかし, フォーチュン誌 (Fortune) によれば, この当時, 電力庁が求める規模の重油を継続して供給しうるに足る能力を持った企業はエッソだけだったようである (Fortune〔98〕, October 1957, p. 141)。

35) 1938 年に暖房用炭 (主に一般家庭用) として分類された石炭の消費量は 4420 万トンであり (Political and Economic Planning〔256〕, p. 219), 同年の暖房用石油 (灯油, 軽油, 重油) のそれは約 80 万トン程度と推定される (Great Britain Ministry of Power〔102〕, 1959, pp. 155-156)。

36) 1958 年初頭では全国 1500 万の一般家庭のうちセントラル・ヒーティングを用いたのは 3 万未満であった (以上については, Great Britain Ministry of Power〔102〕, 1959, pp. 155-156; Esso UK〔12〕, January 1958, p. 4 による)。

37) エッソの特約配給業者は, 自己の製品貯蔵施設, 配送手段などを持った相対的に規模の大きい小売業者だったと考えられるが, 詳細は不明である。かなり後の 1970 年代末頃であるが, エッソと特約業者との契約期間は 10 年間 (5 年で打ち切ることも可能) で, エッソが手数料を払って販売を委託したようである (以上は, Esso UK〔10〕, Spring 1988, p. 38; Great Britain Price Commission〔86〕, p. 21 による)。

38) Esso UK〔10〕, Spring 1988, p. 38. 特約配給業者方式は, 家庭用暖房灯油などの販売のみならず, 大口顧客に属さない中小の企業に対する灯油, 軽油の販売にも用いられた (Great Britain Price Commission〔86〕, pp. 19-21)。エッソは, 一般消費者や小口の顧客への販売を担った小売業者, 場合によっては卸売業者については, これを特約店化することで流通費用の削減を追求したと考えられるのである。

39) Esso UK〔10〕, Spring 1988, p. 38; Great Britain Price Commission〔86〕, p. 20; Esso UK〔13〕, Distribution, December 1989.

40) PPS〔119〕, January 1959, p. 25.

41) 第 2 次大戦前, バンカー油の価格は全般的に石炭に比べ割高だったと考えられる。だが, すでに述べたように, 重量あたりのカロリーが大きい, 貯蔵スペースが節約できる, 灰が出ない, 等々の特性・優位性が, 船舶用燃料としては価格に劣らず重要だった

のである。1920年代末時点，イギリスでは海軍はすべて，商船は1/4以上が石油を燃料とした(Brunner [164], p. 166)。

42) PRO [2], The attached papers to the Letter from Ministry of Power to Treasury Chambers, 18th September, 1958: POWE 33/2179.

43) PRO [2], Percentages of Total U.K. Sales by Individual Companies, 12th October, 1955: POWE 33/2193.

44) PRO [2], Percentages of Total U.K. Sales by Individual Companies, 12th October, 1955: POWE 33/2193.

45) イギリス全体で石油企業が販売した重油(453万トン)のうち，国内向け(inland)として分類されたのは61%，バンカー用が39%であった(PRO [2], Percentages of Total U.K. Sales by Individual Companies, 12th October, 1955: POWE 33/2193)。

後の1958年(1～12月と推定される)についてであるが，エッソとシェル・メックスBPによる重油の販売量とその販売先は以下の通り。エッソ(発電所向け150万トン，他の国内重油販売175万トン，輸出とバンカー用が175万トン，合計500万トン)，シェル・メックスBP(順に，100万，525万，450万，合計1075万トン)，である(PRO [2], Memorandum for Mr. Jarratt, 11th August, 1959: POWE 14/1188/3)。みられるように，エッソの場合，シェル・メックスBPに比べ発電所向け販売のウエートが相当高いことが分かる。だが，両社の発電所向け販売量については，一つに，前注(32)に記した1956年における電力庁の計画とはかなり異なるように思われること，いま一つは，エッソとシェル・メックスBPの発電所向け販売における較差が計画に比べかなり縮小していること，これらが注目される。前者については，後述するように，発電所における重油消費について，1957年頃から早くも見直しが始まったことが考慮される必要があろう(後者についての理由は不明)。

46) PRO [2], Percentages of Total U.K. Sales by Individual Companies, 12th October, 1955: POWE 33/2193.

47) 1938年にイギリスの石油製品市場全体でのエッソ石油(アングロ・アメリカン石油)の市場占有率は，第2章第5節[III]で記したように27%であった。但し，この統計(1938年)と本文の1955年上半期の統計は出典が異なり，作成の基準が同一ではないと考えられるので，厳密な比較を行うことは困難である。

48) ここで利用している資料によると，1955年の上半期に石油企業全体によるガソリン市場での販売量(297万トン，但し航空機用，工業用を含まず)に，シェル・メックスBPは50.1%のシェアを得たに留まったが，エッソ石油は27.6%を得た(他にリージェント12.9%，モービル3.0%など)。なお，本節前注(9)で記したが，シェル・メックスBPのシェアにはナショナル・ベンゾール社のシェアを含めた。以上については，PRO [2], Percentages of Total U.K. Sales by Individual Companies, 12th October, 1955: POWE 33/2193による。

49) 石油製品の消費量全体(バンカー油を含まず)に占めるガソリンの比率は，1970年が

最低で以後はほぼ年々向上する(Jenkins〔106〕, 1977, p. 112；日本エネルギー経済研究所〔242〕, 49頁)。
50) Esso UK〔9〕, 1960～69年各号の冒頭の記述から。
51) 後述する新規参入企業コンチネンタル石油(Continental Oil Company, アメリカ企業)が所有権の1/3を保持したオアシス石油(The Oasis Oil Company of Libya, Inc., 他のアメリカ企業2社, マラソン石油〔Marathon Oil Company〕, アメラダ石油〔Amerada Petroleum Corporation〕とコンチネンタルの3社で均等所有, 1962年末ヨーロッパ向け輸出開始, なおアメラダが保有する権利の半分は60年代末までにRD゠シェルが獲得した)は, 1965年に, 原油生産量(総生産と思われる)で首位のジャージー(1日あたり56万7139バレル, 同年リビア全体比で46.5%)についでリビア第2位(同50万5773バレル, 同41.4%)の企業であり, 69年には首位(同78万9700バレル, 同25.4%)に立った(U.S. Senate〔74〕, pp. 97-100, 邦訳, 147-151頁；U.S. Senate〔73〕, pt. 4, pp. 160-162；PIW〔118〕, September 28, 1970, p. 1)。イギリスの原油輸入量全体に占めるリビアの比率は, 1961年の0.7%(34万トン, 初年度)から65年に17%(1116万トン, クウェートの1418万トンについで第2位), 69年の23%(2110万トン, やはりクウェートの2370万トンについで第2位)へ増大した(Great Britain Department of Trade and Industry〔100〕, 1972, pp. 170-171)。
52) 1960～61年頃, イギリスのガソリン市場の規模は, 非社会主義圏においてはアメリカについで第2位であり, 石油企業による販売額全体は年間で4億3500万ポンドであった(NACP〔1〕, Foreign Service Despatch, No. 777, November 17, 1961：841. 2553/11-1761：RG59)。1964年についてであるが, イギリスでのガソリン消費量は1103万トン(前掲表Ⅵ-3)であるが, 石油の消費量全体で同年イギリスを凌いだドイツ(旧西ドイツ)のそれは約950万トン, フランスに若干劣って西ヨーロッパ第4位の石油消費国であったイタリアの場合は520万トンほどであった(フランスは不明)。また, 同年すでに石油全体の消費量ではイギリスの1.1倍に達した日本のそれは約700万トンである(IPI〔197〕, Vol. Ⅰ, pp. 75-76, 135；石油連盟〔262〕, 374, 391頁。なお, ここでのトンは既述のようにすべてロング・トン。イギリス以外はロング・トンへ換算して記載)。なお, 1960年代初頭時の製品価格全般については, PT〔121〕, February 24, 1961, pp. 156-157, November 2, 1962, p. 664；有沢〔158〕, 124-129頁を参照せよ。
53) その代表例は, アメリカ企業のコンチネンタル石油(コノコ〔Conoco〕と呼ばれる)である。同社はイングランド北東部に拠点を持つジェット石油(Jet Petroleum Ltd.)なる企業を1961年6月に買収し, これによってジェット社がガソリンを卸した約400の小売店(うち特約店が250)を自己の傘下に組み込んだ(Great Britain Monopolies Commission〔83〕, pp. 22, 96；Petroleum〔117〕, July 1961, p. 250；PT〔121〕, April 20, 1962, p. 253；Continental Oil Company〔135〕, pp. 185, 187による)。
54) NACP〔1〕, Foreign Service Despatch, No. 777, November 17, 1961, 841. 2553/11-1761：RG59；PPS〔119〕, September 1960, p. 348.
55) エッソが, 自社給油所数の拡大を重視した理由の一つは, 販路の縮小により, すで

に巨額の投資がなされた製油所,特にガソリン生産設備の稼働が打撃を受ける事態を回避するためであった。イギリスにおけるガソリン市場は,需要の大半が高品質ガソリンに集中していることが特徴であり,顧客の多くは自己の自動車の性能が必要とする以上の高オクタンのガソリンを求めたといわれている。1964年10月にエッソの販売量に占めるプレミアム・ガソリン(オクタン価96〜98,リサーチ法)の比率は66%,最高級ガソリン(オクタン価99〜101)が12%,残り22%がレギュラー・ガソリン(オクタン価89〜91)であった。同社は,かかる市場の特性に応じて流動接触分解装置をはじめ高品質ガソリンの生産施設の配備に多大な投資を行っていたのである(Exxon Mobil Library〔4〕, UK：Memorandum 1976, pp. 153-154, 172-173；Exxon Mobil Library〔4〕, UK：Memorandum 1977, p. 112；Great Britain Monopolies Commission〔83〕, pp. 4. 61-63)。

56) 1964年末に,社有給油所数はエッソが1281,シェル・メックスBPが2330,リージェントが718,モービルが467,などであった(以上については,Exxon Mobil Library〔4〕, UK：Memorandum 1976, pp. 5, 153-154；Great Britain Monopolies Commission〔83〕, p. 57；PRO〔2〕, Company owned service station,日付不明：POWE 33/2154/60による)。

57) Exxon Mobil Library〔4〕, UK：Memorandum 1976, pp. 5, 7. なお,1966年8月〜67年7月の1年間について,各社のガソリン販売量全体に占める自社所有給油所での販売の比率をみると,エッソが33.7%,シェル・メックスBPが29.4%,リージェントが47.3%,モービルが57.4%,などであった(PRO〔2〕, Momorandum, 2nd November, 1967：POWE 63/149/15/1)。

58) Great Britain Monopolies Commission〔83〕, p. 35；PPS〔119〕, February 1968, p. 67,日本語版,73頁。

59) 以上については,Exxon Mobil Library〔4〕, UK：Memorandum 1976, p. 24；Exxon Mobil Library〔4〕, UK：Memorandum 1977, p. 151；Great Britain Monopolies Commission〔83〕, pp. 22, 59；Great Britain Monopolies and Mergers Commission〔85〕, p. 12による。なお,1970年の全国のガソリン小売店は3万5760であり,64年以降2700店ほどの減少をみた。他方,石油企業所有の店舗はこの間5435から8763へ増加した(Great Britain Monopolies and Mergers Commission〔85〕, p. 12)。

60) NACP〔1〕, Foreign Service Despatch, No. 523, September 27, 1961, 841. 2553/9-2761：RG59；NACP〔1〕, Foreign Service Despatch, No. 777, November 17, 1961, 841.2553/11-1761：RG59. なお,特約店に支払うリベートの額についても企業間にはほとんど差がなかった(Great Britain Monopolies Commission〔83〕, pp. 10 -11, 25, 28, 101；PPS〔119〕, March 1965, p. 96,日本語版,104頁)。

61) Great Britain Monopolies and Mergers Commission〔85〕, pp. 20-21；Exxon Mobil Library〔4〕, UK：Memorandum 1977, p. 17.

62) Great Britain Monopolies Commission〔83〕, p. 26. なお,価格競争に対するシ

ェル・メックス BP の対応については，BPA〔5〕, Memorandum from H. R. M. du Plessis to Mr. C. Rees Jenkins, 17th June, 1963: BP 29609: Shell-Mex and BP Archive; BPA〔5〕, Memorandum by A. H. Barran for Mr. R. D. Hill and Mr. H. Watts, 12th September, 1963: BP 29609: Shell-Mex and BP Archive; BPA〔5〕, Letter from H. C. L. Mason to J. E. H. Davies, 13th September, 1963: BP 29609: Shell-Mex and BP Archive; BPA〔5〕, Letter from John Davies to T. R. Grieve, 25th September, 1963: BP 29609: Shell-Mex and BP Archive が有益である。

63) その最も有名な事例は 1967 年 3 月に行った価格の引き下げであり，エッソは販売量の拡大に成功した(Esso UK〔9〕, 1967, p. 5; PRO〔2〕, Annex of the Supply of Petrol to Retailor, 日付不明: POWE 63/149/30; PRO〔2〕, Note of a Meeting with Esso on 13th October 1967, 20th November, 1967: POWE 63/149/1 による)。但し，後掲表VI-8 にみられるように，同社はこの年戦後はじめて欠損を生む。

64) Exxon Mobil Library〔4〕, UK: Memorandum 1977, pp. 17, 19, 27; Exxon Mobil Library〔4〕, UK: Memorandum 1976, pp. 31, 173.

65) Mobil UK〔38〕, 28th May 1969; Mobil UK〔36〕, 1968, p. 4.

66) 1970 年にエッソは小売店向け販売(総計 8 億 7237 万ガロン，既述)以外に大口需要家(commercial customers)その他に 7674 万ガロン(小売向けの 9%弱)を販売した (Exxon Mobil Library〔4〕, UK: Memorandum 1976, pp. 7, 9)。

67) 1969 年のシェル・メックス BP による各種製品の販売量は 4000 万トン強であり，同年のイギリスでの製品消費量全体(8928 万トン，バンカー油を含む)との対比では 45%前後になる(SMBP〔40〕, 1969, 頁なし，および表VI-3, 表VI-6 から)。1971 年についてであるが，重油販売(バンカー油を含まず)に占める各社のシェアは，シェル・メックス BP(46.6%), エッソ(23.8%), モービル(8.5%), テキサコ(Texaco, Inc., 5.1%), ガルフ(4.1%), などであった(BPA〔5〕, Petroleum Statistics of the British Isle 1972, by Shell-Mex and B. P. Group: BP 28955: Shell-Mex and BP Archive による)。

68) シェル・メックス BP は，1975 年末で 40 年を超える活動史の幕を閉じ，翌 76 年 1 月に RD = シェルは Shell UK Ltd., BP は BP Oil Ltd. をそれぞれ全く新たに発足させた。だが，シェル・メックス BP の解体は，すでに 1970 年代初頭頃には明確に合意・公表されていた。ここでは，解体の経緯と要因について述べる余裕はないが，1960 年代における同社の支配力，特にガソリン市場における地位の相対的な低下が，かかる共同所有会社の解体を RD = シェルと BP に促す基本要因の一つであったように思われる(以上については，BP〔30〕, 頁なし; BP〔29〕, 1972, p. 13; Shell〔41〕, 1971, p. 18; Shell〔152〕, p. 8; Great Britain Price Commission〔88〕, pp. 1, 6; Great Britain Price Commission〔87〕, p. 1; The Times〔125〕, 20th April, 1971; The Financial Times〔97〕, April 20th, 1971; The Daily Telegraph〔95〕, April 20th, 1971 による)。

第6章　イギリスにおける製品生産と販売活動　397

69)　石油のこの数値は，前掲表Ⅵ-6(1968年1月～12月では635万9000トン)に比べ少ない。おそらくその理由は，表Ⅵ-6がスコットランドと北アイルランドでの消費量を含み(本書で対象とした電力庁の統轄範囲はイングランドとウェールズのみ，本節注〔29〕をみよ)，また鉄道その他による発電用の消費量を含むことによると考えられる。また，消費量540万トンのうち重油は400万トンである(残余が原油，つまり日本で行われた〔1964年から〕いわゆる生焚き(なまだき)用の原油であったかどうかは不明である)。なお，日本において，火力発電用燃料に占める石油の比率は，1968年3月に51%に達した。以上は，The Electricity Council〔80〕, the year ended 31st March 1969, p. 29 ; CEGB〔79〕, RA, the year ended 31st March 1969, p. 11 ; 日本石油〔148〕, 658-659頁による。

70)　Ashworth〔161〕, pp. 43, 103, 180 ; 布目〔245〕, 63頁；有沢〔159〕, 218-219頁。

71)　1957年に始まった計画の見直しは，「スエズ危機」による石油の供給不足，将来の供給への不安も背景要因の一つとしたようである(以上は，PRO〔2〕, I. L. O. Coal Mines Committee, 日付不明，おそらく1959年3月末頃：POWE 14/857 ; Great Britain Ministry of Power〔82〕, p. 6 ; CEA〔78〕, 1st April-31st December 1957, p. 18による)。石炭産業の市場喪失過程についてはAshworth〔161〕, pp. 40-43をみよ。

72)　1955年時点では17の発電所が石油燃焼になるはずであったが，1962年初頭時点では実際に石油を用いた発電所は12カ所のみであった(PRO〔2〕, Oil Burning, 日付も作成者も不明，但し，前後の文書から1961年の8～9月頃と推定される：POWE 14/1221/85 ; PRO〔2〕, Power Station Contracts, 1st June, 1960 : POWE 33/1629による)。

73)　1961年に事実上石炭保護を目的として，それまで無税であった重油にガロンあたり2ペンスが課税された(軽油，灯油も同様，なおガソリンはすでにガロンあたり2シリング6ペンスが課税されている)。課税前の段階では，テムズ川河口地域(Thames Estuary)などに所在した発電所では，石油を用いた場合の燃料費は石炭に比べ約20%安かった。課税後でも，稼動している石油燃焼の発電所12のうち10では引き続き石炭に比べ優位と推定される(PRO〔2〕, Relative Costs of Coal and Oil as Fuel in Power Stations, 日付は不明，しかし1961年10月以降：POWE 14/1221/94)。だが，その後何度か増税され1969年には2.4ペンスとなった。これにより重油は無税の場合に比べ販売価格が4割増になったといわれている(Great Britain Ministry of Power〔82〕, p. 6 ; PPS〔119〕, May 1961, p. 186, 日本語版, 186頁；SMBP〔40〕, 1969, 頁なし)。

74)　電力庁の『年次統計報告書』(1964年版) (CEGB〔94〕, SY1964, pp. 5-22)には，各発電所の名称，所在地，発電能力，使用燃料の分類(石炭，石油，原子力など)等についての詳細な記載がある。しかし，個々の発電所が使用した燃料の量については触れられず，燃料を供給(販売)した企業についてはむろん全く言及はない。そこで，同『年次統計報告書』，1955～64年の電力庁の営業報告書(The Electricity CouncilとCentral Electricity Generating Boardのそれぞれの Report and Accounts)，およびイギリ

ス公文書館所蔵文書(主として，PRO〔2〕, Memorandum for Mr. Ayres, by M. E. Fletcher, 17th June 1957 : POWE 33/1629 ; PRO〔2〕, Power Station Contracts, 1st June, 1960 : POWE 33/1629 ; PRO〔2〕, The Esso Contracts〔日付不明〕: POWE 33/1629 ; PRO〔2〕, Memorandum for Mr. Stock, by C. I. K. Forster, 11th January 1961 : POWE 14/1221/71 ; PRO〔2〕, Letter to M. T. Fleet from F. H. S. Brown, 5th December, 1960 : POWE 14/1221/62)を精査，比較対照し，エッソが如何なる発電所に供給を行ったかを検討した。その結果，私は，7つの発電所(イングランド南東部〔South Eastern〕地域の Barking C, Tilbury, Littlebrook C, イングランド南西部〔South Western〕地域の Marchwood, Poole, Plymouth, Portishead)がこれに該当すると判断した。本文に記した史実・統計はこれら資料の検討に基づく(シェル・メックス BP が供給対象とした5つの発電所名についてはここでは省略)。以上については，伊藤〔202〕, 125頁，注(62)も参照せよ。

なお，1960年12月頃についてであるが，エッソが対象とした上記7つの発電所(同年はこれら以外に供給対象はない)の1週間の重油消費量(1960年12月23日に終わる4週間の平均値)は，この時点での重油燃焼発電所(12のみ)の全消費量(11万5700トン)の63.5%(7万3512トン)を占めた(PRO〔2〕, Memorandum for Mr. Stock, by C. I. K. Forster, 11th January 1961 : POWE 14/1221/71 ; PRO〔2〕, Letter to M. T. Fleet from F. H. S. Brown, 5th December, 1960 : POWE 14/1221/62 による)。
75) 1969年に電力庁は石炭優遇政策をとりやめた。電力庁は，1968年から69年にかけて購入した石炭(6890万トン)のうち600万トン強は，もし経済性を第一に考えれば購入しなかったと述べている(以上は，The Electricity Council〔80〕, the year ended 31st March 1969, p. 29 ; CEGB〔79〕, RA, the year ended 31st March 1971, pp. 1-2, 33-34 ; Ashworth〔161〕, pp. 244-245, 674 による)。1970年代以降における石炭の地位の低下について，Jersey〔24〕, 1970, p. 6 の記載も参照せよ。
76) 後の1973年についてであるが，発電用の燃料消費に占める石油の割合(石炭換算で算出)は，24.3%まで上昇した(日本エネルギー経済研究所〔242〕, 52, 54頁参照)。

第6節　財務についての若干の考察

本節は，主として獲得利益，事業の収益性，資金調達に焦点をあて子会社エッソ石油の財務面にみられた要点を記す。その際，ジャージー本社とのいわゆる親子関係，およびジャージー社内の他の子会社との取引関係が，エッソ石油の財務活動を如何に支援し，あるいは逆に制約づけたか，といった諸点も資料の利用しうる限りにおいて検討する。なお，前節と同様に，ここでも大戦終了

以降1950年代末まで，および1960年代の2つの時期に分けて記述する。

〔Ⅰ〕 大戦終了以降1950年代末まで

第1に，表Ⅵ-8によれば，利益額は年によって増減はあるものの1950年代末までは全体として顕著な増勢を辿った。フォーリー製油所の新設(1951年操業開始)に代表される戦後の事業体制は，利益の面でもみるべき成果を上げたといえよう[1]。もっとも，同表が示すように1956～59年についてであるが，同社の売上高純利益率は最低2.4%，最高4.7%の間にあった。これは，後の1960年代との対比ではそれでもかなり高い比率であるが，7.0%から10.6%(同1956～59年)を示したジャージー社全体(前掲表Ⅴ-5)のそれに比べると低水準であることは明白である。これまでの考察から知りうるように後者のジャージー社全体の利益には，ヴェネズエラのクリオール(Creole Petroleum Corporation)，アメリカ国内のハンブル(Humble Oil & Refining Company)など原油生産事業を内部に含んだ子会社群が存在し，これがジャージー社全体の利益獲得を支えたのである。事業内容が主として精製と製品販売(およびタンカー輸送)から構成されるエッソ石油の場合，利益の絶対額は事業規模の拡大とともに増大はしたが，事業全体の収益性はかなり低かったといえよう。

第2に，総資産額でも1950年代末までの伸張は著しい。エッソ石油の企業規模の拡大を可能ならしめた資金調達についてみると，まず資本金の増額が1950年以降頻繁に行われたことが注目される。これは，一つは，この間のジャージー本社による増資の大部分についてもいえることであるが，剰余金の資本への組み入れによるものである。だが，全体の過半は本社(エッソ石油の100%所有権を持つ)からの現金支払いによった[2]。さらに，数度に及ぶ社債発行による調達がある。1953年から59年末までに総額4200万ポンド(約1億2000万ドル)がこれによって得られた[3]。1959年末時点のかかる発行済社債総額(4200万ポンド)の総資産額に占める比率は20.1%に達する。同年のジャージー社全体の長期負債額(社債その他からなる)の総資産額に対する割合は8.0%であり，1950年代を通じ10.0%を超えたことはほとんどなかったから[4]，エッソはジャージー社全体との対比では外部への依存が相対的に高い資金調達

第Ⅵ-8 エッソ石油の若干の財務統計，1938, 1945～70年[1]

(単位：1,000ポンド，％)

	総資産額	資本金	売上高[2]	純利益額	利益率[3]
1938	16,746	10,500	n.a.	374	n.a.
1945	26,613	10,500	n.a.	351	n.a.
1946	24,736	10,500	n.a.	362	n.a.
1947	27,413	10,500	n.a.	399	n.a.
1948	38,944	10,500	n.a.	835	n.a.
1949	45,130	10,500	n.a.	1,067	n.a.
1950	61,554	15,188	n.a.	1,676	n.a.
1951	77,766	16,523	n.a.	2,431	n.a.
1952	82,920	17,360	n.a.	3,361	n.a.
1953	88,797	24,620	n.a.	4,366	n.a.
1954	91,831	30,000	n.a.	4,137	n.a.
1955	108,036	30,000	n.a.	6,252	n.a.
1956	126,434	40,000	236,273	5,758	2.4
1957	154,615	60,000	246,017	11,580	4.7
1958	189,888	75,000	259,390	8,932	3.4
1959	209,406	80,000	291,804	10,942	3.7
1960	225,148	80,000	298,771	11,636	3.9
1961	253,306	95,000	316,750	9,870	3.1
1962	280,881	100,000	344,213	5,669	1.6
1963	293,449	100,000	358,383	6,689	1.9
1964	291,255	100,000	374,465	4,332	1.2
1965	307,361	100,000	412,608	3,774	0.9
1966	323,821	100,000	425,409	1,028	0.2
1967	361,511	100,000	480,127	(2,063)	(0.4)
1968	373,992	100,000	521,131	3,451	0.7
1969	405,770	100,000	562,687	442	0.1
1970	472,276	100,000	611,985	(5,334)	(0.9)

(注) 1) 1947年までエッソの傘下にあった子会社(ジャージー社の孫会社)の財務は連結されていない。
2) Sales and other operating revenue. 関税(customs)，消費税(excise duties)を含む。
3) 売上高純利益率。

(出典) 1960～70年の売上高，純利益は，Esso UK〔9〕, 1969, pp. 20-21, 1971, p. 20 より。その他の統計は，各年の営業報告書から。

を行ったといえる[5]。

なお，これらに加えて付記すべきは，本社に対する配当金の支払いがかなり低くおさえられたことである。エッソによる配当の支払いは途絶えることはなかったが，1950年代については年間利益全体の20ないし30％台を推移し5割に達したことは皆無であった[6]。ジャージー本社の株主向け配当金が同期間

1950年を例外として，ほぼ50〜60％台，最低でも40％台の後半を維持したことに比べかなり低い[7]。これは，イギリスでの外貨事情を考慮しエッソとジャージー本社がドルの対外支払いの抑制に努めたこと，およびその分だけエッソ内部での資金調達力の強化を図ったことによると思われる。

〔II〕 1960 年 代

おなじく表VI-8によればエッソの売上高は，1960年代(1960〜69年)に1.9倍となり，50年代(1950〜59年)の2.5倍には及ばないが，ジャージー社全体の伸び率(1960〜69年間で1.9倍)に劣ることはなかった(前掲表V-5)[8]。だが，利益面では，ジャージー社全体が1960年代も若干の増減を伴いつつ着々と増額を果たしたのに対し(同表)，エッソの場合は逆にほぼ傾向的に減少を辿り，1967年には欠損さえ生むに至った。ジャージー本社へはこの1967年以降(1971年まで5年間)配当金は支払われず[9]，反対に本社およびジャージーの他の子会社群からの借入金は急増した。1964年以降，負債への利払い額は利益額を顕著に凌駕するのである[10]。1960年代に，他の若干の西ヨーロッパ主要国や日本ほどではないにしてもやはり経済成長期にあったイギリスにおいて[11]，しかも販売量，売上高をほぼ一貫して拡大したエッソ石油は，かくの如き利益・財務状況で低迷したのであった。

こうした事態をもたらした要因については，これまでの検討から，収益性の低い重油が販売量の点で最大品目に位置したこと，価格引き下げが主たる競争形態になったこと[12]，などを指摘すべきであろう。だが，ここでは製品価格の動向との対比でエッソの原油購入価格が全般的に割高な水準にあったことをいま一つの要因として挙げる必要があろう。

エッソ石油が支出する費用全体において，購入原油への支払い代金は，1960年代を通じ終始最大部分を構成し，1962年についての統計であるが，費用総額全体(約2億ポンド)の48％を占めた[13]。この時代にエッソは，製油所で必要とする原油の大部分を中東地域(サウジ・アラビア，リビア，クウェートなど)から獲得したが[14]，直接の買い取り先はジャージー社内に所在した原油の販売子会社であり，その価格は少なくとも1960年代の前半頃までは公示価格

(posted price)，つまり本来は第三者企業(子会社，関連会社以外)に対し設定された販売価格(open market price)とほぼ同一であったと推定される。例えば，1964年にジャージーの原油販売子会社(エッソ・インターナショナル社〔Esso International, Inc.〕)が，イギリス子会社エッソを含むジャージー社内企業に対しリビア原油1バレルあたり 2.21～2.22 ドルの公示価格を設定したことはその一例である[15]。

だが，1950年代の末以降70年代の初頭頃までは，周知のように原油過剰が国際石油市況を特徴づけたのであり，一方で先述の如く新規大油田の開発が進行し，他方で多くの国際石油企業による系列外企業(第三者企業)への公示価格の割引が行われたのである[16]。エッソの対抗勢力として新たにイギリスに登場した企業群は，一部は自ら獲得した油田の利権に基づき，また一部はこうした割引原油に依存して安価に原油あるいは製品を手に入れた。例えばコンチネンタル石油(Continental Oil Company)は，同社が利権を持つオアシス石油(The Oasis Oil Company of Libya, Inc., 前節注〔51〕参照)を通じ，1964年にリビア原油を平均1.55ドルで入手したのである[17]。これに対し，ジャージーのイギリス子会社エッソは，全般的な価格低下を辿る国際市況下にあって，既述の如く，購入原油の全部ないし一部について，1960年代においてもなおしばらくの期間，従来通りの公示価格で原油を購入し続けたのである。エッソが市場で販売する製品の価格は低下を辿ったのであり，同社は利益面での大きな打撃を被ったのである[18]。

1) 子会社エッソ石油の戦後における事業構造の転換を，有形固定資産額に占める部門別構成でみると，1948年に精製施設の比率は全体のわずか6.5%であった(最大は販売施設の41.6%，ついでタンカーなどの海上輸送施設の35.9%，その他は土地および借地権など)。1953年に精製施設のそれは全体(3778万5000ポンド)の62.5%に達する(販売は10.7%)。以上は，Esso UK〔9〕, 1949, p. 10, 1953, p. 15 による。

2) 1950年代の増資額全体(6950万ポンド，1950年初頭から59年末)のうち54%は，本社の現金払込みによる。他方，この時代のジャージー本社の資本金は6億8334万4000ドル(1945年末)から59年の15億1572万9000ドル(1959年末)へ約2.2倍化したが，現金とひきかえの株式発行は1957年に1度(4600万ドルの増資)行われたのみである(Esso UK〔9〕, Jersey〔24〕, 各号による)。

第 6 章　イギリスにおける製品生産と販売活動　403

3) Esso UK〔9〕，各号による。なお，これらの社債がどのようなルートで発行されたか，イギリス以外でも売却されたかなど詳細は不明である。但し，営業報告書によれば，1953 年にエッソは，モルガン・グレンフェル商会(Morgan Grenfell & Company, Ltd., 1909 年に J. S. Morgan & Company の事業を継承—Burk〔165〕を参照)を通じて，1000 万ポンドの 5% 利付き社債をイギリスにおいて機関投資家(institutional investors)に私募発行したとある。以後も主として同商会を介してイギリスを中心に発行されたと考えられる(Esso UK〔9〕, 1952, p. 3, 1953, p. 3)。
4) Jersey〔24〕，各号による。
5) なお，エッソによる銀行からの長期資金の借り入れは，戦後は 1950 年代末までみられず，1961 年に 550 万ポンドを受け入れたのが最初である。但し，短期の借り入れはある(Esso UK〔9〕，各号による)。
6) Esso UK〔9〕，各号による。
7) 1950 年のジャージー本社の配当金は利益全体の 37% で 50 年代の最低であった(以上は Jersey〔24〕，各号による)。エッソの場合，戦前・戦中(但し，資料の利用できる 1936 年以降)，および戦後も 1947 年までは本社への配当額はほぼ利益額全体に匹敵し，ときにはその年の利益額を凌いでさえいた(Esso UK〔9〕，各号による)。
8) 但し，関税・消費税を除くと 1.4 倍に留まる(なお，ジャージー社全体の売上高にも消費税は含まれる，前掲表 V-5 の注〔2〕を参照)。エッソ石油の売上高に占める税額(customs and excise duties)の比率は 1960 年の 36.3% から 66 年には 51.1%(ピーク)へ増大し，以後ほぼその水準で推移した(Esso UK〔9〕, 1969, pp. 20-21)。

　本章では，石油化学部門での活動については資料の制約により省略したが(但し，次章でジャージー社全体による同部門の活動について記載し，その中でイギリスについても一部触れる)，ここで以下の事実のみを付記する。ジャージーの子会社エッソ化学(Esso Chemical Company Inc., ニューヨークに本部を持つ，次章第 2 節参照)は，1965 年 12 月にイギリスに子会社エッソ化学(Esso Chemical Limited)を設立した。翌 66 年 1 月から従来イギリスにおいてエッソ石油が行った石油化学事業は同子会社によって担われることになった(Esso UK〔9〕, 1965, p. 5)。フィナンシャル・タイムズ紙によれば，この石油化学担当子会社の売上高(1968 年と思われる)は 2500 万ポンド強(おそらく税込み)とされており(The Financial Times〔97〕, June 11th, 1969), 1968 年のエッソ石油の売上高全体と対比すると 5% 程度である。
9) Esso UK〔9〕，各号による。
10) エッソの長期負債額は，1960 年の 4278 万ポンド(そのほとんどは社債)から 69 年の 1 億 6011 万ポンドへ急増する。ジャージーの本社，他の子会社からの長期借り入れは，1966 年に始まり(2617 万ポンド), 69 年には 8166 万ポンドに達する(長期負債総額の 51%)。銀行からの長期借り入れは 1961 年に始まり(550 万ポンド，前注〔5〕参照), 69 年に 3575 万ポンドである。負債への利払い額は 1960 年に 338 万ポンド, 64 年 593 万ポンド, 69 年 1548 万ポンドへ増大した(Esso UK〔9〕，各号から)。
11) イギリスでの国内総生産(GDP)の年平均成長率(実質)は，1950〜55 年(2.9%)，

55～60 年 (2.5%), 60～68 年 (3.0%), 68～73 年 (3.4%), 73～79 年 (1.5%), 79～89 年 (2.3%), などであったから, 60 年代は他の時期に比べ成長率が比較的高い時期であったといってよいであろう。もっとも, 1960～68 年に, アメリカ, ドイツ (旧西ドイツ), フランス, イタリアの成長率 (実質) は 4,5%台であったから, イギリスはこれら諸国に比べやや低い (1960 年までは Pollard [257], p. 346, それ以降の統計は OECD [115], p. 48 による)。

12) 1965 年 7 月についてであるが, 石油企業各社が公表した卸売価格 (製油所あるいはターミナルに近い地域の価格, 税抜き) によれば, ガソリン (ここでは大部分を占めたと考えられるプレミアム・ガソリン, 前節注〔55〕参照) と重油は, それぞれガロンあたり 20～21 ペンス, 11～13 ペンスであった (PT [121], July 23, 1965, p. 412)。1960 年代においてエッソなど石油企業は, 重油の販売においては, 一旦契約が成立した後も契約期間中に大口顧客から繰り返し価格の引き下げ, あるいはリベートの増額を要求された。例えば, 1962 年 5 月から 63 年 4 月までの 1 年間に, イギリス政府機関に対する販売において各企業はリベートを 3 回増額せざるをえなかった (PT [121], April 19, 1963, p. 183)。

13) タンカー輸送費などがこれに続く (PT [121], May 17, 1963, p. 240)。1950 年代末までにおいても, 確定数値を得ることはできないが, 原油代金が最大の費用項目であったことは疑いないであろう。

14) 1950 年代において精製原油の最大部分をクウェートから得たことを第 3 節で述べたが, 60 年代はサウジ・アラビアとリビアの原油が主たる部分を構成する。1960 年代と 70 年代を通じては, サウジの原油がフォーリー製油所で最も多く精製された (Esso UK [10], Spring 1988, p. 15)。なお, イギリスでは 1959 年 11 月にドル石油 (サウジ原油など) の輸入に対する統制が公式に撤廃された (PPS [119], December 1959, p. 476)。

15) 以上については, PRO [2], Memorandum for Mr. Powell, by R. Mountfield, 24th September, 1965 : POWE 61/25/109 ; PRO [2], Memorandum for Mr. Powell, by A. D. Hampson, 15th February, 1965 : POWE 61/25/90 ; NACP [1], Memorandum of Conversation, April 19, 1962 : 865.2553/4-1962 : Decimal File, 1960-1963 : RG 59 ; Stocking [264], p. 375 ; Wall [154], p. 689 による (エッソ・インターナショナルについては Wall [154], p. 681 もみよ)。なお, 別の文献であるが, 1964 年にエッソが輸入したリビア原油は約 6800 万バレルであり, その価格 (タンカー輸送運賃を含まず) は, 平均 2.21 ドルであった (Odell [248], p. 6)。同年エッソの精製量は 1620 万トン (Esso UK [9], 1964, p. 3, 約 1 億 2000 万バレル) であったから, 精製原油の半分以上はリビア原油と推定され, 同社はそれを公示価格で購入したことになろう。

なお, ジャージーなど国際石油企業による子会社・関連会社への公示価格の設定は, 1950 年代の初頭以降に始まったと考えられ (Stocking [264], p. 413), 50 年代にも子会社エッソ石油が公示価格で原油を買い取ったことは確かであろう (PRO [2], Jersey Sterling Area Trading Arrangements by Esso Export Corp. Treasurer's Department, August 30, 1957: POWE 33/2179; PRO〔2〕, Letter from N. T. Saltnes to Ministry of Power, 25th March 1958: POWE 33/2179 を参照)。

16) 国際石油企業群による第三者企業への公示価格の値引きが始まったのは，1957年頃からと推定され，59年には早くも公示価格を40セント下回る販売価格(実勢価格〔realized price〕)も出現したのである(公示価格の例としては，例えばサウジ・アラビアのアラビアン・ライト原油〔Arabian Light Crude Oil〕は，1959年半ば頃に1バレル1.9ドル〔出荷港のラス・タヌラ Ras Tanura での価格〕であった)。各企業は系列外企業に値引きを行うことで原油販路の拡大，過剰原油の処理を図った。ジャージーもまた第三者にそうした割引価格を設定したことは確実である。なお，周知のように，1950年代末から60年代初頭にかけて，公示価格自体の引き下げもなされた。例えば，ジャージーは，1960年8月に各中東原油の価格を1バレルあたり4〜14セントの幅で引き下げた(U.S. Senate〔74〕, pp. 88, 92, 邦訳, 135, 140-141頁; Wall〔154〕, pp. 603, 706; Jenkins〔106〕, 1977, p. 130)。

17) Stocking〔264〕, p. 375. コンチネンタル石油は，先の表VI-7に示されるように，1970年にイギリスのガソリン市場で，新規企業としては最大の4%弱のシェアを得た。こうした安価なリビア原油を大量に獲得しえたことがこれを可能にした主たる要因の一つであったと考えられる(PT〔121〕, April 20, 1962, p. 253も参照)。

18) なお，1965年初頭以降，ジャージー社はイギリス子会社に対して公示価格を8.5%割り引いた価格で原油を販売した。サウジ・アラビアのアラビアン・ライト原油(この時点の公示価格は1バレル1.80ドル)の場合，1.65ドルの価格を設定したのである(他の多くの西ヨーロッパの子会社にも適用されたようである。以上は，PRO〔2〕, Memorandum for Mr. Powell, by A. D. Hampson, 15th February, 1965: POWE 61/25/90; PRO〔2〕, Memorandum for Mr. Powell, by R. Mountfield, 24th September, 1965: POWE 61/25/109 による)。

ところで，ジャージーが1960年代の価格低落期にもなおこうした価格体系をエッソ石油(および各国子会社)に対し維持した理由は，おそらく原油生産事業(中東などでの原油生産部門)での利益確保の必要性などから説明されるであろうが，この点についてはなお立ち入った検討が必要である。本書では，かかる企業内価格(公示価格)の設定がイギリス子会社の利益を圧迫する一因だったことを述べるに留めた。

また，1960年代に西ヨーロッパ，日本などに所在した製品販売子会社が，概して低収益，年によっては欠損を余儀なくされたことを前章でみたが，その理由の相当部分については本節でイギリスについて指摘した要因が当てはまるように思われる。しかし，この点についても，各国の個別の事情を踏まえ今後検討されなくてはならない。

第7節　小　括

　本章は，第2次大戦終了以降1960年代末までのイギリスにおけるニュージャージー・スタンダード石油会社の活動を考察した。イギリスで販売する石油製品の大部分を現地で生産しうる体制を確立したこと，戦前来の製品流通機構を再編成し，かつガソリン販売などに特約店方式を導入したこと，これらは戦後イギリスにおけるジャージー社の事業活動を特徴づけた主要な諸点である。

　ガソリン市場での占有率でみたエッソ石油の市場支配力が1960年代に新規企業の進出によって減退を余儀なくされたことは事実である。だが，同社は，アメリカおよび主要国に所在したジャージーの子会社群との対比では，カナダの子会社と並んで最も強固な市場支配を維持したといってよいであろう。船舶，産業企業，火力発電所，家庭用暖房などへの燃料油(重油など)の販売については，史実と統計は限られたが，少なくとも1950年代において同社はRD＝シェルとBPの共同所有子会社(シェル・メックスBP社)につぐ地位を占め，その他企業に対する明瞭な優位を保持した。イギリスのエネルギー産業界において，石油が石炭と並ぶエネルギー源としての地位を獲得したこと，および石油業界においてエッソ石油が戦前に引き続き主導的企業の1社として存在したこと，これらを踏まえると同社が1960年代末頃までに有力なエネルギー供給企業の1社へ成長したことは否定しえないであろう。

　イギリスでのジャージー社の活動全体に関する以上の如き事実や判断を踏まえ，以下の4点を指摘する。

　第1に，戦後の比較的早い段階での大規模製油所の新設について，ジャージーは事業の将来性，採算面などに不安や懸念を抱いた。だが，戦後のイギリスにおける外貨不足を背景とした政府の差別政策，規制措置に対抗する有効な手段として同社はこれを決断したのである。そのため，製油所の操業を維持し，投資に対する危険性を低減させることはジャージーにとって初発から大きな課題であった。ガソリン販売に特約店制度を導入し，国内での製品販路を確実に用意することは，これへの重要な対応の一つだったのである。

第2に，特約店方式の採用は，かようにに製油所の設立を契機としており，ガソリン販売，あるいはガソリン市場での競争上の必要性それ自身から着手されたとはいえないであろう。だが，かかる新制度の導入と結合し，およびこれと相前後して開始された製品流通機構の再編成によって，エッソ石油は従来の販売活動が内包した非効率，不十分性の克服に向かった。同社が，こうした流通改革を断行し，産業企業などへの重油，軽油の供給体制と，ガソリン，灯油などの最終小売市場への影響力ないし支配力をそれぞれ格段に強化したことは，イギリスにおける戦後の重要な特徴である。

　第3に，イギリスにおけるジャージーの活動と石油業界における支配力が，国外の中東，北アフリカでの原油獲得・油田支配，およびその他の活動に依存し，これらを前提としたことはいうまでもない。だが，他方イギリスでの戦後の外貨事情等に規定され，ここでの製品生産活動が逆に中東などでの活動を制約あるいは方向づける一因となった面を見落としてはならないであろう。サウジ・アラビアでの原油開発計画の縮小，1950年代におけるクウェートなどに対する同サウジ・アラビア（アラムコ）の生産伸長の相対的な低位はその具体例の一つである。

　第4に，子会社エッソ石油の戦後活動は，イギリス経済に大量のエネルギー源を提供し，その成長と蓄積を促進する役割の一翼を担った。だが，1960年代においては，同社自身は低収益を余儀なくされたのであった。これは前章での検討から，必ずしもイギリスに固有の特徴とはいえないであろうが，国民経済の基幹産業に位置する企業への転成過程が，獲得利益の顕著な低落を伴った点に1960年代の特徴があったというべきであろう。

第7章　石油化学事業の進展と問題点

第1節　大戦終了以降1950年代半ばまでの活動

はじめに　石油化学工業の急成長が，アメリカなど主要国の産業構造にみられた第2次大戦後の顕著な特徴の一つであることは周知の通りである[1]。石油企業ニュージャージー・スタンダード石油においても，石油化学品の生産と販売は新たな事業部門として形成される。同社の石油化学事業は，戦時期の航空機用ガソリン(100オクタン・ガソリン)，合成ゴム原料などの生産にその発端ないし画期を求めることができるが，第3章で述べたように大戦の終了とともに事業の規模は縮小を余儀なくされたのであり，そのまま連続的に一つの部門として確立したとはいえないであろう[2]。同社の場合，石油化学事業が新たな拡張を遂げるのは，少なくとも10年近い模索の時期を経てのことである。しかし，その後もこの分野でのジャージーの活動は，必ずしも順調な発展を遂げたわけではなかった。

以下，ジャージー社のアメリカおよび諸外国での活動について，大まかに3つの時期に分けそれぞれの特徴や要点を考察する。本節においては，大戦終了以降1950年代半ばまでの同社による石油化学の位置づけと事業の内容を検討する。

1950年代半ばまで　大戦終了後なおしばらくの期間，ジャージーは石油化学への積極的進出，事業の大規模な拡張を試みることはなかった。それは，一つは，社内討議において指摘された以下のような問題点を考慮したからと思われる。第1に，石油化学品に対する市場の将来性に不安が多く，

大規模生産が遅かれ早かれ生産の過剰化に結果するおそれがあること，第2に，中間製品および最終製品，特に後者の生産・販売について，品質や費用の面で主要な化学企業と対抗できるかどうか疑念が大きいこと，第3に，ジャージーによる最終製品への積極的進出を受けて，それまで同社から石油化学品，特にエチレン(ethylene)，ブチレン(butylene)，プロピレン(propylene)などの基礎製品を購入して最終製品などを製造した化学企業各社が対抗的にこれらの自社生産(基礎製品，中間製品の自給化—いわゆる後方統合)に向かい，結果としてジャージーがこれらエチレン等の販路を失う可能性があること，などである[3]。だが，これらに劣らず重要な要因は，先の諸章でみたように本国アメリカなどにおいて大戦終了直後からガソリンなどの石油製品に対する需要が急増し，ジャージーがしばしばこれに対応しえない事態にすら遭遇したことである[4]。同社は，持てる資金と人材などの大部分を従来の石油製品の生産・販売事業に向けることが必要であると考えたのである。

　こうした基本姿勢の下ではあったが，1950年代半ばまでのジャージーは，基礎製品の生産・販売を別とすれば，合成ゴム事業，特に同社によって開発され戦時中に製造・量産段階に入ったブチル(Butyl)と呼ばれるゴムに最も重要な位置づけを与えた。しかし，主に自動車用タイヤなどのチューブ(inner tube)に用いられたこのゴムは，SBR(styrene-butadiene rubber，スチレン・ブタジエン・ラバー，第3章第2節に記したブナS〔Buna-S〕を指す)などの汎用ゴムに比べ市場の伸びが低かった[5]。1954年に登場した自動車のモデル(車種)が，チューブを不要とするタイヤ(tubeless tire)を用いたことはジャージーにとって衝撃となった。同社は，新用途の開発，輸出の拡大などによってかかる事態に対応するが，さしあたり1958年末までの3年間についてみるとその販売量は40%の減退を余儀なくされたのである[6]。

　みられるように，この期間のジャージーは，石油化学事業に本格的に着手することはなく，また限られた事業資金などを主に合成ゴム，とりわけブチル・ゴムへ傾注したことで，プラスチックなど他の重要な成長分野への進出に立ち遅れたのである[7]。

第7章　石油化学事業の進展と問題点　411

1) 石油化学工業の全般的特徴の平易な解説については渡辺〔274〕を参照せよ。第2次大戦後のアメリカにおける石油化学工業の急成長，化学産業の石油化学化（石炭化学から石油化学への転換），などについては，さしあたり内田〔269〕を参照せよ。
2) 本書の第Ⅱ部では航空機用ガソリンを自動車用ガソリンなどと同様の石油製品に分類した（前掲表Ⅴ-2 に含めた。同表注〔1〕をみよ）。なお，ジャージーは石油化学製品として，すでに1920年代以降，溶剤（solvent）などとして用いられるイソプロピル・アルコール（isopropyl alcohol），その他を生産している。
3) Larson, Knowlton, and Popple 〔145〕, pp. 767-768.
4) Larson, Knowlton, and Popple 〔145〕, pp. 662, 665, 767-768.
5) SBRは当初ブナ S（Buna-S）と名づけられ，戦時中に国有工場で生産されたものは GR-S（Government Rubber-S）と呼ばれた。第3章第2節で述べたように合成ゴムの中で戦時中および戦後に最も多く生産・消費されたのはSBRである。アメリカ国内でのSBRの消費量は1944年に49万5600ロング・トン（1 long ton＝1016.05 kg）で全合成ゴムの87.4％を占め，1955年では74万2000ロング・トン（82.9％）であった。ブチル・ゴムは1944年に全体比1.9％にすぎず，55年では多少その比重を高めたが6.0％に留まった。なお，ジャージーはSBRの製造に用いられる主原料のブタジエンについて，戦中・戦後を通じアメリカ国内での主要な生産企業であった（Phillips〔253〕, pp. 8, 252 ; Wall〔154〕, pp. 176-177, 186）。

　ところで，戦時期に連邦政府によって建設された国有工場は，戦後もなおしばらくそのまま操業を続け，1955年になって民間への売却（払い下げ）が開始された。ジャージーは，ブチル・ゴムについては，少なくともバトン・ルージュ工場（Baton Rouge, ルイジアナ州），ベイタウン工場（Baytown, テキサス州）を買い取ったことが知られている。両工場に対する支払総額は3236万ドルであった（Petroleum〔117〕, December 1958, pp. 432-433 ; Phillips〔253〕, pp. 45-62 による。なお，内田〔269〕,（3）, 1-18頁も参照）。ジャージーによる国有ゴム工場の買い取りについての全容，およびこうした買い取りが同社の戦後のゴム事業，石油化学事業にとって如何なる意義を有したかについては，今後の検討課題である。
6) 1958年の販売量（アメリカ国内販売および輸出を指すと思われる）は5万2200トン（ロング・トンかどうかは不明）であった。同社は，輸出増に加え，トラック用の改良型チューブ，ワイヤー，ケーブル絶縁材などの新用途への供給によって，翌59年にはブチル・ゴムの販売量を10万5000トン（同）強へ伸長せしめた（Jersey〔24〕, 1955, pp. 38-39, 1959, p. 16 ; Wall〔154〕, pp. 186-187）。
7) ジャージーは1950年代半ばにプラスチック（ポリプロピレン〔polypropylene〕）の生産を試みたが成功には至らなかったようである（以上については，Wall〔154〕, pp. 177, 186-187, 194-195 ; Larson, Knowlton, and Popple 〔145〕, pp. 768, 770 による）。

第2節　1960年代半ばまでの事業拡張

1950年代半ば以降の進展とその背景要因　1950年代の半ば，ジャージーはアメリカの国内外で石油化学品の生産に向けてはっきりと動き出す。その場合注目すべきは，これまで実際上はほとんど試みられなかった外国（戦時期のカナダを除く）での生産に一つの重点がおかれたことである。1955年以降カナダ，イギリスなどの西ヨーロッパ，オーストラリアでエチレンをはじめとする基礎製品，合成ゴム・合成洗剤等の原料などを製造するプラントが着々と建設されはじめた。1961年末までにジャージーは，これら地域で25の工場を操業させ，かつその他地域を含めほぼ同数の工場を設計ないし建設中であった[1]。これらは，いうまでもなく各国での石油化学品への需要増に応えるためであったが，イギリスなど西ヨーロッパでの石油化学事業への着手には，同事業を加えることによって製油所操業全体の収益力を向上させようとする意図も含まれた[2]。1959年にジャージーによる石油化学品の販売（総額2億5600万ドル）は，その多くがアメリカ国内でなされた。だが，外国でのそれも全体額の36％を占めたのであった[3]。

　かような事業の拡張は，一つに，石油化学事業の持つ収益性の高さによって促された。例えば，同社の主要なアメリカ国内の精製・販売子会社であり，石油化学についても有力な担い手の1社であったエッソ・スタンダード石油（Esso Standard Oil Company）の場合，1945〜49年に石油化学部門において総資本に対する純利益率の平均は15.8％であった[4]。これはガソリンなど在来の石油製品の生産・販売事業に比べかなり高い水準だったといわれており，同子会社は，この期間に石油化学事業で得られた利益額3300万ドルのうち900万ドルを同事業に再投資し，本社への配当支払いに充てた後の残りを既存の石油事業などに向けた[5]。1950年代に入っても，そうした高い収益性はなお維持されたのであった[6]。第2は，他社の動向である。若干の石油大企業が石油化学に積極的に取り組み，かつそれぞれの事業活動全体に占める石油化学の位置づけがジャージーに比べかなり高かったことは同社にとって看過しえない事

実であった。とりわけ，RD＝シェルはその代表的存在であり，1954年についてであるが，同社のアメリカ子会社シェル石油(Shell Oil Company)による石油化学品の売上高は1億3900万ドルと推定され，子会社ながらジャージーの世界全体での販売額(1億1200万ドル)を凌いだ。RD＝シェルの世界全体での売上高に占める石油化学品の売上比率は，ジャージー社の同比率をかなり上回ったと考えられるのである[7]。アメリカ国内で化学製品の生産・販売に従事する企業(主に化学企業と石油企業)の序列(売上高の順位)を1950年と53年についてみると，ジャージー(但し，同社を含め石油企業は石油化学品の売上高のみ)は，この間11位から12位へ後退した[8]。かつて大戦中に航空機用ガソリン，合成ゴムの原料などの生産においてアメリカ石油企業の中で最大であった同社は，こうした状況を踏まえ，やや遅まきながら石油化学事業へ再び活発に乗り出すことを決断したのである[9]。

1960年代前半の事業拡張とエッソ化学の設立 1960年代において，ジャージーによる石油化学事業はより一層の進展をみる。同社は，エチレンなどの基礎製品，一部はすでに戦前より生産された溶剤(イソプロピル・アルコール〔前節注(1)を参照〕，エチル・アルコール〔ethyl alcohol〕，メチル・エチル・ケトン〔methyl ethyl ketone〕など)の生産に留まらず，プラスチック(ポリプロピレン〔polypropylene〕，その他)およびそれを用いた製品(包装用材〔polypropylene film〕など)，合成繊維，化学肥料などの製造にもその活動範囲を拡張し(従来からの合成ゴムを含む)，石油化学企業としての飛躍を図った[10]。

こうした行動は，これまでジャージーから基礎製品などを購入してきた化学企業が，自らこれらの生産に向かったことも一つの契機になったといわれている[11]。1960年代初頭頃に世界最大のエチレン販売企業であったジャージーは，プラスチックなどの製造を手掛けることによって成長する石油化学市場をとらえるとともに，基礎製品の市場の喪失をも埋め合わせようとしたのである[12]。これに加えて，かくの如き化学事業の顕著な拡大は，1963年の初頭に同社が従来の事業活動の枠を超える経営の多角化(diversification)を基本方針として決定し，その主要な対象として成長著しい石油化学事業を位置づけたことにもよっていた。ジャージーの経営陣は，1950年代末近くから石油事業全般，特

に原油生産事業の収益性が低下した事実，および石油事業内での投資機会が減少し遅からず社内に余剰資金が滞留するという，結果として後に誤りが判明する予測などに基づき，その他の若干の新規事業とともに石油化学事業への積極的多角化に踏み出すことにしたのである[13]。

1963年4月にジャージーは石油化学事業を他の事業部門と切り離して，新たにエッソ化学(Esso Chemical Company Inc.)なる子会社を設立し，これにアメリカ国内外での事業およびその管理を委ねた。同社は，石油化学事業は，顧客(化学企業および他の製造企業など)の個別の要求に合致する化学品の製造(tailor)を求められ，販売員にも専門的知識と技術が不可欠であって，ガソリン，重油など相対的に規格化，標準化した既存の石油製品の生産・販売とはかなり異なる特性を有していること，それゆえ従来のような精製部門の一部の如き位置づけはその性格上不適切と判断して石油化学事業に独自の組織を与えたのである[14]。ジャージー社の財務統計によれば，有形固定資産に対する各年の純投資額のうち主要な4部門(原油生産，輸送，精製，販売)を除く「その他」の項目の額が，1960～63年までの平均2360万ドルから64年に5510万ドルに急増している。これは，その増加分が専ら石油化学に向けられたとはいえないとしても，かかる組織再編と結びついた化学事業への投資の重点化によるものと考えられる[15]。世界全体でのジャージーの石油化学品の販売額は1960年の2億9500万ドルから65年には5億8800ドルにほぼ倍増したのである[16]。

1) Jersey〔24〕, 1956, pp. 39, 43 ; Jersey〔27〕, p. 61 ; Esso UK〔9〕, 1956, p. 4 ; Wall〔154〕, pp. 185, 187-190, 196, 268, 359.
2) Wall〔154〕, p. 188.
3) 1953年から60年までにエチレンなど同社の石油化学品の販売額は3倍化し，海外における伸びが特に顕著であった(Wall〔154〕, p. 191 ; Jersey〔24〕, 1959, pp. 16, 19)。
4) Wall〔154〕, p. 181. エッソ・スタンダード石油は，1927年の組織改革で新設されたニュージャージー・スタンダード石油(Standard Oil Company of New Jersey, 通称デラウェア社)である(第2次大戦後に社名を変更)。第1章第4節注(25)を参照。
5) Wall〔154〕, p. 181.
6) Wall〔154〕, p. 185.
7) ここに記したアメリカ・シェルの売上高がすべてアメリカ国内での販売かどうか，

つまり輸出が含まれないかどうかは不明である。1954年にジャージー社の世界全体での売上高(配当, 利子, その他収入を含む)に占める石油化学品の売上高の比率は1.8%であったが, RD=シェルの場合はアメリカ子会社の売上高だけで世界全体における同社の売上高(同)の2.7%に達したと推定される。この当時RD=シェルは西ヨーロッパおよびその他地域でかなり活発に石油化学事業を行っており, 事業活動全体に占める石油化学の比重はジャージーを大きく凌ぐものと思われる。以上については, Jersey〔25〕, 1963, pp. 7, 19 ; Shell〔41〕, 1954, p. 19 および同営業報告書に付属の *Survey of Activities*, pp. 34, 36 ; Beaton〔134〕, p. 782 による。
8) Wall〔154〕, pp. 181-182, 185.
9) ジャージーによる石油化学事業への積極的進出は, 1955年の基本方針によって決まった。同方針の決定に至る社内討議の内容などについては, Wall〔154〕, pp. 180-186 を参照せよ。
10) 1960年にジャージーは, アメリカ国内で化学事業を行う企業の中で10位以内(売上高)に入った。以上は, Jersey〔24〕, 1960, p. 18, 1961, p. 9, 1962, p. 5, 1964, pp. 3-4 ; Exxon〔19〕, Winter 1980, p. 13 ; Wall〔154〕, pp. 194-195, 209-210 による。
11) Wall〔154〕, pp. 42, 192.
12) Wall〔154〕, pp. 192, 194.
13) 1960年代に同社は, 例えば原油生産事業においては, すでに第4章第2節で述べたようにアラスカでの油田の探索・開発への投資を行った(アラスカ以外にも北海, オーストラリア, その他でも油田の探索・開発を実行)。投資機会の減少に伴う余剰資金の滞留という事態をみることはなかったのである(Jersey〔24〕, 1962, pp. 4-5, 1964, pp. 3-4, 1965, p. 10, 1966, p. 14 ; Wall〔154〕, pp. 30-31, 33-35, 42, 53, 56-57, 59. 前掲表IV-1脚注〔3〕を参照)。
14) 加えて, 石油化学事業が石油事業(精製事業)と組織上一体の場合には, 経営面で石油事業の下位ないし従属的位置におかれるおそれがあり, 同事業の拡充・促進のためには組織を分離する必要があるとジャージーは考えたようである(Jersey〔24〕, 1962, p. 3, 1963, p. 2 ; Wall〔154〕, pp. 42, 189, 194, 199-200, 211-212)。なお, こうした石油化学部門の分離・「独立化」は他の主要石油企業にもみられるところであって, 例えばモービルは, すでに1960年に同様の組織(子会社)たるモービル化学(Mobil Chemical Company)を創設した(Mobil〔35〕, 1960, p. 2)。
15) Jersey〔25〕, 1968, p. 13.
16) Jersey〔25〕, 1968, p. 7.

第3節　活動の問題点と1960年代後半における事業の再編成

　以上のような経緯と位置づけによって，ジャージーの石油化学事業は確かに成長を遂げた。だが，事業の収益性および獲得利益の点では1960年代の半ば近くからしだいに期待を裏切る事態が生起し，同年代後半に至ると石油化学事業はそれまでの活動の見直しを迫られることになったのである。

収益性の低迷とその要因　売上高の年々の増大にもかかわらず，1963年に3300万ドルであった同社の利益額は，64年に2400万ドル以下へ減少し，また65年には石油化学事業における自己資本純利益率は4％に達しなかった[1]。1960年代半ば頃のジャージーの同事業は，同社全体の利益獲得の推進者としての役割を果たすには遠く，その収益性は化学産業の平均に比べても低い水準で推移したのであった[2]。1968年には，石油化学事業で同社は遂に欠損(1580万ドル)を出したのである[3]。

　このような収益性の低迷を規定づけた要因の第1は，新たに着手され活動上の重点とされた化学肥料など最終製品のいくつかの分野が，カナダを除く諸外国においてみるべき成果を上げえなかったことにある。1960年代半ばに石油化学部門における資産額の過半を占めたといわれる海外では，ジャージーは1968年にはすべての国(カナダを含むと思われる)で赤字に転落したのだった[4]。1963年頃から中央アメリカ・カリブ諸国(コロンビア，アルバ，コスタ・リカ，エル・サルヴァドル，プエルト・リコ，ジャマイカ)とアジア(フィリピン，マレーシア，パキスタン)などで試みた，食糧増産に資するための化学肥料の生産あるいは販売，64年以降に着手ないし本格化したイギリス，旧西ドイツ，デンマークでのプラスチックを用いた製品の製造(plastics fabrication)，スペインでのナイロン繊維の製造などは，その多くがいずれも数年にして清算の対象となったのである[5]。

　かかる事態を招いた原因や理由は多岐にわたるが，最も重要な，あるいは基本的な問題は，1960年代前半に多角化路線の主要な対象として石油化学を位置づけたジャージーが，事業の多角化を一挙に推進しようとし，結果として石

油化学に対する過大な投資を累増したことにあったと思われる。とりわけそうした傾向は,本社の管理や統制が,子会社エッソ化学の設立後もなお不十分のままであった海外において顕著であった。資本投下に際しての堅実・慎重をもって知られる同社としては異例なことに,しばしば十分な市場の調査を行うことなく生産計画などが決定され,また西ヨーロッパではプラスチック市場で少なくとも10％のシェアを確保するといった当時の同社にとって非現実的な目標が掲げられたりしたのであった。このような経営上の原則・指針からの逸脱,経営判断や意思決定の誤りなどが獲得利益や収益面での不振を生み出す要因になったと考えられるのである[6]。

ついで,ジャージーの石油化学事業が低収益を余儀なくされたいま一つの点は,1960年代初頭以降に着手された如上の最終製品についてもいえると思われるが,戦後初期以来の主要製品であった基礎製品などの価格がアメリカ国内外で低迷したことである。基礎製品,溶剤,合成ゴムなど旧来からの製品は1960年代の半ばにおいてなお同社による石油化学品の販売全体(販売額)のほぼ7割を占めたと推定されるが,この時代におけるこれら製品,特に基礎製品の販売競争は激しく,価格は大きく低下したのであった[7]。

事業の再編成　以上のような事実と問題点を踏まえ,ジャージーは従来の拡張路線を修正し,収益力の向上を主たる経営目標として石油化学事業の再構築を試みた。同社はまず,1967年に,石油化学事業への同年の投資計画を当初予定された4億ドルから1億5000万ドルへ大幅に削減した。新規事業への投資をできるだけ抑制して既存の分野でより高い利益を得ることに努めたのである[8]。以後,1972年頃まで石油化学事業への活発な投資はおさえられた[9]。ついで,ジャージーは1968年から71年までの4年間で5億ドル相当の資産を処分した[10]。その主たる整理の対象は,既述の内容からして,ラテン・アメリカ,アジア,西ヨーロッパなど海外に擁した最終製品の生産・販売施設の全部あるいは一部であったと推定される[11]。これにより,ジャージーの石油化学事業は,生産品目においては,すでに確立した分野としての基礎製品,中間製品,溶剤に加え,収益面で確実性のあると考えられる合成ゴム(ブチル以外にエチレン・プロピレン・ラバー〔ethylene-propylene rubber〕な

どを含む），プラスチック等のいくつかの最終製品より構成され，活動拠点ではそれ以前とは異なりアメリカ本国により重点をおいた構造へと再編されることになったのである[12]。

本章の小括　石油化学事業がジャージー社による活動の一部門を構成したことは第2次大戦後における重要な特徴であった。ジャージー社の売上高全体に占める石油化学品の販売額の割合をみると，資料の得られる1957年に2.2％，65年4.7％，69年6.1％であり，傾向的に増加したことは明白である。しかし，これらの数値は，1960年代末においても石油化学事業が同社の事業全体の一小部分に位置したことを示すものであろう[13]。さらに，この間，石油化学事業は，事業体制の基本的な見直し，整理・再編成を余儀なくされたのであった。

だが，戦後にアメリカなど主要国において石油化学工業が，「素材革命」，「材料革命」なる呼称の下に新興産業として急速な成長を遂げたこと，およびジャージー社もまたその有力な企業の一角に位置したことからすれば，この比重の低さについては，むしろ本来の石油事業，あるいはガソリン，重油といった従来からの石油製品の生産・販売事業の規模が巨大であったことに由来した面も否定できないであろう。戦後におけるエネルギー源としての石油の生産と消費の著しい増加があらためて確認される必要があるように思われる。

石油化学事業でみられたジャージー社の経営判断，意思決定の誤りについては，その理由の一斑は，1960年代初頭ないし前半に当時の経営陣が抱いた石油事業の投資対象としての将来性に対する不安，ある種の不確信に求めることができるように思われる。それは，経営の多角化を一挙に推進しようとする行動として現れ，この分野に対する過大な投資の積み込みを促したと考えられるのである。

1) Wall〔154〕, pp. 208, 216. ジャージー社全体の同年の自己資本純利益率は，前掲表V-5に示されるように11.5％であった。
2) Wall〔154〕, p. 216.

3) Wall〔154〕, p. 232.
4) 1968年にアメリカ本国だけなら5720万ドル(但し税引き前)の利益を出したのである(Jersey〔24〕, 1963, p. 6, 1966, p. 20, 1967, p. 20, 1968, p. 21；Wall〔154〕, pp. 215, 232)。
5) Wall〔154〕, pp. 209, 213-214, 229-230；Jersey〔24〕, 1962, pp. 5, 7, 13, 1963, pp. 2, 11, 13, 1964, p. 12, 1965, p. 12.
6) 海外における最終製品の生産・販売などにみられたこうした問題点が最も鮮明に露呈したのは，発展途上国での「緑の革命(green revolution)」に呼応して開始された化学肥料(特に窒素肥料)の生産・販売の分野であった。第1に，ジャージーが各地で製造プラントを稼働させたときは，市況はすでに過剰生産期に入っていたのであるが，同社はこれに気づかなかった。第2に，肥料産業にとって革命的といわれた技術上の革新に対応できなかった。同社が各国毎のローカルな小規模生産を開始した時点で，新技術の開発により最適な生産規模は数倍になっていたのであり，いち早く大型設備を導入した企業に対し生産費用の面でジャージーは太刀打ちできなかった。そして，第3に，何よりも重要な問題は，ジャージー本社の経営陣が後に語ったところでは，ラテン・アメリカなどの途上国に所在する農民の多くは化学肥料の使い方を知らず，購入代金を支払う術もなく，かつ自らが生産した農作物を販売する方法さえ持たなかったのである(以上については，Wall〔154〕, pp. 209, 216, 221, 223-226；Jersey〔24〕, 1969, p. 19 による)。
7) Jersey〔24〕, 1966, p. 20；Wall〔154〕, pp. 194, 215-216, 229.
8) Wall〔154〕, pp. 221-224.
9) Exxon〔18〕, 1972, p. 13, 1973, p. 12, 1974, p. 13, 1975, p. 13.
10) Jersey〔24〕, 1969, pp. 3, 19；Wall〔154〕, pp. 229-230.
11) 最終製品のうち合成繊維については市場での過剰傾向が著しいとジャージーは判断し，アメリカ本国およびカナダにおいてもこれを処分した(Jersey〔24〕, 1968, p. 21, 1969, p. 19；Wall〔154〕, pp. 209, 229)。
12) 如上の1967年の改定された投資額(1億5000万ドル)もその最大部分はアメリカ国内向けであった(以上は，Jersey〔24〕, 1969, p. 19；Wall〔154〕, pp. 194, 210, 222, 235による)。
13) Jersey〔25〕, 1963, pp. 7, 19, 1970, pp. 6-7. なお，1960年代後半における事業の整理・再編成を経て，1970年代の初頭以降ジャージーの石油化学事業はみるべき成果を生み出したと考えられる。1974年のジャージー社の内部分析によれば，子会社エッソ化学は同年，世界の化学企業の中で事業の持つ収益性の高さの点では上位5社の中に含まれたという(Wall〔154〕, p. 237)。

終　章　総括，残された課題，展望

　本書は，1920年代初頭以降60年代末までのニュージャージー・スタンダード石油会社によるアメリカ本国を含む世界各地での事業活動を対象として，その実態と特質の解明を試みた。また，業界の主導的企業としての同社の活動を通じて，およびその範囲においてであるが，世界の石油産業の構造と史的展開を探った。私は，かかる検討を踏まえて，1970年代初頭ないし前半以降今日に至る世界の石油産業を解明するための基本的な視座を獲得したいと考えたのである。こうした研究上の目標と位置づけからして，本書は第II部で扱った第2次大戦終了以降1960年代末までの時代，つまり70年代と接続する時代の活動を明らかにすることが主たる課題を構成した。だが，これまでの内外における研究の到達点からして，第2次大戦後の考察にとって第I部を構成した両大戦間期，第2次大戦期についての分析は欠くことのできない前提をなしたのである。第I部は図表もやや多く，結果として第II部を凌ぐ紙数を占めることになった。

　以下では，第1に本書全体の総括，第2に残された課題，第3に1970年代初頭以降のジャージー社による活動の展望，これらについて述べる。

〔I〕　総　　括

　1920年代初頭以降のジャージー社の事業活動について，各時代の特質は，基本的には各章の末尾において与えられている。それぞれの小括は，それ以前の時代との対比，あるいはその後の時代との関連をある程度念頭において書かれており，ジャージー社による業界支配，および同社の支配を可能にした事業

活動の諸特徴について，その史的展開を手短に概説する役割を果たすであろう。それゆえ，本章においてあらためてそれらを整理・要約する必要はあるまい。ここでは，ジャージー社の活動全体を振り返って以下の2点を述べるに留める。

　第1に，今日のジャージー社（エクソンモービル社）など世界の主要な石油大企業の活動において原油生産事業（天然ガスを含む）が資産額（投資額），獲得利益額の点で最大部門に位置することは周知のところである。世界の石油産業史を体現する1社であったジャージー社において，原油生産事業がかかる位置を獲得したのは，今日の地点からみれば1930年代，特に半ば以降であったといってよいであろう。その際，重要なことは同社における原油生産事業の基幹的地位への推転が，石油業界全体における原油の過剰生産の抑制，そのための統制機能・制度の形成と相伴って実現されたことである。

　一般に，ジャージー社のみならず石油大企業にとって，油田発見の偶然性とこれに由来する投資の危険性を除去することは依然として今日なお困難の多い課題であり，原油生産事業の維持と拡大には多大な投資を必要とする。だが，他方，豊富な埋蔵量を擁した優良油田の発見は，市場に対する過剰供給が抑制され，原油価格が中小の原油生産業者によって汲み出される生産費の割高な原油をも存在可能とする水準に維持されるならば，石油大企業に多大な利益（超過利潤）をもたらす。1930年代以降，ジャージー社は他の大企業とともにアメリカにおける生産割当制度，ヴェネズエラ，中東での生産の共同統制（原油生産子会社の共同支配・所有）を崩すことなく維持し，原油生産事業における高位利益の獲得を追求したのである。

　本書において，ジャージー社と他の石油大企業との共同行動，カルテル体制を同社の活動の重要な特質として指摘する場合，それを製品市場における販売活動，市場支配ではなく原油生産，油田の支配において重視したことはこれまでの検討から知りうるところであろう。本書が対象とした1920年代以降の世界の石油産業においては，原油生産事業における過剰生産の抑制機構こそがカルテル体制の最重要の内実をなすと考えられるのである。

　第2に，19世紀後半の旧スタンダード石油会社の時代から本書が対象とした1960年代末まで，ジャージー社は総合力で世界石油産業界の最大企業とし

て存在した。だが，同社の業界支配力は，1920年代にアメリカおよび諸外国で顕著な低下をみた。諸外国ではその後も，第2次大戦期などを別として，また地域・国毎の違いを考慮する必要があるが，市場占有率などでみる限り全体として同社の支配力は長期にわたり低下を免れなかった。

アメリカと社会主義諸国を除く諸外国においては，第2次大戦後に，戦前来のビッグ・スリー(ジャージー，RD＝シェル，BP)に加えて新たに4社(モービル，カリフォルニア・スタンダード，テキサコ，ガルフ)が支配的石油企業群を構成する(セヴン・システーズの形成)。さらに政府に支援された国策企業，公社，国有企業なども各国において登場，ないし勢力を拡張する。かかる企業群の攻勢により，ジャージー，および同社と業界支配力で双璧をなしたRD＝シェルは支配力の低下を余儀なくされたのである。

その際，これら対抗企業の競争力，あるいは市場支配力の源泉の一つが，原油と油田の支配にあったことが重要であろう。新たに国際石油資本としての性格を備えた前者の企業群は，中東地域における油田支配と原油の獲得に支えられて戦後「エネルギー革命」期の成長市場をとらえた。後者の国策企業などの場合も，自社の油田を擁した企業，あるいは旧ソ連産石油を国際石油資本に対抗する手段として活用した企業などは，ジャージーの市場支配を現実に脅かす存在だったのである。油田と原油獲得における支配力，優位性は，需要の急増期においては石油企業に対し市場支配を強化する主たる推進要因となったのであった。

これに対して，アメリカでは，1930年代前半ないし半ば頃からジャージーの支配力の低下，新興企業などの台頭による支配体制の再編はみられなかった。第2次大戦後のアメリカにおいても，西ヨーロッパ，日本などの伸張には及ばないが石油消費は年々増加し市場は着実な成長過程を辿った。だが，諸外国との重要な違いは，油田(油井)における各社の生産量が割当制の下におかれ，1950年代末以降は原油，石油製品の輸入に制限が加えられたことである。安価な原油の大量生産，あるいは外国石油の大量輸入に支えられて既存の大企業群の市場支配に挑戦し，支配体制の再編を促すことは，アメリカにおいては困難の多い課題だったのである。

さらに，いま一つの要因として，アメリカでは西ヨーロッパなどと違い，第2次大戦後もガソリンを最大とする製品消費構成は不変であり，市場での販売競争が引き続きガソリンを軸に展開された事実を挙げるべきであろう。市場での競争の対決点，石油企業による市場支配の戦略や手法などに基本的な変化はみられなかった。1920年代と異なり，ジャージーなどの支配方式の有効性は失われることはなく，中小の石油企業，新興企業が既存大企業群の支配の網を突破することは容易ではなかったのである。アメリカ市場における企業間競争は，むしろ現実には1930年代頃からは，それ以前に石油大企業としての地歩を固めた企業同士の対抗を軸に展開されたといえよう。ジャージーの場合，第2次大戦後は全国的販売企業への転成を基本路線とし，これによって各地に存在する主要大企業群と熾烈な販売競争を演じたのであった。

〔II〕 残された課題

3点のみ指摘する。

第1は，第2次大戦後に「エネルギー革命」の主要な舞台を構成し，かつ製品販売量でジャージー社の最大市場となった西ヨーロッパ諸国での精製，販売などの分析は，本論でも指摘したようにいまだ断片的な史実をとりまとめた以上のものではない。1章を設けて検討したイギリスでの活動も，製品市場での販売活動，特に重油，軽油などの販売，石炭とのエネルギー市場をめぐる確執などの多くは今後の検討課題として残された。1960年代末頃までに各国でジャージー社が主要なエネルギー供給企業の1社となったことは否定しえないとしても，そこに至る過程の解明は今後の最も大きな課題である。

第2は，上記と一部重なるが，各国における製品販売事業とその史的変遷の解明は，アメリカをさしあたり別としても，西ヨーロッパ諸国のみならず多くの国・地域について不十分なまま残された。ジャージー社と他社の製品販売量，市場占有率などの統計から，各時代における製品市場での同社の地位や支配力をある程度推定することは可能としても，そうした統計結果をもたらした販売活動，販売組織の実態，他社に対する販売面での優位や弱点についての解明は引き続き今後の検討に属する。なお，その場合留意すべきは，イギリスのガソ

リン市場において 1950 年より以前に特約店制度の普及がみられなかったように，各国の市場と流通制度には固有の特質が存在し，これがジャージー社の販売活動を規定づけたと考えられることである。各国での同社による製品販売，販売力の強化，流通機構の革新や再編成などの考察は，歴史的に形成された固有の特質にまで立ち入って解明される必要があろう。

第 3 に，本書は事業活動の分析を課題としたこともあって，原油生産，製品市場での活動などに大半の紙数を費やし，ジャージー社内部における経営の管理と組織，特に人事，労務・労使関係，財務，トップマネジメントの組織と機能，本社と子会社の間での権限の集中と委譲などの諸分野については，その多くを考察の対象外とした。もっとも，財務面のみ各章の末節，その他で手短に取り上げ，また組織改革についても部分的には触れたが，他の諸問題についてはほとんど述べられることがなかった。これは，一つはむろん資料の制約によるが，いま一つはこうした分野を扱うだけの準備や蓄積が現在の私に不足していることによっている。本論で試みた事業活動，他社との競争と共同，業界支配といった諸領域・諸問題の検討と企業内部の管理と組織の考察とを結合してジャージー社の企業活動の全体像を描き出し，ついでそれらの分析を世界石油産業の全体構造の解明に接続させることが今後の課題となる。

〔III〕 1970 年代以降への展望

1970 年代初頭以降今日に至るエクソン社(ニュージャージ・スタンダード石油会社，1999 年末以降はエクソンモービル社)の事業活動を構成した諸分野とその活動地域は，1960 年代末までの時代とは異なる様相を示す。同社は，1970 年代初頭ないし前半以降に海外の主要な油田に対する支配権を漸次あるいは急速に喪失した。既存の原油生産事業の再編成を余儀なくされ，世界市場での製品供給，販売事業にもこれらに照応する変容が惹起されたのである。さらに，エクソン社が，従来の石油化学事業に加え，石炭，銅などの鉱山業，電力事業など石油産業以外の分野への積極的な進出を試みたこと，1980 年代末以降の東欧地域，旧ソ連邦での社会主義体制の崩壊，およびこれに先立つ中国の経済改革(社会主義市場経済への移行)に伴い，これら地域を同社の新たな活

動対象，活動拠点に組み込んだこと，なども今日に至る重要な事実として特筆されなくてはならない。加えて，第2次大戦後の資本主義世界を特徴づけた高度成長が1970年代初頭頃までにほぼ終焉したことを踏まえ同社の企業活動，経営戦略にも転換がみられたのである。

こうした事実からすれば，今日に至るエクソン社の活動を，本書が対象とする1960年代末までの活動との連続性を基本として，あるいはその延長上においてとらえることはできないであろう。本論で試みた1960年代末までの分析は，今日までの事態と特徴，あるいはその歴史段階性を明らかにするための前提，不可欠の基礎作業という意味で歴史研究としての位置づけを与えられることになったのである。

ここでは，如上の事業活動の変貌や転換を促す要因が，1960年代末までの同社の活動それ自体に如何に胚胎されたか，といった点に留意し，1970年代初頭以降のエクソン社の活動を以下の2点において展望し，本書を閉じることにしたい。

第1に，海外の2大原油生産拠点，ヴェネズエラ，中東・北アフリカ地域において，同社，あるいは他社との共同所有会社が保持した油田の支配権が，現地の産油国政府による，いわゆる資源ナショナリズムとこれに基づく行動(「事業参加(participation)」，国有化など)によって失われたことは周知の通りである。しかし，こうした産油国政府の要求や「圧力」に対抗できない脆弱性が1970年代初頭時点のジャージー社の内部に存在したことがここでは重要であろう。

産油国政府による石油企業への攻勢の歴史的な一撃は周知のように「革命」後のリビアによってなされた。同政府は，公示価格，所得税率の引き上げ要求を認めるか，それとも同国の石油法に基づく生産削減命令を甘受するかの選択を現地で活動する外国石油企業各社に突きつけたのである。ジャージーなど各社は直ちにこれに強く反発した。当時，原油過剰を背景として国際市場での原油の価格(実勢価格)は低下を辿っており，こうした時期に価格を引き上げることは，リビア産石油の販路の喪失をもたらすというのが石油企業側の主たる主張であった。リビア政府の要求と攻勢に対するジャージーを含む石油企業各社

の対応と対抗力に差違はあったが，総合力で最強のジャージーでさえこれら要求を跳ね返すことができず，1970年10月までにはリビア政府に屈服し，公示価格の引き上げなどを受け入れるに至ったのである。

　ジャージーが対抗できなかった理由の一つとしてここで指摘すべきは，同社の他の有力生産拠点における生産余力(spare capacity)の不足あるいは欠如である。1国としては最大拠点のヴェネズエラ，およびペルシャ湾岸地域での最重要拠点たるサウジ・アラビアで，ジャージーの子会社，関連会社は本論で述べたように，原油過剰期の1960年代，あるいは半ば近くから油田の探索・開発については活発な投資を抑制し，結果として両国では生産の余裕能力をしだいに減退させたのであった。1970年ないし71年頃までに両国，特にヴェネズエラでの原油生産はほぼ生産能力の上限近くでなされており，リビアで生産が削減された場合，これに直ちに代替する生産増を行い，これによって従来の販路に支障なく原油・製品を供給する，といった対応を行うことは容易ではなかったのである。これ以降，ペルシャ湾岸において直面する産油国政府の攻勢・要求へのジャージー社の屈服も，かかる脆弱性がその原因の一つだったと考えられるのである。

　かように，ジャージーは海外における原油と油田の支配において重大な事態をみた。だが，他方アメリカ本国に目を転じると，1970年代にアラスカが同社の有力な原油生産拠点として浮上する。1960年代の後半に発見されたアラスカの大油田は，自然条件などからくる高い操業費用のために，原油価格の上昇，価格の高位安定の時期を待っていたというべきであろう。「第1次石油危機」(1973年10月)以降の原油価格の大幅な高騰を背景に1970年代後半ないし末期になってジャージー社の油田地帯としての役割を果たしはじめたアラスカは，まもなくテキサス州を凌ぎ同社の国内最大の生産拠点に転ずるのである。

　これらの原油生産体制の変貌に照応して戦前以来のアメリカ国内外での生産調整機構，生産カルテル体制もまた変容した。アメリカでの生産割当制度は，石油の過剰から不足の時代への転換に伴い1970年代初頭ないし前半までにその歴史的役割を事実上終え，輸入割当制度も73年4月に廃止されたのである。ヴェネズエラ，ペルシャ湾岸におけるジャージーと他社との油田の共同所有，

生産の共同統制がその機能を失効したことはいうまでもない。これら地域における生産統制ないし生産量の調整機能は，やがて石油輸出国機構(Organization of the Petroleum Exporting Countries, OPEC)が継承するのである。

第2に，世界製品市場でのジャージー社(エクソン社)の活動は，精製，販売のいずれにおいても1960年代からの転換が不可避となる。本論でみたように，製品販売量では同社の最大市場であった西ヨーロッパでは，1960年代末頃までにそれまで最大品目であった重油の成長は鈍化したのであり，従来の如き量的拡大を志向しうる条件は漸次失われつつあった。しかも，1960年代における販売面での収益性の顕著な低下あるいは欠損は，この時代にイギリスで試みられたように，ガソリン小売店舗の整理，販売量の少ない小売業者との契約打ち切りを促さざるをえなかった。これは，主要国では日本をさしあたり別として，アメリカ，西ヨーロッパなどでは1970年代に入ってほぼ共通して行われた。日本においても1970年代半ば以降には，収益性の低い重油(C重油)の販売を，エクソン社(エッソ石油)の側から打ち切る，といった行動さえみられるのである。

精製事業についても，地域別では最大拠点であった西ヨーロッパでの精製能力の拡大は1960年代末までに一つの時代の終わりを示した。量的拡大をむしろ相対的ないし絶対的には抑制しながら，精製，販売などの諸分野で利益と収益性を高める方向が追求されるのである。1970年代初頭以降，全体として，量の面での拡張志向に基づく企業経営からの大きな転換がジャージー社の活動全体を規定づける一つの方向となる。

19世紀後半の創業期から1960年代末までのほぼ1世紀にわたって，ジャージー社(旧スタンダード石油)の活動，業界支配と利益獲得については，事業規模のほぼ一貫した拡大を基調として論ずることが可能であったし，またそれが必要であった。1970年代初頭以降の現実は，分析手法にも一つの転機を与えるように思われる。

文献一覧

〔Ⅰ〕 典拠史資料・文献

以下に掲げたのは，本書において注などで直接典拠として用いた史資料，文献のみである。

Ⅰ 公文書館などの所蔵史資料

〔1〕 アメリカ国立公文書館(the United States National Archives)所蔵資料。

アメリカ合衆国のメリーランド州カレッジ・パーク市(College Park, Maryland)に所在する国立公文書館の分館(National Archives at College Park, Archives Ⅱと呼ばれる)に所蔵された資料。本書において用いたものは以下の資料グループである。

Record Group 48：Records of the Office of the Secretary of the Interior
Record Group 59：General Records of the Department of State
Record Group 151：Records of the Bureau of Foreign and Domestic Commerce
Record Group 232：Records of the Petroleum Administrative Board
Record Group 253：Records of the Petroleum Administration for War

これら資料の表記については，例えば，NACP〔1〕, War Emergency Pipe Lines Operating Schedule, May 20, 1943：Part 17, May 10, 1943 to June 16, 1943：Central Classified File, 1937-1953, Petroleum Administration, 1-188：RG 48，と記した場合，NACPは資料の保管施設(repository)であるNational Archives at College Parkの略：War Emergency Pipe Lines Operating Schedule, May 20, 1943 は資料(文書)名(record item)：Part 17, May 10, 1943 to June 16, 1943 は資料の入っているフォルダー(ファイル入れ)に付けられた名称(file unit)：Central Classified File, 1937-1953, Petroleum Administration, 1-188は，資料あるいはフォルダーの分類名(seriesあるいはsubseries)：RG 48はRecord Group 48の略で48は内務省(Department of the Interior)を指す，以上である。

〔2〕 イギリス公文書館(the Public Record Office)所蔵資料。

連合王国(イギリス)のサリー州リッチモンド市(Richmond, Surrey)に所在する公文書館所蔵資料。本書においては，グループ名がPOWEとされた旧動力省(the Ministry of Power)およびその関連機関の以下の資料を用いた。POWEに続く番号はグループ内の分類番号(class)を示す。

POWE 14：Department of Energy and predecessors：Electrical Division and predecessors：Registered Files, (EL and GE Series)
POWE 33：Petroleum：Correspondence and Papers
POWE 61：Ministry of Fuel and Power and Ministry of Power：Petroleum Devision：Registered Files (PE Series)

POWE 63 : Ministry of Power and successors : Petroleum Devision and successors : Registered Files (PET Series)

例えば, PRO〔2〕, Letter to the Accountant General from C. M. Vignoles, 26th February, 1952 : POWE 33/1555 と記した場合, PRO はイギリス公文書館の略 : Letter to the Accountant General from C. M. Vignoles, 26th February, 1952 は資料(文書)名 : POWE 33/1555 は, この資料が POWE 33 の 1555 番のフォルダーに保管されていることを示す。なお, フォルダー番号(ここでは POWE 33/1555)にさらに数字が付加されることがあるが(例えば POWE 33/1555/15 など), その数字(ここでは 15)は当該資料(Letter to the Accountant General from C. M. Vignoles, 26th February, 1952)が 1555 番フォルダーの中の 15 番目の文書であることを示す。

〔3〕 ロックフェラー大学所属のロックフェラー文書センター(The Rockefeller Archive Center of the Rockefeller University)所蔵資料。

アメリカのニューヨーク州スリーピー・ハロウ市(Sleepy Hollow, New York)に設置されたロックフェラー大学所属の文書センターに所蔵されている資料。本書では, 同センターに所蔵された資料の中で, 大分類名で Rockefeller Family Archives と呼ばれるコレクションに含まれた 2 つの資料グループを用いた。

Record Group 2 : The Office of Messrs. Rockefeller
Record Group 4 : Nelson A. Rockefeller, Personal

例えば, RAC〔3〕, Attached paper of the letter to Mr. Gumbel from BP, February 15, 1936 : F867 : B116 : BIS : RG2 : RFA の場合, RAC はロックフェラー文書センター : Attached paper of the letter to Mr. Gumbel from BP, February 15, 1936 は資料(文書)名 : F867 は Folder 867 の略で資料が保管されているフォルダーの番号 : B116 は Box116 の略でこのフォルダーが入れられている箱の番号 : BIS は Business Interests Series の略でこの箱が Business Interests Series に分類されていること : RG2 は Record Group 2 (The Office of Messrs. Rockefeller) の略で, Business Interests Series がより大きな分類である RG2 に属すこと : RFA は Rockefeller Family Archives の略, 以上を示す。

〔4〕 ニュージャージー・スタンダード石油会社(エクソンモービル社)の本社, イギリス子会社の資料室所蔵資料。

アメリカ合衆国テキサス州のアーヴィング市(Irving, Texas)に所在するエクソンモービル社の本社, および連合王国(イギリス)のサリー州レザーヘッド市(Leatherhead, Surrey)に所在するイギリス子会社(Esso UK p.l.c. 但し本書では Esso Petroleum Company, Ltd. と記載)の本部のそれぞれの資料室において収集した資料。これらについては, 最初に Exxon Mobil Library〔4〕と記載し, 本社(Headquarters)の資料には文書の前に HQ をつけ, イギリス子会社の資料には UK をつけて表記する。前者については, 例えば, Exxon Mobil Library〔4〕, HQ : Draft Papers, History of Standard Oil Company (New Jersey) on New Frontier, 1927-1950, by Evelyn H. Knowlton and Charles S. Popple, Chapter 3, p. 70, Chapter 4, pp. 44-45, 作成年次不明, のように

記載する。
　イギリス子会社の資料のうち本書において用いたものは以下の2点である。
① Memorandum in reply to the questionnaire from the Monopolies & Mergers Commission Dated 13th April 1976, 15th July 1976. これをExxon Mobil Library〔4〕, UK: Memorandum 1976 と表記。
② Memorandum in reply to the Public Interests Letter from the Monopolies & Mergers Commission Dated 6th April 1977, 1st August 1977. これをExxon Mobil Library〔4〕, UK: Memorandum 1977 と表記。

〔5〕　BP文書館(BP Archive)所蔵資料。
　連合王国(イギリス)のウォーリックシャー州コヴェントリー市(Coventry, Warwickshire)に所在するウォーリック大学(University of Warwick)の敷地内に設けられたイギリス石油企業BP社(B.P. p.l.c)の文書館所蔵資料。本書では，主として同文書館が管理するシェル・メックスBP社の資料(Shell-Mex and BP Archive)を用いた(シェル・メックスBP〔Shell-Mex and B.P. Ltd., SMBP〕はRD=シェルとBP社の共同所有子会社であり，1932年から75年まで両社のイギリス国内での製品販売を担当した。第2章第5節注〔32〕，第6章第4節，第5節参照)。
　例えば，BPA〔5〕, Memorandum to Mr. A. M. Robertson from J. R. L. Cook, 3rd October, 1966: BP 29609: Shell-Mex and BP Archive と記した場合，BPAはBP Archive の略：Memorandum to Mr. A. M. Robertson from J. R. L. Cook, 3rd October, 1966 は資料(文書)名：BP 29609 はそれぞれの資料の番号(Reference Number, 但し多数の関連資料が同一の資料番号を与えられている場合もある)：Shell-Mex and BP Archive はこの資料がシェル・メックスBP社の資料であることを示す。なお，シェル・メックスBP社以外の資料は，例えばBPA〔5〕, Memorandum from A. H. T. Chisholm to Mr. Gass, 28th February, 1946: BP 57949, のように記した。

II　ニュージャージー・スタンダード石油会社(エクソンモービル社)，同子会社，関連会社などの営業報告書，刊行物，公表資料など
　＊アルファベット順に配列。

〔6〕　Arabian American Oil Company, *Report of Operations to the Saudi Arab Government by the Arabian American Oil Company*. 1949年次の報告書(1950年に刊行)については，Aramco〔6〕, 1949, p. 15 のように記載。以下，営業報告書(年次報告書)は対象年次の年数を記載。それ以外は特に断らない限り刊行年。

〔7〕　Arabian American Oil Company, *Aramco Handbook: Oil and the Middle East*, 1968. Aramco〔7〕, p. 15 のように記載。

〔8〕　Creole Petroleum Corporation, *Annual Report*. Creole〔8〕, 1950, p. 15 のように記載。

〔9〕　Esso Petroleum Company, Ltd., *Directors' Report and Accounts*. Esso UK〔9〕, 1960, p. 15 のように記載。

〔10〕 Esso Petroleum Company, Ltd., *Esso Magazine*. Esso UK〔10〕, Spring 1988, p. 15のように記載。

〔11〕 Esso Petroleum Company, Ltd., *Esso from the beginning*, December 1987(年表)。Esso UK〔11〕, 頁なし，のように記載。

〔12〕 Esso Petroleum Company, Ltd., *Esso Employee News*. Esso UK〔12〕, January 1958, p. 15のように記載。

〔13〕 Esso Petroleum Company, Ltd., *Facts Sheet*. Esso UK〔13〕, Distribution, December 1989のように記載。

〔14〕 Esso Petroleum Company, Ltd., *Esso in Britain : 90 years* of history, 1978. Esso UK〔14〕のように記載。

〔15〕 エッソ石油株式会社発行『オーバルのもとに エッソ石油二〇年の歩み』, 1982年。

〔16〕 エッソ石油株式会社発行『エッソジャパン』(社内報), 各号。

〔17〕 Exxon Corporation, *Annual Report*. Exxon〔17〕, 1973, p. 15のように記載。

〔18〕 Exxon Corporation, *Financial and Statistical Supplement to the Annual Report*. 後に，*Financial & Operating Review* と改称。Exxon〔18〕, 1975, p. 15のように記載。

〔19〕 Exxon Corporation, *The Lamp*. Exxon〔19〕, Winter 1973, p. 15のように記載。

〔20〕 Exxon Mobil Corporation, *Annual Report*. Exxon Mobil〔20〕, 2001, p. 15のように記載。

〔21〕 Exxon Mobil Corporation, *Financial & Operating Review*. Exxon Mobil〔21〕, 2001, p. 15のように記載。

〔22〕 エクソンモービル有限会社発行『For the Future : Exxon Mobil Group in Japan』, 2002年。

〔23〕 Humble Oil & Refining Company, *The Humble Way*. Humble〔23〕, July-August, 1950, p. 15のように記載。

〔24〕 Standard Oil Company (New Jersey), *Annual Report*. Jersey〔24〕, 1960, p. 15のように記載。

〔25〕 Standard Oil Company (New Jersey), *Financial and Statistical Supplement to the Annual Report*. Jersey〔25〕, 1960, p. 15のように記載。

〔26〕 Standard Oil Company (New Jersey), *The Lamp*. Jersey〔26〕, March 1924, p. 15, あるいはWinter 1965, p. 15のように記載(当初は月刊，後に季刊)。

〔27〕 Standard Oil Company (New Jersey), *The Lamp : 75th Anniversary of Jersey Standard*, 1957. Jersey〔27〕のように記載。

〔28〕 東燃株式会社編纂・発行『東燃五十年史』, 1991年。

Ⅲ その他の石油企業，同子会社，関連会社などの営業報告書，刊行物，公表資料など
  ＊アルファベット順に配列。

〔29〕 The British Petroleum Company, Ltd., *Annual Report and Accounts*. BP

〔29〕, 1960, p. 15 のように記載。以下，営業報告書(年次報告書)は対象年次の年数を記載。それ以外は特に断らない限り刊行年。
〔30〕 The British Petroleum Company, Ltd., *Feature Service*, May 1971. BP〔30〕のように記載。
〔31〕 The British Petroleum Company, Ltd., *NAFT*. BP〔31〕, April 1952, p. 15 のように記載。
〔32〕 The Burmah Oil Company Limited, *Annual Report*. Burmah〔32〕, 1960, p. 15 のように記載。
〔33〕 Caltex Oil Corporation, *The Caltex Story*, 1981. Caltex〔33〕, p. 115 のように記載。
〔34〕 Gulf Oil Corporation, *Annual Report*. Gulf〔34〕, 1960, p. 15 のように記載。
〔35〕 Mobil Corporation, *Annual Report*. Mobil〔35〕, 1960, p. 15 のように記載。
〔36〕 Mobil Oil Company Ltd., *Director's Report and Statement of Accounts*. Mobil UK〔36〕, 1960, p. 15 のように記載。
〔37〕 Mobil Oil Company Ltd., *Mobil into the Second Century*, 1985. Mobil UK〔37〕のように記載。
〔38〕 Mobil Oil Company Ltd., *Press Information*. Mobil UK〔38〕のように記載。
〔39〕 モービル石油株式会社編集・発行『100年のありがとう モービル石油の歴史』, 1993年。
〔40〕 Shell-Mex and B.P. Ltd., *Year Book*. SMBP〔40〕, 1954, p. 15 のように記載。
〔41〕 The "Shell" Transport and Trading Company, Ltd., *Annual Report*. Shell〔41〕, 1960, p. 15 のように記載。
〔42〕 Standard Oil Company of California, *Annual Report to Stockholders*. Socal〔42〕, 1960, p. 15 のように記載。
〔43〕 Standard Oil Company (Indiana), *Annual Report*. Indiana〔43〕, 1960, p. 15 のように記載。
〔44〕 Texaco Inc., *Annual Report*. Texaco〔44〕, 1960, p. 15 のように記載。

Ⅳ アメリカ連邦議会・連邦政府・裁判所の記録，報告書など(統計書を含まず)
＊刊行年次の古いものから順に配列。
〔45〕 U.S. Congress, House, *Trusts : the Reports of Committees of House of Representatives for the First Session of the Fiftieth Congress, 1887-'88*, 50th Congress 1st Session, Report No. 3112, U.S. Government Printing Office, 1888. U.S. House〔45〕, p. 111 のように記載。
〔46〕 U.S. Bureau of Corporations, *Report of the Commissioner of Corporations on the Petroleum Industry*, Part Ⅰ (Position of the Standard Oil Company in the Petroleum Industry), Part Ⅱ (Prices and Profits), Part Ⅲ (Foreign Trade), U.S. Government Printing Office, 1907, 1909. U.S. Bureau of Corporations〔46〕, pt. Ⅰ,

p. 111 のように記載。

〔47〕 *United States of America v. Standard Oil Company of New Jersey et al.*, In the Circuit Court of the United States for the Eastern Division of the Eastern Judicial District of Missouri, U.S. Government Printing Office, 1908-1909. U.S. v. SONJ 〔47〕, Vol. 1, p. 111 のように記載。

〔48〕 U.S. Congress, Senate, *Production, Transportation, and Marketing of Crude Petroleum : Letter from the Chairman of the Interstate Commerce Commission*, 64th Cong., 1st. sess., Document No. 13, U.S. Government Printing Office, 1915. U.S. Senate 〔48〕, p. 111 のように記載。

〔49〕 U.S. Federal Trade Commission, *Report on Pipe-Line Transportation of Petroleum*, U.S. Government Printing Office, 1916. U.S. FTC 〔49〕, p. 111 のように記載。

〔50〕 U.S. Federal Trade Commission, *Report of the Federal Trade Commission on the Pacific Coast Petroleum Industry*, Part I (Production, Ownership, and Profits), Part II (Prices and Competitive Conditions), U.S. Government Printing Office, 1921. U.S. FTC 〔50〕, pt. Ⅰ, p. 111 のように記載。

〔51〕 U.S. Congress, Senate, *Petroleum Industry : Prices, Profits, and Competition, Letter from vice Chairman of the Federal Trade Commission*, 70th Congress, 1st Session, Document No. 61, 1928, U.S. Government Printing Office. U.S. Senate 〔51〕, p. 111 のように記載。

〔52〕 U.S. Congress, House, *Production Costs of Crude Petroleum and of Refined Petroleum Products : Letter from the Chairman of the United States Tariff Commission*, 72nd Congress, 1st Session, House Document No. 195, U.S. Government Printing Office, 1932. U.S. House 〔52〕, p. 111 のように記載。

〔53〕 U.S. Congress, House, *Report on Pipe Line*, pt. 1, 2, 72d Congress 2d Session, House Report No. 2192, U.S. Government Printing Office, 1933. U.S. House 〔53〕, pt. 1, p. 111 のように記載。

〔54〕 U.S. Congress, House, *Report on Motor Vehicle Industry*, 76th Congress, 1st Session, House Document No. 468, U.S. Government Printing Office, 1939. U.S. House 〔54〕, p. 111 のように記載。

〔55〕 U.S. Congress, Temporary National Economic Committee, *Investigation of Concentration of Economic Power, Hearings before the Temporary National Economic Committee, Congress of the United States*, Seventy-Sixth Congress, Second Session, Public Resolution No. 113, pt. 14, 14-A, 15-17, Monograph No. 39, 39-A, U.S. Government Printing Office, 1940, 1941. TNEC 〔55〕, pt. 14, p. 111 のように記載。

〔56〕 U.S. Congress, Senate, Special Committee Investigating Petroleum Resources, *War Emergency Pipe-Line Systems and other Petroleum Facilities, Hear-*

ings before the Special Committee Investigating Petroleum Resources and the Surplus Property, Subcommittee of the Committee on Military Affairs, United States Senate, Seventy-Ninth Congress, First Session, U.S. Government Printing Office, 1945. U.S. Senate〔56〕, p. 111のように記載。

〔57〕 U.S. Civilian Production Administration, *War Industrial Facilities Authorized July 1940-August 1945*, U.S. Government Printing Office, 1946. この資料には頁がうたれていないため, U.S. CPA〔57〕, 各頁から, のように記載。

〔58〕 U.S. Congress, Senate, Special Committee Investigating Petroleum Resources, *Wartime Petroleum Policy under the Petroleum Administration for War, Hearings before the Special Committee Investigating Petroleum Resources, United States Senate*, Seventy-Ninth Congress, First Session, U.S. Government Printing Office, 1946. U.S. Senate〔58〕, p. 111のように記載。

〔59〕 J. W. Frey and H. Chandler Ide, *A History of the Petroleum Administration for War, 1941-1945*, U.S. Government Printing Office, 1946.

〔60〕 U.S. Congress, Senate, *Economic Concentration and World War II : Report of the Smaller War Plants Corporation to the Special Committee to Study Problems of American Small Business, United States Senate*, 79th Congress, 2d Session, Document No. 206, U.S. Government Printing Office, 1946. U.S. Senate〔60〕, p. 111のように記載。

〔61〕 U.S. Congress, House, Subcommittee of the Committee on Interstate and Foreign Commerce, *Petroleum Investigation, Hearings before a Subcommittee of the Committee on Interstate and Foreign Commerce, House of Representatives*, Seventy-Ninth Congress, Second Session, U.S. Government Printing Office, 1946. U.S. House〔61〕, p. 111のように記載。

〔62〕 United States Tariff Commission, *Petroleum*, War Changes in Industry Series, Report No. 17, U.S. Government Printing Office, 1946. U.S. Tariff Commission〔62〕, p. 111のように記載。

〔63〕 U.S. Congress, Senate, Special Committee Investigating Petroleum Resources, *American Petroleum Interests in Foreign Countries, Hearings before a Special Committee Investigating Petroleum Resources, United States Senate*, 79th Congress, 1st Session, U.S. Government Printing Office, 1946. U.S. Senate〔63〕, p. 111のように記載。

〔64〕 *U.S. Statutes at Large*, 1946, Vol. 60, pt. 1, U.S. Government Printing Office, 1947.

〔65〕 U.S. Bureau of Demobilization, Civilian Production Administration, *Industrial Mobilization for War : History of the War Production Board and Predecessor Agencies, 1940・1945, Vol. I, Program and Administration*, U.S. Government Printing Office, 1947. U.S. Bureau of Demobilization〔65〕, p. 111のように記載。

〔66〕 U.S. Department of Commerce, *United States Petroleum Refining, War and Postwar*, Industrial Series No. 73, U.S. Government Printing Office, 1947. U.S. Department of Commerce〔66〕, p. 111 のように記載。

〔67〕 U.S. Congress, Senate, Select Committee on Small Business, *The International Petroleum Cartel : Staff Report to the Federal Trade Commission submitted to the Subcommittee on Monopoly of the Select Committee on Small Business, United States Senate*, 82d Cong., 2d sess., Committee Print No. 6, U.S. Government Printing Office, 1952. 諏訪良二訳『国際石油カルテル』, 石油評論社, 1960 年。 U.S. Senate〔67〕, p. 111, 邦訳, 136 頁のように記載。

〔68〕 U.S. Congress, Senate, Select Committee on Small Business, *Monopoly and Cartels, Hearings before a Subcommittee of the Select Committee on Small Business, United States Senate*, Eighty-Second Congress, 2d Session, Part 1, U.S. Government Printing Office, 1952. U.S. Senate〔68〕, p. 111 のように記載。

〔69〕 U.S. Congress, House, Committee on Interstate and Foreign Commerce, *Petroleum Survey, Hearings before the Committee on Interstate and Foreign Commerce, House of Representatives*, 85th Cong., 1st sess. U.S. Government Printing Office, 1957. U.S. House〔69〕, p. 111 のように記載。

〔70〕 U.S. Congress, House, Select Committee on Small Business, *Distribution Practices in the Petroleum Industry, Hearings before Subcommittee No. 5 of the Select Committee on Small Business, House of Representatives*, Part. 1, 85th Cong., 1st sess. U.S. Government Printing Office, 1957. U.S. House〔70〕, pt. 1, p. 111 のように記載。

〔71〕 U.S. Congress, Senate, Select Committee on Small Business, *Oil Import Allocations, Hearings before the Select Committee on Small Business, United States Senate*, 88th Cong., 2d sess., U.S. Government Printing Office, 1964. U.S. Senate〔71〕, p. 111 のように記載。

〔72〕 U.S. Congress, Senate, Committee on the Judiciary, *Governmental Intervention in the Market Mechanism, Hearings before the Subcommittee on Antitrust and Monopoly of the Committee on the Judiciary, United States Senate*, 91st Cong., 1st and 2d sess., Part. 2, 4, U.S. Government Printing Office, 1969, 1970. U.S. Senate〔72〕, pt. 1, p. 111 のように記載。

〔73〕 U.S. Congress, Senate, Committee on Foreign Relations, *Multinational Corporations and United States Foreign Policy, Hearings before the Subcommittee on Multinational Corporations of the Committee on Foreign Relations, United States Senate*, Part. 4-9, 93rd, Cong., 1st and 2d sess., U.S. Government Printing Office, 1974, 1975. U.S. Senate〔73〕, pt. 6, p. 111 のように記載。

〔74〕 U.S. Congress, Senate, Committee on Foreign Relations, *Multinational Oil Corporations and U.S. Foreign Policy, Report together with Individual Views to the Committee on Foreign Relations, United States Senate by the Subcommittee on Multinational Corporations*, 93d, Cong., 2d sess., U.S. Government Printing Office, 1975. 松井豊・山中隆俊・古関信訳『国際石油資本とアメリカの外交政策』, 石油評論社, 1976年。U.S. Senate [74], p. 111, 邦訳, 168頁のように記載。

[75] U.S. Congress, Senate, Committee on Interior and Insular Affairs, *the Structure of the U.S. Petroleum Industry : A Summary of Survey Data*, 94th Cong., 2d sess., U.S. Government Printing Office, 1976. U.S. Senate [75], p. 111 のように記載。

V イギリス議会の記録, 政府機関の報告書, OEEC の報告書など(統計書を含まず)

＊刊行年次の古いものから順に配列。

[76] Great Britain, House of Commons, *Report from the Select Committee on Petroleum ; Together with the Proceedings of the Committee, Minute of Evidence*, 1897, Her Majesty's Stationery Office.

[77] British Electricity Authority, *Seventh Report and Statement of Accounts, For the Year ended 31st March, 1955*, Her Majesty's Stationery Office. BEA [77], p. 115 のように記載。

[78] Central Electricity Authority, *Annual Report and Accounts*, Her Majesty's Stationery Office. CEA [78], for the year ended 31st March 1957, p. 115, あるいは CEA [78], for 1st April-31st December 1957 のように記載。

[79] Central Electricity Generating Board, *Report and Accounts*, Her Majesty's Stationery Office. CEGB [79], RA, 1st April 1958-31st March 1959, p. 115, あるいは CEGB [79], RA, the year ended 31st March 1969, p. 115 のように記載。

[80] The Electricity Council, *Report and Accounts*, Her Majesty's Stationery Office. The Electricity Council [80], the year ended 31st March 1969, p. 115 のように記載。

[81] Organisation for European Economic Co-operation, *Oil Equipment in Europe, Vol. I, II*, 1961. OEEC [81], Vol. II, p. 115 のように記載。

[82] Great Britain Ministry of Power, *Fuel Policy*, Her Majesty's Stationery Office, 1965, Cmnd 2798.

[83] Great Britain Monopolies Commission, *Petrol : a Report on the Supply of Petrol to Retailers in the United Kingdom*, Her Majesty's Stationery Office, 1965.

[84] D. J. Payton-Smith, *Oil : a Study of War-time Policy and Administration*, Her Majesty's Stationery Office, 1971.

[85] Great Britain Monopolies and Mergers Commission, *Petrol : a Report on the Supply of Petrol to Retailers in the United Kingdom by Wholesale*, Her Majesty's Stationery Office, 1979.

[86] Great Britain Price Commission, *Esso Petroleum Company Ltd—Oil and*

Petroleum Products, Her Majesty's Stationery Office, 1979.
[87] Great Britain Price Commission, *BP Oil Ltd—Oil and Petroleum Products*, Her Majesty's Stationery Office, 1979.
[88] Great Britain Price Commission, *Shell UK Oil—Oil and Petroleum Products*, Her Majesty's Stationery Office, 1979.

VI 統計書, 業界誌, 経済雑誌, 新聞など

＊アルファベット順に配列。年次報告書の場合, 特に断わらない限りは対象年次を表示 (例えば, 1954年に刊行された1953年次の統計書については1953と記載)。

[89] American Petroleum Institute, *Petroleum Facts and Figures*, 1947, 1959, 1971. API [89], 1959, p. 150のように記載。
[90] American Petroleum Institute, *Basic Petroleum Data Book : Petroleum Industry Statistics*, Vol. XIV, No. 3, September 1994. API [90], 1994, p. 115のように記載。
[91] R. Arnold and W. J. Kemnitzer, *Petroleum in the United States and Possessions*, Harper & Brothers Publishers, 1931.
[92] The British Petroleum Company Ltd., *Statistical Review of the World Oil Industry*. 各年次号。なお, 後にBP *statistiocal review of world energy* に名称変更。BP [92]と記載。
[93] *Business Week*. BW [93]のように記載。
[94] Central Electricity Generating Board, *Statistical Yearbook*, Her Majesty's Stationery Office. CEGB [94], SY 1964, p. 111のように記載。
[95] *The Daily Telegraph*.
[96] DeGolyer and MacNaughton, *Twentieth Century Petroleum Statistics*. 各年次号。
[97] *The Financial Times*.
[98] *Fortune*.
[99] Great Britain Department of Energy, *Digest of United Kingdom Energy Statistics*, Her Majesty's Stationery Office. 各年次号。
[100] Great Britain Department of Trade and Industry, *Digest of United Kingdom Energy Statistics*, Her Majesty's Stationery Office. 各年次号。
[101] Great Britain Ministry of Fuel and Power, *Statistical Digest*, Her Majesty's Stationery Office. 各年次号。
[102] Great Britain Ministry of Power, *Statistical Digest*, Her Majesty's Stationery Office. 各年次号。
[103] Great Britain Ministry of Technology, *Digest of Energy Statistics 1970*, Her Majesty's Stationery Office, 1971.
[104] *Institute of Petroleum Review*. IPR [104]と記載。なお, 1968年から*Petroleum Review*に改称。ここでは後掲の[120]との混同を避けるために1968年以降もIPR [104]

のように記載。

[105] Internatinal Monetary Fund, *International Financial Statistics*. IMF [105] のように記載。
[106] Gilbert Jenkins, *Oil Economists Handbook*, Applied Science Publishers Ltd., 1977, 1989. Jenkins [106], Vol. 1, 1989, p. 115 のように記載。
[107] 宮崎犀一・奥村茂次・森田桐郎編『近代国際経済要覧』, 東京大学出版会, 1981年。
[108] *Moody's Analyses of Investments*. 各年次号。年次の表示は刊行年。例えば, Moody's [108], pt. II, 1914, の場合, 刊行年は1914年, 資料は1913年の統計まで掲載。
[109] *National Petroleum News Factbook Issue*, Mid-May, 1971. NPN [109] のように記載。
[110] *New York Journal of Commerce*. NYJC [110] のように記載。
[111] *New York Times*. NYT [111] のように記載。
[112] 日本石油株式会社編『石油便覧』, 石油春秋社, 1968年。
[113] 日本石油株式会社編『石油便覧』, 燃料油脂新聞社, 1994年。
[114] 日石三菱株式会社編『石油便覧(2000年版)』, 燃料油脂新聞社, 2000年。
[115] OECD, *Economic Outlook : Historical Statistics, 1960-89*, 1991.
[116] *Oil and Gas Journal*. OGJ [116] のように記載。
[117] *Petroleum*.
[118] *Petroleum Intelligence Weekly*. PIW [118] のように記載。
[119] *Petroleum Press Service*. PPS [119] のように記載。
[120] *Petroleum Review*. 1919年以降は *Petroleum Times*. 1900〜11年の間にも部分的に名称の変更はある。PR [120] のように記載。
[121] *Petroleum Times*. PT [121] のように記載。
[122] *Poor's Manual of Industrial*. Poor's [122] のように記載。なお, 名称の変更はある。
[123] 石油連盟編纂・発行『石油業界の推移』, 各年次号。
[124] 石油連盟発行『戦後石油統計』, 1981年。
[125] *The Times*.
[126] United Nations, *World Energy Supplies, 1951-1954*, 1957, *World Energy Supplies, 1955-1958*, 1960, *World Energy Supplies, 1956-1959*, 1961. United Nations [126], 1951-53, p. 115 のように記載。
[127] U.S. Board of Governors of the Federal Reserve System, *Federal Reserve Bulletin*, U.S. Government Printing Office. U.S. FRB [127], January 1941, p. 115 のように記載。
[128] U.S. Department of the Interior, *Mineral Resources of the United States*, U.S. Government Printing Office. 各年次号。
[129] U.S. Department of Commerce, Bureau of the Census, *Historical Statistics of the United States, Colonial Times to 1970*, U.S. Government Printing Office,

1975. U.S. Bureau of the Census [129], p. 115 のように記載。
[130] U.S. Department of Energy, Energy Information Administration, *Annual Energy Review 2001*, 2002.
[131] *World Oil*.

Ⅶ 企業社史(ニュージャージー・スタンダード石油，同子会社，その他企業)など
＊アルファベット順に配列。

[132] J. H. Bamberg, *The History of the British Petroleum Company, Vol. 2 : The Anglo-Iranian Years, 1928-1954*, Cambridge University Press, 1994.
[133] J. H. Bamberg, *British Petroleum and Global Oil, 1950-1975 : The Challenge of Nationalism*, Cambridge University Press, 2000.
[134] K. Beaton, *Enterprise in Oil : A History of Shell in the United States*, Appleton-Century-Crofts, Inc., 1957.
[135] Continental Oil Company, *Conoco : The First One Hundred Years*, Dell Publishing Co., Inc., 1975.
[136] T. A. B. Corley, *A History of the Burmah Oil Company, Volume II : 1924-66*, William Heinemann Ltd., 1988.
[137] R. W. Ferrier, *The History of The British Petroleum Company, Vol. 1 : The Developing Years, 1901-1932*, Cambridge University Press, 1982.
[138] George S. Gibb and Evelyn H. Knowlton, *History of Standard Oil Company (New Jersey) : The Resurgent Years, 1911-1927*, 1956, reprint, Arno Press, 1976.
[139] P. H. Giddens, *Standard Oil Company (Indiana) : Oil Pioneer of the Middle West*, Appleton-Century-Crofts, Inc., 1955.
[140] R. W. Hidy and M. E. Hidy, *History of Standard Oil Company (New Jersey) : Pioneering in Big Business, 1882-1911*, Harper & Brothers, 1955.
[141] Stephen Howarth, *A Century in Oil : The "Shell" Transport and Trading Company 1897-1997*, George Weidenfeld & Nicolson Ltd., 1997.
[142] M. James, *The Texaco Story : The First Fifty Years 1902-1952*, The Texas Company, 1953.
[143] Arthur M. Johnson, *The Challenge of Change : The Sun Oil Company, 1945-1977*, Ohio State University Press, 1983.
[144] Henrietta M. Larson and Kenneth W. Porter, *History of Humble Oil & Refining Company : A Study in Industry Growth*, 1959, reprint, Arno Press, 1976.
[145] Henrietta M. Larson, Evelyn H. Knowlton, and C. S. Popple, *History of Standard Oil Company (New Jersey) : New Horizons, 1927-1950*, Harper and Row, Publishers, 1971.
[146] H. Longhurst, *Adventure in Oil : The Story of British Petroleum*, Sidgwick

〔147〕 J. L. Loos, *Oil on Stream! : A History of Interstate Oil Pipeline Company, 1909-1959*, Louisiana State University Press, 1959.
〔148〕 日本石油株式会社編纂・発行『日本石油百年史』, 1988年。
〔149〕 C. S. Popple, *Standard Oil Company (New Jersey) in World War II*, Standard Oil Company (New Jersey), 1952.
〔150〕 Regent Oil Company, *Pembroke Refinery*, Regent Oil Company, 1964. Regent 〔150〕と略記。
〔151〕 The Royal Dutch Petroleum Company, *The Royal Dutch Petroleum Company, 1890・1950*, The Royal Dutch Petroleum Company, 1950.
〔152〕 Shell International Petroleum Company Ltd., *History of the Royal Dutch/Shell Group of Companies*, Shell International Petroleum Company Ltd., 刊行年不祥(1990年代後半と考えられる)。Shell 〔152〕, p. 115 のように記載。
〔153〕 C. Thompson, *Since Spindletop : A Human History of Gulf's First Half-Century,* Gulf Oil Corporation, 1951.
〔154〕 Bennett H. Wall, *Growth in a Changing Environment : A History of Standard Oil Company (New Jersey), Exxon Corporation, 1950-1975*, McGraw-Hill Book Company, 1988.
〔155〕 G. T. White, *Formative Years in the Far West : A History of Standard Oil Company of California and Predecessors through 1919*, Appleton-Century-Crofts, Inc., 1962.

Ⅷ 著書，論文，調査報告，その他
＊アルファベット順に配列。
〔156〕 阿部由紀稿「アメリカ石油資本の対外進出―第1次大戦後の対外進出をめぐる競争と再編(上)(中)(下)」,『世界経済評論』, 1974年2, 3, 4月号。
〔157〕 Irvine H. Anderson, Jr. *The Standard-Vacuum Oil Company and United States East Asian Policy, 1933-1941*, Princeton University Press, 1975.
〔158〕 有沢広巳編『エネルギー政策の新段階=欧州のエネルギー革命』, ダイヤモンド社, 1963年。
〔159〕 有沢広巳編『エネルギー政策の新秩序―エネルギー諸産業の共存と協調』, ダイヤモンド社, 1966年。
〔160〕 H. W. Arndt, *The Economic Lessons of the Nineteen-Thirties*, 1944, reprint, Frank Cass and Company Ltd., 1972, 小沢健二ほか訳『世界大不況の教訓』, 東洋経済新報社, 1978年。
〔161〕 W. Ashworth, *The History of the British Coal Industry, Vol. 5, 1946-1982 : The Nationalized Industry*, Oxford University Press, 1986.
〔162〕 John M. Blair, *The Control of Oil*, Pantheon Books, 1976.

〔163〕 D. Borg and S. Okamoto ed., *Pearl Harbor as History : Japanese-American Relations, 1931-1941*, Columbia University Press, 1973.
〔164〕 Christopher Brunner, *The Problem of Oil*, Ernest Benn Limited, 1930.
〔165〕 Kathleen Burk, *Morgan Grenfell, 1838-1988 : The Biography of a Merchant Bank*, Oxford University Press, 1989.
〔166〕 D. Burn, *The Steel Industry, 1939-1959 : A Study in Competition and Planning*, Cambridge University Press, 1961.
〔167〕 Alfred D. Chandler, Jr., *Strategy and Structure : Chapters in the History of the Industrial Enterprise*, The M.I.T. Press, 1962, 三菱経済研究所訳『経営戦略と組織』, 実業之日本社, 1967年。
〔168〕 Alfred D. Chandler, Jr., *Scale and Scope : The Dynamics of Industrial Capitalism*, The Belknap Press of Harvard University Press, 1990, 安部悦生ほか訳『スケール アンド スコープ―経営力発展の国際比較』, 有斐閣, 1993年。
〔169〕 Melvin G. de Chazeau and Alfred E. Kahn, *Integration and Competition in the Petroleum Industry*, Yale University Press, 1959.
〔170〕 Edward W. Chester, *United States Oil Policy and Diplomacy : A Twentieth-Century Overview*, Greenwood Press, 1983.
〔171〕 W. Childs, "Origins of the Texas Railroad Commission's Power to Control Production of Petroleum: Regulatory Strategies in the 1920s," *Journal of Policy History*, Vol. 2, No. 4, 1990.
〔172〕 R. J. Cohen, *British Energy Crisis Management : A Comparative Study in the 20th Century*, unpublished doctoral dissertation, University of London, 1986.
〔173〕 D. Creamer, S. P. Dobrovolsky and I. Borenstein, *Capital in Manufacturing and Mining : Its Formation and Financing*, Princeton University Press, 1960.
〔174〕 Henri Deterding, *An International Oil Man*, 1934, reprint, Arno Press, 1977.
〔175〕 Donald F. Dixon, "Inter-War Changes in Gasoline Distribution: A U.S. ―UK Comparison," *Business and Economic History*, Vol. 26, No. 2, Winter 1997.
〔176〕 土井 修著『米国石油産業再編成と対外進出(一八九九～一九三二年)―メキシコ・ヴェネズエラ進出を中心にして』, 御茶の水書房, 2000年。
〔177〕 John L. Enos, *Petroleum Progress and Profits : A History of Process Innovation*, The MIT Press, 1962, 加藤房之助・北村美都穂訳『石油産業と技術革新』, 幸書房, 1972年。
〔178〕 H. U. Faulkner, *American Economic History*, eighth edition, Harper & Row, Publishers, Inc., 1960, 小原敬士訳『アメリカ経済史』, 至誠堂, 1976年。
〔179〕 ファーイースト オイル トレーディング株式会社発行『インドネシアの石油産業』, 第12版, 1979年。
〔180〕 藤村 信著『中東現代史』, 岩波新書, 1997年。
〔181〕 Paul H. Giddens, "Historical Origins of the Adoption of the Exxon Name

and Trademark," *Business History Review*, Vol. XL Ⅶ, No. 3, Autumn 1973.
〔182〕 Craufurd D. Goodwin, ed., *Energy Policy in Perspective : Today's Problems, Yesterday's Solutions*, The Brookings Institution, 1981.
〔183〕 E. Gray, *The Great Canadian Oil Patch*, Maclean-Hunter Limited, 1970.
〔184〕 Leslie Grayson, *National Oil Companies*, John Wiley and Sons, 1981.
〔185〕 W. N. Greene, *Strategies of Major Oil Companies*, UMI Research Press, 1982.
〔186〕 J. E. Hartshorn, *Politics and World Oil Economics : An Account of the International Oil Industry in its Political Environment*, Frederick A. Praeger, Inc., Publisher, 1962.
〔187〕 P. Hepple ed., *The Petroleum Industry in the United Kingdom*, The Institute of Petroleum, 1966.
〔188〕 Folke Hilgerdt, *Industrialization and Foreign Trade*, League of Nations, 1945, 山口和男・吾郷健二・本山美彦訳『工業化の世界史―1870～1940年までの世界経済の動態』, ミネルヴァ書房, 1979年。
〔189〕 細谷千博編著『日米関係史 3』, 東京大学出版会, 1971年。
〔190〕 堀田隆司稿「第一次大戦前夜のフランス石油産業」,『国際研究論叢』, 大阪国際大学, 第11巻第4号, 1998年。
〔191〕 堀田隆司稿「第一次大戦とフランス石油業」,『国際研究論叢』, 大阪国際大学, 第11巻特別号, 1998年。
〔192〕 堀田隆司稿「フランス石油コンソルシウム(1918年―1921年)」,『国際研究論叢』, 大阪国際大学, 第12巻第1・2合併号, 1998年。
〔193〕 堀田隆司稿「1925年石油法とフランスの石油政策―戦間期のフランス石油業(2)」,『国際研究論叢』, 大阪国際大学, Vol. 13, 特別号, 2000年。
〔194〕 堀田隆司稿「1928年石油法と精製業の再生―戦間期のフランス石油業(3)」,『国際研究論叢』, 大阪国際大学, 第14号特別号, 2001年。
〔195〕 The Institute of Petroleum, *The Post-War Expansion of the U.K. Petroleum Industry*, the Institute of Petroleum, 1954.
〔196〕 The Institute of Petroleum Technologists, *Petroleum : Twenty-five years, Retrospect, 1910-1935*, The Institute of Petroleum Technologists(出版年不明, 多分1936年).
〔197〕 International Petroleum Institute Inc., *International Petroleum Industry, Vol. I, II*, Gordon Hensley Barrows, 1965, 1967. IPI〔197〕, Vol. Ⅰ, p. 15のように記載。
〔198〕 伊藤 孝稿「1920年代ニュージャージー・スタンダード石油会社の世界企業活動(1)(2)」,『経済学研究』, 北海道大学, 第31号第3号, 4号, 1981年, 1982年。
〔199〕 伊藤 孝稿「1930年代ニュージャージー・スタンダード石油会社の世界企業活動(1)(2)」,『社会科学論集』, 埼玉大学, 第51号, 第52号, 1983年。
〔200〕 伊藤 孝稿「第二次大戦期のニュージャージー・スタンダード石油会社」,『経営史

学』，東京大学出版会，第21巻第2号，1986年．

〔201〕 伊藤　孝稿「第2次大戦後イギリスにおけるニュージャージー・スタンダード石油会社―1950年代末までを対象に」，『経営史学』，東京大学出版会，第24巻第2号，1989年．

〔202〕 伊藤　孝稿「第2次大戦後イギリスにおけるニュージャージー・スタンダード石油会社(続)―1960年代末までを対象に」，『社会科学論集』，埼玉大学，第76・77号，1992年．

〔203〕 伊藤　孝稿「第2次大戦後ニュージャージー・スタンダード石油会社の世界企業活動―1960年代末までを対象に(1)(2)」，『社会科学論集』，埼玉大学，第86号，第87号，1995年，1996年．

〔204〕 伊藤　孝稿「20世紀初頭のスタンダード石油会社―「トラスト解体」以前の原油獲得活動について」，『社会科学論集』，埼玉大学，第96号，1999年．

〔205〕 伊藤　孝稿「書評　梅野巨利著『中東石油利権と政治リスク―イラン石油産業国有化紛争史研究―』」，『社会科学論集』，埼玉大学，第109号，2003年．

〔206〕 井上忠勝稿「スタンダード石油の初期海外戦略」，『国民経済雑誌』，神戸大学，第130巻第2号，1974年．

〔207〕 井上忠勝稿「メソポタミアにおけるジャージー・スタンダード石油」，『経済経営研究』，神戸大学，第25号 II，1975年．

〔208〕 井上忠勝稿「ペルシャにおけるジャージー・スタンダード石油」，『国民経済雑誌』，神戸大学，第132巻第2号，1975年．

〔209〕 井口東輔編著『現代日本産業発達史 II 石油』，現代日本産業発達史研究会・交詢社，1963年．

〔210〕 伊沢久昭著『イタリアの大企業　エニ』，東経新書，1965年．

〔211〕 A. M. Johnson, *Petroleum Pipelines and Public Policy, 1906-1959*, Harvard University Press, 1967.

〔212〕 G. Jones, *The State and the Emergence of the British Oil Industry*, The Macmillan Press Ltd., 1981.

〔213〕 鎌田正三著『アメリカの独占企業』，時潮社，1956年．

〔214〕 鎌田正三・森呆・中村通義著『帝国主義の研究 3 アメリカ資本主義』，青木書店，1973年．

〔215〕 橘川武郎稿「1934年の日本の石油業法とスタンダード・ヴァキューム・オイル・カンパニー (1)～(9)」，『青山経営論集』，青山学院大学，第23巻第4号，第24巻第2号，第3号，第4号，第27巻第3号，第4号，第29巻第2号，第3号，第4号，1989-95年．

〔216〕 小山茂樹著『誰にでもわかる中東』，時事通信社，1983年．

〔217〕 Richard F. Kuisel, *Ernest Mercier : French Technocrat*, University of California Press, 1967.

〔218〕 Walter Laqueur, *The Struggle for the Middle East : The Soviet Union and the Middle East, 1958-1968*, Routledge & Kegan Paul Ltd., 1969.

〔219〕 James Laxer and Anne Martin ed., *The Big Tough Expensive Job : Imperial Oil and the Canadian Economy*, Press Porcépic, 1976.
〔220〕 C. Lewis, *America's Stake in International Investments*, 1938, reprint, Arno Press, 1976.
〔221〕 W. A. Lewis, *Economic Survey, 1919-1939*, Unwin University Books, 1949, 石崎昭彦・森恒夫・馬場宏二訳『世界経済論』, 新評論, 1969年。
〔222〕 E. Lieuwen, *Petroleum in Venezuela : A History*, University of California Press, 1954.
〔223〕 松村清二郎編『ラテン・アメリカの石油と経済—メキシコとヴェネズエラ』, アジア経済研究所, 1970年。
〔224〕 松村清二郎編『ラテン・アメリカの石油と経済(続)—ブラジル, アルゼンチンと中小産油国』, アジア経済研究所, 1970年。
〔225〕 G. Maxcy and A. Silberstone, *The Motor Industry*, George Allen & Unwin Ltd., 1959, 今野源八郎・吉永芳史訳『自動車工業論—イギリス自動車工業を中心とする経済学的研究』, 東洋経済新報社, 1965年。
〔226〕 J. G. McLean and R. Wm. Haigh, *The Growth of Integrated Oil Companies*, Graduate School of Business Administration, Harvard University, 1954.
〔227〕 K. McNaught, *The Pelican History of Canada*, Penguin Books, 1969, 馬場伸也監訳『カナダの歴史』, ミネルヴァ書房, 1977年。
〔228〕 Horst Mendershausen, "Dollar Shortage and Oil Surplus in 1949-1950," *Essay in International Finance*, No. 11, Princeton University, 1950.
〔229〕 森 杲著『アメリカ資本主義史論』, ミネルヴァ書房, 1976年。
〔230〕 森 恒夫稿「両大戦間におけるアメリカ石油産業(1)(2)—その構造と独占・競争に関する準備的考察」, 『経営論集』, 明治大学, 第13巻第3号, 第14巻第1号, 1966年。
〔231〕 森 恒夫稿「1920年代におけるアメリカ石油産業の資本蓄積過程について」, 『経済研究』, 一橋大学, 第18巻第3号, 1967年。
〔232〕 森 恒夫稿「両大戦間におけるアメリカ石油産業の資本蓄積過程について」, 『経営論集』, 明治大学, 第15巻第2号, 1968年。
〔233〕 村上勝敏著『アジアの石油 歴史と現状』, 国際問題新書, 1980年。
〔234〕 村上勝敏稿「インドネシア石油業の歴史的変遷」, 『レファレンス』, 通巻370号, 1981年。
〔235〕 Blakely M. Murphy ed., *Conservation of Oil & Gas : A Legal History, 1948*, Section of Mineral Law, American Bar Association, 1949, reprint, Arno Press, 1972.
〔236〕 Gerald D. Nash, *United States Oil Policy, 1890-1964*, University of Pittsburgh Press, 1968.
〔237〕 National Petroleum Council, *Petroleum Policies for the United States*, National Petroleum Council, 1966.

〔238〕 A. Nevins, *Study in Power : John D. Rockefeller, Industrialist and Philanthropist*, Vol. I, II, Charles Scribner's Sons, 1953.
〔239〕 日本貿易振興協会編『加奈陀の貿易及び貿易政策―対英米関係より見たる加奈陀の貿易政策―後編』，同協会発行，1944年。
〔240〕 日本エネルギー経済研究所編『フランスの石油業法―その成立と運用』，調査報告No. 28, 1970年。
〔241〕 日本エネルギー経済研究所編『産油国国営石油会社論』，研究報告No. 20, 1972年。
〔242〕 日本エネルギー経済研究所編『欧米石油産業の現状』，研究報告84-8, 1984年。
〔243〕 西口章雄著『発展途上国経済論―インドの国民経済形成と国家資本主義』，世界思想社，1982年。
〔244〕 Gregory P. Nowell, *Mercantile States and the World Oil Cartel, 1900-1939*, Cornell University Press, 1994.
〔245〕 布目真生著『英国国有化産業の研究』，東洋経済新報社，1962年。
〔246〕 Harvey O'Connor, *The Empire of Oil*, Monthly Review Press, 1955, 佐藤定幸訳『石油帝国』，岩波書店，1957年。
〔247〕 Harvey O'Connor, *World Crisis in Oil*, Monthly Review Press, 1962.
〔248〕 Peter Odell, *Oil : the new commanding height*, Fabian Society, 1965.
〔249〕 大原祐子著『カナダ現代史』，山川出版，1981年。
〔250〕 大石悠二著『冷戦下の中東紛争』，新評論，1997年。
〔251〕 David S. Painter, "Oil and the Marshall Plan," *Business History Review*, 58, autumn 1984.
〔252〕 David S. Painter, *Oil and the American Century : The Political Economy of U.S. Foreign Oil Policy, 1941-1954*, The Johns Hopkins University Press, 1986.
〔253〕 Charles F. Phillips. Jr., *Competition in the Synthetic Rubber Industry*, The University of North Carolina Press, 1961.
〔254〕 Alan R. Plotnick, *Petroleum : Canadian Markets and United States Foreign Trade Policy*, University of Washington Press, 1964.
〔255〕 J. E. Pogue, *The Economics of Petroleum*, John Wiley & Sons, Inc., 1921.
〔256〕 Political and Economic Planning, *The British Fuel and Power Industries : A Report by PEP*, Political and Economic Planning, 1947.
〔257〕 S. Pollard, *The Development of the British Economy, Third Edition, 1914-1980*, Edward Arnold, 1983.
〔258〕 D. Prindle, *Petroleum Politics and Texas Railroad Commission*, University of Texas Press, 1981.
〔259〕 佐々木　建著『現代ヨーロッパ資本主義論―経済統合政策を基軸とする構造』，有斐閣，1975年。
〔260〕 石油・石油化学用語研究会編『石油・石油化学用語辞典(全訂・新版)』，石油評論社，

1975年。
〔261〕石油問題研究会編『石油産業の研究II―石油産業の構造的諸問題』，研究参考資料第108集，アジア経済研究所，1966年。
〔262〕石油連盟編纂・発行『戦後石油産業史』，1985年。
〔263〕F. A. Southard, Jr., *American Industry in Europe*, 1931, reprint, Arno Press, 1976.
〔264〕George W. Stocking, *Middle East Oil : A Study in Political and Economic Controversy*, Vanderbilt University Press, 1970.
〔265〕谷口明丈稿「スタンダード・オイルと石油産業」，塩見治人・溝田誠吾・谷口明丈・宮崎信二著『アメリカ・ビッグビジネス成立史』，東洋経済新報社，1986年。
〔266〕土屋　清・稲葉秀三編『エネルギー政策の新展開＝欧州の実態と日本の問題点』，ダイヤモンド社，1961年。
〔267〕堤　繁著『石油化学とその工業』，南江堂，1956年。
〔268〕上野　喬稿「世界大恐慌期のロイアル・ダッチ・シェル・グループ―多国籍企業と国際石油カルテルの実態」，『社会経済史学』，Vol. 37, 5,6 号，1972年。
〔269〕内田星美稿「アメリカ石油化学工業の成立(1)〜(4)，世界化学工業史の研究 第一部」，『産業貿易研究』，東京経済大学，第 26, 27, 28, 30 号，1965-66年。
〔270〕梅野巨利著『国際資源企業の国有化』，白桃書房，1992年。
〔271〕梅野巨利著『中東石油利権と政治リスク―イラン石油産業国有化紛争史研究』，多賀出版，2002年。
〔272〕Richard H. K. Vietor, "Market Disequilibrium and Business-Government Relations in Oil Policy, 1947-1980," *Materials and Society*, Vol. 7, Nos 3 & 4, 1983.
〔273〕Richard H. K. Vietor, *Energy Policy in America since 1945 : A study of business-government relations*, Cambridge University Press, 1984.
〔274〕渡辺徳二著『石油化学工業(第二版)』，岩波新書，1972年。
〔275〕Myron W. Watkins, *Oil Stabilization or Conservation ? : A Case Study in the Organization of Industrial Control*, Harper & Brothers Publishers, 1937.
〔276〕M. Wilkins and F. E. Hill, *American Business Abroad : Ford on Six Continents*, Wayne State University Press, 1964，岩崎玄訳『フォードの海外戦略(上)(下)』，小川出版，1969年。
〔278〕M. Wilkins, *The Maturing of Multinational Enterprise : American Business Abroad from 1914 to 1970*, Harvard University Press, 1974，江夏健一・米倉昭夫訳『多国籍企業の成熟(上)(下)』，ミネルヴァ書房，1976,1978年。
〔279〕H. F. Williamson and A. R. Daum, *The American Petroleum Industry : The age of illumination 1859-1899*, Northwestern University Press, 1959.
〔280〕H. F. Williamson and others, *The American Petroleum Industry : The age of energy 1899-1959*, Northwestern University Press, 1963.

〔281〕 山田恒彦・廿日出芳郎・竹内一樹著『メジャーズと米国の戦後政策―多国籍企業の研究 1』, 木鐸社, 1977年.
〔282〕 楊井克巳著『アメリカ帝国主義史論』, 東京大学出版会, 1959年.
〔283〕 E. W. Zimmermann, *Conservation in the Production of Petroleum : A Study in industrial Control*, Yale University Press, 1957.

〔II〕 参照史資料・文献

以下に掲げたのは, 注などで直接典拠とはしなかったが, 本書の作成にあたり参照した主な史資料, 文献である. なお, スタンダード石油トラストの形成前後(1870, 80年代)を主として対象とした史資料, 文献については, 対象時期が本書とずれることもあり原則として割愛した.

I アメリカ連邦議会・イギリス議会の記録, 両政府の報告書など
　＊年代の古い順に配列.
・U.S. Industrial Commission, *Report of the Industrial Commission*, U.S. Government Printing Office, 1900-1902.
・U.S. Congress, House, Committee on Interstate and Foreign Commerce, *Petroleum Investigation, Hearings before a Subcommittee of the Committee on Interstate and Foreign Commerce, House of Representatives*, 73rd Cong., Part 1, 2, U.S. Government Printing Office, 1934.
・U.S. Bureau of the Budget, Committee on Records of War Administration, War Record Section, *The United States at War : Development and Administration of the War Program by the Federal Government*, U.S. Government Printing Office, 1946, reprint, Da Capo Press, 1972.
・U.S. Congress, Senate and House, Joint Committee Print, Select Committee on Small Business, *The Third World Petroleum Congress : a Report to the Select Committee on Small Business, United States Senate and Select Committee on Small Business, House of Representatives*, Eighty-Second Congress, 2d Session, U. S. Government Printing Office, 1952.
・Great Britain Ministry of Power, *Fuel Policy*, Her Majesty's Stationery Office, 1967.
・Great Britain Monopolies and Mergers Commission, *The Supply of Petrol : A Report on the supply in the United Kingdom of petrol by wholesale*, Her Majesty's Stationery Office, 1990.

II 社史, 伝記など
　＊アルファベット順に配列.
・T. A. B. Corley, *A History of the Burmah Oil Company, 1886-1924*, William

Heinemann Ltd., 1983.
- J. O. King, *Joseph Stephen Cullinan : A Study of Leadership in the Texas Petroleum Industry, 1897-1937*, Vanderbilt University Press, 1970.
- G. H. Montague, *The Rise and Progress of the Standard Oil Company*, Harper & Brothers Publishers, 1903.
- A. L. Moore, *John D. Archbold and the Early Development of Standard Oil*, The Macmillan Company, 刊行年不詳。
- A. Nevins, *John D. Rockefeller : The Heroic Age of American Enterprise, Vol. 1, 2*, Charles Scribner's Sons, 1940.
- H. Spence, *Portrait in Oil : How the Ohio Oil Company grew to become Marathon*, McGraw-Hill Book Company, Inc., 1962.
- 株式会社スタンダード石油大阪発売所編集・発行『ス発60年の歩み』，1987年。
- Ida Tarbell, *The History of the Standard Oil Company*, 1904, reprint, Peter Smith, 1963.
- B. H. Wall and G. S. Gibb, *Teagle of Jersey Standard*, Tulane University, 1974.
- E. M. Welty and F. J. Taylor, *The 76 Bonanza : The fabulous life and times of the Union Oil Company of California*, Lane Magazine & Book Company, 1966.
- ゼネラル石油株式会社編集・発行『ゼネラル石油三十五年の歩み』，1982年。

III 著書，論文，調査報告など

＊アルファベット順に配列。
- 阿部由紀稿「両大戦間のアメリカ金融資本分析に関する一考察―石油産業の発展とチェース（ロックフェラー）集団の形成を中心に(1914-1934)」，『土地制度史学』，64号，1974年。
- M. A. Adelman, *The World Petroleum Market*, The Johns Hopkins University Press, 1972.
- M. A. Adelman, *The Genie out of the Bottle : World Oil since 1970*, The MIT Press, 1995.
- I. H. Anderson, *Aramco, The United States and Saudi Arabia : A Study of the Dynamics of Foreign Oil Policy, 1933-1950*, Princeton University Press, 1981.
- B. Bringhurst, *Antitrust and the Oil Monopoly : the Standard Oil Cases, 1890-1911*, Greenwood Press, 1979.
- D. F. Dixon, "The Development of the Solus System of Petrol Distribution in the United Kingdom, 1950-1960," *Economica*, February 1962.
- D. F. Dixon, "Changing Competition in British Petrol Distribution : A Case Study," *California Management Review*, Fall 1966.
- D. F. Dixon, "The Monopolies Commission Report on Petrol : A Comment," *The Journal of Industrial Economics*, Vol. XV, No. 2, April 1967.

- 海老原章三・岡部彰・木村徹・高橋毅夫著『石油精製業』,東洋経済新報社,1966年。
- E. P. Fitzgerald, "Business Diplomacy : Water Teagle, Jersey Standard and the Anglo-French Pipeline Conflict in the Middle East, 1930-1931," *Business History Review*, 67, summer 1993.
- R. M. Grant, "Pricing Behaviour in the UK Wholesale Market for Petrol 1970-80 : A 'Structure-Conduct' Analysis," *The Journal of Industrial Economics*, Vol. XXX, No. 3, March 1982.
- Harvard Graduate School of Business Administration, *Oil's First Century : Papers given at the Centennial Seminar on the History of the Petroleum Industry*, 1960.
- 廿日出芳郎稿「国際石油市場とメジャーズの収益性の動向—1960年代を中心に」,『電力中央研究所報告』,研究報告：581014,1982年。
- 廿日出芳郎・奥村皓一・松井和夫稿「国際石油産業の変貌とその影響」,『電力中央研究所報告』,研究報告：583014,1984年。
- R. Hidy, "The Standard Oil Company (New Jersey)," *The Journal of Economic History*, Vol. XII, Number 4, Fall 1952.
- 堀田隆司稿「19世紀フランスにおける石油産業の形成」,『国際研究論叢』,大阪国際大学,第8巻第4号,1996年。
- 堀田隆司稿「19世紀フランスにおける石油産業の展開」,『国際研究論叢』,大阪国際大学,第9巻第4号,1997年。
- 堀田隆司稿「石油多国籍企業のフランス進出—戦間期のフランス石油業(1)」,『国際研究論叢』,大阪国際大学,Vol. 13, No. 3, 2000年。
- E. Jones, *The Anthracite Coal Combination in the United States*, Harvard University Press, 1914.
- E. Jones, *The Trust Problem in the United States*, The Macmillan Company, 1922.
- G. Jones, "The Oil-Fuel Market in Britain 1900-1914 : A lost Cause Revisited," *Business History*, XX, 1978.
- A. M. Johnson, "Theodore Roosevelt and the Bureau of Corporations," *Mississippi Valley Historical Review*, 45, March 1959.
- A. M. Johnson, "The Early Texas Oil Industry : Pipelines and the Birth of an Integrated Oil Industry, 1901-1911," *Journal of Southern History*, 32, November 1966.
- 川手恒忠・坊野光勇著『石油化学工業』,東洋経済新報社,1965年。
- W. Kemnitzer, *Rebirth of Monopoly : A Critical Analysis of Economic Conduct in the Petroleum Industry of the United States*, Harper & Brothers Publishers, 1938.
- 小島　直稿「第一次大戦前のアメリカ石油産業」,『経済学年誌』,法政大学大学院経済学

会，第9号，1972年。
- J. F. Lowe, "Competition in the U.K. Retail Petrol Market, 1960-73," *The Journal of Industrial Economics*, Vol. XXIV, No. 3, March 1976.
- 松井哲夫稿「アメリカ石油業における近代的精製技術の発展過程」,『経済論叢』, 京都大学, 第95巻第1号, 1965年。
- 日本エネルギー経済研究所編「国際エネルギー市場の今後の展望とメジャーズの役割」, 研究調査報告, 84-1, 1984年。
- E. Penrose, *The Large International Firm in Developing Countries : The International Petroleum Industry*, George Allen and Unwin Ltd., 1968, 木内嶢訳『国際石油産業論』, 東洋経済新報社, 1972年。
- J. A. Pratt, "The Petroleum Industry in Transition : Antitrust and the Decline of Monopoly Control in Oil," *The Journal of Economic History*, Volume XL, Number 4, December 1980.
- C. C. Rister, *Oil ! : Titan of the Southwest*, University of Oklahoma Press, 1949.
- 済藤友明稿「テキサコにおける垂直統合の経営戦略」,『経営史学』, 東京大学出版会, Vol. 15, No. 3, 1980年。
- 済藤友明稿「シェルとスタンダードの経営行動―20世紀初頭の「石油戦争」を廻って」,『社会経済史学』, 社会経済史学会, Vol. 46, No. 5, 1981年。
- A. Sampson, *The Seven Sisters : The Great Oil Companies and the World They Shaped*, The Viking Press, 1975, 大原進・青木榮一訳『セブン・シスターズ』, 日本経済新聞社, 1976年。
- H. R. Seager and C. A. Gulick, Jr., *Trust and Corporation Problems*, Harper & Brothers Publishers, 1929.
- 政治経済研究所編『日本の石油産業』(板倉忠雄著), 東洋経済新報社, 1959年。
- 瀬木耿太郎著『石油を支配する者』, 岩波新書, 1988年。
- 石油連盟編『石油産業論―原油の実態とその経済的検討』, 東洋経済新報社, 1968年。
- M. B. Stoff, "The Anglo-American Oil Agreement and the Wartime Search for Foreign Oil Policy," *Business History Review*, Vol. LV, No. 1, Spring 1981.
- 住吉弘人稿「世界および, 我が国の石油情勢(一)(二)(三)」,『産業金融時報』, 日本興業銀行調査部, 第20号, 第21号, 第22号, 1949年。
- 住吉弘人稿「世界の石油需給と米国の石油産業(上)(下)」,『産業金融時報』, 日本興業銀行調査部, 第35号, 第36号, 1951, 52年。
- 宇野博二稿「石油産業における統合会社の発達」,『研究年報』, 学習院大学, 第4号, 1956年。
- M. W. Williams, "Choices in Oil Refining : The Case of BP 1900-1960," *Business History*, Vol. XXVI, No. 3, November 1984.
- 米川伸一著『ロイアル・ダッチ＝シェル』, 東洋経済新報社, 1969年。
- 吉武清彦著『イギリス産業国有化政策論』, 日本評論社, 1968年。

企業名・人名索引

あ 行

I.C.I.　350
I. G. ファルベン (I. G. Farbenindustrie A.G.)　212
IPC →イラク石油会社
アグィ石油 (Agwi Petroleum Corporation, Ltd.)　351
アジア石油 (Asiatic Petroleum Company)　41
アジップ (AGIP, Azienda Generale Italiana Petroli')　197, 304, 314
アストラ・ルーマニア (Sec. "Astra-Romano")　60
アソシエイテッド石油 (Associated Oil Company)　186
アトランティック精製 (The Atlantic Refining Company)　56, 76, 80, 90, 100, 111, 144, 154, 168, 182, 194, 219, 231, 311
アトランティック・リッチフィールド社 (Atlantic Richfield Company)　250, 282
アムケイ製油所 (Amuay refinery)　257, 258, 261
アメラダ石油 (Amerada Petroleum Corporation)　394
アメリカ石油 (American Oil Company)　158
アメリカ石油 (American Petroleum Company)　53
アラビア・アメリカ石油 (The Arabian American Oil Company, アラムコ [Aramco])　147, 246, 262, 263, 265, 268-270, 355-359
アラムコ (Aramco) →アラビア・アメリカ石油
アラムコ海外会社 (the Aramco Overseas Company)　270
アラムコ海外購買会社 (the Aramco Overseas Purchasing Company)　270
RD=シェル (The Royal Dutch/Shell Group of Companies)　11, 40, 42, 51, 52, 54-56, 59, 66, 71, 84, 88, 90, 92, 93, 101, 109, 142, 144, 146, 149-151, 153, 154, 171, 172, 175, 177, 179-186, 188, 196, 198, 199, 221, 223, 227, 231, 232, 257-260, 272, 292, 294, 300, 301, 304, 305, 310-313, 315, 316, 321, 322, 326, 328, 338, 341, 348-354, 359, 360, 366, 370, 392, 394, 413, 415, 423
アルバ製油所 (Aruba refinery)　226, 257, 261
アングロ・アメリカン石油 (Anglo-American Oil Company, Ltd.)　25, 30, 33, 86-88, 93, 100, 104, 173, 178, 181, 191-193, 220, 231, 346, 351, 352, 368, 369
アングロ・イラニアン石油 (Anglo-Iranian Oil Company, Ltd.)　146, 147, 149, 175, 177, 179-183, 188, 189, 191, 196, 221, 232, 236, 267, 348
アングロ・パーシャン石油 (Anglo-Persian Oil Company, Ltd.)　40, 42, 54, 56, 66, 88, 90, 93, 101, 103, 109, 146, 154, 351
イッキーズ (Harold L. Ickes)　226
出光興産　326, 333, 334
イラク石油 (Iraq Petroleum Company)　53, 91, 92, 94, 146, 148, 266, 271
インターナショナル石油 (International Petroleum Company, Ltd.)　99, 293
インタープロビンシャル・パイプライン (Interprovincial Pipe Line)　286-288, 296
インディアナ社→インディアナ・スタンダード石油
インディアナ・スタンダード石油 (Standard Oil Company [Indiana])　56, 59, 69, 70, 76, 77, 90, 97, 107, 111, 138, 141, 142, 150-152, 158, 160, 161, 165-167, 169, 188, 191, 240, 251, 282, 283, 315
インド石油公社 (Indian Oil Company, 但し, 64年以降は Indian Oil Corporation Ltd.)　322, 323, 330
インペリアル石油 (Imperial Oil Ltd.)　68,

82-84, 86, 98, 99, 172, 190, 230, 231, 234, 285-288, 292-295
ヴァキューム石油(Vacuum Oil Company) 55, 62, 144, 182, 371
ウエスト・インディア石油(West India Oil Company) 99, 176, 190
ヴェネズエラ・スタンダード石油(Standard Oil Company of Venezuela) 52, 152
ウェールズ鉄鋼会社(The Steel Company of Wales Ltd.) 391
ウォール(Bennett H. Wall) 12, 13
エイジャックス・パイプライン会社(the Ajax Pipe Line Company) 138
エクソン(Exxon, 商標名) 278, 283
エクソン社(Exxon Corporation) 3, 12, 33, 278, 308, 425, 426, 428
エクソンモービルアジアインターナショナル SARL 331
エクソンモービル社(Exxon Mobil Corporation) 3-5, 11, 283, 308, 326, 352, 422, 425
エクソンモービル有限会社 11, 323, 331
エコ(Eco.) 91
エチル・ガソリン社(Ethyl Gasoline Corporation) 165
エッソ(Esso A.G.) (旧西ドイツの子会社) 300, 301, 310, 311
エッソ(Esso, 商標名) 160, 165, 277, 282, 283, 324
エッソ(Dansk Esso A/S) (デンマークの子会社) 306
エッソ・アフリカ(Esso Africa Inc.) 327, 328
エッソ・イースタン(Esso Eastern, Inc.) → エッソ・スタンダード・イースタン
エッソ・インターナショナル社(Esso International, Inc.) 402, 404
エッソ化学(Esso Chemical Company Inc.) 403, 414, 417, 419
エッソ化学(Esso Chemical Limited) 403
エッソ・スタンダード(Esso Standard S.A.F., フランスの子会社) 301, 303, 311, 313
エッソ・スタンダード・イースタン(Esso Standard Eastern, Inc.) 319, 321-323, 328, 331, 333

エッソ・スタンダード・イタリアナ(Esso Standard Italiana, S.p.A.) 304, 305, 315
エッソ・スタンダード石油(Esso Standard Oil Company, アメリカの子会社) 412, 414
エッソ・スタンダード石油(日本の子会社) 323, 331
エッソ・スタンダード・ブラジル(Esso Standard do Brazil Inc.) 289-291, 296
エッソ石油(Esso Petroleum Company, Ltd., イギリスの子会社) 346, 349, 352, 357, 358, 361, 366, 367, 372, 375-377, 379, 380, 382, 385-387, 391, 393, 395, 396, 400, 406
エッソ石油(日本の子会社) 325, 326, 331, 333, 334, 428
エッソ・マーケターズ(Esso Marketers) 159, 165
エニ(Ente Nazionale Idrocarburi, ENI) 197, 304-306, 314, 315, 317
NKPM →オランダ植民地石油会社
エルフ(Elf Union) 313
エンコ(Enco, 商標名) 278, 282
オアシス石油(The Oasis Oil Company of Libya, Inc.) 266, 267, 394, 402
オクシデンタル石油(Occidental Petroleum Company) 267, 271
小倉 198
オクラホマ・パイプライン会社(Oklahoma Pipe Line Company) 138
オハイオ・スタンダード(Standard Oil Company of Ohio) 138
オハイオ石油(Ohio Oil Company) 31, 34
オランダ植民地石油会社(N. V. Nederlandsche Koloniale Petroleum Maatschappij, NKPM) 53, 59, 61, 143, 144

か 行

ガソリン・ニターク(Gasoline Nitag) 311
カーター石油(Carter Oil Company) 31, 45, 46, 57, 119
カナダ石油(Canadian Oil Companies Ltd.) 294
カナダ・テキサス社(Texas Company of Canada, Ltd.) 84, 172
カリフォルニア・アラビア・スタンダード石油会社(California Arabian Standard Oil

企業名・人名索引　455

Company)　147, 148
カリフォルニア・スタンダード石油(Standard Oil Company〔California〕)　31, 34, 45, 67, 71, 100, 107, 111, 147, 148, 154, 186, 240, 251, 252, 268, 270, 277, 326, 342, 356, 358, 423
カリフォルニア・テキサス石油(California-Texas Oil Company, Ltd., Caltex)　148, 237, 312, 315, 321, 328, 329, 353, 358, 360, 371
カルテックス(Caltex)→カリフォルニア・テキサス石油
カルテックス(Caltex〔India〕Ltd.)　323
ガルフ石油(Gulf Oil Corporation)　32, 41, 45, 56, 59, 62, 67, 69, 71, 75, 77, 81, 94, 107, 131, 138, 141, 142, 147, 149, 150, 154, 161, 167, 182, 188, 191, 194, 219, 223, 240, 247, 251, 252, 257, 258, 260, 268, 271, 279, 282, 293, 294, 311, 326, 342, 350, 358, 360, 396, 423
旧エクソン社　11
旧スタンダード系　40, 62, 161, 162
旧スタンダード系企業　32, 43, 76, 111
旧スタンダード石油　8, 11, 31, 42, 98, 108, 139, 164, 422
共同石油　326
近東開発会社(Near East Development Corporation)　154
クウェート石油会社(Kuwait Oil Company, Ltd.)　149
クリーヴランド石油製品(Cleveland Petroleum Products Company)　178, 191, 192
クリオール・シンジケート(The Creole Syndicate)　52, 152
クリオール石油(Creole Petroleum Corporation)　226, 246, 255-260, 399
グルベンキアン(C. S. Gulbenkian)　148, 154, 359
ケンタッキー・スタンダード石油(Standard Oil Company〔Kentucky〕)　79, 167, 277, 281
国家油田局(Yacimientos Petroliferos Fiscales, YPF)　190, 230
コノコ→コンチネンタル石油
コーリトン製油所(Coryton refinery)　371
コンソリデイテッド石油(Consolidated Oil Corporation)　138, 211
コンチネンタル石油(Continental Oil Company)　178, 386, 394, 402, 405

さ 行

サウス・ペン石油(South Penn Oil Company)　31
サン石油(Sun Oil Company)　58, 71, 82, 168, 211
ジェット石油(Jet Petroleum Ltd.)　394
ジェネラル石油(General Petroleum Corporation of California)　199
ジェネラル・モーターズ(General Motors Corporation, GM)　99, 165
シェル(Shell Oil Company of Canada)　293
シェル(日本の子会社)　333, 334
シェル石油(Shell Oil Company, アメリカ・シェル)　45, 58, 67, 69, 70, 97, 111, 131, 138, 161, 167, 188, 211, 279, 284, 413
シェル・トランスポート・トレイディング　27, 52
シェル・メックス BP(Shell-Mex and B.P. Ltd., SMBP)　192, 366, 367, 370, 371, 374-378, 380-383, 385-387, 389, 391-393, 395, 396, 406
シティーズ・サービス(Cities Service Oil Company)　315
シュティンネス(Aktien Gesellschaft Hugo Stinnes für Seeschiffahrt und Uberseehandel)　89
昭和　333
シーランド石油(Sealand Petroleum Company)　178
シンクレア(Sinclair Consolidated Oil Corporation)　56, 70, 77, 81, 161, 167 →コンソリデイテット石油も見よ
スター・ルーマニア(Sec. "Steaua-Romano")　60, 103
スタンヴァック→スタンダード・ヴァキューム石油
スタンダード・ヴァキューム石油(Standard-Vacuum Oil Company, Stanvac)　144, 145, 148, 170, 184-186, 189, 197, 198, 232, 236, 318, 319, 323, 328, 331, 332

スタンダード石油(Standard Oil Company) 3, 13, 24, 28, 277
スタンダード石油開発会社(Standard Oil Development Company) 69
スタンダード石油グループ 21
スタンダード石油同盟(Standard Oil Alliance) 21
スタンダード石油トラスト(Standard Oil Trust) 3, 22, 28, 278
スタンダード・パイプライン会社(Standard Pipe Line Company) 138
スタンダード・フランス・アメリカ会社(Compagnie Standard Franco-Americaine) 91
ゼネラル石油 332, 333
ゼネラル物産→ゼネラル石油
全イタリア石油会社→アジップ(AGIP)
ソコニー・ヴァキューム石油(Socony-Vacuum Oil Company, Inc.) 62, 69, 138, 144, 147, 148, 154, 161, 164, 166, 167, 182, 183, 188, 196-199, 211, 240, 319, 353, 359
ソコニー・モービル石油(Socony Mobil Oil Company, Inc.) 252, 260, 319, 331

た　行

大協 333
タイド・ウォーター・アソシエイテッド石油(Tide Water Associated Oil Company) 186
タスカローラ石油(Tuscarora Oil Company) 65, 81, 139
ターベル(Ida Tarbell) 11
DAPG→ドイツ・アメリカ石油
ティーグル(Walter C. Teagle) 61, 101
テキサコ(Texaco Canada Ltd.) 293
テキサコ(Texaco Inc.) 251, 268, 279, 282-284, 294, 296, 326, 342, 396, 423　→テキサス社も見よ
テキサス社(The Texas Corporation) 32, 41, 45, 56, 58, 62, 67, 70, 71, 75, 77, 82, 84, 94, 97, 98, 106, 131, 148, 161, 164, 167, 172, 188, 211, 231, 240, 356, 358
デマレ兄弟社(Desmarais Frères) 314
デラウェア社→ニュージャージー・スタンダード石油

土井　修　44
ドイツ・アメリカ石油(Deutsch-Americanische Petroleum Gesellschaft, DAPG) 25, 26, 89, 90, 102, 180, 181, 300
ドイツ銀行(Deutsche Bank) 103
東亜燃料工業 325, 333, 335
東燃→東亜燃料工業
東燃ゼネラル石油 325, 333
トタル(Total, 商標名) 313, 315
トタル石油(Total Oil Products〔Great Britain〕Ltd.) 350, 386
ドーマン・ロング社(Dorman, Long and Company) 391
トランスコンチネンタル石油(Compañia Transcontinental de Petróleo, S.A.) 51
トルコ石油(Turkish Petroleum Company) 53, 54, 103　→イラク石油も見よ

な　行

ナショナル・ベンゾール(National Benzole Company Ltd.) 389, 393
日本石油 185, 326, 333, 334
ニュージャージー・スタンダード石油(Standard Oil Company of New Jersey, デラウェア社) 98, 140, 165, 168, 414
ニューヨーク・スタンダード石油(Standard Oil Company of New York) 33, 34, 55, 61, 62, 71, 76-78, 81, 93, 97, 111, 143, 153, 154, 160, 166
ノーベル一族(Nobel family) 54

は　行

ハイディとハイディ(Ralph Hidy and Muriel Hidy) 11
バトン・ルージュ製油所(Baton Rouge refinery) 126, 411
パティシペイション・インベストメント社(Participation and Investment Company) 154
バーマ・シェル(Burmah-Shell Oil Storage and Distributing Company of India Ltd.) 322, 323, 330
バーマ石油(Burmah Oil Company Ltd.) 322
パリ銀行(La Banque de Paris) 92

企業名・人名索引　457

バーレィン石油会社(Bahrein Petroleum Company, Ltd.)　147
パン・アメリカン石油・輸送(Pan American Petroleum & Transport Company)　141, 151, 152, 154, 158, 191
ハンブル(Humble, 商標名)　282
ハンブル石油・精製(Humble Oil & Refining Company)　11, 45, 46, 49, 76, 117-120, 124, 126, 128, 136, 137, 139, 140, 159, 167, 211, 222, 224, 226, 253, 259, 280, 281, 399
ハンブルグ・アメリカ(Hamburg-Amerikanische Packetfahrt-Aktien Gesellschaft)　89, 102
ハンブル・パイプライン(Humble Pipe Line Company)　126, 129, 130, 137, 138
ビーカン石油(Beacon Oil Company)　81
P.T. スタンヴァック・インドネシア(P.T. Stanvac Indonesia)　328
BP(The British Petroleum Company, Ltd.)　10, 42, 267, 271, 304, 310-312, 315, 317, 326, 342, 349-351, 354, 359, 360, 366, 370, 378, 392, 423
ピュア石油(Pure Oil Company)　58, 138
フィリップス石油(Phillips Prtroleum Company)　282, 350
フォード(Ford Motor Company)　99
フォーリー製油所(Fawley refinery)　270, 298, 346-349, 351, 352, 355, 357, 359, 360, 365, 382, 390, 392, 399
ブラジル・スタンダード石油(Standard Oil Company of Brazil)　190, 289
フランス・アメリカ精製会社(Société Franco-Américaine de Raffinage)　182
フランス精製(Compagnie Française de Raffinage, S.A.)　182, 183, 195, 312, 313
フランス石油(Compagnie Française des Pétroles, S.A.)　92, 103, 147, 148, 154, 182, 195, 302, 304, 313, 315, 316, 350, 359
ブリティッシュ・アメリカ石油(British America Oil Company)　293, 296
ブリティッシュ・ペトロリアム(The British Petroleum Company, Ltd.)→ BP
プレーリー石油・ガス(Prairie Oil & Gas Company)　31, 34, 61-63, 65, 70, 111
プレーリー・パイプライン会社(Prairie Pipe Line Company)　61
ベイウェイ製油所(Bayway refinery)　62
ベイタウン製油所(Baytown refinery)　125, 126, 212
ベイヨーン製油所(Bayonne refinery)　32, 35, 62
ペガサス(赤い天馬, 商標名)　323, 332
ペトロフィナ(Petrofina S.A.)　350
ペトロブラス(Petrobrás)　289-292, 296, 297
ベーファウ・アラール(BV-Aral)　301, 310, 311, 315
ペンシルヴェニア・スタンダード石油 (Standard Oil Company of Pennsylvania)　81

ま 行

マグノーリャ石油(Magnolia Petroleum Company)　76
マラソン石油(Marathon Oil Company)　394
丸善石油　333, 334
三井物産　198
ミッド・コンチネント石油(Mid-Continent Petroleum Corporation)　167
三菱石油　198, 333, 334
ミルファード・ヘヴン製油所(Milford Haven refinery)　351, 378
メキシカン・イーグル石油(Mexican Eagle Oil Company)　370
メネ・グランデ石油(Mene Grande Oil Company)　142, 222, 258, 268
モービル化学(Mobil Chemical Company)　415
モービル社(Mobil Corporation)　33, 252, 258, 268, 270, 283, 311, 315, 319, 320, 326-328, 342, 415, 423
モービル石油(Mobil Oil Company Ltd., イギリスの子会社)　331, 366, 371, 374, 376, 382, 386, 393, 395, 396
モービル石油(日本の子会社)　324, 325, 331-334
モービル・ペトロリアム(Mobil Petroleum Company Inc.)　331, 333
森 杲　42-44
森 恒夫　42-44

モルガン・グレンフェル商会(Morgan Grenfell & Company Ltd.)　403

や　行

楊井克巳　44
ユニオン石油(Union Oil Company of California)　70, 144
ヨーロッパ石油同盟(European Petroleum Union, EPU)　89

ら　行

ラゴ石油・輸送会社(Lago Oil & Transport Company, Ltd.)　151, 152, 174
ランダーシー製油所(Llandarcy refinery)　378
リージェント石油(Regent Oil Company Ltd.)　350, 366, 370, 371, 376, 382, 386, 393, 395
ルイジアナ・スタンダード石油(Standard Oil Company〔Louisiana〕)　31, 32, 45, 46, 76, 138, 211
ルーマニア・アメリカ(Sec. "Romano-Americana")　60
ロイアル・ダッチ(Royal Dutch Company)　27, 30, 53
ロイアル・ダッチ＝シェル→RD＝シェル
ロックフェラー(John D. Rockefeller)　34

事項索引

あ 行

アイオア州(Iowa)　166
アイルランド　349, 389
アウトサイダー　94, 179, 188, 310
　　──の進出　146
アーカンソー州(Aekansas)　76, 281
アクナキャリー
　　──協定(Achnacarry Agreement)　94, 104
　　──体制　147
アジア　22, 25-27, 55, 143, 153, 173, 184, 186, 232, 273, 318, 319, 329, 416, 417
　　──市場　33, 187, 319
　　──主要地域　144
　　──地域　140
　　現地政府による規制や干渉　321
アジア・オセアニア　156
安治川　332
アスファルト　193, 276
圧縮ガス　193
アパラチア　14-18
　　──油田(Appalachian oil field)　13
アパラチア地域　31, 72
アブ・ダビ(Abu Dhabi)　246
アフリカ　191, 232, 246, 274, 327
　　──市場　328
アフリカ・サハラ(Sahara)地域　302
アメリカ　2, 6, 8, 10, 13, 39, 46, 114, 120, 150, 156, 170, 224, 246, 264, 273-275, 290, 337
　　──からの対日原油輸出　185
　　──企業の石油の締め出し　354
　　──極西部市場　42
　　──国内での各種原油の年平均価格　295
　　──国務省　258, 318
　　──国立公文書館(National Archives)　5
　　──最大産業企業20社(資産額)　39
　　──参戦　205, 215, 221

　　──上院外交委員会の多国籍企業小委員会　268
　　──政府による自国籍タンカーの徴用　215
　　──での精製・販売事業との連携　339
　　──での組織改革　280
　　──東部大西洋岸　51
　　──灯油市場　24
　　──・ドル　99
　　──における石油不足　339
　　──のガソリン小売市場　162, 230
　　──の石油大企業20社　97, 161
　　──の輸入割当制度　248, 294
　　──北東部　21, 230
　　──本国　268, 307
　　──48州(Lower 48 states)　254, 284
　　──連邦司法省　319, 320, 326
　　──連邦司法省との同意審決　319
　　──連邦政府　53, 206, 225, 252
　　──小売市場への供給量　167, 278
　　ガソリン小売市場への供給量　167, 278
　　ガソリン小売市場向け販売　76
　　ガソリンの給油所小売価格　168
　　ガソリンの年平均の卸売価格　168
アラスカ州(Alaska)　250, 415, 427
アラスカ油田の探索と開発　278
アラバマ州(Alabama)　281
アラビア半島　153
アラビアン・ライト原油(Arabian light crude oil)　270, 450
アリゾナ州(Arizona)　251
アルキレート　208
アルコール　193
アルジェリア　173, 175, 302
　　──原油　303
　　──の原油生産量　312
アルゼンチン　46, 66, 84, 85, 120, 170, 173-176, 189, 190, 230, 231, 234, 296
アルバ島(Aruba Island)　88, 141, 152, 169, 170, 174, 178, 187, 249, 309, 416,

460

イギリス　6-8, 10, 30, 52, 66, 85, 86, 104, 121, 170, 173, 175, 177, 178, 184, 190, 191, 231, 232, 290, 298, 300, 343, 412, 416
——ガソリン小売市場　386
——企業の優遇　354
——軍　40
——公文書館(Public Record Office)　5, 398
——国内総生産(GDP)　403
——国内でのタンカー建造　357
——市場　384
——資本主義　343
——政府　40, 54, 179, 220
——政府の石油産業統制機関　365
——政府の統制下の独占組織　231
——での精製活動　355
——での製品生産体制　352
——での全石油製品販売量　382
——電力庁(British Electricity Authority)　379, 386, 387, 391, 392
——南部　392
——南部・南西部地域　380
——のエネルギー産業界　179
——流通機構の改革　369
ガソリン小売市場への供給シェア　386
系列小売店数　376
系列店網　376
製品流通機構の再編成と刷新　364
製品流通の効率化　362
戦後初期の石炭産業　368
戦後の外貨不足　406
違憲判決　122, 123
イソプロピル・アルコール　411, 413
委託販売　84
イタリア　25, 66, 85, 120, 170, 173, 175, 190, 191, 197, 291, 300, 303, 306, 309, 318, 394
——海軍　79
——国内総生産(GDP)　303
——市場での販売活動　305
——政府　197
——政府の施策　304
——における石油製品の消費量　316
——のエネルギー消費構成　303
——の石油消費量　303
1次エネルギー源　39, 157, 179, 280, 310, 314, 328, 331, 343-345
1回毎の供給量(drop)　365, 370
一般消費者市場向け販売　159
イラク　114, 120, 146, 236, 247, 263, 264, 266, 267, 269, 271, 341, 359, 360
——原油　146, 148, 312
——政府との対立　266
——の石油利権　91
事業参加　271
イラン　46, 56, 101, 114, 236, 246, 262, 264, 267, 269, 271, 359
——政府　358
イリノイ州(Illinois)　15-19, 28, 31, 35, 119, 220, 275, 277, 281
——産の原油　286
イングランド　391, 397
——南部　380
インド　25, 26, 236, 321, 327, 329
——資産の所有権の売却　331
——市場　55, 322
——政府　330
——政府との共同　321
——政府との対等所有　322
——政府による「産業政策決議」　329
——政府の石油政策　323
——の灯油市場　93
インドネシア　247, 265, 319, 321, 328, 329
——での原油生産　320, 328
インフレーション　89, 341
インペリアル・ガロン　88
ヴァージニア州(Virginia)　35, 76
ヴァーモント州(Vermont)　284
ヴァンクーヴァー(Vancouver)　172
ウィスコンシン州(Wisconsin)　277, 293
ウエスト・ヴァージニア州(West Virginia)　14, 35, 76
ヴェネズエラ　9, 44, 46, 51, 52, 56, 59, 84, 85, 88, 101, 114, 120, 140-143, 151, 152, 169, 170, 173-175, 178, 187, 218, 221, 223-226, 239, 246, 249, 250, 252, 254, 255, 257, 258, 264, 268, 287, 289, 293, 296, 309, 327, 338, 339, 346, 422, 426, 427
——からの石油輸入量　295
——子会社　222
——産原油　346

事項索引　461

――産石油　141
――政府　221, 222, 254-256
――政府に対する支払額　258
――政府による新規利権の供与　256
　旧政治体制下　223
　所得税額(税率)の引き上げ　255
　所得税法の改定　258
　新石油法　222, 223
ヴェネズエラ・カリブ海地域　236, 286, 298
ウェールズ　371, 391, 397
ウガンダ　327
請負契約方式　320
売上高　200, 335, 337
売上高経常利益率　334
売上高純利益率　337, 338, 342, 399
ウルグアイ　173, 174
英仏両政府　91
英米金融協定(The Anglo-American Financial Agreement of 1945)　353
英蘭グループ　148
液化ガス　276
エクアドル　176
エジプト　317
SBR(スチレン・ブタジエン・ラバー)　410
エチル・アルコール　413
エチレン　410, 412-414
エチレン・プロピレン・ラバー　417
エドモントン(Edmonton)　285, 286, 293
エネルギー
　「――革命」　1, 424
　「――危機」　243
　――供給産業　1, 158
　――源　1, 2, 73, 74, 243, 340, 418
　――源の自給政策　341
　――産業　2, 4, 39
　――市場　243, 345
　――転換　343
　――不足　362
　諸外国での「――危機」　339
エル・サルヴァドル　416
沿岸航行タンカー　215
大口顧客　79, 109, 161, 188
　――向け販売量　166
　ガソリン等の――　277
大口需要家　24, 78, 202, 284, 366

大阪　325, 332, 333
オクタン価　159
　――競争　210
オクラホマ州(Oklahoma)　15, 17, 65, 115, 123, 125, 277
オーストラリア　42, 144, 236, 246, 321, 327, 329, 331, 389, 412, 415
オーストリア　317
オセアニア　144, 173, 184, 232, 318, 319
オタワ渓谷(Ottawa Valley)　288, 289
オハイオ州(Ohio)　14, 275, 277, 281, 287
オランダ　25, 52, 85, 173, 175, 190, 299
　――政府　53, 153
　――政府の差別政策　153
　――領西インド諸島　88, 174
　――領東インド　27, 28, 30, 46, 52, 66, 69, 88, 101, 114, 120, 143, 144, 149, 153, 170, 173, 184, 186, 187, 222, 227, 232
オランダ・イギリスの両勢力圏　180
オレゴン州(Oregon)　251
卸売価格　404
卸売業者　78
卸売物価指数　131
オンタリオ州(Ontario)　286, 295

か　行

海運会社(企業)　24, 79
海運業　364
海外事業の「自立化」　150
外貨節約　180, 307, 349
外航船舶用燃料　309　→バンカー油も見よ
外航タンカー　360
外国為替管理　174, 180
外国石油企業への規制措置　341
外国における純資産額　155
外資系企業　291, 334
海上輸送能力　171
「海賊(pirates)」　86
「解体」　8, 20, 21, 24, 26, 30, 32-34, 40, 62, 76, 100, 108, 110, 139, 143, 164, 277, 341, 352
買い付け　13, 19, 20, 47, 58, 63, 74, 109, 120
　――主体の原油獲得方式　124
　――への依存　125
街頭店舗　96
買い取り　247

外部資金調達　108
化学　43
価格カルテル　301
化学企業　414
化学産業　379
価格政策　164
価格設定方式　140
価格引き下げ
　——競争　385
　——攻勢　158, 164
化学肥料　413, 416
獲得利益　105, 255, 335, 422
確認埋蔵量　48, 269
過剰生産　113, 123
　——能力　50
　——の抑制　110, 117, 119, 124, 272
過剰能力　113
ガス　364
ガス会社　24
ガス機関の燃料　29
ガス・空気を注入した回収　154
ガス製造　378
カスピ海(Caspian Sea)　54
寡占構造　77
寡占体制　43, 89
ガソリン　73, 86, 158, 171, 177, 184, 185, 187, 275, 296
　——価格(卸売)　385
　——給油所　229
　——小売店網　165
　——の小売店　87
　——の消費税　168
　——の大衆消費者市場向け販売　340
　——・パイプライン　97
カダフィー革命(Qaddafi Revolution)　267
カタール(Qatar)　246
各国市場での占有率　85
合体(プール)　231
カーディフ(Cardiff)　371
神奈川　325, 332, 333
カナダ　25, 46, 66, 68, 82, 109, 120, 169, 170, 172, 173, 184, 186, 187, 189, 190, 230, 246, 264, 273, 274, 285, 290, 338, 412, 416
　——西部原油　286-288
　——西部原油の価格決定方式　287

——西部市場　172
——西部地域アルバータ(Alberta)　285
——石油需要　292
——石油の輸入増加　295
——の原油生産量　295
——東部地域　288, 289, 295
——・ドル　99
——の主要企業の獲得利益額　295
——のビッグ・フォー　294
——の民族資本　294
金物店　23, 369
株式買収　172
株式放出　32
ガボン　303
火薬(TNT)　40
ガラス　364
ガラス製造　379
カリフォルニア州(California)　15, 17-19, 28, 31, 115, 144, 250, 251, 275, 277, 278, 281-283
カリブ海　141, 169, 257
　——域の製油所　346
　——地域　88, 101, 218, 236, 249, 254
火力発電所　257, 280, 383, 387
　——向け重油販売　386
カルテル　89, 178, 183
　——行為　326
　——行動　202
　——体制　240, 422
　市場分割——　94
ガルフ・コースト・コンプレックス(Gulf Coast Complex)　68
ガルフ・コースト地域(Gulf Coast)　63
ガレージ(修理所)　87, 96, 388
缶　23
簡易ポンプ　96
環境保護を目的とした規制の強化　309
カンザス州(Kansas)　15, 17
関税　141, 172
　——設定　82, 141
　——法　102
幹線パイプライン　14, 16, 20, 62, 98, 125, 129, 130, 138, 217, 221
カンボジア　327
管理組織　12

事項索引　463

機械油　24
機械工業　378
技術開発　69
基礎製品　410, 413, 417
北アイルランド　379
北アフリカ　9, 54, 266, 267, 307
　――油田　262, 268
北アメリカ　25, 156
北ボリビア　176
北ルマイラ(North Rumaila)油田　271
既得利権の更新　222
規模の経済性　298
キャラソー島(Curaçao)　88
旧アラブ連合　317
旧オスマン・トルコ帝国(the old Ottoman Empire)　153
旧子会社　31, 32, 109
九州　332
旧ソ連産製品　191
旧ソ連産石油　93, 94, 300, 307, 318, 322, 330, 331, 423
　――製品の大量買い付け　306
　――の大量輸入　305
　――の非社会主義諸国への供給量　317
旧ソ連邦　10, 55, 69, 104, 114, 156, 177, 178, 197, 207, 225, 237, 265, 291, 343
旧西ドイツ　290, 300, 416
給油所(service station)　24, 75, 91, 98, 159, 164, 184, 277, 388
給油所の直営方式　166
給油ステーション(filling station)　87, 388
給油ポンプ(イギリス)　373
旧来の市場域　158, 162, 163
旧来の油田地帯　19
キューバ　66, 85, 170, 173, 317
業界支配　2, 5, 6, 108, 428
業界支配力　108, 239
恐慌　5, 95, 163, 172, 179, 181, 189, 237
強制的な輸入抑制措置　249
京都　332
共同買い付け　104
共同行動　177, 181, 202, 422
共同支配体制　202
共同所有　54
　――会社　184, 426

　――体制　94
　――方式　147
共同統制　188
共同販売組織体(イギリス)　231
極西部　74
拠点ターミナル(イギリス)　365
ギリシャ　317
キルクーク油田(Kirkuk oil field)　271
近代石油産業　1, 21
クウェート　147, 263, 265, 267, 269, 356, 360, 383, 394, 401
　――・オプション　149
　――原油　267, 312, 356, 359
掘削費用　226
　――の削減　49
クリーニング用　29
軍事活動　239
軍事クーデター(ブラジル)　292
軍需
　――市場　228, 229
　――物資　218
　――部門　194
　――向け　228
　――優先の下での消費制限　228
経営
　――の管理と組織　425
　――の原則・指針からの逸脱　417
　――の効率化　280
　――の多角化　10, 413, 418
　――判断や意思決定の誤り　417
経済協力局(Economic Cooperation Administration, ECA)　352, 354
経済成長路線(ブラジル)　292
刑事捜査　326
軽質製品　257
契約販売　161
軽油　261, 279
鯨油　21
軽油・ディーゼル油　185, 309
系列外企業　402
結合装置　169, 170
ケニア　327
ケーブル絶縁材　411
ケベック州(Quebec)　287
減価償却費　108, 263

権限の集中と委譲　425
現代資本主義研究　2
ケンタッキー州(Kentucky)　15, 277, 281
現地人経営者　89
現地精製　182, 230
原油
　——の国内備蓄　185
　——の自給率　45, 115, 149
　——の蒸留装置　169
　——の生産調整活動　149
　——の大量購入　267
　——の輸入許可量　195
　——不足　226
原油井戸元価格　59, 101, 288
原油回収率　49
原油価格　114, 129
　——の高騰　341
　——の上昇　427
原油獲得　4, 13, 20
　——の方式　149
原油過剰　118, 426, 427
　　国際的——　249, 289, 338
原油自給率　124
原油生産　12, 20, 149, 255
原油生産事業　8, 114, 244, 285, 289, 422
　——が持つ投機的性格　123
　——の利益額　155
原油生産費用　101
原油生産部門　29
　——の資産額　150
原油精製　12, 68, 170
　——能力　188
　——プラント　225
原油探索費用の増大　307
原油埋蔵量　50, 118, 125, 142, 146, 149
原油輸送　12
原油輸入割当量　303
広域鉱区　124
広域借地権　49, 117
広域の販売組織　84
高運賃体系　129
高オクタン価ガソリン　208, 390
公企業(インド)　322
公共の輸送機関　70
鉱区　222

——借地権　117
——借地料　17, 118
——使用料→鉱区借地料
——の合体　117
——面積　124
航空機用ガソリン(100オクタン・ガソリン)
　　118, 206-210, 213, 214, 235, 409, 411, 413
鉱工業の生産指数　114
鉱山業　39, 73, 84, 425
公示価格(posted price)　139, 140, 253, 401, 404, 427
　——の引き上げ　267
公社(フランス)　302
合成ゴム　206, 208, 209, 212, 411, 413, 417
　——原料　409
　——事業　207
合成繊維　413, 419
合成トルエン　206, 207, 209
公的規制　229
公的権限　119
公的部門　322
高度成長　426
坑内掘り石炭　367
購入契約　206, 207
購入原油への支払い代金　401
公表価格(published price)　100
子会社株式の放出　34
国営企業　174, 231, 340
　——の育成　341
国営石油会社　289
国営石油企業　230
国際市場での原油価格　305, 307, 426
国際石油カルテル　55, 94
国際石油企業(会社)　92, 266, 301, 321, 330, 342, 358, 404
国際石油資本　195, 196, 313, 423
　——による共同所有方式　272
国際的な石油の過剰市況・価格低落　340
国策企業　174, 179, 182, 188, 196, 302, 303, 423
国内精製業に対する関税保護　182
国内油田の枯渇　45
国民消費生活　157
国有
　——化　426
　——企業　423

事項索引　465

――工場　210, 212, 221, 411
――施設　239
――タンカー　220
――パイプライン　217, 220
――民営方式　209
コスタ・リカ　416
五大湖　286
――航路　83
国家安全保障会議(National Security Council, NSC)　326
黒海(Black Sea)沿岸　27
黒海航路　305
黒海での引渡価格(f.o.b. Black Sea)　317
国家石油審議会(National Petroleum Council)　296
「国家独占」　89
固定資産額　128, 155
コナリー法(Connally Act)　122, 134, 227
コロラド州(Colorado)　281
コロンビア　46, 51, 52, 66, 84, 85, 120, 143, 170, 173-175, 230, 234, 246, 293, 296, 416

さ　行

在外原油生産部門　155
在外精製　170, 188
――事業　150
――能力　169
最終製品　410, 417
最南部(Deep South)　163
再販売価格　390
「材料革命」　418
サウサンプトン(Southampton)　346
サウジ・アラビア　147, 148, 246, 262, 264, 266-269, 341, 355, 360, 383, 401, 404, 427
――政府の要求　265
――での原油開発計画の縮小　407
サウジ原油　270, 357
サウス・ウェールズ　351, 378, 391
雑貨商　369
サーニア(Sania)　286, 293
サハラ地域(アルジェリア)　314
サハラ油田　303
サービス・ステーション(service station) → 給油所
差別政策の転換　143

差別的価格政策　164
サリー州レザーヘッド市(Leatherhead, Surrey)　11
山岳地域　275
産業企業　257, 280
産業の国有化　362
残渣燃料油　249, 250, 254, 257, 261, 276, 279, 284, 309
サンフランシスコ(San Francisco)　278
産油国政府　426
――の攻勢　427
ジェット燃料油　276
塩釜　332
シカゴ市場における価格　288
自家消費分(製油所燃料)　309
自給率　131
事業構造　130
事業参加　426
事業戦略　5, 9
事業の収益性　163, 209
資金調達　108
試掘井　49
資源ナショナリズム　426
四国　332
自己資本額　238
自己資本純利益率　105, 200, 203, 238, 240, 337, 338, 416, 418
資材の割当配分　207
自社生産　20
自社ブランド　388
自主的な生産抑制策　119
市場
――支配の地域的差異　163
――需要法(market-demand act)　120, 121, 132, 133
――の統制手段　181
――の分割協定　178
地震計設備　131
自然の力による回収(natural flow)　154
実質GDPの伸長率　314
実勢価格(realized price)　253, 405, 426
自動車　43, 164
――エンジンの性能向上　165, 390
――の保有台数　156
――用オイル　160, 296, 373

――用ガソリン　191, 235, 261, 276, 309, 329
――用タイヤのチューブ　410
支配体制の再編　423
資本関係　31
　――の切断　34
資本主義世界経済　1
資本総額　41
資本蓄積　74
社会主義
　――革命　54
　――諸国　2, 423
　――体制の崩壊　425
借地面積　49
社債　111
社史　6, 11, 12
社内販売価格　139
社内留保金　111
ジャマイカ　416
社有店舗数　384
収益性の低迷　416
重化学工業部門　308
従業員教育の実施　165
従業員の就業状況　165
州際協約　135
州際商業委員会(Interstate Commerce Commission)　62
州際取引　122
州別原油生産　115
獣油　21
重油　73, 177, 187, 275, 279, 296, 331
　――の輸入組合　310
　――販売　340
　――用パイプライン　367
　A・B――　325
　軍用――　235
　軽質――　300, 311
　C――　325, 428
　重質――　311
　中質・重質――　300
集油パイプライン　14
修理所→ガレージ
重量トン　219
主権国家の権限　255
主導的大企業群　2
主要事業部門の内部化　113

主要炭田　74
潤滑油　160, 193, 276
　――工場の建設　322, 330
純生産　224, 272
　――量　17, 246, 272
準戦時体制　185, 205
準特約店(contract-dealer)　229
純埋蔵量(net reserves)　269
純輸入国　250
純利益額　200, 238, 337
証券金融　108
証券市場　111
証券発行　108
　――金融　111
商船販売法(Merchant Ship Sales Act of 1946)　361
消費制限措置の撤廃(イギリス)　373
消費制限措置の導入(アメリカ)　229
消費地精製　91, 194, 352
商標　277, 282
　――侵害　277
商務省(Department of Commerce)　141
食品　364, 378
食料雑貨店(grocery)　23
ジョージア州(Georgia)　281
シリア　317
人員削減などによる「合理化」　280
シンガポール　327
新規企業　383
新規参入企業群　351
新規進出の地域　158
新興企業　76, 384, 424
新鉱区の入手　118
新興産業　418
新興の地域　16
新興有力企業　41
新興油田地帯(地域)　18, 19, 40
人事　425
迅速な意思決定　280
スイス　85, 173, 175
水素添加　198, 212
水力　179
水力・原子力　344
スウェーデン　85, 173, 175, 190, 191, 235, 317, 353

事項索引　　467

枢軸国　　206, 220, 225
スエズ
　　――以東　　148
　　――運河　　27, 271
　　――運河の閉鎖　　245
　　――危機　　245, 251, 252, 397
スカンジナビア諸国　　305, 354
スコットランド北部　　379
スターリング　　263, 269, 270
　　――・オイル (sterling oil)　　180
　　――通貨圏　　269, 356, 360
　　――の支払い　　353
　　――のドルへの転換　　347
スタンダード等級　　390
スタンダード等級のガソリン　　316
スーパー・タンカー　　358
スペイン　　173, 416
スペリオル湖　　286, 293
スペリオル市　　293
スマトラ (Sumatra) 島　　53
スリランカ　　331
生産
　　――の共同統制　　422
　　――の効率化　　117
　　――の余裕能力　　254, 427
生産カルテル　　94, 123, 225
　　――体制　　427
生産許可量　　123, 124
生産許容量　　119, 135, 251
生産削減　　222
生産井　　292
生産調整　　132
生産統制
　　――機関　　251
　　――制度　　118, 202
生産得率　　69
生産費用　　101
生産分与契約　　320, 328
生産余力→生産の余裕能力
生産割当制度　　114, 119, 123, 124, 128, 224,
　　240, 248, 249, 253, 422, 427
精製　　21
　　――グループ企業　　91
　　――事業　　61, 67, 225, 257, 289, 298, 346
　　――専業　　335

――量　　308
製造企業　　24
製造業　　73, 84
　　――生産高指数　　194
製品
　　――供給割当量　　303
　　――の販売量の地域的差違　　325
　　――パイプラインの導入　　366
　　――販売　　12, 21, 22
　　――販売構造　　77
　　――販売における自己資本純利益率　　297
　　――販売部門　　31
西部カナダ産の原油　　293
政府規制　　176
政府系企業　　340
政府資金　　239
西部テキサス　　49, 126, 159
西部テキサス原油　　130
政府の認可事業　　185
製油所　　257
　　――販売　　78, 202
政令 (décret)　　302, 312
セイロン　　236, 331, 327
セヴン・シスターズ（7大国際石油資本）
　　266, 267, 423
世界企業　　22, 110, 170, 184, 202
世界市場　　72
　　――戦略　　244
世界石油産業　　3, 421
　　――界　　113
　　――界の最大企業　　422
　　――史　　244, 422
世界大戦　　5
石炭　　73, 157, 158, 179, 180, 243, 343, 344, 392,
　　425
　　――化学　　411
　　――産業の保護　　192
　　――不足　　377
　　――油　　21
石油
　　――と天然ガスの保全　　132
　　――燃焼方式　　380
　　――の国内自給・国産化政策　　180
　　――の国家独占　　90
　　――の主力エネルギー源への推転　　341

——の純輸入国　245
——の専売制　89
石油化学　240, 411, 416
　　——企業　413
　　——原料　276
　　——工業　68, 409, 411
　　——工場　330
　　——事業　7, 8, 10, 238, 416-418
　　——事業への多角化　414
　　——品　10, 274, 409, 412, 418
　　——部門　403
　　——部門の分離　415
石油過剰　266, 301
石油・ガス保全州際協約　123
石油企業
　　——間の製品交換(交換ジョイント)　333
　　——の自家消費分　157
『石油業界の推移』　324
石油業法(日本)　185, 198, 334
石油業法(フランス)　182, 195, 302, 311
石油合成プラントへの投資　181
石油事業の将来性に対する不安　418
石油商　25
石油消費の動向　156
石油製品
　　——価格　174
　　——市場(アジア)　321
　　——の消費構成　235
　　——の代替品　193
　　——の販売活動　300
石油輸出国機構(Organization of the Petroleum Exporting Countries, OPEC)　428
石油輸入関税　330
石油輸入管理局(Oil Import Administration)　248
石油連盟の広報部　332
接触分解プラント　213
接触法　208
セメント　364
1929年恐慌　113
戦後「エネルギー革命」　2, 10, 244, 343, 345, 423
戦後「エネルギー危機」　307, 365
戦後恐慌　245

全国産業復興法(NIRA)　122, 134
全国生産の統制制度　227
全国石炭庁(National Coal Board)　362
全国単一商標　282
全国的販売企業　275, 277, 339, 424
戦後構造の原型　9
戦後高度成長　1, 2
戦時期　4, 7
戦時期アメリカ　229
戦時統制　224, 304
　　——の解除　373
セントラル・ヒーティング　378, 380, 392
セント・ルイス(St. Louis)　159, 160
船舶　73
全米石油会議(National Petroleum Council)　253
戦略物資　206, 209, 214, 221, 228, 235, 238, 239
　　——の事業に投資した額　209
　　——の生産　9
ソヴィエト政府　55
増資額　402
総資産　255
総資産額　105, 200, 336, 399
総生産　17, 225, 246, 272
総トン　219
総埋蔵量(gross reserves)　269
「素材革命」　418
組織解散　206
組織面, 経営管理面　82
ソーラス・システム(Solus System)　373
損失タンカー　220

た　行

タイ　321, 327
第1次石油危機　427
第1地区(District One)　219, 233
対オランダ政府交渉　143
対外市場依存　33
対外支払い　348
大恐慌　7, 9
第5地区(District Five)　251
第三者企業　402
　　——への公示価格の値引き　405
大衆消費者市場　80, 110, 158, 160, 161
対政府納品価格　213

事項索引　469

大西洋岸諸州　32
大西洋岸地域　279
大西洋航路　66
大戦終了後の平時　239
大戦の終了　210
対ソヴィエト・ロシア連合戦線　55
第2次大戦期　240, 421
　　──のアメリカ　205
第2次大戦後　7
　　──の資本主義世界　426
対日禁輸措置　185
対日原油輸出　199
対日戦勝利(V-J Day)　218
太平洋岸　18, 275, 277, 278
大陸棚　250, 254
代理店所有の寄託油槽所　332
代理店の確保　325
対ロシア投資　55
台湾　198
ダヴィド州(Dyfed)　351
多角化路線　416
脱硫装置　309
樽　23
単一の全国商標の確立　278
タンカー　21, 31, 71, 81, 83, 110, 172, 180, 216, 217
　　──船団　171
　　──の販売価格　361
　　──不足　222
　　──輸送　61, 65
　　──輸送船団　169
　　──輸送費　358
　　外国籍──　66
　　国有──　220
　　蒸気力を用いた──(steam tanker)　25
炭化水素ガス　208
炭化水素局(Direction des Carburants)　313
タンガニーカ　327
タンク　23
タンク車　23, 219
タンク・ローリー　87, 364, 365, 368
タンク・ワゴン車　23, 25, 26, 75, 79, 91, 96, 369
探索

──家　131
　　科学的方法を用いる──　131
ダンピング　180
暖房油　156
　　──消費国　301
暖房用　377-379, 383
　　──炭　392
　　──石油　392
　　──灯油(厨房用を含む)　380
　　──燃料　308
地域的差異　43
チェーン化　166
チェーン・ストア　166
地下資源の国有化　52
地下の油層圧　49
地下の油層構造　118
地球物理学の方法　131
蓄積圏　72
地中海閉鎖の期間　236
窒素肥料　419
中央アメリカ・カリブ諸国　416
中間製品　410
中国　30, 198
　　──の経済改革　425
中小の企業の競争力　162
中西部(Middle West)　18, 21, 74, 76, 80, 275, 277, 281, 282
　　──地域　160
　　──での挫折　160
中東　1, 9, 52, 53, 146, 232, 246, 252, 266-268, 287, 289, 321, 339, 422
中東・北アフリカ地域　340, 426
中東における勢力再編　149
中東油田地帯(ペルシャ湾岸地域)　262
厨房油　157
中立国　206, 214, 232, 235
チュニジア　173, 175
チューブ・アンド・タンク法　69
チューブを不要とするタイヤ　410
超過利潤　422
長期契約　86
長期不況　5
朝鮮　198
徴用の対価としての賃貸料　218
直営店　75

直営方式　87
直接販売(直売方式)　24, 325, 366
貯蔵原油　48
貯蔵施設　14, 23
　　原油の――　19
貯蔵タンク　184
貯油所　75
チリ　85, 173, 174, 176, 230, 231, 234
追加可能な生産量　261
通商協定延長法　253
TNEC　164
TNT 火薬用　206
ディーゼルエンジン自動車　378
ディーゼル油　171, 185, 296, 309, 378
　軽質――　329
　高速――　329
T-2 型　360
ディーラー維持費の削減　385
敵国資産　89
テキサス州(Texas)　14, 17-19, 45, 49, 54, 57, 58, 62, 76, 115, 117, 118, 123-125, 127, 211, 224, 229, 250, 251, 254, 281, 282, 284, 411, 427
　――議会　119-121, 133
　――東部地域　217
　――東部地域(ロングヴュー〔Longview〕)　219
　――法　132
テキサス州アーヴィング市(Irving, Texas)　11
テキサス石油・ガス保全協会(The Texas Oil & Gas Conservation Association)　133
テキサス鉄道委員会(The Texas Railroad Commission)　119, 124, 132, 133, 135, 136, 251
鉄鋼　43, 364
　――企業への重油販売　326
　――業　114, 377-379, 383
　――業全体での燃料消費　310
　――・石炭資本所有の石油企業　301
　――などの配分　206
鉄道　24, 71, 73
　――業　84
　――タンク車　20, 23, 25, 75, 79, 81, 215, 368, 369

テトラエチル鉛　159, 165
テナント　384
テネシー州(Tennessee)　15, 32, 281
テムズ川　371, 392
　――河口地域　397
デラウェア州(Delaware)　80, 158
電気機械　43
天然ガス　20, 39, 68, 158, 280, 284, 304, 344, 345, 347
天然ゴム　212
　東南アジア産の――　210
デンマーク　85, 171, 173, 175, 183, 191, 353, 416
　――政府　306, 317
電力会社(東北, 東京, 中部, 関西, 四国, 九州)　326
電力業(ガス製造を含む)　310
電力産業　379
電力事業　425
ドイツ　25, 86, 89, 102, 104, 121, 170, 173, 177, 179, 181, 183, 190, 191, 196, 298
　――軍によるタンカー攻撃　215
　――経済全般の回復　179
　――国内産原油　90
　――資産の没収　103
　――市場の回復と成長　181
　石油政策　181
銅　425
同意審決　320, 328
東京　325, 332, 333
陶磁器　364
投資の危険性　125, 422
東南アフリカ　144, 184, 318, 319
東南部　275, 277
東部大西洋岸　217
東部テキサス　126, 132, 136
　――原油　129
　――油田　117, 133, 254
灯油　21, 27, 156, 276, 296, 329
　――販売　26
　トラクター用――　38
動力省(Ministry of Power)　367
独占行為　31, 164
特定設備の許可　334
特約店　79, 376, 384, 395

事項索引　471

――化　87
――制度　365, 389, 406, 425
――方式　75, 95, 96, 370, 373, 381, 389, 406
――網の形成　374
特約配給業者　381, 392
特許　69
トップマネジメント　12, 425
トラスト形成　26
トラック　71
トリニダード　46, 120, 170, 370
トリポリ(Tripoli)　148
トルエン　207, 208, 210, 212, 213
ドル外貨　180
　――の取得　348, 353
　――の節約　373
　――の不足　263, 269, 347, 355
トルコ　153
ドル石油(dollar oil)　357
ドル節約対策　349
トロント(Toronto)　286

な　行

ナイジェリア　267
内部化　65
内部価格　100
内部資金　108
内務省(Department of the Interior)　248
内務省鉱山局(Bureau of Mines, Department of the Interior)　134
内務長官　151
内陸製油所　308
ナイロン繊維の製造　416
中身輸送　23
名古屋　332
ナショナリズム　174, 176, 181
ナチス政権下の不況対策　180
ナフサ　331
南西部　74
南部　158, 163, 275
南部地域　284
南北カロライナ両州(North Carolina, South Carolina)　35, 281
南北ダコタ　281
西半球　337, 338
西ヨーロッパ　9, 13, 273-275, 291, 297, 300, 307, 317, 339, 412, 415, 417, 423, 428
　――市場　266, 307
　――諸国　6
　――での精製規模　307
　――での精製量　298
　――などでの外貨(ドル)の不足　263
　戦後の――での現地生産　307
日米開戦　232
日本　6, 28, 185, 232, 275, 291, 317, 318, 323, 327, 329, 331, 394, 423
　――市場　198
　――の石油企業全体　326
　――の大陸侵攻　198
　――の敗北　205
　新商標　324
　新商標の導入　325
　製品流通体制の構築　324
　代理店依存　326, 334
ニューイングランド　81, 158, 284
ニュージャージー州(New Jersey)　32, 35, 62, 75, 80, 158, 282
ニュージーランド　144, 321, 327, 389
ニューメキシコ州(New Mexico)　126, 224
ニューヨーク州(New York)　14, 158, 281, 282
ニューヨーク
　――港　27
　――港地域　220
　――市(New York)　11
　――証券取引所　108, 111
ネヴァダ州(Nevada)　251
熱量(カロリー)　390
値引き業者　123
燃料油　73, 156, 177, 187, 275
ノース・ウェスタン(North Western)地域　371
ノース・カロライナ(North Carolina)　76
ノルウェー　66, 85, 170, 173, 175, 183, 190, 353

は　行

配合剤　208
ハイドロフォーミング法　211
ハイファ(Haifa)　148
パイプライン　14, 16, 31, 70, 71, 83, 110, 172, 215, 216, 251, 367, 371

――事業の収益性　128
　　――とタンカーの連結　293
　　――網　19, 125
　　――輸送　20
　　――輸送会社　62
　　――輸送子会社　33, 40
　　――輸送事業　21, 34, 61, 63, 124, 285
　　――輸送体系　48, 109
　　――輸送費　139, 287
　　――輸送部門　29
　　国有――　217, 220
　　製品――　97, 98
　　大陸ヨーロッパでの――　308
量り売り　100
パキスタン　327, 416
バクー地方(Baku oil region)　54
白油　196
はしけ　25, 79, 81, 369
バーター取引　331, 353
バーター方式　305
発行済社債総額　399
発電用　377-379, 383
バツーム(Batum)　27
バートン法　69
パナマ　173, 215
パナマ運河　71
バラ売り　87　→量り売りも見よ
パラグアーナ半島(Paraguaña Peninsula)　257
パリ　54
ハリファックス(Halifax)　296
バーレィン・オプション　147
バーレィン島(Bahrein Island)　147
バレル・マイル　217
ハワイ(Hawaii)　277
バンカー油　87, 191, 193, 280, 329, 362, 367, 381-383
　　――需要　377-379, 383
ハンガリー　120
反独占措置　34
反独占の世論　176
反トラスト法　58, 104
　　――違反　30, 96, 120
　　――違反の告発　159, 319, 320
販売サービスの改善　165
販売専業　335
販売代理店　184, 323, 324
販売地域の拡張　275
販売手数料　139
販売部門の獲得利益　163
販売部門の資産額に対する利益率　163
販売網の整理・統廃合　176
販売利益　186
販売割当制　228, 229, 233
汎用の合成ゴム　207
東半球　337
東半球地域　273, 274, 338
東ヨーロッパ　297
ビッグ・インチ(Big Inch)　217, 219, 220
ビッグ・スリー　94, 108, 179, 181, 192, 423
　　――体制　93
BP
　　――原油の買い取り　267, 355, 358
　　――原油の買い取り協定　356
　　――資産の国有化　358
　　――社の文書館(BP Archive)　5
非フラン圏　303
100オクタン・ガソリン　213, 235
ヒューロン湖(Lake Huron)　286
評価損　57
費用プラス固定料金　213
ビルマ　28, 327
フィナンシャル・タイムズ紙　403
フィラデルフィア(Philadelphia)　219
フィリピン　321, 327, 416
フィンランド　85, 173, 175, 191, 306, 353
プエルト・リコ　173, 416
武器貸与石油　218, 237
武器貸与法(Lend-Lease Act)　235
不況　9, 95, 163, 172
　　――の時代　113
不公正な行為　34
ブタジエン　206, 208, 210, 212, 213, 411
ブチル　207, 410, 417
　　――・ゴム　209, 212, 213, 411
ブチレン　208, 410
普通株　111
仏領インドシナ市場　148
ブナS　207, 410, 411　→ブナ・ゴムも見よ
ブナ・ゴム(Buna Rubber)　212

事項索引 473

プライス・リーダー 98,385
ブラジル 84,85,173,174,176,190,230,231,234,289,291,296
　——経済の奇跡 292
　——国内の生産量 290
　——政府 289-291,296
プラスチック 410,411,413,416,418
　——市場 417
フラン
　——圏 303
　——とドルの交換レート 194
フランス 26,55,85,86,90,102,104,170,173,175,177,181,182,190,191,290,298,300,301-303,309,394
　——1次エネルギー源の消費 312
　——海軍 79
　——価格の高位安定 314
　——経済 181
　——経済界 92
　——原油の輸入量 302
　——国内市場 195
　——精製業 196
　——政府 92,103,182,183,195,196,302,303
　——政府の製品国産化政策 182
　——石油業界 30
　——石油産業 92
　——石油の消費量 311
　——の石油業法 92
　——領北アフリカ 309
　——領西アフリカ地域 313
　事業活動の収益性 303
　市場に対する製品供給量 302
　石油の輸入許可制度 91,103
ブランド
　——に関する消費者意識 165
　——・ネーム 87
　——・ポンプ 87,88
プラント規模の拡大がもたらす経済性 349
ブリキの2ガロン缶 87
ブリティッシュ・コロンビア州(British Columbia) 172
プルードー湾油田〔Prudhoe Bay oil field〕 250
プール・ペトラル 388

プレミアム
　——・ガソリン 159,390,395
　——等級 385
フロニンゲン市(Groningen)近郊でのガス田 308
プロピレン 410
フロリダ州(Florida) 224,281
分解製法 69
分解装置 169
分権的事業部制 82
粉炭 386
平価の切り下げ 347
平時経済への転換 243,339
米州地域 176,177
平炉 377
ヘップバーン法(Hepburn Act of 1906) 70
ペトラル(petrol) 87,191,362
ペルー 46,51,52,66,68,84,85,120,142,170,173-176,180,230,246
　——産の原油 84
ベルギー 55,66,85,170,173,175,190
ペルシャ 40,88
　——湾 271
　——湾岸 328
　——湾岸諸国 268
　——湾岸諸国での生産調整 272
　——湾岸地域 427
　——湾岸の主要な産油国 266
　——湾岸油田 303
ペンシルヴェニア州(Pennsylvania) 14,35,65,81,158,168,211,281,282
ペンシルヴェニア等級の原油(Pennsylvania grade crude oil) 139
ベンゾール 193
法人所得税 222
包装用材 413
ポー川(Po Valley) 304
　——流域 315
北欧 348,349
北中部(North Central) 281
北東部 74,80,158,163
北東部(東部大西洋岸地域) 277
　——ニューイングランド 281
　——の大西洋岸 215
北海(North Sea) 309,345,415

北海道　332
ホット・オイル　121, 122, 134
保有埋蔵量　124, 223
ポーランド　66, 120, 170, 173
ボリビア　46, 120, 171
ポリプロピレン　411
ボルチモア(Baltimore)　75, 168
本社機能の再構築　280
本社販売　78, 202
ポンプ　87
　——による汲み出し　154
　——を用いたバラ売り　91　→量り売りも見よ
　メーター付——　100
ボンベイ(Bombay)　321

ま　行

埋蔵原油　48, 58, 117, 119, 149, 224, 250
埋蔵量　49, 422
マーケティング活動　319
マージー地域(Mersey district)　371
マーシャル
　——援助資金　352
　——資金　353
　——・プラン　353
マダガスカル　327
マラカイボ湖(Lago de Maracaibo)　52, 59, 152
マラヤ　327, 329
マルタ　173
マレーシア　416
満州　198
マンチェスター(Manchester)　371
未開発鉱区　327
ミシガン(Michigan)　275, 281
ミシシッピ州(Mississippi)　281
ミズーリ州(Missouri)　30, 159
ミッド・コンチネント(Mid-Continent)　15-19, 28, 31, 57, 59, 63, 65, 119
ミッドランド　371
緑の革命　419
南アフリカ　389
南アメリカ　156, 236
南ベトナム　327
ミネソタ州(Minesota)　287

ミルファード・ヘヴン(Milford Haven)　351, 365
民需市場　227-229, 232
民需向け　228
民族系企業　92, 179, 181, 182, 188, 301, 311
民族系石油　334
名目的賃借料　209
メイン州(Maine)　284
メキシコ　44, 46, 51, 52, 56, 65, 66, 88, 114, 120, 152, 170, 296
　——産原油　51
　——湾岸価格(f.o.b. Gulf Coast price)　115, 131
　——湾岸地域　51, 63, 68, 72, 125, 126, 215
メソポタミア(イラク)　103
メタノール　193
メチル・エチル・ケトン　413
メリーランド州(Maryland)　35, 75, 76
モーター法　165
持株会社　28, 34
　——方式　28
モンタナ州(Montana)　281
モントリオール(Montreal)　287, 295, 296

や　行

冶金　364, 378
薬剤店　23, 369
有形固定資産　233, 237, 238, 414
　——額　335, 336, 342, 402
有罪判決　34
優先株　111
　——発行　108
優先的な配分保証(割当)　207
優良油田　422
輸出石油組合　94
輸送　20
　——事業の利益　110
　——体制　61
　——能力の不足　226
　——能力の補填　218
　——問題　214
　——問題の打開　226
　——料金　129, 138
　——料金の引き下げ　201
　イギリスへの原油——費　349

事項索引　475

油槽自動車　75
油槽所　23, 24, 75, 369
　——統廃合　364
油田
　——支配　149
　——支配体制の激変　262
　——探索に関する科学的方法　118
　——の共同所有　427
　——の探索，新規開発のための投資の抑制　260
　——発見の偶然性　422
　——発見の投機性　114
ユニット化　58
ユニット操業　49, 54, 117
ユニット操業方式　58
輸入依存　250
輸入原油の代金　349
輸入石油　251
輸入量の許可証書　252
輸入割当制度（アメリカ）　249, 252, 253, 256, 427
容器（缶）売り　100
容器代金の節約　87
溶剤　411, 417
ヨーロッパ　22, 25-27, 66, 69, 86, 109, 156, 169, 170, 173, 177, 186, 187, 191, 235
　——共同市場(the European Common Market)　298, 308
　——系企業　52
　——経済協力機構(Organisation for European Economic Co-operation, OEEC)　353
　——市場　26
　——自由貿易連合(the European Free Trade Association, EFTA)　308
　——諸国　26
　——での開戦　205, 208
　現地の石油商　25
ヨーロッパ経済共同体(the European Economic Community, EEC)　298, 306, 308
　——内のフランスの立場　318
　——内の共通エネルギー政策　318

ら　行

ライセンス契約　95
ライマ・インディアナ油田(Lima-Indiana oil field)　14, 16-19, 31
ラオス　327
ラス・タヌラ(Ras Tanura)での価格　405
ラデューク油田(Leduc oil field)　285, 292
ラテン・アメリカ　13, 29, 44, 51, 56, 66, 68, 82, 84, 109, 140, 153, 169, 170, 173, 174, 176, 186, 187, 190, 230, 234, 273, 274, 285, 289, 290, 292, 296, 307, 338, 348, 417
　——原油　287
　——での販売政策　176
　現地組織改革　176
　現地代理店　84
　非効率な販売組織　174
リヴァプール(Liverpool)　371
利益
　——額　416
　——獲得　130, 428
　——獲得構造の転換　139
　——共同体(Community of Interests)　28
　——折半原則　222, 255, 258
　イラク——折半原則　271
利権料　17, 222, 247, 270
リサーチ法　390
リトル・ビッグ・インチ(Little Big Inch)　219
リビア　85, 175, 247, 264-268, 271, 383, 394, 401, 404
　——原油　266, 404
　——産石油　426
　——政府　266, 427
リベート　373, 385, 395
留出燃料油　276
流通革新　87
流通機構の再編成　362, 425
流通経路の簡略化　366
流動接触分解
　——装置　390
　——プラント　388
　——法　69, 208
両大戦間期　4, 205, 421
料理用燃料　29

臨時全国経済委員会(Temporary National
　Economic Committee〔TNEC〕)　77, 135,
　162
ルイジアナ州(Louisiana)　17, 31, 32, 211,
　250, 281, 411
ルーマニア　13, 33, 46, 54, 60, 66, 68, 88, 92,
　103, 114, 120, 146, 170, 173, 180, 190, 191,
　197, 298
　――原油　90
　――政府　54, 60
零細井　137, 251
レギュラー・ガソリン　159, 165, 390, 395
　――の価格　305
レッド・ライン(Red Line)　147-149
　――協定(Red Line Agreement)　53, 153,
　356, 358
連合国　206, 207, 214, 232
　――政府・軍　206
　――に対する地中海閉鎖　232
　――の勝利　205
連邦議会　134
連邦議会での立法化　122
連邦経済相の勧告(旧西ドイツ)　310
連邦最高裁判決　28, 70
連邦司法省反トラスト局　135
連邦政府　134, 248
　――の公的権限　123
連邦地方裁　123

連邦取引委員会(Federal Trade Commission)
　76, 79
老朽プラントの再稼動　225
浪費　132, 133
労務・労使関係　12, 425
ロシア　33, 55, 92
　――産石油　25, 104
　――産灯油　25, 26
　――油田　54
ロッキー山脈以東の地域　252, 254
ロックフェラー文書センター(The Rockefeller
　Archive Center of the Rockefeller
　University)　5
ロッテルダム(Rotterdam)　299
露天掘り石炭　367
炉用油　329
ロング・トン　344, 346, 411
ロンドン　11

わ 行

ワイオミング州(Wyoming)　281
ワイヤー　411
ワシントン(Washington, D.C.)　32, 75, 158,
　160, 162, 275, 277, 281, 282, 284
ワシントン州(Washington)　251, 281
割当制　132, 423
割当量　134
　原油および製品の――　302

伊藤　孝(いとう　たかし)

1952年　札幌市に生まれる
　　　　北海道大学経済学部卒業，同大学院経済学研究科博士課程
　　　　単位取得，1982年より埼玉大学経済学部に在職
現　在　埼玉大学経済学部教授，博士(経済学，北海道大学)

ニュージャージー・スタンダード石油会社の史的研究
——1920年代初頭から60年代末まで

2004年2月29日　第1刷発行

著　者　伊　藤　　孝
発行者　佐　伯　　浩
発行所　北海道大学図書刊行会
札幌市北区北9条西8丁目北海道大学構内(〒060-0809)
tel.011(747)2308・fax.011(736)8605・http://www.hup.gr.jp/

岩橋印刷㈱／石田製本　　　　　　　　　Ⓒ 2004　伊藤　孝

ISBN4-8329-6441-0

株式恐慌とアメリカ証券市場 ―両大戦間期の「バブル」の発生と崩壊―	小林真之 著	A5・426頁 定価7800円
ドイツ・ユニバーサルバンキングの展開	大矢繁夫 著	A5・270頁 定価4700円
地域工業化の比較史的研究	篠塚信義 石坂昭雄 編著 高橋秀行	A5・416頁 定価7000円
西欧近代と農村工業	メンデルス ブラウン 他著 篠塚・石坂・安元 編訳	A5・426頁 定価7000円
雇用官僚制 ―アメリカの内部労働市場と"良い仕事"の生成史―	S.ジャコービィ 著 荒又・木下 平尾・森 訳	A5・432頁 定価6000円
会社荘園制 ―アメリカ型ウェルフェア・キャピタリズムの軌跡―	S.ジャコービィ 著 内田・中本・ 鈴木・平尾・森 訳	A5・576頁 定価7500円
アメリカ大企業と労働者 ―1920年代労務管理史研究―	平尾・伊藤 関口・森川 編著	A5・560頁 定価7600円
トヨタの米国工場経営 ―チーム文化とアメリカ人―	T.L.ベッサー 著 鈴木良始 訳	四六・336頁 定価3200円

＜定価は消費税を含まず＞

――――北海道大学図書刊行会――――